连铸凝固过程解析
与技术应用

兰 鹏 著

北 京

冶 金 工 业 出 版 社

2025

内 容 提 要

本书采用理论分析、数学计算、模型仿真和实验测定等多种方法对钢在连铸条件下的凝固现象与过程进行了探究和讨论，内容包括钢的凝固浇铸特性、钢的凝固热/动力学行为与特征、钢的凝固组织及其演变规律以及钢的连铸凝固冷却技术原理。在此基础上，进一步介绍了连铸装备与工艺参数设计依据、连铸坯质量缺陷的共性机理与调控策略、不同钢材品种具体工况下现场问题的解决思路、技术手段和改善效果等。

本书可供钢铁冶金领域的科研人员、工程技术人员及相关从业者阅读，也可作为高等院校冶金工程专业师生参考书。

图书在版编目（CIP）数据

连铸凝固过程解析与技术应用／兰鹏著. －－ 北京：
冶金工业出版社，2025.4. －－ ISBN 978-7-5240-0209-3

Ⅰ．TF777

中国国家版本馆 CIP 数据核字第 2025B15T03 号

连铸凝固过程解析与技术应用

出版发行	冶金工业出版社		**电　话**	(010)64027926
地　址	北京市东城区嵩祝院北巷 39 号		**邮　编**	100009
网　址	www.mip1953.com		**电子信箱**	service@mip1953.com

责任编辑　曾　媛　刘思岐　美术编辑　彭子赫　版式设计　郑小利
责任校对　葛新霞　责任印制　禹　蕊
北京印刷集团有限责任公司印刷
2025 年 4 月第 1 版，2025 年 4 月第 1 次印刷
710mm×1000mm　1/16；29.75 印张；580 千字；464 页
定价 **229.00** 元

投稿电话　（010）64027932　投稿信箱　**tougao@cnmip.com.cn**
营销中心电话　（010）64044283
冶金工业出版社天猫旗舰店　**yjgycbs.tmall.com**
（本书如有印装质量问题，本社营销中心负责退换）

前　言

　　钢是全球结构材料中最量大面广的品种，对人类社会的资源、建筑、交通、能源、通信、食品、医疗、军工等领域的蓬勃发展起到了巨大推动作用。自 2018 年开始，全球钢铁总产量已持续多年超过 18 亿吨，中国钢产量占比接近 50%，或将较长时间内仍保持这一势头。中国是当之无愧的钢铁大国，从业人员规模和研发投入总量都比较大，钢材产量和品种覆盖率已居全球首位，引领了世界范围钢铁行业的技术进步和高速发展。

　　钢铁冶金分为以铁矿石为原料的长流程和以废钢为原料的短流程，不管哪种流程，均需要经历浇铸凝固过程。钢的凝固具有高温、潜热大、导热慢、塑性低和包晶相变等特性，与经典凝固学中铝、铜、锌等金属有较大的区别；连铸相比于模铸，具有动态、高通量、快冷、不对称、液芯长度大、强制机械变形的特点，导致其凝固缺陷又具备了独特性。实际生产中，连铸一方面要将化学冶金中温度与成分调整和洁净化的任务推进到底，即进一步控温、去除杂质、减少污染和避免二次氧化；另一方面要发生相变，如凝固、固态转变、第二相与气体析出等，这与某一具体工况下的传输、收缩、变形、组织与晶粒演变等现象密切相关。对钢的凝固过程的理解与认识决定了连铸产品质量水平及其稳定性，而这方面目前尚未建立足够完善的理论结构体系。笔者基于多年来的科研工作积累，采用理论分析、数学计算、模型仿真和实验测定等多种方法对钢在连铸条件下的凝固现象和过程进行了探究和讨论，其中涉及钢的凝固浇铸特性（第 1 章）、凝固热/动力学行为与特征（第 2 章）、凝固组织及其演变规律（第 3 章），连铸凝固冷却技术原理（第 4 章）、连铸坯质量缺陷与控制（第 5 章）和连铸技术应用典型案例（第6章）。

　　本书面向钢铁冶金领域高校和科研院所的学生和教师、企业技术和生产管理人员、连铸机设计单位工艺和设备人员、钢材加工/贸易与协会相关从业者等，也可作为相关专业参考书或教材。

　　本书以笔者在北京科技大学的学习和工作收获为基础，结合"浇铸与凝固模拟""金属材料热处理"和"炼钢学"等本科课程的教学理解和认识，基于笔者研究团队与宝钢、太钢、攀钢、南钢、首钢、马钢、包钢、莱钢、建龙、青岛特钢、抚顺特钢、西宁特钢等企业合作研究的技术成果，同时参考和借鉴了笔者导师张家泉教授和业内专家卢震博士、钱宏智博士、韩占光博士、李阳博士、刘珂博士、杜辰伟博士、纪元博士、刘华松博士、李亮博士、李根博士及国内外其他学者和专家的见解，在此对上述单位和人员表达由衷感谢。

　　由于时间和经验所限，本书还有诸多不足之处，欢迎各位读者批评指正。

作　者

2024 年 12 月

目 录

1 钢的凝固浇铸特性 ·· 1

  1.1 铁碳相图 ··· 1

    1.1.1 钢与铁的区别 ······································ 2

    1.1.2 铁碳相图的点和线 ································· 5

    1.1.3 包晶反应、共晶反应和共析反应 ················ 7

  1.2 钢的平衡凝固相变 ··································· 10

    1.2.1 工业纯铁 ··· 10

    1.2.2 亚包晶钢 ··· 10

    1.2.3 包晶钢 ··· 11

    1.2.4 过包晶钢 ··· 11

    1.2.5 高碳钢 ··· 13

  1.3 钢中的相和组织 ····································· 13

    1.3.1 钢中的相 ··· 13

    1.3.2 钢中的组织 ······································· 14

    1.3.3 钢的成分、组织与性能 ························· 15

  1.4 钢的浇铸特性 ······································· 17

    1.4.1 凝固特征温度 ···································· 18

    1.4.2 高温强度与塑性 ································· 20

    1.4.3 热膨胀/收缩 ···································· 26

    1.4.4 其他性能 ··· 38

  参考文献 ··· 48

2 钢的凝固热/动力学特征 ································· 50

  2.1 凝固相变 ··· 50

    2.1.1 液体 ··· 50

    2.1.2 固体 ··· 52

    2.1.3 凝固与结晶 ······································· 55

  2.2 凝固热力学 ··· 56

    2.2.1 自由能变化 ······································· 56

　　2.2.2　过冷度 …………………………………………………… 59

　2.3　凝固动力学 ……………………………………………………… 68

　　2.3.1　均质形核 …………………………………………………… 68

　　2.3.2　非均质形核 ………………………………………………… 72

　　2.3.3　晶体的生长 ………………………………………………… 78

　2.4　钢的凝固收缩 …………………………………………………… 87

　　2.4.1　凝固收缩 …………………………………………………… 87

　　2.4.2　凝固收缩与热应变 ………………………………………… 93

　　2.4.3　包晶相变收缩 ……………………………………………… 95

　2.5　钢的凝固偏析 …………………………………………………… 101

　　2.5.1　凝固偏析 …………………………………………………… 101

　　2.5.2　显微偏析 …………………………………………………… 102

　　2.5.3　宏观偏析 …………………………………………………… 108

　　2.5.4　半宏观偏析 ………………………………………………… 111

　　2.5.5　凝固偏析与收缩和裂纹 …………………………………… 114

　2.6　钢的凝固析出 …………………………………………………… 115

　　2.6.1　气体析出 …………………………………………………… 115

　　2.6.2　夹杂物析出 ………………………………………………… 118

　　2.6.3　碳化物和氮化物的析出 …………………………………… 120

　参考文献 ……………………………………………………………… 124

3　钢的凝固组织及其演变规律 ………………………………………… 126

　3.1　钢中物相的晶格结构 …………………………………………… 126

　　3.1.1　简单立方点阵 ……………………………………………… 126

　　3.1.2　体心立方点阵 ……………………………………………… 128

　　3.1.3　面心立方点阵 ……………………………………………… 130

　　3.1.4　密排六方点阵 ……………………………………………… 133

　　3.1.5　体心正方点阵 ……………………………………………… 135

　　3.1.6　其他点阵结构 ……………………………………………… 135

　3.2　钢的凝固组织形貌 ……………………………………………… 137

　　3.2.1　凝固组织及其浸蚀 ………………………………………… 137

　　3.2.2　凝固组织形态与界面稳定性 ……………………………… 139

　　3.2.3　柱状树枝晶和等轴状树枝晶 ……………………………… 143

　　3.2.4　钢的凝固组织与 Fe-C 相图 ……………………………… 151

　3.3　钢的凝固组织与奥氏体晶粒 …………………………………… 153

　　　3.3.1　奥氏体晶粒 ……………………………………… 153
　　　3.3.2　奥氏体晶粒粗化 153
　　　3.3.3　凝固组织与奥氏体晶粒 ………………………… 181
　3.4　钢的凝固组织调控 ……………………………………… 186
　　　3.4.1　枝晶臂粗化与枝晶粗大 …………………………… 186
　　　3.4.2　凝固组织与均质性 ………………………………… 189
　　　3.4.3　凝固组织细化 ……………………………………… 193
　参考文献 ……………………………………………………… 202

4　钢的连铸凝固冷却技术原理 ……………………………… 205

　4.1　连铸技术发展 …………………………………………… 205
　　　4.1.1　连铸技术发展概要 ………………………………… 205
　　　4.1.2　连铸热点技术 ……………………………………… 212
　4.2　连铸结晶器内钢水凝固 ………………………………… 214
　　　4.2.1　弯月面的界面平衡 ………………………………… 214
　　　4.2.2　结晶器的热平衡 …………………………………… 216
　　　4.2.3　凝固平方根定律 …………………………………… 223
　　　4.2.4　结晶器的冷却制度 ………………………………… 225
　　　4.2.5　结晶器内钢水的凝固特征 ………………………… 227
　4.3　连铸二冷区钢水的凝固 ………………………………… 230
　　　4.3.1　连铸二次喷淋冷却 ………………………………… 230
　　　4.3.2　连铸二冷基本准则 ………………………………… 236
　　　4.3.3　连铸二冷工艺制度 ………………………………… 240
　　　4.3.4　二冷区内钢水的凝固特征 ………………………… 243
　4.4　连铸空冷区相变与析出 ………………………………… 255
　　　4.4.1　连铸三次冷却 ……………………………………… 255
　　　4.4.2　连铸坯的相变与析出 ……………………………… 257
　　　4.4.3　连铸坯三冷淬火回温工艺 ………………………… 275
　参考文献 ……………………………………………………… 283

5　钢的连铸坯质量缺陷与控制 ……………………………… 285

　5.1　连铸坯质量缺陷及其分类 ……………………………… 285
　　　5.1.1　连铸坯质量缺陷 …………………………………… 285
　　　5.1.2　连铸坯质量缺陷分类 ……………………………… 286
　5.2　连铸坯表面缺陷与控制 ………………………………… 287

5.2.1　横裂纹　…………………………………… 287

5.2.2　纵裂纹　…………………………………… 298

5.2.3　网状裂纹　………………………………… 307

5.2.4　凹陷　……………………………………… 312

5.2.5　深振痕　…………………………………… 317

5.3　连铸坯内部缺陷与控制　…………………… 320

5.3.1　皮下裂纹　………………………………… 320

5.3.2　皮下气孔　………………………………… 322

5.3.3　中间裂纹　………………………………… 324

5.3.4　凝固组织缺陷　…………………………… 328

5.3.5　CET 正偏析　……………………………… 332

5.4　连铸坯中心缺陷与控制　…………………… 335

5.4.1　中心偏析　………………………………… 335

5.4.2　中心疏松　………………………………… 339

5.4.3　中心缩孔　………………………………… 342

5.4.4　中心裂纹　………………………………… 345

5.5　连铸坯形状缺陷与控制　…………………… 347

5.5.1　脱方　……………………………………… 347

5.5.2　椭圆或失圆　……………………………… 350

5.5.3　鼓肚　……………………………………… 352

5.5.4　蛇形　……………………………………… 354

5.5.5　翘曲　……………………………………… 355

5.6　连铸坯洁净度缺陷与控制　………………… 356

5.6.1　夹杂物　…………………………………… 356

5.6.2　卷渣　……………………………………… 358

5.6.3　夹渣　……………………………………… 361

5.6.4　白点　……………………………………… 363

参考文献　……………………………………………… 365

6　钢的连铸技术应用典型案例　………………… 369

6.1　110 级石油套管钢连铸坯偏析与管材抗氢裂性能　………… 369

6.1.1　实际问题　………………………………… 369

6.1.2　解决思路　………………………………… 370

6.1.3　试验调控　………………………………… 374

6.1.4　技术效果　………………………………… 378

6.2　20CrMnTiH 齿轮钢连铸坯均质性与热处理变形 …………………… 378
　6.2.1　实际问题 ……………………………………………………… 378
　6.2.2　解决思路 ……………………………………………………… 379
　6.2.3　试验调控 ……………………………………………………… 382
　6.2.4　技术效果 ……………………………………………………… 391
6.3　S550 高碳耐磨钢连铸坯偏析与磨损性能 ………………………… 393
　6.3.1　实际问题 ……………………………………………………… 393
　6.3.2　解决思路 ……………………………………………………… 394
　6.3.3　试验调控 ……………………………………………………… 395
　6.3.4　技术效果 ……………………………………………………… 407
6.4　LZ50 车轴钢大圆坯中心缩孔与轧材探伤不合格 ………………… 410
　6.4.1　实际问题 ……………………………………………………… 410
　6.4.2　解决思路 ……………………………………………………… 411
　6.4.3　试验调控 ……………………………………………………… 427
　6.4.4　技术效果 ……………………………………………………… 430
6.5　Q235B 板坯连铸高拉速中间裂纹与轮毂分层 …………………… 430
　6.5.1　实际问题 ……………………………………………………… 430
　6.5.2　解决思路 ……………………………………………………… 430
　6.5.3　试验调控 ……………………………………………………… 443
　6.5.4　技术效果 ……………………………………………………… 446
6.6　J55 微合金钢连铸坯表面裂纹与板材翘皮 ………………………… 446
　6.6.1　实际问题 ……………………………………………………… 446
　6.6.2　解决思路 ……………………………………………………… 447
　6.6.3　试验调控 ……………………………………………………… 455
　6.6.4　技术效果 ……………………………………………………… 455
6.7　300 系不锈钢连铸圆坯缺陷与管材质量 …………………………… 456
　6.7.1　实际问题 ……………………………………………………… 456
　6.7.2　解决思路 ……………………………………………………… 457
　6.7.3　试验调控 ……………………………………………………… 462
　6.7.4　技术效果 ……………………………………………………… 463
参考文献 …………………………………………………………………… 463

1 钢的凝固浇铸特性

钢是含有特定合金元素的铁基结构材料，加入合金元素可以调控钢的组织和性能，实现不必大幅提高材料和工艺成本的前提下，使基体具备预期的强度、塑性、硬度、韧性、耐蚀性和其他性能（如磁性、膨胀性、抗震性、抗菌性、耐热性等）。钢中最常见的合金元素是碳、锰、铝、镍、铬、铜、钼、钛、铌、钒、钨、硅、磷、硫、氮等。对于某一具体钢种，其合金元素并不是单一使用的，目前绝大多数钢种都含有三种以上的合金元素，以达到最佳的综合作用效果。

合金元素加入到钢中之后，不但对钢的性能有一定的作用，也会影响自身的浇铸与凝固行为。早期的钢材多为碳钢，采用碳作为主要的合金化元素，因此对铁碳合金进行了大量理论与实验研究，并绘制成了该领域最经典的 Fe-C 二元平衡相图。现代社会中的钢材虽然加入了其他合金元素，但也会或多或少地含有碳。由于碳对钢的凝固、加工、热处理和使用性能有着非常重要的影响，因此首先应对 Fe-C 相图中与凝固相变有关的信息进行准确解析，在此基础上阐述不同钢种的高温强度和塑性，以及热膨胀/收缩、密度、比热容、导热系数和凝固潜热等浇铸特性及其随温度和成分的变化规律。

1.1 铁碳相图

铁碳相图是平衡条件下不同温度和成分体系的相平衡，对认识钢凝固冷却过程中的相变和析出至关重要。尽管铁碳相图不能对合金钢和快速冷却条件下的相组分进行准确预测，但它仍是判定转变方向和趋势的基本依据，铁碳相图是常见钢铁材料凝固成型、热加工和热处理的必备基础知识。

铁碳相图的历史最早可追溯到 18 世纪，瑞典化学家贝格曼（T. O. Torbern Olof Bergman）实验发现钢与铁的碳含量不同，但这时关注的主要是化学现象，还没有建立理论体系。到了 19 世纪，铁碳相图的研究有了实质性的进步。1868 年，俄国学者切尔诺夫（Д. к. Чернóв）注意到只有把钢加热到某一温度 A 以上再快冷，才能使钢淬硬，进而有了临界点的概念；随后，切尔诺夫测定了现代相图的两个临界点 Ac_3 和 Ac_{cm}，并观察到临界点与碳含量有关；1887—1892 年法国金相学家奥斯蒙德（F. Osmond）发现，钢加热和冷却曲线上出现两个临界点 A_3 和 A_2，该温度视加热或冷却（分别以 Ac 和 Ar 表示）过程而异。奥斯蒙德认为，这表明铁有多种同素异构体，将在室温至 A_2 之间保持稳定的相记为 α-Fe，A_2 ~

A_3 间为 β-Fe（1922 年被证明与 α-Fe 结构相同），A_3 以上为 γ-Fe；1895 年，奥斯蒙德又证明，如果铁中含有少量碳，则在 690 ℃ 或 710 ℃ 左右出现临界点，即 Ar_1 点，在此温度以上碳溶解在铁中，而在低于这一温度时，碳以渗碳体形式由固溶体中分解出来；随着铁中碳含量提高，Ar_3 下降而与 Ar_2 相汇合，然后断续下降，至碳含量为 0.8%~0.9%时与 Ar_1 合为一点；1904 年，奥斯蒙德又发现 A_4 至熔点间为 δ-Fe。以上述临界点的数据为基础，1897 年，英国冶金学家罗伯茨–奥斯汀（W. C. Roberts-Austen）绘制了第一张铁碳相图，并于 1899 年进行了修订。1900 年，德国学者洛兹本（H. W. Bakhius Roozeboom）首先在合金系统中应用吉布斯（Gibbs）相律，绘制出较为完整的铁碳平衡相图——固态相变部分已非常接近实际，但凝固包晶相变部分有些细节不够清晰。到了现代，随着理论计算与实验检测技术不断进步，铁碳平衡相图不断得到修订，目前已日臻完善。

1.1.1 钢与铁的区别

钢铁是国民生活和生产中最常见的结构材料，对人类社会进步起到了巨大的支撑和推动作用。钢铁材料已应用到人们日常生活的方方面面，如厨具餐具、家具家电、汽车轮船、火车飞机、手机计算机、食品饮料、医疗卫生等。尽管有些产品不是由钢铁材料直接制作而成，如橡胶、玻璃、水泥等制品，但这些材料制备过程中也不能没有钢铁器具或设备。无可辩驳地说，钢铁材料的全面发展是全球社会和经济进步的重要基础。

钢铁，实际上是钢和铁的统称，钢和铁并不是同一种材料。通常情况下，钢铁广义上一般指的是钢。本质上来说，钢和铁都是铁基材料，最明显的区别是二者的碳含量不同。根据 Fe-C 相图，钢的碳含量在纯铁和 2.1%（质量分数）之间，但实际上碳含量以不超过 1.5%的产品居多。现场生产中，往往把碳含量高于 1.5%而又低于 2.1%的产品称为半钢。铁多指铸铁或纯铁，铸铁的碳含量一般都高于 2.1%，如亚共晶铸铁中白口铸铁的碳含量多在 2.1%~3.2%，灰口铸铁的碳含量多在 2.8%~3.8%，蠕墨铸铁的碳含量多在 3.5%~4.2%；同时，也存在碳含量不低于 4.3%的共晶铸铁和过共晶铸铁。纯铁又称工业纯铁，其合金元素极少，碳含量一般低于 0.02%，体现了铁元素的固有性质。就性能而言，纯铁与软钢比较接近。

由于钢和铁的碳含量不同，内部的组织结构不同，二者的力学性能也相差较大，见表 1-1。表中数据可见，钢的杨氏模量范围比铸铁更集中，这是由于钢材多经历了锻造、轧制、挤压等热加工过程，而铸铁材料多为浇铸+热处理状态，前者基体结构整体比后者更为致密、均匀、连续。相比于铸铁，钢在室温下屈服强度、抗拉强度、硬度、伸长率和冲击功的范围更大，尤其是最大值更高。由此可知，钢具有更广阔的性能调控空间和窗口，这也是钢比铸铁更为广泛应用的主要原因。钢的可塑性远比铸铁好得多，尤其是高温条件下可以实现较大的变形，进而可以通过调控压缩比提高基体致密度和均匀性，并进一步通过热处理实现强度、塑性和韧性的良好配合，最终可用于制备诸多零部件。

表 1-1　钢和铸铁材料的室温力学性能

项目	屈服强度/MPa	抗拉强度/MPa	杨氏模量/GPa	伸长率/%	硬度（HB）	冲击功/J
钢	120~2000	250~4000	180~230	5~80	100~750	25~200
铸铁	150~600	200~800	100~200	0.2~20	120~360	10~20

1.1.1.1　钢的分类

根据钢中碳和其他合金元素对组织性能的贡献，可以分为碳素钢和合金钢，前者以碳为主要合金元素，同时含有少量硅、锰等，又有以下分类：

（1）普通碳素结构钢。普通碳素结构钢按照钢材屈服强度分为 5 个牌号：Q195、Q215、Q235、Q255、Q275。每个牌号由于质量不同又分为 A、B、C、D 四个等级。相对来说，Q195、Q215、Q235 塑性好，可轧制成钢卷、钢筋、钢管等；Q255、Q275 可轧制成型钢、钢板等。

（2）优质碳素结构钢。钢号以碳的平均质量万分数表示，如 20 号、45 号等。20 号表示 C 含量 0.20%（万分之二十），主要用于制造各种机器零件，如螺栓、连杆、法兰、衬板、型材等。

（3）碳素工具钢。钢号以碳的平均质量千分数表示，并在前面冠以字母 T，如 T9、T12 等。T9 表示 C 含量 0.9%（千分之九），主要用于制造各种刀具、刃具、量具、模具等。

合金钢是在碳素钢基础上添加一种或多种合金元素而构成的。随着工业生产的迅猛发展，合金钢的种类日益繁多，且具有多种分类方法。

（1）根据合金钢的用途，可分为结构钢、轴承钢、工具钢、耐蚀钢、耐热钢及特殊物理性能钢等；

（2）按退火后钢的金相组织，可将合金钢分为亚共析钢、共析钢、过共析钢和莱氏体钢等；

（3）按使用状态钢的金相组织，可分为珠光体钢、马氏体钢、贝氏体钢、奥氏体钢及铁素体钢等；

（4）根据钢中主要合金元素的类型，可将合金钢分为锰钢、硅钢、硅锰钢、硼钢、铬镍钢、铬镍钼钢等；

（5）根据合金元素总量的多少，将合金钢大致分为低合金钢（元素总量低于 3%）、中合金钢（元素总量为 3%~10%）及高合金钢（元素总量高于 10%）。

目前的生产生活中，以用途划分是最为常见的。就此而言，全球用量最多的钢材是结构钢，即具有指定力学性能并用于制备某些结构部件的钢材品种。根据应用领域，又分为工程结构钢和机械结构钢。工程结构钢主要用于制备工程结构件，如楼宇、桥梁、船舶、车辆、高压容器及大型建筑和装备工程的梁、筋、板、管、框架、外壳等。这类钢材的特点是：

（1）因结构件尺寸大，形状复杂，多数情况下不可能对其进行整体淬火回火处理，即钢材在热轧或正火条件下就具有一定的屈服强度、抗拉强度及一定的 σ_s/σ_b 比值，同时还具有足够的塑性及韧性；

（2）这类结构件的成型工艺大多采用冷弯及焊接等工序，因此，钢材时效脆化的敏感性小，同时焊缝区的强度和韧性一般不低于基材；

（3）这类结构件可能长期处于低温或暴露于一定环境介质中，因而钢材具有良好的抗冷脆性和耐候性。

工程结构钢大多是中低碳钢（C 含量一般不高于 0.5%），且合金元素含量整体不高，成分体系相对比较简单。

机械结构钢是用于制造各种机床、汽车、拖拉机、船舶、飞机、火箭和导弹等零部件的钢种，这些零部件在使用过程中经受着多种载荷的综合作用，如拉、压、弯、扭、疲劳、冲击等，这些载荷有时是静载荷，有时是动载荷；而且，这些零部件的工作环境也很复杂，有的在高温，有的在低温，有的还受腐蚀介质的作用。因此，机器结构钢的特点是：

（1）在零件整个截面上具有足够高的屈服强度和抗拉强度，以防止过载变形和断裂；

（2）具有高的疲劳强度，以防止交变载荷下的疲劳破坏；

（3）具有足够韧性，以防止冲击或过载下的突然断裂；

（4）具有一定的耐蚀性。

机械结构钢材的碳含量范围比较广，低、中、高碳均有涉及，且一般含有多种合金元素来提高综合力学性能，进而实现制备齿轮、曲轴、弹簧、轴承、工/模具钢等产品。

1.1.1.2　铸铁的分类

铸铁中除了含有较多的碳之外，还含有一定量的硅（1%~3%），有时还加入其他合金元素，如镍、铬、钼、铜、铝、硼、钒、稀土等，或者硅含量达到3%以上时就得到了合金铸铁。铸铁具有较低的熔点、优良的铸造性能、高的减摩性和耐磨性、良好的消振性和低的缺口敏感性；铸铁生产工艺简单，成本低，而且在经过适当合金化以后还可以具有良好的耐热性或者耐蚀性，因此在机械、冶金、矿山、石化、交通、船舶、纺织、基建和国防等领域应用很广。除用来制造强度和韧性要求不高的一般部件（如机床的床身，发动机的汽缸体、汽缸套，土建工程中的管道，冶金工业中的钢锭模、底盘、轧辊等）外，还用来制造某些

要求具有综合力学性能的重要零件,如柴油机曲轴、汽车后桥和许多缸体、泵体和套筒等。铸铁的分类方法较多,主要有:

(1) 按铸铁的断口特征分类为白口铸铁、灰口铸铁、麻口铸铁;

(2) 按铸铁的石墨形态分类为灰铸铁、蠕墨铸铁、球墨铸铁、可锻铸铁;

(3) 按铸铁的化学成分分类为普通铸铁、合金铸铁;

(4) 按铸铁的共晶度分类为亚共晶铸铁、共晶铸铁、过共晶铸铁;

(5) 按铸铁的特殊性能分类为减摩铸铁、抗磨铸铁、耐蚀铸铁、耐热铸铁、无磁性铸铁等。

此外,还可按铸铁的基体组织分类,如铁素体球墨铸铁、珠光体球墨铸铁、贝氏体球墨铸铁等;按铸铁的制取工艺分类,如孕育铸铁、冷硬铸铁等;按铸铁的合金成分分类,如铝铸铁、镍铸铁、铬铸铁、钨铸铁、硼铸铁等。

1.1.2 铁碳相图的点和线

铁碳相图是不同成分和温度体系下的 Fe-C 二元相平衡关系。实际上,由于平衡条件下 Fe 与 C 反应会生成比较稳定的 Fe_3C,且钢的现场生产中并未较多地涉及高碳区间的物相调控,因此,对于钢的凝固、加工和热处理来说,常用的铁碳相图多为 $Fe-Fe_3C$ 相图,如图 1-1 所示。

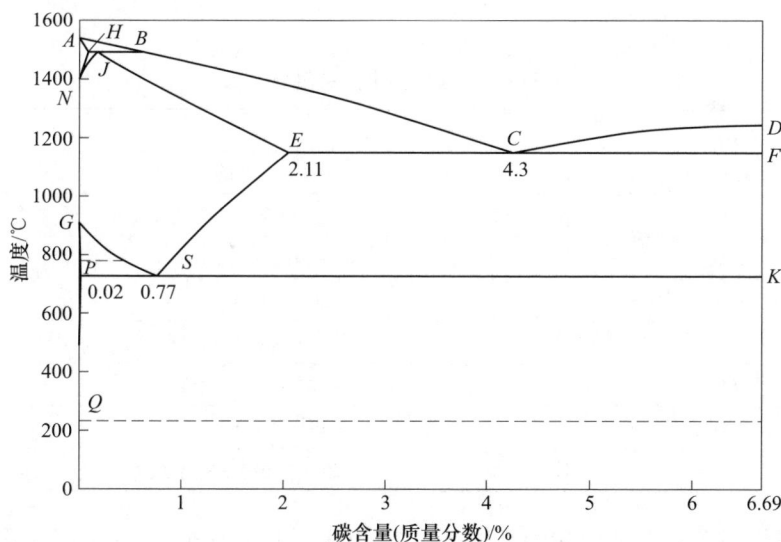

图 1-1 Fe-C 平衡相图

铁碳相图中有一系列关键的点,多与同素异构转变或化学反应有关,共 14 个,见表 1-2。

表 1-2　铁碳相图中的关键点

符号	温度/℃	碳含量/%	含　义
A	1538	0	纯铁的熔点
B	1495	0.53	包晶转变时的液相成分
C	1148	4.3	共晶点
D	1227	6.69	渗碳体的熔点
E	1148	2.11	碳在 γ-Fe 的最大溶解度
F	1148	6.69	共晶反应时渗碳体的碳含量
G	912	0	纯铁 α 与 γ 的同素异构转变点（A_3）
H	1495	0.09	碳在 δ-Fe 中的最大溶解度
J	1495	0.17	包晶点
K	727	6.69	共析反应时的渗碳体碳含量
N	1394	0	纯铁 γ 与 δ 同素异构转变点（A_4）
P	727	0.0218	碳在 α-Fe 中的最大溶解度
S	727	0.77	共析点
Q	低温	<0.001	低温下碳在 α-Fe 中的溶解度

铁碳相图中的关键特征线有 8 条，代表不同相区之间的分界线或化学反应，见表 1-3。

表 1-3　铁碳相图中的关键特征线

特征线	含　义
$ABCD$	铁碳合金的液相线
$AHJECF$	铁碳合金的固相线
HJB	包晶反应 L+δ→γ
ECF	共晶反应 L→γ+Fe$_3$C
GS	γ→α 的开始线
ES	碳在 γ 相中的溶解度线
PSK	共析反应 γ→α+Fe$_3$C
PQ	碳在 α 相中的溶解度线

铁碳相图实际上是由包晶反应（左上部）、共晶反应（右上部）和共析反应（左下部）连接而成，相图中有液相 L、渗碳体相 Fe$_3$C、高温铁素体相 δ、低温铁素体相 α 和奥氏体相 γ。

纯铁中加入碳进行合金化后，其使 A_3 点温度降低（G 点变为 GS 线），A_4 点温度升高（N 点变为 NJ 线）。由于碳的影响，使 γ 相区范围增大，δ 相区和 α 相区范围减小。同时，随着碳含量增加（不超过 4.3%），铁碳合金的熔点降低，表现为 *ABC* 线走向是斜向下的。

相图中 *AHN* 为 δ 相的单相区，高温下 δ 相中碳的最大溶解度为 0.09%，出现在 1495 ℃；*NJESG* 为 γ 相的单相区，γ 相中碳的最大溶解度为 2.11%，出现在 1148 ℃，*E* 点也是钢和铁的碳含量分界点；*GPQ* 为 α 相的单相区，α 相中碳的最大溶解度为 0.0218%，出现在 727 ℃。

1.1.3 包晶反应、共晶反应和共析反应

1.1.3.1 包晶反应

包晶反应位于铁碳相图的左上方，反应式为：

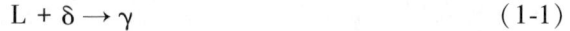

$$L + \delta \rightarrow \gamma \tag{1-1}$$

其表达的是凝固过程中 1495 ℃时液相 L（0.53% C）与先析出的铁素体相 δ（0.09% C）反应，生成了奥氏体相 γ（0.17% C）的过程，如图 1-2 所示。

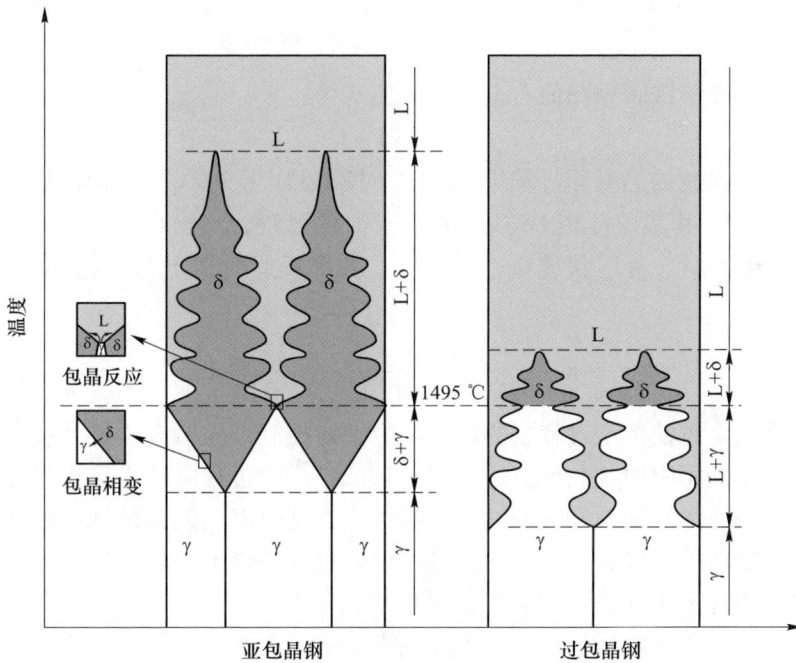

图 1-2 包晶反应与包晶相变

包晶反应是钢的凝固过程中非常重要的一个相变，其实际上是一个界面反应过程，发生于碳含量为 0.09%~0.53% 的碳钢中。对于平衡凝固过程，随着温度降低，这类钢种液相 L 中首先生成的是 δ 相，其多以树枝晶形态出现，如图 1-2 所示。当温度降低至 1495 ℃时，δ 相碳含量为 0.09%，其界面前沿的 L 相碳含

量达到 0.53%，二者在交汇处发生反应，生成碳含量为 0.17% 的 γ 相。发生反应时 δ 相与 L 相的比例可根据杠杆定律来计算：

$$\frac{\delta}{L} = \frac{JB}{HJ} = \frac{0.53 - 0.17}{0.17 - 0.09} = \frac{0.36}{0.08} = 4.5 \tag{1-2}$$

包晶反应完成之后，L 相和 δ 相之间已被 γ 相分隔。温度继续降低时，对于碳含量小于 0.17% 的亚包晶钢来说，枝晶内部未反应完全的 δ 相将发生包晶相变，即：

$$\delta \rightarrow \gamma \tag{1-3}$$

由于 δ 相是体心立方结构，晶格致密度为 0.68；γ 相是面心立方结构，晶格致密度为 0.74。因此，包晶相变过程中会发生显著的体积收缩，由于此时没有液相补缩且固相坯壳较薄，往往导致铸锭/铸坯表面出现凹陷或裂纹问题。

对于碳含量高于 0.17% 的过包晶钢来说，由于凝固初生 δ 相比例较少，故包晶反应之后 δ 相已被消耗殆尽，剩余液相将以 γ 相方式凝固，即：

$$L \rightarrow \gamma \tag{1-4}$$

1.1.3.2　共晶反应

共晶反应位于铁碳相图的右上方，反应式为：

$$L \rightarrow \gamma + Fe_3C \tag{1-5}$$

共晶反应表达的是凝固过程中 1148 ℃ 时液相 L(4.3% C) 中同时析出奥氏体相 γ(2.11% C) 和渗碳体相 Fe_3C(6.69% C) 的过程，产物为莱氏体，具有典型的共晶组织的网状、片层状或鱼骨状结构。共晶反应时析出的 γ 相和 Fe_3C 相的比例为：

$$\frac{\gamma}{Fe_3C} = \frac{CF}{EC} = \frac{6.69 - 4.3}{4.3 - 2.11} = \frac{3.39}{2.19} \approx 1.5 \tag{1-6}$$

共晶反应是铸铁生产过程中的核心反应，对控制铸铁冶金质量具有重要指导作用。由于铁碳相图中共晶反应的温度比较低，浇铸过程中铁水氧化程度比高温钢水弱得多，液体流动性和充型性好，铸件致密度更好。尤其是越靠近共晶点的铁水，其浇铸性能越好，但完全的共晶组织未见是铸件的目标组织。因此，实际生产中需要综合考虑成分、工艺、组织和性能要求。

碳含量低于 4.3% 的铸铁，称为亚共晶铸铁，其中常见的白口铸铁、灰口铸铁（灰铸铁、球墨铸铁、蠕墨铸铁）大多为亚共晶体系，凝固基体组织为奥氏体和莱氏体；碳含量等于 4.3% 的为共晶铸铁，凝固基体组织为莱氏体；碳含量高于 4.3% 的为过共晶铸铁，凝固基体组织为渗碳体和莱氏体。现场生产中，根据实际相图（考虑其他合金元素）判定铸铁凝固过程为亚共晶、共晶或过共晶才是最为准确可靠的。

通常，加入合金元素之后，由于使相图共晶反应的特征点左移，在较低碳含量下即可发生共晶发生。理论上，对于碳含量小于 2.11% 的碳钢，其凝固过程中不会发生共晶反应；但实际生产中，对于加入大量 Cr、Mo、W、V、Nb 等的高碳高合金钢，其铸态基体中就会观察到液析碳化物，即共晶产物。对于钢来说，它的共晶产物一般为尺寸较大的硬质相，会大大降低基体的塑性和韧性，这一点在冶金生产中是要严格控制的。一旦出现液析碳化物（如轴承钢），则需要在高温扩散退火过程中将其回溶，减小对产品性能的不利影响。理论上，基于凝固浇铸手段调控碳化物要比热加工的效率更高，但技术难度也更大。

1.1.3.3 共析反应

共析反应位于铁碳相图的左下方，反应式为：

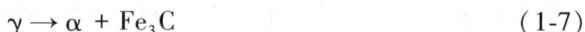

$$\gamma \rightarrow \alpha + Fe_3C \tag{1-7}$$

共析反应表达的是冷却过程中 727 ℃ 时固相 $\gamma(0.77\% \ C)$ 中同时析出铁素体相 $\alpha(0.0218\% \ C)$ 和渗碳体相 $Fe_3C(6.69\% \ C)$ 的过程，产物是珠光体，通常呈片层状结构。共析反应析出的 α 相和 Fe_3C 相的比例为：

$$\frac{\alpha}{Fe_3C} = \frac{SK}{PS} = \frac{6.69 - 0.77}{0.77 - 0.02} = \frac{5.92}{0.75} \approx 7.9 \tag{1-8}$$

共析反应是钢铁材料热处理过程的重要反应，是诸多钢铁产品通过热处理工艺调控基体组织性能的基本依据。共析反应是一个固相反应，由于相变温度比较低，且固相中的溶质扩散能力有限，故其与共晶和包晶反应大有不同。

对于碳含量低于 0.77% 的亚共析钢，平衡条件下其从 γ 相中先析出 α 铁素体，727 ℃ 时发生共析反应，室温下基体组织为铁素体+珠光体；对于碳含量等于 0.77% 的共析钢，其直接发生共析反应，室温下基体组织为完全的珠光体；对于碳含量高于 0.77% 的过共析钢，冷却时先析出渗碳体 Fe_3C，进而发生共析反应，室温下基体组织为渗碳体+珠光体。

对于铸铁，其凝固时发生共晶反应之后，进一步冷却的过程中也会发生共析反应。对于亚共晶铸铁，其凝固时先析出的奥氏体相和共晶产物中的奥氏体相均会在 727 ℃ 发生共析反应，室温下最终组织为珠光体+莱氏体（相组成为铁素体、渗碳体和共晶渗碳体）；对于共晶铸铁，冷却之后基体组织为莱氏体；对于过共晶铸铁，基体组织为一次渗碳体+莱氏体。为了区分共析反应和共晶反应产物的两种莱氏体，一般把共析反应得到的产物称为变态莱氏体。

值得注意的是，当冷却条件偏离于平衡时，共析反应产物的比例和类别就会受到影响，这也是热处理技术调控钢材组织性能的理论依据。当冷速较大时，由于扩散时间较短，偏离于共析点成分不大的亚共析钢和过共析钢中来不及析出铁素体相或渗碳体相，进而获得全部的珠光体组织，称为伪共析组织。对于亚共析钢，当冷速较大时，尤其加入其他合金元素之后，还可能形成相图上没有的相或组织，如贝氏体和马氏体。

1.2　钢的平衡凝固相变

铁碳相图的纵坐标为温度，横坐标为碳含量，理论上可以分析不同合金体系凝固冷却过程的相变特征。对于钢来说，可以分为工业纯铁（超低碳钢）、亚包晶钢、包晶钢、过包晶钢和高碳钢，下面对不同钢种平衡凝固过程进行描述。

1.2.1　工业纯铁

以碳含量 0.01% 的铁碳合金为例，其平衡凝固冷却过程和相变如图 1-3 所示。合金在 1 点以上为液相 L，冷却至稍低于 1 点时，开始从 L 相中结晶出 δ 相，至 2 点合金全部结晶为 δ 相。2~3 点，δ 相晶粒长大。从 3 点起，δ 相逐渐转变为 γ 相，至 4 点全部转变完成。4~5 点，γ 相晶粒粗化。自 5 点开始，从 γ 相中析出 α 相。α 相在 γ 相晶界处形核并长大，至 6 点时，γ 相全部转变为 α 相。在 6~7 点，α 相冷却不变。在 7~8 点，从 α 相晶界析出少量 Fe₃C 相。因此，工业纯铁的室温平衡组织为 α+Fe₃C，α 相呈白色块状，Fe₃C 相总量极少。若忽略 Fe₃C 相，则工业纯铁的组织为 100% 的 α 相。

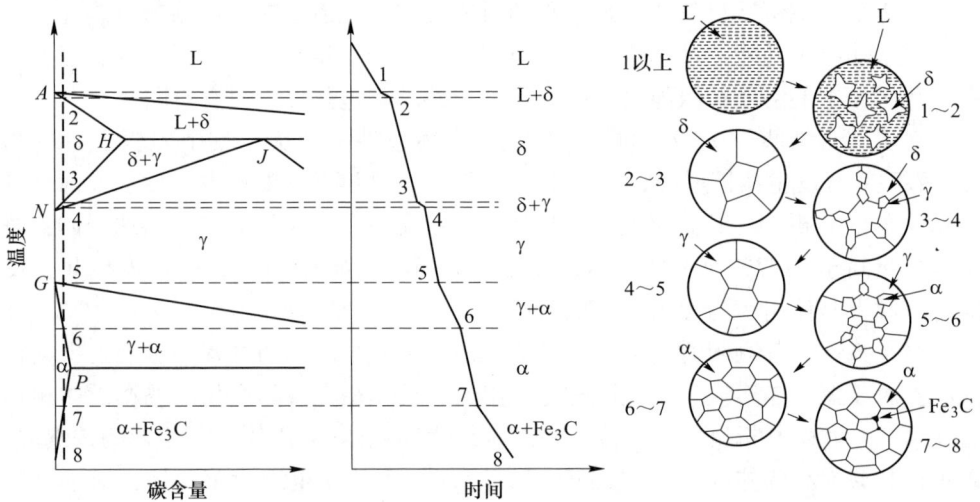

图 1-3　工业纯铁的凝固进程

1.2.2　亚包晶钢

以碳含量 0.12% 的铁碳合金为例，其平衡凝固冷却过程和相变如图 1-4 所示。合金在 1 点以上为液相 L，冷却至稍低于 1 点时，开始从 L 相中结晶出 δ 相，至 2 点合金全部结晶为 δ 相。2~2′ 点，发生包晶反应 L+δ→γ，稍低于 2′ 点时，发生包晶相相变 δ→γ，至 3 点全部转变完成。

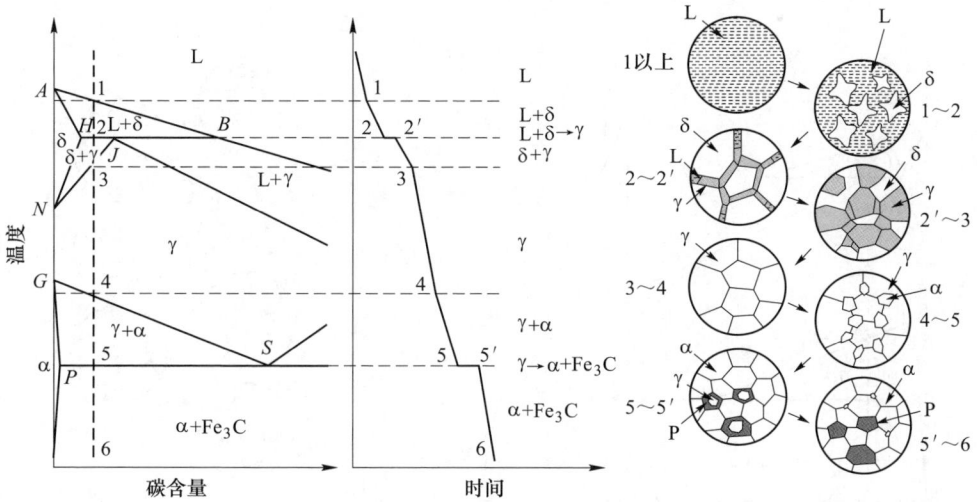

图 1-4　亚包晶钢的凝固进程

3~4 点间 γ 相晶粒粗化。自 4 点开始，从 γ 相中析出 α 相。4~5 点，α 相在 γ 相晶界处形核并长大。5~5′点时发生共析转变 γ→α+Fe₃C，即出现珠光体 P。5′~6 点过程析出少量渗碳体。因此，亚共析钢的室温平衡组织为 α+P，金相显微镜下 α 相呈白色块状，P 为片层状黑色团簇。对于碳含量为 0.12% 的钢，其中前者比例显著大于后者，约为后者的 5 倍。

1.2.3　包晶钢

以碳含量 0.17% 的铁碳合金为例，其平衡凝固冷却过程和相变如图 1-5 所示。合金在 1 点以上为液相 L，冷却至稍低于 1 点时，开始从 L 相中结晶出 δ 相，至 2 点开始发生包晶反应 L+δ→γ，2~2′点包晶反应消耗全部液相完成凝固；稍低于 2′点时，进入 γ 相区。2′~3 点 γ 相晶粒粗化。自 3 点开始，从 γ 相中析出 α 相。α 相在 γ 相晶界处形核并长大，至 4 点时开始发生共析转变 γ→α+Fe₃C，出现珠光体 P。4~4′点发生包晶反应。4′~5 点过程析出少量渗碳体。因此，包晶钢的室温平衡组织为 α+P，金相显微镜下 α 相呈白色块状，P 为片层状黑色团簇。对于碳含量为 0.17% 钢，其中前者比例较大，约为后者的 3.5 倍。

1.2.4　过包晶钢

以碳含量 0.45% 的铁碳合金为例，其平衡凝固冷却过程和相变如图 1-6 所示。合金在 1 点以上为液相 L，冷却至稍低于 1 点时，开始从 L 相中结晶出 δ 相，至 2 点开始发生包晶反应 L+δ→γ，2~2′点包晶反应消耗掉全部 δ 相；稍低于 2′点时，剩余液相发生 L→γ，至 3 点全部凝固完。3~4 点间 γ 相晶粒粗化。自 4

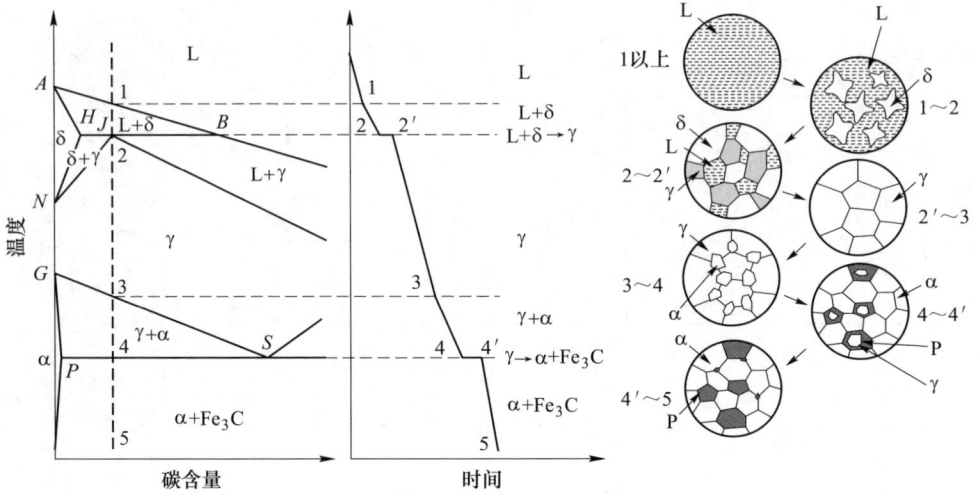

图 1-5　包晶钢的凝固进程

点开始，从 γ 相中析出 α 相。α 相在 γ 相晶界处形核并长大，至 5 点时开始发生共析转变 γ→α+Fe₃C，即出现珠光体 P。5~5′点发生共析反应，5′~6 点析出少量渗碳体。因此，过包晶钢室温下的平衡组织为 α+P，金相显微镜下 α 相呈白色块状，P 为片层状黑色团簇。对于碳含量为 0.45% 的钢，其前者比例略小于后者，约为后者的 70%。

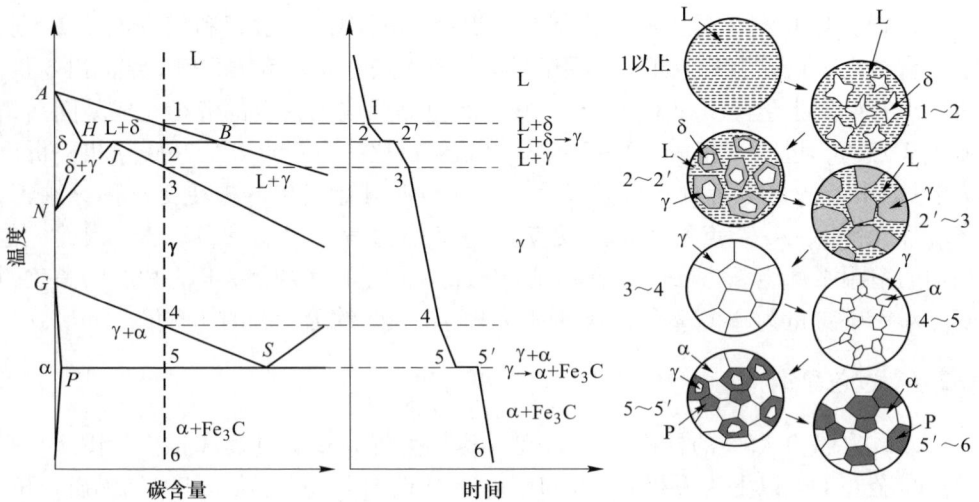

图 1-6　过包晶钢的凝固进程

1.2.5 高碳钢

以碳含量 0.70% 的铁碳合金为例，其平衡凝固冷却过程和相变如图 1-7 所示。合金在 1 点以上为液相 L，冷却至稍低于 1 点时，开始从 L 相中结晶出 γ 相，至 2 点完全凝固，2~3 点 γ 相略有粗化。自 3 点开始，从 γ 相中析出 α 相，α 相在 γ 相晶界处形核并长大。至 4 点时开始发生共析转变 γ→α+Fe₃C，即出现珠光体 P。4~4′点共析转变完成，4′~5 点析出少量渗碳体。因此，0.70% 高碳钢的室温平衡组织为 α+P，金相显微镜下 α 相呈白色块状，P 为片层状黑色团簇，其中前者比例比后者少，约为后者的 10%。

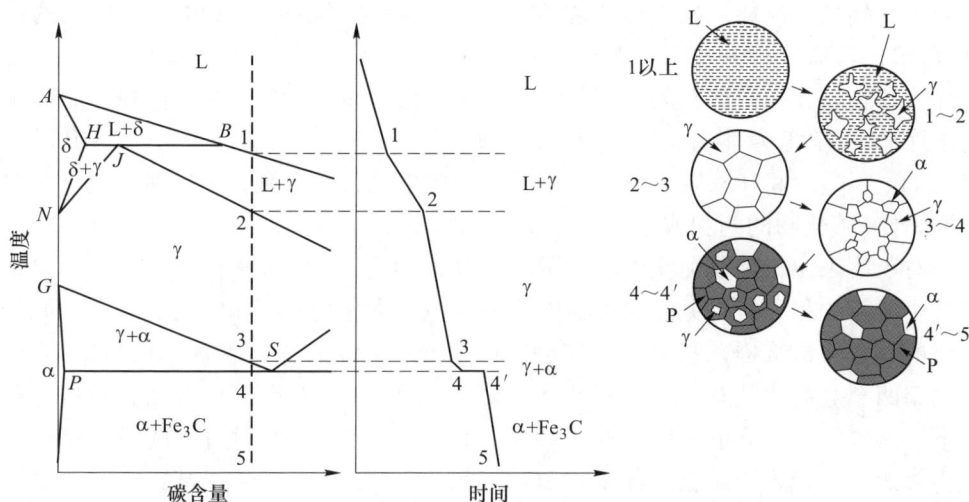

图 1-7 高碳钢的凝固进程

1.3 钢中的相和组织

描述钢材的金相特征经常会提及相和组织，有时为单相，有时为单一组织，有时又是不同相与不同组织的组合，如铁素体、奥氏体、渗碳体、珠光体、马氏体、贝氏体等。描述钢在凝固和铸态条件下的基体结构时，也会提到组织，如柱状晶组织、等轴晶组织、球（胞）状晶组织、树枝晶组织等。关于相与组织概念的使用，材料和冶金学者有着不同的认识，理解不当就会产生一定的误导和疏漏。

1.3.1 钢中的相

相，生活中典型的字面含义为形貌、外观的统称，描述的是一种特征。材料学中的相，可以理解为具有相同规律的晶体结构和化学成分的组态。对于热力学相图中的相，其定义为系统中（宏观）物理与化学性质完全相同的部分，即不同物质粒子（分子或原子）均匀混合，形成的宏观物理性质和化学性质完全均一的状态。

对于纯铁来说，根据原子晶格结构和排列形式，常见的相为液相 L、高温铁素体相 δ、奥氏体相 γ 和低温铁素体相 α。Fe 的沸点约为 2750 ℃，现有技术条件下，冶金生产过程中一般不会考虑气相铁。通常认为，液相中 Fe 原子整体呈无序状态，尽管可能存在固定或随机结构的晶胚，但其宏观状态与固相的周期性排列明显不同，故液相的 Fe 只作为一相。固相的 Fe 在冷却过程中会发生同素异构转变，1538 ℃时液相中首先析出的是具有体心立方结构的 δ 相，1394 ℃时 δ 相向 γ 相转变，晶体结构由体心立方（BCC）变为面心立方（FCC）。γ 相的硬度（HB）较低（170~220）、塑性较高（40%~50%），对碳的溶解能力较强，是热加工和热处理中常涉及的相态。912 ℃时固相 Fe 由 γ 相转变为 α 相，晶体结构由面心立方变为体心立方，进而一直保持到室温。α 相的硬度（HB）低（50~80）、塑性好（30%~50%），对碳的溶解能力极为有限，故钢在室温下一般呈铁素体+碳化物的两相或多相状态。

对于钢来说，其是纯铁中加入了碳和其他合金元素，一些元素会与 Fe 原子结合生成新的相，最常见的如渗碳体相 Fe_3C（θ 碳化物）。Fe_3C 是由 Fe、C 原子构成的斜方晶格结构，原子周围有 6 个 Fe 原子，构成一个八面体，而每个 Fe 原子属于两个八面体共有。Fe_3C 熔点为 1227 ℃，是一种亚稳态化合物，在一定条件下，渗碳体可以分解为铁和碳［见式（1-9）］，这一相变对铸铁的石墨化控制尤为关键。渗碳体硬而脆（硬度约 800HB），塑性极低，伸长率基本为零，是钢中常见的强化相。通常，加入其他合金元素之后，渗碳体中的 Fe 会被其他元素取代，形成 $(Fe,Cr)_3C$、$(Fe,Mn)_3C$ 等合金渗碳体。

$$Fe_3C \rightarrow 3Fe + C \qquad\qquad (1-9)$$

此外，Fe 和 C 还能形成其他相，如 χ 相（Fe_5C_2）、ε 相（$Fe_{2.4}C$）等，二者在马氏体回火过程中会出现。当然，钢中加入其他合金元素之后，还会出现相同结构、不同化学组分的相，简单构型如 TiN、TiC、Ti(CN)、(Ti,Nb)(CN) 等，其中的 Ti 可以被 Nb、V 等其他强碳化物形成元素替换；复杂构型如 Cr_7C_3、$Cr_{23}C_6$ 和 Fe_4W_2C 等。高合金钢中会出现金属间化合物，如 Ni_3Al、Fe_2Nb 等。钢中的非金属夹杂物也是单独的相，如硫化物、氧化物、硅酸盐等。某些低熔点元素加入钢中后，形成的弥散单质颗粒也是单独的相，如 Cu、Pb、As、Sb 等。气体元素聚集形成气泡时，同样是单独的相，如 N、H 等。

1.3.2　钢中的组织

组织，是材料学中时常谈到的词汇，可以理解为合金中有若干相以一定的数量、形状、尺寸组合而成的并且具有独特形态的部分。因此，组织可以由单相组成，也可以由多相组成，即钢中组织的数量多于相的数量。

单相也可以称为一种组织。比如，无间隙原子钢（IF 钢），产品服役组织为铁素体，其相组成为单相铁素体+极少量的碳化物；奥氏体不锈钢，通过添加大量的 Ni、Mn、N 等元素扩大奥氏体相区，使室温下奥氏体稳定存在，其基体组织为奥氏体，基本相组成也是奥氏体。对于强冷形成的马氏体钢，未回火之前基体组织是马氏体+少量残余奥氏体，基本相组成为马氏体和奥氏体。值得注意的是，对于低碳马氏体 $[w(C)<0.2\%]$，其晶格结构仍为体心立方，与铁素体晶格结构相同，但固溶的碳含量不同；对于高碳马氏体，其晶格结构为体心正方，是与铁素体显然不同的相。当然，从组织而言，马氏体与铁素体也是不同的。

多相组织比较常见，最典型的如珠光体。珠光体是一种共析组织，其相组成为铁素体 α 和渗碳体 Fe_3C，平衡条件下二者比例约为 8∶1。由于铁素体比较软而渗碳体比较硬，二者以片层状有机组合之后，使珠光体具有良好的强度和塑性的匹配，是许多热轧产品的常见服役组织之一，如钢筋、钢轨和某些型材等。

1.3.3　钢的成分、组织与性能

对于钢来说，下游用户实际上最关注的是产品性能，包括力学性能、化学性能、磁学性能、热学性能和声学性能等，这些都是使用性能，决定了材料是否胜任某些服役环境。除此之外，冶金和材料学者还关注工艺性能，如铸造性能、加工性能、切削性能、热处理性能、焊接性能、涂镀性能等，决定了钢材是否容易生产和制备。实际上，使用性能和工艺性能对钢材都非常重要。

钢的零件制备，需要经过冶炼、浇铸、热加工、机加工、热处理及铆接、焊接等一系列的工艺过程，它能否适应这些工艺过程中的要求，以及适应的程度如何，是决定它能否进行生产或如何进行生产的重要因素，这就是工艺性能。实际上，钢的工艺性能是由多个物理参量的综合作用决定的。比如，钢的铸造性能既与其熔点、黏度及液态/固态的膨胀系数有关，又受到液态与其周围介质的化学作用及其产物的物理性质的影响，用单一的物理参量表示是相当困难且十分繁杂的。于是，工程上用流动性、填充性、凝固收缩性、热裂抗力等综合起来表示铸造性能。钢的其他工艺性能，也会采用类似的处理，用于更好地描述对工艺过程的适应能力。

钢材制成零件之后，在使用过程中要求具有适应或抵抗外界载荷的能力，这就是使用性能。因为零件的使用环境不同，这些外界作用也相当复杂，既有质的区别，又有量的差异，如各种力学、化学、辐射、电磁及冷热温度的作用，这些作用强弱、大小不一，既有单一的，也有复合的。比如，钢大多都会作为结构材料，一般首先要求能够分别或同时承受多种动力学或静力学的作用，但也会附加

对抵抗其他作用的要求，例如大气下要求抗大气腐蚀、航海中要求抗海水腐蚀、化工上要求抗化学介质的腐蚀、电机上要求抵抗或顺应电磁场的作用、核能工业则要求抗辐射作用、空间技术则要求耐高温或耐低温性能等。钢的使用性能大部分可以和材料的一些基本物理参量直接地联系起来，但工业领域上为了使用的方便，大多是采用模拟实验指标表示，例如由拉伸试验测出的屈服强度、抗拉强度、伸长率、断面收缩率，由冲击试验测得的韧性值，由裂口试样测得的断裂韧性等。上述常见指标的具体物理意义如下：

（1）屈服强度。材料发生屈服时的临界应力值，即基体抵抗微量塑性变形的能力。

（2）抗拉强度。材料在拉伸变形断裂前的最大应力值，实际上是金属由均匀塑性变形向局部塑性变形过渡时的临界应力值。

（3）伸长率。材料拉伸变形标距的伸长量与原始标距之比，反映的是材料拉伸方向的塑性指标。

（4）断面收缩率，简称面缩率。它是材料拉伸断裂时断口面积收缩量与原始面积的比值，反映的是塑性的整体变形能力。

（5）冲击韧性。材料抵抗冲击载荷作用而不破坏的能力，是冲击过程中材料吸收塑性变形功和断裂功。

（6）硬度。材料抵抗其他物体刻划或压入其表面而变形的能力。

当然，材料在其他变形中也有对应的指标，如压缩、剪切、弯曲、扭转过程中会用抗压强度、抗剪强度、抗弯强度、抗扭强度，在交变载荷下还有接触疲劳强度和弯曲疲劳强度等。尽管这些性能指标测定过程和实际服役状态有一定的差异，但其与使用条件的对应关系更为直观，为材料选型和优化提供参考。

工艺性能和使用性能既有联系又有区别，这两类性能的好坏或高低，有时是一致的，有时却是相矛盾的。例如，一些高强度、高硬度、耐高温的钢种常常会给冶炼、浇铸、热加工、机加工等过程带来不少困难，甚至会达到限制或阻碍钢材应用的程度。因此，一方面需要改进冶金和材料加工装备、方法以提高钢材的工艺性能，另一方面应使材料性能具有多变性或多重性以提高其使用性能。幸运的是，大部分钢铁材料在一定程度上具备这方面的特点，因此已实现了最广泛的应用。

钢的基本成分是 Fe，同时含有其他合金元素，但不改变其金属学属性。钢中内部原子结合是金属键的作用，决定了内部结构的基本特征与离子键、分子键和共价键晶体大不相同。同属金属键的不同金属，其原子结合力也不同，这主要是受材料化学成分的制约，例如，钢、铝、铜之间性质迥然不同，钢和铸铁之间性能差别也很大。即使如此，同一化学成分，甚至同一结构的材料，它的某些性能仍然可以在一个相当大的范围内发生显著变化。例如，同一化学成分某种钢的不同零件，其硬度之差可以用一个切削掉另一个，而这是受到相和组织的因素控制的。由此可见，成分、相结构和组织都是决定钢材性能的内在因素，三者之间既相互区别，又相互影响，并分别在不同程度上相互制约，这种综合作用决定了钢材的性能。当外界条件（温度、压力或其他物理化学作用）影响到内在因素时，钢的性能就会产生明显的变化。当然，钢的不同性能受到三种因素的影响程度不同。其中，成分是基础，是决定相结构和组织的根本，也是满足性能的先决条件。

当化学成分给定时，钢的某些性能主要是由相结构和组织控制。例如，一些性能对相结构和组织的变化不敏感，以致从应用角度来看，几乎可以忽略不计，将其列为对结构组织不敏感的性能，如密度、弹性模量、热膨胀、熔点、热传导、比热容、电阻、电化学位、热电性、顺磁和逆磁性、光反射、抗辐射性等。其中，有的性能对成分的变化也不大敏感，例如，普通结构用钢，无论碳钢或低合金钢，其弹性模量均为 200~220 GPa；普通黄铜，即使合金元素锌含量由零增至 40%，它的弹性模量的变化也仅 5%~6%。钢的另一类性能，对相结构和组织的变化反映很敏感，将其列为对结构组织敏感的性能，如屈服强度、抗拉强度、断裂强度、硬度、韧性、伸长率、面缩率、滞弹性、蠕变、铁磁性（包括导磁系数、残余磁感、矫顽力）等。因此，以这些性能为主要评价指标和应用场景的钢材，其相结构和组织调控受到高度重视。

绝大多数情况下，钢均作为结构材料而非功能材料使用，因此，力学性能是最重要、最核心、最关键的指标，其不仅直接用于评价使用性能水平，还描述了浇铸、加工、热处理过程中基体协调变形的能力，与钢的工艺性能也有联系，因此已受到冶金和材料学者的广泛关注和研究。大量应用结果已证实，钢的力学性能直接受到相结构和组织的影响更大，与其成分有一定关系。相同成分的钢，不同的冷却条件下可以得到不同的相组成和金相组织，如不同比例的铁素体和珠光体、不同片层间距的珠光体、不同结构与尺寸的碳化物和不同形貌的铁素体、不同转变程度的贝氏体和马氏体等，进而可以实现比较宽泛的力学性能控制范围。当然，不同成分的钢、相同的相结构和组织属性下，其力学性能也有一定差异，体现出的工艺性能和使用性能也有不同。

1.4 钢的浇铸特性

凝固过程涉及复杂的传输现象，钢的浇铸特性将直接影响传热、流动、溶质再分配和应力应变，最终影响铸态组织和产品质量。钢的浇铸特性主要是指高温热物理特性（如相变温度、密度、比热容、导热系数、膨胀系数等）和高温力学特性（如强度、伸长率、面缩率等）。浇铸不仅是液固转变过程，后续冷却还将发生温度的继续下降及固态相变和析出，对最终凝固质量也有直接影响。因此，钢的浇铸特性参数均是温度的函数，具有温度非线性的特点。

　　不同钢种具有不同的合金成分和相变与组织特征，在浇铸特性上也具有一定差异。钢的浇铸特性及其随不同钢种、不同温度的变化规律，是生产中制订合理浇铸工艺、有效控制铸坯质量的重要依据。

1.4.1　凝固特征温度

　　钢是一种铁基合金，凝固是在一个温度范围内完成的。浇铸过程中，钢水自开始结晶到凝固完全之前，铸坯/铸锭是由固态坯壳、凝固两相区和中心未凝固钢水组成。为更好地描述钢在凝固过程中的相变规律，根据凝固特征温度可以将浇铸状态的连铸坯/铸锭分为固相区、液相区与两相区（或糊状区，即固相区与液相的过渡区），不同的凝固状态表现出不同的物理学与力学特性，对最终凝固质量也有不同的影响。

　　钢在凝固过程中特征温度与枝晶组织和高温力学特性的对应关系如图 1-8 所示，不同特征温度的物理意义见表 1-4。图 1-8 中 T_L 为液相线温度，此处钢液开始凝固结晶，即液相中刚刚出现固相。当温度继续下降到某一值时，凝固过程形成的枝晶结构表现出能够承受一定载荷的能力，这一温度值被称为“零强度温度”（zero strength temperature，ZST）；继续冷却时，枝晶承受载荷能力逐渐上升，但其延展变形能力仍基本为零，直到达到某一温度基体开始表现出一定的延展性，此温度点被定义为“零塑性温度”（zero ductility temperature，ZDT）。零强度温度和零塑性温度是衡量钢高温力学行为的重要参数，它们之间温度区间的大小（$\Delta T = ZST - ZDT$）是衡量凝固前沿裂纹倾向的一个重要指标。ΔT 越大，在这个温度范围内形成裂纹的概率就越大。在此温度范围内，钢虽然具有一定的强度，但无延展变形能力，外力作用下一旦出现变形就会开裂。钢在两相区内的低延展性是由枝晶之间的残留液相引起的，它受到溶质微观偏析的直接影响。P 和 S 等溶质元素在树枝晶间富集，使该处局部固相线温度下降，相应地使铸坯零塑性温度 ZDT 明显低于由平衡相图得到的固相线温度 $T_{S,E}$。此时，即使微小的拉伸应变（1%~2%）作用在两相区，基体也会沿枝晶间开裂。若液态钢水不能够及时填充缝隙，裂隙就会从凝固前沿向连铸坯表面扩展，形成“热撕裂”（hot tear）。由此可知，凝固过程溶质偏析使裂纹敏感温度区间显著变宽，是实际生产中固液界面前沿出现裂纹的内在原因。

表 1-4　钢的凝固特征温度及其物理意义

凝固特征温度	符号	对应固相率	物　理　意　义
液相线温度	T_L	0	开始结晶温度
固相线温度	T_S	1	完全结晶温度

续表 1-4

凝固特征温度	符号	对应固相率	物 理 意 义
零强度温度	ZST	0.80	开始出现抵抗外力的温度
零塑性温度	ZDT	0.99	开始出现抵抗变形的温度
黏滞性温度	LIT	0.90	枝晶间裂纹不能被填充的开始温度

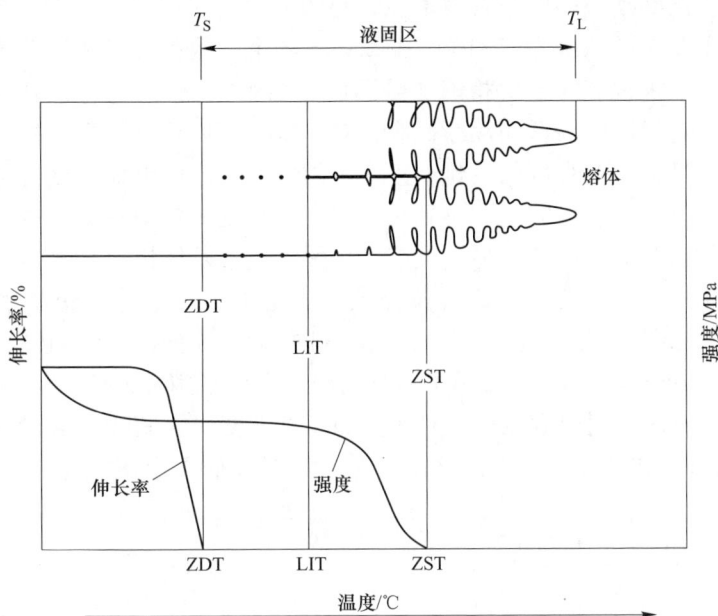

图 1-8 钢的凝固特征温度与枝晶组织和高温力学特性

此外，为了更准确地研究连铸坯裂纹特征，还可以把该区域进一步划分为液相充填区和裂纹敏感区，其分界线叫作"黏滞性温度"（liquid impenetrable temperature，LIT）。在填充区，即 LIT 与 ZST 之间，即使有裂纹产生，也会被渗入的液相充填；在裂纹敏感区，即 LIT 与 ZDT 之间，枝晶已经紧密搭桥，残余液相很难流动，使枝晶间裂纹一旦发生将无法弥合而保留下来。因此，确定钢的两相区热物理状态与特征温度是研究其浇铸特性的重要内容。

大量研究发现，采用固相率 f_S（即两相区中固相的比例）描述钢在两相区内的热物理状态及其与高温变形特征的对应关系是比较合理的。液相线 T_L、零强度温度 ZST 等特征温度值也通常根据两相区内的固相率 f_S 获得，例如将 ZST 定义为 $f_S = 0.8$ 时的温度值，将 LIT 定义为 $f_S = 0.9$ 时的温度值，将 ZDT 定义为 $f_S = 0.99$ 时的温度值。随着温度降低，f_S 从 0 开始逐渐增大；初期凝固速度快，固相率 f_S 增加也快；中期凝固速度将会减小，f_S 增加的速度也会变缓；后期接近完全凝时由于潜热释放完毕，f_S 快速增加到 1。同时，考虑到 C、S、P 等溶质元素的显微偏析，其固相线温度比平衡条件下还要低一些，其他凝固特征温度也会随之略有下降。

1.4.2 高温强度与塑性

1.4.2.1 高温强度

高温下，钢的断裂倾向与其力学性能密切相关。钢在凝固过程中与缺陷相关的强度指标主要包括屈服强度和抗拉强度，这两个参数都可以通过单轴静态拉伸试验获得。一般来说，对于单相钢（凝固后高温到室温无相变），其抗拉强度和屈服强度均随着温度的降低而逐渐提高；对于凝固之后到室温之间发生多次相变的钢种，相变过程会对强度的变化产生一定的影响，进而破坏强度与温度之间单调变化关系。早期一些研究中，会采用高温强度判据分析钢在凝固过程中的断裂行为，即当外部载荷、相变应力、热应力的叠加超过基体抗拉强度时，就认为会出现裂纹。东京大学学者采用高温拉伸试验测定了不同钢种应变速率为 1×10^{-2} s^{-1} 时的高温断裂应力[1]（见图 1-9），不同温度下的抗拉强度基本在 1 ~ 10 MPa，钢种成分见表 1-5。莱奥本大学的研究人员采用浸入法（submerged split chill tensile，SSCT）测定激冷拉伸时坯壳的断裂强度[2]，其随碳含量的变化规律如图 1-10 所示，结果与前述数据整体接近，实测钢种数据见表 1-6。

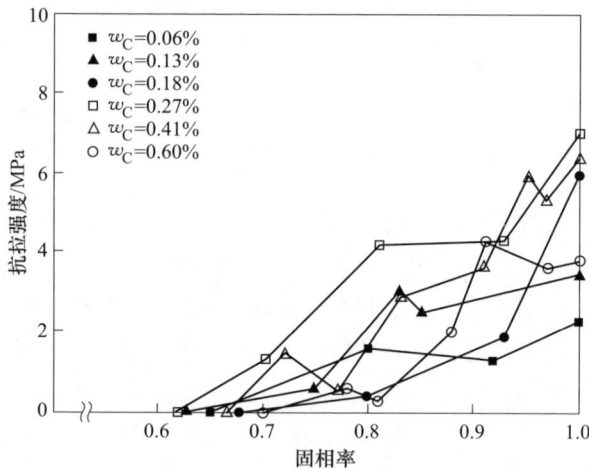

图 1-9 不同钢种基于拉伸法测定的抗拉强度

表 1-5 钢种的化学成分   （%）

序号	C	Mn	Si	P	S	Al
1	0.06	1.06	0.08	0.0007	0.0006	0.024
2	0.13	1.04	0.06	0.0005	0.0006	0.025

序号	C	Mn	Si	P	S	Al
3	0.18	1.06	0.07	0.0006	0.0006	0.026
4	0.27	1.04	0.15	0.0007	0.0007	0.024
5	0.41	1.03	0.08	0.0008	0.0005	0.030
6	0.60	1.06	0.15	0.0009	0.0008	0.026

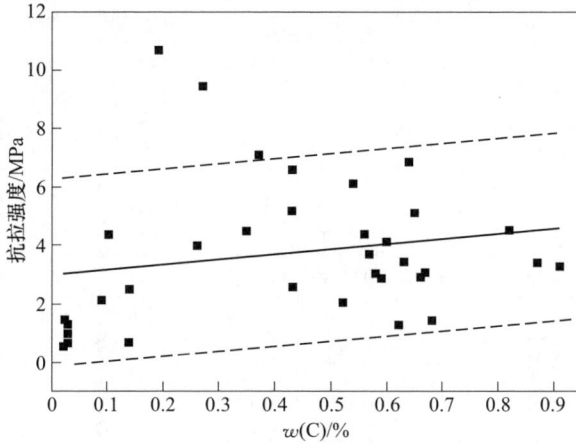

图 1-10 不同钢种基于 SSCT 法测定的抗拉强度

表 1-6 钢种化学成分和性能

序号	成分（质量分数）/%					T_s/℃	T_t/℃	应力 /MPa	应变率 /s^{-1}
	C	Si	Mn	P	S				
1	0.02	0.27	0.04	0.027	0.020	1538	1449	1.6	12×10^{-3}
2	0.02	0.06	0.07	0.013	0.023	1527	1481	0.4	12×10^{-3}
3	0.03	0.08	0.10	0.020	0.024	1528	1420	0.5	17×10^{-3}
4	0.03	0.04	0.09	0.015	0.024	1526	1475	1.0	11×10^{-3}
5	0.03	0.21	0.08	0.025	0.020	1533	1480	1.5	53×10^{-3}
6	0.09	0.35	0.27	0.034	0.016	1510	1448	2.2	12×10^{-3}
7	0.09	0.02	0.07	0.025	0.022	1496	1422	2.1	42×10^{-3}
8	0.10	0.03	0.03	0.019	0.020	1493	1419	4.4	43×10^{-3}
9	0.19	0.22	0.19	0.028	0.025	1493	1358	10.7	54×10^{-3}
10	0.27	0.25	0.27	0.026	0.022	1493	1350	9.4	40×10^{-3}
11	0.57	0.19	0.07	0.033	0.012	1427	1336	3.7	5×10^{-3}
12	0.60	0.15	0.06	0.041	0.011	1420	1279	1.2	5×10^{-3}

序号	成分（质量分数)/%					T_s/℃	T_t/℃	应力/MPa	应变率/s^{-1}
	C	Si	Mn	P	S				
13	0.62	0.20	0.04	0.010	0.010	1416	1317	1.3	33×10^{-3}
14	0.63	0.17	0.04	0.010	0.010	1415	1314	3.5	13×10^{-3}
15	0.64	0.16	0.03	0.010	0.010	1407	1329	3.8	10×10^{-3}
16	0.68	0.26	0.05	0.010	0.010	1407	1329	2.3	10×10^{-3}
17	0.14	0.18	0.04	0.010	0.011	1493	1295	2.5	10×10^{-3}
18	0.14	0.19	0.03	0.010	0.012	1493	1290	0.7	2×10^{-3}
19	0.26	0.19	0.04	0.010	0.011	1482	1283	4.0	10×10^{-3}
20	0.35	0.11	0.11	0.041	0.022	1467	1234	4.5	2×10^{-3}
21	0.37	0.06	0.03	0.009	0.011	1460	1258	7.2	10×10^{-3}
22	0.43	0.17	0.06	0.025	0.010	1453	1271	2.6	10×10^{-3}
23	0.43	0.14	0.13	0.034	0.022	1451	1245	5.2	2×10^{-3}
24	0.43	0.12	0.13	0.007	0.008	1450	1263	6.6	10×10^{-3}
25	0.54	0.31	0.04	0.008	0.010	1433	1183	5.6	10×10^{-3}
26	0.56	0.07	0.07	0.025	0.009	1426	1238	3.8	10×10^{-3}
27	0.58	0.20	0.07	0.008	0.010	1424	1242	2.8	10×10^{-3}
28	0.60	0.28	0.04	0.009	0.010	1422	1234	3.7	10×10^{-3}
29	0.65	0.18	0.05	0.009	0.010	1412	1242	5.1	10×10^{-3}
30	0.82	0.24	0.06	0.008	0.010	1382	1156	4.6	10×10^{-3}
31	0.91	0.18	0.06	0.008	0.010	1364	1207	3.6	10×10^{-3}
32	0.61	0.27	0.47	0.012	0.012	1418	1232	4.9	10×10^{-3}
33	0.56	0.33	0.94	0.013	0.011	1418	1221	8.8	10×10^{-3}
34	0.57	0.35	1.41	0.014	0.011	1424	1217	8.5	10×10^{-3}
35	0.61	0.23	1.60	0.011	0.011	1413	1220	8.0	10×10^{-3}
36	0.57	0.33	2.30	0.016	0.011	1420	1209	10.0	10×10^{-3}
37	0.54	0.45	3.12	0.016	0.008	1425	1202	8.2	10×10^{-3}

1.4.2.2　高温塑性

根据材料工程力学，强度判据一般适用于脆性材料。对于钢来说，只有在 ZDT 温度以上，或者凝固区间内的断裂行为才与之相符。实际浇铸过程中，即使钢的裂纹出现在凝固界面，形成过程也会有一定的变形，强度判据在这种情况下可能不太可靠，不少学者开始关注于塑性判据，即通过临界应变评价裂纹倾向，如图 1-11 所示[3]。观察可见，不同研究中，凝固前沿裂纹形成的临界应变在

0.3%~4%之间，且均随着应变速率增加而减小，这与晶界脆性随应变速率增大而提高有关。

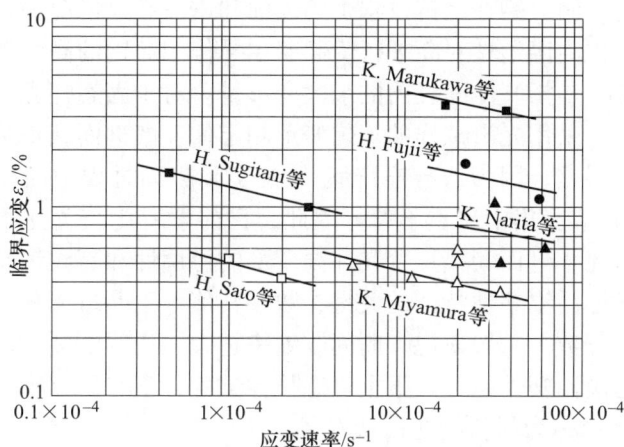

图 1-11　不同应变速率下裂纹形成的临界应变

基于不同方法测定的不同碳当量钢种凝固前沿裂纹形成的临界应变如图 1-12 所示[4]。从图中可见，随着碳当量由 0.1% 增大 0.6%，裂纹形成的临界应变由 3% 降低至 0.5%~1.0%，即临界应变随着碳当量增大而减小。不难理解，随着碳当量增加，凝固两相区宽度增大，脆性温区宽化，出现裂纹的概率也增大。

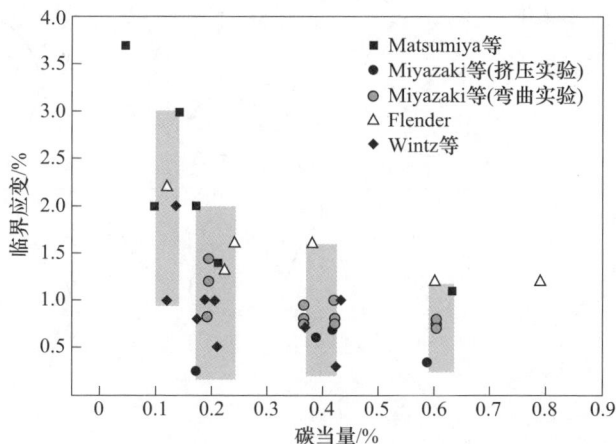

图 1-12　不同碳当量下凝固前沿裂纹形成的临界应变

值得说明的是，上述强度和塑性判据主要针对凝固过程，即 ZST~ZDT 的情况，与连铸坯/铸锭的内部裂纹情况相吻合。实际生产中，裂纹也可能出现在固态坯壳表面，此时基体的温度可能在 600~1200 ℃，上述判据在这一范围内不再适用。

在固态或固相率较高的条件下，高温时基体在较小的外力作用下就会出现变形，此时外部载荷并没有超过抗拉强度，但变形可能达到了极限，进而也会出现裂纹。已有研究表明，钢在浇铸过程中的表面和皮下裂纹情况理论上更符合临界应变判据，即基体高温塑性对断裂行为起着主导作用。钢的高温塑性指标是伸长率和断面收缩率，是指基体断裂前的最大变形量。对于固态坯壳，由于高温下已具有良好的塑性，采用光滑试样的均匀变形测定伸长率进而获得临界应变或裂纹倾向仍存在较大误差，因为这与连铸坯/铸锭实际凝固过程中因坯壳厚度不均而导致的局部应力/应变集中严重不符。因此，目前学者比较关注不同温度下钢种的断面收缩率情况，进而间接评价其高温变形的协调性和裂纹敏感性。断面收缩率已成为表征试样高温塑性特征的关键参数，其值等于断口面积的变化量与其原始面积之比的百分数。一般来说，断面收缩率越大，说明断裂前基体协调变形的能力越强，钢的高温塑性越好。根据静态拉伸试验，现有研究中通常将断面收缩率低于40%的区域称为材料的塑性低谷区。

为揭示某一钢种的热塑性规律，一般在 700 ℃ ~ T_S 对棒状试样进行单轴静态拉伸，并测定不同温度下的断面收缩率，其随温度的变化曲线多用于表征基体的热塑性规律，如图 1-13 所示。从图中可以看出，钢在整个高温区内会出现 3 个热塑性较差的区域（脆性区），分别为高温脆性区 I：$T_\mathrm{S,E}$ ~ 1200 ℃、中温脆性区 II：1200 ~ 900 ℃ 和低温脆性区 III：900 ~ 600 ℃。

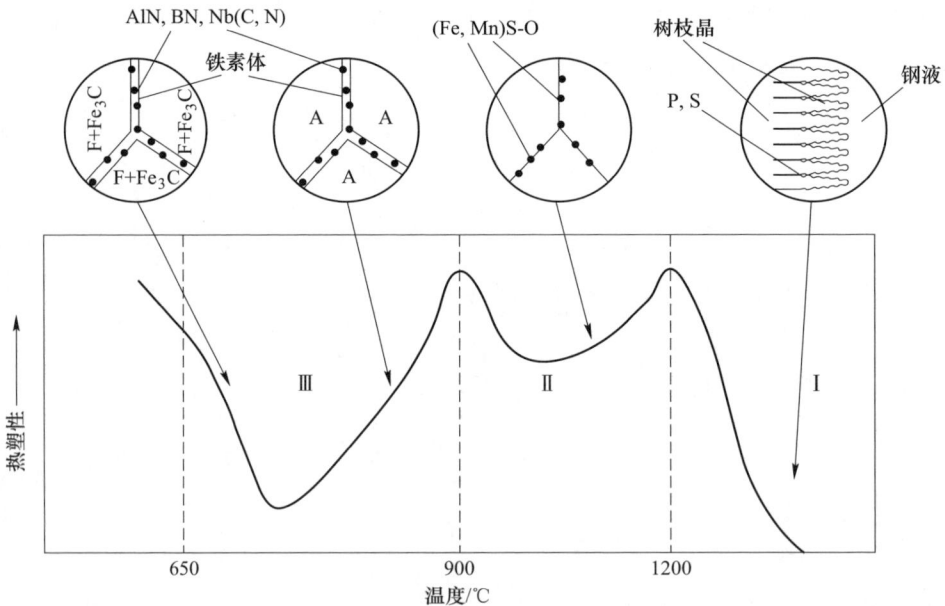

图 1-13　钢的热塑性曲线特征示意图

A 高温脆性区 I

该脆性区多在 $T_{S,E}$ ~1200 ℃。如前文所述，在 ZST~ZDT 之间，钢能承受一定的应力，但其塑性为零，处于极易脆裂区。钢中 C 含量增加，ZST 和 ZDT 将会降低；凝固过程中，S、P 等元素的显微偏析也会降低 ZST 和 ZDT，大大增加固液界面的裂纹敏感性，这是实际生产中这一脆性区产生的主要原因。连铸坯/铸锭中的内部裂纹大都在这个脆性区内发生，对应于凝固界面附近；连铸轻压下不当引起的压下裂纹也是这个范畴。

B 中温脆性区 II

该脆性区多在 1200~900 ℃。脆裂机理是沿奥氏体晶界析出过饱和的硫化物和氧化物如（Fe,Mn）S、（Fe,Mn）O，增加了晶界断裂的敏感性。当钢中 O、S 含量较高而 Mn 含量较低时，晶界断裂的敏感性较强。FeS 和 Fe 共晶相的熔点在 985 ℃（1258 K）左右（见图 1-14），1000 ℃ 以上时晶界仍存在液态膜状结构，外力作用下极易沿着晶界开裂，这也是该温区内晶界脆化的主要因素。一般来说，第二脆性区基体的裂纹敏感性随应变速率增加而增大。

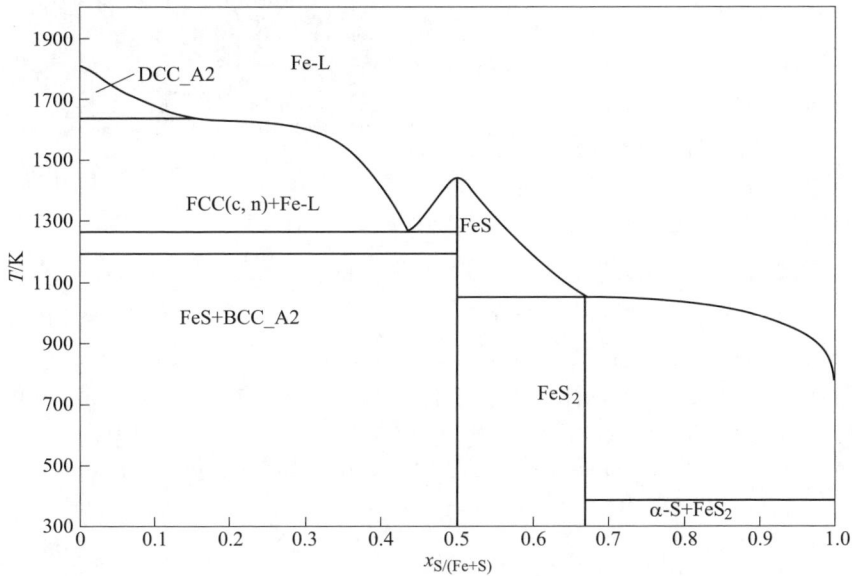

图 1-14 Fe-S 二元相图

随着精炼脱硫、脱氧能力增强，普通牌号结构钢中硫含量已降低至 0.05% 以下，氧含量不超过 0.005%，一般不会出现中温脆性区的裂纹。然而，对于某些含硫易切削钢来说，硫含量一般高于 0.05%，甚至可能达到 0.1% 以上，中温脆性裂纹还是需要注意控制和避免的。

除此之外，对于某些含铜耐候钢，或铜模具浇铸常规钢种的连铸坯/铸锭表面有铜渗入时，由于高温氧化作用，奥氏体晶界的氧与 Fe 和 Si 结合，进而促进了铜的富集，考虑到铜基本不与钢中其他元素反应，且熔点为 1083 ℃，故 1100 ℃ 以上也会在晶界呈液相，这是中温脆性区的另一个重要机制。已有研究指出，加入一定的 Ni 可以缓解这种脆性，一方面 Ni 可以增大 Cu 在基体中的溶解度，另一方面可以与 Cu 生成熔点高于 1200 ℃ 的铜镍相。

C　低温脆性区 Ⅲ

该脆性区多在 900~600 ℃。当温度降低至小于 900 ℃ 时，钢的塑性再次下降，一般在 850~750 ℃ 塑性最低（断面收缩率最小），此时连铸坯受到外力作用时极易产生裂纹。已有研究表明，钢的低温脆性机理是在奥氏体晶界上出现碳氮化物粒子，如 Nb(C,N)、AlN、BN 等，一是本身会成为裂纹源，二是会因晶界周围出现无析出带而导致应力应变集中，最终都会增加晶界脆性；或者有 γ→α 相变时，在奥氏体晶界产生了薄膜状的先共析铁素体，因铁素体的形变能力比奥氏体大，使薄膜状的 α 相内变形增加，导致先共析的 α 相和 γ 相交界处产生裂纹，如图 1-15 所示。通常认为，连铸坯

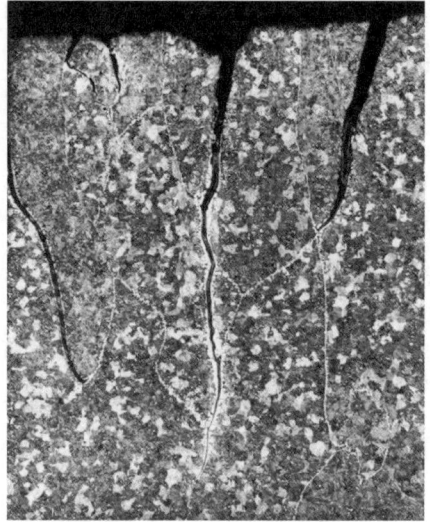

图 1-15　沿晶界薄膜铁素体的
低温脆性区裂纹

表面和角部横裂纹大都是在这个脆性区发生的。为避免连铸坯在矫直时产生裂纹，一般要求进拉矫机的铸坯表面温度不低于 850 ℃。对于某些因析出而导致的裂纹来说，矫直温度要高于 1000 ℃。最近，作者团队基于高温拉伸实验测定了 850 ℃ 时不同钢种铸态条件下裂纹形成的临界应变。对于微合金亚包晶钢，其值约为 5%~8%；对于常规碳锰铜，其值高于 15%。连铸矫直应变约为 1%~2%，由此推断，这一温度下的裂纹与振痕引起的应力应变集中有关。

1.4.3　热膨胀/收缩

大多数钢种都是典型的热胀冷缩材料，随着温度的升高，材料的体积逐渐膨胀。实际上，由于钢具有同素异构转变，不同相结构的密排度也会引起密度的变化，因此体积随温度的变化规律并非单调的。从高温液态到室温固态的冷却过程中，钢的体积变化受到液相收缩、凝固收缩、相变收缩/膨胀、固相收缩等综合作用的影响，当连铸坯/铸锭内外温度变化不一致、体积收缩得不到补充或不能协调变形时，就会出现热应力和热应变，超过基体的临界范围时就会出现凹陷、

裂纹等缺陷。

　　通常，固体的热膨胀与原子的非简谐振动有关。简单地说，温度升高，导致原子间距增大，因此产生热膨胀。当原子做热振动时，如果原子相对于平衡位置的位移和原子间相互作用力呈线性关系，并对于平衡位置做等距离振动时所受的力相等，则温度变化只能改变原子振动的振幅，而不会改变原子的间距，即原子振动的中心位置不变，不会引起热膨胀。实际上，原子热振动时，原子的位移和原子间相互作用力呈非线性和非对称的关系，必然会引起热膨胀。

　　两原子相互作用势能与原子间距的关系如图 1-16 所示。E_i 表示不同温度时的能量状态。当原子热振动通过平衡位置 r_0 时，全部能量转化为动能；偏离平衡位置时，部分动能转化为势能；达到振幅最大值时全部能量转化为势能。例如，加热温度 T_1 时，其能量状态为 E_1，能量曲线上出现两个端点（箭头两端），它们代表原子在热振动时的振幅及达到的最大势能值，最大势能中间对应于原子振动的中心位置。根据势能曲线的不对称性，随着温度由 T_1 升高 T_5，势能由 E_1 增加到 E_5，振幅增加，振动中心就由 r_1 向 r_5 右移，即双原子间距增大，产生热膨胀。下面介绍几个关键的热膨胀特性参数指标。

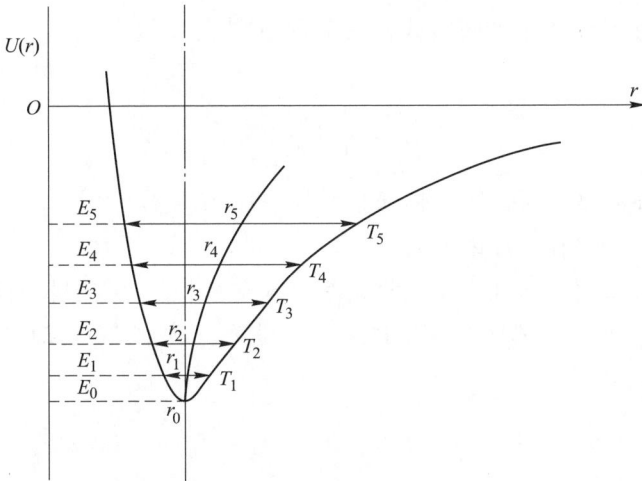

图 1-16　两原子相互作用势能与间距和温度的关系

1.4.3.1　平均线膨胀系数与平均体膨胀系数

　　设试样在 T_1 温度下的长度为 L_1，当加热温升到 T_2 时，其长度变为 L_2，则其热膨胀伸长量与温度的变化存在以下数学关系：

$$\bar{\alpha} = \frac{L_2 - L_1}{L_1(T_2 - T_1)} \tag{1-10}$$

式中，$\bar{\alpha}$ 为钢的平均线膨胀系数，℃$^{-1}$ 或 K^{-1}。

可见，平均线膨胀系数表示在一定温度范围内每变化单位温度试样在某一方向上长度变化的相对量。

由于金属热膨胀特性具有很强的温度相关性和结构相关性，对于某一实际金属材料，其平均线膨胀系数只是在某一温度范围内才能近似地视为常数。一般固体材料的线膨胀系数数量级为 $10^{-6} \sim 10^{-3}$ ℃$^{-1}$。

体积随着温度变化可以写为：

$$\bar{\beta} = \frac{V_2 - V_1}{V_1(T_2 - T_1)} \tag{1-11}$$

式中，V_2、V_1 分别为钢在 T_2 和 T_1 时的体积，m^3；$\bar{\beta}$ 为钢的平均体膨胀系数，℃$^{-1}$ 或 K^{-1}。

平均体积膨胀系数表示每变化单位温度时，材料单位体积变化的相对量。

1.4.3.2　瞬时线膨胀系数与瞬时体膨胀系数

考虑膨胀特性的温度依赖性，由式（1-10）可知，某一温度 T 下的线膨胀系数可表示为：

$$\alpha_T = \frac{1}{L}\left(\frac{\mathrm{d}L}{\mathrm{d}T}\right)_T \tag{1-12}$$

式中，α_T 为钢在温度 T 下的瞬时线膨胀系数，℃$^{-1}$ 或 K^{-1}。

同样可得：

$$\beta_T = \frac{1}{V}\left(\frac{\mathrm{d}V}{\mathrm{d}T}\right)_T \tag{1-13}$$

式中，β_T 为钢在温度 T 下的瞬时体膨胀系数，℃$^{-1}$ 或 K^{-1}。

1.4.3.3　线收缩率与体收缩率

对于凝固冷却过程，通常用线收缩率和体收缩率表示冷却收缩程度。基于上述基本概念，不难获得试样在冷却过程线收缩率（膨胀率）和体收缩率与对应膨胀系数的关系为：

$$\varepsilon_L = \frac{L_1 - L_0}{L_1} \times 100\% = \alpha_L(T_1 - T_0) \times 100\% \tag{1-14}$$

$$\varepsilon_V = \frac{V_1 - V_0}{V_1} \times 100\% = \alpha_V(T_1 - T_0) \times 100\% \tag{1-15}$$

式中，L_1、L_0 分别为钢在 T_1 和 T_0 时的长度，m；V_1、V_0 分别为钢在 T_1 和 T_0 时的体积，m^3；α_L、α_V 分别为钢在 $T_1 \sim T_0$ 温度内的平均线收缩系数和平均体收缩系数，℃$^{-1}$ 或 K^{-1}。

热膨胀/收缩性能本质上与晶格结合力和热振动有关，这就建立了其与钢的其他热物性参数的联系。德国物理学家格律乃森（Grüneisen）从晶格振动理论导出了以下公式（单位不详）：

$$\beta = \frac{\gamma}{E_V V} C_V \tag{1-16}$$

式中，β 为体膨胀系数；E_V 为体积模量；V 为体积；C_V 为热容；γ 为格律乃森常数，对于一般金属常数值在 $1.5 \sim 2.5$。

由此可见，热膨胀系数和热容随温度变化的规律具有相似性，同时受到体积和体积模量的影响。

格律乃森还提出固体的热膨胀极限方程，根据该方程可以计算出纯金属由绝对零度到熔点的体积膨胀量。对于一般纯金属，该方程为：

$$\frac{V_S - V_0}{V_0} = 常数 \tag{1-17}$$

对于具有立方或六方晶体结构的金属，体积膨胀为：

$$\frac{V_S - V_0}{V_0} = 0.06 \sim 0.067 \tag{1-18}$$

对于具有正方晶体结构的金属，体积膨胀量有下列关系：

$$\frac{V_S - V_0}{V_0} = 0.0276 \tag{1-19}$$

式中，V_S 为熔点温度下固态的体积；V_0 为在绝对零度时的体积。

线膨胀系数和熔点的关系也可以由以下经验公式表示：

$$\alpha T_m = b \tag{1-20}$$

式中，b 为常数，大多数立方晶格和六方晶格金属 b 为 $0.06 \sim 0.076$。

钢作为一种金属材料，其热膨胀收缩通常直接引起体积的变化。在总质量不变的前提下，基体的密度会随之改变。因此，热膨胀系数与密度和热应变具有直接关系。当发生温度变化时，对应的热应变 $\varepsilon^{th}(T)$ 为加热到温度 T 时，试样伸长量 $\Delta l(T)$ 除以参考温度下试样的长度 $l(T_0)$，即：

$$\varepsilon^{th}(T) = \frac{\Delta l(T)}{l(T_0)} = \frac{l(T) - l(T_0)}{l(T_0)} \tag{1-21}$$

密度与热应变之间的关系为：

$$\varepsilon^{th}(T) = \sqrt[3]{\frac{\rho(T_0)}{\rho(T)}} - 1 \tag{1-22}$$

一般来说，参考温度选择为室温，$T_0 = 20 \ ℃$，热膨胀为 ε^{th}；但是，参考温度也可以选择其他温度，参考温度选择其他温度 T_x 时，热膨胀设为 $\overline{\varepsilon}^{th}$，则有：

$$\overline{\varepsilon}^{th}(T) = \frac{\varepsilon^{th}(T) - \varepsilon^{th}(T_x)}{1 + \varepsilon^{th}(T_x)} \tag{1-23}$$

根据热热膨胀系数定义，则可以计算出热应变与平均热膨胀系数之间的关系：

$$\overline{\alpha} = \frac{\Delta l(T)}{l(T_0)(T - T_0)} = \frac{\varepsilon^{th}(T)}{T - T_0} \tag{1-24}$$

1.4.3.4　热膨胀系数的影响因素

钢的热膨胀系数并非定值，其受到多个因素的影响，最主要的是温度、熔点、相变和合金元素等，具体为：

（1）热膨胀系数与温度。一般情况下，钢的温度越高，其线膨胀量就越大。实验表明，随温度升高，钢的线膨胀系数开始时的增加幅度较大，随后逐渐减小。钢在不同的温度范围内具有不同的线膨胀系数。

（2）热膨胀系数与熔点。根据格律乃森定律可知，对于立方晶体结构的金属，当体积增大约为6%时，空间点阵的原子之间作用力已经基本达到熔化的程度；对于正方晶体结构的金属，在体积增大约为2.7%时，金属就达到熔化程度。此外，还可以看出金属的熔点越低，则膨胀系数越大。立方晶体的体积膨胀到6%和正方晶系积膨胀到2.7%均是发生在绝对零度至熔点的温度间隔中，间隔越小，每升高1℃的体积变化量就越大；反之，熔点越高，温度间隔越大，那么每升高1℃的体积变化量就越小，即膨胀系数小，如图1-17所示。对比可知，钢的热膨胀系数在诸多金属材料里处于中等偏低水平。

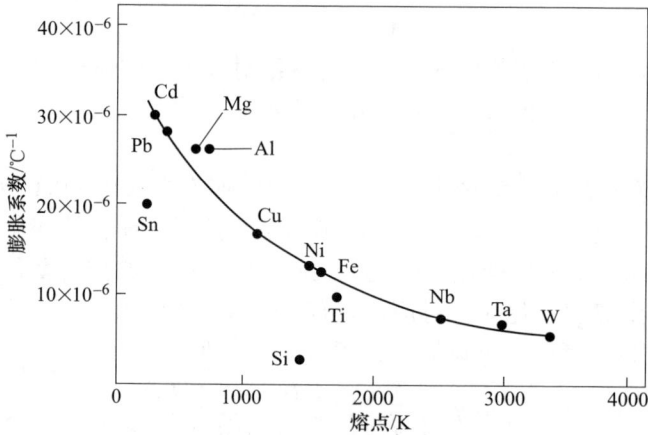

图1-17　金属膨胀系数与熔点的关系

（3）热膨胀系数和相变。金属材料在发生相变的温度区间内，由于晶体结构特征发生改变，其膨胀系数会有附加的变化。此外，同素异构转变或其他相变，也能引起膨胀系数的显著变化，这是因为不同的晶体结构具有不同的膨胀系数。一般情况下，六方晶体的膨胀系数大于面心立方晶体，而面心立方晶体的膨胀系数大于体心立方晶体。表1-7给出了碳钢不同相的体积特征值及膨胀系数。此外，立方点阵的金属线膨胀系数具有晶体取向无关性，非立方系金属膨胀系数依晶向而变化，通常平行于晶体主轴的膨胀系数比垂直方向的大些。

表 1-7 碳钢不同相的热膨胀系数

相名称	$w(C)/\%$	点阵常数/nm	比体积 V /cm^3·g^{-1}	线膨胀系数 α_L/K^{-1}	体膨胀系数 β_V/K^{-1}
铁素体		0.2861	0.12708	14.5×10^{-6}	43.5×10^{-6}
奥氏体	0	0.35586	0.12227	23.0×10^{-6}	70×10^{-6}
	0.2	0.35650	0.12270		
	0.4	0.35714	0.12317		
	0.6	0.35778	0.12356		
	0.8	0.35842	0.12399		
	1.0	0.35906	0.12442		
	1.4	0.36034	0.12526		
马氏体	0	$a=c=0.2861$	0.12708	11.5×10^{-6}	35.0×10^{-6}
	0.2	$a=0.2858, c=0.2885$	0.12761		
	0.4	$a=0.2855, c=0.2908$	0.12815		
	0.6	$a=0.2852, c=0.2932$	0.12863		
	0.8	$a=0.2849, c=0.2955$	0.12915		
	1.0	$a=0.2846, c=0.2979$	0.12965		
	1.4	$a=0.2840, c=0.3026$	0.13061		
渗碳体		$a=0.45144$ $b=0.50767$ $c=0.67297$	0.13023	12.5×10^{-6}	37.5×10^{-6}

（4）热膨胀系数与合金元素。因纯金属晶体结构的不同，其具有不同的热膨胀系数。纯金属的膨胀系数有与其他物理性质相似的规律，即随着元素的原子量呈周期的变化。较难熔化的过渡族元素，具有较低的膨胀系数。合金元素对金属材料的热膨胀系数的影响不仅与合金元素的多少有关，还取决于元素所存在的形式。两元素形成二元合金时，膨胀系数随成分变化有下列几种情况：

1）两元素固态下不互溶，又不形成化合物时，合金的膨胀系数随组元浓度变化呈线性关系；

2）两元素形成固溶体时，合金的膨胀系数比按算术规律计算的值要低一些，随着组元浓度变化呈凹形曲线变化，其原因为原子间作用力的增加；

3）两元素形成化合物时，因原子呈严格的规律排列，其相互作用比固溶体原子间的作用要大得多，因此化合物的膨胀系数比固溶体有较大的下降；

4）形成有序固溶体时，随着合金的有序化程度的增加，膨胀系数比固溶体的要小一些；

5）固溶体的膨胀系数还与溶质金属的价数有关，对第五周期元素在银中的固溶体的研究表明，固溶体的膨胀系数随着溶质价数的增加而增大；

6）合金基体由多相机械混合物构成时，则其热膨胀系数介于这些相的热膨胀系数之间，并且近似地符合直线规律，因此可以根据各相所占的体积百分数，用相加法粗略地估计多相合金的膨胀系数。

例如，两相合金的弹性模量比较接近时，合金的热膨胀系数可以用以下公式求得：

$$\alpha = \alpha_1 V_1 + \alpha_2 V_2 \qquad (1\text{-}25)$$

如果两相弹性模量相差较大，则合金的膨胀系数用下式计算：

$$\alpha = \frac{\alpha_1 V_1 E_1 + \alpha_2 V_2 E_2}{V_1 E_1 + V_2 E_2} \qquad (1\text{-}26)$$

式中，E_1、E_2 分别为组成相的弹性模量，Pa。

总体上，多相合金的膨胀系数对组织分布状况不敏感，主要取决于组成相的性质和含量。

（5）钢的热膨胀系数。不同合金元素与铁形成固溶体时，溶质元素原子浓度对纯铁热膨胀系数变化量的影响如图 1-18 所示。其中，大量的 Mn、Si 合金化使热膨胀系数增加，而 Ni、Co、Al、V 等元素使热膨胀系数减小，这是合金元素对纯铁晶格结构和相结构的双重影响。实际上，合金元素对钢的热膨胀系数的作用还取决于其溶于铁素体还是形成碳化物，图 1-19 给出了一些元素合金化对钢的热膨胀系数的影响。从图上可看出，少量固溶于铁素体中的合金元素 Cr、Ni 和渗碳体 Fe_3C 使钢的膨胀系数降低，而形成的合金碳化物 Mn_3C、Cr_3C_2 使钢的膨胀系数增大。

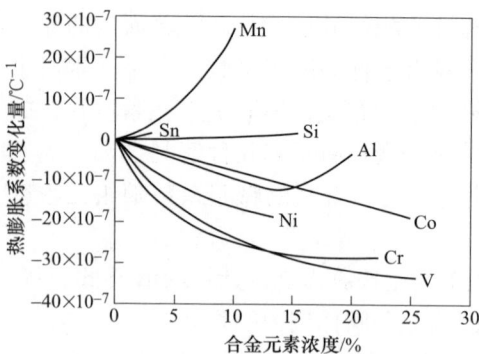

图 1-18　不同合金元素对纯铁热膨胀
　　　　系数变化量的影响

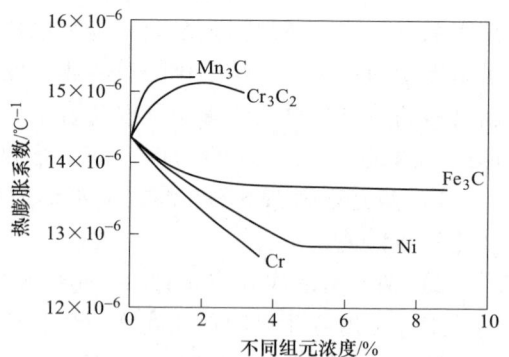

图 1-19　不同合金元素和碳化物对钢的
　　　　热膨胀系数的影响

因此，通过 Ni、Co 等的高合金化，一些特殊钢种也具有某一温度范围内极小的热膨胀/收缩特性，可大大降低温度变化时的伸缩量和热应力，这类产品多用于超低温环境的容器、管道和仪表等，对力学性能、尺寸稳定性和耐腐蚀性能等均具有严格要求。

为了测定热膨胀系数（coefficient of thermal expansion，CTE），试样经历热循环时需测量位移和温度两个物理量。热膨胀系数测量的三个主要技术是：膨胀测量法、干涉测量法和热-力学分析法。光学成像技术可以在极端温度下应用。X射线衍射可以用于研究晶格参数的变化，但是不能应用于相当体积的热膨胀。

机械膨胀测量技术具有比较广泛的应用。试样在加热炉里加热，采用传感器传送通过推杆方法而获得试样一端的位移。实验精确度要低于干涉测量法，一般应用于材料的 CTE 在 $5×10^{-6}$ K^{-1} 以上，温度范围在 $-180~900$ ℃ 或更高。推杆有玻璃质硅石类型、高纯度氧化铝类型、各向同性石墨类型。氧化铝系统的温度范围可以延伸到 1600 ℃，石墨系统可达 2500 ℃。国内现行标准《金属材料热膨胀特征参数的测定》（GB/T 4339—2008）与美国 ASTM 测试法 E228 不完全等效，并对以前的标准（GB/T 4339—1999）进行修改，要求利用同种熔融石英载体与推杆组件的膨胀仪进行测量。

光学干涉测量技术是通过单色光波长测量试样结束端的位移，精确度要比膨胀测量法高得多，由于该技术依赖于试样表面的光学反射比，因此干涉测量法不能用于 700 ℃ 以上。美国 ASTM 测试方法 E289 提供了一个测量刚性固体的线膨胀系数的标准，该标准适用于 $-150~700$ ℃ 且可以用于小的或者负的 CTE，如 CTE 小于 $5×10^{-6}$ K^{-1} 或者其他限定厚度材料的热膨胀系数的测量。

利用热-力学分析法测量时，其仪器包含试样固定器和探针。该探针将长度改变量传送给传感器，传感器再将探针传来的数据转化成电信号，该仪器也包含了均匀加热炉、温度自动检测单元、测径器、结果记录模块。ASTM 测试标准 E831 给出了利用热-力学分析法测量刚性固体线膨胀系数的方法，利用此方法测量 CTE 的最小限制是 $5×10^{-6}$ K^{-1}，但是可以在降低准确度和精确度的条件下，用于比较小的或者负膨胀系数的测量。该方法应用温度范围为 $-120~600$ ℃，但是温度范围的扩展依赖于测量仪器和测量材料。

热膨胀系数测定精度的影响因素主要包括试样的化学成分、加工方法、测试方法及试样的尺寸等。

化学成分对热膨胀系数影响较大，同一种材料在不同国家、同一国家的不同厂家、同一厂家的不同批次的化学成分都不相同。以工业纯铁为例，SRM1464 是美国国家标准局推荐作为准参考物质的电解铁，Armco 是美国 Armco 公司生产的工业纯铁，DT4 是我国按照《电磁纯铁》（GB/T 6983—2008）生产的电磁工业纯铁，不同企业的工业纯铁又有其他标准。这些工业纯铁的化学成分差别较大，公布同一材料的数据必然存在较大的差异。

化学成分、形状和尺寸都相同的试样，如果加工成型方法不同，也会造成试样热膨胀系数的变化，主要原因是加工方法的差异造成试样内部不同组成部分结构的变化。表1-8给出了《美国铸钢手册》（第5版）两组铸钢的化学成分，表1-9给出了两种材料不同热处理条件下的热膨胀系数。从表可以看出，不同钢种经过不同的热处理工艺后，基体的平均热膨胀系数发生较大的变化，而且测量的范围越窄，其变化值越大。

表1-8　《美国铸钢手册》（第5版）中两组铸钢的化学成分

项目	化学成分（质量分数）/%						
	C	Si	Mn	P	S	Cr	Ni
第一组	0.40	0.46	0.56	0.030	0.025	—	—
第二组	0.40	0.36	0.64	0.019	0.019	—	—

表1-9　《美国铸钢手册》（第5版）中两组铸钢的平均热膨胀系数

$(\times 10^{-6} \ ℃^{-1})$

项目	热处理	温度范围/℃					
		20~100	20~200	20~300	20~400	20~500	20~600
第一组	退火	12.5	12.8	13.2	13.7	14.1	14.4
	正火	11.8	12.2	12.8	13.2	13.7	14.2
	正火+水淬+回火	11.9	12.4	12.9	13.3	13.8	14.3
第二组	退火	10.8	12.2	12.7	13.4	13.9	14.2
	正火	11.4	12.2	12.5	13.1	13.5	13.9
	正火+水淬+回火	11.2	12.4	18.8	13.2	13.8	14.1

　　测试方法的不同直接影响材料热膨胀数据的准确性，目前常用的材料热膨胀系数测量法见表1-10。不同方法的精度差别较大，这使得所测材料热膨胀系数结果在很大程度上受测量方法精度影响。即使在同一仪器上测量，试样加热或冷却速度变化也会对实验结果产生影响，主要是试样在加热或冷却过程中的热量传递速度不同，使得试样温度分布不均、产生热应力，不可避免地影响材料的变形，对精确获得材料的热膨胀系数造成一定困难。

表1-10　不同的材料热膨胀系数测量方法比较

测试原理	近似灵敏度/μm	范围	时间稳定性
干涉仪	2.5×10^{-2}	长	好
光杠杆	1.0×10^{-1}	长	好
未黏结的丝状应变计	1.3×10^{-1}	长	好
线形可变差动变压器	1.3×10^{-1}	长	好
电容测微计	2.5×10^{-1}	短	差
磁量计	2.5×10^{-1}	短	差

测 试 原 理	近似灵敏度/μm	范围	时间稳定性
旋转镜仪	2.5×10^{-1}	长	好
指针量计	2.5	长	好
机械杠杆仪	25	长	好
张丝目镜显微镜	2.5×10^{-1}	长	好
电接触测显微计	2.5×10^{-1}	长	好

试样形状尺寸对材料热膨胀系数的影响已被国内外大量实验所证明，文献中给出了不同直径黄铜试样的瞬时热膨胀系数值[5]，见表 1-11。对比可见，相同长度不同直径黄铜试样的瞬时热膨胀系数存在很大的差异。

表 1-11　不同直径的黄铜试样的瞬时热膨胀系数值　　　$(\times 10^{-6}\ K^{-1})$

温度/℃		0	10	20	30	40	50
瞬时热	直径 5 mm	19.11	19.13	19.15	19.19	19.24	19.31
膨胀系数	直径 12 mm	18.71	18.73	18.75	18.79	18.84	18.89

为了提高热膨胀系数的准确度，许多国家建立了热物性测试方法、装置的国家标准和工业标准（美国 ASTM、日本 JIS、德国 DIN、英国 BS 等），并提供一批标准样品或参考试样。但是，不同国家的标准之间仍存在一定的差异，同一国家不同时期的标准也存在差异。我国 1984 年标准中规定试样长度在 80 mm 以上时，直径为 5 mm；长度不足 80 mm 时，直径应为长度的 1/16。在 1999 年和 2008 年制定的标准中规定，试样最小长度为（25±0.1）mm，横向尺寸在 3~10 mm。

不同标准中热膨胀系数的计算方法也存在差异。我国在 1984 年标准中，关于真实热膨胀系数的定义为：

$$\alpha_1 = \lim_{T_1 \to T_2} \frac{L_2 - L_1}{L_0(T_2 - T_1)} = \frac{1}{L_0} \cdot \frac{dL}{dT} \qquad (1-27)$$

式中，L_0 为试样初始长度，m；L_2 和 L_1 分别为 T_2 和 T_1 温度下试样的长度，m；α_1 为材料真实热膨胀系数，K^{-1}。

在 1999 年和 2008 年修订的国家标准中规定，真实热膨胀系数定义为：

$$\alpha_1 = \frac{1}{L_i} \lim_{T_1 \to T_2} \frac{L_2 - L_1}{T_2 - T_1} = \frac{1}{L_i} \cdot \frac{dL}{dT} \qquad (T_1 < T_i < T_2) \qquad (1-28)$$

式中，L_i 为某一温度 T_i 下的试样长度，m。

对比发现，以上两个公式计算的真实热膨胀系数必然会存在差异，就结果来看，由于 L_i 大于 L_0，真实热膨胀系数趋于变小。

目前，我国热膨胀系数测试的标准方法仍然是推杆法。由于加热、控温及数字化采集技术的发展，可测试的温度范围扩大、测试精度和数据处理自动化程度不断提高。然而，通过实验测量的热膨胀系数温度范围还很有限。以钢的铸态试样为例，测试温度范围一般为室温至（1200~1300）℃、低碳钢最高为 1350 ℃；在 1350~1500 ℃的高温及凝固温度区间，热膨胀系数已经无法通过热膨胀实验手段测定，因此只能通过计算获得。热膨胀系数计算方法的基本思路是：瞬时线性热膨胀系数与体积变化之间存在三次方关系，而体积与密度间又存在倒数关系，这样就可以在瞬时线性热膨胀系数与当前温度下的密度之间建立起一种数学函数。对于碳钢单相组织的密度随温度的关系，可以通过实验测量得到。多相组织的密度可根据该温度下的相分率，对该温度下不同单相密度进行加权平均得到。

$$\begin{cases} \alpha_T = \dfrac{\mathrm{d}\varepsilon^{\mathrm{th}}}{\mathrm{d}T} \\[2mm] \varepsilon^{\mathrm{th}}(T) = \sqrt[3]{\dfrac{\rho(T_{\mathrm{ref}})}{\rho(T)}} - 1 \end{cases} \tag{1-29}$$

式中，α_T 为瞬时线性热膨胀系数，K^{-1}；$\varepsilon^{\mathrm{th}}$ 为热应变；$\rho(T_{\mathrm{ref}})$ 为参考密度，$\mathrm{kg/m^3}$；$\rho(T)$ 为任意温度下的密度值，$\mathrm{kg/m^3}$。

钢的热膨胀特性是固态下钢在加热或冷却过程中由于晶格尺寸的变化所表现出的膨胀或收缩行为，是钢的重要的热物理性能之一。固体材料力学中无论升温还是降温，都是在固态情况下发生膨胀或者收缩，故其计算瞬时热膨胀系数都是基于参考温度为室温（20 ℃）得到的，例如通过热膨胀仪测量钢的瞬时热膨胀系数。钢的浇铸过程中，钢水在模子/连铸机内冷却而产生凝固收缩，材料是从液态转变成固态，在两相区内的某一温度下，开始表现为线性收缩，故其产生凝固热收缩的基准温度不是室温而是在凝固两相区内线收缩的开始温度。由于基准温度的差异，必然导致同一钢种热膨胀率和热收缩率的差异（见图 1-20），对应的瞬时热膨胀系数如图 1-21 所示。

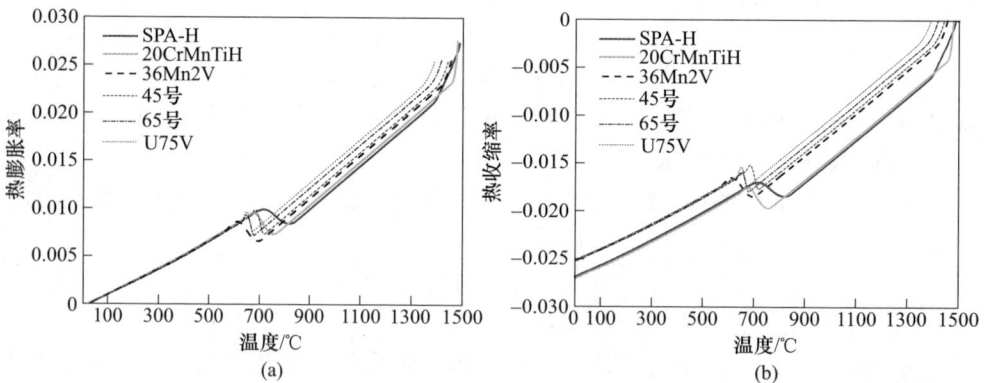

图 1-20　钢的热膨胀率与热收缩率随温度变化曲线

(a) 固态热膨胀率；(b) 冷却热收缩率

扫码看彩图

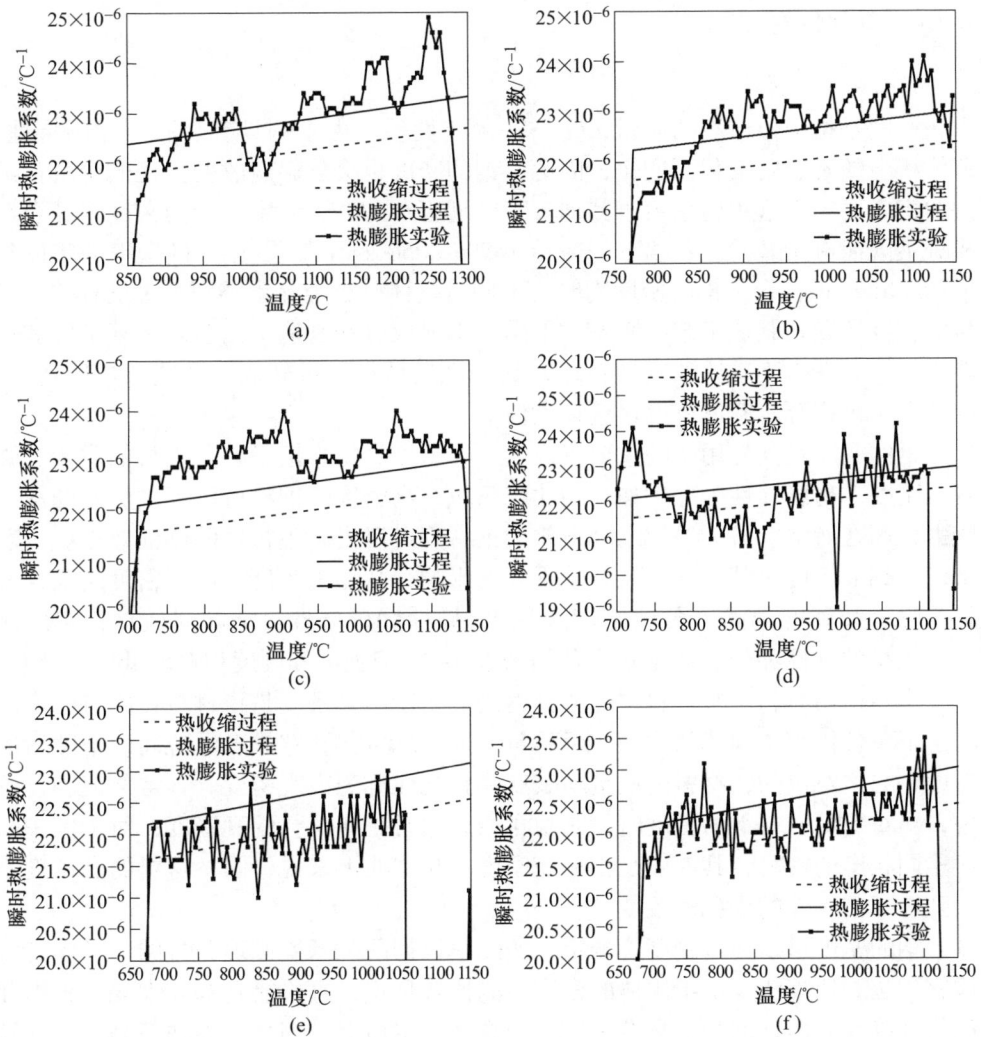

图 1-21 不同钢种的瞬时热膨胀系数

（a）SPA-H；（b）20CrMnTiH；（c）36Mn2V；（d）45 号；（e）65 号；（f）U75V

凝固过程中，当液态钢水的温度下降到黏滞性温度以下时，紧密相连的树枝晶将阻碍液相向凝固前沿枝晶间隙的填充，此时的收缩不再是引起液面下降的体收缩，而是表现为三维尺寸变化的线收缩。因此，在计算凝固收缩的瞬时线性热膨胀系数时，是以黏滞性温度作为基准参考温度的。国内学者通过对比热膨胀过程和热收缩过程的瞬时热膨胀系数，发现由于基准温度选择不同，导致热收缩过程的瞬时热膨胀系数要比热膨胀过程的数值小，与图 1-21 中结果是一致的。

1.4.4　其他性能

1.4.4.1　密度

密度是指单位体积的质量，是一种固有性质。由于钢具有热胀冷缩的特性，即体积会随着温度变化而变化，因此，钢的密度也会随温度改变。钢的密度比纯铁的密度要小，这主要是由于其加入了密度更小的合金元素。钢的密度因其合金成分不同而有所差异，室温下一般在 7650~8050 kg/m³。其中，碳素钢的密度约为 7850 kg/m³，合金钢的密度则略有不同，具体与合金元素类别和含量有关。钢材的密度还受到制造工艺的影响，不同的钢材成分和制造工艺会影响其密度和性能，如铸态下由于基体致密性较差，其密度较低；经过轧制、锻造和挤压之后，内部孔洞被压合，基体密度接近理论值。

钢的密度是其应用中的重要指标之一，密度高低直接影响着钢材的质量、强度、刚度、耐腐蚀性等。例如，在建筑领域，高密度的钢材可以提供更好的承重能力，而在航空、航天领域，轻量化的钢材则可以提高飞行器的燃油效率。一般来说，钢的密度对其力学性能有着重要的影响。从加工角度考虑，密度越大，钢材的强度和硬度越高（位错密度大），但韧性和延展性可能相对较低；密度越小，钢材的韧性和延展性越好（位错密度小），但强度和硬度相对较低。

实际使用时，一些资料中还谈到钢的真密度。真密度是指材料在绝对密实的状态下单位体积中固体物质的实际质量，即去除内部孔隙或者颗粒间的空隙后的密度。与之对应的，材料的质量与表观体积之比称为表观密度。日常交流和讨论中，当对比不同材料的密度时，其隐含概念通常是指材料的真密度；对于同一材料不同状态的密度，其一般是指表观密度。从本质上来说，同一材料的真密度不会随着工艺条件的变化而改变。

钢的密度可以通过密度仪测定，实际是根据阿基米德原理获得的，具体有气体容积法和比重法。由于固体的密度检测比较烦琐，且可能具有较大误差，因此如何准确计算出钢的密度具有更广泛的意义。本质上，钢是一种铁基晶体，计算纯金属的密度公式可表述为：

$$\rho = \frac{nM}{a^3 N_A} \tag{1-30}$$

式中，M 为摩尔质量，铁为 0.056 kg/mol，渗碳体为 0.18 kg/mol；n 为晶格内的原子数，体心立方为 2，面心立方为 4；N_A 为阿伏伽德罗常数，6.022×10^{23} mol^{-1}；a 为晶格参数，0.1 nm。

对于碳钢来说，考虑到碳固溶于晶格中，式（1-30）可表示为：

$$\rho = \frac{n_{Fe} M_{Fe} \left(1 + \dfrac{[\%C]}{100 - [\%C]} \right)}{a N_A} \tag{1-31}$$

式中，[%C] 为碳的质量百分数。

当考虑其他合金元素和多相组成时，钢的密度可以用多相密度和对应的相分数来计算。

$$\rho = \frac{1}{\dfrac{f_L}{\rho_L} + \dfrac{f_\alpha}{\rho_\alpha} + \dfrac{f_\gamma}{\rho_\gamma} + \dfrac{f_{Fe_3C}}{\rho_{Fe_3C}}} \tag{1-32}$$

Jablonka[6] 根据实验数据，采用最小乘法回归出了钢中铁素体、奥氏体和渗碳体随温度和碳含量的变化。式（1-33）~式（1-36）给出了各单相密度随碳含量和温度的变化关系：

$$\rho_\gamma = (8099.79 - 0.506T) \cdot (1 - 1.46 \times 10^{-2}[\%C]) \tag{1-33}$$

$$\rho_{\alpha,\delta} = (7875.96 - 0.297T - 5.62 \times 10^{-5}T^2) \cdot (1 - 2.62 \times 10^{-2}[\%C]) \tag{1-34}$$

$$\rho_L = (8319.49 - 0.835T) \cdot (1 - 1 \times 10^{-2}[\%C]) \tag{1-35}$$

$$\rho_{Fe_3C}(T) = 7685.45 - 6.63 \times 10^{-2}T - 3.12 \times 10^{-4}T^2 \tag{1-36}$$

式中，T 为温度，℃；[%C] 为碳的质量百分数。

Harste[7] 在其学位论文中对实验测量数据进行回归，得到了钢中各单相密度随温度与碳含量之间的关系：

$$\rho_\alpha = 7880.76 - 0.3244T - 2.7461 \times 10^{-5}T^2 \tag{1-37}$$

$$\rho_\delta = (8010.71 - 0.4724T) \cdot \left(1 + \frac{[\%C]}{100 - [\%C]}\right) \cdot (1 + 13.43 \times 10^{-3}[\%C])^{-3} \tag{1-38}$$

$$\rho_\gamma = (8105.91 - 0.5091T) \cdot \left(1 + \frac{[\%C]}{100 - [\%C]}\right) \cdot (1 + 8.317 \times 10^{-3}[\%C])^{-3} \tag{1-39}$$

$$\rho_L = 7965.98 - 0.619T \tag{1-40}$$

式中，T 为温度，℃；[%C] 为碳的质量百分数。

1993 年 Jimbo[8] 利用固着液滴轮廓法（the sessile drop profile method）测量了 1250~1550 ℃ 范围内液态铁碳合金的密度。该方法是利用精确的数字图像技术来捕捉和放大液体通过 X 射线区域的阴影，并通过求解 Laplace's 方程得到液滴的体积和密度，最后利用最小二乘分析法（least-squares analysis）给出了与温度和碳含量相关的液态铁碳合金密度关系式。

$$\rho_L = \left[(7.10 - 0.0732[\%C]) - (8.28 - 0.874[\%C]) \times 10^{-4}(T - 1823)\right] \times 1000 \tag{1-41}$$

式中，T 为温度，K；[%C] 为碳的质量百分数。

2002 年，Mizukami 等[9-10] 利用固着液滴轮廓法测量了 1000~1973 K 普碳钢

和不锈钢不同相的密度。他们认为，普碳钢凝固过程中密度的变化主要依赖于相组成的不同，而与碳、硅、锰、磷、硫的含量无关。不锈钢液相、δ 相和 γ 相的密度并不依赖于铬、镍元素含量。根据 Mizukami 的研究，不同钢种的单相密度见表 1-12。

表 1-12　钢中单相和混合相密度　　　　　　　$(\times 10^3 \ \mathrm{kg/m^3})$

项目	普碳钢	不锈钢
单相	$\rho_L = -7.50 \times 10^{-4} \Delta T_L + 7.02$ $\rho_\delta = 3.07 \times 10^{-4} \Delta T_\delta + 7.27$ $\rho_\gamma = 4.80 \times 10^{-4} \Delta T_\gamma + 7.41$	$\rho_L = -7.20 \times 10^{-4} \Delta T_L + 7.04$ $\rho_\delta = 2.87 \times 10^{-4} \Delta T_\delta + 7.27$ $\rho_\gamma = 4.40 \times 10^{-4} \Delta T_\gamma + 7.43$
混合相	$\rho_{(L+\delta)} = 7.02 + 0.25 f_\delta$ $\rho_{(L+\gamma)} = 7.02 + 0.39 f_\gamma$ $\rho_{(L+\delta+\gamma)} = 7.02 + 0.25 f_\delta + 0.39 f_\gamma$ $\rho_{(\delta+\gamma)} = \rho_\delta \cdot f_\delta + \rho_\gamma \cdot f_\gamma$	$\rho_{L+\delta} = 7.04 + 0.23 f_\delta$ $\rho_{(L+\gamma)} = 7.04 + 0.39 f_\gamma$ $\rho_{(L+\delta+\gamma)} = 7.04 + 0.23 f_\delta + 0.39 f_\gamma$ $\rho_{(\delta+\gamma)} = \rho_\delta \cdot f_\delta + \rho_\gamma \cdot f_\gamma$

注：ΔT_L—某一温度与液相线温度之差，K；ΔT_δ—某一温度与 δ 固相线之差，K；ΔT_γ—某一温度与 γ 固相线之差，K。

表 1-12 中给出的不锈钢密度适用范围是：（1）Cr 含量为 0.18% ~ 0.25%；Ni 含量为 0.4% ~ 0.25%；（2）温度范围为 773 ~ 1973 K。

Miettinen[11] 基于热力学原理，提出了钢的密度与相组分及合金元素的数学关系，其提出密度的计算公式如下：

$$\rho_\varphi = \rho_\varphi^{\mathrm{Fe}} + \sum k_\varphi^i C_\varphi^i \qquad (1\text{-}42)$$

式中，φ 为不同的相，如 α 相、γ 相等；k_φ^i 为某合金元素 C_φ^i 在 φ 相中的作用系数，$\mathrm{kg/(m^3 \cdot \%)}$。

对于液相来说，以 Jablonka 提出的 ρ_L 为基准，同时可以得到碳的作用系数如下：

$$k_L^C = -83.19 + 0.00835T \qquad (1\text{-}43)$$

对于其他合金元素：

$$k_L^{Si} = -53.58 + 0.00515T \qquad (1\text{-}44)$$

$$k_L^{Mn} = -17.21 + 0.00135T \qquad (1\text{-}45)$$

$$k_L^{Cr} = -14.77 + 0.00535T \qquad (1\text{-}46)$$

$$k_L^{Mo} = 10.21 + 0.00835T \qquad (1\text{-}47)$$

$$k_L^{Ni} = 12.72 - 0.00325T \qquad (1\text{-}48)$$

对于固相，同样以 Jablonka 的数据为基础，对于不同相和不同合金元素的作用如下：

$$k_\alpha^C = -206.35 + 0.00778T + 1.472 \times 10^{-6}T^2 \tag{1-49}$$

$$k_\alpha^{Si} = -36.86 \tag{1-50}$$

$$k_\alpha^{Mn} = -7.24 \tag{1-51}$$

$$k_\alpha^{Cr} = -8.58 + 1.229 \times 10^{-3}T + 0.852 \times 10^{-7}T^2 + 0.018367[\%Cr]_\alpha \tag{1-52}$$

$$k_\alpha^{Mo} = 30.78 \tag{1-53}$$

$$k_\alpha^{Ni} = -0.22 - 0.470 \times 10^{-3}T - 1.855 \times 10^{-7}T^2 + 0.104608[\%Ni]_\alpha \tag{1-54}$$

$$k_\gamma^C = -118.26 + 0.00739T \tag{1-55}$$

$$k_\gamma^{Mn} = -68.24 \tag{1-56}$$

$$k_\gamma^{Si} = -6.01 \tag{1-57}$$

$$k_\gamma^{Cr} = -7.59 + 3.422 \times 10^{-3}T + 5.388 \times 10^{-7}T^2 - 0.014271[\%Cr]_\gamma \tag{1-58}$$

$$k_\gamma^{Mo} = 12.45 \tag{1-59}$$

$$k_\gamma^{Ni} = 1.54 + 2.267 \times 10^{-3}T - 11.26 \times 10^{-7}T^2 + 0.062642[\%Ni]_\alpha \tag{1-60}$$

式中，T 为温度，℃；$[\%i]$ 为溶质 i 的质量百分数。

　　值得说明的是，合金元素对 δ 相的影响与对 α 相基本一致，相关参数可以直接使用。当基体中同时含有铁素体和渗碳体时，可以根据杠杆定律计算二者的比例来计算最终的密度。尽管合金渗碳体的密度和 Fe_3C 有所不同，但渗碳体比例与基体相比，不足以对钢的密度造成较大影响，因此，Miettinen 模型的研究中未直接给出合金元素对渗碳体密度的影响。

1.4.4.2　比热容

　　比热容，是指单位质量物质的热容量，即单位质量物质改变单位温度时吸收或放出的热量。一般来说，室温下碳素钢的比热容为 460~500 J/(kg·K)，不锈钢的比热容为 500~600 J/(kg·K)，合金钢的比热容为 470~520 J/(kg·K)。钢和其他金属室温下的比热容对比见表 1-13。

表 1-13　不同金属室温下的比热容　　　　　　[J/(kg·K)]

英 文 名 称	中 文 名 称	比 热 容
Aluminum	铝	910
Antimony	锑	210
Beryllium	铍	1830
Bismuth	铋	130
Cadmium	镉	230
Carbon steel	碳钢	490
Cast iron	铸铁	460

英 文 名 称	中 文 名 称	比 热 容
Chromium	铬	460
Cobalt	钴	420
Copper	铜	390
Gold	金	130
Iridium	铱	130
Iron	铁	460
Lead	铅	130
Magnesium	镁	1050
Manganese	锰	480
Mercury	汞	140
Molybdenum	钼	250
Nickel	镍	540
Niobium	铌	270
Osmium	锇	130
Platinum	铂	130
Plutonium	钚	130
Potassium	钾	750
Rhodium	铑	240
Selenium	硒	320
Silicon	硅	710
Silver	银	230
Sodium	钠	1210
Tantalum	钽	140
Thorium	钍	130
Tin	锡	210
Titanium	钛	540
Tungsten	钨	130
Urunium	铀	120
Vanadium	钒	390
Zinc	锌	390
Zirconium	锆	270

　　钢的比热容可以通过实验仪器来测定。比热容的测量方法按照热流状态可以分为稳态法、非稳态法和准稳态法。目前较为常用的测量方法有：绝热法、脉冲加热法、比较法、热弛豫法、差示扫描量热（differential scanning calorimetry，DSC）法等，其中DSC法是目前用途最广泛也是测试精度最高的方法。DSC法是在程序控制温度的条件下，测量试样与参照样品的功率差和热流量差与温度或者时间关系的一种测试技术，是直接测量样品在控温环境下发生的热量差值，因此普遍用于研究材料的比热容。采用DSC法测量物质的比热容时，首先测量两个空白盘在一定的升温速率下的热流-温度（或者时间）曲线作为工作基线，然后

在相同的升温速率下分别测量比热容已知的基准物质（一般采用高纯度的 α-Al$_2$O$_3$）和待测比热容样品的 DSC 曲线。

在给定温度下，待测试样的热流为：

$$\frac{dq}{dt} = h = C\frac{mdT}{dt} \tag{1-61}$$

基准物质的热流为：

$$\frac{dq'}{dt} = H = C'\frac{m'dT}{dt} \tag{1-62}$$

以上两式相比，即可得到待测试样的比热容为：

$$C = C'\frac{m'h}{mH} \tag{1-63}$$

式中，C' 为基准物质的比热容，J/(kg·℃)；m' 和 m 分别为基准物质和待测样品的质量，kg；h 和 H 分别为待测样品和基准物质经基线改正后的热流值，W。

激光导热仪采用的是比较法。比较法测量比热容的原理如下：使用一个与样面积（或至少由遮光片等控制的实际检测面积）相同、厚度（或至少上表面距检测器距离）相同、表面结构（光滑程度）相同、热物性相近且比热容值已知的参比标样（以下简写为"std"），与待测样品（以下简写为"sam"）同时进行表面涂覆（确保与样品具有相同的光能吸收比与红外发射率），并依次进行测量。在理想的绝热条件下，根据比热容定义：

$$C = \frac{Q}{\Delta T \cdot m} \tag{1-64}$$

式中，Q 为样品吸收的能量，J；ΔT 为样品吸收能量后的温度变化，℃；m 为样品质量，kg。

由此可得：

$$\frac{C_{sam}}{C_{std}} = \frac{Q_{sam}}{Q_{std}} \cdot \frac{\Delta T_{std} \cdot m_{std}}{\Delta T_{sam} \cdot m_{sam}} \tag{1-65}$$

在样品与标样检测面积相同的前提下，若下表面受照光强度（取决于光源稳定性）均匀一致、吸收比（取决于有效表面积与颜色）相同，则 $Q_{sam} = Q_{std}$，如此即可计算出样品的比热容。

类似地，比热容测试也涉及特定的设备和方法，也有诸多不便之处。材料选择和使用过程中期望能够根据理论或现有数据建立数学关系。已有研究发现，钢的比热容与碳含量、温度和该温度下相组成有关：

$$C_P = C_P^L f_L + C_P^\delta f_\delta + C_P^\gamma f_\gamma + C_P^{\alpha+Fe_3C}(f_\alpha + f_{Fe_3C}) \tag{1-66}$$

Harste[7] 推荐的钢中不同单相比热容随温度和碳含量的关系为：

$$C_P^{\alpha+Fe_3C} = \begin{cases} 504.8146 - 0.1311 \times (T+273) - 5.1876 \times 10^6 \times (T+273)^{-2} + \\ \quad 4.4866 \times 10^{-4} \times (T+273)^2 \qquad T \leqslant 527\ ℃ \\ -4720.324 + 4.5834 \times (T+273) + \\ \quad 1.1095 \times 10^9 (T+273)^{-2} \qquad T \leqslant 727\ ℃ \\ -11501.07 + 12.4764 \times (T+273) \qquad T \leqslant 769\ ℃ \\ 34871.21 - 32.0266 \times (T+273) \qquad T \leqslant 787\ ℃ \\ -10068.18 + 5.9869 \times (T+273) + \\ \quad 5.2177 \times 10^9 \times (T+273)^{-2} \qquad T \leqslant 911\ ℃ \end{cases}$$

$$\tag{1-67}$$

$$C_P^\delta = 441.3942 + 0.17744236769 \times (T+273) \tag{1-68}$$

$$C_P^\gamma = 429.8495 + 0.1497802 \times (T+273) \tag{1-69}$$

$$C_P^L = 824.6157 \tag{1-70}$$

式中，T 为温度，℃。

根据以上公式可以计算出某一钢种对应温度下的比热容，其忽略了比热容与合金元素的关系，认为主要取决于相结构，理论上具有广泛的适用范围。

1.4.4.3　导热系数

导热系数（又称热导率）是表征材料导热能力大小的物理量，其值是在稳定传热条件下，单位时间内、单位厚度平板两侧表面温差为 1 ℃ 或 1 K 时，通过单位面积传递的热量。导热系数是材料的固有属性，不会随着零件形状和大小而改变，只与材料的成分和结构有关，同时受到温度的影响。与导热系数相关的另一个参数是热扩散系数，也称为热扩散率或导温系数，实际上是导热系数与密度和比热容乘积的比值，单位是 m²/s。热扩散系数表征物体被加热或冷却时，不同部分温度趋向均匀一致的能力。在相同的条件下，物体的热扩散系数越大，物体内部各处的温度差别越小。与导热系数相比，热扩散系数纳入了材料本体吸热对导热的影响。实际使用中，尤其是钢的凝固与浇铸过程，导热系数更为常用。普通碳素结构钢室温下为铁素体基体，其导热系数室温下为 50~60 W/(m·℃)，奥氏体不锈钢室温下导热系数为 15~20 W/(m·℃)，即奥氏体钢室温下导热性能不及铁素体钢。常见金属材料的导热系数见表 1-14。

表 1-14　不同金属 0~400 ℃的导热系数

温度/℃		0	100	200	300	400
导热系数 /W·(m·℃)⁻¹	银	414	409	373	362	359
	铜	384	379	372	367	363
	铝	228	234	243	249	256
	铁	73	68	61	55	49
	碳钢	52	49	44	42	35
	不锈钢	16	17.5	18	18.5	19.2

　　导热系数的常用测量仪器是激光热导仪，主要用于陶瓷、金属等材料的比热容和热扩散系数的测量，如果确定了对应温度下的密度值即可获得导热系数。激光热导仪一般包括测试室，电路、气体控制系统，真空系统和激光发射系统等四个部分。测试室采用真空密封结构，可选用多种气氛。采用特殊样品支架还可测量粉末、液体（熔融金属）、矿渣、纤维和夹层样品。激光热导仪测量时间短，重复性和准确性极佳，样品形状简单、尺寸小是相对于直接的导热系数测试方法的一些显著优点。激光热导仪的激光能量和脉冲宽度可调，材料适用范围广，温度区间为室温~2000 ℃，能测量的导热系数范围为 0.1~2000 W/(m·℃)。

　　激光热导仪测量钢的导热系数的原理如图 1-22 所示，具体为：置于真空保护装置内的圆片试样加热升温至实验温度并均温后，用激光光源发射的能量脉冲（Q）辐照试样的下表面，其后，一定时间内试样内的热传导可视为一维半无限大物体的齐次问题，表示为：

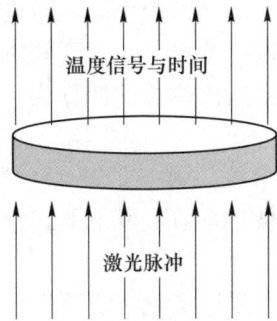

图 1-22　激光热导仪测量钢的导热系数原理

$$\begin{cases} \dfrac{\partial T}{\partial t} = \alpha \dfrac{\partial^2 T}{\partial X^2} & (0 < x < d, t > 0) \\ \dfrac{\partial T(0,t)}{\partial X} = 0 \end{cases} \qquad (1\text{-}71)$$

　　其初始条件为：

$$T(x,0) = \begin{cases} \dfrac{Q}{\rho \times C \times g} & (0 < x < g) \\ 0 & (g < x < d) \end{cases} \qquad (1\text{-}72)$$

式中，d 为试样的厚度，m；g 为热脉冲吸收层的厚度，m；C 为定压比热容，J/(kg·℃)。

　　利用分离变量法可以获得以上齐次微分方程的特解为：

$$T(x,t) = \frac{Q}{\rho C d} \left[1 + 2 \sum_{n=1}^{\infty} \cos \frac{n\pi x}{d} \cdot \frac{\sin(n\pi g/d)}{n\pi g/d} \cdot \exp\left(-\frac{n^2 \pi^2}{d^2} \alpha t \right) \right] \qquad (1\text{-}73)$$

　　由于试样不透明，从而 g 足够小，因此有：

$$\sin\left(\frac{n\pi g}{d} \right) \approx \frac{n\pi g}{d} \qquad (1\text{-}74)$$

　　令 $x = d$，则试样上方的温升为：

$$T(d,t) = \frac{Q}{\rho C d} \left[1 + 2 \sum_{n=1}^{\infty} (-1)^n \exp\left(-\frac{n^2 \pi^2}{d^2} \alpha t \right) \right] \qquad (1\text{-}75)$$

　　可以证明式（1-75）中累加求和项 $\sum \leq 0$，因而试样上方最高温度为：

$$T(d,\max) = \frac{Q}{\rho C d} \qquad (1\text{-}76)$$

由上述两式的比值对无量纲数 $\pi^2 \alpha t/d^2$ 作图表明，当 $T(d,t)/T(d,\max)=0.5$ 时，有：

$$\frac{\pi^2 \alpha t_{50}}{d^2} \approx 1.37 \tag{1-77}$$

式中，t_{50} 为样品上表面温度为其最高温度一半时所需的时间，s。

热扩散系数的实测计算式可进一步写成：

$$\alpha = \frac{0.139 d^2}{t_{50}} \tag{1-78}$$

此外，由于固体激光器的能量脉冲为常数，即 Q = 常数，若对钢样的表面事先进行发黑处理，则其对热脉冲的吸收系数将趋于 1，从而由式（1-76）可以获得定压比热容的计算式：

$$C = \frac{Q}{\rho d T(d,\max)} \tag{1-79}$$

则导热系数可以由下式间接确定：

$$\lambda = C \cdot \rho \cdot \alpha \tag{1-80}$$

采用实验方法测定导热系数是最精准的，但也会带来一些不便。实际使用过程中，可以通过导热系数随温度和合金成分的变化来粗略计算钢的导热系数。

与比热容类似，钢的导热系数也可以采用多相的平均值：

$$\lambda = \lambda_{\text{L}} f_{\text{L}} + \lambda_{\delta} f_{\delta} + \lambda_{\gamma} f_{\gamma} + \lambda_{\alpha+\text{Fe}_3\text{C}}(f_{\alpha} + f_{\text{Fe}_3\text{C}}) \tag{1-81}$$

Harste[7]认为，导热系数主要与钢中不同相的比例有关，其通过回归测试数据得到一组钢的导热系数计算公式：

$$\lambda_{\alpha+\text{Fe}_3\text{C}} = (80.91 - 9.9269 \times 10^{-2} T + 4.613 \times 10^{-5} T^2)(1 - a_1[\%\text{C}]^{a_2})$$
$$\tag{1-82}$$

$$\lambda_{\delta} = (20.14 + 9.313 \times 10^{-3} T)(1 - a_1[\%\text{C}]^{a_2}) \tag{1-83}$$

$$\lambda_{\gamma} = 21.6 + 8.35 \times 10^{-3} T \tag{1-84}$$

$$\lambda_{\text{L}} = 39 \tag{1-85}$$

式中，T 为温度，℃；$[\%\text{C}]$ 为溶质 C 的质量百分数。

两个系数为：

$$\begin{cases} a_1 = 0.425 - 4.385 \times 10^{-4} T \\ a_2 = 0.209 + 1.09 \times 10^{-3} T \end{cases} \tag{1-86}$$

Miettinen[11]对合金元素对钢中不同相导热系数的影响进行了研究，提出了以下公式：

$$\lambda_{\varphi} = \lambda_{\varphi}^{\text{Fe}} + \sum k_{\varphi}^i C_{\varphi}^i \tag{1-87}$$

对于液相来说，其基准导热系数为：

$$\lambda_\gamma^{Fe} = 35 \tag{1-88}$$

合金元素对大多数钢种液相导热性能的影响很小。对于高合金不锈钢来说，几种主要合金元素的影响如下：

$$k_L^{Cr} = -0.3574 \tag{1-89}$$

$$k_L^{Mo} = -0.5116 \tag{1-90}$$

$$k_L^{Ni} = -0.0014 \tag{1-91}$$

对于固相来说，由于奥氏体相的导热系数随温度降低而减小，而铁素体相的导热系数随温度降低而增大，考虑到大多数碳钢和合金钢均具有固态相变，故不能采用统一的温度函数。Miettinen 认为，对于高合金单相奥氏体钢和低合金钢的高温奥氏体相，其导热系数为：

$$\lambda_\gamma^{Fe} = 20.76 + 0.009T \tag{1-92}$$

合金元素的作用对钢的奥氏体相导热系数影响如下：

$$\lambda_\gamma^{C} = -3.2627 \tag{1-93}$$

$$\lambda_\gamma^{Si} = -0.7598 \tag{1-94}$$

$$\lambda_\gamma^{Mn} = -0.1432 \tag{1-95}$$

$$\lambda_\gamma^{Cr} = 0.0124 - 2.204 \times 10^{-4}T + 1.078 \times 10^{-7}T^2 + 7.822 \times$$
$$10^{-4}[\%Cr]_\gamma - 1.741 \times 10^{-7}T \cdot [\%Cr]_\gamma \tag{1-96}$$

$$\lambda_\gamma^{Mo} = -0.2222 \tag{1-97}$$

$$\lambda_\gamma^{Ni} = -0.5860 + 8.354 \times 10^{-4}T - 1.368 \times 10^{-7}T^2 + 1.067 \times$$
$$10^{-2}[\%Ni]_\gamma - 1.504 \times 10^{-5}T \cdot [\%Ni]_\gamma \tag{1-98}$$

对于单相铁素体钢和低合金钢低温铁素体相，其导热系数可以通过标定不同温度下的关键点获得：

$$\lambda_\alpha(400\ ℃) = 50.3 - 13.67[\%C]_\alpha + 5.245[\%C]_\alpha^2 - 6.863[\%Si]_\alpha + 1.409[\%Si]_\alpha^2 -$$
$$3.996[\%Mn]_\alpha + 0.188[\%Mn]_\alpha^2 - 3.199[\%Cr]_\alpha + 0.141[\%Cr]_\alpha^2 -$$
$$3.307[\%Mo]_\alpha + 3.174[\%Mo]_\alpha^2 - 1.251[\%Ni]_\alpha + 0.014[\%Ni]_\alpha^2$$
$$\tag{1-99}$$

$$\lambda_\alpha(200\ ℃) = 63.5 - 22.70[\%C]_\alpha + 9.612[\%C]_\alpha^2 - 17.45[\%Si]_\alpha + 6.060[\%Si]_\alpha^2 -$$
$$7.694[\%Mn]_\alpha + 0.419[\%Mn]_\alpha^2 - 4.812[\%Cr]_\alpha + 0.216[\%Cr]_\alpha^2 -$$
$$9.745[\%Mo]_\alpha + 8.388[\%Mo]_\alpha^2 - 2.305[\%Ni]_\alpha + 0.040[\%Ni]_\alpha^2$$
$$\tag{1-100}$$

$$\lambda_\alpha(25\ ℃) = 80.5 - 45.03[\%C]_\alpha + 21.85[\%C]_\alpha^2 - 31.69[\%Si]_\alpha + 11.57[\%Si]_\alpha^2 -$$
$$15.32[\%Mn]_\alpha + 0.959[\%Mn]_\alpha^2 - 8.091[\%Cr]_\alpha + 0.452[\%Cr]_\alpha^2 -$$
$$4.674[\%Mo]_\alpha + 0.204[\%Mo]_\alpha^2 - 3.780[\%Ni]_\alpha + 0.084[\%Ni]_\alpha^2$$
$$\tag{1-101}$$

式中，T 为温度，℃；$[\%i]$ 为溶质 i 的质量百分数。

对于 400 ℃ ~ A_1 的变化，可以采用线性差值来计算，如此即可获得某一指定钢种室温到高温液相整个区间内的导热系数。

1.4.4.4　凝固潜热

钢的凝固潜热是指钢水从液相线温度冷却到固相线温度所释放出的相变热。浇铸过程中（到脱模或出坯），钢的凝固潜热为 260 ~ 280 kJ/kg，占该过程总体散热量的 1/2 ~ 2/3。由此可见，潜热对凝固传热过程分析十分重要。

凝固潜热取值的准确性对钢的浇铸过程计算与分析具有很大影响。然而，由于钢的凝固相变温度比较高，已接近现有物理检测手段的上限，相关高温测试技术在精准定量上尚不成熟；同时，钢的实际使用温度远低于凝固温度，现有工程数据库多偏重于常规高温（不超过 1200 ℃），针对凝固的原始数据很少。物性学常推荐采用差热分析法类比测定合金潜热，由于钢的凝固过程 DTA 分析高温基线漂移大，因此实验结果的使用需十分谨慎。

根据固体比热容理论中的混合定律（mixture law），合金的原子比热容应等于构成该合金的各种元素的原子比热容与其原子百分数的乘积之和[12]；Phelke 及 Hansen 等指出，对于凝固潜热同样可近似类推为：合金潜热等于构成该合金不同元素潜热与其质量百分数的乘积之和[13]，并曾在某些合金钢凝固模拟中推荐使用，可满足工程要求，并在理论上适用于大多数钢种。一些常见元素的潜热值已具有广泛应用的数据，钢中常用合金元素的潜热见表 1-15[14]。

表 1-15　钢中常见合金元素的潜热值　　　　　　　　　　　　（kJ/kg）

合金元素	潜　热	合金元素	潜　热
Fe	277	Cu	205
C	3838	Mo	290
Si	1807.5	Ti	440
Mn	268	Nb	220
Cr	316	W	290
Ni	290	Al	395

参 考 文 献

[1] SHIN G, KAJITANI T, SUZUKI T, et al. Mechanical properties of carbon steels during solidification [J]. Tetsu-to-Hagané, 1992, 78 (4): 587-593.

[2] XIA G, ZIRNGAST J, HIEBLER H, et al. High temperature mechanical properties of in situ solidified steel measured by the new SSCT test [C] //Conference on Continuous Casting of Steel in Developing Countries, 1993: 200-210.

[3] NAGATA S, MATSUMIYA T, OZAWA K, et al. Estimation of critical strain for internal crack

formation in continuously cast slabs [J]. Tetsu-to-Hagane, 1990, 76 (2): 214-221.

[4] PIERER R F. Formulation of a hot tearing criterion for the continuous casting process [D]. Steiermark: Montanuniversitaet Leoben, 2007.

[5] 苗恩铭. 材料热膨胀系数影响因素概述 [J]. 工业技术, 2005, 39 (5): 26-29.

[6] JABLONKA A, HARSTE K, SCHWERDTFEGER K. Thermomechanical properties of iron and iron-carbon alloys: density and thermal contraction [J]. Steel research, 1991, 62 (1): 24-33.

[7] HARSTE K. Investigation of the shrinkage and the orgin of mechanical tension during the solidification and successive cooling of cylindrical bara of Fe-C alloys [D]. Clausthal: Technical University of Clausthal, 1989.

[8] JIMBO I, CRAMB A W. The density of liquid iron-carbon alloys [J]. Metallurgical Transactions B, 1993, 24: 5-10.

[9] MIZUKAMI H, YAMANAKA A, WATANABE T. Prediction of density of carbon steels [J]. ISIJ international, 2002, 42 (4): 375-384.

[10] MIZUKAMI H, SHIRAI Y, YAMANAKA A, et al. Prediction of density of stainless steel [J]. ISIJ International, 2000, 40 (10): 987-994.

[11] MIETTINEN J. Calculation of solidification-related thermophysical properties for steels [J]. Metallurgical andMaterials Transactions B, 1997, 28 (2): 281-297.

[12] DONG S Y, XIONG S M, LIU B C. Numberical simulation of microporosity evolution [J]. Journal of Materials Science and Technology, 2002, 20 (1): 23-26.

[13] HANSEN P N, SAHM P R. How to model and simulate the feeding process in casting to predict shrinkage and porosity formation [C] //the Solidification Committee of the Metallurgical Society of AIME. Modeling of casting and welding process IV. Warrendale: Metallurgical Society of AIME, 1988: 33-42.

[14] 陈则韶, 葛新石, 顾毓沁. 量热技术和热物性测定 [M]. 合肥: 中国科学技术大学出版社, 1990.

2 钢的凝固热/动力学特征

钢铁冶金生产中，从铁矿石到温度与成分合格的钢水，是一个高温氧化还原及夹杂物与有害元素脱除的过程，是洁净钢产品制备的前提和基础。然而，生活生产中的钢铁材料均是以某种特殊形状和尺寸的固态形式出现的，如此才能充分发挥钢材作为结构材料的性能优势。由钢水到固态坯料的转变，就是炼钢的浇铸环节，其本质是一个凝固过程。钢的凝固过程涉及液体到固体的物相转变、热力学特征、凝固相变路径、晶体形核与生长、收缩、偏析、析出等一系列物理化学行为，这些现象相互作用、相互影响，最终决定钢的连铸坯质量。因此，了解和认识钢的凝固过程，是设计浇铸装备、优化浇铸工艺、提高浇铸质量的基础理论依据。

2.1 凝固相变

凝固的核心是液固之间的物相转变，是一个过程描述。对于钢来说，由钢水到连铸坯/铸锭的过程，就是凝固。考虑到钢水的液态特征，其具有与水非常类似的性质，最直观的就是流动性，这一过程中，体系内部原子或分子之间的相对位置并不固定；对于连铸坯来说，尽管外力作用下会发生弹性或塑性变形，但相邻原子之间的位置比较固定。除此之外，液体和固体也具有其他不同的特征，进而决定了其不同的性质。

2.1.1 液体

2.1.1.1 液体的分子结合力

液体（liquid）是四种物质状态之一，它没有确定的形状，具有一定的流动性，因此形状往往受容器的影响。通常，容器是什么形状，注入的液体就呈什么形状。尽管如此，液体的体积在压力及温度不变的环境下，也是固定不变的。液体分子间的距离较远，分子运动也较剧烈，分子间的吸引力较小。

液体的分子/原子结合得非常牢固，但不是刚性结合，粒子之间有一定的自由度可以移动。温度上升时，分子的振动强度增加，使得分子之间的距离也随之增大。当液体的温度到达沸点时，分子之间的内聚力消失，因此液体会转变为气体（除非出现过热）。当温度下降时，分子之间的距离减少。当温度低到凝固点时，分子会排列成一种特殊的形式，称为凝固或结晶。当分子之间的内聚力越来越强时，液体会转变为固体（除非出现过冷）。

2.1.1.2 液体的流动性与润湿性

和气体一样，液体可以流动，可以容纳于各种形状的容器。有些液体不易被压缩，而有些则可以被压缩，但压缩量比较小，远不及气体。液体有相对固定的密度，不能扩散布满整个容器，会产生液体本身的表面，而气体则会完全均匀地充满容器。除此之外，气体一定可以和另一气体均匀混合，液体则不然，两种液体（如水和油）可能无法均匀混合，这是液体的一种与众不同的属性，叫作表面张力；它是自由面上液体分子受到的极其微小的拉力，其原因是自由表面上液体分子和两侧分子引力不平衡。由此可见，表面张力不在液体的内部存在，只存在于液体表面。一般液体的表面张力较小，对液体的宏观运动不起作用，但会影响微观尺度的毛细作用。

表面张力可以导致浸润现象，也称润湿现象。当液体与固体接触时，液体能附着在固体表面称为浸润，否则称为不浸润。实际上，液体的附着层将沿着固体表面延伸，二者之间形成一个接触角 θ，如图2-1所示。若 θ 为0°，液体将展延到全部固体表面上，这种现象叫作完全浸润；当接触角 θ 为锐角时，液体可以润湿固体，叫作良好浸润；当接触角 θ 为钝角时，液体仍能润湿固体，叫作可以浸润；当接触角 θ 为平角时，液体不能润湿固体，液体与固体表面基本分离，叫作不浸润。浸润现象的产生与液体和固体的性质有关，同一种液体能浸润某些固体的表面，但对另外某些固体的表面就很难浸润。例如，水能润湿玻璃，但不能润湿石蜡。浸润现象可从能量的观点来解释：附着层中任一分子，在附着力大于内聚力的情况下，分子所受的合力与附着层相垂直并且指向固体，此时分子在附着层内比在液体内部具有较小的势能，液体分子要尽量挤入附着层，使附着层扩展。附着层中的液体分子越多，系统的能量就越低，状态也就越稳定，因此最终导致了附着层沿固体表面延展而将固体润湿。

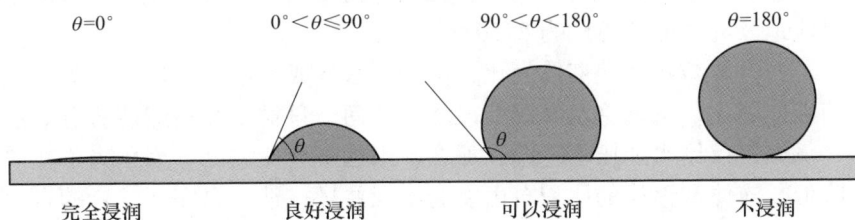

图2-1 液体与固体表面的界面行为

2.1.1.3 液体的密度与压力

液体的密度通常接近于固体，而远大于气体，因此液体和固体都被归为凝聚态物质。液体和气体都可以流动，都可被称为流体。虽然液态水在地球上很丰富，但在已知的宇宙中，液态并不是最常见的物态。由于液体的存在需要相对较窄的温度和压强范围，因此宇宙中最常见的物态是气体（如星际云气）和等离子体（如恒星中）。

此外，液体会对容器的边界施加压力，这个压力传送到四面八方，水平方向基本不变，但在深度方向会逐渐增大，即著名的帕斯卡定律。

$$p = \rho g h \tag{2-1}$$

式中，p 为压力，Pa；ρ 为液体的密度，kg/m³；g 为重力加速度，m/s²；h 为液体深度，m。

2.1.1.4　液体的饱和蒸气压

液体具有一定的蒸气压。在一定温度下，液体中分子运动的速度及其具有的能量都不相同，液面上能量较大的分子可以克服液体分子间的引力而逸出液体表面，成为蒸气分子，这一过程称为蒸发。另外，其中的一些气体分子撞击液体表面被吸引重新返回液体，这个过程称为凝聚。起初，假设液体上方没有气体分子，凝聚的速度为零；随着蒸发形成的气体分子越来越多，凝聚的速度也越来越快，当凝聚速度和液体蒸发速度相等时，即单位时间内逸出液体表面的分子数等于返回液体表面的分子数，就达到了蒸发与凝聚的动态平衡。此时，在液面上方的气体分子数不再改变，蒸气的压力就恒定了。在一定的温度下，与液体平衡的蒸气称为饱和蒸气，其对应的压力就是该温度下的饱和蒸气压，简称蒸气压。温度一定时，每种液体都有恒定的蒸气压，它是液体的一种固有特征，常用来表示液体在一定温度下的挥发性。蒸气压大的物质为易挥发物质，反之为难挥发物质。同种物质在不同温度下有不同的蒸气压，并随着温度的升高而增大。

由于液体的蒸气压随温度的升高而增大，当某一温度下液体的蒸气压等于外界大气压时，液体内部产生大量气泡并不断逸出，在液体内部和表面同时发生剧烈的汽化现象，称为沸腾，此时的温度称为该液体的沸点。以水为例，在 1 atm 下，若水温达到 100 ℃，此时水的蒸气压正好是 1 atm，100 ℃ 即是 1 atm 下水的沸点。对应地，纯铁的沸点约为 2750 ℃。

通常，升温或减压能使液体气化，例如将水变成水蒸气；反之，加压或降温一般能使液体固化，例如将水降温变成冰。然而，只加压并不能使所有的液体变为固体，例如仅仅给水加压不降温，那么水永远不会变成冰。当压力不变时，随着温度降低，液体和固体的体积自由能会出现差异，某一温度下二者的自由能相等时，理论上即开始发生液态向固态的转变，这一温度称为熔点。水在 1 atm 下的熔点是 0 ℃，纯铁的熔点是 1538 ℃。

2.1.2　固体

2.1.2.1　固体的结合力

固态是物质存在的一种热力学平衡状态。与液体和气体相比，固体具有比较固定的体积和形状、质地比较坚硬。根据凝聚态物理学研究结果，固体内部基本粒子的间距很小，作用力很大，因此相对位置比较固定，粒子仅在各自平衡位置附近做无规律的振动。因此，固体能保持一定的体积和形状，流动性差，一般不存在自由移动离子。在外力不太大时，固体的体积和形状改变很小。当外力超过一定程度后，固体也可以发生变形，如橡皮泥被捏成不同外形、面团被擀成面皮、钢坯被轧成钢筋等。

2.1.2.2 晶体和非晶体

固体分为晶体和非晶体。晶体的内部粒子（原子、离子、分子等）在三维空间呈周期性重复排列（见图 2-2），非晶体的内部粒子通常是无规则排列或者短程有序而长程无序。

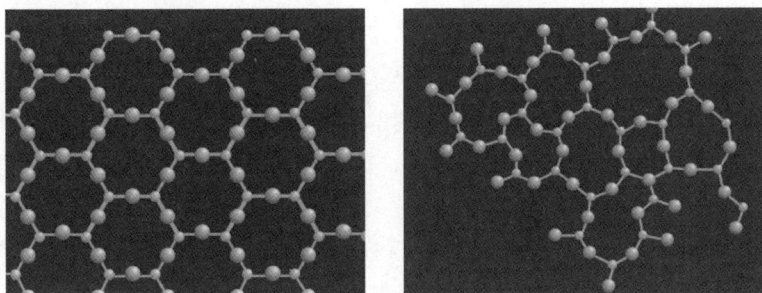

扫码看彩图

图 2-2　Be_2O_3 晶体和玻璃结构

与非晶体相比，晶体有以下主要特征：

（1）晶体自然条件下具有整齐规则的几何外形，可以自发地形成封闭的凸多面体，即自范性或自限性，如雪花、石英等；

（2）晶体有固定的熔点，如冰转变为水的温度是 0 ℃；

（3）晶体有各向异性的特点，不同方向的力学、声学、磁学、电学等性能有差异；

（4）晶体相对应的晶面角相等，称为晶面角守恒（见图 2-3），不同条件下晶体外形有差异，但两相邻晶面夹角总是恒定的；

（5）晶体可以使光发生有规律的衍射（见图 2-4），出现斑点或光环。

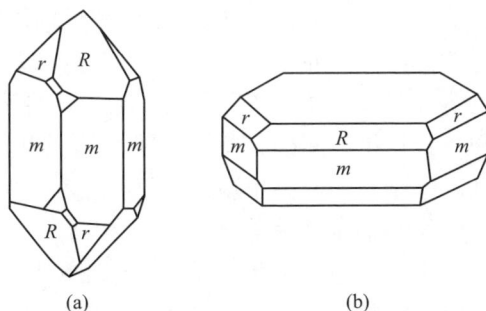

(a)　　　　　　　　(b)

图 2-3　石英晶体的外形结构与晶面角守恒
（a）理想石英晶体；（b）一种人造石英晶体

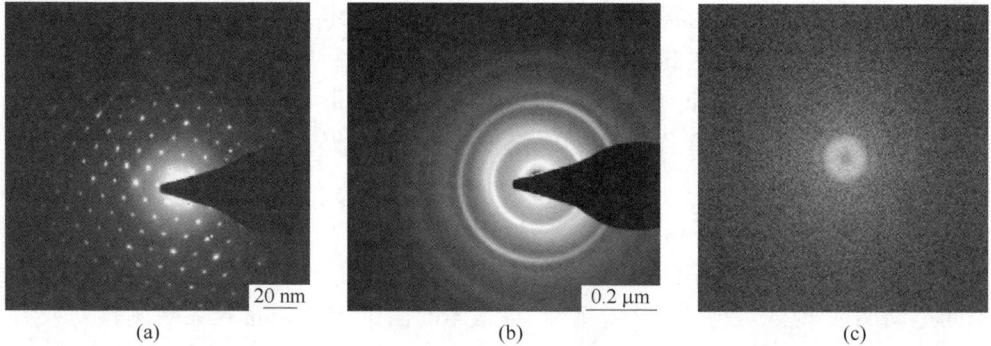

(a)　　　　　　　　　　(b)　　　　　　　　　　(c)

图 2-4　单晶（a）、多晶（b）和非晶（c）的电子衍射花样

　　按照晶体内部质点间作用力性质不同，可分为离子晶体、分子晶体、原子晶体、金属晶体四类：

　　（1）离子晶体是指由离子化合物构成的晶体，离子晶体属于离子化合物中的一种特殊形式，不能称为分子。由正离子、负离子或正离子基团、负离子基团按一定比例通过离子键结合形成的晶体称为离子晶体。强碱、活泼性金属氧化物和大多数的盐类均为离子晶体。离子晶体一般硬而脆，具有较高的熔点和沸点，熔融或溶解时可以导电。

　　（2）分子晶体是指分子间通过分子间作用力（即范德华力）构成的晶体。分子晶体是由分子组成，可以是极性分子，也可以是非极性分子。由于分子间的作用力很弱，分子晶体具有较低的熔点、沸点，因而硬度小、易挥发，许多物质在常温下呈气态或液态。例如，O_2、CO_2 是气体，乙醇、冰醋酸是液体。相同类型的分子晶体，其熔点、沸点随分子量的增加而升高。

　　（3）原子晶体是指相邻原子间以共价键相结合形成的具有空间立体网状结构的晶体。原子晶体整体是一个三维的共价键网状结构，它是一个"巨分子"，又称共价晶体。原子晶体一般具有熔点高、沸点高、硬度大、不导电、难溶于常见的溶剂等性质。由于共价键具有方向性和饱和性，所以每个中心原子周围排列的原子数目是有限的，所有原子间均以共价键相结合，晶体中不存在单个分子。例如，金刚石晶体、单质硅、SiO_2 等均为原子晶体。

　　（4）金属晶体是指由金属键构成的晶体，其基本粒子是金属阳离子和自由电子（也就是金属的价电子）。金属单质及一些金属合金都属于金属晶体，例如镁、铝、铁和铜等。金属晶体中存在金属离子（或金属原子）和自由电子，金属离子（或金属原子）总是紧密地堆积在一起，金属离子和自由电子之间存在较强烈的金属键，自由电子在整个晶体中自由运动。金属晶体具有共同的特性，如金属有光泽、不透明，是热和电的良导体，有良好的延展性和力学性能。大多数金属具有较高的熔点和硬度，金属晶体中的金属离子排列越紧密，金属离子的半径越小、离子电荷越高，金属键越强，金属的熔点、沸点越高。

2.1.2.3 固体材料的性能

对于现实生活中的固体，其可以是单一元素的晶体，也可以是由多种元素组成的化合物晶体，还可以是非晶体。固体材料广泛应用于不同行业和领域，如建筑、机械、电子、化工、医疗等，常见的固体材料包括金属、陶瓷、塑料、橡胶、玻璃、纤维等。

固体是人类生活和生产中大量工具、器件、装备、用品的主要存在状态，具有良好的力学、声学、热学、磁学和光学性能的组合，是大部分结构材料和功能材料的典型存在和呈现形式。由于不同的结构特性，不同的固体材料具有不同的物理、化学和力学性质，需要根据具体应用场景选择适合的材料。

2.1.3 凝固与结晶

凝固是一个由液态转变为固态的放热过程，与温度和压力有关，也受到其他组分的影响。当温度下降时，液体中原子或分子运动能力降低，相互之间引力增大，相对位置逐渐固定，以长程或短程有序的规律排列，进而形成晶体或者非晶体。对于晶体来说，当压力一定时，平衡条件下凝固的发生一般具有固定的温度。当冷却速度较大时，其凝固温度会偏离平衡温度，冷速越大，这种偏差就越明显。现实生活中，凝固或多或少均偏离平衡态，因此实际的凝固温度均会与理论值有一定差异。

日常交流中，对于一些凝固问题会经常提到结晶的概念，且多数时候会将二者混淆。实际上，结晶是特指液态转变为固态晶体的过程。对于金属来说，大多数生产条件下，其凝固之后均为晶体，即金属的凝固和结晶具有相同的含义。对于一些非金属材料，例如橡胶、玻璃、石蜡、甘油等，其液体冷却之后为非晶体，此时的凝固过程不能称为结晶，一般称为玻璃化转变。

玻璃化转变是非晶态高分子材料固有的性质，是高分子运动形式转变的宏观体现。根据高分子的运动形式不同，绝大多数聚合物材料通常可处于以下三种物理状态（或称力学状态）：玻璃态、高弹态（橡胶态）和黏流态。玻璃化转变是高弹态和玻璃态之间的转变。从分子结构上讲，玻璃化转变温度是高聚物无定形部分从冻结状态到解冻状态的一种松弛现象，而不像相变那样释放潜热，所以它既不是一级相变也不是二级相变。在玻璃化转变温度以下，高聚物处于玻璃态，分子链和链段都不能运动，只是构成分子的原子（或基团）在其平衡位置做振动；在玻璃化转变温度以上时分子链虽不能移动，但是链段开始运动，表现出高弹性质；温度再升高，就使整个分子链运动而表现出黏流性质。

2.2　凝固热力学

2.2.1　自由能变化

凝固本身是一个相变过程，在热力学上具有自发性。以纯铁的凝固结晶为研究对象，一定压力下，当温度降低时，体系的自由能是增大的，可以通过热力学基本定律来理解。对于某一体系，其吉布斯自由能可以表述为：

$$G = H - TS \tag{2-2}$$

式中，G 为吉布斯自由能；H 为焓；T 为温度；S 为熵。

考虑到焓与内能的关系：

$$H = U + pV \tag{2-3}$$

式中，U 为内能；p 为压力；V 为体积。

由此可得：

$$G = U + pV - TS \tag{2-4}$$

根据热力学第一定律：

$$U = Q - W \tag{2-5}$$

式中，Q 为热量；W 为做功。

根据熵的定义：

$$dS = \frac{dQ}{T} \tag{2-6}$$

可得：

$$dQ = TdS \tag{2-7}$$

根据式（2-5），不考虑做功时：

$$dU = dQ - dW = TdS - pdV - Vdp \tag{2-8}$$

根据自由能公式：

$$dG = dU + pdV + Vdp - TdS - SdT \tag{2-9}$$

式（2-8）和式（2-9）合并：

$$dG = - SdT \tag{2-10}$$

即：

$$dG/dT = - S \tag{2-11}$$

根据熵的定义，熵为系统内部结构混乱度，恒为正值。因此可知，当温度下降时，体系的吉布斯自由能逐渐增大。

凝固过程涉及固、液两相，由于结构不同，温度变化时其具有不同的特征，如图 2-5 所示。由图中可见，随着温度降低，固相和液相的体积自由能均增大，但液相的斜率比固相大，因此二者在某一温度下有一个交点。

在交点温度以上，有：

$$G_S > G_L \tag{2-12}$$

此时液相的自由能更低，体系以液态存在。

在交点温度以下，有：

$$G_S < G_L \tag{2-13}$$

此时固相的自由能更低，体系以固态存在。

通常，可以采用冷却曲线表示凝固过程中的温度变化规律，平衡条件下纯金属（如纯铁）或共晶合金的冷却曲线如图 2-6 所示。高温液态金属注入模具后，其温度会逐渐下降，此时为液态过热的释放；当温度降低至 T_m 时，由于凝固潜热释放，其温度下降速度会减小，由于纯金属和共晶合金的凝固是在某一个温度下完成的，导致冷却曲线出现一个平台，直到液相完全转变为固相；当凝固潜热释放完全之后，继续冷却时温度进一步下降，这是固态显热的释放。

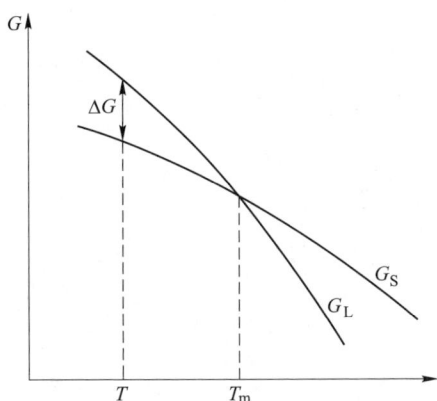

图 2-5 凝固过程体系自由能变化变化

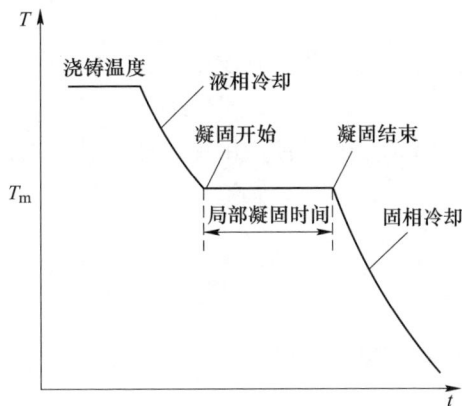

图 2-6 纯金属或共晶合金的
平衡凝固冷却曲线

非共晶合金的凝固过程是在一个温度范围内完成的，Fe-C 相图低碳钢范围的平衡凝固冷却曲线如图 2-7 所示。钢水冷却时，首先发生液相的过热释放；随着冷却进行，当温度达到凝固开始温度时，则会析出 δ 相，并伴随着潜热释放，此时冷却曲线不是一个平台，而是斜率减小，直至凝固结束温度液相全部消失；进一步冷却时，固态显热释放，温度继续下降。

凝固过程的自由能变化可以通过热力学来描述。一定温度 T 下，当相变发生时，体系的自由能变化为：

$$\Delta G = \Delta H - T\Delta S \tag{2-14}$$

凝固过程中，其驱动力为固、液两相的自由能之差。液相转变为固相的单位体积自由能变化为：

$$\Delta G_V = G_S - G_L \tag{2-15}$$

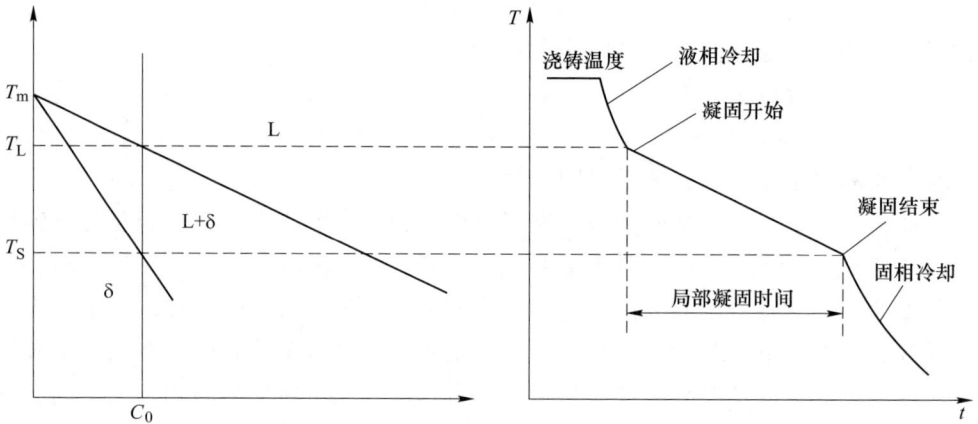

图 2-7　合金的平衡凝固冷却曲线

根据相变自由能变化公式可得：

$$\Delta G_V = (H_S - H_L) - T(S_S - S_L) \tag{2-16}$$

当压力一定时，相变过程的焓变为：

$$\Delta H = H_L - H_S = L_m \tag{2-17}$$

又因为：

$$\Delta S_m = S_L - S_S = \frac{L_m}{T_m} \tag{2-18}$$

故凝固过程的体积自由能变化为：

$$\Delta G_V = -\frac{(T_m - T)L_m}{T_m} \tag{2-19}$$

式中，L_m 为熔化潜热，表示固相转变为液相时的吸热量，为正值；ΔS_m 为固体的熔化熵。

根据实验结果，大多数金属的熔化熵接近于摩尔气体常数，即 $\Delta S_m \approx R = 8.31 \ J/(mol \cdot K)$，这个实验结果被称为 Richard 法则。

根据式（2-19）可知，若要凝固过程中 $\Delta G_V < 0$，实际相变温度 T 要低于平衡温度 T_m。

对于合金，由于选分结晶的作用，其实际成分也是变量。因此，当压力不变时，其凝固过程的体积自由能是温度和成分的函数，这类似一个二元溶液结晶问题。一定温度下，以成分为横坐标、以自由能为纵坐标，可以得到自由能-成分曲线，这是二元溶液自由能、化学势平衡与相变问题的理论基础。

对于摩尔分数分别为 X_A、$X_B(X_A + X_B = 1)$ 的 A、B 两种原子组成的理想溶液，一定温度和压力下，如果两组元可以组成不同结构的相，则存在不同相的多条自由能曲线，如图 2-8 所示。对于 α 和 β 两相，其自由能曲线分别为 G_α 和

G_β。设 α 和 β 两相浓度分别为 C_α 和 C_β，二者分别对应于曲线上的 d、e 两点。设溶液的平衡浓度为 X_B，此时体系的平均自由能 G 为 X_B 垂直线与 de 线之间的高度，这就是切线规则。

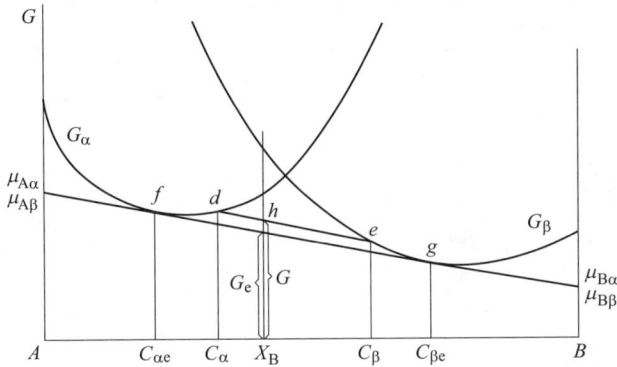

图 2-8　某 AB 理想溶液一定温度和压力下的自由能曲线

当不同相处于热力学平衡时，系统是稳定的。考虑图 2-8 中的体系，对于成分为 X_B 的二元溶液，在上述温度和压力下，两相自由能曲线公切线 fg 对应的 G_e 为系统能量的最小值，此时两组元在各相内具有相同的化学势，系统处于平衡状态。f、g 对应的浓度 $C_{\alpha e}$ 和 $C_{\beta e}$ 是 α 相和 β 相的平衡浓度。理论上，如果有足够的时间，系统中两相浓度将会自发地从 d、e 移动到 f、g，以使系统能量最低。

对于一个 A、B 两组元共晶体系的凝固过程，其自由能变化与二元溶液相图类似。设 α 相、β 相具有不同的晶体结构，加上液相 L，系统内存在三相，即共有三条自由能曲线，如图 2-9 所示。T_1 温度下，体系中为 α+L 相，L 相和 α 相自由能曲线具有公切线，与 β 相自由能曲线没有公切线，α 相切点浓度对应于相图中 T_1 温度线与 α 相区的交点，L 相切点浓度对应于 T_1 温度下与 L 相区的交点。T_2 温度下，体系中为 α+β+L 相，此时 L 相的自由能曲线与 α 相、β 相各有不同公切线，其对应关系与上述类似。T_E 温度对应于相变温度，此时三相自由能曲线具有相同的一条公切线，切点位置分别对应于相图横线的三个点。T_3 温度下，L 相消失，体系为 α+β，此时 L 相自由能曲线位置较高，其与 α 相、β 相的公切线分别相交于另一相自由能曲线之上，说明这并不是体系能量最低的状态，α 相和 β 相自由能曲线的公切线满足能量最低原理，两切点分别对应于相图中对应温度与各自单相区的交点。

2.2.2　过冷度

纯铁的凝固是冷却到一定温度时才开始发生的，理论上，平衡条件下该温度为液相和固相自由能相等的交点 T_m。实际上，除了一些科学研究中可以达到接近平衡的状态外，生活生产中大多是近平衡或非平衡条件。这种情况下，液相和固相不会在 T_m 温度下共存无限时间，这说明凝固并不会在 T_m 温度下发生，因此，其需要额外的驱动力才能克服这个能量壁垒，即冷却到低于 T_m 的某一温度 T。

凝固过程中原子迁移及其自由能变化如图 2-10 所示。从根本机制看，凝固

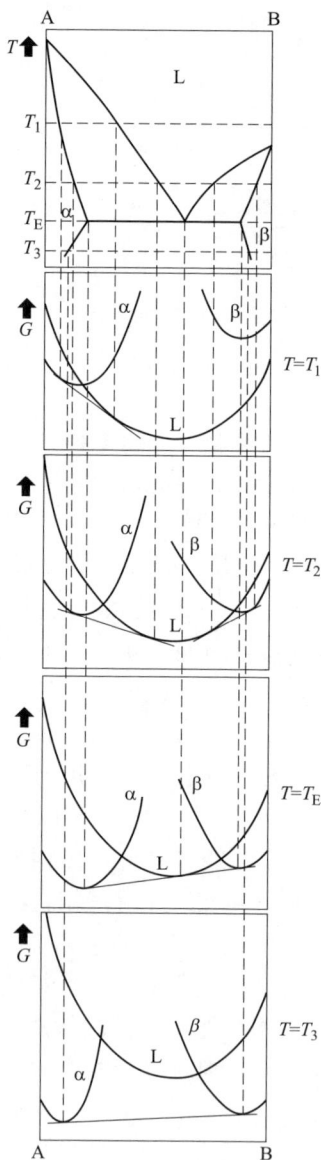

图 2-9　某 AB 合金平衡条件下
不同温度的自由能曲线

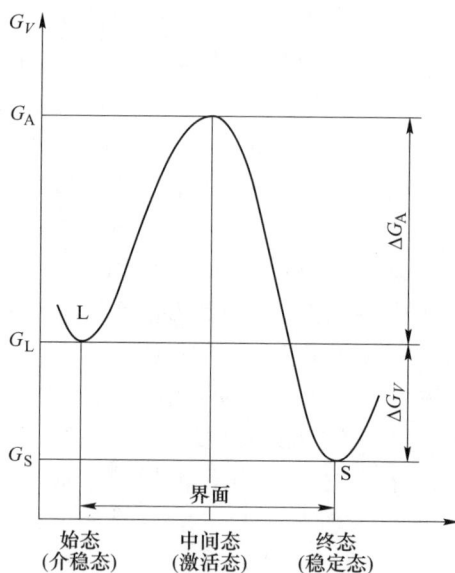

图 2-10　凝固过程中原子迁移
及其自由能的变化

是一个原子跃迁、重组的过程。由图中可见，原子从介稳态的液相 L 过渡到稳态的固相 S 的过程中，必然要经过一个自由能较高的中间态，这个中间态就是固液两相的界面能，它构成了液固转变过程中的阻力。因此，过冷度的存在是产生凝固的必要条件，为实现凝固到底需要多大的过冷度则与凝固过程中所需克服的相变阻力的大小密切相关。

根据凝固过程的体积自由能变化：

$$\Delta G_V = -\frac{(T_m - T)L_m}{T_m} \tag{2-20}$$

令 $\Delta T = T_m - T$，表示实际凝固温度和理论凝固温度的差值，即为过冷度。由此可得：

$$\Delta G_V = -\frac{\Delta T L_m}{T_m} \tag{2-21}$$

分析可见，过冷度大小与凝固驱动力直接相关。当实际凝固温度与平衡温度差值越大时，相变自由能越大，凝固越容易进行。冷却降温过程中，冷速越快，其过冷度越大，越有利于凝固进行。

对于实际条件下的冷却曲线，其凝固往往会有滞后，即开始结晶的温度与理论温度出现差值（见图 2-11），二者之间的差异即为过冷度。通过冷却曲线计算不同冷速下的凝固过冷度也是比较常见的确定方法，根据已有学者对常见金属的凝固温度和过冷度的实测结果，对于均质形核，二者之间存在 $\Delta T \approx (0.2 \sim 0.3)T_m$ 的关系；对于非均质形核，$\Delta T \approx (0.01 \sim 0.05)T_m$。

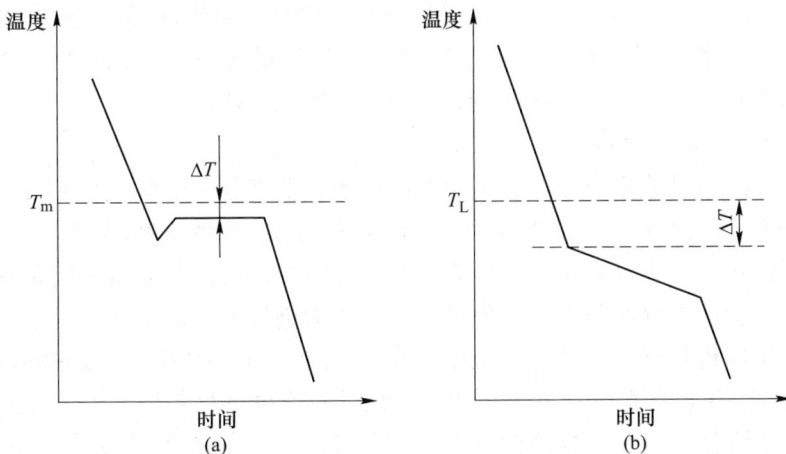

图 2-11 纯金属（a）和合金（b）的过冷度

根据凝固时过冷度的形成机制可分为五个类别，分别是热过冷 ΔT_t、曲率过冷 ΔT_r、成分过冷 ΔT_c、压力过冷 ΔT_p 和动力学过冷 ΔT_k。实际凝固过程中，不同条件下、不同类别的过冷度发挥的作用是不同的。对于常规冷却条件，热过冷 ΔT_t、曲率过冷 ΔT_r 和成分过冷 ΔT_c 对凝固的影响最显著。

2.2.2.1　热过冷

热过冷（thermal undercooling）是由液体实际温度分布所引起的过冷状态（见图 2-12），其为理论凝固温度与实际温度的差值。当高温钢液注入模具中时，熔体内部会形成一个正温度梯度；由于模具温度比较低，与器壁接触的表层液体温度迅速降低至凝固温度以下，进而形成一定厚度的热过冷层。凝固过程中，随着金属熔体温度的不断降低，必然会出现热过冷来

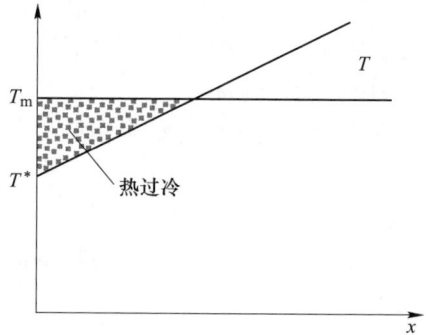

图 2-12　正温度梯度下的热过冷示意图

克服凝固阻力，其大小与外界换热条件影响下的温度梯度有关。热过冷推动了凝固发生，是金属凝固过程控制的关键要素。

具体分析中，热过冷度的界定和计算还需要细致区分。就相图而言，从冷却过程考虑，金属熔体温度下降都是热作用，即对于某一深过冷的金属熔体，其实际温度 T 与平衡温度 T_m 的差值就是热过冷度，$\Delta T_t = T_m - T$。就凝固形核与长大平衡过程来说，由于晶体的固液界面不可能是平齐的，纯金属形成晶核时还需要满足曲率过冷度 ΔT_r，合金除满足曲率过冷度之外还需要满足成分过冷度 ΔT_c。因此，计算某一深过冷熔体的热过冷度时，会从总过冷度中去除上述过冷度，即 $\Delta T_t = T_m - T - \Delta T_r - \Delta T_c$。实际上，这两种方法只是对理论凝固温度概念的定位不同。前者以热力学相图上的温度 T_m 为准，考虑的是平齐界面；后者考虑到了其他因素对热力学平衡状态的影响，本质上二者仍是统一的。

2.2.2.2　曲率过冷

曲率过冷与晶体形态相关，是由与晶体表面曲率相关的固液两相界面能而引起的过冷度。在之前章节的内容中，T_m 定义为液固两相的平衡温度，实际上指的是液、固两相在平直界面条件下两侧达到平衡时的温度。如果凝固时的液固界面是曲面，则会由于界面张力效应而形成附加压力破坏原有的平衡。

当初生固相是球形界面时，会引入额外的能量阻力 ΔG_{Vr}，这时界面处液相只有通过 $T_m \rightarrow T_r$ 的温度改变来获得一个新的过冷度 $\Delta T_r = T_m - T_r$，此时体积自由能进一步降低，抵消了界面曲率带来的额外阻力，如图 2-13 所示。也就是说，初生固相曲率大于零时，会导致凝固温度或熔点降低（$T_m \rightarrow T_r$）。常规生产条件下，钢的凝固界面处枝晶形态可近似为球形或抛物线形，由于存在表面张力，冷却过程中必须满足这一过冷度，凝固才会发生。因此，某种意义上说，曲率过冷阻碍了凝固形核。

对于曲率为 K 时，其单位体积上产生的附加能量为：

$$\Delta G_{Vr} = \gamma K \qquad (2\text{-}22)$$

对于曲率 K，根据数学定义，对于任意空间的曲面物体：

$$K = \frac{dA}{dV} = \frac{1}{r_1} + \frac{1}{r_2} \qquad (2\text{-}23)$$

式中，r_1 和 r_2 表示曲面的最大半径和最小半径。

对于半径为 r 的球形界面：

$$K = 2/r \qquad (2\text{-}24)$$

对于半径为 r 的圆柱形界面：

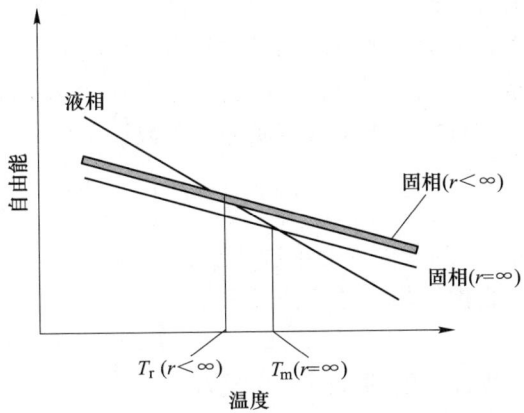

图 2-13 曲率过冷与凝固自由能变化

$$K = 1/r \qquad (2\text{-}25)$$

凝固过程某一温度 T_r 下的自由能变化为：

$$\Delta G_{Vr} = -\frac{\Delta T_r L_m}{T_m} \qquad (2\text{-}26)$$

二者平衡时，可得：

$$\Delta T_r = \frac{\gamma K \cdot T_m}{L_m} \qquad (2\text{-}27)$$

因为 $\Delta S_m = L_m/T_m$，可得：

$$\Delta T_r = \frac{\gamma K}{\Delta S_m} \qquad (2\text{-}28)$$

引入吉布斯-汤姆森（Gibbs-Thomson）系数 $\Gamma = \gamma/\Delta S_m$，即形成单位面积界面所需的能量，则：

$$\Delta T_r = \Gamma K \qquad (2\text{-}29)$$

曲率过冷对钢的凝固形核具有直接影响。对于球形晶核，曲率 $K = 2/r$。一般来说，金属的 Γ 可取 1×10^{-7} ℃/m，当晶核半径为 1 μm 时，曲率过冷度为 0.2 ℃；当半径为 0.1 μm 时，曲率过冷度为 2 ℃；对于初生形核，其半径多在纳米级别，对应的曲率过冷度在几十摄氏度到几百摄氏度，这或许就是纯铁凝固过冷度实测值约为300 ℃的根本原因。

2.2.2.3 成分过冷

成分过冷也叫本质过冷，是合金中特有的一种过冷度。合金在非平衡凝固过程中，由于溶质再分配造成界面前沿溶质浓度的变化，引起理论凝固温度的改变而在液固界面前液相内出现液相温度低于理论凝固温度的现象，这种由固-液界面前沿溶质再分配引起的过冷，称为成分过冷。图 2-14 中可见，对于某一浓度

为 C_0 的合金，其冷却至某一温度 T^* 时，对应的液相平衡浓度为 C_L^*。由于非平衡条件下液相中有限的扩散作用，界面前沿液相中因选分结晶而聚集的溶质不能完全均匀化，因此在界面前沿形成一个溶质边界层 δ_C；在溶质边界层内，根据扩散方程可以求出其溶质分布函数：

$$C_{L,x} = C_0 \left[1 + \frac{1-k}{k} \exp\left(-\frac{v}{D_L}x \right) \right] \qquad (2\text{-}30)$$

式中，v 为凝固界面推进速度。

根据液相线计算公式：

$$T_L = T_m - m \cdot C_0 \qquad (2\text{-}31)$$

界面前沿的实际液相线为：

$$T_{L,x} = T_L - m \cdot (C_{L,x} - C_0) = T_L - m \cdot C_0 \left[\frac{1-k}{k} \exp\left(-\frac{v}{D_L}x \right) \right] \qquad (2\text{-}32)$$

由式（2-32）对 x 求导，可得其液相线的斜率：

$$G_{L,x} = \frac{m \cdot C_0 \cdot v}{D_L} \left[\frac{1-k}{k} \exp\left(-\frac{v}{D_L}x \right) \right] \qquad (2\text{-}33)$$

对于界面前沿的斜率，$x = 0$ 时：

$$G_{L,x=0} = \frac{m \cdot C_0 \cdot v}{D_L} \frac{1-k}{k} \qquad (2\text{-}34)$$

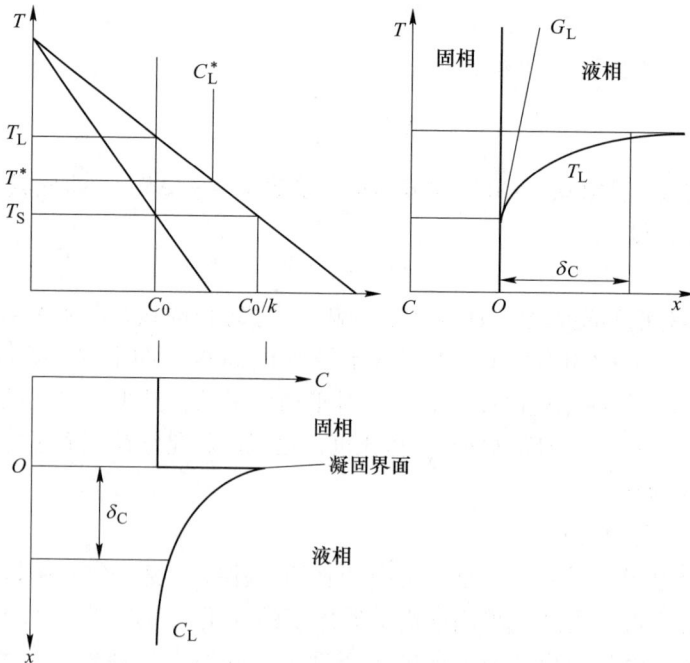

图 2-14　合金凝固前沿溶质富集引起液相线温度的变化

当考虑外界换热时，界面前沿
的实际温度梯度与溶质再分配引起
液相线的温度梯度对比，对于溶质
分配系数 $k<0$ 的合金，当实际温度
梯度 G_T 大于液相线斜率 G_L 时（见
图 2-15），凝固界面前沿液相的实际
温度均高于液相线温度，无成分过
冷；当 G_T 小于 G_L 时，二者交会处出
现阴影区，该范围内液相实际温度
低于液相线温度，出现成分过冷。
因此，可以导出成分过冷的形成条
件为：

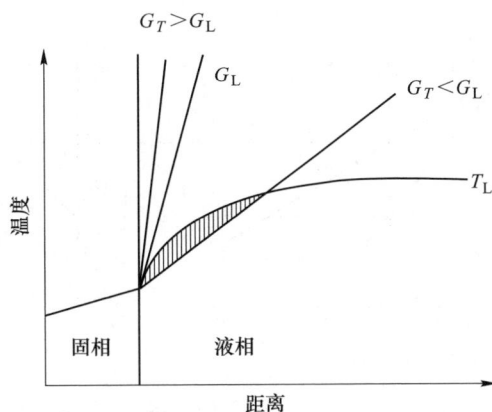

图 2-15　合金凝固界面前沿成分过冷形成条件

$$\frac{G_T}{v} \leqslant \frac{m \cdot C_0}{D_L}\frac{1-k}{k} = \frac{T_L - T_S}{D_L} \tag{2-35}$$

由此可见，对于凝固两相区宽度越大、溶质液相扩散系数越小的合金，其界
面前沿越溶质出现成分过冷；对于外界传输引起的实际温度梯度越小、界面推进
速度越大，也越容易出现过冷。

对于 $k<0$ 的合金，可以推导出成分过冷的最大过冷度为：

$$\Delta T_{max} = m \cdot C_0 \frac{1-k}{k} - \frac{G_T D_L}{v}\left[1 + \ln\frac{vmC_0(1-k)}{G_T D_L k}\right] \tag{2-36}$$

成分过冷的范围是：

$$X = \frac{2D_L}{v} - \frac{2kGD_L^2}{m \cdot C_0(1-k)v^2} \tag{2-37}$$

和纯金属相比，合金凝固过程中需要考虑成分过冷。本质上来说，成分过冷
降低了界面前沿的实际凝固温度（见图 2-16），相同冷却条件下，界面前沿过冷
度比不考虑溶质富集时减小了 $m \cdot C_0(1-k)/k$（即 T_L 与 T_S 之间温度差值），只有
当温度进一步下降才能使界面继续推进，实际上是阻碍了凝固进程。同时，成分
过冷使凝固界面前沿之外出现更大的过冷度，有利于等轴晶形核和长大，这就是
高碳钢和高合金钢凝固组织中等轴晶率比低碳钢更高的原因。

成分过冷不影响凝固晶体形核，但对晶体长大及其形貌演变有着非常关键的
作用。因此，成分过冷理论是金属定向凝固技术的基本依据，对于飞机发动机涡
轮叶片生产质量控制至关重要。

2.2.2.4　压力过冷

压力过冷是与系统外界压力有关的过冷度。在凝固过程中，液固两相的平衡
温度 T_m 除了受到界面曲率的影响之外，还会受到系统压力的影响。一般情况下，

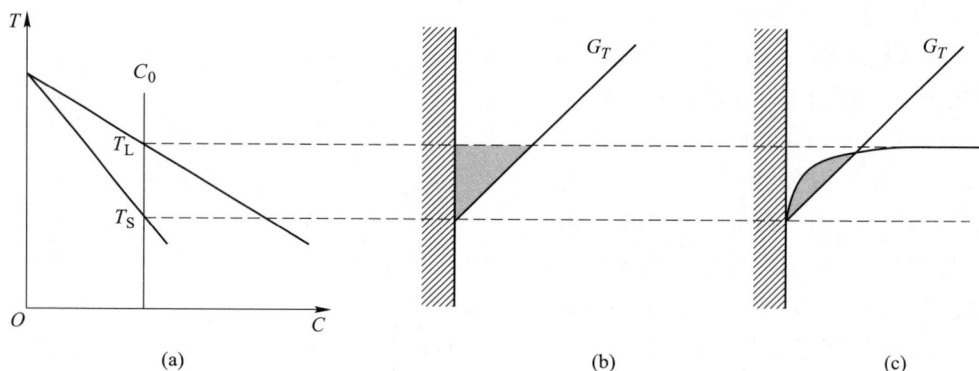

图 2-16　合金凝固界面前沿成分过冷的影响

（a）二元相图；（b）无溶质再分配的过冷；（c）发生溶质再分配时的过冷

T_m 指的是常压（即 1 atm）下纯物质的熔点或合金的液相线温度，对于某一压力 p_{atm} 下的过冷度，可以根据自由能的热力学关系求出，因为：

$$dG_L = V_L dp - S_L dT \tag{2-38}$$

$$dG_S = V_S dp - S_S dT \tag{2-39}$$

当体系温度为 T_m 时，因为 $dG_L = dG_S$，可得：

$$V_L dp - S_L dT = V_S dp - S_S dT \tag{2-40}$$

整理可得：

$$(V_L - V_S) dp = (S_L - S_S) dT \tag{2-41}$$

进一步移项：

$$\frac{dT_p}{dp} = \frac{\Delta V}{\Delta S_f} \tag{2-42}$$

因为 $\Delta S_m = \dfrac{\Delta L_m}{T_m}$，可得：

$$\frac{dT_p}{dp} = \frac{T_M \Delta V}{\Delta H_f} \tag{2-43}$$

式（2-43）即为物理化学中的 Clausius-Clapeyron 方程，当系统的压力由 1 atm 变化 Δp atm 时，液固两相的平衡温度则会由 T_m 变化到 T_p，设 $\Delta T_p = T_m - T_p$，则：

$$\Delta T_p = \frac{\Delta p \Delta V}{\Delta S_m} = \frac{T_m \Delta p \Delta V}{L_m} \tag{2-44}$$

由此可见，对于相变体积减小的熔体，当体系外界压力增大时，过冷度随之增大，即增大压力相当于升高了熔点或凝固温度。压力过冷与热过冷相似，是外界可以控制的过冷度，也是凝固的驱动力。计算表明，对于常见金属，当外界大气压由 1 atm 增加到 1000 atm 时，凝固时的压力过冷度变化也不超过 10 ℃。根据已有结果，压力过冷度对金属熔点的影响大约为 0.01 ℃/atm 数量级。因此，实际生产中，通过压力控制凝固过程演变的技术仍不多。

实际上，曲率过冷也可以通过液相界面的压力过冷来理解。当液相中出现具有一定曲率 K 的界面时，其附加压力可根据 Young-Laplace 公式计算：

$$\Delta p_r = \gamma K \tag{2-45}$$

代入式（2-44）即可获得曲率过冷度的另一个公式：

$$\Delta T_{r,p} = \frac{\Delta p \Delta V}{\Delta S_m} = \frac{\gamma K T_m \Delta V}{L_m} \tag{2-46}$$

根据数学规定，凸面曲率为正值，凹面为负值。因此，液相中形成的负曲率会导致 $\Delta T_{r,p}$ 减小，即液体的熔点和凝固温度降低，这与通过固相界面自由能推导出的公式结果是完全一致的。

2.2.2.5　动力学过冷

动力学过冷是与凝固过程中固、液相原子界面迁移和附着动力学有关的过冷度。凝固界面处原子运动是一个动态过程，当原子由固相向液相迁移的速率大于液相向固相时，就会发生熔化，反之就会凝固：

$$\left(\frac{dn}{dt}\right)_{L\to S} = f_S A_S n_L \nu_L \exp\left(-\frac{\Delta G_S}{kT}\right) \tag{2-47}$$

$$\left(\frac{dn}{dt}\right)_{S\to L} = f_L A_L n_S \nu_S \exp\left(-\frac{\Delta G_L}{kT}\right) \tag{2-48}$$

式中，n_S 和 n_L 为单位面积上固相和液相界面上的原子数；f_S 和 f_L 为单个原子向固相和液相界面运动的概率；A_S 和 A_L 为单个原子被固相和液相界面捕捉到的概率；ν_S 和 ν_L 是固相和液相原子的振动频率；ΔG_L 和 ΔG_S 是熔化和凝固过程中单原子从穿过界面的激活能。

对于平衡温度 T_m 下：

$$\left(\frac{dn}{dt}\right)_{L\to S} = \left(\frac{dn}{dt}\right)_{S\to L} \tag{2-49}$$

为了凝固能够进行，只有当体系温度 $T_m \to T_k$ 时，即存在一个过冷度 ΔT_k，才会使：

$$\left(\frac{dn}{dt}\right)_{L\to S} > \left(\frac{dn}{dt}\right)_{S\to L} \tag{2-50}$$

有学者推导得到以下公式：

$$\Delta T_k = \frac{RT_m^2}{L_m} \cdot \frac{v}{v_C} \tag{2-51}$$

式中，v 为凝固速度；v_C 为理论上晶体的最大生长速度。

目前，对于 v_C 的计算有两种方式，第一种是假设晶体长大速度等于原子的扩散速度，可得：

$$v_C = \frac{D_L}{a_0} \tag{2-52}$$

式中，D_L 为液相中原子扩散系数；a_0 为原子间距。

第二种假设最大长大速度为原子在界面上的附着速率：

$$v_C = v_0 \tag{2-53}$$

式中，v_0 为声速。

对比可见，第二种假设比第一种的结果大 3 个数量级。纯金属凝固过程中枝晶快速生长实验数据表明，其测定结果与第二种假设的计算值更为接近。对于常规凝固过程，金属的动力学过冷度一般在 0.01~0.05 K。

凝固过程中，晶体长大是液相原子越过界面向固相沉积的动力学过程，相变阻力取决于固液界面的结构、界面固相一侧的晶面指数、界面处晶体缺陷的形式和数量及具体的沉积机制。晶体生长的阻力较小，尽管不同晶体及晶面在不同的生长机制下所需的动力学临界过冷度相差悬殊，但与形核过程相比，ΔT_k 数值不仅比均质形核的过冷度小几个数量级，而且也比非均质形核过冷度小得多。动力学过冷度 ΔT_k 对固液界面的亚微观结构形态具有重要的影响。

2.3　凝固动力学

钢的凝固是一个由液态到固态的动态演变过程，整体上分为晶体形核和生长两个阶段。对于不同成分和冷却条件的钢水，又有不同的形核和生长机制，这与其他类别的合金也有显著不同。

形核是凝固最初始阶段的标志，是结晶开始发生的起点。对于常见的金属凝固过程来说，比如钢、铜、铝、镁等，其一般都涉及形核过程。形核就是形成晶核，晶核是指可以稳定存在的、可以作为结晶核心而长大的原子或分子微团。常见的形核方式有两种，均质形核和非均质形核（也叫异质形核）。

2.3.1　均质形核

2.3.1.1　概念

均质形核是指液相中不借助外来质点而自发地、均匀地由液相原子或分子而形成晶核的过程。液相中，始终存在一定的成分起伏、结构起伏和浓度起伏（见图 2-17），导致某些局部区域会出现原子或分子基团，这些原子或分子基团会初步形成具有固体结构的周期式排列，称之为晶胚；由于能量随机波动，这些晶胚不能全部稳定存在，当尺寸小于临界半径时会消溶，大于临界半径时会保留下来形成晶核。因此，凝固过程晶体形核是具有一定随机性和偶然性的能量起伏的结果。

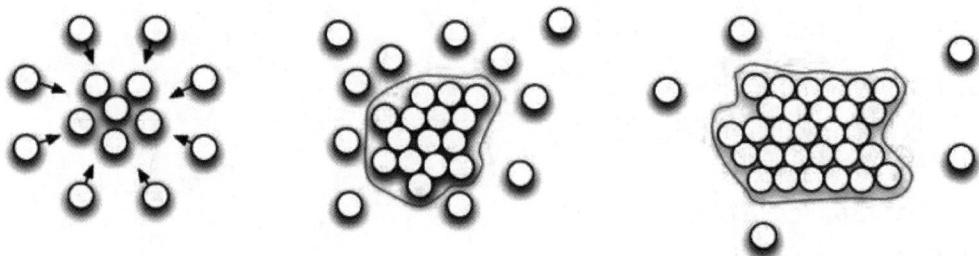

图 2-17 液相中的粒子基团和晶核

2.3.1.2 临界形核半径与形核功

对于均质形核，其可以通过热力学关系来分析形核过程，如图 2-18 所示。对于某一体积 V_0 的液相 L，其凝固之前的体系自由能为：

$$G_1 = G_L V_0 \tag{2-54}$$

式中，G_L 为液相单位体积的自由能。

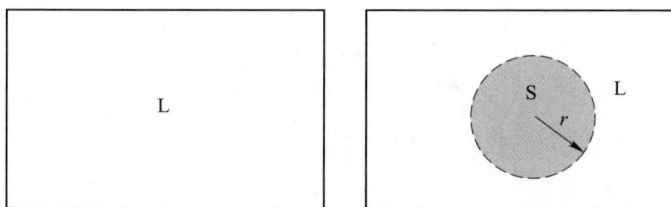

图 2-18 均质形核示意图

当出现一个尺寸为 r 的晶胚时，体系自由能为：

$$G_2 = G_L\left(V_0 - \frac{4}{3}\pi r^3\right) + G_S \frac{4}{3}\pi r^3 + 4\pi r^2 \gamma \tag{2-55}$$

式中，G_S 为固相单位体积的自由能；γ 为固液界面能。

因此，凝固过程中的能量变化为：

$$\Delta G = G_2 - G_1 = -\frac{4}{3}\pi r^3 \Delta G_V + 4\pi r^2 \gamma \tag{2-56}$$

其中，$\Delta G_V = G_L - G_S$。

由此可见，凝固形核过程中的动力是体积自由能减少，阻力是界面能，如图 2-19 所示。

上述公式 ΔG_V 对 r 进行求导并

另 $\dfrac{\mathrm{d}\Delta G_V}{\mathrm{d}r} = 0$，可得：

$$r_c = \frac{2\gamma}{\Delta G_V} \qquad (2\text{-}57)$$

式中，r_c 为临界形核半径。

根据前述分析，凝固过程单位体积的自由能变化为：

$$\Delta G_V = L_m \Delta T / T_m \qquad (2\text{-}58)$$

式中，L_m 为凝固潜热，则可进一步表示为：

$$r_c = 2\gamma T_m / (L_m \Delta T) \qquad (2\text{-}59)$$

可见，临界晶核半径与过冷度成反比，此时对应的临界形核功为：

图 2-19　均质形核自由能变化与晶核半径的关系

$$\Delta G_c = -\frac{4}{3}\pi r_c^3 \frac{2\gamma}{r_c} + 4\pi r_c^2 \gamma = \frac{4}{3}\pi r_c^2 \gamma \qquad (2\text{-}60)$$

由此可见，临界形核功为对应表面能的三分之一。将临界半径公式代入可得：

$$\Delta G_c = \frac{16\pi\gamma^3 T_m^2}{3L_m^2}\frac{1}{\Delta T^2} \qquad (2\text{-}61)$$

因此，临界形核功与过冷度的平方成反比。

2.3.1.3　形核密度

实际应用中，除了考虑凝固时的临界形核半径之外，更多关注的是形核密度和形核速率，即单位体积的形核数量和单位时间单位体积的形核数量。

根据形核过程的自由能变化：

$$\Delta G = n_i \Delta G_i - T\Delta S_i \qquad (2\text{-}62)$$

式中，n_i 为晶核数；ΔG_i 为每个晶核的形核能；ΔS_i 为形核过程中的熵变，可以根据熵的公式计算：

$$\Delta S_i = -k_B n [\, C \ln C + (1 - C)\ln(1 - C) \,] \qquad (2\text{-}63)$$

其中，$n = n_i + n_L$，$C = n_i/n$，$1 - C = n_L/n$，如此可得：

$$\Delta S_i = -k_B [\, -(n_i + n_L)\ln(n_i + n_L) + n_i \ln n_i + n_L \ln n_L \,] \qquad (2\text{-}64)$$

令自由能对形核数求导，当系统能量最低时，有：

$$\frac{\partial \Delta G}{\partial n_i} = \Delta G_i - T\frac{\partial \Delta S_i}{\partial n_i} = 0 \qquad (2\text{-}65)$$

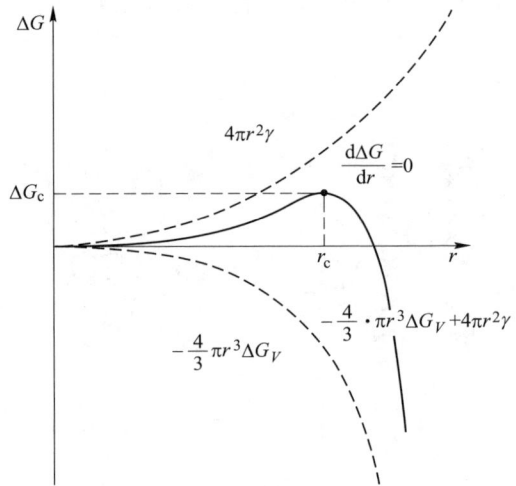

$$\frac{\partial \Delta S_i}{\partial n_i} = - k_B \left[- (n_i + n_L) \frac{1}{n_i + n_L} + \ln(n_i + n_L) - n_i \frac{1}{n_i} - \ln n_i \right] \qquad (2\text{-}66)$$

整理可得:

$$\frac{\partial \Delta G}{\partial n_i} = \Delta G_i + k_B T \ln \frac{n_i}{n_i + n_L} = 0 \qquad (2\text{-}67)$$

由于 $n_L \gg n_i$，可以简化为:

$$\Delta G_i + k_B T \ln \frac{n_i}{n_L} = 0 \qquad (2\text{-}68)$$

即:

$$n_i^{cr} = n_L \exp\left(- \frac{\Delta G_i}{k_B T} \right) \qquad (2\text{-}69)$$

式中，ΔG_i 为临界形核功，式（2-69）就是形核密度公式。

2.3.1.4 形核速率

形核速率是单位时间内单位体积的形核数量，其可表示为形核密度与单位时间内原子堆砌到晶核表面概率的乘积。

$$I = n_i^{cr} \cdot \frac{dn}{dt} \qquad (2\text{-}70)$$

其中，

$$\frac{dn}{dt} = \nu \exp\left(- \frac{\Delta G_A}{k_B T} \right) \qquad (2\text{-}71)$$

式中，ΔG_A 为原子从液相迁移到晶核的激活能；ν 为液相中原子进入晶核的概率，具体可表示为:

$$\nu = \nu_{L \to S} n_S \qquad (2\text{-}72)$$

式中，$\nu_{L \to S}$ 为原子从液相到固相晶核的跃迁频率；n_S 为液相中与晶核相接触的原子数。

全部代入可得:

$$I = n_L \nu \exp\left(- \frac{\Delta G_i}{k_B T} \right) \exp\left(- \frac{\Delta G_A}{k_B T} \right) = n_L \nu \exp\left(- \frac{\Delta G_i + \Delta G_A}{k_B T} \right) \qquad (2\text{-}73)$$

式（2-73）中的系数可以用 I_0 表示，对于大多数金属来说，$I_0 = 10^{42} \ \mathrm{m^{-3} \cdot s^{-1}}$。考虑到单位体积临界形核功与过冷度的关系:

$$\Delta G_{c,V} = \frac{16\pi \gamma^3 T_m^2 V_m^2}{3 L_m^2} \frac{1}{\Delta T^2} \qquad (2\text{-}74)$$

可进一步简化为:

$$I = I_0 \exp\left(- \frac{K_N^{hom}}{T \Delta T^2} \right) \exp\left(- \frac{\Delta G_A}{k_B T} \right) \qquad (2\text{-}75)$$

式中，K_N^{hom} 为与均质形核有关的系数。

当过冷度较小时，式（2-75）中动力学的指数相很小，已有研究中求出 $(-\Delta G_A/(k_B T)) \approx 0.01$，则：

$$I = I_0' \exp\left(-\frac{K_N^{hom}}{T\Delta T^2}\right) \tag{2-76}$$

此处，$I_0' = 10^{40} \ m^{-3} \cdot s^{-1}$。由于过冷度与温度的关系为：

$$T = T_m - \Delta T \tag{2-77}$$

最终可得形核率与过冷度的关系为：

$$I = I_0' \exp\left[-\frac{K_N^{hom}}{(T_m - \Delta T)\Delta T^2}\right] \tag{2-78}$$

对于纯铁来说，上述公式中的系数见表 2-1。

表 2-1　纯铁的凝固形核参数

T_m/K	$L_m/(J \cdot mol^{-1})$	$V_m/(m^3 \cdot mol^{-1})$	$\gamma/(J \cdot m^{-2})$	k_B
1811	15120	7.2×10^{-6}	0.24	1.38×10^{-23}

代入式（2-78）计算，可得到曲线如图 2-20 所示。由图中可见，随着凝固过冷度增大，当超过某一值时，纯铁的形核速率陡然增大，该值即为可以测定的临界形核过冷度，约为 300 K。对金属来说，临界过冷度 ΔT_c 一般为 $(0.2 \sim 0.3) T_m$。

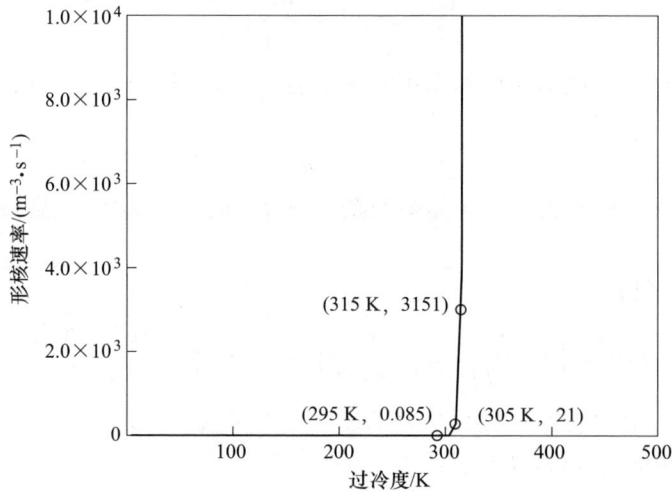

图 2-20　纯铁凝固形核速率与过冷度的关系

2.3.2　非均质形核

实际生产中，液态金属一般盛放在容器中，如钢水与器壁的耐火材料不可避免地接触，同时钢水内部也或多或少地存在一些杂质，这些都导致液态金属内部并不是纯净的，其凝固过程中晶核一般会借助这些外来质点而形成，这在热力学上需要克服的能量势垒更小。因此，均质形核多存在于一些理想条件或某些特殊的实验室环境，非均质形核具有更广泛的实用性。

非均质形核是指依附于熔体之中的外来质点表面或容器壁面（基底）而形成晶核的过程，如图 2-21 所示。从热力学角度讲，其过程与均质形核类似，同样需要成分起伏、结构起伏和能量起伏，但比均质形核更容易发生。

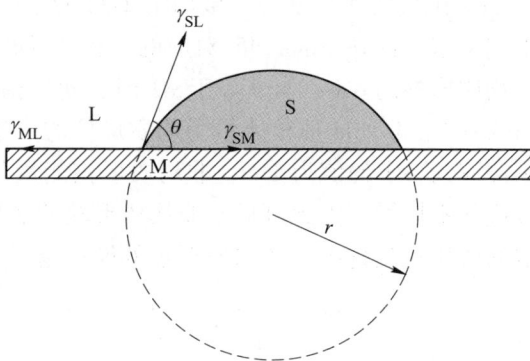

图 2-21　非均质形核示意图

当某一基底上出现半径为 r 的球冠形状晶核并达到平衡时，该过程的能量变化为：

$$\Delta G^{\mathrm{Het}} = - \Delta G_V V_{\mathrm{S}} + \gamma_{\mathrm{S/L}} A_{\mathrm{S/L}} + (\gamma_{\mathrm{S/M}} - \gamma_{\mathrm{M/L}}) A_{\mathrm{S/M}}$$
$$= - \Delta G_V V_{\mathrm{S}} + \gamma_{\mathrm{S/L}} (A_{\mathrm{S/L}} - A_{\mathrm{S/M}} \cos\theta) \qquad (2\text{-}79)$$

式中，$\Delta G_V = G_{\mathrm{L}} - G_{\mathrm{S}}$，为凝固过程中液固两相体积自由能的差；$- \Delta G_V V_{\mathrm{S}}$ 为出现体积为 V_{S} 的固相而减小的体积自由能；$\gamma_{\mathrm{S/L}} A_{\mathrm{S/L}}$ 为球冠曲面 $A_{\mathrm{S/L}}$ 增加的表面能；$(\gamma_{\mathrm{S/M}} - \gamma_{\mathrm{M/L}}) A_{\mathrm{S/M}}$ 为球冠底部平面 $A_{\mathrm{S/M}}$ 由 L/M 界面变为 S/M 界面而引起的体系能量变化；S 为初生相；L 为液相；M 为基底。

由于存在液相、基底相和初生相的界面，基于力学平衡关系，有：

$$\gamma_{\mathrm{S/L}} \cos\theta + \gamma_{\mathrm{S/M}} = \gamma_{\mathrm{M/L}} \qquad (2\text{-}80)$$

根据数学推导，球冠的体积与其截面夹角 θ 的关系为：

$$V_{\mathrm{S}} = \frac{(1 - \cos\theta)^2 (2 + \cos\theta)}{4} V_{\mathrm{sphere}} = f(\theta) V_{\mathrm{sphere}} \qquad (2\text{-}81)$$

式中，V_{sphere} 为球的体积，引入的函数为：

$$f(\theta) = \frac{(1 - \cos\theta)^2 (2 + \cos\theta)}{4} \qquad (2\text{-}82)$$

球冠的曲面 $A_{\mathrm{S/L}}$ 面积为：

$$A_{\mathrm{S/L}} = 2\pi r^2 (1 - \cos\theta) \qquad (2\text{-}83)$$

球冠底面 $A_{\mathrm{S/M}}$ 面积为：

$$A_{\mathrm{S/M}} = \pi r^2 \sin^2\theta \qquad (2\text{-}84)$$

将上述公式代入式（2-79），可得：

$$\Delta G^{\mathrm{Het}} = - \Delta G_V f(\theta) V_{\mathrm{sphere}} + \gamma_{\mathrm{S/L}} [2\pi r^2 (1 - \cos\theta) - \pi r^2 \sin^2\theta \cdot \cos\theta]$$

$$= -\Delta G_V f(\theta) V_{sphere} + f(\theta) 4\pi r^2 \gamma_{S/L}$$

$$= f(\theta)\Delta G^{Homo} \tag{2-85}$$

对比发现，与均质形核相比，非均质形核的自由能变化与之相差一个与接触角 θ 有关的函数。

$f(\theta)$ 函数曲线与 θ 的关系如图 2-22 所示。由图中可见，当 θ 小于 45°时，即初生相和基底良好浸润，45°对应的 $f(\theta)$ 值约为 0.06，此时非均质形核需要的能量为均质形核的 6%；当 θ 等于 90°时，初生相和基底具有一定程度的浸润，$f(\theta)$ 的值为 0.5，非均质形核能量为均质形核的一半；当 θ 等于 180°时，初生相和基底不浸润，$f(\theta)$ 的值为 1.0，非均质形核能量与均质形核的相同，本质上初生相与基底并不接触。由此可见，非均质形核的能量与接触角密切相关。初生相与基底之间的接触角越小，非均质形核的能量越低。

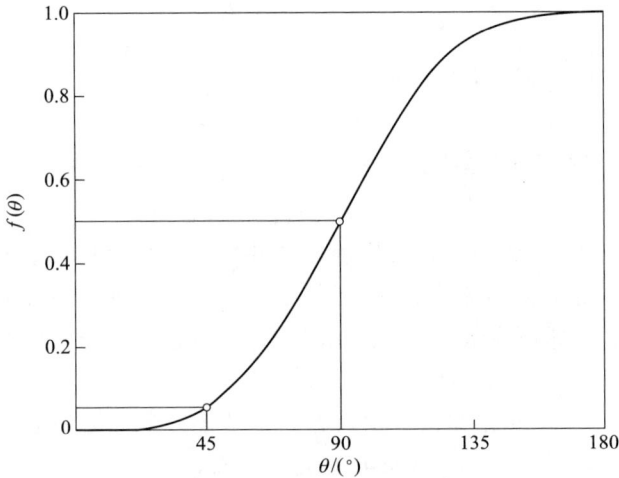

图 2-22　接触角函数曲线

对于非均质形核过程的临界形核半径和形核功，可以根据均质形核的公式进行推导，结果为：

$$r_c^{Het} = \frac{2\gamma}{L_m \Delta T} T_m \tag{2-86}$$

$$\Delta G_c^{Het} = \frac{16}{3} \cdot \frac{\pi\gamma^3}{L_m^2 \Delta T^2} T_m^2 f(\theta) \tag{2-87}$$

对比发现，非均质形核的临界形核半径与均质形核相同。尽管非均质形核条件下只需要一个球冠形的晶核，但其球冠半径与均质形核时的球形晶核半径完全相等。对于临界形核功来说，非均质形核与均质形核相差一个系数 $f(\theta)$，这与初生相和基底之间的接触角有关。

非均质形核和均质形核过程热力学关系如图 2-23 所示。由图中可见，二者的自由能变化整体相差一个系数 $f(\theta)$，但拐点位置是一致的，即相同过冷度下的临界形核半径相同，但能量势垒整体比均质形核小（θ 小于 180°）。

图 2-24 为两种形核模式下临界形核功和形核速率随过冷度的变化规律。由图中可见，对于某一可检测到的凝固形核程度，均质形核和非均质形核对应的临界形核功是相同的，但二者的临界过冷度不同，非均质形核需要的临界过冷度要远

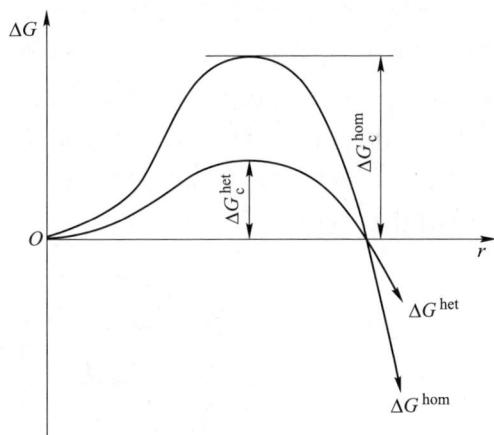

图 2-23 两种形核模式自由能变化与晶核半径的关系

小于均质形核的过冷度。尽管如此，由于基底的作用，非均质形核时只需要构成球冠即可，形核可以更早地发生；到达某一临界过冷度时，形核速率迅速增大，即可以被设备检测到的凝固起点。相对来说，均质形核需要更大的过冷度，需要构成整个球形晶核，且达到一定量才能被设备检测到，说明其凝固相对滞后。

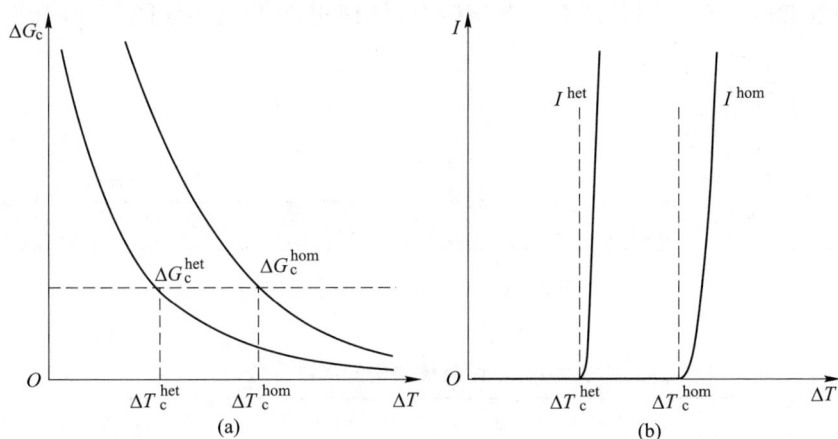

图 2-24 两种形核模式自由能（a）和形核速率（b）与过冷度的关系

实际生产中，考虑到钢水内部不可避免地存在可以作为基底的固相界面，虽然形核能力各有不同，但与均质形核相比，这些夹杂物或析出相的基底极大促进了非均质形核，实际形核过冷度一般在 3~50 ℃ 范围内。由此可见，均质形核在连铸过程基本不会发生。

　　考虑到基体非均质形核能力与接触角的关系，理论上，可以通过改变外来固相的类别或表面形貌来提高非均质形核效率。对于球冠形晶核来说，当半径一定时，可能有三种表面状态，如图 2-25 所示。对于平面基底，前述内容已分析完毕；对于凹面基底，可以实现更大接触角的晶体形核，即形核效率提高；对于凸面基底，对应的接触角会减小，形核能力降低。实际生产中，调控基底形貌的技术目前还很少应用。

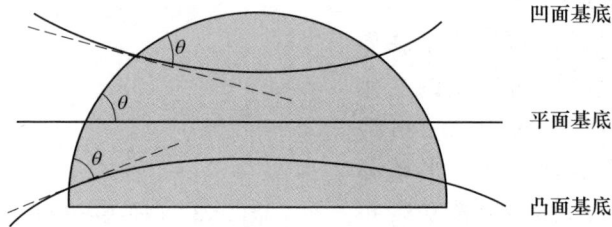

图 2-25　基体形貌对非均质形核能力的影响

　　球冠形晶核是最常见的非均质形核模型。实际上，非均质形核的晶核形貌可能更贴近于圆盘状或圆板状，尤其是一些小平面生长的金属，如图 2-26 所示。这种情况下，其能量变化同样可通过球冠形晶核均质形核的方式推导（此处省略），结果见表 2-2，其圆板晶核半径表达式与球形晶核类似，同时多出一项圆板临界厚度参数；对应地，其临界形核功为圆板平面面积与表面能差的乘积。

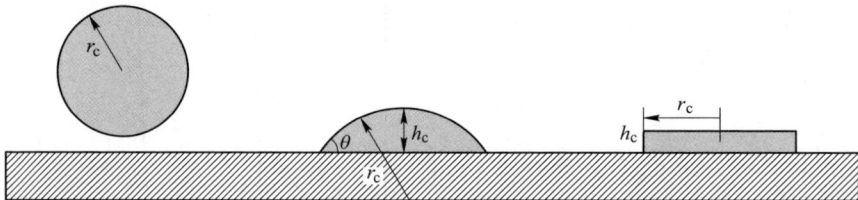

图 2-26　不同形式的晶体形核

表 2-2　不同晶核结构的形核参数

参　数	球形（均质）	球冠形（非均质）	盘状（非均质）
基本参数	$\gamma_{S/L}$	$\gamma_{S/L}$，θ	$\gamma_{S/L}$ $\Delta\gamma = \gamma_{S/L} + \gamma_{S/M} - \gamma_{M/L}$
临界形核参数	$r_c = \dfrac{2\gamma_{S/L}}{\Delta G_c}$	$r_c = \dfrac{2\gamma_{S/L}}{\Delta G_c}$	$r_c = \dfrac{2\gamma_{S/L}}{\Delta G_c}$ $h_c = \dfrac{2\Delta\gamma}{\Delta G_c}$

参 数	球形（均质）	球冠形（非均质）	盘状（非均质）
临界形核功	$\Delta G_c = \dfrac{4}{3}\pi r_c^2 \cdot \gamma_{S/L}$	$\Delta G_c = \dfrac{4}{3}\pi r_c^2 \cdot \gamma_{S/L} \cdot f(\theta)$	$\Delta G_c = \pi r_c^2 \cdot \Delta\gamma$

现有研究中发现，某些质点是否可以作为有效的非均质形核基底可以通过其晶格结构与初生相的错配度来评价，错配度是指两种相接触材料晶体结构上的错排程度。Bramfitt[1] 提出了一个计算形核基底与初生晶体固相结构之间平面错配度的方程：

$$\delta_{(hkl)_n}^{(hkl)_m} = \frac{1}{3}\sum_{i=1}^{3} \frac{\left| d_{[uvw]_m^i}\cos\theta - d_{[uvw]_n^i} \right|}{d_{[uvw]_n^i}} \times 100\% \qquad (2\text{-}88)$$

式中，$(hkl)_m$ 和 $(hkl)_n$ 分别为基底和晶核的低指数晶面 (hkl)；$[uvw]_m$ 和 $[uvw]_n$ 分别为对应的低指数晶向；d 为某一晶向上的原子间距。

图 2-27 为 Ce_2O_3 和某奥氏体凝固模式钢种之间不同晶面上的错配度模型。

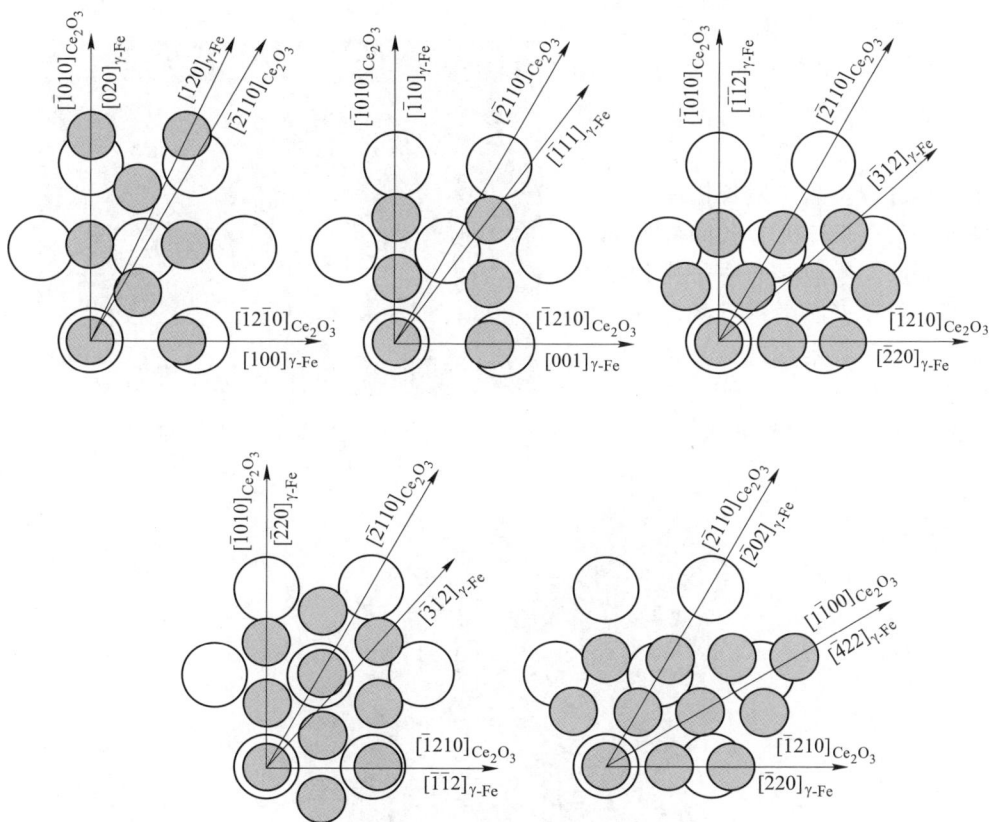

图 2-27 Ce_2O_3 和 γ-Fe 的晶格错配度

根据理论与实验结果，当基底与晶核之间的错配度小于 6% 时，非均质形核能力非常强；当二者错配度在 6% ~ 12% 时，基底对非均质形核具有一定的作用；当错配度大于 12% 时，基底对非均质形核的贡献很小。错配度本质上考虑的是晶体学结构对凝固过程界面能的影响，已得到广泛的推广和应用。平面错配度理论已逐渐成为评价和筛选非均质形核基底的可靠依据，之后进一步发展出来的边-边模型与此算法出发点相同，精度上可能会有一定的提高。

2.3.3　晶体的生长

2.3.3.1　晶体生长的概念

就金属凝固过程来看，其形核过程占据的时间比例很小，凝固进程主要由晶体生长来控制。晶核生长的实质就是液态金属原子向晶核表面堆砌的过程，也是固液界面向液体中迁移的过程。液相原子向固相沉积的方式及速度取决于固相结合键的特性及凝固驱动力的大小，二者均会影响固液界面结构，进而影响晶体形貌和尺寸等。

2.3.3.2　晶体形貌与界面

当晶核形成以后，过冷条件下，液相中的原子会自发地堆砌到晶核表面，晶核不断长大，进入晶体生长过程。晶体生长机制与方式决定了其生长速度及各向异性和形态，而这与固液界面原子排列结构有关。对于金属中常见的晶体，通过金相手段观察发现，其微观上主要呈现圆润化和棱角化两种特征，如图 2-28 和图 2-29 所示。

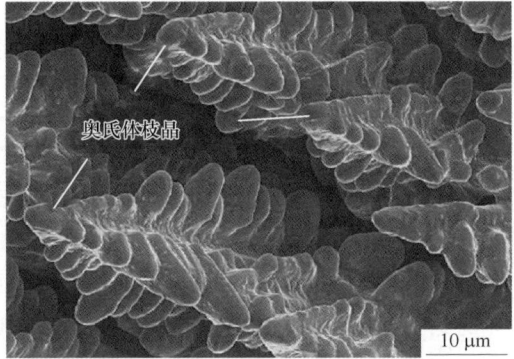

图 2-28　钢的凝固晶体形貌

图 2-29　铋的凝固晶体形貌

扫码看彩图

　　一些学者对不同晶体生长过程界面结构进行了观察，发现微观上圆润化的晶体结构在原子尺度上往往是粗糙不平的，称为粗糙界面，如图 2-30 所示。对应地，微观上棱角化晶体结构在原子尺度是光滑整齐的，称为光滑界面，如图 2-31 所示。

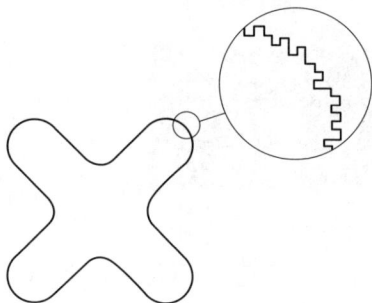

图 2-30　微观圆润界面与原子
尺度粗糙界面的对应关系

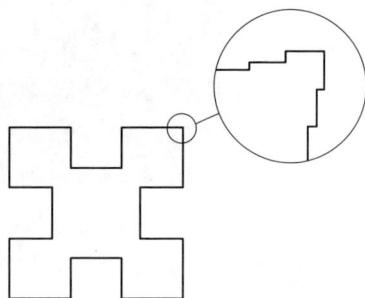

图 2-31　微观棱角界面与原子
尺度光滑界面的对应关系

　　晶体生长时，若液相原子的沉积位置完全随机（连续生长），形成坑坑洼洼、凹凸不平的凝固界面，则在原子尺度上表现为粗糙界面，也叫非小平面，如图 2-32 所示。晶体生长过程中，若液相原子主要在台阶或扭折处沉积，只留下少数空位或台阶，则固液界面在原子尺度上表现为光滑界面，也叫小平面，如图 2-33 所示。从界面上原子排列结构上讲，不同的形式具有不同的能量，进而影响原子堆砌速率和晶体长大方式。

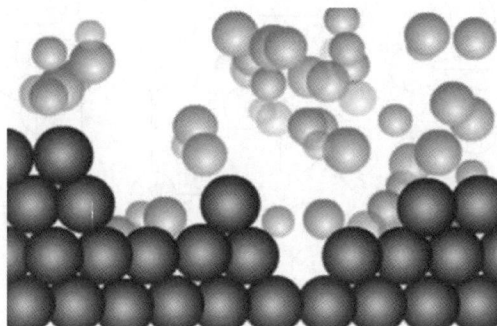

图 2-32　原子尺度上凝固界面的粗糙特征

扫码看彩图

2.3.3.3　界面粗糙度

　　根据 Bragg-Williams-Gorsky 模型，对于由两组元 A、B 组成的 α 置换固溶体，其中三种最邻近结构键对为 A-A、B-B 和 A-B，对应的键能分别设定为 ε_{AA}、ε_{BB} 和 ε_{AB}。设每种键对的数量为 P_{AA}、P_{BB} 和 P_{AB}，由于键焓是每个原子对键能的累加，其可以表示为：

$$H^{\alpha} = \varepsilon_{AA} \cdot P_{AA} + \varepsilon_{BB} \cdot P_{BB} + \varepsilon_{AB} \cdot P_{AB} \tag{2-89}$$

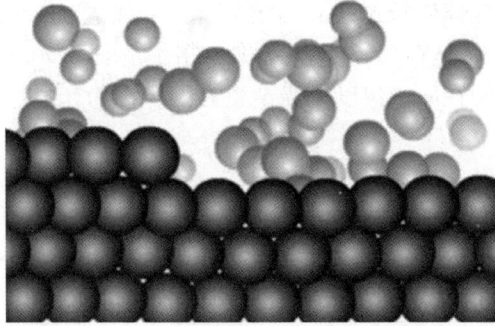

图 2-33　原子尺度上凝固界面的光滑特征

扫码看彩图

设 z 为配位数，即晶格上某个原子周围的最邻近原子数，对于 FCC 和 HCP 结构，$z=12$；对于 BCC 结构，$z=8$，如图 2-34 所示。根据随机分布假设，zX_A 是 A 原子的占位数，zX_B 是 B 原子的占位数，总原子对数为：

$$P_{AA} = N_A \cdot zX_A \cdot \frac{1}{2} = \frac{zN}{2}X_A^2 = \frac{zN}{2}(X_A - X_AX_B) \tag{2-90}$$

$$P_{BB} = N_B \cdot zX_B \cdot \frac{1}{2} = \frac{zN}{2}X_B^2 = \frac{zN}{2}(X_B - X_AX_B) \tag{2-91}$$

$$P_{AB} = N_A \cdot zX_B = zNX_AX_B \tag{2-92}$$

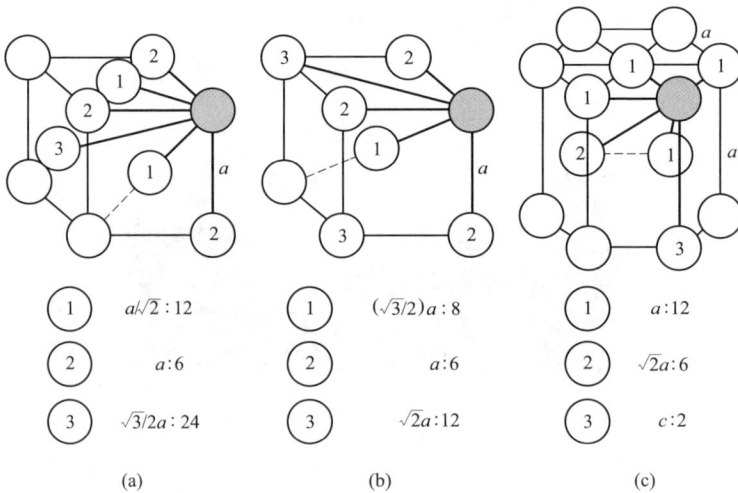

①	$a/\sqrt{2}:12$
②	$a:6$
③	$\sqrt{3}/2a:24$

(a)

①	$(\sqrt{3}/2)a:8$
②	$a:6$
③	$\sqrt{2}a:12$

(b)

①	$a:12$
②	$\sqrt{2}a:6$
③	$c:2$

(c)

图 2-34　不同晶格结构的配位数

（a）fcc；（b）bcc；（c）hcp
①—最相邻；②—次相邻；③—第三相邻

式（2-92）中，利用了 $X_A + X_B = 1$，N 为晶格总节点数。其中，1/2 是为了避免重复计算 A—A 和 B—B 键对。

将键对数计算结果代入式（2-89），可得键焓表达式为：

$$H^\alpha = \varepsilon_{AA} \cdot X_A \cdot \frac{zN}{2} + \varepsilon_{BB} \cdot X_B \cdot \frac{zN}{2} + zN\left(\varepsilon_{AB} - \frac{\varepsilon_{AA} + \varepsilon_{BB}}{2}\right) \cdot X_A X_B$$

$$= H_A^\alpha \cdot X_A + H_B^\alpha \cdot X_B + \Omega_{AB}^\alpha \cdot X_A X_B \qquad (2\text{-}93)$$

其中，右侧第一项和第二项分别是晶体 A、B 的键焓，第三项是相互作用参数。当 A、B 原子相互吸引时，$\Omega_{AB}^\alpha < 0$；反之，相互排斥时，$\Omega_{AB}^\alpha > 0$。

对于固液界面结构，根据图 2-35 所示，设界面上固相和液相原子 S、L 的比例为 X_S 和 X_L，Jackson[2] 推导出由界面原子排布引起的界面能变化，对于这种界面状态，其键焓为：

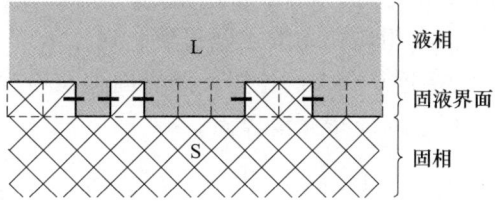

图 2-35 凝固界面结构

$$H^* = \varepsilon_{SS} \cdot X_S \cdot \frac{z^* N^*}{2} + \varepsilon_{LL} \cdot X_L \cdot \frac{z^* N^*}{2} + z^* N^*\left(\varepsilon_{SL} - \frac{\varepsilon_{SS} + \varepsilon_{LL}}{2}\right) \cdot X_S X_L$$

$$(2\text{-}94)$$

式中，z^* 为晶格配位数；N^* 为晶格总节点数。

式（2-94）中，等号右侧第一项和第二相分别是固相和液相的键焓，第三项是与邻近原子为液相或固相有关的键焓，即与界面粗糙度有关。

$$\Delta H_{\text{rough}} \approx z^* N^*\left(\varepsilon_{SL} - \frac{\varepsilon_{SS} + \varepsilon_{LL}}{2}\right) \cdot X_S X_L \qquad (2\text{-}95)$$

对于与界面粗糙度有关的熵变，根据规则溶液的二元混合模型，其可以表示为：

$$\Delta S_{\text{rough}} \approx -N^* k_B (X_S \ln X_S + X_L \ln X_L) \qquad (2\text{-}96)$$

由此，对于凝固温度 T_m 下，其界面粗糙度引起的自由能变化为：

$$\Delta G_{\text{rough}} \approx \Delta H_{\text{rough}} - T_m \cdot \Delta S_{\text{rough}}$$

$$= N^* k_B T_m (\alpha X_S X_L + X_S \ln X_S + X_L \ln X_L) \qquad (2\text{-}97)$$

其中，

$$\alpha = \frac{z^*\left(\varepsilon_{SL} - \dfrac{\varepsilon_{SS} + \varepsilon_{LL}}{2}\right)}{k_B T_m} \qquad (2\text{-}98)$$

根据固液平衡时界面的能量关系：

$$\alpha \approx \frac{\eta}{N^*} \cdot \frac{\Delta H_m}{R T_m} = \frac{\eta}{N^*} \cdot \frac{\Delta S_m}{R} \qquad (2\text{-}99)$$

式中，α 为 Jackson α 因子；η 为某密排面上原子与同层原子的配位数，其与 N^* 的比值小于 1。

考虑到 Richard 法则，对于大多数金属 $\Delta S_m \approx R$，由此可知，金属的 α 基本不超过 2。

将不同 α 下自由能随 X_S 的变化曲线绘制出来，如图 2-36 所示。由图中可见，对于 $\alpha \leqslant 2$ 的情况，界面自由能变化在 $X_S = X_L = 0.5$ 处存在极小值，说明界面上固相和液相原子各占约一半的情况系统能量最低，即对应于粗糙界面；对于 $2 < \alpha < 5$ 的情况，自由能变化极小值存在于 $X_S = 0.05 \sim 0.5$ 和 $X_S = 0.5 \sim 0.95$，说明界面在粗糙和光滑之间过渡；对于 $\alpha > 5$ 的情况，自由能变化的极小值只存在于 X_S 接近 0 或 1 的位置，即界面存在极少固相原子或几乎全部为固相原子时能量最低，对应于光滑界面。

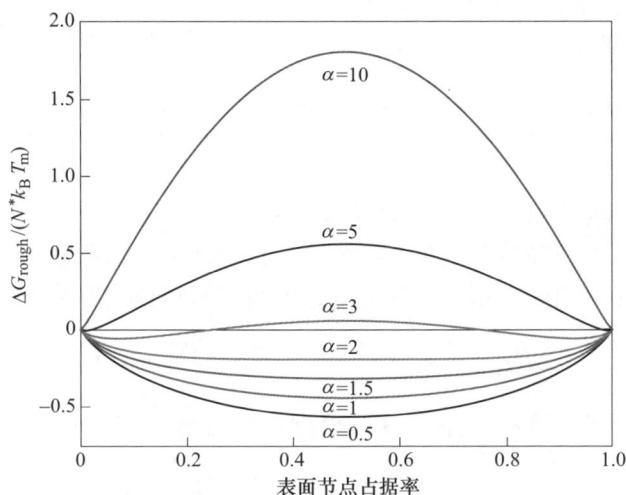

图 2-36　不同 α 下的界面自由能函数变化规律

扫码看彩图

表 2-3 中列出了几种常见金属和非金属材料的 $\Delta S_m / R$ 值。对比可见，其值基本处于 2 以下，钢的结果也不例外。考虑到配位数关系，α 也基本不超过 2，说明大多数金属的固液界面为粗糙结构，微观上呈现枝晶、胞晶或平面晶形貌。值得注意的是，Bi 和 Si 的 $\Delta S_m / R$ 值比较大，导致 α 可能处于 $2 \sim 5$，其界面为粗糙和光滑的过渡，即不同条件下会出现小平面或非小平面结构。H_2O 的 $\Delta S_m / R$ 也比较大，处于过渡区，实际凝固过程中既可形成圆润的枝晶，又能形成棱角的小平面晶体，与具体冷却条件和杂质成分有关。

表 2-3 不同材料的 $\Delta S_m/R$ 值

材　料	$L_m/(\text{J}\cdot\text{g}^{-1})$	$M/(\text{g}\cdot\text{mol}^{-1})$	T_m/K	$\Delta S_m/R$
非小平面				
Al	373	27	933	1.30
Cu	211	63.5	1356	1.19
Fe	270	56	1811	1.01
Ni	298	58.7	1728	1.22
Sn	59	118.7	504	1.68
SCN	44	80.1	331	1.27
Zn	112	65.4	693	1.27
小平面				
Bi	54	209	544	2.50
Si	1790	28	1687	3.59
H_2O	334	18	273	2.65

2.3.3.4 晶体长大机制

实际凝固过程中，从微观尺度上，可以观察到不同晶体、不同长大机制时原子堆砌位置的差异，其存在连续生长、二维晶核式生长、借螺形位错和孪晶台阶生长等形式，其中第一种为垂直长大，后三种为横向长大。

A 连续生长

连续生长是粗糙界面的生长方式。粗糙界面有很多位置适合生长，或者说有很多台阶可以接纳穿过界面的液相原子，因此，晶体长大比光滑界面要容易得多。连续生长的固液界面推进是比较均匀的，生长速度决定于外部条件，如散热速度和扩散速度。连续生长模式下界面推进速度 v 可表示为：

$$v = \mu_0 \Delta T_K \tag{2-100}$$

式中，ΔT_K 为动力学过冷度；μ_0 为生长系数，可表示为：

$$\mu_0 = \frac{\beta D_L L_m}{a k_B T_m^2} \tag{2-101}$$

式中，a 为一个原子堆砌到界面之后的推进距离；β 为修正系数。

$$\beta = (a/\lambda)^2 6\nu_{L\to S}/\nu_L \tag{2-102}$$

式中，λ 为原子跃迁距离；$\nu_{L\to S}$ 为原子跃迁穿过液固界面的频率；ν_L 为原子跃迁进入液相中的频率。

当 $a = \lambda$ 且 $\nu_{L\to S} = \nu_L/6$ 时，$\beta = 1$。整体来看，连续生长方式下晶体界面的推进速度是过冷度的一次函数，其生长速度相对是最快的，需要的过冷度很小，为 $10^{-2} \sim 10^{-4}$ K，几乎可以忽略。连续生长速度的系数为 $1 \sim 100$ cm/(s·K)。

理论上，过冷度是由界面处的温度和成分决定的。由于这种生长机制的界面推进速度极高，界面处浓度差异影响较小，因此生长速度最终由界面处液相原子的扩散能力和潜热的导出能力决定，前者决定了液相原子穿过界面堆砌在固相上的速度，后者决定界面前沿保持一定的动力学过冷度的能力。值得说明的是，连续生长时，由于不同晶面堆砌时的能量变化也是略有不同的，会导致某些晶向优先生长，进而出现择优取向，这在晶体长大过程中也要考虑。

B　二维晶核式生长

图 2-37 显示了三种小平面生长方式，分别是二维晶核生长、借螺形位错生长和借孪晶台阶生长。假定光滑界面为理想的无缺陷晶面，这种晶面有显著的晶体学特性，它一般都是特定的密排面，晶面内原子排列紧密，固、液两相的原子排列结构和键能差别很大，界限非常分明。液态转变为固态要在很窄的过渡区域内快速完成，因此，液相中的原子要在完整晶面上直接堆砌很困难。由于缺少现成的台阶作为接纳新原子的角落，堆砌上去的原子也很不稳定，极易脱落或弹回，因此其不可能像粗糙界面那样借助于连续生长机制进行长大。

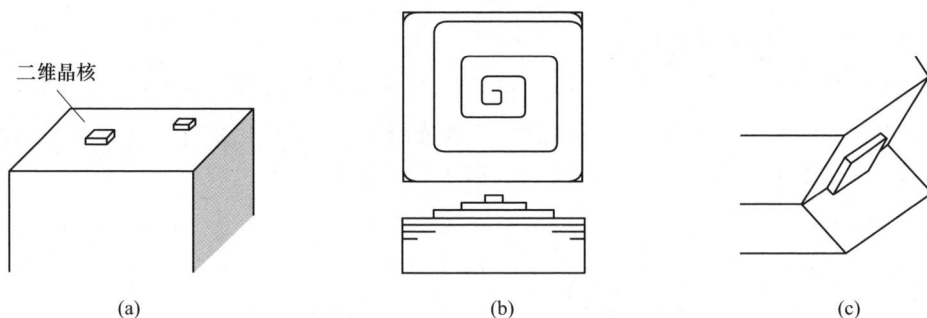

图 2-37　三种横向生长方式
(a) 二维晶核生长；(b) 借螺形位错生长；(c) 借孪晶台阶生长

当光滑界面为完整无缺陷界面时，只能依靠成分起伏、结构起伏和能量起伏使液态原子首先在界面上形成单原子厚度的二维晶核，然后利用其周围台阶沿着界面横向扩展，直到长满一层后界面就向液相前进了一个晶格间距；这时，必须再利用二维形核产生新台阶，才能开始新一层的生长，如此周而复始地推动界面的前进。界面推移具有不连续性，并且有横向生长的特点。二维晶核的台阶沿界面运动是这种生长机制的基本特征，由此又称为侧面生长或层状生长。

对于二维晶核式生长，其生长速度为：

$$v = \mu_4 \exp\left(\frac{\mu_3}{3\Delta T_k}\right) \qquad (2-103)$$

式中，μ_3 和 μ_4 为系数。

$$\mu_3 = \mu_0 \frac{\pi g B^2 a T_{\mathrm{m}}^2}{\beta D_{\mathrm{L}}} \tag{2-104}$$

$$\mu_4 = \mu_0 \left(\frac{L_{\mathrm{m}}}{k_{\mathrm{B}} T_{\mathrm{m}}^2}\right)^{1/6} (\Delta T_{\mathrm{k}})^{7/6} (2 + g^{-1/2}) \tag{2-105}$$

式中，g 和 B 分别是相关参数，g 可以通过下述公式求得：

$$g = (\pi^4/8) n^3 \exp\left(-\frac{n\pi^2}{2}\right) \tag{2-106}$$

式中，n 为扩散原子层数，这里指固液界面原子层数。

对于光滑平面 $g=1$，对于粗糙平面 $g \ll 1$。

B 可根据 Turnbull 经验公式求得：

$$B = \nu_{\mathrm{m}} \gamma / a \Delta H_{\mathrm{m}} \tag{2-107}$$

对于金属 $B=0.5$，对于非金属 $B=0.35$。

二维晶核式生长是光滑界面的理想生长方式，其生长速度相对是最慢的，需要的动力学过冷度比较大，为 1~2 K。

C 借螺形位错或孪晶生长

实际上，凝固形核时全部为无缺陷的晶核是不太可能的。对于某些有缺陷的晶核，如螺形位错或孪晶，其存在侧向台阶，因此液相中原子可以堆砌到台阶上进行生长，其速度为：

$$v = \mu_1 (\Delta T_{\mathrm{k}})^2 \tag{2-108}$$

其中的系数为：

$$\mu_1 = \frac{1 + 2g^{1/2}}{g} \cdot \frac{\beta D_{\mathrm{L}} L_{\mathrm{m}}^2}{4\pi\gamma T_{\mathrm{m}}^3 k V_{\mathrm{m}}} \tag{2-109}$$

式中，V_{m} 为摩尔体积。

借助晶体缺陷侧向台阶生长的系数为 $10^{-2} \sim 10^{-4}$ cm/(s·K)，比二维晶核方式的生长速度快，但远不及连续生长方式。

图 2-38 对比了三种方式下晶体生长速度。观察发现，粗糙界面的连续生长速度最大，借助螺形位错和孪晶台阶等晶体缺陷的生长速度其次，二维晶核式生长速度最小。对应地，粗糙界面生长的过冷度最小，借助晶体缺陷的侧向生长居中，而二维晶核式生长需要的过冷度最大。粗糙界面

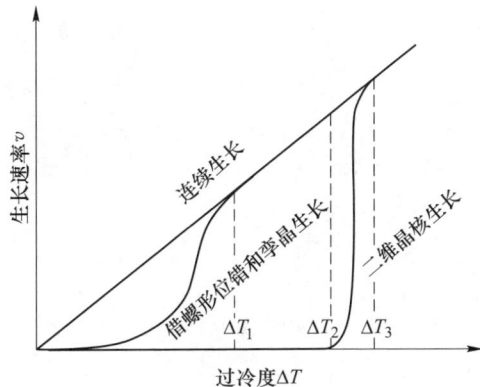

图 2-38 不同机制下生长速率与过冷度的关系

生长速度最快是因为它的生长"台阶"弥散地分布于整个界面上，液体中的原子可以在界面上任何位置连续堆砌使晶体连续长大，且需要的驱动力最小；螺形位错机制的长大速度小于前者，但增大过冷度可使界面上螺形位错增多，界面长大速度加快。当达到某临界过冷度 ΔT_1 后，界面上螺形位错大量增加，其密度很高，类似粗糙界面，此时两者生长速度相等。二维生核长大机制，需要很大过冷度。当过冷度达到某临界值 ΔT_2 后，晶体生长表面上的二维晶核密度迅速增大，长大速度迅速加快。当过冷度达到某临界值 ΔT_3 时，其生长界面类似于粗糙界面，此时的长大速度与粗糙界面完全相同。因此，本章中介绍的不同机制的生长速度公式多基于较小过冷度条件而获得的数学简化结果，这一点是需要明确的。

外界冷却条件及界面温度分布也会影响晶体形貌，微观上呈现圆润化或棱角化的结构，其中枝晶和平面晶是最常见的形态。一般来说，正温度梯度下，光滑界面的晶体会以小平面方式长大，微观上具有规则的几何外形；粗糙界面的晶体也会以小平面形式长大，微观上为平面晶结构。负温度梯度下，光滑界面的晶体在 α 较小时具有树枝方式的结构，局部带有小平面的枝晶，α 较大时以平面方式长大，具有小平面特征的规则几何外形；粗糙界面的晶体则会以树枝状方式长大，呈现树枝状晶体，简称树枝晶，如图 2-39 所示。

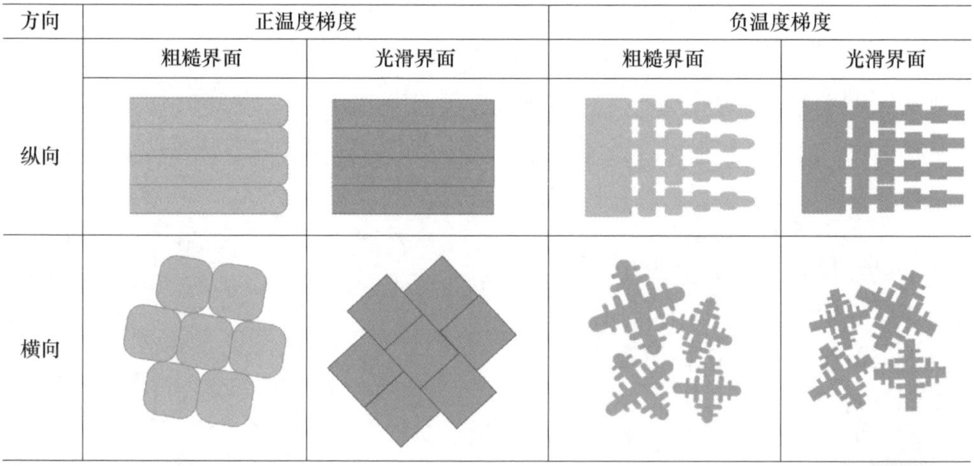

方向	正温度梯度		负温度梯度	
	粗糙界面	光滑界面	粗糙界面	光滑界面
纵向				
横向				

图 2-39 不同条件下的晶体形貌

扫码看彩图

晶体生长具有择优取向，即在某些晶向上生长速度比其他方向的大，进而导致与这些晶向垂直的晶面消失，最终大多以某些密排面作为表面。对于大多数金属来说，不管是 FCC 还是 BCC 结构，其择优取向一般均为<100>晶向。对于粗糙界面的晶体，其负温度梯度下会形成以［100］、

[010]、[001]、[$\bar{1}$00]、[0$\bar{1}$0]、[00$\bar{1}$] 六个晶向为一次晶主轴的树枝状结构，如图 2-40（a）所示。对于光滑界面晶体，负温度梯度下晶体长大之后呈八面体状，主轴方向与粗糙界面晶体一致，外表面被（111），（$\bar{1}$11），（1$\bar{1}$1），（11$\bar{1}$），（$\bar{1}$$\bar{1}$1），（$\bar{1}1\bar{1}$），（1$\bar{1}$$\bar{1}$），（$\bar{1}$$\bar{1}$$\bar{1}$）所覆盖，如图 2-40（b）所示。

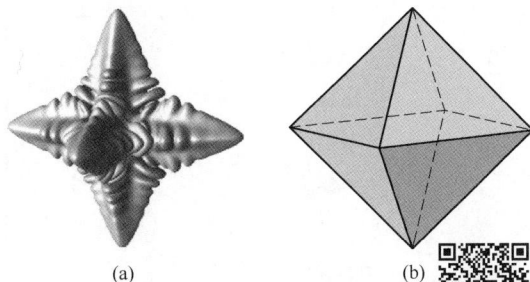

图 2-40　不同界面特征晶体择优生长
（a）粗糙界面；（b）光滑界面　　扫码看彩图

2.4　钢的凝固收缩

2.4.1　凝固收缩

凝固是伴随着液固转变的放热过程。对于纯金属和共晶合金，凝固收缩只体现在液相和固相原子结构的排列差异；对于其他合金，其凝固过程是在一个温度区间内完成的，这一方面涉及金属内部原子排列结构的变化，另一方面也影响到原子之间的距离。当温度下降时，由于引力增大、斥力减小，原子间距减小[3]，如图 2-41 所示。对于纯铁，随着温度降低，δ 铁素体晶格常数由 0.2904 nm（1538 ℃）减小到约 0.2931 nm（1400 ℃）；由于 γ 奥氏体具有密排结构，其晶格常数高温下为 0.3688 nm（1400 ℃），温度降低至 910 ℃时减小至约 0.3645 nm；α 铁素体 900 ℃高温下晶格常数为 0.2905 nm，室温下约为 0.2866 nm。对比可以看出，不同相结构的基体，其晶格间距均随着温度降低而减小，宏观上表现为体积收缩，这在凝固过程的固相中也会不可避免地发生。相比之下，当凝固温区比较窄时，由液相和固相原子排列差异导致的体积变化是凝固收缩的最主要贡献。生产和实验中观察发现，凝固两相区越宽，其凝固收缩量也越大，说明凝固温度对凝固收缩的影响也是不能忽略的，这就是低合金钢凝固收缩比纯铁大、高碳钢凝固收缩比低碳钢大的根本原因。

大多数金属凝固冷却过程中均会发生收缩，但也有例外。在下列情况中，温度降低体积反而膨胀：

（1）某些固态相变导致体积膨胀，如 Fe-C 合金发生 γ→α 转变是产生体积膨胀；

（2）少数结构不紧密的金属，如镓、铋、锑和锗凝固过程中体积膨胀 1%～5%；

（3）灰口铸铁凝固和冷却过程中的石墨化膨胀。

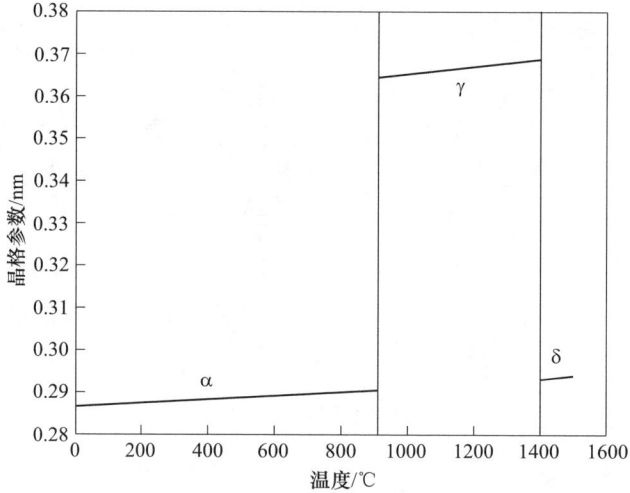

图 2-41　纯铁晶格常数随温度和相的变化

　　对于收缩来说，其与膨胀是相对应的，常见金属的热收缩机理、评价方法和测定手段已在第 1 章内容中介绍过，这里不再重复。然而，凝固收缩与前述均相基体中的收缩有所不同，对于钢来说，其从高温液态到完全固态时的体积变化具有特殊的规律，如图 2-42 所示。

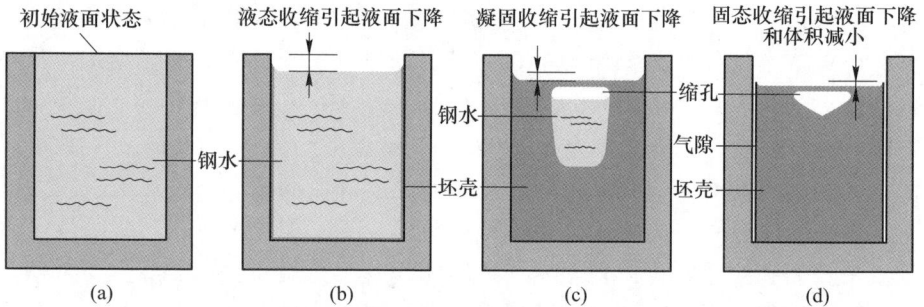

图 2-42　钢在浇铸过程的凝固收缩
（a）浇铸完成；（b）开始出现坯壳；（c）凝固持续；（d）凝固完成

　　由图 2-42 中可见，初始时刻［见图 2-42（a）］时，钢水瞬间充满整个模具，此时液面与模具顶部平齐；浇注之后，钢水与模具接触就会开始散热，由于温度下降，液态原子之间的距离减小，刚出现固态坯壳之前的液面下降，主要体现为液态收缩［见图 2-42（b）］；随着冷却进行，与模具相接触的界面上率先凝固，同时由于液面自由换热也会慢慢结壳，此时液面高度会进一步下降，这是凝固收缩+未凝结金属的液态收缩而引起的，前者会起到主要作用［见图 2-42（c）］；由于固态坯壳中心区域还有钢水，其会进一步凝固，此时顶部液体补缩不完全，会在钢锭内部的中上区域形成一个或多个缩孔，这是凝固收缩和残余金属液的液态收缩共同作用的结果；对应地，由于温度降低，固态坯壳也会收缩，会在金属和模具之间产生气隙，同时会导致液面进一步下降，这主要是固态收缩的影响，理论上与凝固收缩和残留金属液态收缩有关，但其对表层变形影响较小 [见图 2-42 （d）]。

由于上述凝固过程是非等温的，不同阶段的体积变化会同时受到多种因素的影响，对分析凝固收缩有一定误差。然而，考虑到凝固过程中温度变化区间不大，结晶开始之后的液态收缩比凝固收缩要小得多，且二者对表面出现的固态收缩的影响可以忽略，因此，通过凝固过程液面下降和内部缩孔体积来估算凝固收缩量在工程范畴上仍比较合理。理论上，采用均温试样测定不同温度和相变时的体积变化规律是最可靠的方法，由于液体具有流动性，会影响与传感器的接触状态，因此，常规热膨胀仪也不能准确测定凝固过程的收缩量，但固相下的线膨胀率和膨胀系数仍是可信的。

总结上述钢水的凝固过程，结合 Fe-C 相图的相变规律，从高温液态到固态的冷却过程中，纯铁的体积变化由以下部分组成：

（1）液态收缩；

（2）L→δ 凝固收缩；

（3）δ 的固态收缩；

（4）δ→γ 相变收缩；

（5）γ 的固态收缩；

（6）γ→α 相变膨胀；

（7）α 的固态收缩。

由于纯铁不同相的晶格结构不同，不同温度下晶格参数也有变化，会导致其密度随之改变，如图 2-43 所示。温度下降时，由于液相中原子间距也是随温度降低而减小，故液相密度逐渐增大，1800 ℃时约为 6800 kg/m^3，1538 ℃时增加至约 7000 kg/m^3；发生凝固相变之后，密度陡然增加至 7250 kg/m^3；之后 δ 铁素体密度随温度降低继续增大，到 1394 ℃时约为 7400 kg/m^3；之后转变为 γ 相，相变引起密度略有增加，但实测数据不太明显，到 912 ℃ 时 γ 相密度为 7700 kg/m^3；随后转变为 α 铁素体，密度减小至 7600 kg/m^3，到室温时增大至约 7880 kg/m^3。

对于碳钢，由于低碳钢的凝固路径与纯铁有一定的共性，其体积收缩的顺序和变形量也比较接近；对于亚包晶钢和包晶钢，其多了一个包晶反应，但其对收缩的影响不明显，随后的包晶相变对收缩的影响与低碳钢类似；对于过包晶钢，其凝固过程以 δ 相为初生相，以 γ 相凝固结束，不存在 δ 相的包晶相变对应的固态收缩；对于高碳钢，其凝固过程均为 γ 相，同样没有 δ 相的包晶相变收缩。

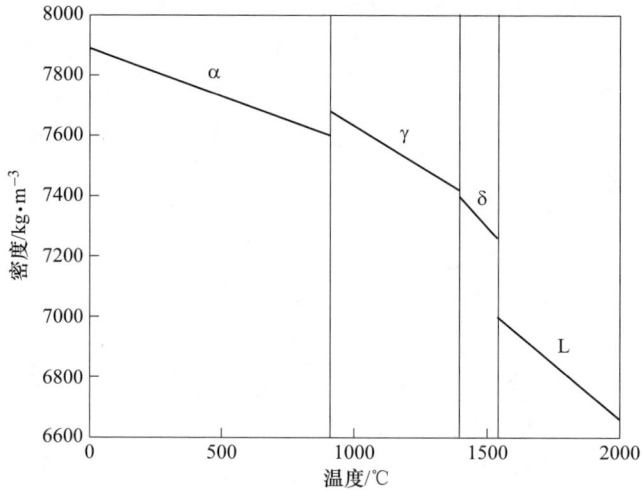

图 2-43　纯铁密度随温度的变化

实际生产中，凝固过程的体积收缩如果得不到液体的补充，将在连铸坯中心形成孔洞。一般把集中的大尺寸孔洞称为缩孔，相对分散的小尺寸孔洞称为疏松，它们是凝固过程中难以避免的缺陷。即使压缩比达到加工要求，一些严重的缩孔和疏松还是会遗传到产品中，恶化使用性能。对于一些铸钢件产品，当内部存在比较明显的缩孔和疏松时，就会减少截面上的受力面积，在缩孔和疏松的尖角处产生应力集中，使产品的力学性能和使用寿命降低。此外，缩孔和疏松还会降低铸钢件的气密性和物理化学性能。因此，了解凝固收缩及其缺陷形成机理是非常必要的。

2.4.1.1　缩孔

A　缩孔的分类及特征

现场观察发现，缩孔常出现于纯金属、共晶成分合金和结晶温度范围较窄的合金中，且多集中在最后凝固的部位，比如中、低碳钢连铸坯的中心线上。对于铸件来说，通常会出现在厚壁处、两壁相交处及内浇道附近等凝固较晚或凝固缓慢的部位（称为热节）。缩孔尺寸一般在 1~20 mm，形状不规则，表面不光滑，有枝晶脉络状的凸起特征。

早期的铸造研究中，将缩孔分为内缩孔和外缩孔两种形式，如图 2-44 所示。外缩孔出现在铸件的顶部或外部，一般在铸件上部呈漏斗状 [见图 2-44 （a）]；当模铸钢锭冒口保温性能不好时，也会出现类似的缺陷，有人称之为缩管。当铸件厚壁很大时，缩孔会出现在侧面或凹角处 [见图 2-44 （b）]，这种在连铸坯或钢锭中很少见。内缩孔产生于铸件内部 [见图 2-44 （c）]，孔壁粗糙不规则且可观察到树枝晶末梢，一般为暗黑色或褐色，周围同时伴随着疏松和偏析缺陷。模铸钢锭冒口和连铸坯尾坯可以观察到这种内缩孔，生产中一般直接切除。

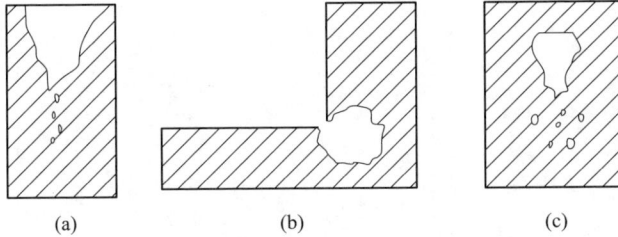

图 2-44 铸件缩孔形式
（a）明缩孔；（b）凹角缩孔；（c）内部缩孔

B 缩孔的形成机理

凝固收缩是大多金属的固有性质，但实际凝固过程是一个非等温过程，缩孔的位置、尺寸、数量和形状等会受到浇铸条件的影响。某无冒口小钢锭凝固缩孔的形成机理如图 2-45 所示，其与前述凝固收缩发生过程的描述基本一致。当钢水注满型腔后［见图 2-45（a）］，由于模子的传热作用，钢水内部会出现自模壁表面至钢锭中心温度逐渐升高的热状态。如果还没开始凝固，则因冷却作用而引起的液态收缩会由顶部钢水因重力作用而给予补足［见图 2-45（b）］。随着模壁传热作用不断地进行，模内钢水温度不断降低，当与模壁表面接触的钢水温度降低至凝固温度时，钢锭表面就开始凝固，并且形成一层固体状态的坯壳。如果这时顶部区域已经凝固，那么坯壳内的钢水就会与外界隔绝［见图 2-45（c）］。当冷却持续进行时，坯壳内的钢水一方面因温度降低而产生液态收缩，另一方面由于钢水不断结晶而出现凝固收缩。这两种收缩的出现，将使坯壳内钢水液面逐渐下降。与此同时，处于固体状态的坯壳也将因温度的降低而产生固态收缩。对于凝固过程不产生膨胀的金属或合金来说，比如钢，液态收缩和凝固收缩的总和是大于固态收缩的，因此在重力作用下，坯壳内钢水液面将与上部坯壳脱离接触［见图 2-45（d）］。随着凝固的推进，固态坯壳越来越厚，钢水液面越来越低，残存钢水越来越少。当中心处的钢水凝固后，钢锭上部的坯壳下面就出现了一个孔洞，这个孔洞便是缩孔［见图 2-45（e）］。

如果钢水气体元素含量很少，那么缩孔内的气压是很低的。这种情况下，由于大气压力和重力的作用，处于高温状态的强度很低的上部坯壳将可能下陷或破裂，形成外缩孔。虽然凝固后的钢锭自高温冷却至室温时还将产生固态收缩，整个钢锭及其内部缩孔的体积将稍有减小［见图 2-45（f）］，但不会改变缩孔体积与钢锭体积的比值。由于坯壳厚度的增加和钢水液面的降低是不断进行的，因此在重力作用下缩孔多呈漏斗形。由于中上部残存钢水凝固时不能得到补缩，缩孔形成的同时往往伴随着疏松和偏析。在实际生产中，上部坯壳往往太薄或不完整，内缩孔顶部多与大气相通，形成一个比较深的缩孔（缩管）。

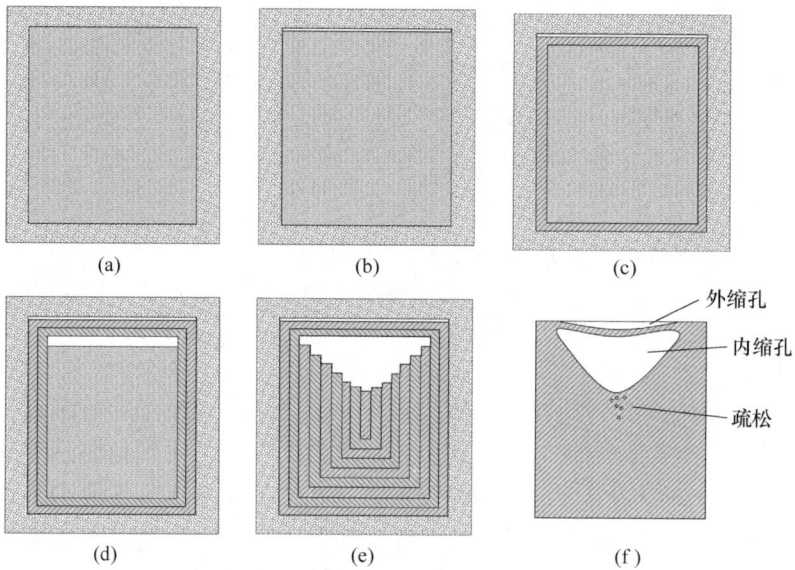

图 2-45　铸件凝固过程缩孔的形成

　　实际生产中，为了提高顶部钢水的补缩能力，减小缩孔深度，往往会在大型钢锭的顶部设置冒口，即通过放置绝热保温材料使顶部一定高度范围内的钢水尽量保持液态，为钢锭凝固收缩提供源源不断的补充，最终避免或减轻冒口线以下钢锭本体的缩孔缺陷，提升中心的致密度。一般来说，大钢锭都会带冒锻造，较小的缩孔可以通过热加工压合，但严重的缩孔仍会残留下来，锻造之后只能切除，造成坯料的成材率降低。对于一些收缩敏感性钢种，缩孔周围还会出现裂纹，给热加工带来一定困难，这种情况下钢锭的成材率更低。

　　连铸坯内部也存在缩孔，其分布在中心区域，严重时呈连续分布，在加热炉中会通体氧化，轧制过程中由于氧化铁皮存在而无法压合，导致全部报废。连铸过程缩孔的形成机理与大钢锭基本一致，但也有所不同。由于连铸过程中钢水持续注入，铸坯持续拉出，其内部未凝固的钢水随着拉坯而被强行带入到二冷区甚至空冷区，导致出现一个长达十几米到几十米的液相穴。由于液相穴形状比较狭长且尖细，且越靠近凝固终点钢水温度越低、黏度越大，补缩越困难，因此，连铸凝固过程的中心缩孔也是不可避免的。尤其对于大断面的高碳钢和高合金钢，中心缩孔缺陷非常严重，尺寸可达 10~20 mm；当拉速提高之后，液相穴越发狭长和尖细，枝晶搭桥导致渗透率减小，钢水的补缩能力进一步降低，中心缩孔也更加明显。实际生产中，常采用电磁搅拌和末端压下来改善连铸坯的中心缩孔。

2.4.1.2 疏松

A 疏松的分类及特征

疏松按形态可分为宏观缩松和显微缩松两类。宏观缩松多出现于结晶温度范围较宽的合金中，常分布在连铸坯或钢锭的中轴线和缩孔附近。显微缩松则在不同钢种中或多或少都会存在，一般出现在枝晶间且难与微观气孔区分，只有在金相显微镜下才能观察到。

B 疏松的形成机理

当钢的凝固温区范围较宽时，连铸坯/铸锭的中心区域按体积（糊状）凝固方式结晶。这种条件下，当钢水的温度在液相线以上时，随温度的降低仅发生液态收缩，并且能够得到顶部钢水的补充。当温度降低到液相线以下时，由于凝固温区较宽，固液界面前沿容易出现较大的成分过冷，进而促进等轴晶形核，因此会导致中心液相较大范围内均会进入固、液两相状态，即呈现糊状特征。随着冷却进行，两相区内温度梯度逐渐减小，过冷度增大，等轴晶快速生长，从而形成粗大枝晶结构。当固相率超过 60% 时，树枝晶脉络连接成骨架，将未凝固的钢水分割成一个个互不相通的小熔池。小熔池中钢水进一步凝固时得不到外来补缩，最终形成分散的显微孔洞，即为疏松。尺寸在 1~2 mm 的是宏观疏松，低倍下肉眼可观察得到；尺寸不超过 1 mm 的是显微疏松，金相显微镜下可以分辨出来。

缩孔和疏松是液态金属凝固过程中得不到充分的补缩而形成的，通常出现在最后凝固的区域。由于凝固收缩是绝大多数金属的共性特征，因此，实际生产中几乎所有的金属和合金都有一定的缩孔或疏松倾向。一般情况下，凝固温度范围窄的合金容易产生缩孔，比如中、低碳钢；凝固温度范围宽的合金容易产生缩松，比如高碳钢和高合金钢。与缩孔类似，疏松的尺寸、数量和分布等也与连铸坯或铸锭规格有关，大断面连铸坯的内外温差大，中心收缩变形得不到表面坯壳的协调补偿，因此收缩更明显，中心疏松也更严重。

2.4.2 凝固收缩与热应变

钢的凝固收缩是在液固共存的两相状态下出现，此时可以得到一些残留液相的补充；同时，即使出现变形不一致，也会在高温下得到释放，这种情况下一般不会出现热应变引起的裂纹等问题。然而，对于凝固末期，当中心处只有少量残留的钢水时，一方面由于自身凝固潜热总量较小，周围固相对其冷却作用较强，冷速增大；另一方面，最后残留钢水的凝固收缩得不到其他液相的补充，这种收缩变形会作用在刚刚形成的固相上，进而产生热应力和热应变集中，导致中心处出现热收缩裂纹。

对于温度变化引起的热应变，其与热膨胀系数有关：

$$\begin{cases} \alpha_T = \dfrac{\mathrm{d}\varepsilon^{\mathrm{th}}}{\mathrm{d}T} \\ \varepsilon^{\mathrm{th}}(T) = \displaystyle\int_{T_0}^{T} \alpha_T \mathrm{d}T \end{cases} \quad (2\text{-}110)$$

式中，α_T 为瞬时线性热膨胀系数；$\varepsilon^{\mathrm{th}}$ 为热应变。

对于均温试样，热膨胀系数越大的钢种，其热应变越大；温度变化越剧烈的工况，其热应变也越大，应变率也越大。对于非均温试样，由于由表及里存在温度梯度，热应变还与内外基体变形不一致有关。

连铸坯或铸锭中心区域钢水的凝固，就属于上述这种状态。凝固末期时，中心残留液相的温度变化最大，而周围已凝固基体的温度变化较小，这就导致中心刚刚凝固的基体会发生较大的凝固相变收缩和固态收缩，而周围基体的热收缩量较小，二者变形不一致；相比之下，中心区域刚刚凝固，其基体的温度比周围高，抗变形能力比较差，其体积收缩不会引起周围温度较低的基体变形，反而受到周围基体的牵制，进而导致自身会受到拉应力。对于钢，其碳和合金含量越高，连铸坯或铸锭的断面越大，其中心凝固收缩量就越大，受到的拉应力也越大；当钢中的热裂纹敏感元素（S、P）含量较高时，凝固末期就很容易在中心形成裂纹。除此之外，某些高合金钢中 S、P 含量可能不高，但是含有较多的 Cr、Mo、W、V、Nb 等元素，这些元素一方面会增大两相区宽度，且会出现严重的枝晶间偏析，扩大了脆性温区的范围；另一方面会增大高温下的热膨胀系数，也会导致比较显著的凝固收缩裂纹，如图 2-46 所示。实际生产中，圆坯和方坯

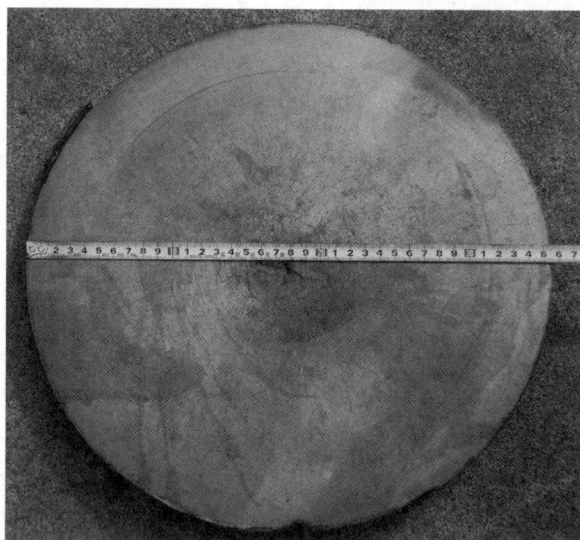

图 2-46 某高合金钢连铸坯中心凝固收缩裂纹

扫码看彩图

连铸中心裂纹最常见，这与其几何形状特征有关。对于板坯和矩形坯，其凝固中心是一定长度的线段，凝固收缩变形也会更分散；圆坯和方坯是一个点，凝固收缩汇聚到一处，会产生应力应变集中的效应，进而容易在中心处形成收缩裂纹。

2.4.3 包晶相变收缩

亚包晶钢的凝固相变规律在 1.2 节已经描述过，但比较笼统，这里详细分析亚包晶钢凝固时包晶相变收缩和动力学机理，及其引起凹陷、裂纹、深振痕和液面波动等缺陷的主要特征和影响与危害等。

2.4.3.1 亚包晶钢相变收缩及其缺陷特征

亚包晶钢凝固末期时，会发生 $L+\delta \rightarrow \gamma$ 的包晶反应，进而消耗掉残留的液相 L，还会剩余一定比例的 δ 铁素体；当进一步冷却时，发生 $\delta \rightarrow \gamma$ 包晶相变，其实质是 BCC 转变为 FCC，由于后者是密排结构，因此会出现 2.5%~3.0% 的体积收缩。相变发生于刚刚凝固完成的时刻，温度比较高，坯壳比较薄，这种相变收缩会使坯壳弯曲进而出现凹陷和厚度不均匀。凹陷一方面会导致热流减小，坯壳在高温下停留时间长，奥氏体晶粒长大、塑性降低；另一方面也会导致应力应变集中，外界变形会直接作用于缺陷处，容易发生裂纹等缺陷。此外，亚包晶钢凝固相变收缩及其坯壳不均匀会进一步导致液面波动和深振痕等问题，也会对表面质量产生不利影响。

A　凹陷

现场生产中，相同工况下亚包晶钢连铸坯表面凹陷比其他钢种严重得多（见图 2-47），图中的坯壳形貌来源于 Suzuki 的实验[4]。对比可见，对于亚包晶钢，其坯壳内外表面看起来均起伏跌宕、凹凸不平，对于低碳钢、过包晶钢和高碳钢来说，内外表面相对光滑平坦，这就是亚包晶钢连铸凝固过程包晶相变收缩的直接结果。连铸坯表面凹陷会导致初生坯壳横向和纵向上的厚度不均匀，这种不均匀会进一步诱发裂纹甚至漏钢。凹陷本身往往伴随着夹杂、结疤等问题，影响轧材表面质量。

B　裂纹

亚包晶钢连铸坯表面纵裂纹是一个常见问题，本质上也与凝固末期的包晶相变收缩有关。现场实践中发现，碳当量在 0.09%~0.17% 的钢种，其纵裂比例最高，如图 2-48 所示。连铸坯表面纵裂到底起源于内部还是外部，到现在也没有完全明确，不同研究中有不同的结论。实际上，现场裂纹发生时，这两种机制均有可能出现，尤其是对于凹陷明显、厚度不均的坯壳。已有研究中测定，亚包晶钢高温下的抗拉强度为 3~10 MPa，而凝固前沿的热撕裂强度只有 1~4 MPa；不考虑振痕条件下连铸表面裂纹发生的临界应变在 0.02~0.05，而凝固前沿裂纹的临界应变约为 0.01。当包晶相变引起的体积收缩导致坯壳出现凹陷时，坯壳表面

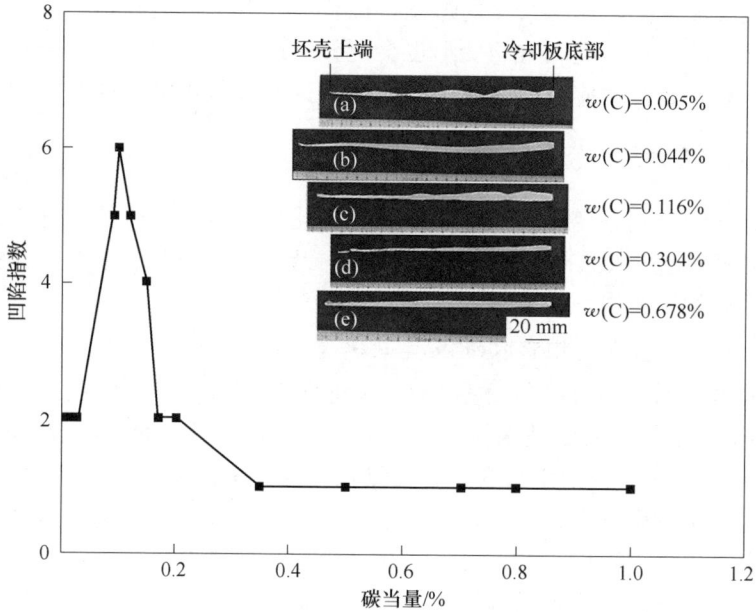

图 2-47　不同碳当量钢种的连铸坯表面凹陷

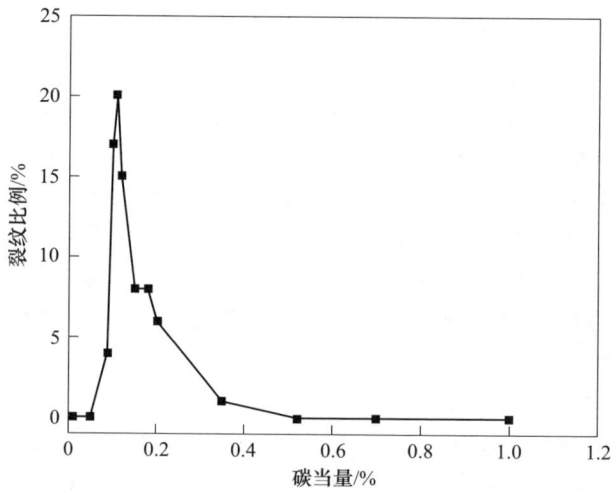

图 2-48　连铸坯表面裂纹比例与碳当量的关系

和内部的不同位置可能都会出现拉应力/应变，当这个应力/应变和机械应力/应变、热应力/应变等叠加并超过临界值时，就会出现裂纹。对于亚包晶钢板坯连铸，裂纹一般出现在宽面中心或偏离角位置，这还与保护渣熔化不良和角部几何结构引起的不均匀传热有关。

C　深振痕

振痕是连铸坯表面的一种常见缺陷，是结晶器振动和液面波动引起的、不可避免的表面质量问题。当振痕比较浅（≤0.3 mm）时，不影响轧制变形和钢材表面品质；当振痕比较深且不规则时，轧制就会出现翘皮、折叠和裂纹缺陷。某些振痕较深时还会影响结晶器内夹杂物和气泡上浮，降低了基体的洁净度。图 2-49 为不同碳当量钢种连铸坯表面振痕深度的实测数据。由图中可见，对于碳当量 0.09%~0.15%的亚包晶钢，其振痕深度为 0.4~0.6 mm；低碳钢、过包晶钢和高碳钢的振痕深度为 0.2~0.4 mm。对比可见，亚包晶钢连铸坯表面振痕深度是最大的。

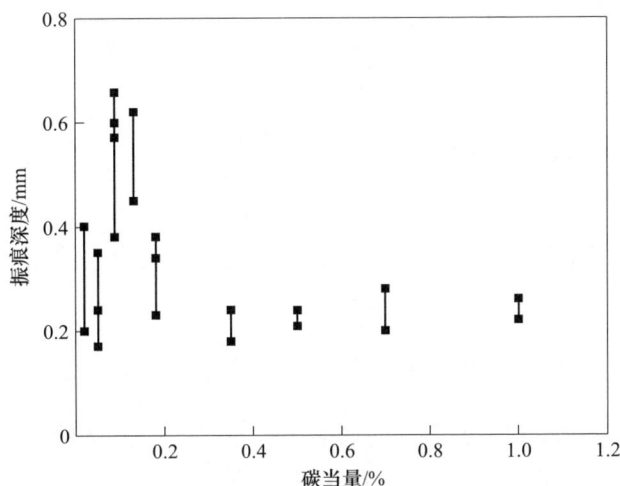

图 2-49　连铸坯表面振痕深度与碳当量的关系

振痕的两种比较公认的形成机理是弯月面溢流和结晶器挤压。溢流导致的振痕是指钢水越过弯月面处已凝固弧形坯壳并外溢出去而形成新的弯月面的过程，其通常与结晶器流场及其稳定性有关，这受到坯壳鼓肚、水口结构和结晶器振动的影响。对于亚包晶钢，由于坯壳多存在比较明显的凹陷和厚度不均问题，当存在鼓肚导致的液面波动时，这种凹凸不平的特征会加剧溢流的不稳定性，进而导致振痕深度增大和分布不均匀。当然，动态发生的包晶相变收缩本身也会影响弯月面处的溢流行为。结晶器挤压导致振痕的机制是指负滑脱时间内，由于铜板向下的速度大于坯壳，且由于热变形铜板会在弯月面处形成正锥度，由此会周期性地向内部挤压弯月面坯壳。包晶相变收缩引起的凹陷往往会在已形成振痕区域叠加变形，因为振痕处基体温度比较高，变形比平整处更容易。如此条件下，也会导致振痕进度进一步增大。因此，不管哪种机制，亚包晶钢凝固过程的包晶相变收缩都会加剧振痕缺陷。

D 严重的液面波动

图 2-50 对比了实际生产中不同碳含量钢种的液面波动情况，发现亚包晶钢的液位波动最显著。严重的液面波动会导致夹渣、卷渣等问题，影响基体的洁净度控制水平，同时可能导致保护渣浸润不良、坯壳传热不均匀，进一步促进了凹陷、裂纹的产生，甚至导致漏钢。

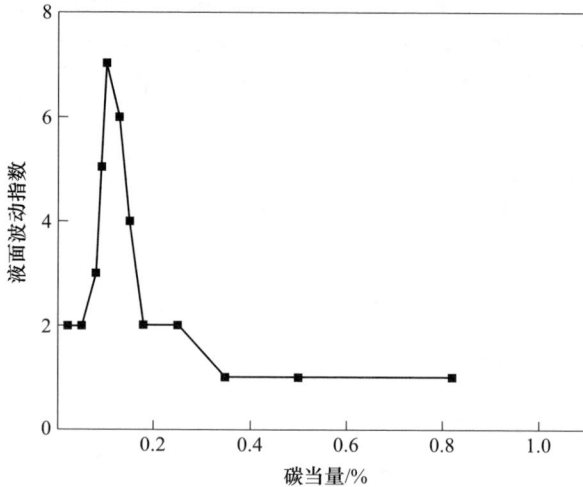

图 2-50 结晶器液面波动与碳当量的关系

一般来说，亚包晶钢品种以板坯居多，其液面波动主要是结晶器流场动态变化的结果，这与通钢量（拉速）、水口结构、断面尺寸、结晶器振动和保护渣情况等均有关，同时受到铸坯鼓肚的重要影响。对于亚包晶钢，其包晶相变引起体积收缩和不规则凹陷的位置是结晶器弯月面以下 50~200 mm，对应的坯壳厚度为 5~10 mm，这种坯壳不均匀性会引起附加频率的液面波动，特征频率为 0.2~0.4 Hz。当这种波动与液面波动叠加时，会出现共振现象，进而使液面振幅增大。同时，由于亚包晶钢坯壳不均匀性比其他钢种大，鼓肚导致的回流也会有一定的影响，通常会加剧液面波动。

2.4.3.2 包晶相变的热力学与动力学

亚包晶钢凝固过程的包晶相变在热力学上是必然发生的，但对其动力学的研究仍有不足。理论上，高温下原子的运动能力很强，扩散比较充分，因此，早期的动力学研究认为包晶相变是由碳原子和铁原子的扩散控制的，一些基于相图和相场的计算模拟本质上也认可了扩散机制。然而，近期的一些研究发现，对于较低的冷却速率，包晶相变是由扩散控制的；较高冷却速率时，是由块状转变控制的。韩国学者[5]通过高温共聚焦显微镜观察到某 Fe-0.1C-0.48Mn-0.01Si 钢种凝固过程的包晶相变，5 ℃/min 时 δ→γ 的转变可以在 0.1 s 内完成，如图 2-51 所示。如此短的时间内碳原子和铁原子的扩散不可能充分，由此认为其转变机制为块状方式。

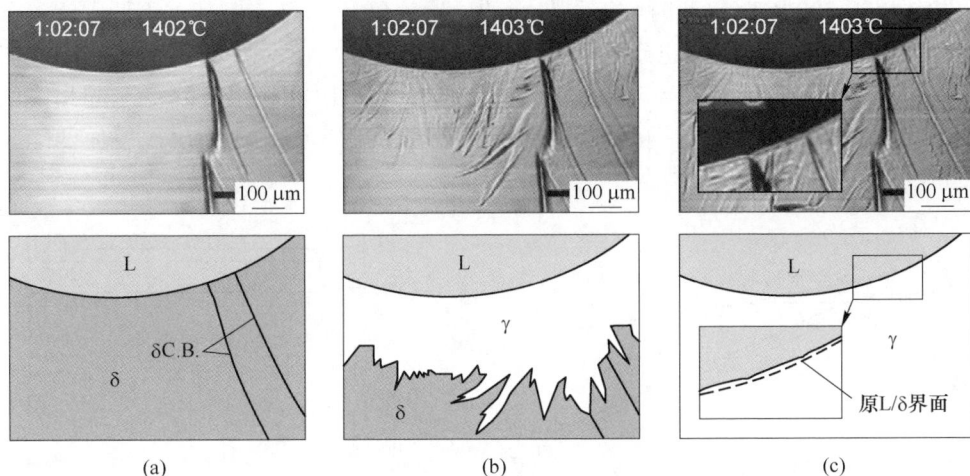

图 2-51　包晶相变的块状转变机制

(a) 0 s；(b) 0.07 s；(c) 0.10 s

　　钢凝固过程包晶相变到底由哪种方式控制，一方面可以通过冷速来判定，另一方面也与钢种、过冷度及凝固相变顺序有关。实验结果表明，当凝固冷却到奥氏体转变温度时，如果此时还有残留液相，则转变为碳的扩散控制，而液相消失时未转变的 δ 相在较高冷速或较大过冷时会以块状方式转变为 γ 相；相反，当凝固冷却到奥氏体转变温度时已不存在液相，此时包晶相变为块状转变方式。对于不同的相变动力学机理，其宏观影响是不同的。对于扩散方式，其收缩变形是逐渐产生的，可能通过蠕变或退火来释放和缓解；对于块状转变方式，其相变在瞬间完成，大量收缩突然发生，应变率较大，导致表面变形更加明显，这可能是亚包晶钢连铸表面缺陷显著的根本原因。

2.4.3.3　包晶相变与冷却强度

　　冷却强度对包晶相变收缩和连铸坯表面缺陷的影响也需要考虑。通常条件下，亚包晶钢凝固包晶相变的收缩量最大，这是建立在平衡条件的基础上。图 2-52 对比了 Fe-C 相图上由固相线冷却到其以下 10 ℃、20 ℃、50 ℃和 100 ℃条件下的收缩情况，同时包括了热收缩和包晶相变收缩，设定固相线时刻的热收缩是零。由图中可见，对于不同温度区间下不同碳含量的钢种，其收缩量是不同的。当温度降低至固相线以下 10 ℃和 20 ℃时，收缩量最大的点不是铁素体量最多的 H 点（0.09%），而是靠近 I 点的 0.15%~0.16%的位置，这说明虽然 H 点可以参与包晶相变的铁素体量多，但该温度下其并不能完全反应，因为 H 点包晶相变的温区比较宽；相反，对于靠近 I 点的位置，虽然初始铁素体量少，但可以在较小的温度内完成包晶相变。当温度降低至固相线以下 50 ℃ 时，此时对应于 H 点包晶转变完成的位置，因此，该温度下 H 点的收缩量最大。进一步地，当温度降低到固相线以下 100 ℃ 时，此时收缩量最大的位置处仍是 H 点，但其左侧低碳钢碳含量 0.05% ~ 0.09% 范围内也出现了较大的收缩量，即此时一些低碳钢也能完成全部的包晶相变。由此可知，当凝固冷速较大时，假设瞬间将温度降低至固相线以下 100 ℃，对于一些低碳钢品种，也会出现较大的收缩量，进而出现表面凹陷等质量问题。

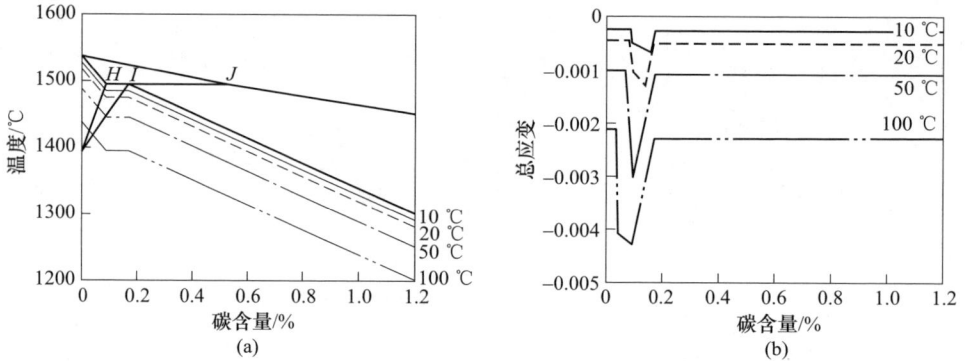

图 2-52　Fe-C 相图上不同成分钢种由固相线下降某一固定温度的收缩情况
（a）温度；（b）总应变

　　图 2-53 对比了冷却到同一温度 1525 ℃、1500 ℃、1475 ℃、1450 ℃、1425 ℃ 和 1400 ℃ 下，不同碳含量钢种凝固之后的收缩情况。同样地，固相线时刻的收缩设定为零，其计算的收缩同时包括热收缩和包晶相变收缩。观察发现，当冷却至 1525 ℃ 时，只有碳含量极低的钢种完成了凝固，同时出现少了 δ 相的热收缩，收缩量随碳含量增大而线性减小；当冷却至 1500 ℃ 时，与上述结果基本一致，只是总收缩量变大，凝固完成对应的碳含量范围增大，但仍未达到碳含量 0.09% 位置；当冷却至 1475 ℃ 时，低碳钢、亚包晶钢、包晶钢和一部分过包晶钢都完成了凝固，总收缩量随碳含量的变化不再呈线性规律，这与发生的包晶相变有关，此时最大收缩量对应的位置并不是凝固之后残留铁素体量最多的碳含量 0.09% 处，而是约碳含量 0.17% 附近，原因是首先该位置不仅出现了完全的包晶相变收缩，还包括一定的热收缩，其次为碳含量 0.15% 位置，该位置收缩量主要是包晶相变的贡献；当冷却至 1450 ℃ 时，此时碳含量 0.09% 位置包晶转变已完成，由于其凝固之后残留铁素体量最大，故出现了最大的收缩量；冷却至 1425 ℃ 时，最大收缩量出现在碳含量 0.07% 附近，该位置不仅完成了包晶相变，还有较大温度范围的热收缩，碳含量 0.07% ~ 0.09% 的热收缩也比较明显；冷却至 1400 ℃ 时，低碳钢、亚包晶钢、包晶钢、过包晶钢和少量高碳钢均完成了凝固，其中低

碳钢、亚包晶钢和包晶钢也基本完成了包晶相变，除了碳含量极低的区域，此时最大收缩量出现在碳含量约为 0.02% 的位置，这与 1425 ℃时的结果和原因是一致的。

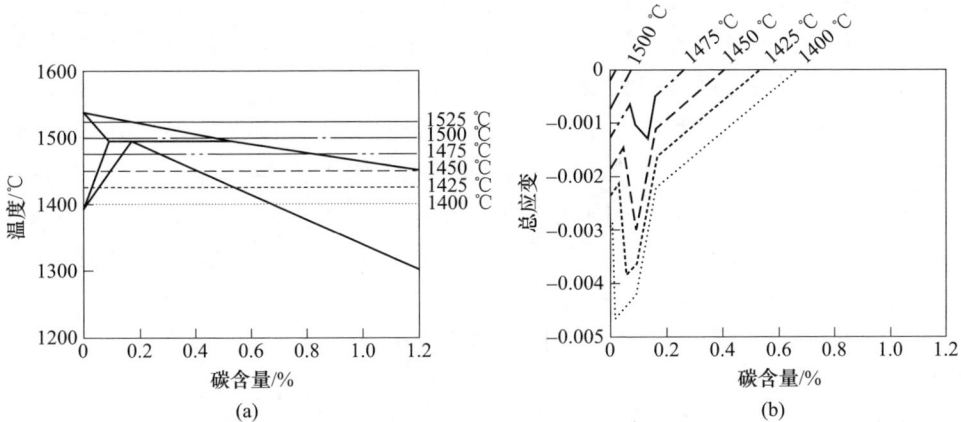

图 2-53　Fe-C 相图上不同成分钢种冷却到某一固定温度的收缩情况
（a）温度；（b）总应变

　　整体来说，对于包晶相变收缩，在冷速较小的条件下，如常规板坯、方坯或圆坯连铸及模铸钢锭工况，通常最大收缩量出现在亚包晶钢区间；当冷速增大到一定程度时，如薄板坯、薄带连铸和一些亚快速凝固工况，其初生坯壳比较薄，但内外壁温度梯度较大，表面可能已经降低到固相线温度 50 ℃以下，甚至接近 100 ℃，此时低碳钢区间也发生了包晶相变，对应的收缩变形作用于较薄的坯壳时可能会出现凹陷等问题，这在实际生产中也要注意。

2.5　钢的凝固偏析

2.5.1　凝固偏析

　　对于纯金属，由于不存在溶质，凝固过程中不会出现偏析。对于合金，由于溶质在固、液相中的溶解度不同，当溶质平衡分配系数小于 1 时，会出现先凝固的晶体溶质少、后凝固的晶体溶质多的现象；对于平衡分配系数大于 1 的溶质，则分布规律相反。凝固界面上的溶质再分配也会不断累积，并通过扩散和对流等方式形成宏观尺度的溶质成分不均匀，这就是凝固偏析。由此可见，凝固偏析与溶质类别、含量、平衡分配系数、冷却与传热条件、扩散、流动和凝固组织形貌与尺寸等均有关，且不同溶质之间的偏析还有相互影响，是凝固过程中非常复杂的物理行为。

　　广义上，偏析是指基体成分不均匀的现象，凝固过程中出现的合金成分不均匀就是溶质偏析。一般来说，偏析分为显微偏析（枝晶偏析）和宏观偏析（低倍偏析）两类，现在开始越来越关注半宏观偏析。显微偏析是发生在几个晶粒范围内或树枝晶空间内，成分的差异局限于几微米到几十微米的范畴，遗传到轧材中会出现带状组织，引起材料各向异性，显微偏析一般通过高温扩散退火可以显著改善，但一些扩散能力较差的合金元素，如 Mo、W、Cr、Mn 等，其显微偏析在工业生产流程中也难以彻底消除。

宏观偏析发生在整个连铸坯或铸锭内，溶质成分的差异可表现在几毫米到几百、几千毫米的距离上。连铸坯的宏观偏析主要表现为中心偏析、CET（柱状晶向等轴晶转变）偏析、V 形偏析和白亮带（负偏析）等。铸锭的宏观偏析还涉及冒下正偏析、沉积锥负偏析、A 形偏析和 V 形偏析等。宏观偏析遗传到轧材中会出现局部异常组织，如马氏体、贝氏体和大颗粒碳化物，也会导致热处理过程相变、析出和变形不均匀。宏观偏析很难通过扩散完全消除，通常会直接遗传到产品中。

半宏观偏析多位于连铸坯或铸锭的中心区域，一般为形状不规则的斑点或斑块，尺度在显微偏析和宏观偏析之间，一般几百微米到几毫米比较常见。半宏观偏析在热加工时会形成条带结构，其与带状组织有所不同，是一种典型的溶质偏聚缺陷。条带内外的金相组织、析出相和晶粒度等具有显著差异，进而导致材料性能各向不一。由于半宏观偏析尺度也比较大，其通过热加工和热处理也无法彻底消除。

凝固偏析会直接恶化铸件的力学性能，尤其是冲击韧性，进而显著降低使用寿命。对于热加工产品，严重的偏析会影响最终零部件的机械强度，特别是对韧性、焊接性能、热处理性能、疲劳性能和腐蚀性能敏感的品种，其危害更为显著。因此，在学术和工程应用领域对钢的凝固偏析均非常关注。

2.5.2　显微偏析

2.5.2.1　概念

显微偏析也叫微观偏析或枝晶偏析，是指在一次或二次枝晶间距尺度上的溶质分布不均匀，一般在几微米到几十微米的范畴。枝晶是大多数凝固工况下钢的典型凝固组织形态。平衡凝固条件下，由于冷速无限小，其扩散是充分的，不会出现偏析。然而，对于实际生活生产中常见的金属和合金凝固过程，由于冷速一般在 $0.01 \sim 10000\ ℃/s$ 的水平，扩散不可能完全。因此，实际凝固过程的偏析几乎是不可避免的。

2.5.2.2　溶质再分配

由于固相、液相中溶质的溶解度不同，凝固界面处会发生溶质再分配，即固、液相中溶质重新分布。平衡条件下，对于某合金的凝固过程（见图 2-54），

其液相中溶质浓度 C_L^* 和固相 α 中溶质浓度 C_S^* 具有如下关系：

$$k_0 = \frac{C_S^*}{C_L^*} \tag{2-111}$$

式中，k_0 为溶质平衡分配系数。

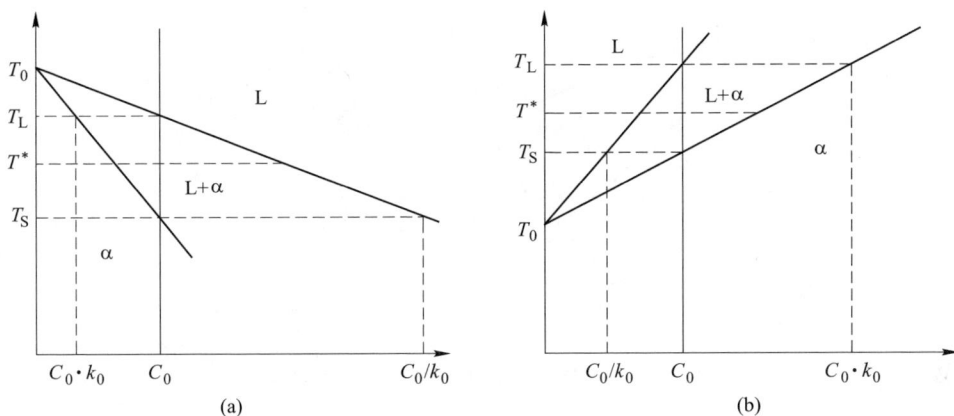

图 2-54 $k_0 < 1$（a）和 $k_0 > 1$（b）凝固冷却相图

图 2-54 中分别给出了 $k_0 < 1$ 和 $k_0 > 1$ 的两种情况，根据相图中溶质含量与斜率的关系为：

$$k_0 = \frac{C_S^*}{C_L^*} = \frac{(T_0 - T^*)/m_S}{(T_0 - T^*)/m_L} = \frac{m_L}{m_S} \tag{2-112}$$

由此可见，平衡条件下 k_0 是一个与温度和成分无关的函数，只与相图中液相线和固相线的斜率有关。对于 $k_0 < 1$ 的溶质，k_0 越小，斜率相差越大，两条线之间的距离越远，液相和固相的溶质浓度差异越大，非平衡凝固条件下的偏析就越严重；反之，对于 $k_0 > 1$ 的溶质，k_0 越大，斜率相差越大，非平衡条件下的成分不均匀性越明显。

非平衡凝固条件下，对于钢中某 $k_0 < 1$ 的溶质，如碳、锰、铬、钼、铌等，其显微偏析形成的过程和机理如图 2-55 所示。设溶质初始成分为 C_0，钢水冷却到液相线温度 T_1 时出现晶核，其成分为 S_1；连续冷却到 T_2，固相成分理论上应为 S_2。此时先结晶的 S_1 应该通过原子扩散使其成分变为 S_2，但由于冷速较快，原子来不及扩散，使晶体中心与外围成分产生了差异，其平均成分既不是 S_1 也不是 S_2，而是 S_2'。当温度下降到固相线温度 T_S 时，按平衡凝固过程，固相成分应为 S_4 且结晶完成，但实际固相平均成分却是在 S_4'，此时结晶尚未结束。只有当温度降到 T_S' 时，液体才全部消失，固相的平均成分才达到初始成分 C_0。

凝固初期形成的枝晶比较纯净，随着凝固的进行，晶体外层逐渐形成了浓度为 S_1、S_2'、$\cdots$ 的固相。由于凝固后期液相中溶质逐渐富集，其形成的固相中也会

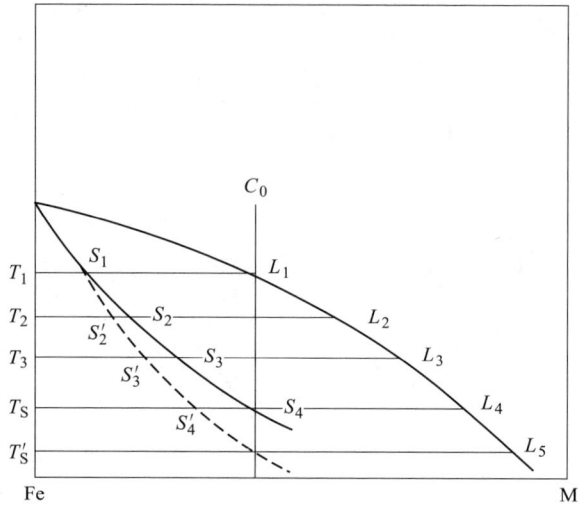

图 2-55　钢中某溶质 M 的非平衡结晶过程

含有较多溶质。因此，对于 $k_0<1$ 的溶质，晶体内的浓度由枝晶干到枝晶间逐步增加，如图 2-56 所示。实际凝固过程中溶质在固相内的扩散能力有限，于是在铸态组织中便形成了所谓的微观偏析。

　　根据上述过程可知，显微偏析的形成受到多方面因素的影响，枝晶尺度上主要有冷速、溶质平衡分配系数和扩散系数。

　　A　冷却速度

　　大量研究表明，枝晶间距是凝固时间和冷却速度的函数，如图 2-57 所示。冷却速度增加时，枝晶

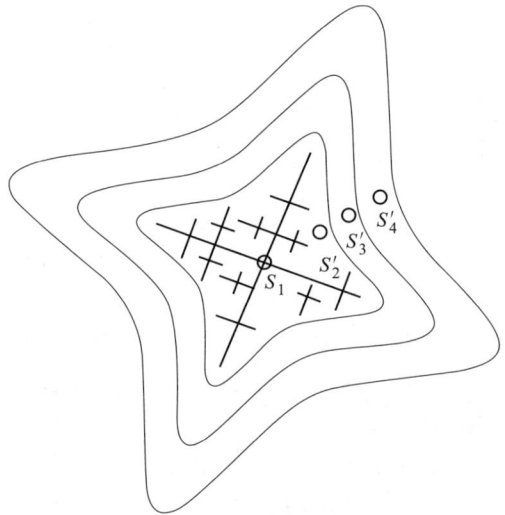

图 2-56　钢的枝晶内部溶质分布规律

间距变小，一方面，单位体积内溶质分布更弥散更均匀，会减轻偏析；另一方面，凝固时间减小，逆扩散更加有限，会加剧偏析。因此，最终溶质显微偏析的程度是这两方面综合作用的结果。

　　B　溶质元素的平衡分配系数

　　溶质平衡分配系数可以用于评价其显微偏析倾向，对于 k_0 小于 1 的溶质，k_0 值越小，则先后结晶出的固相成分差别越大，偏析也就越大。对于这类溶质，其

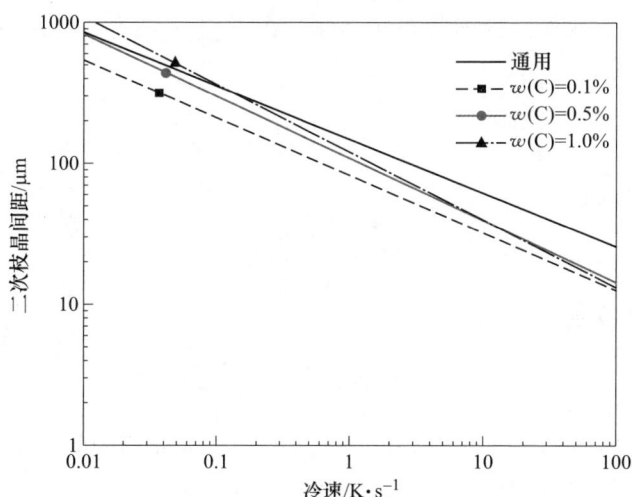

图 2-57　钢的凝固冷速对二次枝晶间距的影响

偏析倾向是与偏析系数 $1-k_0$ 正相关的。k_0 可用 Van′t Hoff 公式计算，或用区域熔化法进行试验测定。表 2-4 为 δ 铁中几种元素的 k_0 值。对比发现，S 等的 k_0 不超过 0.1，C、P 的 k_0 为 0.13，均是易偏析元素，而 Cr、W、Co 等的 k_0 在 0.9 以上，是不易偏析元素。事实上，铁中某一溶质元素的 k_0 值还取决于第三元素的影响，这与后者影响前者在基体中的溶解度有关。

表 2-4　δ 铁中几种元素的 k_0 值

元　素	k_0		
	计算值	实测值	$1-k_0$
Cr	0.95	0.97	0.05
W	0.95	—	0.05
Co	0.90	—	0.10
Mn	0.84	0.80	0.16
Ni	0.80	—	0.20
Mo	0.80	—	0.80
Si	0.66	0.85	0.34
Cu	0.56	—	0.44
N	0.28	0.35	0.72
P	0.13	0.18	0.87
S	0.02	0.02	0.98
O	0.02	0.02	0.98
C	0.13	0.29	0.87

非平衡条件下，外部冷却状态和晶体长大机制对 k_0 也有一定的影响。

对于侧向生长：

$$k = k_0 + (1 - k_0)\exp\left(\frac{-1}{\beta}\right) \tag{2-113}$$

对于连续生长：

$$k = \frac{k_0 + \beta}{1 + \beta} \tag{2-114}$$

其中，参数 β 为：

$$\beta = \frac{R\lambda}{D_L} \tag{2-115}$$

式中，R 为凝固界面推进速度；λ 为原子间距；D_L 为液相中的原子扩散系数。

当凝固界面推进速度较大时，$R \gg D_L/\lambda$，β 趋近于无限大，此时 k 趋近于1。也就是说，当凝固速度特别快时，界面上与扩散有关的溶质再分配来不及发生或不能很充分就被界面捕捉；相反，当 $R \ll D_L/\lambda$，β 趋近于零，k 趋近于 k_0，即接近于平衡态。当 R 与 D_L/λ 的比值在中等范围内时，k 为 k_0 与1之间的一个值。整体来说，外界冷却速度越大、凝固越快，k 越大，显微偏析越小。

C　溶质元素在固相中的扩散速度

当偏析出现以后，基体中会出现浓度梯度，这时就形成了扩散的驱动力。然而，由于溶质在固相中的扩散能力较小，实际凝固条件下难以扩散均匀。图 2-58 对比了不同温度下几种常见元素在 γ 铁中的扩散系数。C 是钢中的强偏析元素，但是 C 在固相中的扩散速度高于其他元素，当不考虑元素之间的相互影响时，因为逆扩散作用 C 能相对比较均匀地分布在基体中。除 C 以外，其他元素在铁中扩散速度较小，所以铸态结构中 S、P、Mn 等元素分布显微偏析比较明显。高温扩散退火就是利用基体中元素的浓度梯度来改善显微偏析，但一般难以彻底消除。

凝固过程中溶质再分配和逆扩散的程度是评价平衡体系的重要参量，不同条件下具有不同的特征，如图 2-59 所示。理想平衡条件下，对于 $k_0 < 1$ 的溶质，由于固相和液相中溶质都可以充分扩散，其各自内部不存在浓度梯度，界面处浓度完全符合相图上的平衡关系，即 $k_e = C_S^*/C_L^*$，这种条件只存在于一些实验室研究中；近平衡条件下，由于冷速较小，固相和液相中的溶质扩散能力有限，固相中存在由低到高的浓度梯度，液相中存在一个溶质边界层，其他区域浓度一致，此时界面处能够达到浓度平衡，即 $k_e = C_S^*/C_L^*$，这种条件与大多数金属凝固过程相符；非平衡条件下，由于冷速较大，扩散能力进一步被抑制，固、液相中均存在一定的浓度梯度，其分布规律与近平衡比较类似；不同的是，界面上的浓度关系与平衡条件下不符，但是仍满足 $k_a = C_{S,a}^*/C_{L,a}^*$，这种条件对应于一些快速凝固和亚快速凝固的特殊工况。

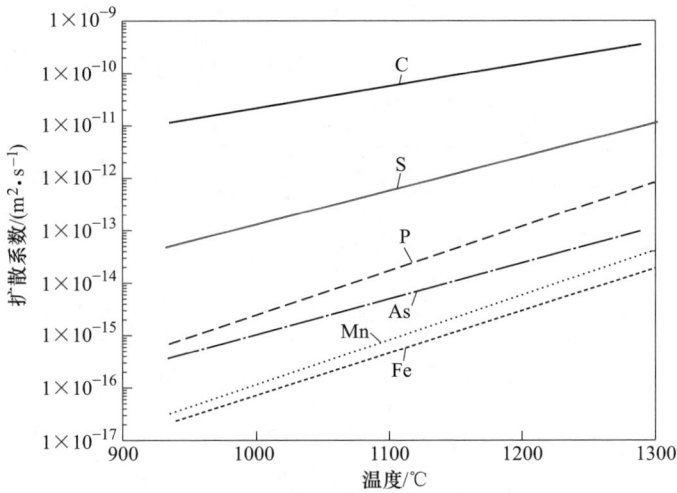

图 2-58　几种元素在 γ-Fe 中的扩散系数

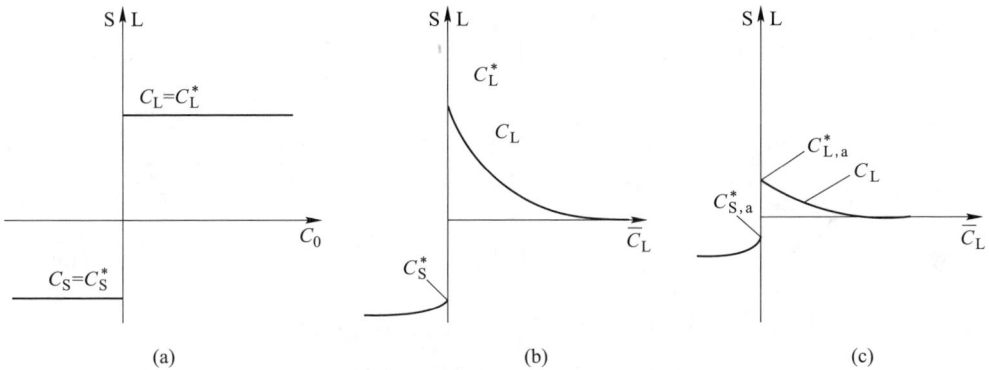

图 2-59　不同凝固条件下的界面溶质分布
（a）平衡状态；（b）近平衡状态；（c）非平衡状态

随着凝固界面的推进，不同冷却条件下固、液相成分及其界面浓度关系如图 2-60 所示。对于平衡条件，由于扩散充分，不同时刻固、液相中的溶质分布总是均匀一致的，随着界面推进，液相中溶质不断富集，固相中溶质浓度也不断提高，最后凝固完成时固相浓度等于初始浓度，如图 2-60（a）所示；对于近平衡条件，随着凝固进行，对于扩散能力比较差的溶质，其固相溶质分布基本不变，液相中界面前沿仍存在一个溶质边界层，但平均浓度逐渐提高，凝固结束时，固相中存在溶质分布不均匀，如图 2-60（b）所示；非平衡条件下，其扩散时间更短，理论上存在更大的不均匀，由于界面溶质再分配关系改变，因此实际上其固相中浓度梯度比近平衡还要小，如图 2-60（c）所示。

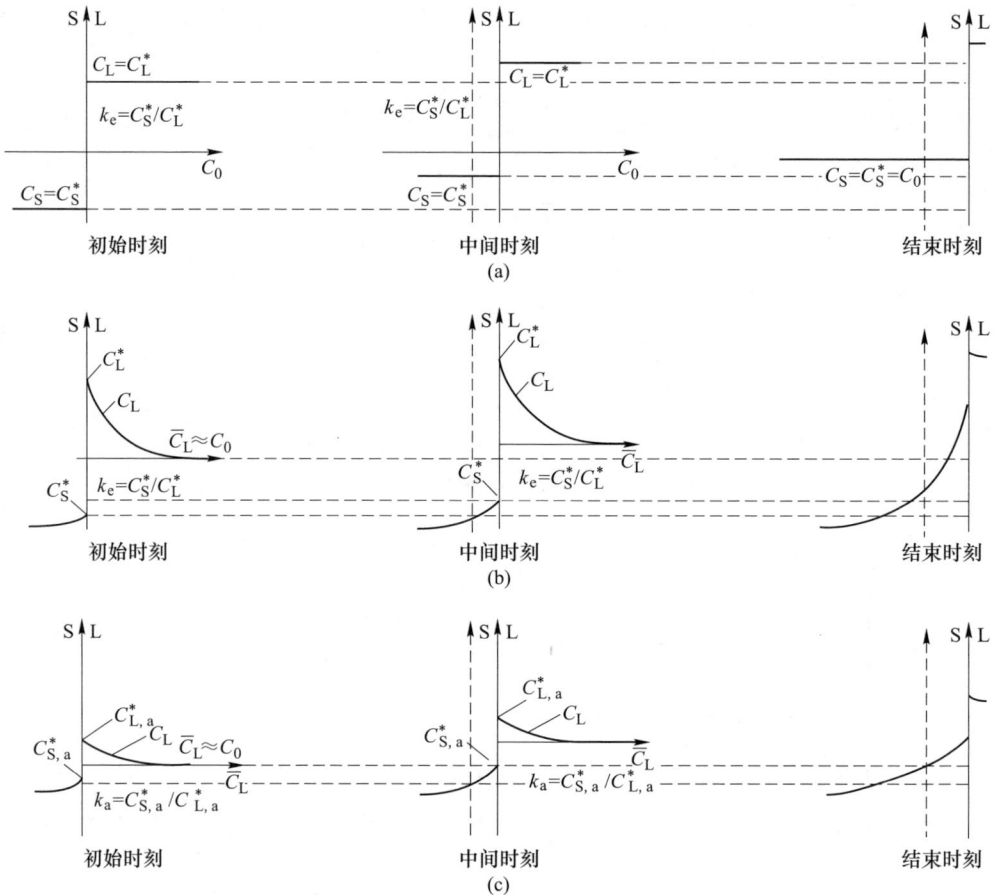

图 2-60 不同冷却条件下凝固过程溶质分布

（a）平衡条件；（b）近平衡条件；（c）非平衡条件

2.5.3 宏观偏析

2.5.3.1 概念

宏观偏析是几毫米到几百毫米尺度的溶质分布不均匀，在连铸和模铸过程中均会出现，不同合金、不同工况的溶质宏观偏析形式和程度也不同。早期研究大钢锭铸态组织时，常采用硫印方法检测宏观偏析，其原理是相纸上的硫酸和钢锭检测面上的硫化物发生反应生成硫化氢气体，硫化氢再与相纸上的溴化银作用生成硫化银沉淀，进而在相纸上的相应位置形成黑色或褐色斑点。通过这种方法观测到钢锭内部的宏观缺陷如图 2-61 所示。观察可见，大钢锭纵剖面上存在 V 形偏析、A 形偏析、中心偏析、冒下偏析和沉积锥负偏析几种形式。

钢锭中的 V 形偏析分布在中上部的中心等轴晶区，目前普遍认为是凝固末期由收缩引起的负压抽吸残留浓化钢液或枝晶结构坍塌导致的，是一种范围比较大的正偏析，这一点已基本达成共识；A 形偏析是由钢水凝固过程中局部区域内溶质富集所形成的一种通道型偏析，大多位于柱状晶和树枝状等轴晶之间的边界附近，与热浮力和溶质浮力及一些杂质、气泡共同作用下产生的浓化钢液上浮流动有关；中心偏析是轴线上凝固负压抽吸浓化液相补缩的结果，这受到溶质再分配和液相流动的双重影响；冒口正偏析是凝固末期溶质不断富集引起的，因为冒口区域液相最后凝固，选分结晶会导致该区域液相溶质含量不断升高，当富集比较严重时，冒口线以下也会出现明显的正偏析；沉积锥负偏析是大型钢锭特有的偏析形式，由于开始浇铸时钢水与器壁直接接触，会形成大量晶核，同时，充型和凝固过程中也会熔断一定量的枝晶臂，这些晶核在随后的凝固过程中由于重力作用会沉积到钢锭中下部，整个区域纵截面上像一个倒锥形，由于初生晶核往往比较纯净，故该位置往往是负偏析。大钢锭宏观偏析特征及其形成机理是人们研究连铸坯宏观偏析的基础，二者的某些偏析特征和规律具有比较大的共同之处。

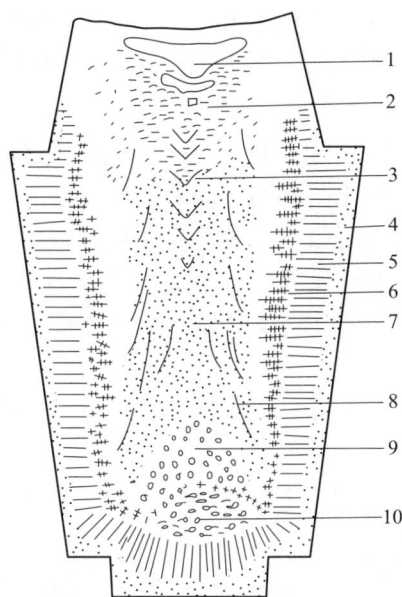

图 2-61　大钢锭纵截面的宏观缺陷分布

1—缩孔；2—冒口正偏析；3—V 形偏析；
4—表面激冷层等轴晶；5—柱状晶；
6—粗化柱状晶；7—中心偏析；8—A 形偏析；
9—沉积锥负偏析；10—沉积锥夹杂物

连铸坯的宏观偏析主要表现为中心偏析、V 形偏析、CET 正偏析和白亮带四种形式。连铸坯的中心偏析特征与大钢锭比较类似，方坯、圆坯中心偏析的形成机理也与之基本一致；对于板坯，由于宽向距离比较大，当扇形段辊列或辊缝不好时会出现鼓肚，由此导致的残留液相流动与凝固负压抽吸流动相叠加，会促进中心偏析；连铸坯中 V 形偏析的特征也与大钢锭比较接近，不同的是，连铸坯 V 形偏析范围比较小，这与其横断面尺寸比大钢锭小有关；CET 正偏析与凝固组织形态转变有关，柱状晶凝固界面比较平齐，其前沿会有溶质富集，由于中心区域出现等轴晶而阻碍柱状晶界面前沿溶质向中心扩散时，二者之间产生截留作用，进而出现 CET 正偏析；白亮带是连铸坯中特有的偏析形式，其一方面与侧孔水口流股冲击坯壳有关，另一方面也受到电磁搅拌强制钢水流动的影响。当凝固界面前沿的钢水流速较大时，这种冲刷流股会将界面处富集的溶质带走，导致凝固前沿液相中溶质含量下降，由于选分结晶作用，此时新结晶的固相中溶质比正常情况下少，浸蚀时为白亮色，这是一种负偏析。

2.5.3.2　宏观偏析解析

Flemings 对合金中宏观偏析现象产生的原因概括为[6]："不论是在连铸还是模铸，所有类型的宏观偏析都发生在固液两相区。大多数情况下，宏观偏析是由于凝固收缩、几何变形、凝固变形及重力驱使的树枝晶间液体的流动造成的；有时候偏析可能是凝固早期固相移动造成的（如晶体沉积）。"随后，他在钢锭液相流动连续方程和溶质传输方程的基础上，提出了著名的局部溶质再分配方程：

$$-\frac{\partial f}{\partial C} = \left(\frac{1-\beta}{1-k}\right)\left(1 + \frac{v_x}{R}\right) \cdot \frac{f}{C} \qquad (2\text{-}116)$$

式中，β 为凝固收缩率；v_x 为 x 方向流动速度；R 为凝固速度；k 为溶质平衡分配系数。

显然，当 v_x 和 β 都等于零时，也就是说不考虑凝固收缩和液相流动的时候，式（2-116）即可简化为 Scheil 方程的微分形式。宏观偏析定量求解的计算思路可概括为：凝固过程中形成的固相成分与液相成分通过溶质分配因数 k 而有着密切的联系，在整个时间域和空间域内对式（2-116）进行积分来计算最终的局部固相溶质浓度。当凝固速度 R 已知或通过假设确定时，式（2-116）的积分过程就比较简单。在多数情况下，凝固速度 R 必须通过流经多孔介质的流动公式来计算，以及必须考虑到多场耦合问题，故使该积分过程相当困难。在确定凝固速度 R 之后，对式（2-116）进行积分并令 $m = (1 - \beta)(1 - v_x/R)$ 可得：

$$C_S = kC_0 \cdot (1 - f_S)^{\frac{k-1}{m}} \qquad (2\text{-}117)$$

式（2-117）与 Scheil 方程在形式上一致，只是在指数位置处多出了一个分母 m，此即为修正的 Scheil 方程。从式（2-117）中不难看出，在一定的合金成分 C_0 和溶质分配系数 k 条件下，对宏观偏析的严重性起着决定因素的是 v_x/R 值。

目前，对大钢锭或连铸坯凝固过程溶质宏观偏析规律的研究多采用数值模拟的方法，即采用有限差分、有限元或有限体积，以及其他数值方法联立求解连续性方程、传热方程、流动方程、扩散方程，同时考虑凝固界面处溶质再分配的作用，即可获得大钢锭或连铸坯不同时刻整个空间上的溶质分布。然而，不考虑晶体沉降、枝晶组织形貌演变和凝固体积收缩时，其预测结果与实际情况仍有较大差异。当前，同时对微观-介观-宏观多尺度下的多元、多相、多场方程进行耦合求解，从计算量上还是有相当大的挑战。当考虑电磁搅拌、轻压下、振动等外场作用时，这一难度会更大。尽管如此，目前的一些多相传输模型已初步取得不错的效果，对改善宏观偏析缺陷已有不错的指导意义。

2.5.4 半宏观偏析

半宏观偏析（semi-macrosegregation）又称点状偏析，是介于宏观和微观范畴之间的一种溶质不均匀性缺陷，尤其在合金钢大断面连铸坯或模铸钢锭中比较常见。目前，国内对于半宏观偏析的关注和研究刚刚起步，对连铸坯中半宏观偏析的概念、特征、形成机制与控制措施等仍有些模糊。

2.5.4.1 概念

早期国外研究中发现，当板坯中心线偏析不连续时，可观察到内部不规则形状的溶质偏聚斑点（segregation spot）。20 世纪 80 年代，日本学者 Haida[7]实验中观察到 UO 管线钢连铸坯中也存在上述点状缺陷，主要特征为轮廓不清晰、大小不均匀、分布不规则，与板坯中心的线状偏析在形态和尺寸上均具有显著差异，不少研究中将其定义为半宏观偏析。2012 年，Ogibayashi[8]在分析板坯中心线偏析形成机理时，首次明确提出点状偏析的概念，与线状偏析对应，同属于 C 类偏析。Ogibayashi 认为，点状偏析在连铸坯横断面上是斑点状，纵断面上呈 V 形，属于半宏观范畴，这一描述已成为国际上连铸点状偏析的广义概念。目前国内标准对点状偏析的定义仍不明确，YB/T 153—2015、YB/T 4002—2013 关于连铸方坯/圆坯低倍缺陷评级中只定义了中心偏析，它是酸蚀试样中心部位呈现腐蚀较深的暗斑，未提及点状偏析；YB/T 4003—2016 关于连铸板坯中心偏析评定原则中规定了 C 类偏析，即大小不一的斑点聚集成的不连续条带，这实际上与 Ogibayashi 文中 C 类偏析定义一致，实际上涵盖了点状偏析。

2.5.4.2 特征

日本学者 Ogibayashi 把铸坯中心偏析分为四类，见表 2-5。传统概念的中心线偏析多属于 A 类和 B 类，其为轮廓清晰且具有一定厚度的溶质偏析带；点状偏析归属于 C 类，轮廓不清晰、大小不均匀，横断面上呈斑点状，纵断面上往往呈 V 形。国内学者许志刚和王新华[9]在实验中观察到，当连铸坯芯部为等轴晶组织时，偏析斑点分散在整个等轴晶区域，且中心线附近的斑点尺寸最大可达 3 mm，为典型的点状偏析；当连铸坯芯部为柱状晶组织时，偏析斑点基本集中在中心线附近，为线状偏析；这两类特征与 Ogibayashi 定义的两种 C 类偏析形态基本完全对应。

表 2-5 铸坯中心偏析的分类

类别		定 义
A 类	连续分布的条带	轮廓清晰，厚度大致均匀的较严重的偏析条带；在连铸坯宽度方向连续分布
B 类	不连续分布的条带	轮廓清晰，厚度不均匀的较严重的偏析带；在连铸坯宽度方向呈不连续状

类别		定　义
C 类	点状偏析	轮廓不清晰，大小不均匀；横断面上可见不规则形状的偏析斑点，纵断面上呈 V 形
	线状偏析	轮廓清晰，厚度薄，沿着内外弧枝晶前端的连续的偏析
	其他	局部的条带偏析，周期性的条带偏析，横断面 V 形偏析，中心负偏析

P110 石油套管钢圆坯中心区域的点状偏析如图 2-62 所示。试样经苦味酸浸蚀后，点状偏析呈亮白色，分布在粗大枝晶间。等轴晶区偏析斑点的尺寸在 500 μm~2 mm，达到了半宏观尺度，而柱状晶区的斑点多在 100 μm 以下，属于显微偏析范畴。EPMA 试验结果表明，该点状偏析内部含有 Mo、Cr、Mn、Si 等元素，对应的最大偏析比分别为 2.70、1.51、1.50 和 1.44。对比 Tsuchida 等的实验结果可知，两种研究中 Mn 的偏析程度相差不大。

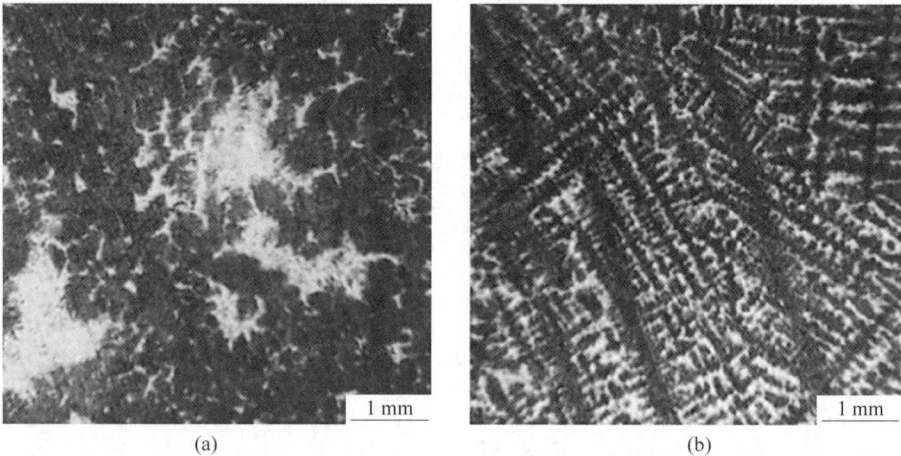

图 2-62　不同区域的溶质偏析
(a) 等轴晶区的点状偏析；(b) 柱状晶区的显微偏析

C110 石油套管钢连铸坯等轴晶区的点状偏析可分为两类：一类是斑块型点状偏析 [见图 2-63 (a)]，其尺寸大于 200 μm 且内部存在细小枝晶；另一类是疏松型点状偏析 [见图 2-63 (b)]，其尺寸在 100~200 μm，内部观察不到枝晶。EPMA 测定点状偏析处存在不同程度的 C、Mo、Cr、Mn 等溶质元素正偏析，其中 C 的最大偏析比约为 40，Cr、Mo 接近 10，Mn 为 4~5。

根据已有研究，点状偏析具有以下的共性特征：轮廓不清晰、大小不均匀、分布不规则，尺寸在 100 μm 以上。在连铸坯横断面上呈斑点状，纵断面上多呈 V 形。放大观察发现，点状偏析多出现在芯部粗大枝晶间，等轴晶结构中尤为明

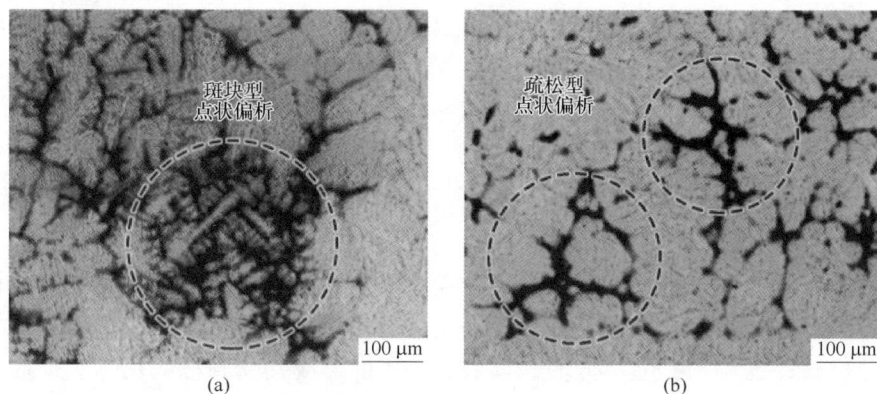

图 2-63 等轴晶区不同形态的点状偏析

(a) 斑块型；(b) 疏松型

显。点状偏析内部是 C、Mn、P、Cr、Mo 等溶质的正偏析，各元素的偏析程度相差较大。

2.5.4.3 形成机制

Tsuchida 等[10]指出，在连铸凝固过程中，某些率先凝固的等轴晶沉降到连铸坯中心，随着温度降低，等轴晶继续长大并选分结晶。等轴晶相互连接形成的网络阻碍了钢液宏观流动，枝晶间偏析难以均匀化。当凝固收缩产生的负压增大到一定程度时，枝晶间残留的浓化钢液被抽吸并集中到某些区域，即形成点状偏析。许志刚分析了 X70 管线钢连铸板坯半宏观偏析与枝晶结构的关系，等轴晶下半宏观偏析的形成是凝固末期固相收缩的负压抽吸浓化钢水导致的，连铸坯横断面上表现为点状偏析；柱状晶下半宏观偏析与枝晶界面推移和重力作用下的液相沉降有关，在连铸坯中心线上呈连续或半连续的线状。

Oh 和 Chang[11]观察了 S72 钢大方坯在不同电磁搅拌模式下点状偏析区域的枝晶组织，表 2-6 列出了对应工况下点状偏析内外的二次枝晶间距（secondary dendrite arm spacing，SDAS）。可以看出，三种搅拌方式下点状偏析内部的枝晶都比外部细化。整体来看，外部晶体的 SDAS 是内部的 1.5~2 倍。点状偏析内部 SDAS 较小，说明其凝固时冷却速度较大，凝固滞后于外部区域。

表 2-6 S72 钢大方坯点状偏析区域的二次枝晶间距

EMS 模式	二次枝晶间距/μm	
	内部	外部
No EMS	85	165
SEMS	103	167
(S+F) EMS	101	195

基于现有实验结果，连铸坯中点状偏析的形成机制已基本达成共识。点状偏析多出现在连铸坯芯部的等轴晶区，形成于凝固末期，是基体收缩产生的负压将枝晶间的浓化钢液抽吸到某个较大空隙中导致的，某些情况下点状偏析区域会出现细小枝晶。柱状晶凝固结构的连铸坯中一般不会形成分散的点状偏析，大多形成宏观或半宏观的线状偏析。

2.5.4.4　半宏观偏析的解析

目前，业内还没有比较可靠的用于描述凝固过程半宏观偏析行为的数学模型或数值模型。一方面，半宏观偏析尺度比显微偏析大得多，显微偏析的解析模型不能考虑流动的作用；另一方面，半宏观偏析的形成又受到枝晶尺寸、形貌、取向和显微尺度流动的影响，因此宏观传输模型也无法精准描述。

现有的半宏观偏析研究多基于实验分析层面，一般通过溶质偏析斑点的尺寸或面积比来表征。已有结果表明，半宏观偏析缺陷尺寸越大，其内部溶质富集程度就越高，对基体均质性的危害就越大。整体来说，半宏观偏析缺陷形成于凝固末期，由于等轴晶相互搭桥形成的脉络已比较密集，常规搅拌、压下和冷却等控制效果比较有限，因此当前仍是连铸凝固质量控制的技术难点。

2.5.5　凝固偏析与收缩和裂纹

凝固过程溶质偏析对收缩和裂纹缺陷也有直接影响，而且它们之间具有相互促进的作用。钢锭或连铸坯中的内裂纹通常发生于凝固过程中，即发生于 LIT 到 ZDT 之间，对应于热塑性曲线的第一脆性区。当考虑凝固过程的溶质偏析时，尤其对于 S、P、C、N、Nb 等易偏析元素，由于界面处选分结晶显著，其会导致固相线温度降低 $10 \sim 30\ ℃$，甚至更多。如此条件下，LIT 到 ZDT 之间脆性温区对应的空间位置会更大，当外力、热应力或相变应力作用到凝固前沿时，只需要较小的应变就可以开裂，这就是某些杂质元素含量高的钢种连铸坯中间裂纹和中心裂纹严重的重要原因。同样，当凝固两相区温度范围由于溶质偏析而变大时，其凝固收缩量也随之变大，由此产生的负压会更强烈地抽吸浓化钢液，进而促进形成了更严重的溶质偏析，凝固末期时就会出现更严重的热应力和中心裂纹。当然，裂纹出现也会产生负压，在一定程度上促进溶质偏析。不同凝固组织条件下的溶质偏析情况不同，如等轴晶的中心偏析可以得到改善，但会出现半宏观偏析；柱状晶的溶质分布相对比较均匀，但最终凝固位置容易出现特别严重的溶质富集。同时，不同凝固组织条件下的收缩和裂纹情况也不一致。等轴晶之间由于取向不同，容易形成彼此相连的脉络，即使出现溶质偏析，由于被枝晶分割，其收缩也比较分散，且这种脉络结构对变形的抵抗能力也更强；柱状晶之间取向接近，枝晶之间偏析并不显著，最终凝固的区域会出现大量溶质富集，由此导致的收缩也会比较集中，裂纹沿着枝晶间的界面扩散时阻力小，开裂范围更大。

凝固是一个复杂的过程，传热是最基本的特征，同时伴随着流动和溶质扩散的作用。除了宏观传输外，还有晶体形核与长大、收缩与相变、析出和变形等物理化学变化，这些过程都是相互影响的，实际问题分析时不能割裂而论。

2.6 钢的凝固析出

2.6.1 气体析出

通常，钢中不可避免地含有 H、N 等气体元素，尽管冶炼过程中采用了真空处理，但仍难以彻底去除。对于某些特殊要求的钢种，如不锈钢、耐热钢和一些含氮合金钢等，其对 N 含量有一定的要求，最高可能到几百 ppm 到几千 ppm（1 ppm = 10^{-6}）。由于气体元素在钢中的溶解度受到温度和相变的影响较大，凝固过程中就有气体析出的倾向，一旦出现气泡或气孔，对钢材性能有着极为不利影响，破坏基体的致密性和连续性，降低耐磨性、耐腐蚀性和接触疲劳性能。

生产中发现，钢中气孔的来源是凝固过程中溶解的 [H]、[N] 析出和 [C]、[O] 反应生成 CO（CO 情况以沸腾钢为主），这是由于气体在钢中的溶解度是随温度降低而逐渐减小的，但在凝固温度有个突变，与晶格排列规律的变化有关。钢液中气体含量超过了其在初生相中的溶解度，在凝固时就有气体析出；即使钢液中气体未饱和，随着温度和溶解度下降，凝固过程中树枝晶间富集了 [H] 和 [N]，当气体含量达到饱和时，在树枝晶间或凝固交界面就会析出气体。

2.6.1.1 热力学平衡

N 的平衡分配系数 $k = C_S/C_L = 0.38$，母液中 [N] 的富集浓度可近似表示为：

$$C_L = \frac{C_0}{1 - 0.62f_S} \tag{2-118}$$

1525 ℃，[N] 在铁中的平衡常数为：

$$K_N = \frac{[N]}{\sqrt{p_{N_2}}} = 0.045 \tag{2-119}$$

式中，p_{N_2} 为标准压力，atm；[N] 为氮的质量百分数。

同理，[H] 的平衡分配比 $k = C_S/C_L = 0.27$，则母液中 [H] 的富集浓度近似表示为：

$$C_L = \frac{C_0}{1 - 0.73f_S} \tag{2-120}$$

1525 ℃，[H] 在铁中平衡常数为：

$$K_H = \frac{[H]}{\sqrt{p_{H_2}}} = 25.3 \tag{2-121}$$

式中，p_{H_2} 为标准压力，atm（1 atm≈101325 Pa）；[H] 为氢的质量百分数。

    若钢液含有 0.1%C、0.5%Mn、0.01%[O]、(20~500)×10^{-4}%N、(2~30)×10^{-4}%H，在 1525 ℃时由式（2-119）和式（2-121）计算出平衡分压 p_{N_2}、p_{H_2} 与凝固分率的关系如图 2-64 和图 2-65 所示。由图 2-64 可知，当钢水中 [N] 不超过 500×10^{-4}%时，开始凝固时 N_2 分压小于 2 atm，凝固末期 N_2 分压小于 10 atm，考虑到钢水静压力和毛细管作用，此时也不一定析出气泡。根据图2-65，当钢水中 [H] 不超过 20×10^{-4}%时，开始凝固时 H_2 分压小于 1 atm，凝固末期 H_2 分压小于 10 atm，理论上不会出现气泡。然而，由于 H 的扩散能力比 N 强得多，会在基体的缺陷处富集，进而浓度升高，因此出现气泡或针孔的可能性极大。因此，钢中 [H] 一般要求不超过 10×10^{-4}%，某些高端品种不超过 2×10^{-4}%，避免出现白点缺陷。

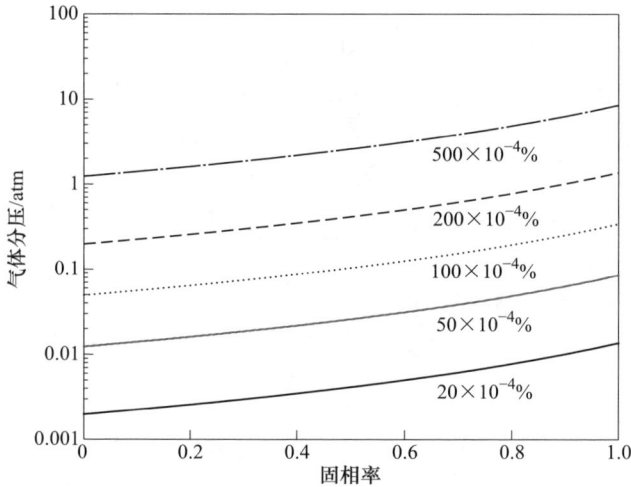

图 2-64　凝固过程 N_2 平衡分压变化

2.6.1.2　气泡形成条件

    凝固过程中由于气体元素溶解度下降会导致过剩的气体析出，或树枝晶间气体元素的富集也可能导致气泡形成。通常，析出的气体以气泡形式从液体中排出，气泡核心的形成、长大与晶体类似。

    双原子气体的溶解度服从于西华特定律（Sievert's Law）：

$$V_S = K_S \sqrt{p_g} \tag{2-122}$$

$$V_L = K_L \sqrt{p_g} \tag{2-123}$$

式中，V_S、V_L 分别为固相和液相中气体溶解度；p_g 为气体的平衡分压；K_S、K_L 分别为固相和液相的平衡常数。

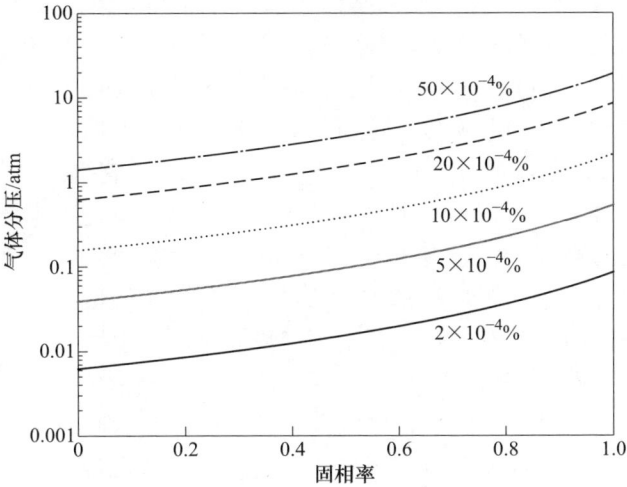

图 2-65　凝固过程 H_2 平衡分压变化

根据质量守恒定律，有：

$$V_S(1 - f_L) + V_L f_L = V_0 \tag{2-124}$$

式中，V_0 为液相中原始气体含量；f_L 为液相分率。

把式（2-122）和式（2-123）代入式（2-124）中，并令 $K = K_S/K_L$ 得：

$$p_g = \frac{V_0^2}{[f_L(1 - K) + K]^2} \tag{2-125}$$

式中，p_g 为凝固前沿母液中富集气体的平衡分压。

当 p_g 等于金属静压力和生成气泡需克服的毛细管压力时，气泡就能生成：

$$p_g = p_0 + \rho g H + \frac{2\sigma}{r} \tag{2-126}$$

式中，p_0 为大气压力；ρ 为钢液密度；g 为重力加速度；H 为钢液面高度；σ 为钢液表面张力；r 为气泡半径。

式（2-126）就是钢液中形成气泡的条件。由此可知，气泡核心的形成必须克服较大的毛细管压力。若借助于凝固收缩产生显微疏松或凝固交界面树枝晶间的凹坑，则形成气泡的压力会大大降低。气泡尺寸 r 取决于：

$$r \propto \frac{\dfrac{\beta}{\beta - 1} \eta R(x_L - x_S)}{\rho g H + \dfrac{2\sigma}{r} - p_g} \tag{2-127}$$

式中，β 为凝固收缩系数；η 为钢液黏度；R 为树枝晶生长速度；$x_L - x_S$ 为两相区宽度。

　　由式（2-127）可知：溶解气体析出生成气泡主要是与凝固收缩、结晶速度和两相区尺寸有关，其分布多是不均匀的。以大钢锭为例，其中心 [H] 含量比表面高，而上部和下部的 [H] 含量也较高。[H] 分布的不均匀性使其在钢锭凝固后继续在固相中扩散和析出，进而形成一种缺陷——白点，其显著降低钢材的机械性能。含 Mn 较高的（Mn>0.7%）高碳钢，或含有 Ni、Cr、Mo 等元素的合金结构钢中最容易出现白点。在钢锭冷却到奥氏体转变为铁素体的温度时，钢中 [H] 溶解度急剧下降，过饱和的 [H] 向周围空隙处（如夹杂物周围、显微疏松等）扩散，结合成分子状态的 H_2，引起局部 p_{H_2} 压力增大，当超过钢的允许强度即产生极细的裂纹，在断口上显出圆形或椭圆形白点。一些学者认为白点的形成不仅与钢中 [H] 的析出，还与奥氏体转变为马氏体产生的组织应力有关。钢中的氮可以和 Al、Ti、V、Zr 等结合成为稳定的化合物，故含有上述元素的钢中氮多以氮化物存在，而不是以气体形式析出。与钢锭宏观偏析特征类似，中下部存在氮的负偏析，而钢锭中心上部为氮的正偏析。

　　连铸坯中气体元素的分布主要与凝固传输特征有关。对于 H 来说，由于其原子尺寸小，内外分布相差不大，中心处含量稍有增高；对于 N 来说，由于由表及里存在溶质的不断富集，其中心处含量比表面高得多。与钢锭类似，连铸坯中心疏松和缩孔是气体元素过饱和之后形成气泡的主要位置，一般不会在中间区域出现气泡，因为气泡会逸散出去。当 N 和 H 的含量非常高时，连铸坯皮下会因凝固过程溶解度降低而析出气泡，由于坯壳生长速度较快，气泡会被捕捉，形成一个具有一定厚度的气泡层。

2.6.2　夹杂物析出

　　凝固过程中，钢液中的合金元素（如 Si、Mn、Al）和 [S]、[O] 富集到一定程度时，可在树枝晶间发生一系列的化学反应，生成氧化物或硫化物等析出物残留于基体中。

2.6.2.1　氧化物

　　根据夹杂物生成位置的不同，可把氧化物夹杂分为：

　　（1）脱氧产物，即出钢时在钢包内加入脱氧剂后形成的；

　　（2）二次氧化产物，即钢水在浇铸过程中吸收空气中的氧而成的夹杂物；

　　（3）钢水在凝固冷却过程生成的夹杂物。

　　脱氧产物大部分可上浮去除，采用保护浇铸措施可以减少或杜绝二次氧化产物的生成，而钢水在凝固过程中生成的夹杂物最终会残留在基体中。就钢中的溶解氧来说，它也是一种易偏析元素，由于选分结晶的作用会使枝晶间液相中的浓度不断增大。图 2-66 表示两相区母液中氧含量与凝固分率的关系。只含 Mn 的钢凝固到 $f_S = 0.84$ 时氧达到可以生成 MnO 的浓度；如同时含有 0.015%Si，在凝固

到 $f_S = 0.6$ 时［Si］和［O］就开始反应。到最后凝固阶段，由于枝晶间液体中 Si、Mn、Al、S 等元素均被富集，与氧反应生成 SiO_2、Al_2O_3 或 $MnSiO_3$ 夹杂物残留于钢中。

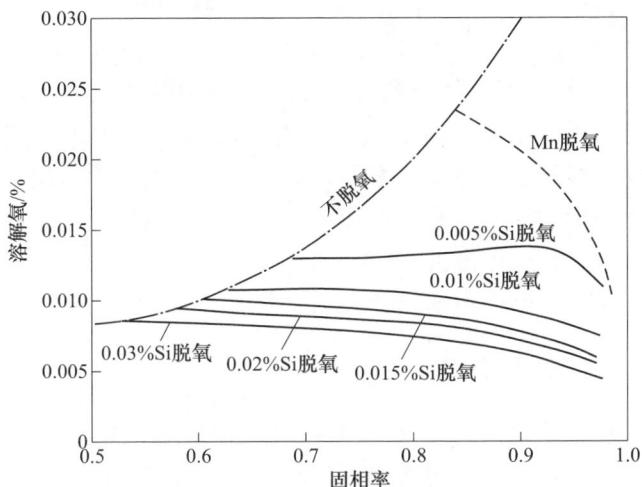

图 2-66　凝固过程［O］的富集与 Si、Mn 的关系

2.6.2.2　硫化物

在凝固过程中，由于 S 在固体钢中溶解度很小，大部分将以硫化物夹杂形式在两相区沉淀出来并被枝晶捕获分布于基体中。对于某些易切削钢，会要求一定的硫含量，从几十 ppm 到几千 ppm（1 ppm = 10^{-6}）不等，这种情况下更容易在凝固过程中析出硫化物，如硫化锰、硫化镁、硫化钙等。根据钢中硫化物夹杂的形态特征可将其分为三种类型：

Ⅰ类硫化物：树枝晶间液相中［S］、［O］含量高，硫化物以偏晶反应析出。MnS 常常与氧化物（SiO_2、MnO、FeO）相伴而生，多呈球形、椭球形或纺锤形且无规则分布。早期的沸腾钢、半镇静钢中常发现这种硫化物。

Ⅱ类硫化物：树枝晶间残余液相中 Mn 和 S 以共晶反应沉淀出来，MnS 呈链（条带）状分布在晶界周围，在 Si、Mn 和少量 Al 脱氧钢中多发现这类夹杂。

Ⅲ类硫化物：MnS 以固态从树枝晶间母液中沉淀出来，一般呈不规则多角形无规则分布。在过剩 Al 脱氧钢中常发现这类夹杂。

钢中 MnS 的存在形态主要取决于：（1）氧、铝、碳、硅等元素含量；（2）冷却速度；（3）硫含量。生产中发现，影响硫化物类型的最显著因素是氧。当氧含量大于 0.012% 时，多形成 Ⅰ 类硫化物；氧含量在 0.012%~0.008% 时，形成 Ⅱ 类硫化物；氧含量小于 0.008% 时，形成 Ⅲ 类硫化物。Ⅲ 类硫化物的形成还受其他元素的影响，如碳、硅的含量高会促使形成 Ⅲ 类硫化物；如果没有碳和硅存在，铝含量

高也不会形成 Ⅲ 类硫化物，所以 Ⅲ 类硫化物通常不存在于普碳钢中，而 Ⅰ 类硫化物通常存在于沸腾钢和半镇静钢中、Ⅱ 类硫化物则存在于镇静钢中。一般来说，这三类硫化物中以 Ⅱ 类硫化物对钢性能最为有害，因为连铸坯或钢锭在热加工时沿晶界链状分布的 MnS 沿轧制方向延伸，大大降低了钢材性能。

现代冶金工艺流程中，对于大多数钢种，通过 LF、RH 等精炼手段可以将氧含量降低到 $50 \times 10^{-4}\%$ 以下，如此条件下凝固过程中的硫化物正常均为 Ⅱ 类或 Ⅲ 类。目前，通过控制钢中形成高熔点氧化物，如 Al_2O_3、MgO、尖晶石、铝酸钙等，作为硫化物形核基底，进而以细小弥散的球形或椭球形析出，这是一些含硫钢凝固过程硫化物形态控制的有效途径。

2.6.2.3　微合金元素析出物

相关内容在 2.6.3 中详细阐述。

2.6.3　碳化物和氮化物的析出

钢在凝固过程中碳化物和氮化物的析出包括两方面，一是含有微合金元素的碳、氮化物析出，二是液析碳化物的析出。不管是哪种形式，凝固过程中析出物尺寸均比较大，且高温下难以完全回溶，对力学性能不利。

Nb、V、Ti 是典型的微合金元素，其和 C、N、O 有较强的亲和力进而形成不同类型的析出物。对于碳锰钢而言，要提高微合金元素的利用率，必须首先用铝进行深脱氧，使钢中铝含量达到 $0.02\% \sim 0.05\%$。钢中加入铝除了与氧生成 Al_2O_3 之外，还和氮结合生成 AlN 相，可起到细化晶粒的作用。碳锰钢铝脱氧后中加入 Nb、V、Ti 等元素，可以析出氮化物和碳化物等第二相质点，具有细化晶粒、相变强化、沉淀强化作用，提高钢的力学性能。下面介绍平衡条件下钢中典型微合金元素碳化物和氮化物的溶解度。

对于奥氏体：

$$\lg([\text{Nb}] \cdot [\text{C}])_{\gamma} = 3.89 - 8030/T \tag{2-128}$$

$$\lg([\text{Nb}] \cdot [\text{N}])_{\gamma} = 3.70 - 10800/T \tag{2-129}$$

$$\lg([\text{V}] \cdot [\text{C}]^{0.75})_{\gamma} = 5.36 - 8000/T \tag{2-130}$$

$$\lg([\text{V}] \cdot [\text{C}])_{\gamma} = 6.72 - 9500/T \tag{2-131}$$

$$\lg([\text{Ti}] \cdot [\text{N}])_{\gamma} = 3.94 - 15190/T \tag{2-132}$$

$$\lg([\text{Ti}] \cdot [\text{C}])_{\gamma} = 5.33 - 10475/T \tag{2-133}$$

对于铁素体：

$$\lg([\text{Nb}] \cdot [\text{C}])_{\alpha} = 3.90 - 9930/T \tag{2-134}$$

$$\lg([\text{V}] \cdot [\text{C}]^{0.875})_{\alpha} = 6.34 - 9975/T \tag{2-135}$$

$$\lg([\text{V}] \cdot [\text{C}])_{\alpha} = 8.05 - 12265/T \tag{2-136}$$

$$\lg([\text{Ti}] \cdot [\text{C}])_{\alpha} = 4.40 - 9575/T \tag{2-137}$$

钢中不同碳化物和氮化物的溶解度曲线如图 2-67 所示。由图中可见，TiN 在液相和凝固过程中析出的可能性最大（见图 2-68），其次为 NbN 和 NbC 等，二者在 Nb 含量较高的钢中才可能在凝固时出现。在实际生产中，对于含有 Nb、V、Ti 等元素的钢种，由于其溶质平衡分配系数比较小，连铸凝固过程中微合金元素在枝晶间的显微偏析会导致沉淀物在凝固过程中析出，尤其是 Ti、Nb 的含量比较高时，可在液相或凝固两相区形成共晶产物[12]（见图 2-69），尺寸为 2 ~ 10 μm，导致晶界脆性增大，加工和服役过程中裂纹敏感性增加。

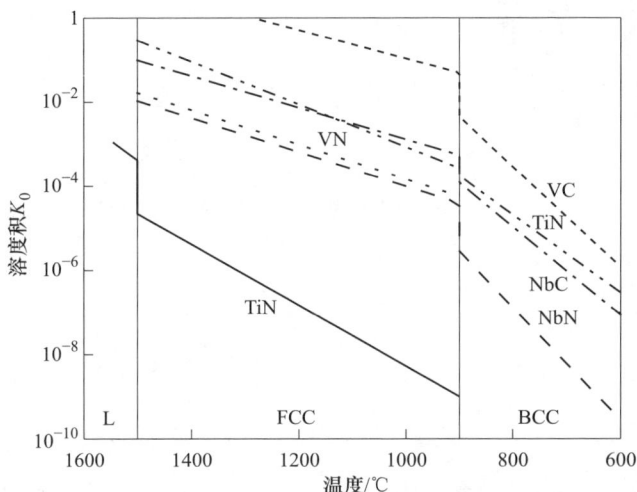

图 2-67 钢中不同碳化物和氮化物的溶解度曲线

对于一些含有较高 Cr、Mo、W、Mn 含量等合金的高碳钢，如轴承钢、模具钢和高速钢等，其凝固过程中会析出合金渗碳体，一般称为液析碳化物或一次碳化物[13]。根据 Fe-C 相图，对于碳含量小于 2.11% 的钢种，平衡条件下其凝固过程不会出现碳化物。由于合金元素的加入，相图中 E 点左移，即奥氏体相中碳的最大溶解度减小，也就是说，较小的碳含量下就可能出现液析碳化物。根据热力学计算，GCr15SiMn 伪二元 Fe-C 相图 E 点的碳含量约为 1.9%，理论上也不会出现液析碳化物。然而，不少国内外冶金学者在

图 2-68 凝固过程中析出的 TiN 形貌

较低冷速下仍观察到了大尺寸的液析碳化物，甚至比高冷速下还要严重。当考虑

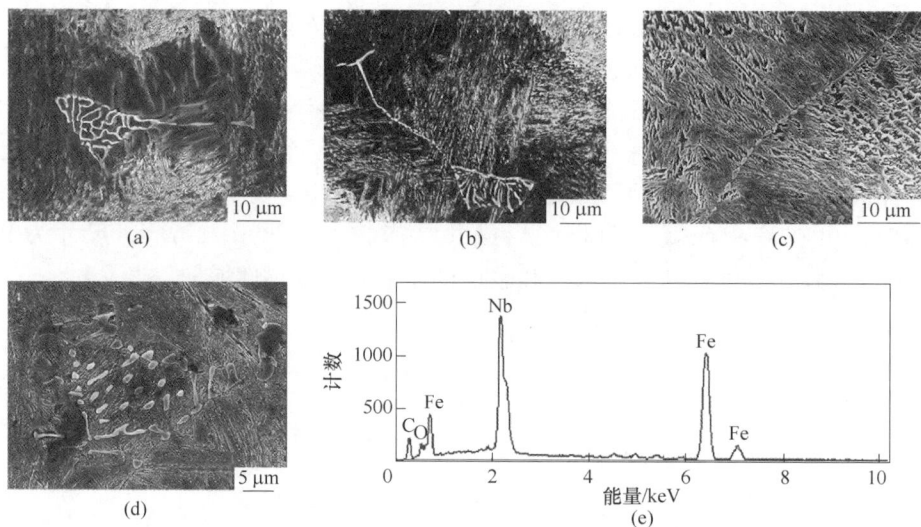

图 2-69　凝固过程中形成的含 Nb 碳化物共晶相

枝晶间溶质偏析时，一方面会使 E 点进一步左移，另一方面提高了合金元素与碳的浓度积，这都会促进碳化物的形成，这是平衡条件热力学计算不能考虑的。国内某钢厂轴承钢大方坯中的液析碳化物如图 2-70 所示。观察发现，该碳化物主

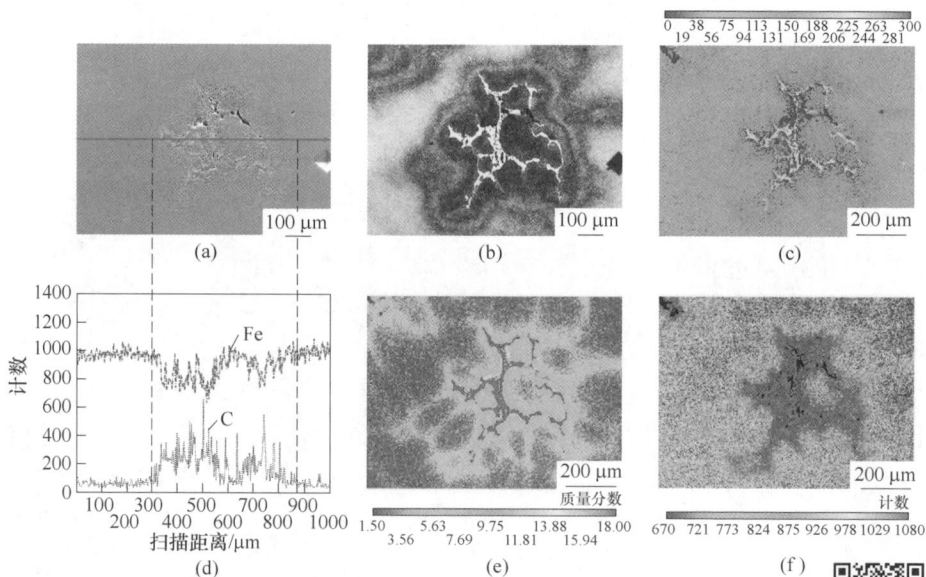

图 2-70　轴承钢大方坯中的碳化物

扫码看彩图

要分布在等轴晶区，靠近铸坯中心位置比较多，尺寸多在 100~500 μm。透射电镜衍射结果发现，其主要结构为 M_3C 相，如图 2-71 所示。

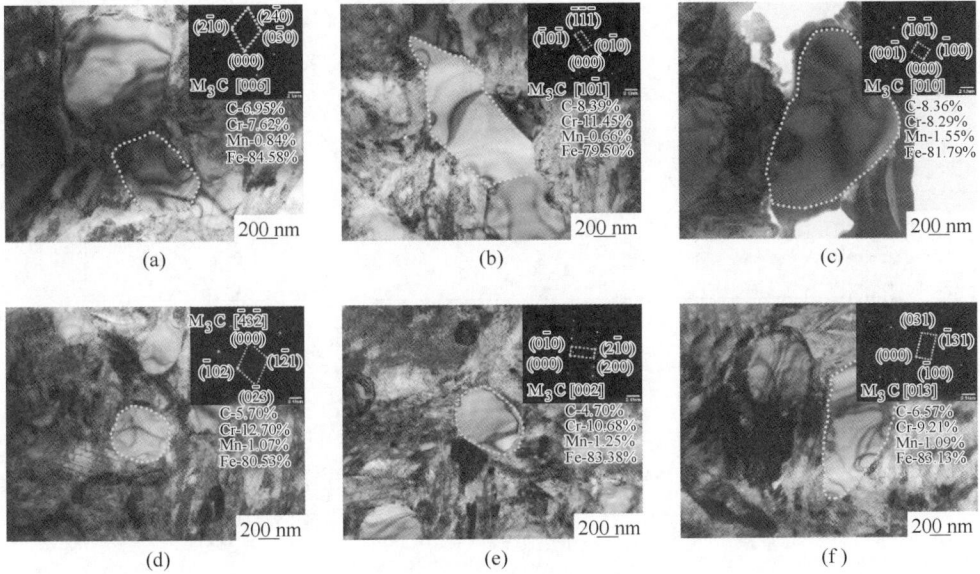

图 2-71 轴承钢大方坯中碳化物的物相结构

研究表明，轴承钢凝固过程中 C、Cr 在枝晶间的溶质偏析可能达到初始值的 2~10 倍，分别以 2 倍和 3 倍初始含量作为输入条件，采用平衡凝固模型和 Scheil 模型分别计算了 GCr15 轴承钢凝固时的相组分，如图 2-72 所示。由图中可见，Scheil 模型中，考虑溶质偏析的条件下，2 倍初始含量时，1180 ℃对应固相率为 0.9 时，就会出现 M_3C 型碳化物，而平衡条件下几乎不会出现；3 倍初始含量时，Scheil 模型计算相同温度下的固相率为 0.52 时，就会出现液析碳化物，平衡条件下该位置也能出现。由此可见，溶质再分配的作用一定会引起枝晶偏析，其会改变凝固末期碳化物析出前的液相溶质浓度，当 C、Cr 含量达到 2 倍以上时，即满足了液析碳化物的析出条件，这在实际凝固过程中很容易实现（见图2-70），也正是高合金钢中液析碳化物难以避免的根本原因。

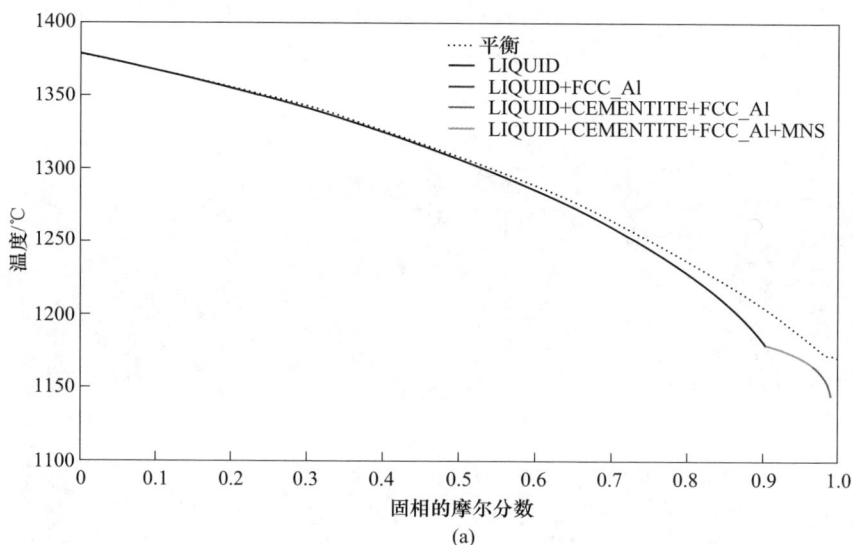

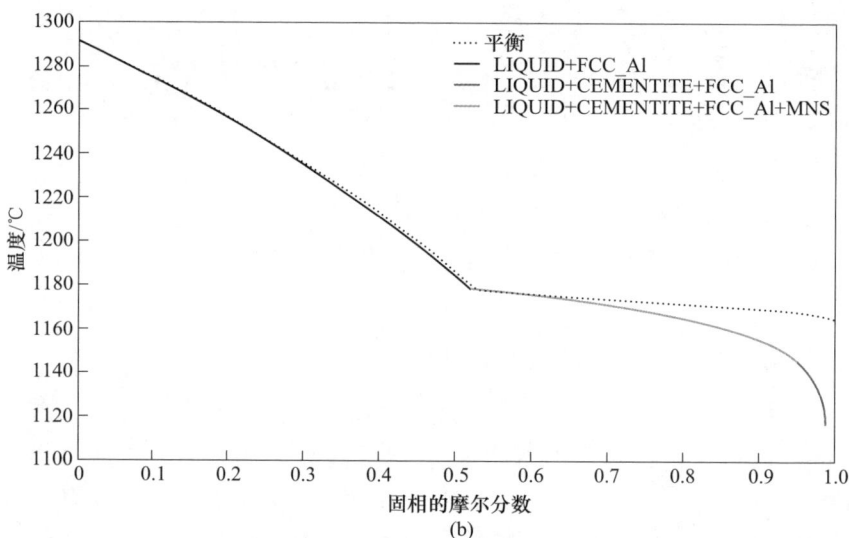

图 2-72　不同富集程度下枝晶间凝固相变曲线

（a）2 倍；（b）3 倍

扫码看彩图

参 考 文 献

［1］　BRAMFITT B L. The effect of carbide and nitride additions on the heterogeneous nucleation behavior of liquid iron ［J］. Metallurgical Transactions, 1970, 1（7）: 1987-1995.

［2］　JACKSON K A. Liquid metals and solidification ［C］//The Thirty-ninth National Metal Congress and Exposition. American Society for Metals, 1958: 174.

［3］JABLONKA A, HARSTE K, SCHWERDTFEGER K. Thermomechanical properties of iron and iron-carbon alloys: density and thermal contraction ［J］. Steel Research, 1991, 62（1）: 24-33.

［4］SUZUKI M, YAMAOKA Y. Influence of carbon content on solidifying shell growth of carbon steels at the initial stage of solidification ［J］. Materials Transactions, 2003, 44（5）: 836-844.

［5］MOON S, DIPPENAAR R, KIM S Y. The peritectic phase transition of steel during the initial stages of solidification in the mold ［J］. AISTech Conference, 2015.

［6］FLEMINGS M C. Our understanding of macrosegregation: Past and present ［J］. ISIJ International, 2000, 40（9）: 833-841.

［7］HAIDA O, KITAOKA H, HABU Y, et al. Macro- and semi-macroscopic features of the centerline segregation in CC slabs and their effect on product quality ［J］. ISIJ International, 1984, 24（11）: 891-898.

［8］OGIBAYASHI S. Mechanism of centerline segregation in continuous casting and current status of the mathematical model and future subject ［J］. Sanyo Technical Report, 2012, 19（1）: 2-14.

［9］许志刚, 王新华, 黄福祥, 等. 管线钢连铸板坯的半宏观偏析和凝固组织 ［J］. 北京科技大学学报, 2014, 36（6）: 751-756.

［10］TSUCHIDA Y, SUGAWARA I, MIYAHARA S, et al. Semi-macro segregation in continuously cast slab ［J］. Transactions of the Iron & Steel Institute of Japan. 1982, 22（9）: B265-B265.

［11］OH K S, CHANG Y W. Macrosegregation behavior in continuously cast high carbon steel blooms and billets at the final stage of solidification in combination stirring ［J］. ISIJ International, 1995, 35（7）: 866-875.

［12］耿豪, 张忠铧, 唐海燕, 等. 高强度油井套管钢偏析与含 Nb 析出相研究 ［J］. 钢铁研究学报, 2019, 31（4）: 387-393.

［13］ZHANG Z, LAN P, WANG P, et al. Semi-macrosegregation and carbide banding in high-carbon chromium bearing steels: Characteristics, evolution, and control ［J］. Journal of Materials Research and Technology, 2023, 27: 3517-3530.

3 钢的凝固组织及其演变规律

日常交流中，涉及钢的连铸质量控制的话题离不开凝固组织。然而，不少人对凝固组织本身的意义仍然比较模糊，甚至与其他一些相近词汇混淆，如凝固结构、铸态组织、金相组织等。大多数情况下，技术交流中提到的凝固组织指的是柱状晶和等轴晶，不管是肉眼低倍观察的宏观形貌，还是光学显微镜下看到的晶体细节，其实质上是用来区分晶体本身的类别，因为这与凝固传输过程和质量密切相关。凝固结构与凝固组织的含义相近，但更多强调的是晶体类别的具体特征，如尺寸、位置、比例等；铸态组织的概念比较含糊，其直接含义是铸态下基体的组织，这里可能是凝固组织，也可能是金相组织；冶金学者多指前者，材料学者多指后者，视具体语境而异；金相组织的含义比较明确，特指金相显微镜下观察到的组织，如珠光体、马氏体、贝氏体等分别是不同的金相组织；对于铁素体和奥氏体，虽然是单相结构，有时也称为一种金相组织。

就实际概念而言，凝固组织有两层含义，《冶金学名词》中定义为：凝固过程形成的、具有不同晶体特征的区域，其描述的是不同凝固结构，是一种比较宏观的范畴。根据对凝固理论的理解，凝固组织是指在金属凝固过程中形成的、具有某种特定结构、形貌和取向特征的晶体，是一种微观范畴的概念。本章主要阐述与钢的凝固组织相关的重要概念和机理，以及一些常见的凝固组织调控方法。

3.1 钢中物相的晶格结构

钢本质上是一种铁基合金，其内部的物相结构主要体现为纯铁的晶格结构特点。然而，由于合金元素的加入，如碳、锰、铬、镍、钛、钼等，其一方面影响钢的基体结构，可能形成一些非平衡组织，如马氏体、贝氏体等；另一方面也会出现一些新的析出相，如渗碳体、合金渗碳体、碳化物和氮化物、金属间化合物等。基体和析出相的晶格结构决定了材料组织状态，进而影响最终性能。钢中的基体相和析出相主要结构包括体心立方、面心立方、密排六方、体心正方和其他一些不常见的复杂结构。

3.1.1 简单立方点阵

简单立方（simple cubic，SC）结构的特征是晶格中三个轴的常数 a、b、c 大小相等，三个轴相互垂直，且面心和体心均没有原子，是立方晶系的一种，如图 3-1 所示。

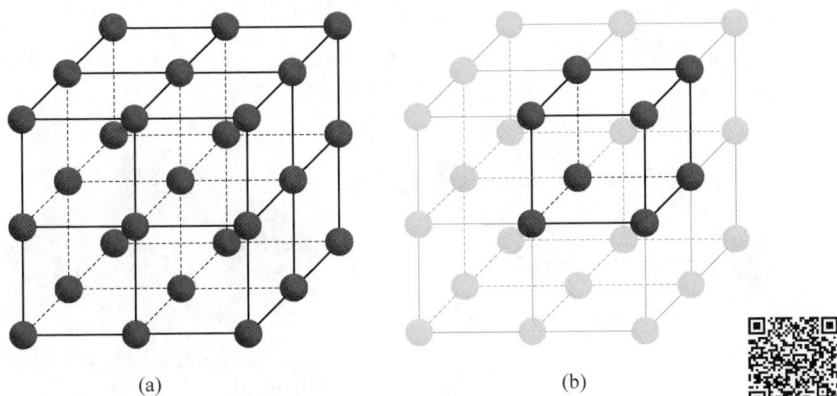

图 3-1　简单立方点阵

　　钢中基体相和析出相几乎不涉及这种结构，但简单立方晶格是其他常见结构的基础，对于认识晶格参数非常直观。目前，已经发现金属中钋的 α 相为简单立方晶格。由图 3-1 可见，对于这种结构来说，8 个原子的八分之一分别占据着立方晶格 8 个顶角，所以实际上这个晶胞里只包含 1 个原子。不难发现，简单立方结构的配位数为 6，对于某个原子来说，其晶格的上下左右前后共有 6 个原子与之相接触。下面介绍密排度的计算方法。

　　设晶胞边长为 a，原子半径为 r，根据简单立方晶格结构：

$$a = 2r \tag{3-1}$$

晶胞体积 V 为：

$$V = a^3 = 8r^3 \tag{3-2}$$

原子体积为 V_a：

$$V_a = \left(8 \times \frac{1}{8} \right) \times \frac{4}{3} \pi r^3 = \frac{4}{3} \pi r^3 \tag{3-3}$$

密排度为：

$$S = \frac{V_a}{V} = \frac{\pi}{6} \approx 0.523 \tag{3-4}$$

　　如果知道实际的原子半径和摩尔质量，就能计算其理论密度。对于钋，$r = 0.167$ nm，$M = 209$ g/mol，则其理论密度为：

$$\rho = \frac{nM}{V N_A} = \frac{1 \times 209}{8 \times (0.167 \times 10^{-9})^3 \times 6.02 \times 10^{23}} = 9.3 \text{ g/cm}^3 \tag{3-5}$$

式中，V 为晶胞体积；n 为晶胞内原子数。

3.1.2　体心立方点阵

体心立方（body center cubic，BCC）的特征是晶格中三个轴的常数 a、b、c 大小相等，三个轴相互垂直，晶格空间中心处也有一个原子，属于立方晶系，如图 3-2 所示。

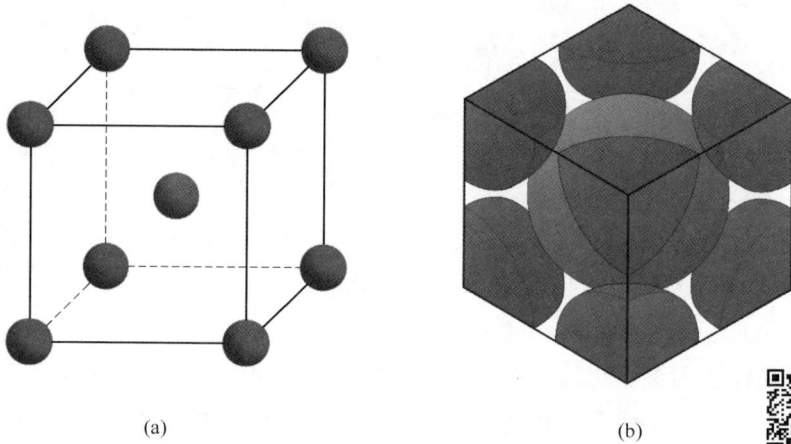

(a)　　　　　　　　　　　　　　　　　　(b)

图 3-2　体心立方的晶格结构

扫码看彩图

体心立方晶格是钢的基本结构，高温下的 δ 相和室温下的 α 相均是体心立方晶格，一些常用合金的基体相也是体心立方结构，如铬、钼、钨、钒。对于体心立方晶格来说，8 个原子的八分之一分别占据着立方晶格的 8 个顶角，中心还有一个原子，所以实际上这个晶胞里包含 2 个原子。同样可知，体心立方结构的配位数为 8，对于体心处的原子来说，其四周有 8 个原子与之有接触。注意到这种结构下晶胞的体对角线长度恰好等于 4 倍的原子半径，下面介绍密排度与理论密度的计算方法。

设晶胞边长为 a，原子半径为 r，根据几何关系及勾股定理：

$$a^2 + a^2 + a^2 = (4r)^2 \tag{3-6}$$

晶胞体积 V 为：

$$V = a^3 = \frac{64}{9}\sqrt{3}\,r^3 \tag{3-7}$$

原子体积为 V_a：

$$V_a = \left(8 \times \frac{1}{8} + 1\right) \times \frac{4}{3}\pi r^3 = \frac{8}{3}\pi r^3 \tag{3-8}$$

密排度为：

$$S = \frac{V_a}{V} = \frac{\sqrt{3}}{8}\pi \approx 0.68 \tag{3-9}$$

对比可见，体心立方结构比简单立方结构的密排度大约 30%。同样地，可以根据原子半径和摩尔质量计算纯铁的理论密度。对于铁，$r = 0.125$ nm，$M = 56$ g/mol，则其理论密度为：

$$\rho = \frac{nM}{VN_A} = \frac{2 \times 56}{\frac{64}{9}\sqrt{3} \times (0.125 \times 10^{-9})^3 \times 6.02 \times 10^{23}} = 7.7 \text{ g/cm}^3 \quad (3\text{-}10)$$

式中，V 为铁的体心立方晶胞体积；n 为晶胞内原子数。

对于钢，由于存在高温 δ 相和室温 α 相两种铁素体，虽然标记不同，但本质上晶格结构完全一致。考虑到温度对晶格间距的影响，高温下 δ 相的晶格常数会比 α 相更大一点。实际上，钢中合金元素的加入会导致晶格结构出现一定的膨胀或收缩，进而引起晶格常数的变化，一些常见合金元素对纯铁体心立方晶格的影响如下[1]：

$$a_{BCC} = 2.8664 + \frac{(a_{Fe} - 0.279x_C)^2(a_{Fe} + 2.496x_C) - a_{Fe}^3}{3a_{Fe}^2} -$$
$$0.03x_{Si} + 0.06x_{Mn} + 0.07x_{Ni} + 0.31x_{Mo} +$$
$$0.05x_{Cr} + 0.096x_V \quad (3\text{-}11)$$

式中，x_i 为元素 i 的摩尔分数；a_{Fe} 为纯铁的晶格常数。

整体来看，碳对晶格常数的影响比较复杂，锰、镍、钼、铬、钒会使铁的体心立方晶格常数变大，硅会使其减小。

体心立方是钢的基本晶格结构，当钢中存在 C、N、B、H、O 等元素时，这些原子存在于晶格间隙中。图 3-3 为体心立方晶格的八面体间隙和四面体间隙，原子数量分别为 $6\left(=6 \times \frac{1}{2} + 12 \times \frac{1}{4}\right)$ 个和 $12\left(=4 \times \frac{1}{2} \times 6\right)$ 个。

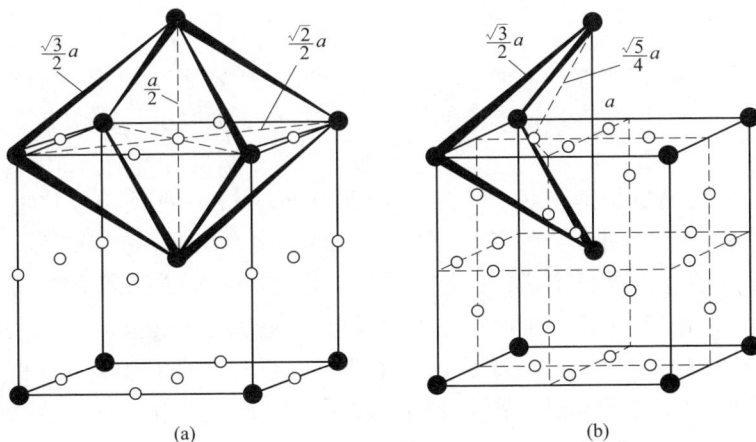

图 3-3　体心立方的八面体间隙（a）和四面体间隙（b）

对于八面体间隙，当晶格参数为 a 时，根据排列特征，则原子半径为：

$$r = \frac{\sqrt{3}}{4}a \tag{3-12}$$

八面体间隙垂直轴上的距离最小，为扁八面体，以此计算间隙原子半径：

$$r_\mathrm{m} = \frac{a}{2} - \frac{\sqrt{3}}{4}a = \frac{2-\sqrt{3}}{4}a \tag{3-13}$$

间隙原子半径与晶格原子半径的比值为：

$$\frac{r_\mathrm{m}}{r} = \frac{\frac{2-\sqrt{3}}{4}a}{\frac{\sqrt{3}}{4}a} \approx 0.155 \tag{3-14}$$

对于四面体间隙，原子半径不变，计算间隙原子半径可得：

$$r_\mathrm{m} = \frac{\sqrt{5}}{4}a - \frac{\sqrt{3}}{4}a = \frac{\sqrt{5}-\sqrt{3}}{4}a \tag{3-15}$$

间隙原子半径与晶格原子半径的比值为：

$$\frac{r_\mathrm{m}}{r} = \frac{\frac{\sqrt{5}-\sqrt{3}}{4}a}{\frac{\sqrt{3}}{4}a} \approx 0.291 \tag{3-16}$$

由此可见，对于体心立方晶格，四面体间隙空间比八面体的还大。对于间隙原子，实际上优先占据八面体间隙，因为进入四面体晶隙引起更多原子发生位置变化，晶格畸变更大。

3.1.3 面心立方点阵

面心立方（face center cubic，FCC）的特征是晶格中三个轴的常数 a、b、c 大小相等，三个轴相互垂直，每个面的中心处都有一个原子，属于立方晶系，如图 3-4 所示。

面心立方晶格也是钢的基本结构，高温下的 γ 相和一些简单碳化物等均是面心立方晶格，一些常用合金的基体相也具有面心立方结构，如铝、铜、金、银、镍等。对于面心立方晶格来说，8 个原子的八分之一分别占据着立方晶格的 8 个顶角，每个面的中心还有半个原子，所以实际上这个晶胞里包含 4 个原子。不难看出，面心立方结构的配位数为 12，对于某个面心的半原子来说，其首先与 4 个顶点原子接触，又与其余相邻的 4 个面心原子接触；同样地，另一半也有另外的 4 个面心原子，因此有 12 个最邻近原子。注意到这种结构下，晶胞的面对角线长度恰好等于 4 倍的原子半径，下面介绍密排度与理论密度的计算方法。

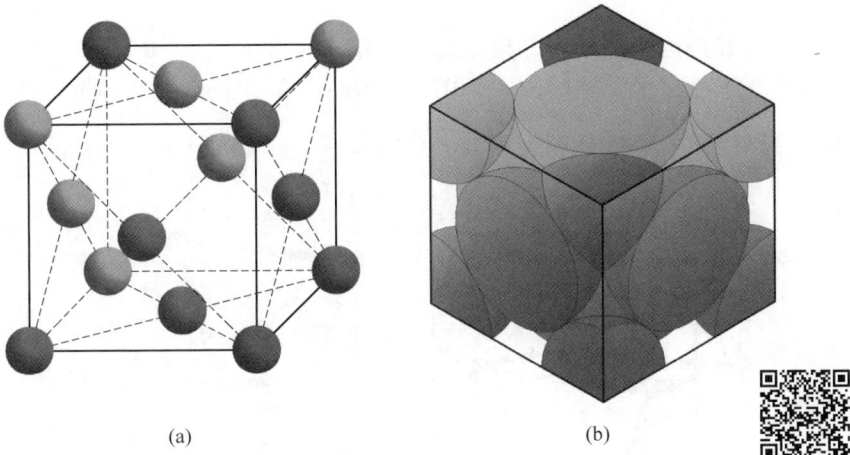

(a)   (b)

图 3-4　面心立方的晶格结构

扫码看彩图

设晶胞边长为 a，原子半径为 r，根据几何关系及勾股定理：

$$a^2 + a^2 = (4r)^2 \tag{3-17}$$

晶胞体积 V 为：

$$V = a^3 = 16\sqrt{2}\,r^3 \tag{3-18}$$

原子体积为 V_a：

$$V_a = \left(8 \times \frac{1}{8} + 6 \times \frac{1}{2}\right) \times \frac{4}{3}\pi r^3 = \frac{16}{3}\pi r^3 \tag{3-19}$$

密排度为：

$$S = \frac{V_a}{V} = \frac{\sqrt{2}}{6}\pi \approx 0.74 \tag{3-20}$$

对比可见，面心立方结构比体心立方结构的密排度大约 9%。同样地，可以根据原子半径和摩尔质量计算铜的理论密度。对于铜，$r = 0.128$ nm，$M = 63.5$ g/mol，则其理论密度为：

$$\rho = \frac{nM}{VN_A} = \frac{4 \times 63.5}{16\sqrt{2} \times (0.128 \times 10^{-9})^3 \times 6.02 \times 10^{23}} = 8.9 \text{ g/cm}^3 \tag{3-21}$$

式中，V 为铜的面心立方晶胞体积；n 为晶胞内原子数。

对于钢来说，当加入大量奥氏体形成元素时，如 Ni、Mn 等，其室温下也可以出现面心立方结构。合金元素的加入对钢中 γ 相晶格结构的影响为[1]：

$$a_{FCC} = 3.5780 + 0.033w_C + 0.00095w_{Mn} - 0.0002w_{Ni} +$$
$$0.0006w_{Cr} + 0.0056w_{Al} + 0.0031w_{Mo} +$$
$$0.0018w_V \tag{3-22}$$

式中，w_i 为合金元素 i 的质量分数。

整体来看，碳、锰、铬、铝、钼、钒会使铁的面心立方晶格常数变大，镍会使其减小。

　　面心立方是也钢的基本晶格结构，当钢中存在 C、N、B、H、O 等合金元素时，这些原子存在于晶格间隙中。图 3-5 为面心立方晶格的八面体间隙和四面体间隙，晶格内原子数量分别为 $4\left(=1+12\times\dfrac{1}{4}\right)$ 个和 8（=4×2）个。

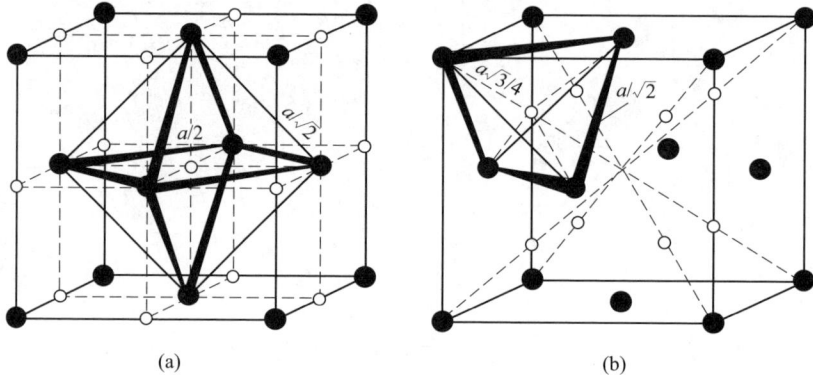

图 3-5　面心立方的八面体间隙（a）和四面体间隙（b）

对于八面体间隙，当晶格参数为 a 时，则原子半径为：

$$r=\frac{\sqrt{2}}{4}a \tag{3-23}$$

八面体间隙不同轴上的距离相同，为正八面体，计算间隙原子半径可得：

$$r_{\mathrm{m}}=\frac{a}{2}-\frac{\sqrt{2}}{4}a=\frac{2-\sqrt{2}}{4}a \tag{3-24}$$

间隙原子半径与晶格原子半径的比值为：

$$\frac{r_{\mathrm{m}}}{r}=\frac{\dfrac{2-\sqrt{2}}{4}a}{\dfrac{\sqrt{2}}{4}a}\approx0.414 \tag{3-25}$$

对于四面体间隙，由于各轴长度相等，为正四面体，计算间隙原子半径：

$$r_{\mathrm{m}}=\frac{\sqrt{3}\,a}{4}-\frac{\sqrt{2}}{4}a=\frac{\sqrt{3}-\sqrt{2}}{4}a \tag{3-26}$$

间隙原子半径与晶格原子半径的比值为：

$$\frac{r_{\mathrm{m}}}{r}=\frac{\dfrac{\sqrt{3}-\sqrt{2}}{4}a}{\dfrac{\sqrt{2}}{4}a}\approx0.225 \tag{3-27}$$

对于面心立方晶格来说，八面体间隙比四面体的大。大多情况下，间隙原子优先占据八面体间隙。

3.1.4 密排六方点阵

密排六方（hexagonal close packed，HCP）的特征是在唯一具有高次轴的 c 轴主轴方向存在六重轴或六重反轴特征对称的晶体结构，基向量特点是两个副轴均与主轴垂直，两个副轴基向量的大小相等，副轴间的夹角为120°，即其晶胞参数具有 $a=b\neq c$、$\alpha=\beta=90°$、$\gamma=120°$ 的关系，如图3-6所示。

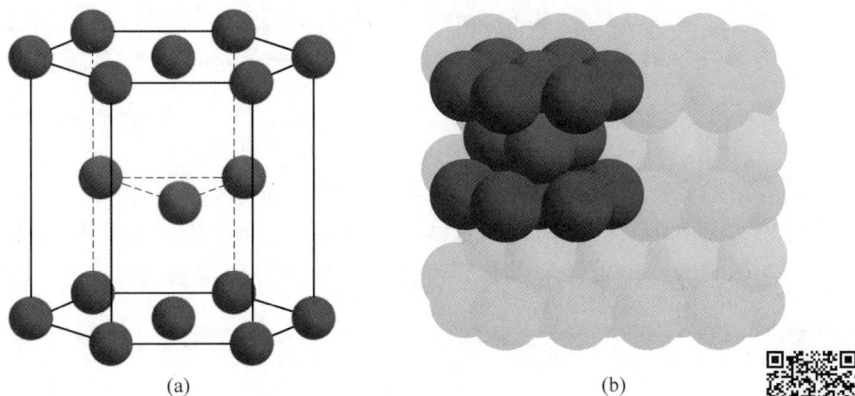

(a)　　　　　　　　　　(b)

图 3-6　密排六方的晶格结构

扫码看彩图

密排六方晶格不是钢的基本结构，但在回火过程中析出的过渡相ε碳化物（$Fe_{2.4}C$）和某些高合金钢中的ε马氏体具有这种结构，常见金属如镁、锌、铍、钴等也是密排六方结构。对于密排六方晶格，12个原子的六分之一分别占据着晶格12个顶角，2个底面的中心各有半个原子，内部还有3个原子，所以实际上这个晶胞里包含6个原子。不难看出，密排六方结构的配位数也是12，以晶胞内的正六边形中心原子为研究对象，它与周围的六个原子相切，且分别与上一层及下一层的三个原子相切，所以配位数为12。这种结构下，晶胞具有两个晶格常数 a 和 c，其中 a 轴的大小等于2倍的原子半径，c 轴的高度实际上是晶格中间五个原子模型组成的两个正三棱锥的高，而这五个原子两两相切，因此棱长为 $2r$，下面介绍密排度与理论密度的计算方法。

设晶胞边长为 a，晶胞高度为 c，原子半径为 r，根据 c 和 a 之间的正三棱锥几何关系：

$$c = 2 \times \frac{\sqrt{6}}{3}a \tag{3-28}$$

晶胞体积 V 为：

$$V = S_{六边形}c = \left(\sqrt{3}\,a^2 + \frac{\sqrt{3}}{2}a^2 \right) \times \frac{2\sqrt{6}}{3}a = 3\sqrt{2}\,a^3 = 24\sqrt{2}\,r^3 \qquad (3\text{-}29)$$

原子体积为 V_a：

$$V_a = \left(3 + 2 \times \frac{1}{2} + 12 \times \frac{1}{6} \right) \times \frac{4}{3}\pi r^3 = 8\pi r^3 \qquad (3\text{-}30)$$

密排度为：

$$S = \frac{V_a}{V} = \frac{1}{3\sqrt{2}}\pi \approx 0.74 \qquad (3\text{-}31)$$

对比可见，密排六方结构和面心立方结构具有相同的密排度。根据钴原子半径和摩尔质量计算其理论密度，$r = 0.124$ nm，$M = 59$ g/mol，则其理论密度为：

$$\rho = \frac{nM}{VN_A} = \frac{6 \times 59}{24\sqrt{2} \times (0.124 \times 10^{-9})^3 \times 6.02 \times 10^{23}} = 9.0 \text{ g/cm}^3 \qquad (3\text{-}32)$$

式中，V 为钴的密排六方晶胞体积；n 为晶胞内原子数。

密排六方是钢中一些析出相的基本晶格结构。图 3-7 为密排六方晶格的八面体间隙和四面体间隙，当考虑图 3-7 中的晶格结构时，其原子数量分别为 $6(=3\times2)$ 个和 $12\left(=8+12\times\frac{1}{3} \right)$ 个；当考虑轴向 $\frac{1}{3}$ 单元结构时，数量则为 2 个和 4 个。

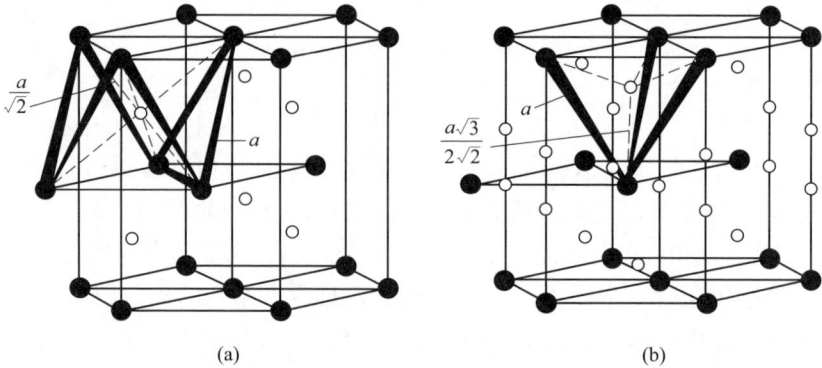

(a)　　　　　　　　　　　(b)

图 3-7　密排六方的八面体间隙（a）和四面体间隙（b）

对于八面体间隙，当晶格参数为 a 时，则原子半径为：

$$r = \frac{1}{2}a \qquad (3\text{-}33)$$

八面体间隙不同轴上的距离相同，为正八面体，计算间隙原子半径可得：

$$r_m = \frac{\sqrt{2}\,a}{2} - \frac{1}{2}a = \frac{\sqrt{2}-1}{2}a \qquad (3\text{-}34)$$

间隙原子半径与晶格原子半径的比值为：

$$\frac{r_{\mathrm{m}}}{r} = \frac{\dfrac{\sqrt{2} - 1}{2}a}{\dfrac{1}{2}a} \approx 0.414 \tag{3-35}$$

对于四面体间隙，由于各轴长度相等，为正四面体，计算间隙原子半径：

$$r_{\mathrm{m}} = \frac{\sqrt{3}a}{2\sqrt{2}} - \frac{1}{2}a = \frac{\sqrt{6} - 2}{4}a \tag{3-36}$$

间隙原子半径与晶格原子半径的比值为：

$$\frac{r_{\mathrm{m}}}{r} = \frac{\dfrac{\sqrt{6} - 2}{4}a}{\dfrac{1}{2}a} \approx 0.225 \tag{3-37}$$

对于密排六方晶格来说，八面体间隙比四面体的大，与面心立方晶格结构特征相同。

3.1.5 体心正方点阵

体心正方（body center tetragonal，BCT）的特征是晶格中三个轴的常数 a、b、c 的 $a=b\neq c$，三个轴相互垂直，晶格空间中心处也有一个原子，属于四方晶系，如图 3-8 所示。

体心正方晶格不是钢的基本结构，实际上是 α 相的体心立方在 c 轴上偏聚了溶质，而导致 c 轴增大，是高碳马氏体和高碳贝氏体基体的晶格结构。体心正方晶格中原子数和配位数与体心立方一致，密排度比体心立方略有降低，但相差不大。

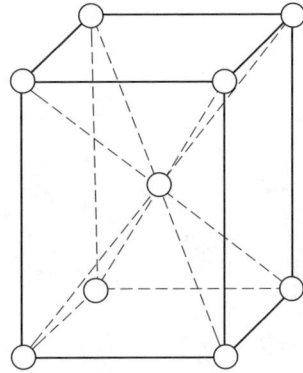

图 3-8 体心正方的晶格结构

3.1.6 其他点阵结构

钢中的渗碳体是铁与碳以 3:1 组成形成的化合物 Fe_3C，属正交晶系，每个晶胞中含 12 个 Fe 原子和 4 个 C 原子，具有复杂的晶体结构，晶格参数 a、b、c 分别为 0.4515 nm、0.5077 nm 和 0.6726 nm，如图 3-9 所示。

对于一些强碳化物形成元素，如 Ti、Nb、V 等，其形成的简单化合物 MC 一般为 TiC 结构（见图 3-10），即金属原子以面心立方结构的方式排列，较小的 C 或 N 原子占据所有可以利用的八面体间隙，但往往也存在一些空位。对于一些铬、钼、钨等含量较高的合金钢，其中还会出现 M_7C_3 和 $M_{23}C_6$ 的碳化物，其结构分别是复杂六方和复杂立方，$Cr_{23}C_6$ 的晶格结构如图 3-11 所示。当合金含量很高时，还会出现 M_6C 的合金渗碳体（如 Fe_3W_3C），结构为复杂立方。

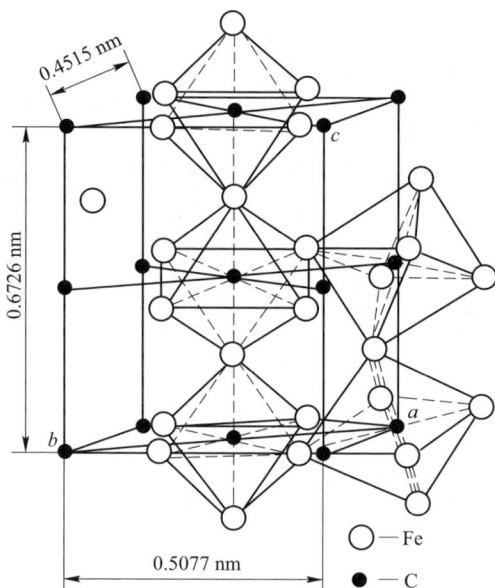

0.4515 nm

0.6726 nm

0.5077 nm

○—Fe

●—C

图 3-9　Fe$_3$C 的晶格结构

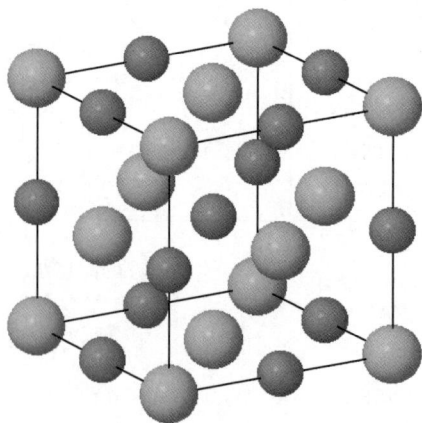

图 3-10　TiC 的
晶格结构

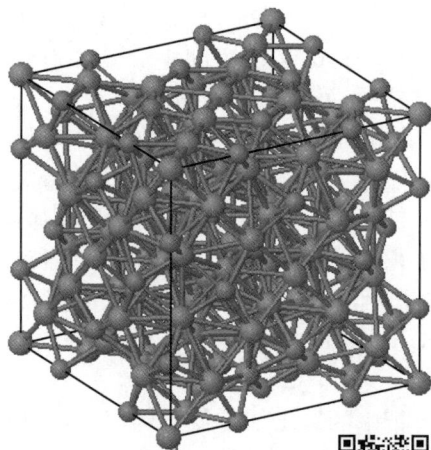

图 3-11　Cr$_{23}$C$_6$ 的
晶格结构

扫码看彩图

　　除此之外，非金属夹杂物也具有独自的晶格结构，如 Al$_2$O$_3$ 稳定相常为六方晶系，拥有饱和八面体空间点群；MnS、MgO、FeO、CaO 一般为 NaCl 型结构；SiO$_2$ 常为三方晶系；MnO$_2$ 具有多种结构，常见的有三方、四方或正交晶系。一些多元氧化物，其结构也比较复杂，这里不再介绍。

3.2 钢的凝固组织形貌

3.2.1 凝固组织及其浸蚀

凝固组织包括两个方面：宏观组织和显微组织。

（1）宏观组织是指用肉眼观察到的连铸坯或钢锭内部的结构情况，通常包括凝固晶粒的形态、大小、取向和分布等。针对宏观状态而言，它是凝固结构、低倍组织和低倍结构评价指标的一部分。

（2）显微组织是指借助于显微镜观察到的连铸坯或钢锭晶粒内部的结构形态，如枝晶、枝晶臂、二次枝晶等。针对晶体内部的微观形态而言，它是凝固晶体形成和演变的基本特征。

以上两者表现形式不同，其本质上却有着非常密切的联系，即均以凝固过程的晶体为描述对象，只是检测和观察尺度不同。系统地说，凝固组织是凝固晶粒的宏观和微观特征，它是通过枝晶浸蚀来反映的。宏观尺度上，将连铸坯或钢锭的低倍试样通过车床、铣床和磨床加工至镜面光洁度，随后浸泡到 70~80 ℃ 的盐酸水溶液（体积比 1∶1）或特殊浸蚀剂中 10~30 min，即可观察到整个断面的凝固组织结构，其特指枝晶形态、大小、取向和分布等，如图 3-12 所示。就目前的技术来看，大规格试样整体枝晶浸蚀是比较难的，整个观测面均能做到清楚干净是非常有挑战的。

扫码看彩图

图 3-12　某 200 mm×200 mm 齿轮钢 20CrMnTiH 连铸坯凝固组织

显微尺度上，一般将连铸坯或钢锭某一局部切取下来，之后在金相磨样机上进行打磨和抛光，最后采用 50~70 ℃ 的饱和苦味酸+缓蚀剂（如海鸥洗发水）进行浸蚀，某些高碳钢可直接采用硝酸酒精腐蚀，随后通过光学显微镜或扫描电子显微镜观察到凝固组织的晶体微观形貌，如图 3-13 所示。

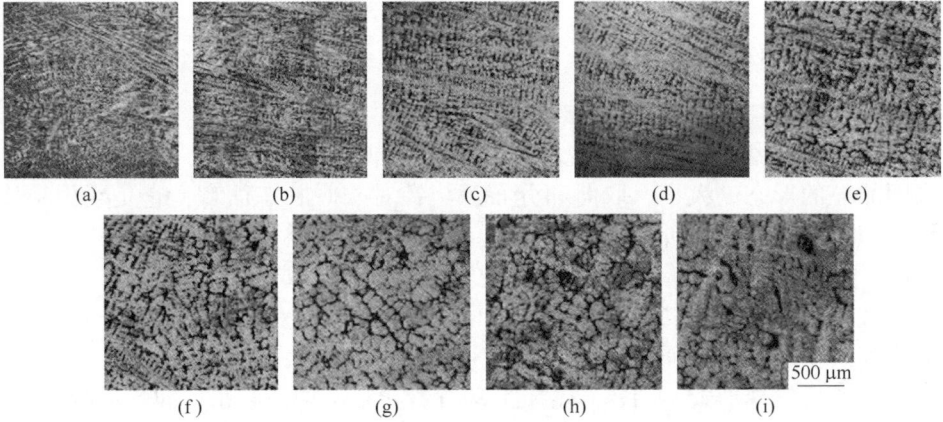

图 3-13　某 φ180 mm 石油套管钢 20CrMoVTiB 苦味酸直接浸蚀的枝晶结构

（a）~（i）由表面到中心的枝晶结构

对于合金钢来说，由于 Cr、Mn、Mo 等合金元素扩散能力有限，铸态基体中其富集特征与枝晶界面基本重合。因此，可以利用这一特性，将小尺寸试样加热奥氏体化 Ac_3 以上 50~100 ℃，短时间保温（如 0.5 h）后使碳化物熔解并达到一定程度的均匀化，但不要使合金元素完全均匀化，随后快冷至 Ar_1 以下 30~50 ℃的某一温度，通过较长时间保温（如 2 h）进行珠光体转变，此时由于枝晶间溶质含量比较高，更有利于珠光体中渗碳体的形成，进而促进碳向枝晶间的扩散，导致枝干上以铁素体为主、枝晶间以珠光体为主，如此在金相显微镜下可以观察到枝晶形貌，如图 3-14 所示。

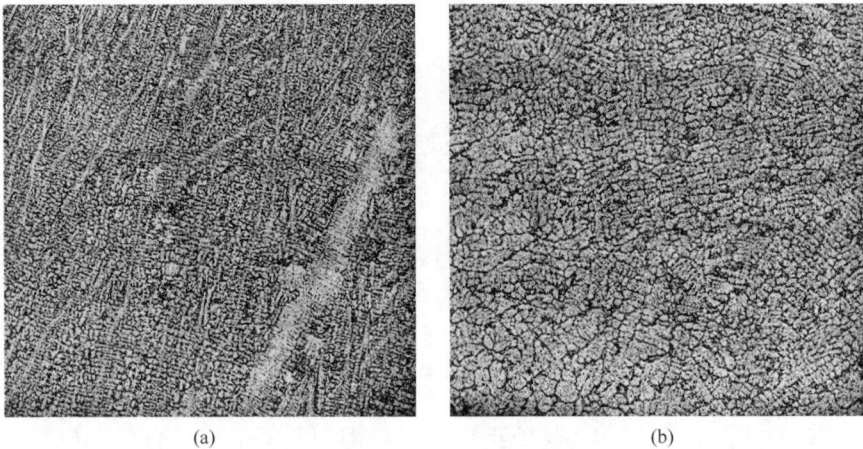

图 3-14　20CrMnTiH 齿轮钢连铸坯采用热处理法获得的枝晶结构

（a）柱状晶；（b）等轴晶

凝固组织的本质含义为凝固枝晶特征，描述的是凝固过程中晶粒演变和界面推进过程，是凝固过程中传输行为的全面反映。本书第 2 章内容中提到，由于实际工况下多为非平衡条件，凝固过程中会发生溶质再分配和选分结晶，导致开始和最后凝固的基体溶质含量不同，即不可避免地出现枝晶偏析。正是由于这种在显微尺度上的溶质分布不均匀，导致在接触浸蚀剂时会出现电化学反应的差异，因原电池效应引起晶间和晶内的浸蚀效果不同，进而最终出现了颜色上亮暗不同、高度上深浅不一、光洁度上粗糙不平的凝固枝晶形态。

凝固组织的正确评价取决于浸蚀效果的清晰度和可靠性，同时受到钢种和加工浸蚀方法的影响。一般来说，现场多以低倍试样进行检测和观察，根据前述宏观尺度凝固组织的电化学浸蚀机理，对于溶质含量较多的高碳钢，其枝晶间碳元素的富集量更大，化学反应速率差异更大，进而枝晶不同位置更容易出现不同的特征。因此，低碳钢的凝固组织比高碳钢更难腐蚀，如图 3-15 所示。对于低碳钢，为了清晰地观察到枝晶结构，可以通过高温、长时间、多次清洗的方式来获得更好的效果。当然，加工精度和浸蚀剂本身也很重要。检测面光洁度越高时，其浸蚀结果越清晰，这是因为排除了由粗糙不平而导致的浸蚀剂浓度和反应速率的差异，如图 3-16 所示。一般来说，新配制的浸蚀剂比多次使用过的效果要好，高温下的试验结果比低温下要好，这是化学反应中 H^+ 活度的影响。当然，对于某些特殊成分的钢种，调整下浸蚀剂的浓度和温度可能会有更好的效果，这一参数不是固定的。

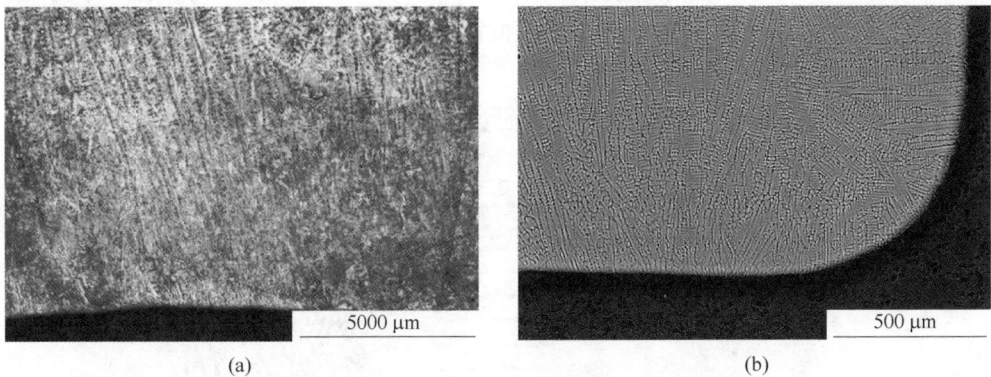

| (a) | (b) |

图 3-15　汽车板 IF 钢（a）和高锰 TWIP 钢（b）的枝晶形貌

3.2.2　凝固组织形态与界面稳定性

3.2.2.1　凝固组织形态

根据晶体生长过程固液界面原子的排列特征，对于 Jackson α 因子大于 5 的材料，其原子尺度上为光滑界面，对应于微观尺度上的棱角化形态，即小平面结构；

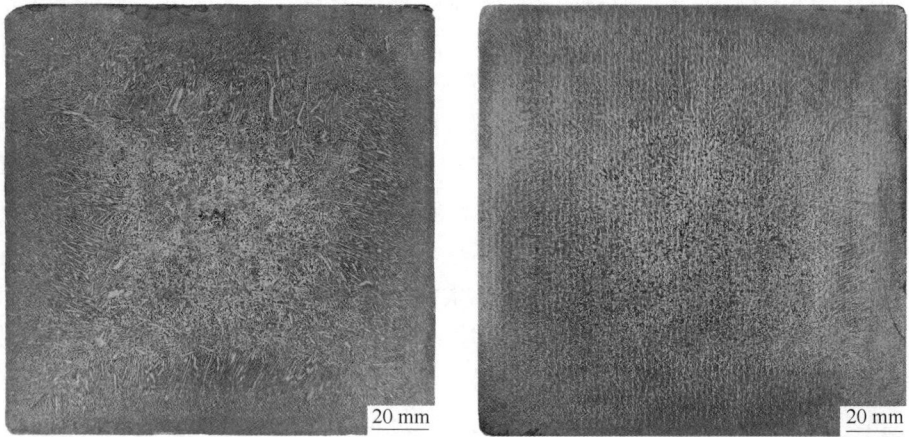

图 3-16　20Mn2 钢 150 mm 小方坯连铸坯凝固组织
(a) 光洁度好；(b) 光洁度差

对于 Jackson α 因子小于 2 的材料，其原子尺度上为粗糙界面，对应于微观尺度上的圆润化形态，即非小平面结构。然而，这只是晶体外形的弯曲或平直的抽象描述，不能反映其几何特征。图 3-17 为金属凝固晶体的几种常见结构，包括平面状、胞状、树枝状等，这通常是凝固组织形态的具体含义。换句话说，小平面结构的晶体可以是规则几何体，如六面体、八面体、圆柱状、针状或棒状等，也可能具有胞状或树枝状结构；非小平面的晶体可以是平面状，也可以是胞状或树枝状。

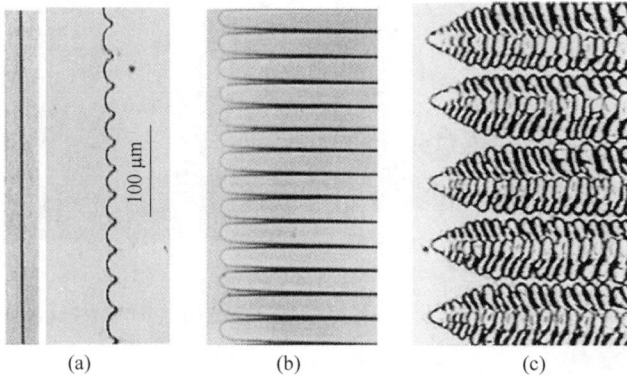

图 3-17　凝固晶体形貌示意图
(a) 平面状；(b) 胞状；(c) 树枝状

理论上，晶体的小平面或非小平面特征决定了凝固界面的推进速度，进而影响均质性和致密度等，这是材料本身的固有属性；然而，外界工艺条件会影响凝固过程的传输行为，进而引起凝固组织形态的变化，这对微观和宏观性能具有更直接的影响。实际上，当凝固过冷度较大时，不同界面特征的晶体长大速度会趋近一致，这时外因的影响程度会更大。

3.2.2.2 界面稳定性

凝固组织形态本质上取决于界面稳定性，而界面稳定性又主要取决于界面前沿的过冷度，如图 3-18 所示。对于钢、铝、铜、镁等作为结构材料的金属来说，考虑成分过冷的条件下，当界面比较稳定，即不存在过冷时，其凝固组织为平面晶，即整个界面笔直平齐，晶体取向完全一致，固相中晶界非常平直甚至可能不存在晶界；当界面稳定性略有降低时，即出现较小的过冷度时，凝固组织为胞状晶，界面呈现波浪起伏、凹凸不平的特征，晶体取向基本一致，固相内部会出现大致平行的晶界；当界面处稳定性较差，即出现比较大的过冷度时，凝固组织为柱状树枝晶，其主轴为择优生长方向（钢为<100>），同时也会出现二次轴、三次轴等，界面变得参差不齐，液相与枝晶臂接触的地方均是界面，固相中晶体取向大体一致；当界面处稳定性进一步降低，即界面前沿过冷度增大到某一位置可满足晶体形核时，这种条件下一方面柱状树枝晶更粗化，且长出更高次的枝晶臂；另一方面使界面前沿一定距离处出现等轴状树枝晶，等轴状树枝晶在不同方向上生长比较均匀，不存在明显比较长的主轴。

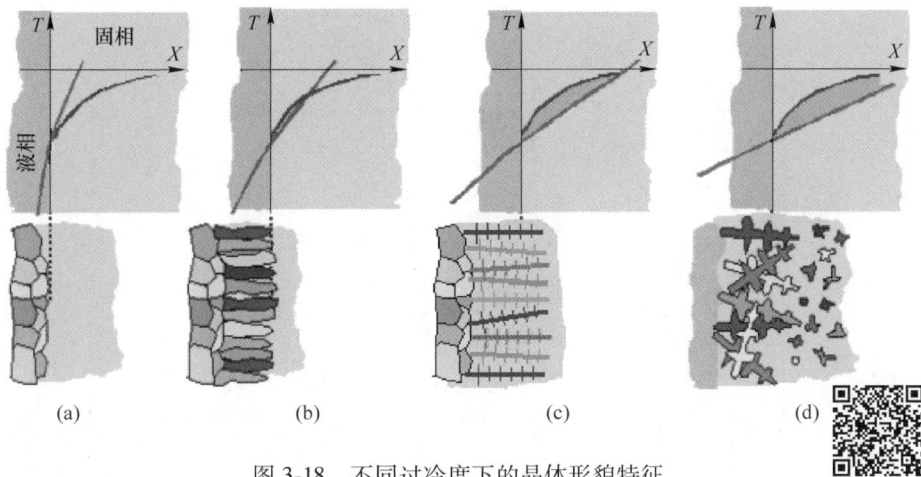

图 3-18 不同过冷度下的晶体形貌特征

扫码看彩图

对于这种限制性生长条件而言，与凝固前沿过冷度相关的因素均会影响界面稳定性和凝固组织形貌，这一点与成分过冷判据比较类似，即与成分、温度梯度和凝固速度有关。对于钢来说，k 越小、D_L 越小的合金元素含量越高，界面溶质富集越多，实际液相线斜率越大，越容易形成比较大的过冷度，即合金含量增大会降低界面稳定性，促进胞晶和枝晶形成。因此，高碳钢凝固组织的枝晶化特征比低碳钢显著，低碳钢比纯铁显著；实际温度分布越均匀，界面前沿过冷度也越大，稳定性降低，甚至形成等轴树枝晶。同时，连铸坯或钢锭中心区域热流密度比较小，温度梯度也小，有利于等轴树枝晶形成和长大。当然，等轴树枝晶来源不仅与界面前沿过冷度有关，枝晶沉降也是重要机制。除此之外，液相搅拌有利于降低界面处的温度梯度，也会促进等轴树枝晶形成。凝固速度越大，界面前沿的溶质扩散边界层厚度越小，溶质浓度和液相线温度斜率越大，过冷度也越大。一般来说，凝固速度是温度梯度和冷却速率的函数，冷却速率越大、温度梯度越小，凝固速度越大，也会增大界面前沿过冷，促进形成等轴树枝晶。

　　凝固组织形态受到界面稳定性的直接影响，具体与温度梯度、凝固速度和冷却速率有关。实际上凝固组织尺寸也受到外界换热条件的影响，其与晶体形态的规律同时画在图 3-19 中。由图 3-19 可见，与界面稳定性相关的过冷度大小与 G/v 有关，表现为图中的直线斜率大小。当斜率较大时，界面以平面晶形式推进；当斜率稍减小时，界面以胞状晶形式推进；当斜率继续减小时，界面以柱状树枝晶形式推进；当斜率非常小时，界面前沿会出现等轴树枝晶。图 3-19 中还有两条曲线，为 $G \cdot v$ 的积，实际正是界面处的冷却速度。当温度梯度较大、凝固速度较小或温度梯度较小、凝固速度较大，即冷却速度较小时，凝固组织呈现粗晶结构，体现在晶粒或枝晶臂尺寸比较大；当温度梯度较大、凝固速度也较大，即冷却速度较大时，凝固组织呈现细晶结构，晶粒尺寸小或枝晶间距小。

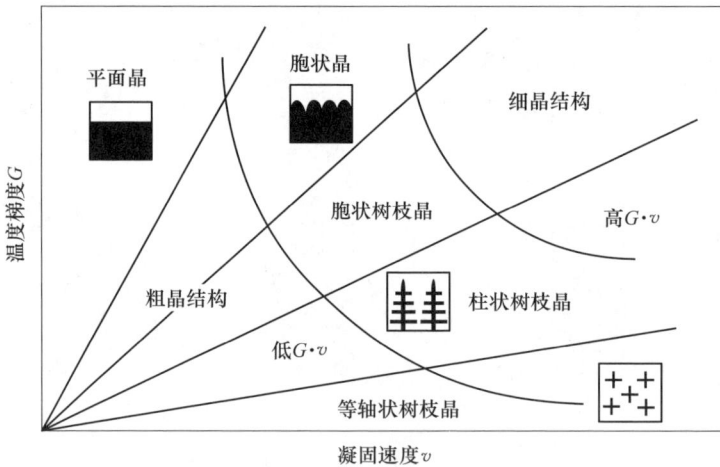

图 3-19　晶体形貌与凝固条件的关系

扫码看彩图

　　钢是一种铁基合金，除了某些特殊试验条件，大多数凝固状态下不会出现平面晶和胞状晶。根据已有数据，平面晶对应的温度梯度在 $10^5 \sim 10^7$ K/m、凝固速度在 $10^{-7} \sim 10^{-5}$ m/s，对应的 G/v 在 $10^{12} \sim 10^{14}$ K·s/m^2；胞状晶对应的温度梯度在 $10^3 \sim 10^7$ K/m、凝固速度在 $10^{-7} \sim 10^{-4}$ m/s，对应的 G/v 在 $10^9 \sim 10^{12}$ K·s/m^2。工业生产过程中钢水凝固时的温度梯度在 $10^3 \sim 10^5$ K/m、凝固速度在 $10^{-4} \sim 10^{-3}$ m/s，

对应的 G/v 在 $10^6 \sim 10^8 \, \mathrm{K \cdot s/m^2}$，不满足平面晶和胞状晶的条件，因此不会观察到类似的凝固组织形貌。

3.2.3 柱状树枝晶和等轴状树枝晶

3.2.3.1 柱状树枝晶

固液界面前沿过冷度决定了凝固组织形貌，根据成分过冷理论，只有满足以下条件才可能出现树枝晶：

$$\frac{G_T}{v} < \frac{m \cdot C_0}{D_L} \frac{1-k}{k} = \frac{T_L - T_S}{D_L} \qquad (3\text{-}38)$$

对于大多数金属来说，当界面处出现较大过冷度时（见图 3-20），界面就会失稳，进而放大扰动，凝固组织呈现树枝状。这种状态下，由于界面扰动形成某个由固相向液相的凸起，当其尖部进入到远离基准平面的液相中时，由于该处的过冷度比界面处更大，它会生长得更快，同时将溶质排出到周围液相中，进而形成了在择优方向具有主轴特征的一次枝晶；当过冷度较大时，会在一次枝晶侧向长出二次枝晶，二次枝晶上长出三次枝晶等；对应地，界面扰动形成的固相内凹

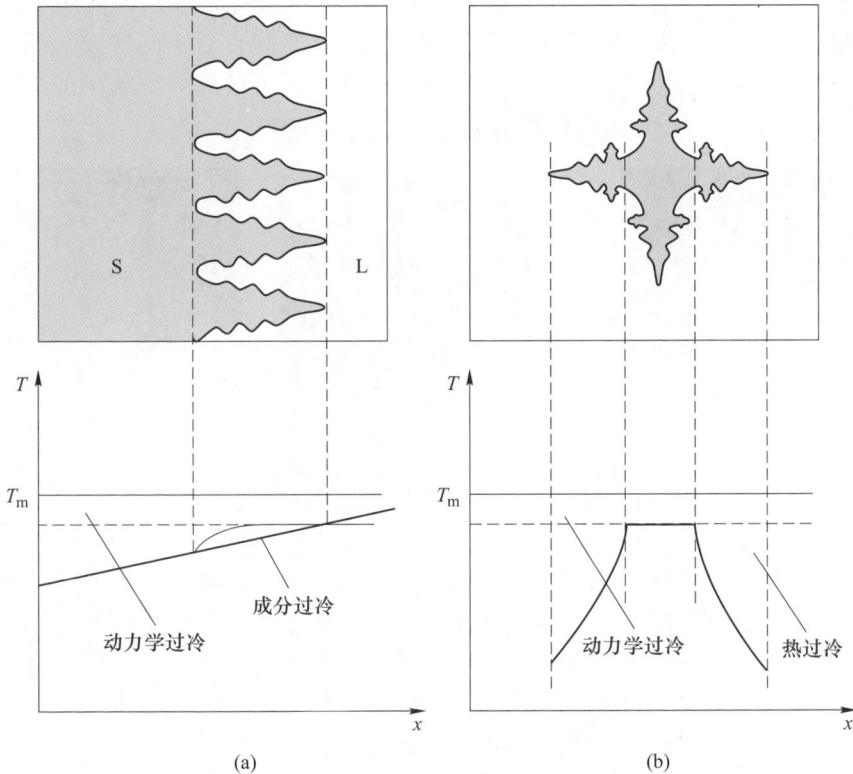

(a)   (b)

图 3-20　较大过冷度下的枝晶结构

处过冷度小，生长比较缓慢，同时受到液相溶质富集的影响，凝固温度降低，甚至可能发生重熔。这种界面热状态可能发生在具有成分过冷的限制性生长过程，即上述界面结构；也可能发生在同时具备热过冷和/或成分过冷的非限制性生长过程，前者为柱状树枝晶，简称为柱状晶；后者为等轴状树枝晶，简称等轴晶。对于钢来说，不管枝晶是 δ 铁素体相还是 γ 奥氏体相，其择优取向均为<100>。值得说明的是，柱状晶和等轴晶中的"晶"，本质上指的都是凝固过程的枝晶，与材料学中提及的"晶粒"具有完全相同的概念。尽管枝晶尺寸在几百微米到几千微米，且外形轮廓也不规则，但其内部原子的排列规律是完全相同的，即凝固过程中一个枝晶不同位置的取向是完全相同的。然而，由于凝固之后的冷却过程中发生了固态相变，同一个枝晶内部不同区域的相变类别和进度不同，其原子取向会发生变化，进而室温下的原子排列规律不能反映出高温的过程，因此不能通过测定原子排列规律的方式来鉴别凝固过程的枝晶结构，这个方法只适用于凝固之后没有固态相变的金属或合金。

金属凝固过程枝晶形貌与冷却条件也有对应关系，这里以某镍基合金的定向凝固过程为例，揭示不同凝固速率下的界面形态如图 3-21 所示[2]。当凝固速度增大时，根据判定公式（3-38），其更容易满足成分过冷条件，因此更容易形成枝晶结构，与图中观察到的结果是一致的。同时注意到，对于同样枝晶结构，当凝固速率增大时，界面稳定性进一步降低，表现为一次枝晶外部萌生的二次枝晶数量更多，这说明 $G \cdot v$ 增大的确有利于凝固组织细化。

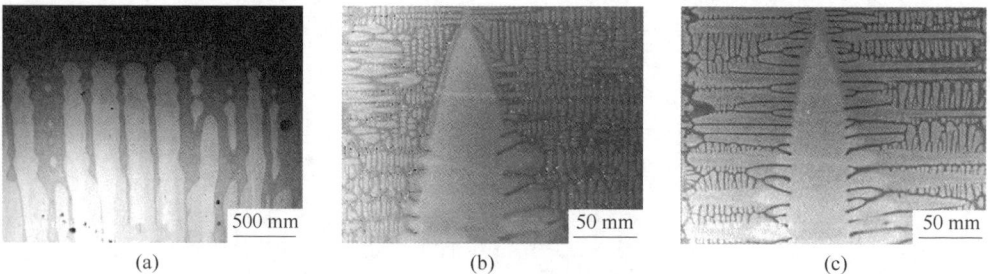

(a)　　　　　　　　　　(b)　　　　　　　　　　(c)

图 3-21　不同凝固速率下的枝晶结构
(a) 5 mm/h；(b) 50 mm/h；(c) 180 mm/h

柱状晶生长过程中，界面由一端向另一端逐步推进，晶体方向可以控制，晶粒之间的取向也比较接近，且枝晶间距相对比较小，溶质分布更均匀。因此，一些具有对方向性或对均质性要求极高的产品，会采用定向凝固的方法获取柱状晶组织，比如飞机发动机叶片，如图 3-22 所示。20 世纪 40~60 年代开发的非定向结构锻造或铸造多晶叶片，最高服役温度约为 950 ℃；60~80 年代开发的定向凝固多晶叶片，主要为取向大体一致的柱状晶，高温性能大大提升，服役温度最高约为 1080 ℃；1990 年左右开发的基于定向凝固技术单晶叶片，高温性能有进一步突破，服役温度可达 1150 ℃以上。

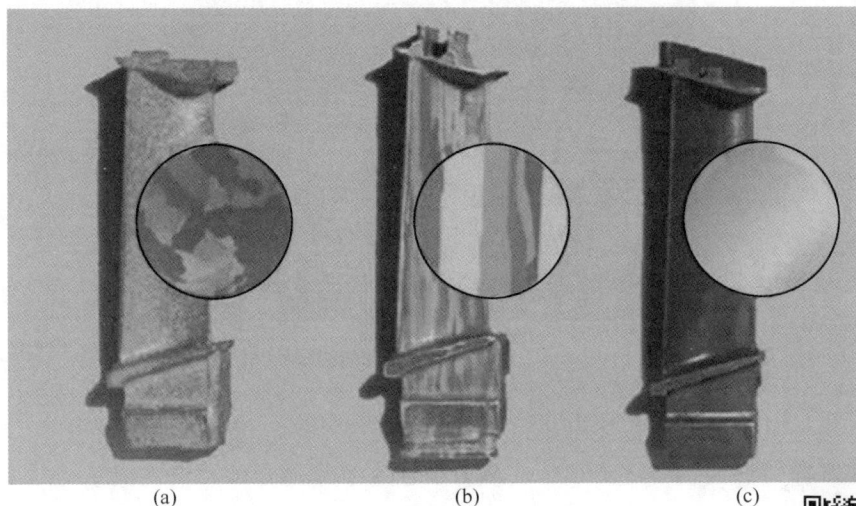

图 3-22　涡轮叶片晶体
（a）多晶体；（b）柱状晶；（c）单晶

扫码看彩图

3.2.3.2　等轴状树枝晶

等轴晶是凝固过程中从自由晶核长大的树枝晶，一般分布在柱状晶前沿靠近连铸坯或钢锭中心的区域。随着凝固进行，由于坯壳厚度增大、热阻增加，界面处的热流密度逐渐减小，这时液相有比较充分的时间通过自然对流或其他方式使内部温度分布逐渐均匀化，即温度梯度大大减小。根据枝晶形成判据，温度梯度减小会直接促进界面前沿过冷度增加，最大过冷度位置并不在界面处，而是在与界面前沿一定距离的某个位置。当这个最大过冷度可满足晶核自发或非自发形核，或可以使较小半径的晶核克服曲率张力而长大时，就会观察到该位置出现比较明显的等轴晶。由于此时温度梯度较小，不同方向的热流基本一致，树枝晶不同方向的主轴基本呈匀速生长，因此等轴晶呈现各向同性的特征，如图 3-23 所示。

实际上，柱状晶与等轴晶的基本结构规律完全一致，即由一次枝晶、二次枝晶和多次枝晶构成，枝晶方向是晶体生长的择优取向，枝晶间夹角取决于晶格结构本身。对于常见择优取向为<100>方向的立方晶系金属，如铁、铜、镍等，其相邻枝晶夹角为 90°；对于密排六方晶系，如镁、锌，其夹角为 60°。柱状晶与等轴晶的形成条件不同，这是导致其形态上具有主要差异的根本原因。柱状晶由于限制性生长，其热流方向与择优取向一致，故具有某一个方向比较长的主轴；而等轴晶为非限制性生长，基本不具备单向长主轴特征。

图 3-23　等轴晶结构

3.2.3.3　连铸坯的凝固组织结构

实际连铸坯或钢锭中，尽管或多或少加入了其他合金元素，但不会改变铁基材料凝固晶体学特性。当考虑到连铸坯或钢锭不同传热状态时，其凝固组织由表及里具有不同的特征，一般分为表面等轴晶区、柱状晶区、混晶区和中心等轴晶区四个部分，如图 3-24 所示。

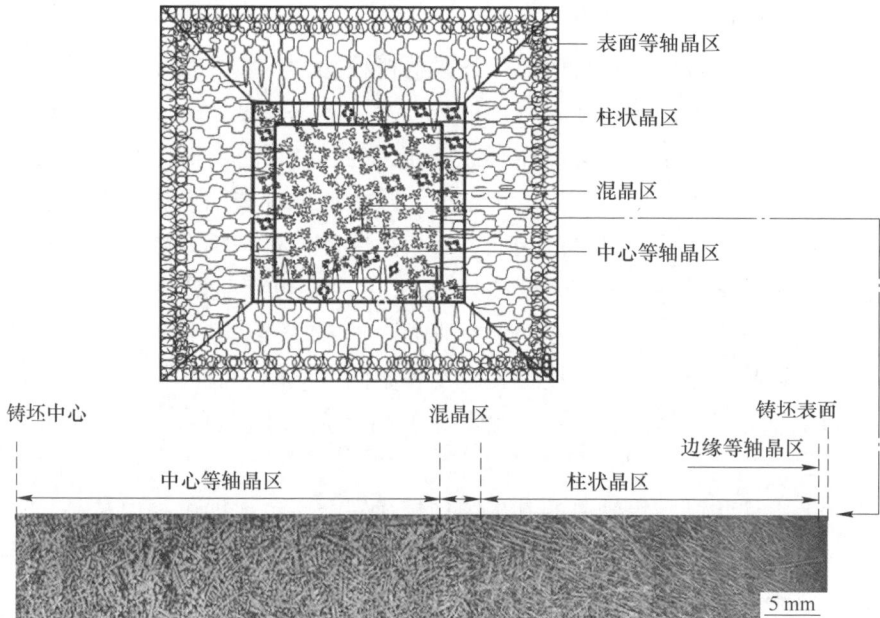

图 3-24　连铸坯的凝固枝晶结构

表面等轴晶区的形成与钢水初凝时的激冷过程有关。钢水浇入到模子或结晶器之后，在接触瞬间的冷却速率非常快（100 ℃/s），热过冷度很大，且与模具器壁接触，会出现大量的初生晶核，其来不及长大就完成了凝固，最终形成了由均匀细小等轴晶组成的致密的激冷层，同时释放凝固潜热。随着冷却进行，初生坯壳逐渐增厚，产生凝固收缩，即坯壳会远离模具器壁；然而，在钢水静压力的作用下，坯壳又会被推向模具器壁，因此，当坯壳较薄时，激冷层一直处于动态平衡状态。当初凝坯壳足够厚时，其可以完全抵抗钢水静压力作用，会在其与模子或结晶器之间形成稳定间隙。实际生产过程中，这一间隙会被液态保护渣填充，也有少量间隙因没有保护渣流入会成为气隙，不管如何，这时坯壳与模具之间的传热速率降低，热过冷度逐渐减小并消失，无法使凝固界面前沿形成大量自由晶核，即达到了初凝激冷作用的最大范围，也就是表面等轴晶区的实际厚度。

当初生坯壳具有一定厚度之后，热流密度下降，但凝固界面前沿温度梯度仍比较大，对应的成分过冷度比较小。尽管不能满足新晶核形成，但可以实现已有晶核的长大。对于钢来说，不管初生相是 BCC 结构还是 FCC 结构，其晶体的择优生长方向均是 <100> 晶向，因此，激冷层内侧等轴晶主轴 <100> 方向与热流密度方向一致的晶体，其会优先长大，进而在热流密度方向上形成了一个单向长主轴，即柱状树枝晶区。对于主轴方向与热流方向不一致的晶体，当二者方向差异较大时，长大会受到限制，晶体尺寸变化不明显；当二者方向差异较小时，会向液体内部长大一定距离，但会被主轴基本平行于热流方向的晶体阻挡。正常条件下，晶体主轴的长大方向不会偏折或转向。对于连铸坯或钢锭来说，其柱状晶区内的枝晶主轴基本相互平行。由于柱状晶生长的方向性比较强，且界面比较平齐，溶质再配分导致的浓化钢液一直处于界面前沿被稳定推进，故溶质富集不明显；同时，柱状晶区的冷速也比较大，枝晶间距比较小，局部被截留的溶质也会被较好地均匀化，故显微偏析不严重。

随着柱状晶的发展，坯壳逐步增厚，热流密度进一步降低，由于固相导热能力减小，液相温度趋于均匀化，即凝固界面处的温度梯度减小，对应的成分过冷度增大，由此可能导致液相中出现自由晶核并长大。由于凝固过程传输行为的复杂性、随机性和波动性，柱状晶的凝固界面并非完全平齐，因此会出现柱状晶向等轴晶转变的过渡区，一般称为混晶区。混晶区范围内，柱状晶比例逐渐减小，等轴晶比例逐渐增大。由于等轴晶在凝固界面前沿一定距离上出现，由此会导致界面处富集溶质的浓化钢水无法与中心液相完全混合，即截留至柱状晶和等轴晶的界面处，因此混晶区内会出现比较明显的碳、硫等溶质正偏析，以及一些夹杂物的聚集。

当坯壳厚度进一步增大，凝固界面前沿的温度梯度进一步减小，甚至接近于零时，中心区域液相的成分过冷度达到最大，这一方面促进自由晶形核，另一方面也可以使已存在的自由晶核快速长大。由于此时各向温度比较均匀，枝晶不同方向上的生长速率相当，不会出现某一方向优先发育的长主轴，因此形成了各向均等的枝晶结构，即中心等轴晶区。由于等轴晶区过冷度比柱状晶区大，因此枝晶长大更显著，这一方面体现在一次枝晶臂粗大，即相邻等轴晶之间的距离大；另一方面也体现在二次枝晶粗化，这是中心区域冷速较小、相同取向的二次枝晶逐渐合并的结果。为了区分表面等轴晶区与中心等轴晶区，一般称表层为细小等轴晶，中心区域为粗大等轴晶。除了尺寸差异之外，就晶体学特征而言，二者没有区别。

一般来说，钢锭比连铸坯的等轴晶区面积比例更大。对比钢锭与连铸坯的凝固冷却特征可知，钢锭通过铸铁钢锭模进行冷却，由于钢锭模的蓄热作用及换热作用，钢锭模内壁温度会升高至 600 ℃甚至更高温度，并保持较长时间，且钢锭和钢锭模之间存在保护渣膜或气隙，因此其热流密度较小，冷却速率较小；对应地，连铸坯由于结晶器接触换热（直接或间接）的一次冷却和冷却水喷淋对流换热的二次冷却，以及与空气直接接触的辐射和自然对流作用，其热流密度和冷却速率均较大。因此，连铸坯中的柱状晶更发达，而等轴晶区比例比钢锭小。同时，连铸坯中枝晶结构相对更细化，尺寸也比钢锭的更小。

钢锭和连铸坯中等轴晶的来源仍有一定的争论，主要是不同锭型/坯型、不同断面、不同工艺条件下等轴晶形核机制各有不同。实际生产中，由于钢水的洁净度无法达到理想状态，即液相中或多或少地存在一些固相粒子，如氧化物、硫化物、氮化物、碳化物或者其他类别的第二相，其中一部分粒子不可避免地会成为等轴晶形核的基底。不同的是，某些粒子的形核能力强，对应的过冷度小，等轴晶初生晶核数量多；某些粒子形核能力弱，较大的过冷度下才能使晶核出现，对应的晶核数量较少。无论哪种条件，这都会比均质形核需要的过冷度小，因此，粒子存在就会对等轴晶形成起到一定的作用。上述这种与过冷度和粒子有关的热力学形核机制在钢锭和连铸坯中均起到一定的作用。除此之外，实际生产中，钢锭和连铸坯中心等轴晶形成还有一些动力学因素。一般来说，钢锭中心等轴晶与浇铸初期钢水与模具器壁接触时的爆炸式形核有关，即钢水强制流动时的激冷作用导致内部出现大量晶核，并随着流股转移到钢锭内部，这些晶体一部分回熔到钢水中，一部分保留下来，当过冷度增大到一定程度时会继续长大。此外，凝固过程中钢锭中、上部钢液中的固相晶核会沉积，因此钢锭中下部会形成粗大等轴晶组成的锥形区域，一般呈负偏析；同时，钢锭中、上部柱状晶的一些枝晶臂也会发生脱落和沉积，这些也会成为中心等轴晶的核心。

连铸坯中等轴晶的动力学形成过程和钢锭相似。钢水从浸入式水口进入结晶器时，流股会对坯壳凝固前沿进行冲刷，导致一些枝晶臂熔断并脱落。由于强烈的对流换热作用，导致结晶器内钢水过热耗散很快。熔断的晶体不会完全熔化，一直在中心液相中存在，并在过冷度增大时长大为等轴晶。因此，水口结构和结晶器电磁搅拌等对结晶器流场影响直接的因素，均会影响等轴晶形成。此外，对于弧形连铸来说，内弧坯壳凝固前沿的枝晶臂由于流动、震颤、搅拌等作用，尤其是考虑枝晶臂根部的溶质显微偏析时，也会熔断并沉积到中心成为等轴晶的核心，这种沉积作用对结晶器和内弧脱落的晶核都有影响，会引起连铸坯内外弧方向等轴晶区域不对中，即外弧侧等轴晶较多，而内弧侧等轴晶较少，左右侧比较对称。由于凝固末端电磁搅拌和轻压下实施位置的中心固相率一般不小于 0.1，此时中心处已经存在固相晶核，即中心未凝固区域已全部进入两相区，柱状晶和等轴晶结构已基本形成，对等轴晶区比例的影响不大。电磁搅拌对中心液相具有一定的均匀化作用，轻压下也会引起的扰动，这种条件下，可能会促进新晶核的出现，对细化等轴晶有一定的作用，但效果不一定显著。

对于连铸坯来说，除了上述水口流股冲刷、结晶器电磁搅拌和二冷区电磁搅拌作用，过热度、二次冷却强度等对等轴晶形成也有直接影响。对比不同过热度下钢水凝固过程中晶体结构演变如图 3-25 所示。对于凝固初期，由于结晶器的激冷作用和二冷喷淋的高效换热效果，坯壳表层会形成非常细小等轴晶和柱状晶组织；由于成分过冷的作用，液相中已存在的一部分固态晶核会保留下来。考虑到钢水过热度对坯壳厚度的影响不显著，达到相同坯壳厚度的时间相差不大。由此可知，钢水浇铸温度较低时，其温度梯度也比较小，界面前沿的过冷度略大且过冷范围也略宽，其自由晶核的数量会比高过热度略多，如图 3-25（a）所示。随着凝固冷却的进行，当坯壳厚度增大到一定程度时，热流密度减小，换热效率降低，中心液相温度均匀化的时间逐渐增加，凝固前沿的温度梯度减小，液相中的成分过冷均会逐渐增大；不同的是，由于凝固末期中心液相流动换热效果微弱，对于过热度较高的情况，其中心处钢水温度仍然较高，对应的温度梯度较大，成分过冷度较小，不利于中心已有晶核长大或新晶核形成，此时柱状晶会继

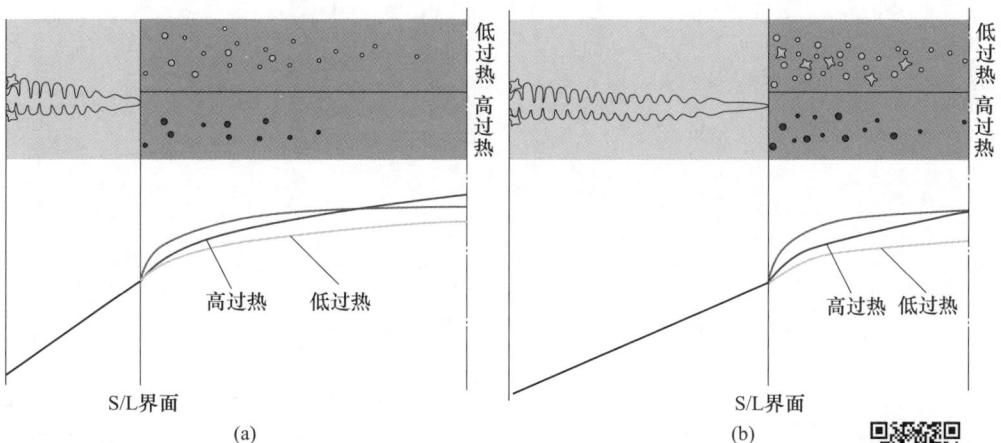

图 3-25 不同过热度下的晶体结构演变

（a）凝固前期；（b）凝固后期

扫码看彩图

续生长；对于过热度较低的情况，其中心液相温度较低，界面前沿温度梯度更小，更有利于已存在晶核长大和新晶核形成，等轴晶阻碍了柱状晶的发展，即可以发生柱状晶向等轴晶的转变，如图 3-25（b）所示。因此，钢水过热度对连铸坯等轴晶的影响同时体现在对凝固初期脱落、沉积晶核的回熔或长大作用，以及以高熔点固相界面为基底的非均质形核作用。整体来说，降低过热度对提高中心等轴晶区面积有利，但对等轴晶尺寸的影响仍有待深入研究。过热度减小时，一方面可以促进新晶核形成，降低等轴晶的平均尺寸；另一方面又导致已有晶核提早生长，最终可能出现一些粗化枝晶。因此，当前的设备和工艺条件下，实际生产过程基于钢水过热度调控等轴晶区面积是比较可行的，但是无法精确调控等轴晶尺寸。

　　不同二次冷却强度对连铸坯等轴晶的影响机制如图 3-26 所示。凝固初期时，由于坯壳较薄，换热效率较高，不同冷却强度对坯壳厚度的影响比较直接。对于达到图 3-26 中相同的坯壳厚度，弱冷比强冷需要的时间更长，因此弱冷条件下液相温度的均匀化程度更好，温度梯度更小，对应的成分过冷会越大，如图 3-26（a）所示。对应地，在水口或电磁搅拌冲刷凝固前沿而形成的自由晶核存在于液相中，由于浇铸温度相同，中心温度相差不大，但弱冷下的温度梯度小，已有晶核可以更多地存留下来；当凝固冷却继续进行时，界面前沿这种温度分布差异会越来越大，即弱冷条件下的成分过冷度会比强冷条件进一步增大，由此会导致已有晶核提前生长，或形成更多的新晶核，即 CET 转变提前，等轴晶区面积比例增大。对应地，冷却与等轴晶尺寸的关系也是非线性规律，这与低过热度的影响机制类似。弱冷条件可促进新晶核形成，晶核数量增多会阻碍彼此的生长，起到细化枝晶的作用；然而，弱冷也会使已有自由晶核提前长大，出现一些粗大枝晶，二者的综合作用下可能形成一种双峰晶粒尺寸分布。

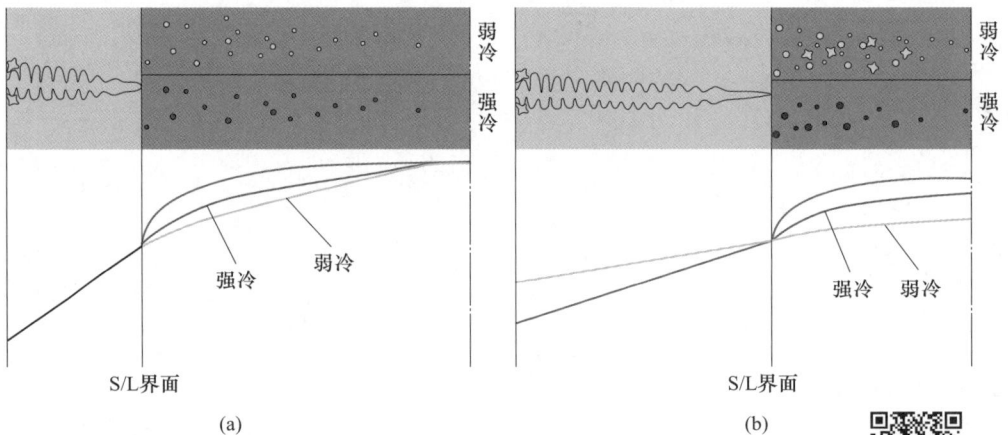

图 3-26　不同冷却强度下的晶体结构演变
(a) 凝固前期；(b) 凝固后期

扫码看彩图

3.2.4 钢的凝固组织与 Fe-C 相图

钢液在连铸过程中，工艺参数不同会引起凝固组织的差异，主要体现在等轴晶面积和尺寸的变化。实际上，由于钢种成分的差异，其凝固初生相和界面前沿溶质再分配与成分过冷程度不同，也会引起凝固组织的变化。图 3-27 对比了国内几个钢厂连铸条件下过热度为 25~35 ℃时不同碳含量钢种尺寸 150~350 mm 圆坯和方坯等轴晶区面积占比。由图中可见，随着碳含量从 0 增加到 0.5%，连铸坯中心等轴晶区面积占比先增大再减小，即碳含量在 0.2%~0.4%的品种具有较高的等轴晶面积占比；当碳含量高于 0.5%的范围内进一步增大时，等轴晶面积占比随碳含量增加而略有增大。当考虑电磁搅拌时，不同碳含量对应的连铸坯等轴晶面积占比均增大，但基本规律没有变化。除此之外，其他一些学者在不同连铸条件的研究中也得到了与上述研究相似的结论。现场实际生产中，比较相近的工况下，对比 LZ50 钢和 42CrMo 圆坯低倍组织如图 3-28 所示。由图中可见，LZ50 钢的碳含量接近 0.5%，对应的等轴晶面积占比为 20%~25%，而 42CrMo 钢的等轴晶面积占比为 35%~40%。如此说明，钢的凝固组织的确与碳含量有直接关系，这与 Fe-C 相图中不同碳含量的凝固初生相和碳的界面偏析行为有关。

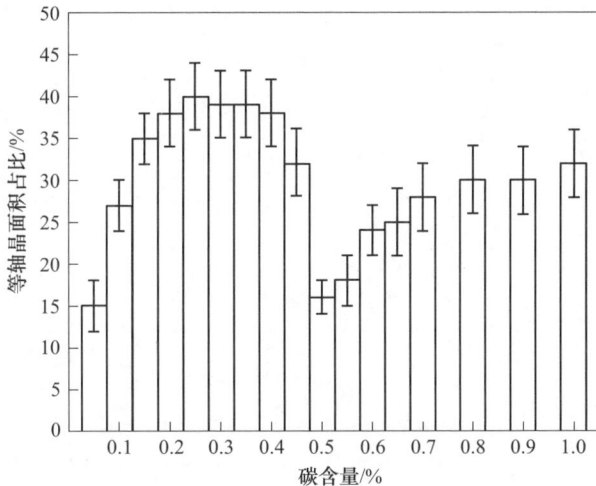

图 3-27 不同碳含量下连铸坯等轴晶面积占比

根据 Fe-C 相图，碳含量为 0.5%附近对应于铁素体相和奥氏体相凝固模式的转变点。对于铁素体凝固模式，其形核过冷度随碳含量增加而逐渐减小，如图 3-29 所示[3]。当冷却速率为 0.4~0.6 ℃/s 时，超低碳钢和碳含量为 0.1%的低碳钢过冷度在 30 ℃以上，而碳含量在 0.2%~0.6%的过冷度在 10 ℃左右。对于奥氏体凝固模式，碳含量在 0.6%~1.5%的钢种，冷却速率为 0.5~0.6 ℃/s 的凝固过冷

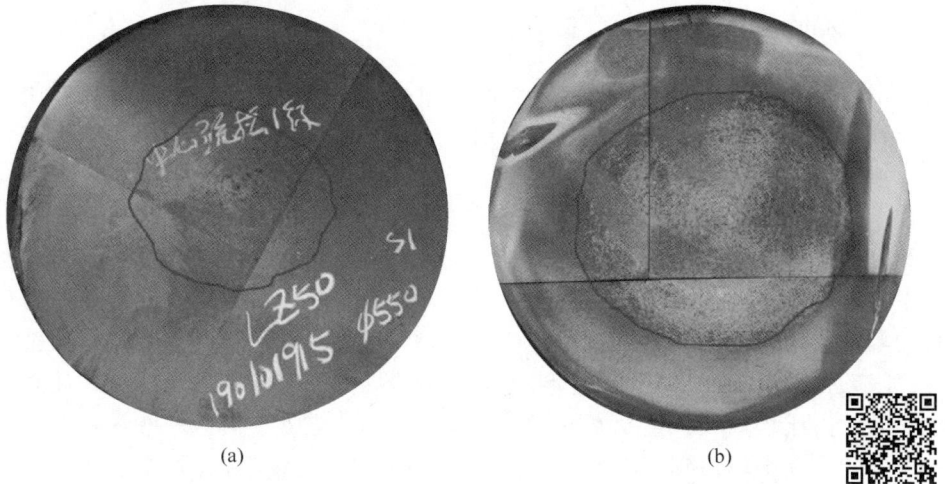

(a)   (b)

图 3-28　某厂 LZ50 和 42CrMo 的 φ550 mm 圆坯连铸等轴晶低倍组织　扫码看彩图

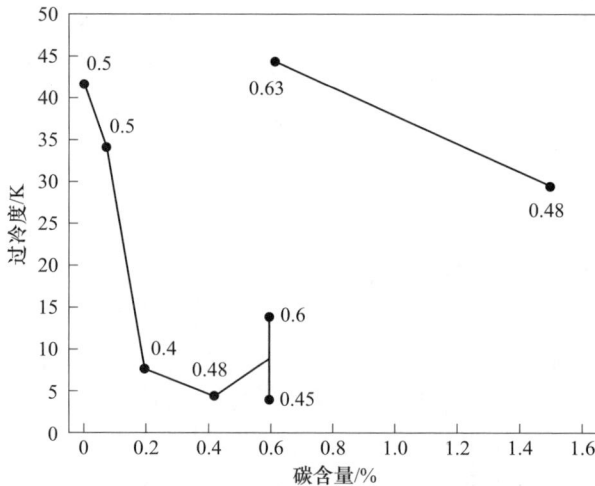

图 3-29　不同碳含量、不同冷速下钢种的凝固过冷度

（图中数字为冷速，单位为 K/s）

度为 30~45 ℃，且随着碳含量增加而略有减小。由此可见，凝固时奥氏体初生相比铁素体的过冷度整体比铁素体高，这可能与不同晶格结构下晶核形成的能量差异有关。根据凝固形核理论，过冷度越小，其形核越容易，等轴晶形成得越早，其面积比越大。因此，对于碳钢来说，铁素体凝固模式下碳含量在 0.2% ~ 0.5% 的钢种等轴晶面积占比最大。当然，当钢中合金元素含量比较高时，如某些不锈钢、模具钢、高速钢等，其凝固相变过程远远偏离于 Fe-C 相图连铸凝固组织与碳含量的关系，就不能通过 Fe-C 二元平衡相图的规律来评价。

实际生产中，对于高端长材品种来说，一般都配备结晶器电磁搅拌。由于搅拌的强制对流和冲刷作用，一方面促进过热耗散、均匀化钢水温度，另一方面会提高晶核密度，两种机制的共同作用下，可大大提高中心等轴晶面积。对于中低碳钢来说，由于碳偏析程度更小，成分过冷度也比高碳钢小，这一点在电磁搅拌条件下更显著。因此，结晶器电磁搅拌增大高碳钢连铸坯等轴晶面积占比的效果更加显著。

3.3　钢的凝固组织与奥氏体晶粒

3.3.1　奥氏体晶粒

对于碳钢，当凝固彻底完成之后，进一步冷却会进入奥氏体相区。根据 Fe-C 平衡相图，常见钢种冷却时奥氏体转变完成温度 T_γ 基本在 1300~1500 ℃。由超低碳钢到包晶钢，T_γ 由 1394 ℃升高至 1495 ℃；由包晶钢到高碳钢，T_γ 由 1495 ℃降低至约 1300 ℃。由于奥氏体转变温度较高，其晶粒长大较快，尤其是考虑到连铸凝固过程的块状转变现象时，晶粒粗化会更加明显。当继续冷却时，奥氏体进一步会转变为铁素体、珠光体、贝氏体或马氏体等组织，Fe-C 二元相图中的奥氏体分解温度在 700~900 ℃。超低碳钢到共析钢的奥氏体分解温度为 912~727 ℃，共析钢到高碳钢的奥氏体分解温度为 727~1000 ℃。不同碳含量的钢种，平衡条件下 727 ℃以下不存在奥氏体。

连铸凝固过程中，尽管存在钢种、断面、工艺的差异，但对于常规工况的弧形或直弧形连铸机来说，结晶器出口的连铸坯表面温度为 950~1150 ℃，二冷区铸坯表面温度多在 900~1050 ℃，矫直时的温度在 850~1000 ℃。对于大多数钢种，连铸过程中固态坯壳长期处于奥氏体温区，其温度从约 1500 ℃降低至 900 ℃过程中，时间从几分钟到几十分钟不等，尤其是高温条件下，奥氏体晶粒长大非常显著。由于热流密度的方向与铸坯表面垂直，连铸坯表层的奥氏体晶粒一般也不是各向长度相当，多呈柱状或条状，其长轴方向与热流方向平行。连铸坯内部，由于热流密度比较小，单向换热特征不显著，奥氏体晶粒形状为各向近似均等的多边形。

国内某厂 42CrMo 合金钢连铸坯低倍酸洗时观察到高温奥氏体晶粒形貌，如图 3-30 所示。由图中可见，奥氏体晶粒形貌和尺寸在整个断面内并不一致，其随位置变化的特征很明显。连铸坯表面晶粒比较细小，这与其冷速较快、温度较低有关；皮下可观察到柱状或条状的奥氏体晶粒，这受到单向强制换热的影响，且高温下时间较长，晶粒比表面粗大；内部和中心处奥氏体晶粒呈多边形，平均尺寸和皮下位置柱状晶粒的短轴长度基本相当，这是冷速较低、各向热流基本一致的结果。

理论上，对于碳钢和中、低合金钢来说，高温下的奥氏体晶粒会在 700 ℃左

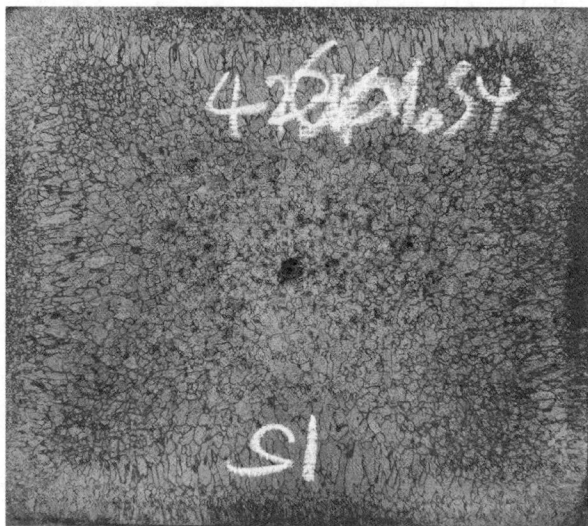

图 3-30　42CrMo 连铸坯奥氏体晶粒形貌

扫码看彩图

右完全分解，即室温下整体为铁素体、珠光体、贝氏体、马氏体的单一或混合组织，不会出现奥氏体。因此，低倍组织中不应该出现奥氏体晶粒。然而，不可否认的是，高温时奥氏体状态下，一方面会发生晶粒粗化，另一方面也会促进溶质或杂质元素向晶界的偏聚。这种条件下，由于奥氏体分解时温度较低，已偏聚到晶界的元素难以扩散均匀，当外界浸蚀条件合适时，就会出现高温奥氏体晶粒形态、尺寸和分布特征，这种奥氏体也称为原奥氏体。

　　一般来说，铸态基体的奥氏体晶粒浸蚀还是有一定难度的。大多数的实验室研究中，通常通过切割成若干数量的小尺寸试样手工或自动磨抛，之后采用饱和苦味酸在高温下进行酸蚀，对温度和反应时间比较敏感。当然，试样表面加工的光洁度也非常重要。正因如此，大尺寸连铸坯全断面铸态奥氏体晶粒浸蚀技术还是不成熟的。除此之外，铸态奥氏体晶粒观察还有一些其他方法，主要是一些特殊的浸蚀剂和操作条件参数。一些专门从事连铸坯凝固组织加工与表征设备研发的企业，对奥氏体晶粒浸蚀也有一定的研究，同时申请了一些专利。由于不同钢种奥氏体区温度差异较大，合金元素类别和含量也不一致，导致奥氏体晶粒浸蚀方法也有一定的差别。大量实践表明，铸态奥氏体晶粒浸蚀比枝晶组织浸蚀难度更大一些。

3.3.2　奥氏体晶粒粗化

3.3.2.1　γ晶粒粗化行为与影响

对于大多数钢种来说，由于凝固冷却过程中不可避免地会进入到高温奥氏体相区，并可能停留较长时间，这必然会导致奥氏体晶粒粗化。某些本质粗晶品种的奥氏体晶粒尺寸可达 1 mm 以上（图 3-31），大大增加了表面裂纹的风险。

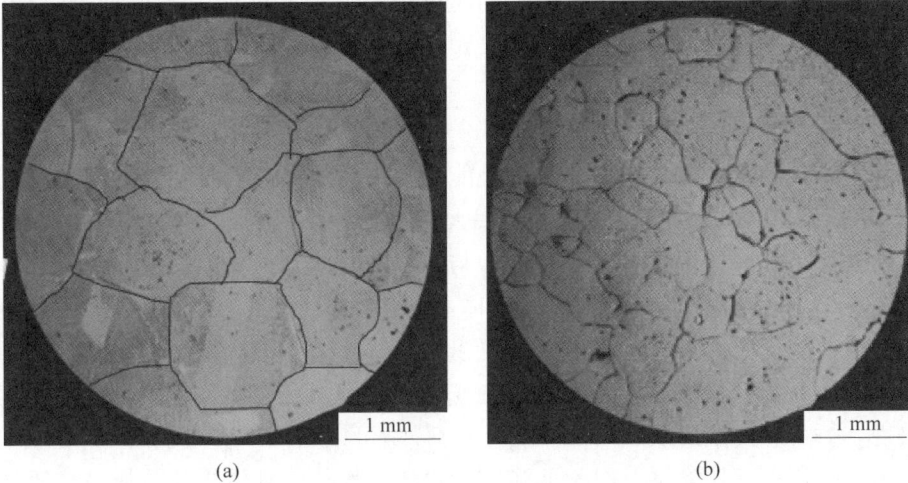

(a)   (b)

图 3-31　S400（a）和 J55（b）的奥氏体晶粒尺寸

奥氏体晶粒尺寸对表层基体热塑性的影响非常显著（图 3-32），根据 Mintz 和 Crowther 的实验研究结果[4]，当 Fe-0.19C-1.5Mn 钢种的奥氏体晶粒尺寸为 70 μm 和 180 μm 时，650~900 ℃ 的断面收缩率整体高于 40%，最小值约为 60%，理论上因晶粒粗化导致表面裂纹的概率很小；当奥氏体晶粒尺寸增大到 290 μm 时，最小断面收缩率降低至 50%，热塑性整体仍比较可观；当晶粒尺寸达到 350 μm 时，最小断面收缩率约为 35%，以 40% 为参考指标对应的热脆性区间为 700~750 ℃。连铸矫直过程中，表面温度一般不会达到这个水平，但角部由于二

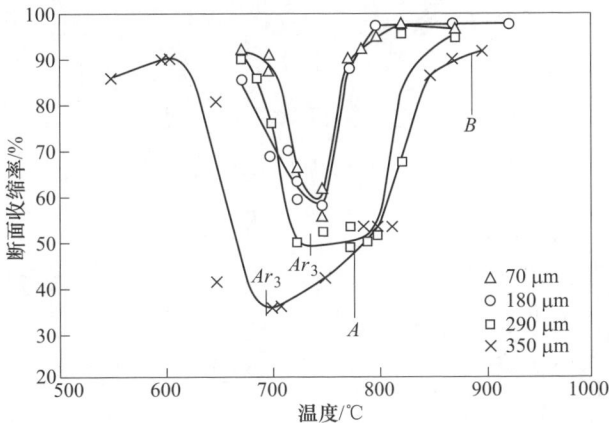

图 3-32　Fe-0.19C-1.5Mn 钢不同晶粒尺寸下的热塑性曲线

维传热，可能会进入脆性温区，进而增大了角部横裂纹产生的可能性。奥氏体晶粒长大之后，晶界协调变形能力降低，考虑到振痕、凹陷、析出、铁素体相变等作用，变形会在这些区域集中发生；当超过临界应变之后，就会出现裂纹，并沿着平直的奥氏体晶界向内部扩展，这是粗晶导致表面裂纹的金属学机理。

3.3.2.2　γ晶粒粗化机制

关于钢中奥氏体晶粒长大的机理，实际上与热处理过程是一致的。高温条件下，由于原子的扩散能力增大，晶界是能量较高的区域，长时间保温时系统能量会趋于降低，晶界会自发地迁移，出现大晶粒吃掉小晶粒的现象。本质上来说，这是由铁原子和溶质原子扩散控制的，与温度和时间有关。

图3-33中显示了连铸坯表层奥氏体晶粒形貌特征[5]。由图中可见，连铸坯表面振痕处的奥氏体晶粒比正常区域要粗大。矫直过程中，振痕处粗晶结构的基体高温时的变形能力本来就差，加之应变集中的作用，使裂纹大多时候与振痕伴生出现。振痕和凹陷对奥氏体晶粒粗化的影响可以用图3-34来解释。由图中可见，当连铸坯表面比较平整时，热流密度也比较均匀，基体冷却较快，奥氏体晶粒比较细小；当出现凹陷或者振痕时，由于该位置坯壳和结晶器之间的保护渣或气隙宽度更大，热流密度比正常基体处显著降低，其长期处于高温状态，最终促进了奥氏体晶粒长大。

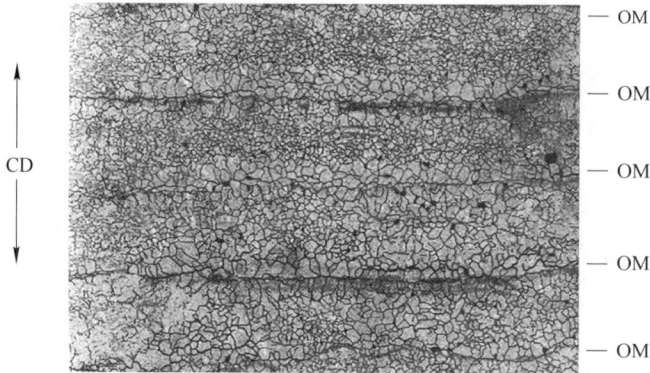

图3-33　连铸坯表层的奥氏体晶粒形貌

3.3.2.3　γ晶粒粗化模型描述

为了预测钢在连铸过程中奥氏体晶粒的长大趋势，不同学者根据实验室研究或现场试验结果，提出了一些拟合公式。Miettinen等[6]比较早地提出了能够反映连铸过程钢的奥氏体完全转变温度T_γ和冷却速率V_c影响γ晶粒尺寸（D_γ）的模型，表达式为：

$$D_\gamma = 21T_\gamma - 3152 \frac{\exp V_C}{1 + \exp V_C} - 25088 \tag{3-39}$$

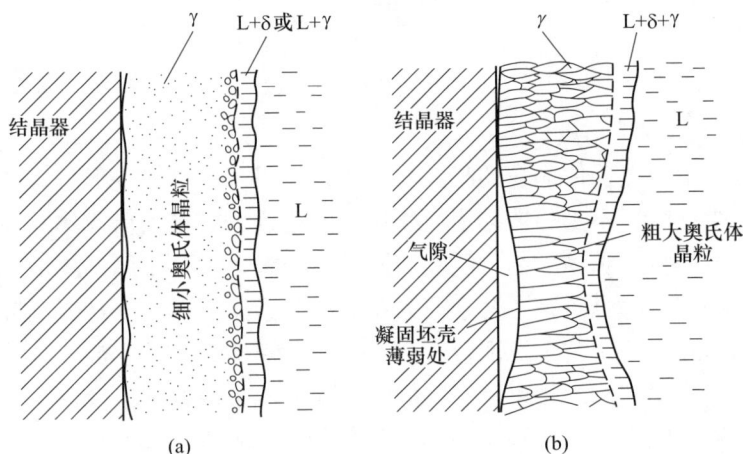

图 3-34 不同条件下连铸坯表面奥氏体晶粒尺寸

（a）平整坯壳；（b）凹陷坯壳

Bernhard 等[7]基于连铸坯或铸锭表层晶粒尺寸，在此模型上进行改进，得到以下公式：

$$D_\gamma = 9.1 T_\gamma - 3152 \frac{\exp V_C}{1 + \exp V_C} - 9044 \tag{3-40}$$

以 $V_C = 10\ ℃/s$ 计算时，改进后的模型能够较为准确地反映 C 当量与表层晶粒尺寸间的关系。

根据 Andersen 与 Grong[8]提出的基于扩散机制的晶粒长大动力学模型为：

$$\frac{dD_\gamma}{dt} = M_0^* \exp\left(-\frac{Q_{app}}{RT}\right)\left(\frac{1}{D_\gamma} - \frac{1}{k}q_p\right)^{\left(\frac{1}{n}-1\right)} \tag{3-41}$$

Bernhard 建立了适用于不同钢种 γ 晶粒长大的微分模型[7]：

$$\frac{dD_\gamma}{dt} = M_0^* \exp\left(-\frac{167686 + 40562[C_p]}{RT}\right)\left(\frac{1}{D_\gamma} - \frac{3}{4}q_p\right) \tag{3-42}$$

式中，M_0^* 为与晶界迁移率、晶界能有关的动力学项，$0.004\ m^2/s$；$[C_p]$ 为针对包晶凝固模式的碳当量（质量分数），%；k 为与初始晶粒尺寸有关的参数，可取 4/3；q_p 为与析出状态有关的钉扎力项，m^{-1}；t 为时间，s；n 为时间指数，最大为 0.5。

这一模型考虑了诸多因素，使预测不同碳当量钢种连铸坯表层 γ 晶粒的长大过程成为可能。Li 等[9]考虑了凝固温度附近析出的 TiN 颗粒对晶粒长大的作用，对式（3-42）进行修正得到：

$$D_\gamma = \left[12585\exp(0.3[C_p]) - 3152\,\frac{\exp V_C}{1 + \exp V_C} - 9044 \right](1 - 3458.6P_{Ti}^2 + 16.632P_{Ti})$$

$$(3\text{-}43)$$

式中，P_{Ti} 为 TiN 的析出量。

连铸过程中，奥氏体晶粒的长大与粗化特征对基体高温变形行为的影响非常关键。现场生产时，不少连铸坯表面横裂纹的形成均有粗大奥氏体晶粒特征，如何控制奥氏体晶粒生长已引起广泛关注。已有公式多为基于原子扩散和晶界迁移机理的连续模型，综合考虑了合金元素及其成分、奥氏体完全转变温度、冷却速率和析出相的影响。研究中发现，合金成分与奥氏体完全转变温度是最显著的两个因素，冷却速率和析出相也有一定的作用。一般来说，碳当量在 0.17% 附近的包晶钢，其奥氏体完全转变温度最高，某些钢种可接近 1500 ℃，奥氏体长大非常快，几秒钟到几十秒钟即可达到 1300 ℃ 几分钟到几十分钟的效果，而冷却速率实际上影响的是凝固之后铸态奥氏体晶粒在高温下的停留时间。根据扩散机制下的晶界迁移特征，即使某一温度下晶界迁移速率一定，保温初期的奥氏体晶粒尺寸比较小、晶界密度比较大，短时间内即可完成相邻晶粒的吞并，奥氏体晶粒长大速度最快；随着保温时间的延长，晶粒尺寸增大，晶界密度逐渐减小，晶粒长大时晶界迁移的时间增加，长大速度逐渐减小；当保温时间达到一定程度之后，晶粒粗化非常明显，晶界夹角接近平衡值，保温时间进一步增大不会引起晶粒尺寸的显著变化，长大速率逐渐接近于零。因此，连铸或模铸生产条件下，由于冷速调整窗口不大，1300 ℃ 以上高温条件下短时间内的奥氏体晶粒粗化非常快，主要发生在结晶器中，一般难以控制；二冷区铸坯表面温度一般在 900~1100 ℃，理论上长大速率较小，奥氏体晶粒粗化不会很明显。然而，对于板坯或大方坯来说，其拉速不高，二冷区停留时间为 15~30 min，甚至更长时间，这样的条件下奥氏体晶粒还会出现一定程度的粗化。根据国内一些学者的热模拟研究，对于某含 Nb 亚包晶高强钢板坯，结晶器出口处的奥氏体晶粒尺寸约为 300 μm，对应温度为 1100 ℃，二冷区结束时约为 600 μm，对应温度为 900 ℃。因此，较低温度下，连铸坯表层奥氏体晶粒长时间保温时还可能继续长大。值得说明的是，不同钢种的碳含量和合金含量不同，奥氏体完全转变温度不同，其基体晶界迁移速度不同，奥氏体晶粒长大趋势也不一致。当然，由于凝固过程中存在溶质显微偏析现象，还可能发生包晶相变收缩变形而引起额外的能量积累，尤其是块状转变的条件下，其奥氏体晶粒粗化与热处理扩散机制也有区别，现有模型中还未能考虑到上述问题。

3.3.2.4　包晶钢 γ 晶粒等温粗化动力学

本书作者团队对 γ 晶粒长大动力学进行了理论模型推导。当只考虑系统界面能降低作为晶粒长大驱动力时，晶界迁移速度为：

$$v = m_{\mathrm{I}}(P_{\mathrm{I}} - P_{\mathrm{Z}} - P_{\mathrm{D}}) \tag{3-44}$$

式中，m_{I} 为本质晶界迁移率，$\mathrm{m^4/(J \cdot s)}$；P_{I} 为晶界曲率决定的本质驱动力，Pa；P_{Z} 为析出粒子对晶界的 Zener 钉扎力，Pa；P_{D} 为溶质原子对晶界的拖曳力，Pa。

其中，P_{I} 可通过下式计算：

$$P_{\mathrm{I}} = 2\gamma_{\mathrm{gb}}\kappa \tag{3-45}$$

式中，γ_{gb} 为 γ 的晶界能，$\mathrm{J/m^2}$；κ 为晶界曲率，$\mathrm{m^{-1}}$。

对于多晶体系，以平均晶粒尺寸代表整体状态时，曲率可表示为平均尺寸（D_{m}）的函数，即：

$$P_{\mathrm{I}} = c_1 \frac{\gamma_{\mathrm{gb}}}{D_{\mathrm{m}}} \tag{3-46}$$

式中，c_1 为常数，一般取 2/3。

P_{Z} 与析出相状态有关，其描述为：

$$P_{\mathrm{Z}} = c_2\gamma_{\mathrm{gb}} \frac{f_{\mathrm{p}}}{r_{\mathrm{p}}} \tag{3-47}$$

式中，c_2 为常数；f_{p} 为析出相体积分数；r_{p} 为析出相半径，m。

当存在溶质拖曳作用时，为了简化计算，可采用时间指数 n 反映溶质与杂质元素的影响，此时晶界迁移速率与驱动力的关系可描述为：

$$v = m(P_{\mathrm{I}} - P_{\mathrm{Z}})^{\left(\frac{1}{n}-1\right)} \tag{3-48}$$

式中，m 为表观晶界迁移率，$\mathrm{m^4/(J \cdot s)}$；n 为时间指数，纯金属接近熔点时为理论值 0.5，一般情况下小于 0.5。

当钢中不含 Ti 元素或者含 Ti 析出相非常少时，即可忽略析出相对晶界的钉扎作用。将 $m = m_0\exp\left(-\dfrac{Q_{\mathrm{app}}}{RT}\right)$ 代入可得：

$$\frac{\mathrm{d}D_{\mathrm{m}}}{\mathrm{d}t} = 2m_0 \left(c_1\gamma_{\mathrm{gb}}\right)^{\left(\frac{1}{n}-1\right)} \exp\left(-\frac{Q_{\mathrm{app}}}{RT}\right)\left(\frac{1}{D_{\mathrm{m}}}\right)^{\left(\frac{1}{n}-1\right)} \tag{3-49}$$

式中，m_0 为表观晶界迁移率指前常数，$\mathrm{m^4/(J \cdot s)}$；Q_{app} 为晶粒长大的表观激活能，$\mathrm{J/mol}$。

碳钢的晶界能可粗略计算为：

$$\gamma_{\mathrm{gb}} = 0.8 - 0.35 \, [\%\mathrm{C}]^{0.68} \tag{3-50}$$

式中，$[\%\mathrm{C}]$ 为碳元素的质量百分数。

若设 $2m_0 \left(c_1\gamma_{\mathrm{gb}}\right)^{1/(n-1)}$ 为常数 A_1，则可得到：

$$\frac{\mathrm{d}D_{\mathrm{m}}}{\mathrm{d}t} = A_1\exp\left(-\frac{Q_{\mathrm{app}}}{RT}\right)\left(\frac{1}{D_{\mathrm{m}}}\right)^{\left(\frac{1}{n}-1\right)} \tag{3-51}$$

为了验证模型可靠性，对 M1、M2、M3 和 20Cr 四个钢种铸态奥氏体晶粒等温长大动力学进行了实验研究，具体成分见表 3-1，这些钢种的碳当量都在包晶点附近（0.16%~0.21%），初生奥氏体晶粒粗化显著。采用 DSC 测定上述四个钢种的 T_γ 温度分别为 1444 ℃、1469 ℃、1463 ℃和 1454 ℃。热处理实验采用马弗炉完成，设置温度为 1300 ℃到 T_γ，M1 和 M2 钢种间隔 50 ℃，M3 和 20Cr 间隔 25 ℃，每个温度下的处理时间分别设定为 10 s、30 s、60 s、120 s、300 s、600 s、900 s。试样于目标温度保温一定时间后迅速置入冷水中淬火。试样观测面经过磨抛处理，使用饱和苦味酸水溶液浸蚀出原始 γ 晶界，并采用金相显微镜采集晶粒照片。晶粒尺寸通过 Nanomeasure 软件进行测量，统计至少 1000 个（晶粒较小时）或 300 个（晶粒较大时）晶粒。

表 3-1　实验钢种的主要成分　　　　　　（质量分数,%）

钢种	C	Si	Mn	P	S	Cr	Ni	Mo	Nb	V	Ti	Al	Cu	N
M1	0.18	0.25	0.40	0.014	0.005	0.03	0.01	0.01	—	—	0.01	0.034	0.01	0.0036
M2	0.15	0.23	1.50	0.015	0.005	0.03	0.03	0.01	0.002	0.002	0.0009	0.032	0.020	0.0033
M3	0.14	0.23	1.52	0.008	0.002	0.04	0.10	0.01	0.023	0.001	0.012	0.038	0.09	0.0036
20Cr	0.22	0.30	0.90	—	0.014	1.2	0.15	0.01	—	—	0.001	0.035	—	0.0180

　　M1 和 20Cr 两个钢种在 1350 ℃与 1400 ℃分别保温 60 s、300 s 与 900 s 时的晶粒结构分别如图 3-35 与图 3-36 所示。可以看到，随着实验温度升高或时间增加，γ 晶粒尺寸逐渐增大。在整个过程中，γ 晶粒一直保持近似多边形特征。对

图 3-35　M1 钢在 1350 ℃保温 60 s（a）、300 s（b）、900 s（c）及 1400 ℃保温 60 s（d）、300 s（e）、900 s（f）时的 γ 晶粒结构

扫码看彩图

图 3-36　20Cr 钢在 1350 ℃保温 60 s（a）、300 s（b）、900 s（c）及 1400 ℃保温 60 s（d）、300 s（e）、900 s（f）时的 γ 晶粒结构

扫码看彩图

比两图可知，当温度为 1400 ℃时，M1 钢晶粒长大速度远大于 20Cr 钢，表现为相同时间下的晶粒尺寸更大，这可能与后者含有较多的 Cr、N 元素有关。

对不同钢种保温后的晶粒尺寸进行统计，平均尺寸变化如图 3-37 所示。可以直观地看到，M1 与 M2 两个钢种在温度较高时晶粒长大速度明显加快，最大尺寸可达到 1 mm 以上；M3 与 20Cr 钢在整个实验温度范围内晶粒长大都较慢，二者在 1400 ℃以下时晶粒尺寸变化情况接近，温度更高时则出现了分化。20Cr 钢在 1425 ℃与 1450 ℃保温时出现了异常现象，即相较于较低温度晶粒尺寸反而出现了下降。为了解释这一现象，对 1425 ℃和 1450 ℃两个温度下的试样状态进行检测发现，某些区域已出现熔化特征。因此，推测 20Cr 在高温时出现的异常现象与局部熔化有关。

对晶粒生长速度方程积分可得：

$$D_{\mathrm{m}}^{1/n} - D_0^{1/n} = A_1 \exp\left(-\frac{Q_{\mathrm{app}}}{RT}\right) t \tag{3-52}$$

式中，D_0 为初始晶粒尺寸，m。

多数情况下，初始尺寸对晶粒长大的影响很小。若忽略初始尺寸，并对式（3-52）两侧求对数，得到：

$$\ln D_{\mathrm{m}} = n\ln t - \frac{nQ_{\mathrm{app}}}{RT} + n\ln A_1 \tag{3-53}$$

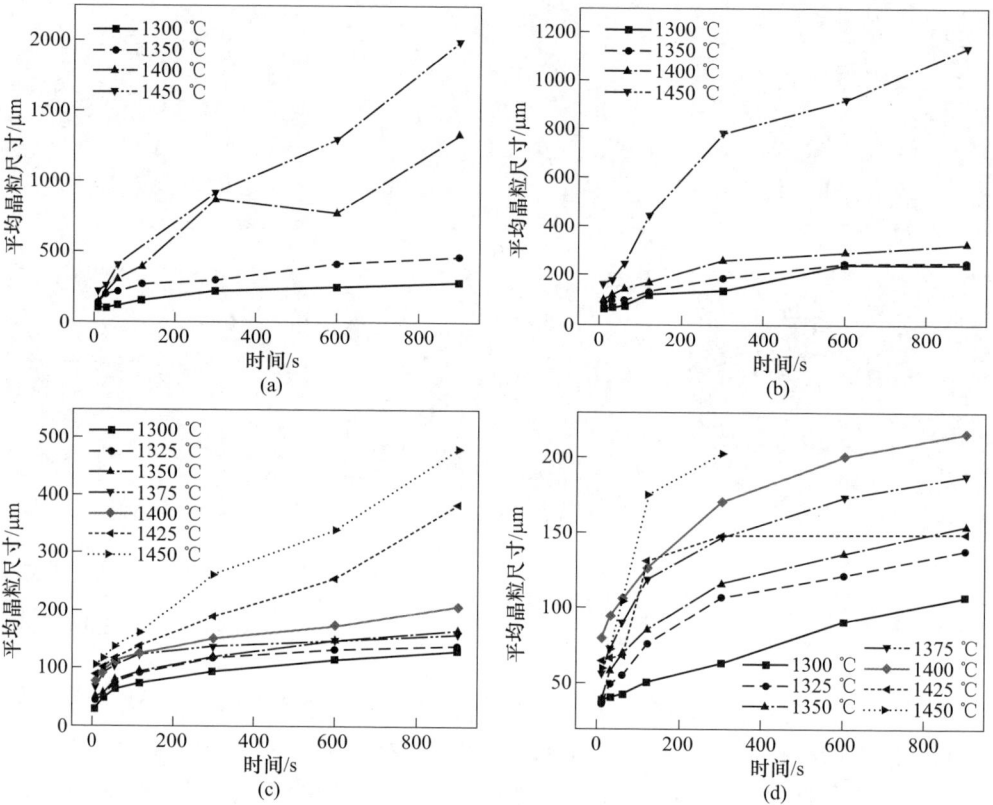

图 3-37　不同钢种等温过程的 γ 晶粒尺寸
（a）M1；（b）M2；（c）M3；（d）20Cr

　　因此，同一温度下，$\ln D_m$ 对 $\ln t$ 的斜率即为 n 值，截距为 $n\ln A_1 - nQ_{app}/(RT)$ 值；同一时间下，$\ln D_m$ 对 $[-1/(RT)]$ 的斜率则为 nQ_{app} 值。

　　由回归分析可以得到实验钢种的相关参数值，结果见表 3-2。其中，20Cr 钢仅对 1400 ℃ 以下的数据进行回归。可以看到，与晶粒尺寸变化规律一致，M1 与 M2 钢在实验温度范围内存在两个不同的温度区间。其中，温度较高时，时间指数 n 达到理想值 0.5，晶粒长大迅速。对于 M3 与 20Cr 钢，由于钢中含有较多的 Nb 或 Cr 元素，在实验温度范围内 n 均保持在 0.3 左右，晶粒长大缓慢。将回归参数值带入本书作者团队提出的晶粒长大动力学模型 [式（3-51）] 即可得到四个钢种等温条件下 γ 晶粒长大的数学描述，其中 M1 与 20Cr 钢的模型计算结果与实验数据间的对比如图 3-38 所示。可以看到，除 20Cr 在 1425 ℃ 以上不符外，此模型能够很好描述等温条件下的 γ 晶粒长大。

表 3-2 四个钢种 γ 晶粒等温长大动力学模型参数

钢种	$T/℃$	n	n_{ave}	Q_{ave}	lnA_1
M1	1300	0.27	0.265	827547	25.34
	1350	0.26			
	1400	0.50	0.500	301142	−2.34
	1450	0.50			
M2	1300	0.36	0.313	344233	−7.50
	1350	0.29			
	1400	0.29			
	1450	0.5	0.50		3.86
M3	1300	0.33	0.262	545901	2.76
	1325	0.29			
	1350	0.28			
	1375	0.19			
	1400	0.22			
	1425	0.32	0.335	545901	9.71
	1450	0.35			
20Cr	1300	0.23	0.272	669165	10.57
	1325	0.31			
	1350	0.30			
	1375	0.28			
	1400	0.24			

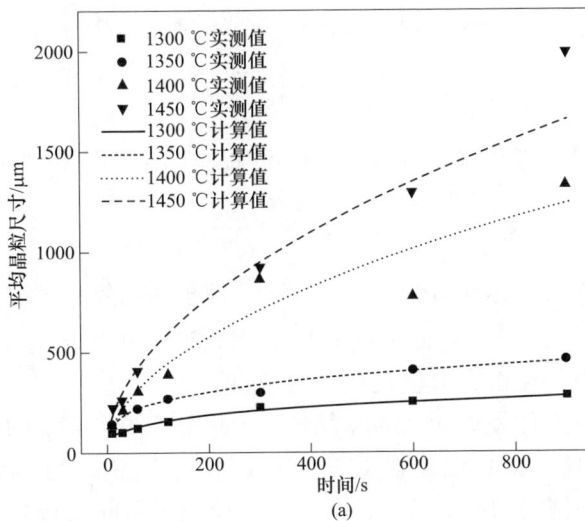

(a)

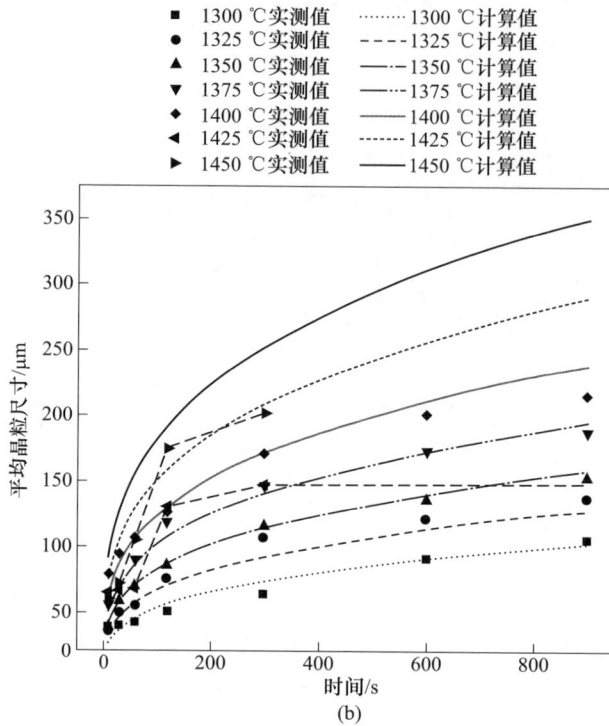

■ 1300 ℃实测值	……… 1300 ℃计算值
● 1325 ℃实测值	- - - - 1325 ℃计算值
▲ 1350 ℃实测值	—— 1350 ℃计算值
▼ 1375 ℃实测值	—— 1375 ℃计算值
◆ 1400 ℃实测值	—— 1400 ℃计算值
◀ 1425 ℃实测值	- - - 1425 ℃计算值
▶ 1450 ℃实测值	—— 1450 ℃计算值

图 3-38　模型与实测结果对比

(a) M1；(b) 20Cr

3.3.2.5　包晶钢 γ 晶粒不同冷却下的粗化模型与机制

根据时间指数范围可知，只有高温 $[(T_\gamma - 50) \sim T_\gamma]$ 下 n 才可能等于 0.5，此时是理想晶体的长大行为。根据前述公式，可进一步简化为：

$$\frac{\mathrm{d}D_\mathrm{m}}{\mathrm{d}t} = 2m_\mathrm{I} \frac{c_1 \gamma_\mathrm{gb}}{D_\mathrm{m}} \tag{3-54}$$

其中的本质晶界迁移率 m_I 可按 Turnbull 提出的系数估算[10]：

$$m_\mathrm{I} = \beta \frac{\delta_\mathrm{gb} D_\mathrm{gb} V_\mathrm{m}}{b^2 RT} \tag{3-55}$$

式中，δ_gb 为晶界宽度，取 1×10^{-9} m；D_gb 为 Fe 原子的晶界自扩散系数，m^2/s；V_m 为 Fe 原子摩尔体积，m^3；b 是 Burger 矢量，取 2.5×10^{-10} m；β 为反映合金中溶质或杂质元素影响的系数，取值在 $0 \sim 1.0$ 之间。

对于由低温铁素体发展而来的 γ 晶粒，理想晶粒长大需要的温度在钢种间存在差异。例如，M1 钢的该温度在 1350 ~ 1400 ℃，M2 钢约为 1450 ℃；而 M3 与 20Cr 钢，该温度则高于 1450 ℃。若初生 γ 晶粒遵循相同的行为，那么对一些钢种而言，整个晶粒粗化都将在缓慢的速度下进行，最终无法形成粗大晶粒。因此，初生 γ 晶粒的长大行为与由低温铁素体相变得到的 γ 晶粒不同。

连铸坯或铸锭表层形成的粗大 γ 晶粒说明，实际凝固时晶粒的长大速度应当高于 M1 与 M2 钢实测的最大速度。在溶质拖曳理论中，当晶界移动较快或拖曳强度较小时，溶质原子在晶界的吸附将无法持续，使得拖曳作用微弱，二者接近线性关系，即接近理想晶粒长大。考虑到凝固完成后钢中置换元素的分布几乎不发生变化，初生 γ 晶粒长大时的溶质状态应当与等温实验中相似。尽管在等温条件下钢种间发生理想晶粒长大的温度存在差异，但在足够大的长大速度下，初生 γ 晶粒应当以理想晶粒长大的形式发生粗化。同时，对大多数钢种而言，在 T_γ 附近时几乎不存在纳米级的析出颗粒。因此，可以用式（3-54）和式（3-55）描述高温时初生 γ 晶粒的长大。

随着温度降低与晶粒尺寸的增大，晶粒长大速度逐渐减小，到一定程度后溶质拖曳作用将变得显著。此外，钢中析出颗粒也开始出现，二者作用使得晶粒长大速度下降，时间指数 n 与迁移率 m 降低。根据等温晶粒长大实验结果，其温度在不同钢种间也存在差异。低于此温度后，晶粒长大应在上面公式的基础上考虑钉扎作用，其中 n 小于 0.5。

A 缓慢冷却凝固初生 γ 晶粒粗化模型与机制

由于缓慢冷却过程中，晶粒长大主要在高温进行，在分析时不考虑动力学条件的改变。Maehara 等[11]以 0.28 ℃/s 的缓慢冷却条件对初生 γ 晶粒长大进行研究，发现晶粒尺寸在降温过程中连续变化；Ohno 等[12]也得到了相似的实验结果。根据文献中的冷却速率，图 3-39 为由式（3-51）计算得到的 γ 晶粒尺寸变化。其中，初始晶粒尺寸为 100 μm[7]，T_γ 根据实验数据设置为 1450 ℃。计算结

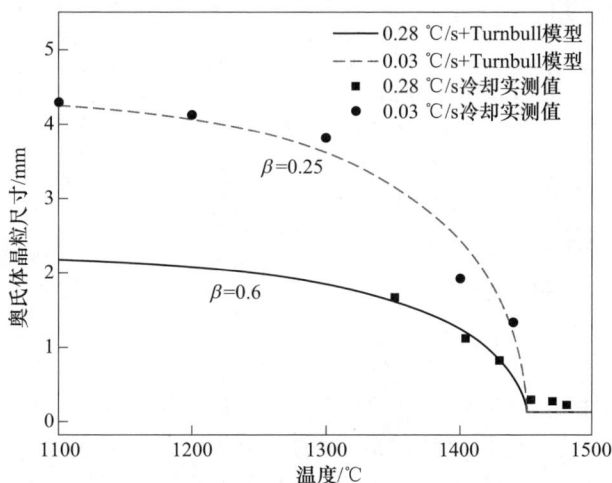

图 3-39 缓慢冷却凝固条件下初生 γ 晶粒的预测值与实测结果

果表明，当 β 分别为 0.6 与 0.25 时，模型与实验数据吻合较好。此外，M1 与 M2 钢在理想晶粒长大发生时，β 分别为 0.23 与 0.1。这说明，缓慢冷却凝固时初生 γ 晶粒的长大行为可由理想晶粒长大模型描述，即由扩散控制的晶界迁移。

B　快速冷却凝固初生 γ 晶粒粗化模型与机制

a　基于扩散方式的 $\delta \rightarrow \gamma$ 相变

冷却速率较大时，式（3-51）的模型计算结果与实际不符。在 5 ℃/s 及 10 ℃/s 冷却速率下，式（3-51）计算得到的 γ 晶粒尺寸变化如图 3-40 所示。其中，初始晶粒尺寸设置为 100 μm[7]，T_γ 设置为 1460 ℃。计算表明，即使在最大迁移率（$\beta=1$）情况下，以 5 ℃/s 冷却时最终得到的晶粒尺寸也仅为 700 μm，与连铸坯表层的实际晶粒尺寸相距甚远。采用 Bernhard 模型计算时，也得到了相似的结果。考虑到结晶器内连铸坯表层冷速不低于 5 ℃/s，若以此模型得到粗大的 γ 晶粒，就需要在出结晶器后发生晶粒的继续长大，这也是 Bernhard 模型认为在出结晶器后 γ 晶粒可显著粗化的原因。然而，该模型以 $n=0.5$ 描述整个温度范围，这将高估温度较低时的晶粒粗化程度。前文已经讨论，在远离 T_γ 后，除析出颗粒的钉扎以外，溶质元素的拖曳作用也会对晶粒长大产生影响。随着时间指数 n 的降低，在较低温度下 γ 晶粒的粗化会受到较大的限制。因此，实际过程中 γ 晶粒的粗化应当在较高温度下完成，其长大速度应高于式（3-51）的计算结果。

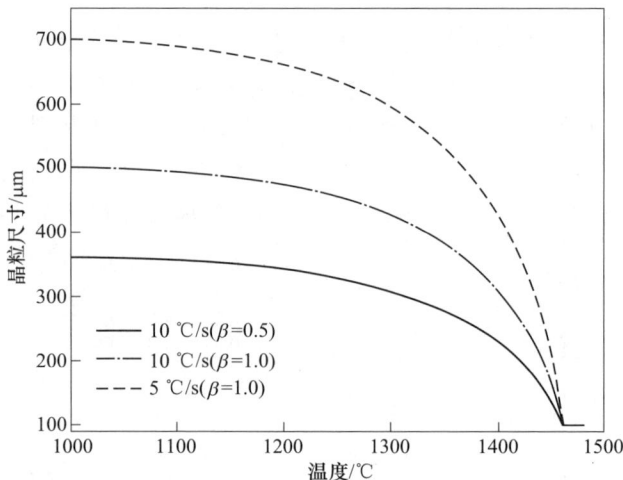

图 3-40　快速冷却凝固条件下初生 γ 晶粒尺寸的预测结果

在式（3-51）基础上，若将晶界移动速度增大不同倍数，以 5 ℃/s 或 10 ℃/s 冷却至 1000 ℃时的晶粒尺寸计算结果如图 3-41 所示。其中，初始晶粒尺寸、T_γ 设置与图 3-40 一致，基础晶界迁移率中 β 取 0.5。可见，在两种冷速下，晶界移动速度增大 4 倍或 8 倍以上时，才能在快速冷却时得到尺寸在 1 mm 以上的晶粒。

本书作者团队对初始晶界曲率和非均匀分布与快冷条件下 γ 晶粒粗化的关系

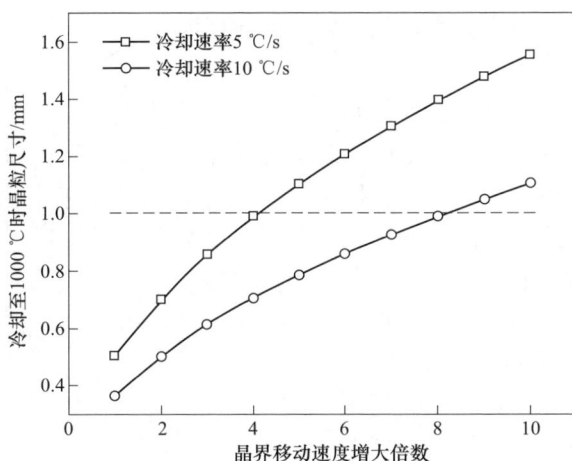

图 3-41   不同晶界移动速度下的奥氏体晶粒尺寸

进行了理论与模型分析，发现二者均不能完好地解释连铸坯表层粗大奥氏体晶粒的形成过程。因此，常规扩散机制下发生包晶相变进而形成的初生 γ 晶粒，难以通过晶界迁移达到实际的粗化效果。

b   基于块状转变方式的 δ→γ 相变

近年来，包晶相变的块状转变机制逐步引起学者的关注，不少研究中认为这种模式下基体中会出现额外的能量积累，进而为之后的晶粒粗化提供驱动力。考虑这个能量时，晶界迁移的本质驱动力可表达为：

$$P_I = P_c + P_e \tag{3-56}$$

式中，P_c 为曲率项的驱动力；P_e 为弹性应变能的驱动力。

根据 X 射线衍射透射研究结果[13]，块状转变形成的应变在 γ 晶粒充分粗化后得到显著释放，说明其为基体中存在的弹性应变。应变诱导晶界迁移由 Beck 和 Sperry[14] 首次发现于高纯 Al 中，随后在多种材料、多种晶粒尺度下得到了实验证实[15-16]。Paggi 等[16] 通过背散射电子衍射对 AISI 304L 不锈钢在静态及动态再结晶过程中的晶粒长大与应变分布进行了研究，发现单纯以界面能减少驱动晶粒长大时，晶粒长大速度将远小于实验结果。此外，应变分布表明，晶界经过的区域留下了较低的位错密度[16]。也就是说，应变诱导晶界迁移消耗了应变能，使晶粒内部取向差减小。

式（3-56）中的应变能项由弹性应变能的不均匀引起。Schönfelder 等[17] 基于分子动力学对 Cu 双晶体的晶界移动进行研究，得到：

$$P_e = \Delta E_{el} \tag{3-57}$$

式中，ΔE_{el} 为晶界两侧弹性应变能量密度的差异，Pa。

由 Paggi 等的实验结果可知，应变诱导下晶界迁移途经区域的应变能得以消耗。若晶界经过前应变能分布均匀，ΔE_{el} 可计算为：

$$\Delta E_{el} = f_{el} - f'_{el} \tag{3-58}$$

式中，f_{el} 为晶界经过前的应变能密度，Pa；f'_{el} 为晶界经过后的应变能密度，Pa。

微观尺度下，材料中的应变能表现为原子排布与所属晶粒取向间的差异。当晶界经过时，根据相邻晶粒取向，原子会发生重新排列。这一过程中，可以假设重排后原子排布与晶粒取向的差异程度与原始差异程度成正比，即原始取向差异越大，晶界经过后的取向差异也越大。由此可得：

$$\Delta E_{el} = f_{el} - f'_{el} = f_{el} - c_3 f_{el} = (1 - c_3) f_{el} \tag{3-59}$$

式中，c_3 为常数。f_{el} 可通过下式计算：

$$f_{el} = \frac{1}{2}\sigma \cdot \varepsilon \tag{3-60}$$

式中，σ 为应力张量，Pa；ε 为应变张量。

应力应变之间的关系为：

$$\sigma = M\varepsilon \tag{3-61}$$

式中，M 为弹性模量。

对于某空间位置，将其受力状态简化为单轴变形时，等效应力与位错密度的关系为：

$$\sigma_{eq} = \psi G_M b_a \rho^{0.5} \tag{3-62}$$

式中，ψ 为材料常数；G_M 为剪切模量；b_a 为滑移方向的原子间距；ρ 为位错密度。

因此，根据式（3-61）和式（3-62）可得：

$$f_{el} = c_4 \rho \tag{3-63}$$

式中，c_4 为与材料有关的常数。

由此，应变能可表示为：

$$\Delta E_{el} = (1 - c_3) c_4 \rho \tag{3-64}$$

考虑到初始位错密度 ρ_0 时，式（3-64）可表示为：

$$\Delta E_{el} = c_3^{n_{el}} (1 - c_3) c_4 \rho_0 \tag{3-65}$$

式中，n_{el} 为某点晶界经过的总次数，或称为应变能消耗次数。

将式（3-65）代入晶界本质驱动力公式（3-56），可得：

$$P_I = 2\gamma_{gb}\kappa + c_3^{n_{el}} c_4 (1 - c_3)\rho_0 = 2\gamma_{gb}\kappa + C_{el} k_{el}^{n_{el}} \tag{3-66}$$

式中，k_{el} 为常数 c_3；C_{el} 为与初始应变能密度有关的参数，Pa。

将式（3-66）代入式（3-51）即可得到考虑应变驱动力的晶粒长大模型。当以系统整体的应变能消耗次数描述应变能消耗时，可得到：

$$\frac{dD_m}{dt} = 2m_I\left(\frac{c_1\gamma_{gb}}{D_m} + C_{el} k_{el}^{n_{el}^T}\right) \tag{3-67}$$

式中，D_m 为 γ 晶粒平均尺寸，m；m_I 为本质晶界迁移率，$m^4/(J \cdot s)$；γ_{gb} 为晶

界能，J/m^2；c_1 为常数，取 2/3；t 为时间，s；n_{el}^T 为系统整体应变能消耗次数，与晶界经过次数的平均值有关。

根据初生 γ 晶粒长大动力学分析，这里已经假设 n 值为 0.5 时的理想长大，该模型考虑的是块状转变对 γ 晶粒长大的影响，是高温快冷条件下的粗化过程。对于较低温度下的溶质拖曳和析出相钉扎作用，则需要确定具体的长大特征转变温度，如本章前述实验中的 1350 ℃，之后对参数进行调整即可。高温快冷条件下的 γ 晶粒长大模型考虑了块状转变引起的弹性应变能，但包括了 m_I、γ_{gb}、C_{el}、k_{el} 和 n_{el}^T 五个参数，这里还需要一定的实验数据来回归。为此，以 20Cr 钢为研究对象，开展了不同冷速下高温阶段的 γ 晶粒长大实验，具体方案见表 3-3。

表 3-3　20Cr 钢不同条件的凝固冷却试验

方案	实 验 方 法	冷 却 条 件
1		10 ℃/min 随炉冷却至 1350 ℃空冷
2		18 ℃/min 随炉冷却至 1350 ℃空冷
3		22 ℃/min 随炉冷却至 1350 ℃空冷
4	电阻炉+氧化铝坩埚	1350 ℃环境中冷却 10 min 空冷
5		1100 ℃环境中冷却 10 min 空冷
6		900 ℃环境中冷却 10 min 空冷
7		空冷
8	感应炉熔化+铸铁模子	空冷

通过数值模拟，确定距试样边部 5~10 mm、距离底部 5 mm（方案 1~7）和距底部 30 mm（方案 8）观测位置的冷速具有由大到小的规律（图 3-42），具体数据见表 3-4。

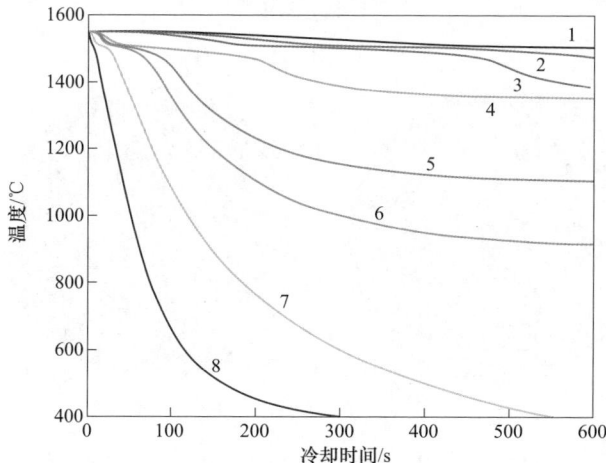

图 3-42　不同冷却方案下目标观测位置的冷却曲线

表 3-4　不同方案观测位置的冷却速率　　　　　　（℃/s）

方案	1	2	3	4	5	6	7	8
v_c	0.153	0.264	0.309	0.483	1.455	1.947	3.595	9.762

图 3-43 为不同冷却方案下 20Cr 的初生 γ 晶粒形貌。图 3-44 为方案 1~3 试样方框内的金相组织，其 γ 晶粒结构以膜状铁素体来确定。对于方案 1~3，其奥氏体晶粒尺寸基本不超过 1 mm，且整体变化不大。当冷速较小时，枝晶界面与奥氏体晶界有一定的重合，如图中的箭头所示。图 3-45 为方案 4~7 试样的 γ 晶粒形貌，

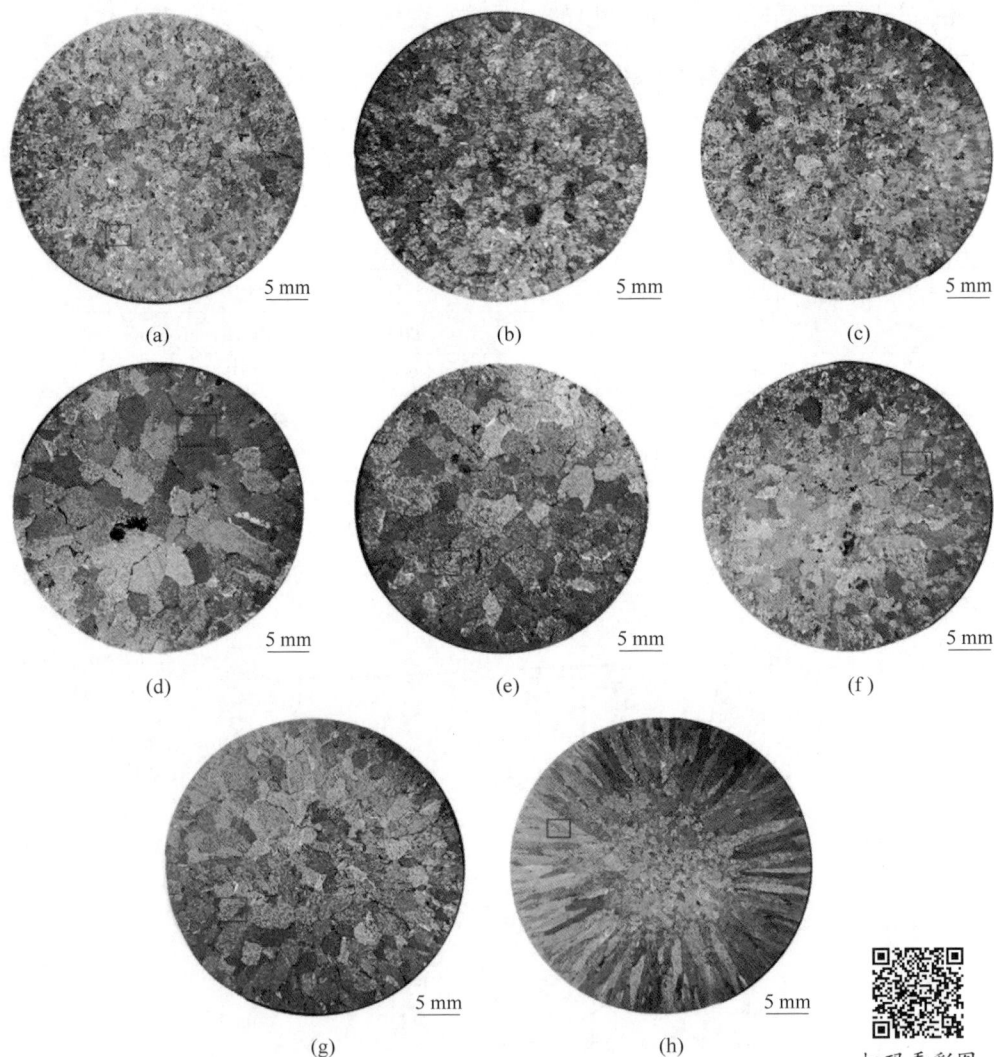

图 3-43　不同方案下 20Cr 试样的 γ 晶粒形貌
（a）~（h）分别对应方案 1~8

扫码看彩图

已用红色虚线标记出来。不同方案下，γ 晶粒尺寸基本都在 1 mm 以上。随着冷速增大，奥氏体晶粒尺寸有所降低。

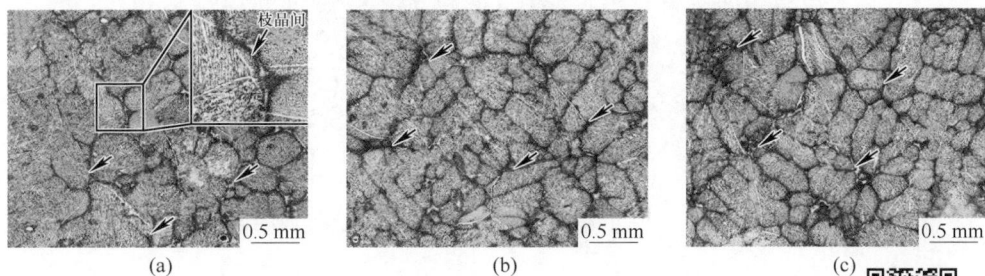

图 3-44 方案 1~3 的局部金相组织

（a）方案 1；（b）方案 2；（c）方案 3

扫码看彩图

图 3-45 方案 4~7 的局部金相组织

（a）方案 4；（b）方案 5；（c）方案 6；（d）方案 7

扫码看彩图

　　图 3-46（a）为方案 8 对应的微观组织照片。在比较大的温度梯度下，原始 γ 晶粒结构已接近于连铸坯表层区域，呈现为粗大柱状形貌，其横轴尺寸可达 1 mm 作用。图 3-46（b）给出了方案 7 中试样表层区域的组织情况。对比可以看到，在空冷时，尽管表层处的凝固组织为明显的柱状晶，但 γ 却为等轴晶粒，几乎不存在柱状特征，这说明 γ 晶粒与 δ 枝晶的 CET 结构不对应。

　　图 3-47 为不同冷却方案下 γ 晶粒的人工处理结果，以便观察和对比。根据实验结果，在冷却强度较小时，原始 γ 晶粒尺寸较小且变化不大；随着冷却强度

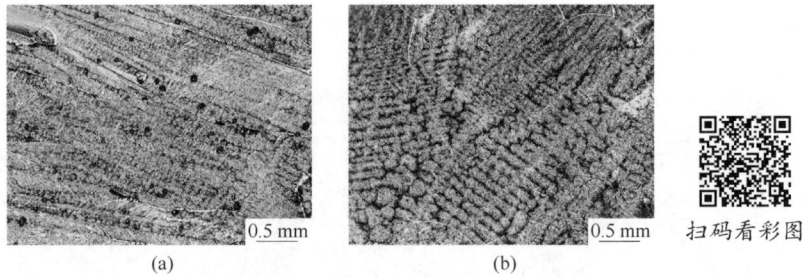

(a)　0.5 mm　　(b)　0.5 mm　　扫码看彩图

图 3-46　方案 8（a）和方案 7（b）的局部金相组织

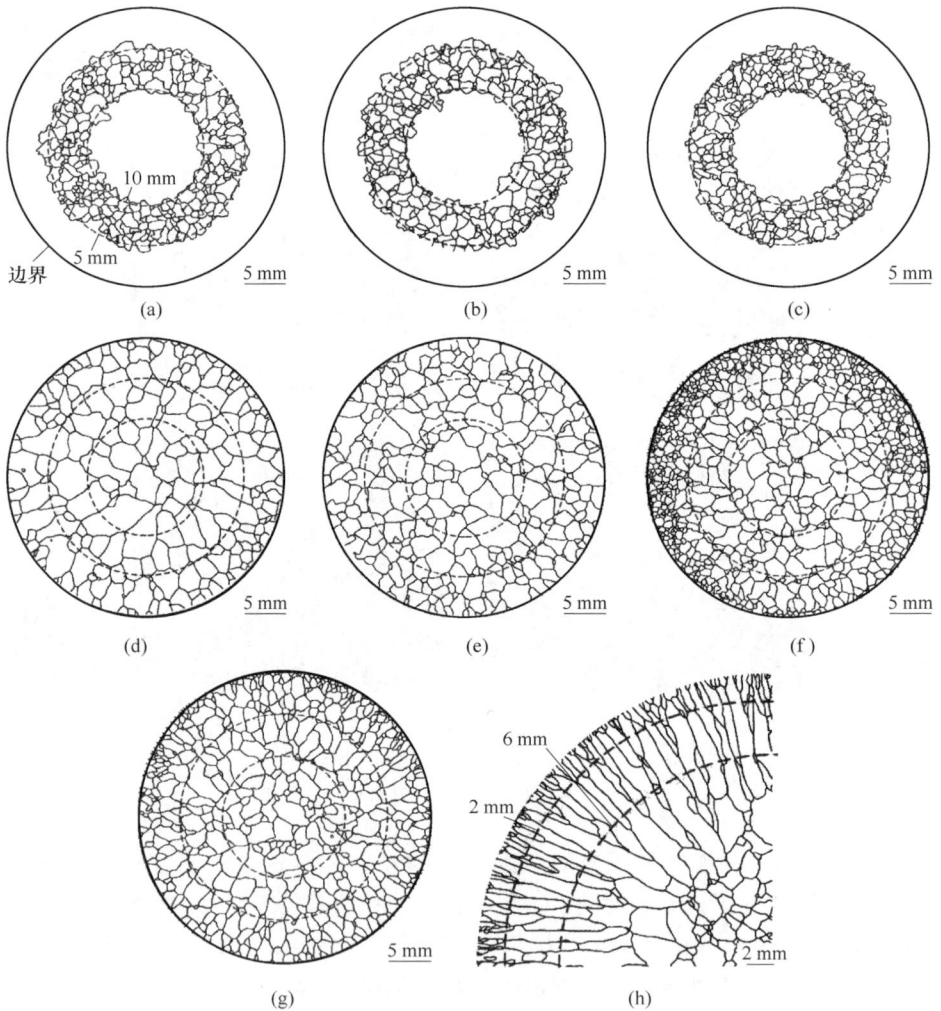

(a)　(b)　(c)

(d)　(e)　(f)

(g)　(h)

图 3-47　不同方案下试样 γ 晶粒的人工处理结果

（a）~（h）分别对应方案 1~8

的增加，γ 晶粒先是显著粗化，然后随冷却强度增大而逐渐减小。γ 晶粒在方案 1~7 中为等轴状，在方案 8 中则柱状形貌显著。此外，在方案 6 中观察到了反常的组织特征。基于温度场计算，在方案 1~7 中，试样由表及里的温度历程差异较小；从图 3-47 中也可看到，在方案 4、方案 5 及方案 7 中，试样晶粒尺寸相对均匀，与温度计算结果一致。然而，在方案 6 中，试样内部晶粒尺寸较大，而在表层区域则存在极为细小的晶粒。考虑到该区域冷却强度不会超过方案 7，这一反常现象可能与初生 γ 晶粒长大以外的因素有关，具体原因尚不清晰，但其不影响对 γ 晶粒尺寸的统计。

对图 3-48 中虚线标示区域的原始 γ 晶粒尺寸进行测量及统计，得到各冷却方案下的初生 γ 晶粒平均尺寸，见表 3-5。结合表 3-4 中给出不同方案下的平均冷却速率，其与 γ 晶粒尺寸间的关系如图 3-48 所示。可以看到，当冷速在 0.483 ℃/s 以上时，γ 晶粒尺寸随着冷速的增大而减小；当冷速在 0.483 ℃/s 以下时，γ 粒尺寸迅速减小，也随冷速增大呈减小的趋势。

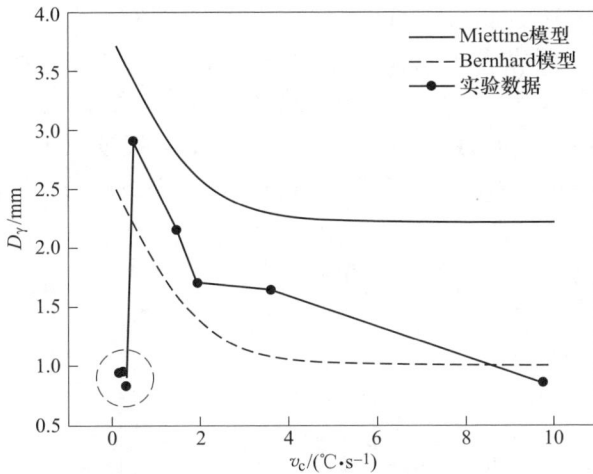

图 3-48 不同方案下的奥氏体晶粒尺寸实验结果与文献模型预测结果

表 3-5 不同方案下的 γ 晶粒尺寸

方案	1	2	3	4	5	6	7	8
γ/mm	0.949	0.955	0.830	2.903	2.143	1.693	1.648	0.865

以 Miettine 和 Bernhard 建立的模型为例，图 3-48 中给出了模型计算结果与实验数据之间的对比。可以看到，在冷速高于 0.483 ℃/s 的范围内，模型预测与实验结果趋势相同，γ 晶粒尺寸随着冷速增大而减小，且实测值分布在两个模型预测值的中间区域。然而，当冷却速率低于 0.483 ℃/s 时，γ 晶粒尺寸明显脱离这

一规律，远小于模型的预测结果。

因此，在不同的冷却强度下，初生 γ 晶粒应当存在两种长大机制。在每种机制下，随着冷却速率的增大，初生 γ 晶粒尺寸逐渐减小；在长大机制发生切换时，二者对应的晶粒尺寸差异巨大，从而造成上图 3-48 中曲线的非单调变化。从实验结果还可得知，两种机制发生切换的临界冷速非常小。对于 20Cr 钢而言，临界冷速应当在 0.309 ~ 0.483 ℃/s。如此低的临界冷却强度意味着，钢在实际凝固中基本都以第二种机制发生 γ 晶粒粗化，这使得图 3-48 中所示的经验模型均适用于冷速较快的情况。

若假设 T_γ 为 1450 ℃，且 γ 晶粒粗化主要发生在 1375 ℃ 以上，由实验数据可估算出晶粒的平均长大速度，如图 3-49 所示。可以看到，在方案 1 ~ 3 中，晶粒长大速度较小，约为 0.005 mm/s。在方案 4 ~ 8 中，晶粒长大速度明显增大，除方案 4 以外，均保持在 0.1 mm/s 附近水平。根据 Maehara 报道的以 0.28 ℃/s 冷却时初生 γ 晶粒尺寸的变化过程，可估算出在 1450 ~ 1375 ℃ 范围内其晶粒平均长大速度为 0.004 mm/s。因此，可以确定在缓慢冷却时初生 γ 晶粒将以一种较慢的机制发生长大。同时，以 Bernhard 建立的 γ 晶粒长大模型进行计算，得到以 10 ℃/s 冷却时的平均晶粒长大速度为 0.054 mm/s。可以看到，该值仍远小于方案 5 ~ 8 中的实验数据。由此可见，在描述连铸坯表层 γ 晶粒长大时，需要远高于 Bernhard 模型计算值的晶界移动速度。因此，在冷速较快时考虑块状转变能量变化的初生 γ 晶粒长大机制，应当是解析连铸坯表层 γ 晶粒粗化行为的关键。

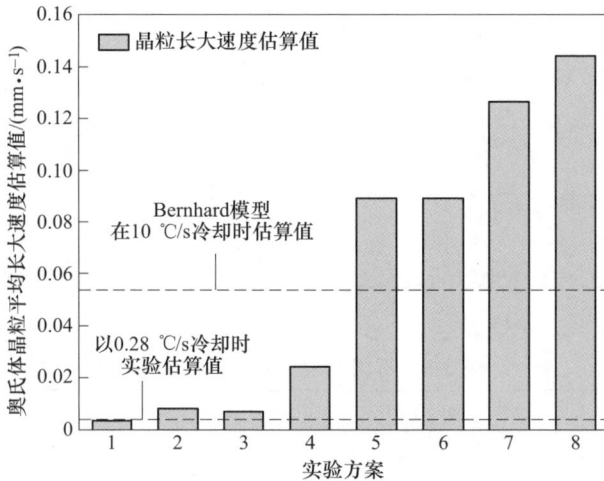

图 3-49　不同方案下 γ 晶粒长大速率的实测结果和文献模型结果

根据上述实验结果，可以对 δ→γ 块状转变模式下能量积累引起 γ 晶粒粗化的模型参数进行反算或拟合[18]。

（1）$n_{\mathrm{el}}^{\mathrm{T}}$ 的确定。根据多相场模拟，系统整体的应变能消耗次数 $n_{\mathrm{el}}^{\mathrm{T}}$ 与某点晶界的经过平均次数或晶粒取向改变次数的平均值 $\bar{n}_{\mathrm{el}}$ 应呈正相关性，因此可以简单处理为线性函数，即：

$$n_{\mathrm{el}}^{\mathrm{T}} = k_{\mathrm{n}} \bar{n}_{\mathrm{el}} \tag{3-68}$$

式中，k_{n} 为系数。

对于晶粒长大而言，通过回归平均可取为 4.07。

通过相场模拟结果拟合，可以得到：

$$\bar{n}_{\mathrm{el}} = 1.619\ln\left(\frac{D_{\mathrm{m}}}{D_0}\right) + 0.1614 \tag{3-69}$$

（2）β 的确定。根据前述分析，缓慢冷却条件下初生 γ 相由扩散控制包晶相变得到，在晶粒长大时不需要考虑应变能作用。因此，结合实验方案 1~3 的结果，可得到 20Cr 钢参数 β 的合理值。

在此之前，需要首先确定 20Cr 钢在扩散控制相变下的 T_{γ}。由 Thermo-Calc 计算得到该钢种在平衡条件及 Scheil 模型中的凝固过程，如图 3-50 所示。计算表明，20Cr 钢为过包晶钢，在凝固时首先出现高温铁素体 δ，并在包晶反应后剩余的液相 L 通过包晶凝固转变为 γ 相，由此得到平衡态 T_{γ} 为 1449 ℃，与之前 DSC 曲线确定的温度相近。然而，在 Scheil 模型中，凝固完成温度大幅滞后，以固相率为 0.995 作为凝固终点可得到 T_{γ} 为 1416 ℃。由于在 Scheil 模型中未考虑 δ 相中的溶质逆扩散，实际的凝固过程应在平衡态与 Scheil 模型计算结果之间，因此，计算中设置中间值约为 1435 ℃。

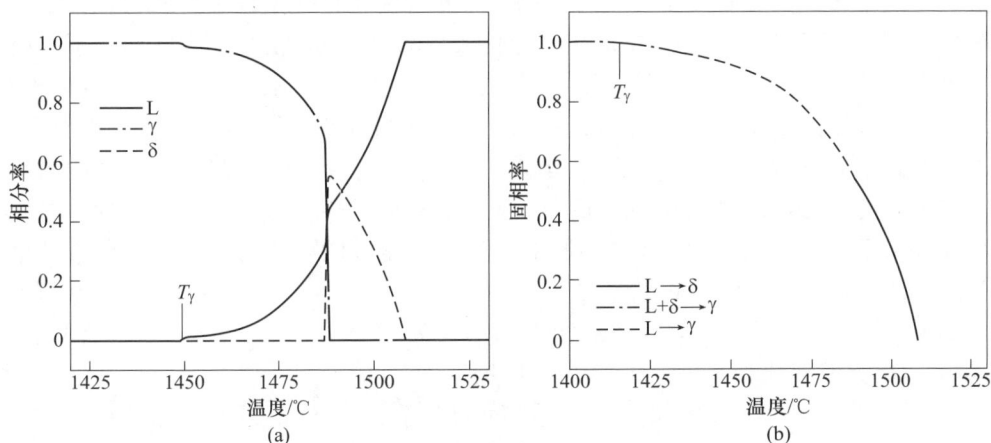

图 3-50　20Cr 钢的凝固冷却曲线

（a）平衡条件；（b）Scheil 模型

根据传热模型的计算结果，由式（3-55）可计算得到方案 1~3 中初生 γ 晶粒的长大过程，如图 3-51 所示。从计算结果可以看到，方案 1 对应的 β 最小；而方案 2 与方案 3 中，β 明显增大，这可能与枝晶结构和溶质显微偏析有关。在方案 4~8 的快速冷却条件下，与方案 2 和 3 更接近。在后续分析中，以方案 2 与方案 3 对应 β 的平均值进行计算，即 $\beta = 0.606$。

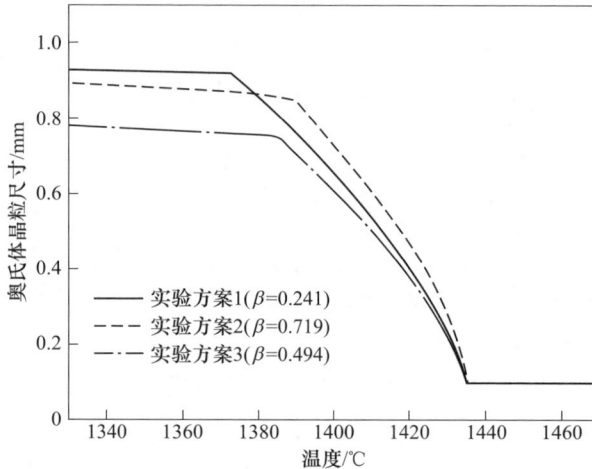

图 3-51　不同方案下的模型计算结果

（3）C_{el} 和 k_{el} 的确定。在得到 n_{el}^{T} 与 β 后，由实验方案 4~8 的温度历程及初生 γ 晶粒尺寸可得到式（3-67）中参数 C_{el} 与 k_{el} 的合适数值。需要注意的是，尽管前面已经得到了 20Cr 钢在扩散控制相变下的 T_{γ}，但在发生块状转变时，γ 相的形核与完全形成温度将发生改变。因此，需要对块状转变条件下 20Cr 钢的 T_{γ} 温度进行测定。通过 DSC 实验获得 20Cr 钢在 5~60 ℃/min 相变温度发现，不同的测试中块状转变开始温度分散于 1379~1436 ℃。对 10 次测试结果进行统计发现，块状转变开始温度主要集中在 1420~1430 ℃，研究中取 1425 ℃。

在确定 C_{el} 和 k_{el} 时，由于只有一组实验数据，理论上应存在一系列合适的参数值。因此，通过计算机程序对 C_{el} 在 0.01~100000 MPa、k_{el} 在 0.01~1 变化时模型计算结果与实验值间的差值进行计算，以获得全部的合适搭配。模型计算结果与实验值间的差值由下式评估：

$$\text{error} = \sum (D_{c} - D_{m})^{2} \tag{3-70}$$

式中，D_{c} 为模型计算结果；D_{m} 为实测结果。

典型区间参数组合与模型计算偏差间的关系如图 3-52 所示。可以看到，在所设置的参数范围内存在一个连续分布的参数组合，使得模型计算结果与实验数据间的差异最小。

图 3-53 为 C_{el} 变化时，可取得最小计算偏差及相应的 k_{el}。可见，在 10000 MPa 以下时，随着 C_{el} 的增大，最小计算偏差逐渐降低，并在 1000 MPa 附近保持较低水平。然而，当 C_{el} 进一步增加时，计算偏差重新增大。在整个过程中，最小偏差对

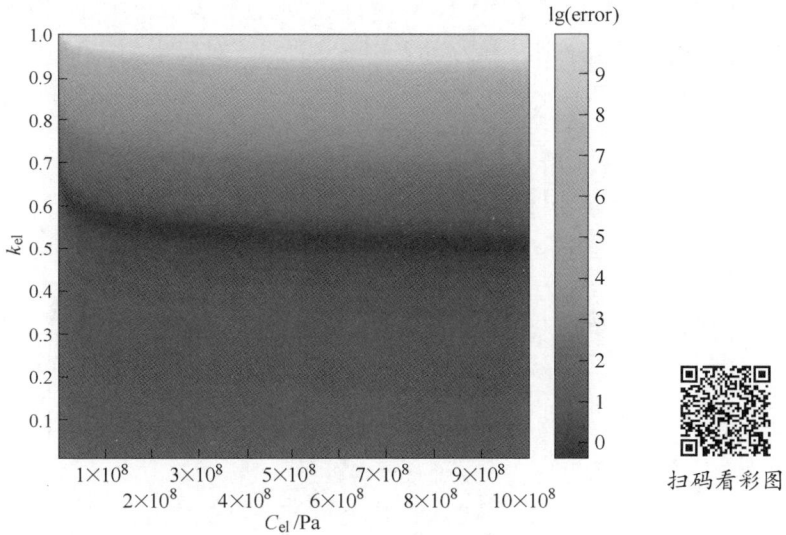

图 3-52 不同参数组合下的误差分布

扫码看彩图

应的 k_{el} 不断减小。基于计算结果，可得到 C_{el} 与 k_{el} 的合适参数值分别为：

$$C_{el} = 400 \sim 4000 \text{ MPa} \tag{3-71}$$

$$k_{el} = -0.0598 \lg C_{el} + 1.0445 \tag{3-72}$$

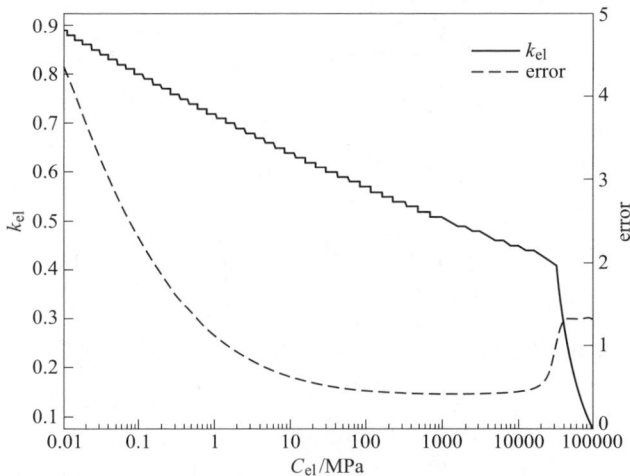

图 3-53 典型参数区间内的最小误差曲线

在式（3-71）和式（3-72）范围内取值时，对 γ 晶粒长大的计算结果差异不大。

图 3-54 给出了三个参数组合对初生 γ 晶粒尺寸变化的计算结果，其中 T_{γ} 设

置为 1450 ℃、冷却速率 10 ℃/s。可以发现，三者取得了相似的结果。在实际应用时，将 C_{el} 与 k_{el} 分别设置为 582 MPa、0.52，对应于图 3-53 中的最小计算偏差。

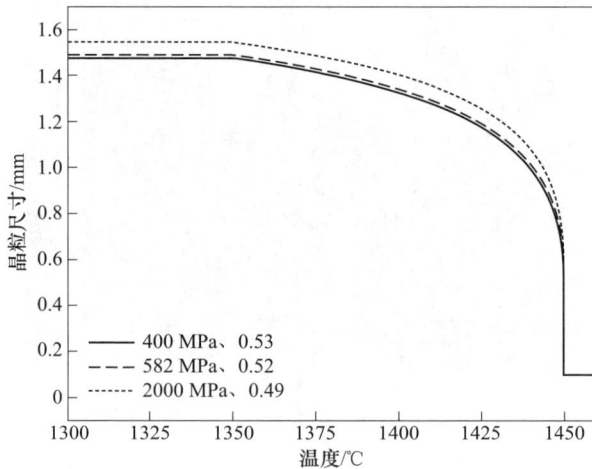

图 3-54　不同参数下的奥氏体晶粒长大曲线

（4）考虑块状转变的 γ 晶粒粗化模型。根据以上参数值，最终得到块状转变发生后初生 γ 晶粒的长大动力学模型 [式 (3-73)]。其中，晶粒长大驱动力中第一项为晶界曲率项，第二项为应变能项。

$$\frac{dD_m}{dt} = 1.212\, m_T \left[\frac{2\gamma_{gb}}{3D_m} + 5.82 \times 10^8 \times 0.52^{6.589\ln(D_m/D_0)+0.657} \right] \tag{3-73}$$

$$m_T = \frac{\delta_{gb} D_{gb} V_m}{b^2 RT} \tag{3-74}$$

式中，δ_{gb} 为晶界宽度，取 1×10^{-9} m；D_{gb} 为 Fe 原子的晶界自扩散系数，与温度有关，m^2/s；V_m 为 Fe 原子摩尔体积，约为 7.1×10^{-6} m^3；b 为 Burger 矢量，取 2.5×10^{-10} m；γ_{gb} 为晶界能，J/mol。

碳钢的晶界能可粗略计算为 $\gamma_{gb} = 0.8 - 0.35[\%C]^{0.68}$，其中 [%C] 为碳元素的质量百分数。

（5）模型验证与应用如下：

1）连铸坯奥氏体晶粒尺寸。图 3-55 为 20Cr 大方坯距表面 10 mm 处的金相组织照片，其中原始 γ 晶粒尺寸约为 1.4~1.8 mm。根据连铸过程温度场数据，以式 (3-73) 计算此处的初生 γ 晶粒长大过程，结果如图 3-56 所示。最终得到冷却后的 γ 晶粒尺寸为 1.52 mm，与实际尺寸接近。

此外，图 3-56 中还给出了考虑 AlN 钉扎时 Bernhard 模型的计算结果，其中对应温度下 AlN 析出量被处理为平衡析出量的 30%、AlN 颗粒尺寸设为 30 nm。

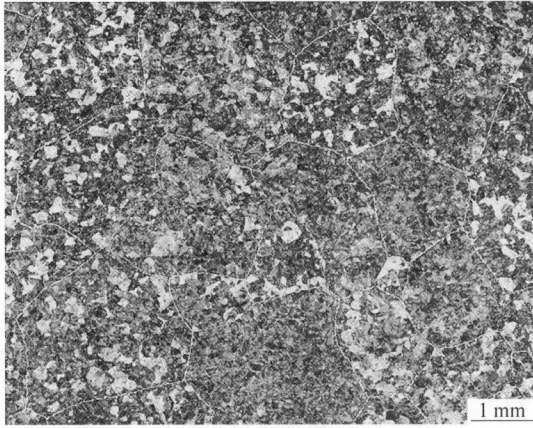

图 3-55　20Cr 连铸坯距表 10 mm 的 γ 晶粒

对比可以看到，在 Bernhard 模型中 γ 晶粒在 AlN 析出前一直存在显著的粗化，且在出结晶器时晶粒尺寸仅为 0.77 mm。然而，在本模型中，γ 晶粒粗化主要发生在结晶器内，出结晶器时尺寸已达到 1.5 mm，并在此后基本不再长大。根据连铸过程表面温度分布规律，结晶器出口时为 950~1150 ℃，之后二冷区通常在850~1050 ℃。根据 20Cr 钢 γ 晶粒等温长大结果，这一温度下的晶粒粗化是不显著的。因此，本书作者团队提出的模型与实际过程更相符。

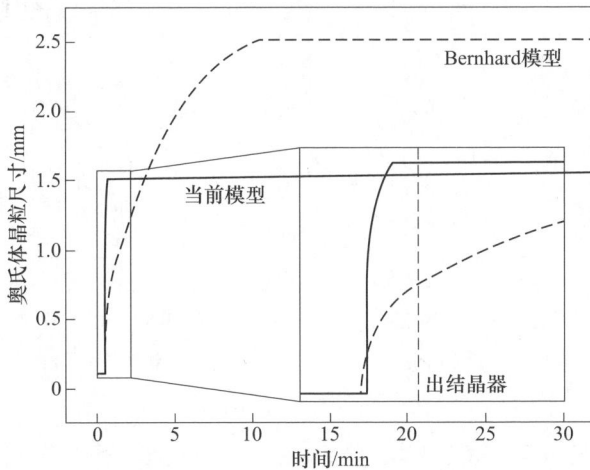

图 3-56　不同模型预测 20Cr 连铸坯距表面 10 mm 的 γ 晶粒尺寸

2）连铸坯表层 γ 晶粒形貌。连铸过程中，由于热流的方向性，连铸坯表层奥氏体晶粒多呈柱状或条状，即长轴与热流平行而短轴与热流垂直，这在诸多实验中已经得到证实。分别采用 Turnbull、Bernhard 和本书作者团队提出模型的晶界迁移率，根据实际连铸过程的热状态参数进行相场模拟，晶界能设定为 0.68 J/m^2，T_γ 设定为 1460 ℃；计算域面积为 6 mm×12 mm，共包含 1000×2000 个节点，初始晶粒平均尺寸为 100 μm。

图 3-57 为采用 Turnbull 模型和 Bernhard 模型的晶界迁移率预测 20Cr 连铸坯表层基体凝固之后 15 s 的 γ 晶粒形貌，T_γ 以上的区域为凝固结束时 γ 的初始结构。由图中可见，在两个模型参数下，连铸坯表层基体 γ 晶粒在 T_γ 温度以下均能发生长大，但不能获得柱状结构，且 γ 晶粒粗化程度也比较有限，与实际仍有较大差别。

图 3-58 为采用本书作者团队提出模型的晶界迁移率的对应结果，计算时将块状转变引起的能量积累等效到晶界能的变化：

$$\gamma_{gb}^{eq} = \gamma_{gb} + \frac{D_m}{c_1} C_{el} k_{el}^{n_{el}^T} \tag{3-75}$$

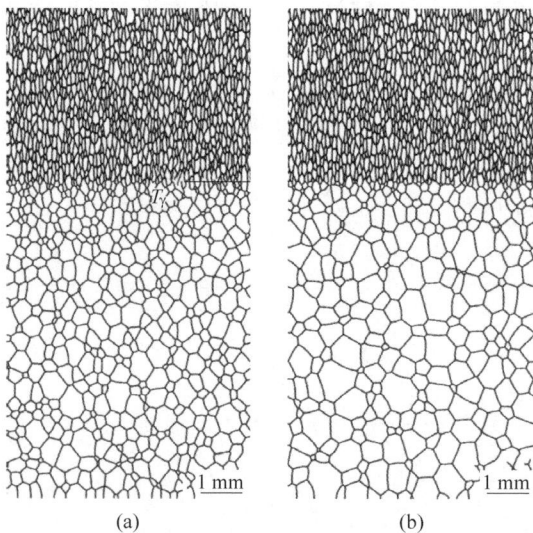

图 3-57　不同模型预测的 20Cr
连铸坯表层 γ 晶粒形貌

（a）Turnbull 模型；（b）Bernhard 模型

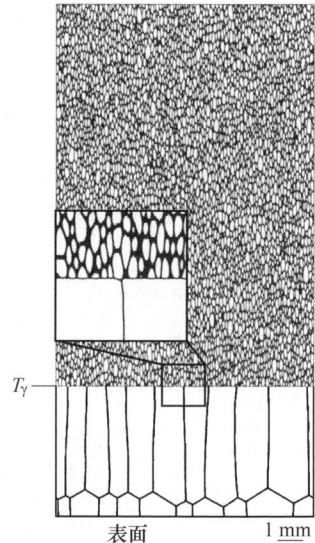

图 3-58　本书作者团队提出模型的
20Cr 连铸坯表层 γ 晶粒形貌

由图 3-58 可见，考虑 δ→γ 块状转变模式下的能量积累时，γ 晶粒粗化呈现出明显的柱状或条状特征，与实际 γ 晶粒形貌更一致，尺寸也与实际相当。

3）振痕处的 γ 晶粒尺寸。在连铸结晶器内，振痕处的冷却强度低于其他位置，导致该处 γ 晶粒粗化加剧。不同学者对连铸坯表层区域的原始 γ 晶粒尺寸进行测量发现，振痕底部晶粒尺寸与振痕边部间的比例在 1.25~1.82[19]。振痕处的换热十分复杂，根据文献报道[7]，振痕底部的热流密度相较于整体降低 20%~

30%是合理的。因此，基于实际连铸生产工艺，分别将结晶器热流密度降低20%与30%以模拟振痕处的冷却过程。由距连铸坯表面 5 mm 处的温度历程，以式（3-73）对振痕处的 γ 晶粒粗化进行计算，结果如图 3-59 所示。当热流密度降低30%时，γ 晶粒尺寸计算值增大约35%，与文献报道的范围吻合。

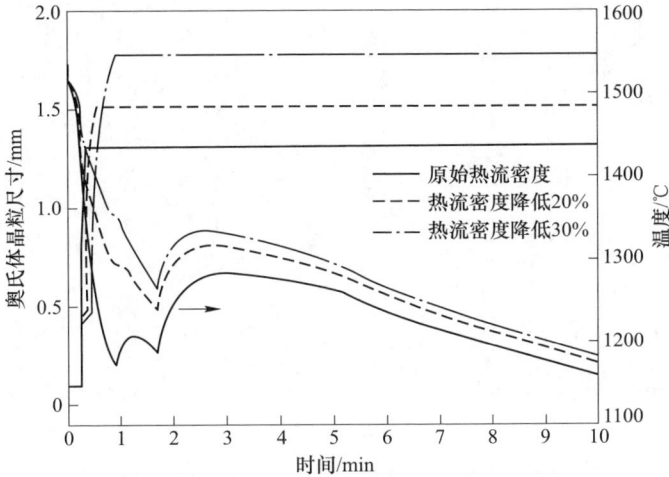

图 3-59　不同热流密度条件下的奥氏体晶粒尺寸

3.3.3　凝固组织与奥氏体晶粒

3.3.3.1　枝晶与奥氏体晶粒

对于常见的碳钢，其在凝固过程会出现 δ 相或 γ 相的枝晶结构，这种晶体界面弯曲圆润，属于凝固组织范畴；凝固之后的基体会转变为奥氏体相，界面比较平齐笔直，晶粒呈多边形状。对于不同钢种，凝固组织和奥氏体晶粒有着不同的关系。本节分别介绍单相和多相凝固模式中二者的关联。

对于单相凝固模式的钢种，尤其是凝固之后到室温下可以保持单一晶体结构的情况，其枝晶和奥氏体晶粒的关系是最简单的，如一些高铬铁素体不锈钢、高锰或高镍的奥氏体不锈钢，以及一些高锰奥氏体无磁钢等。对于以 γ 模式凝固的高碳钢，其枝晶与奥氏体晶粒也与之前的钢种有类似的关系，不同的是，高碳钢进一步冷却时奥氏体会分解，而其他一些钢种不存在固态相变。对于高碳高锰奥氏体钢，由于碳、锰都是奥氏体形成元素，其凝固模式为 γ 形式，冷却至室温时一直保持奥氏体。基于金相显微镜的枝晶观察和 EBSD 的晶粒取向测定，就可以确定凝固前后二者的晶体学关系。

A　单相凝固模式钢种

图 3-60 为金相显微镜下高锰奥氏体钢凝固组织与 γ 晶粒的对应关系。由图中可见，对于单相奥氏体钢，其低倍结构上显示了比较清晰的 γ 晶粒特征，而局

部放大之后可以看到晶体内部的枝晶凝固组织。根据不同取向晶粒对浸蚀剂的反应程度的差异,观察到不同 γ 晶粒内部是相互独立的枝晶结构,即 γ 晶粒与枝晶呈现一一对应的关系。由于高锰奥氏体钢凝固初生相是 γ,之后到室温一直没有相变,故枝晶界面与 γ 晶粒界面理论是重合的。

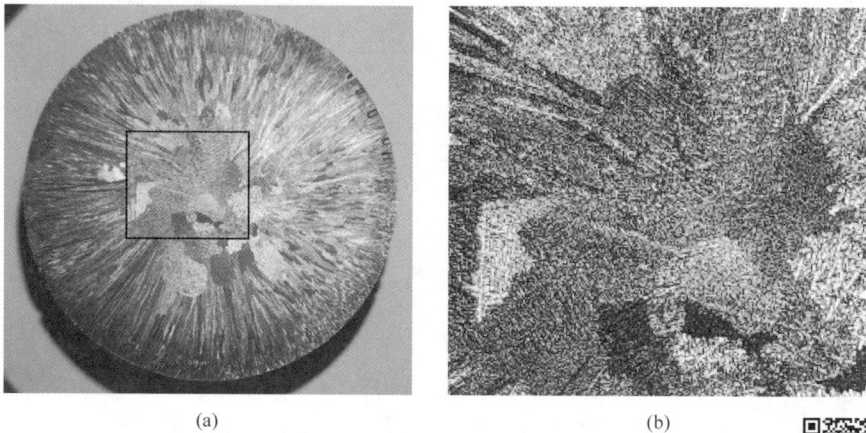

(a)　　　　　　　　　　　　　　　　(b)

图 3-60　高锰奥氏体钢宏观(a)和局部(b)的
凝固组织与 γ 晶粒

扫码看彩图

为了进一步验证这一结论,采用 EBSD 对 γ 晶粒取向和枝晶取向进行了对比,如图 3-61 所示。由图中可见,对于金相显微镜下某枝晶 1,其二次枝晶与 Y

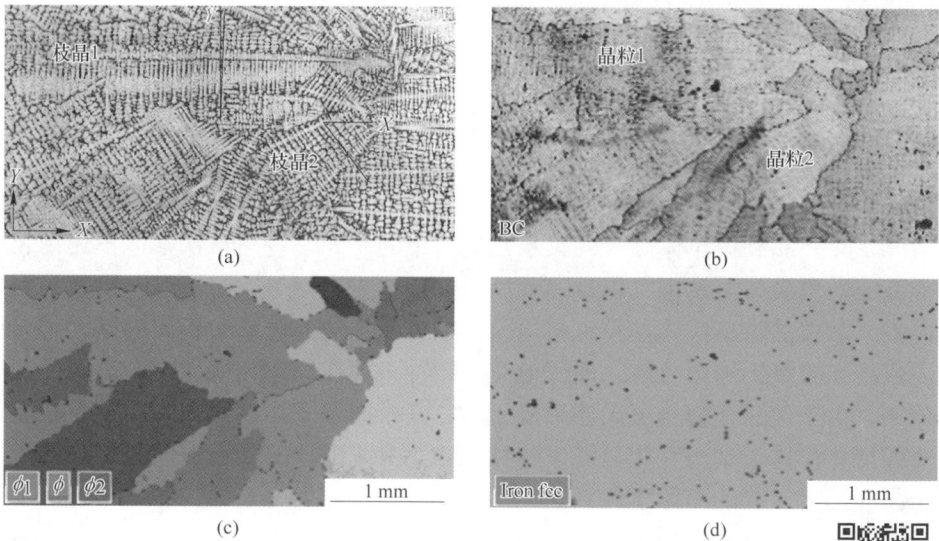

(a)　　　　　　　　　　　　　　　　(b)

(c)　　　　　　　　　　　　　　　　(d)

图 3-61　高锰钢枝晶与 γ 晶粒的边界对应关系

扫码看彩图

轴呈约 5.1°的夹角；对于某枝晶 2，其二次枝晶与 X 轴呈约 56.9°的夹角。在 EBSD 同一视场中，可以在对应位置分别看到两个 γ 晶粒，分别标记为晶粒 1 和晶粒 2。通过取向分析可知，晶粒 1 和晶粒 2 的边界轮廓非常清晰，与前述 γ 晶粒界面基本对应。基于相比例检测结果可知，视场内不同晶粒均为 FCC 结构。对晶粒 1 和晶粒 2 进行取向测定，如图 3-62 所示。观察发现，晶粒 1 的 {100} 晶面法向与坐标轴夹角约为 5.1°，晶粒 2 的 {100} 晶面法向与坐标轴的夹角为 56.9°，分别与枝晶 1 和枝晶 2 二次枝晶和坐标轴夹角一致，说明高锰奥氏体钢中枝晶和 γ 晶粒的晶体学取向关系是 $<100>_{枝晶} \perp \{100\}_{枝晶}$，即 $<100>_{枝晶} // <100>_{枝晶}$ 且 $\{100\}$ 枝晶$//\{100\}_{枝晶}$。由此可见，其枝晶和奥氏体晶粒具有本质上的一一对应的关系。

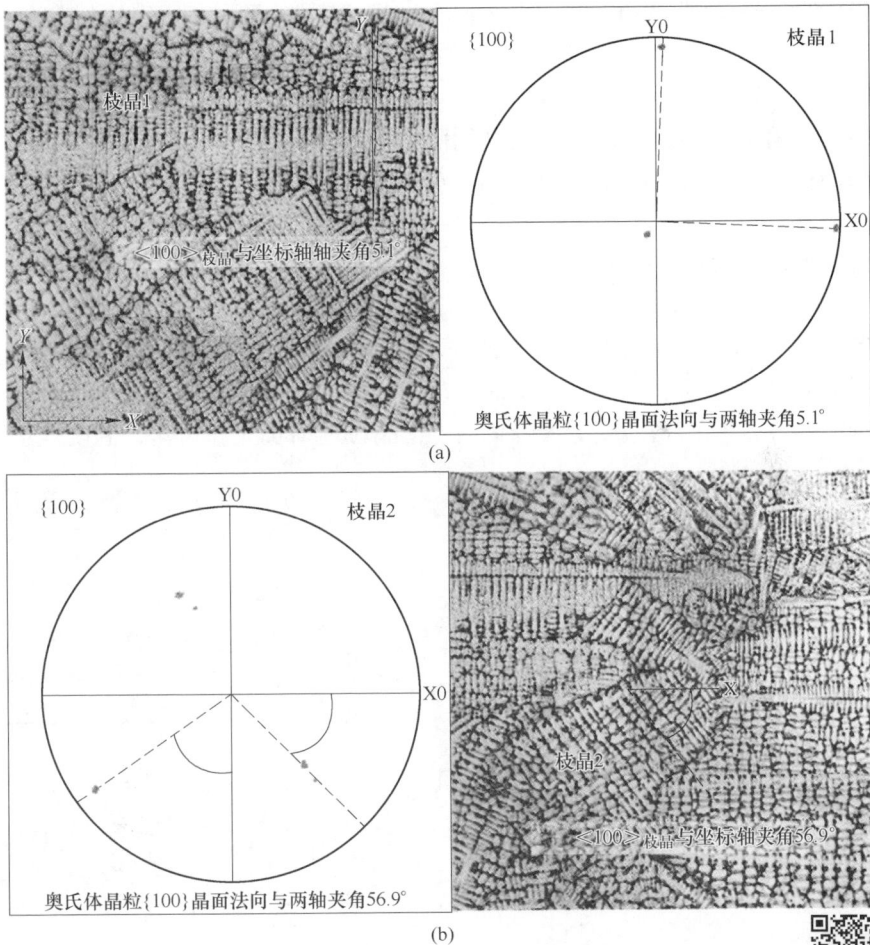

图 3-62 高锰钢枝晶与奥氏体晶粒的取向对应关系

（a）晶粒 1；（b）晶粒 2

扫码看彩图

B　多相凝固模式钢种

对于凝固过程或者凝固之后存在相变的钢种，其 γ 晶粒与枝晶的关系是非常复杂的，常见碳钢和非单相合金钢均属于此类。根据凝固理论，枝晶是液固转变过程中晶体特有的形貌结构，这与原子在液相中较强的扩散能力、固液界面能、凝固潜热、溶质偏析、毛细作用和外部传热条件等均有关。γ 晶粒的形成和演变多遵循固态相变规律，主要是一种基体能量驱动的扩散机制，因固相晶体的界面能平衡作用，其外形以多边形特征较为常见。本质上，二者之间有一定的相变影响关系，比如枝晶间溶质富集的区域由于过饱和，冷却时会成为 γ 晶粒形核的初始位置；枝干上由于溶质少，铁素体更稳定，会最后转变，因此多为晶界处。然而，由于实际相变过程的偶然性和随机性，这种对应规律并不是一成不变的。对于多相凝固模式或凝固之后存在相变的钢种，实际基体中的枝晶界面和 γ 晶粒基本上不具备固定的对应关系。

以 Fe-C 相图中的低碳钢（碳含量小于 0.09%）为例，其凝固冷却路径为 L→L+δ→δ→δ+γ→γ→γ+α→α+P。图 3-63 描述了不同阶段的相变过程，箭头由左到右是温度降低的方向，中间是纵剖面的枝晶和晶粒形貌，底部是 4 个典型温度下横剖面的相变特征。由图中可见，对于 T_L 和 T_S 的凝固区间中，对应纵剖面上只有枝晶组织，该范围内 L+δ 在某一温度下横剖面中为液相中出现若干 δ 枝晶；进一步冷却时，L 相完全消失，进入 δ 单相区，此时液相中生成的 δ 枝晶与固相 δ 晶粒是完全对应的；达到 δ→γ 开始转变温度时，一般在枝晶间溶质富集的位置出现 γ 晶粒，并随着温度降低而更多地形核或已有 γ 晶核逐渐长大；δ+γ 两相区间内某一温度下的横剖面特征为与 δ 枝晶一一对应的 δ 相基体在三叉晶界处出现一些 γ 晶粒；当温度继续降低时，γ 晶粒逐渐长大和粗化，温度低于 A_4 时

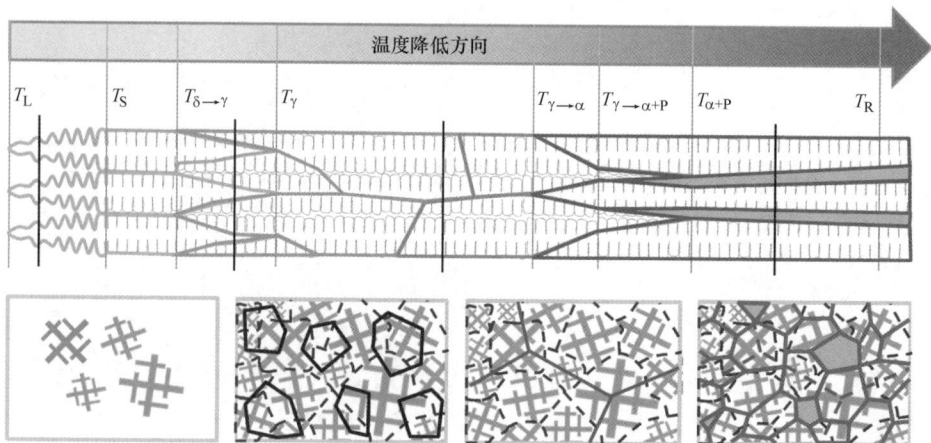

图 3-63　低碳钢凝固过程的凝固组织与金相组织

扫码看彩图

会形成单一的 γ 相，此时横剖面为粗大的奥氏体晶粒，不存在 δ 相，但通过枝晶浸蚀方法仍可以观察到凝固过程中的 δ 树枝晶形貌，其与此时的 γ 晶粒基本没有对应关系；温度进一步降低至 A_3 时，γ 相中会出现 α 晶粒形核并逐渐长大，一般 α 晶粒也会在 γ 晶界萌生；温度低于 A_1 时，剩余 γ 相会分解为珠光体 P，室温下为铁素体+少量珠光体；α+P 相区中某一温度对应的横剖面为多边形铁素体基体上分布一些珠光体团，这属于金相组织范畴。同时，通过奥氏体晶粒浸蚀可以观察到 γ 粗大晶粒，通过枝晶浸蚀可以观察到 δ 树枝晶。此时，α+P 金相组织和原奥氏体晶粒及 δ 枝晶也没有确切的对应关系。

对比上述两种凝固冷却模式钢种的枝晶与 γ 晶粒关系可知，单相凝固模式条件下，枝晶与随后的同相晶粒具有一一对应的关系，如果不存在固态相变，这种关系一直保留到室温；多相凝固模式条件下，对于液固转变过程无其他相变的低碳钢（L→L+δ→δ）和高碳钢（L→L+γ→γ），其凝固刚刚结束时枝晶与同相晶粒也具有一一对应关系，随后发生的 L+δ→γ、δ→γ、γ→α+P 等相变会破坏这种对应关系，最终无法获得枝晶与 γ 晶粒的准确可靠描述。必须指出的是，对于包晶凝固模式钢种（亚包晶钢、包晶钢和过包晶钢），其液固转变的末期就发生了包晶反应和包晶相变，初生 δ 相枝晶与凝固完成时 γ 晶粒的对应关系更难以量化描述。

3.3.3.2　奥氏体晶粒形貌转变

连铸坯的凝固组织会发生柱状晶向等轴晶的转变（CET），已成为判定连铸坯质量的关键参数。对于奥氏体晶粒，实际上也有柱状向等轴状的转变，只是目前尚未深入挖掘这种形貌变化与缺陷问题的关系，以及如何控制这种形貌转变也尚属未知。尽管如此，γ 晶粒的 CET 转变条件仍可以通过理论和模型来准确描述。

基于本书作者团队建立的多相场模型[18]，可以分析不同热状态下的 γ 晶粒形成和演变特征。与表面奥氏体晶粒长大机制不同的是，连铸坯内部 T_γ 处的冷却速率比较小，且在高温区停留时间比较长，因此主要是以扩散模式为主的 γ 晶界迁移行为。相场模型的输入条件为：采用 Bernhard 提出模型的晶界迁移率，基于 20Cr 实际连铸过程的热状态参数，晶界能设定为 0.68 J/m²，T_γ 设定为 1460 ℃；计算域面积为 6 mm×12 mm，节点数为 1000×2000，初始晶粒平均尺寸为 100 μm。

图 3-64 为三维系统中不同 γ 晶粒形貌的相场模拟结果，其中柱状 γ 晶粒为长轴与短轴之比大于 3，反之则定义为等轴状 γ 晶粒。由图中可见，对于某一固定的冷却速率（0.04～200 ℃/s 范围内），当温度梯度由 1×10^2 ℃/m 增大到 1×10^6 ℃/m 时，其 γ 晶粒由等轴状变为柱状；当温度梯度由 1×10^6 ℃/m 增大到 1×10^7 ℃/m 时，γ 晶粒由柱状变为等轴状。考虑到连铸过程的温度梯度整体在 $5\times10^2\sim5\times10^4$ ℃/m、冷却速率均在 0.01～50 ℃/s、凝固速率在 $1\times10^{-4}\sim1\times10^{-3}$ m/s，

连铸坯表层 γ 晶粒基本靠近二者过渡区的柱状一侧，内部和心部则靠近等轴状一侧。因此，大多数条件下均可在表层观察到柱状 γ 晶粒，少数条件也可以出现等轴状 γ 晶粒。随着距表面距离增大，温度梯度显著减小，γ 晶粒由柱状向等轴状转变，这个特征与连铸坯或铸锭 γ 晶粒形貌特征是一致的。

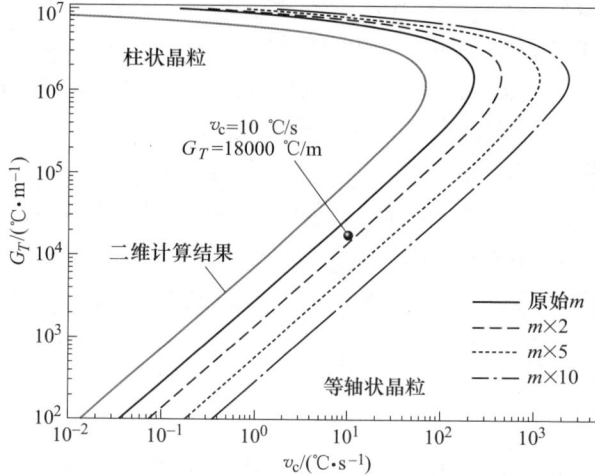

图 3-64　三维系统中不同热状态下 20Cr 的 γ 晶粒形貌

以 Bernard 模型中典型的晶界迁移率为参考（原始 m），当连铸坯某处的温度梯度约为 18000 ℃/m、冷速约为 10 ℃/s 时，其应为等轴状晶粒；当某种条件下促进晶界原子扩散时，如块状转变积累的能量，或其他外场作用，当热状态不变时，其又可能呈现柱状晶粒，如 m×2 或 m×5 时。因此，γ 晶粒形貌既和外界条件有关，又受到基体自扩散能力的影响。

3.4　钢的凝固组织调控

3.4.1　枝晶臂粗化与枝晶粗大

钢的凝固组织直接影响基体的均质性和致密度，粗大的枝晶结构往往是产品组织和性能恶化的起源。对于凝固组织的粗晶特征，一般分为枝晶臂粗化和枝晶粗大两方面。枝晶臂粗化一般是指二次枝晶臂间距增大，与枝晶局部熔化或合并有关，简称为枝晶粗化。枝晶粗化是由系统界面能驱动的自发过程。从热力学角度分析，枝晶粗化减小了固—液接触面积，从而降低了体系总的界面能。枝晶固—液界面曲率不同而产生的 Gibbs-Thomson 效应，会导致界面处平衡成分的分布差异，进而在液相中产生浓度梯度和溶质扩散，这使高曲率区域熔化而低曲率区域凝固，驱动了枝晶的粗化过程[20]。从动力学角度讲，凝固过程的枝晶粗化由溶质传输控制，而固—液界面的几何形状又直接影响了枝晶粗化过程中浓度场的变化，因此其粗化的演变过程非常复杂。

20 世纪 60 年代以来，不少研究人员提出了描述连续冷却或在固—液两相区等温过程的枝晶粗化理论模型，这些模型都基于两个基本特征：一是固—液界面的 Gibbs-Thomson 关系，即固—液界面的平衡成分与曲率相关；二是枝晶的粗化速率由溶质从低曲率到高曲率部位的扩散控制。1991 年，Flemings 在研究中提出了五种枝晶粗化机制。在实际凝固过程中，小尺寸枝晶臂的径向和轴向熔化一般是同时发生的，一些学者将这两种机制合并成一种，因此可以归纳为如图 3-65 所示的四种方式：模式 I 为小尺寸枝晶臂的径向和轴向熔化，同时相邻大尺寸枝晶臂生长和粗化，这种情况是由于大尺寸枝晶臂优先生长时将溶质排斥到小尺寸枝晶臂附近，造成了局部熔点降低而熔化；模式 II 是相邻枝晶臂在尖端发生熔化，而在枝晶臂根部的凹槽处发生凝固，这种对应于溶质在枝晶臂尖端的富集比较显著而根部冷却更快的情况；模式 III 为枝晶臂尖端合并，根部最后凝固成为整体或仍保留枝晶界面，对应于某些枝晶尖端径向生长比较快的情况，如负温度梯度或一些 $k>1$ 溶质的合金等；模式 IV 为小尺寸枝晶臂在根部发生颈缩和熔断，情况与第 I 种有所类似，只是这种条件下小尺寸枝晶臂熔化不完全。一些学者对不同合金凝固过程的枝晶粗化行为进行了模型和实验研究，认为小尺寸枝晶熔化模型（模式 I）只适用于粗化早期的竞争生长，而在粗化后期主要是枝晶臂根部凹槽处凝固（模式 II）起作用。

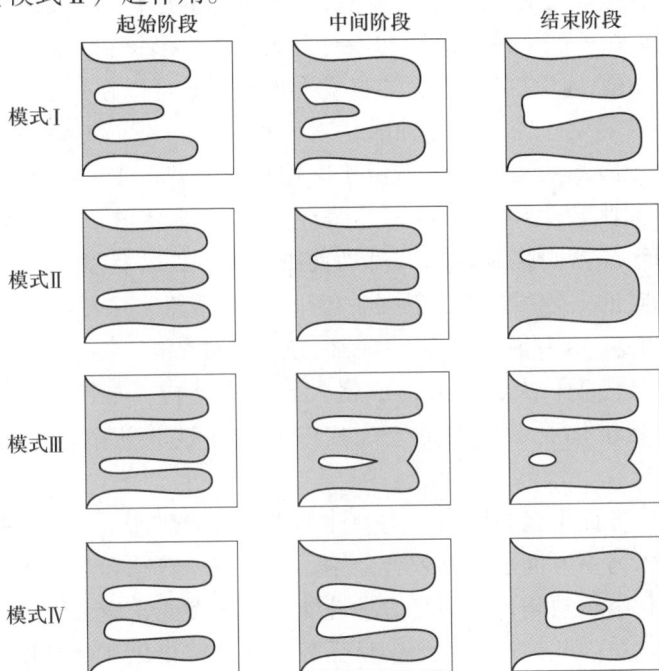

图 3-65　枝晶粗化的四种机制

　　实际上，凝固过程中因合金成分不同导致溶质再分配行为有明显差异，而不同时刻、不同位置的热状态和枝晶生长状态也不一致，因此不同机制发生的可能性不容易区分。对于大多的工业生产条件，其实际冷却速率不会太大，枝晶臂粗化会发生在所有金属和合金的凝固过程，钢的连铸和模铸也不例外。枝晶臂粗化之后，凝固组织的均匀性变差，溶质显微偏析和疏松等缺陷倾向增大，不利于产品组织和性能的稳定控制。

　　枝晶粗大是金属和合金凝固组织的另一种常见缺陷，主要表现为枝晶整体尺寸过大。对于柱状晶来说，通常为一次枝晶间距较大或主轴长度较大；对于等轴晶来说，一般指枝晶平均直径较大。柱状晶的枝晶粗大多与凝固条件有关，当激冷层晶核密度较低时，择优生长方向的晶粒数量较少，柱状晶一次枝晶间距就会更大。此外，随着距连铸坯或钢锭表面深度增加，冷却速率减小，一些取向和热流方向有偏差的枝晶生长会被阻挡，取向与热流方向平行的枝晶会充分发展，一次枝晶间距会进一步增大。柱状晶主轴长度与温度梯度有关，这取决于冷却强度和钢水过热度。当冷却较强时，界面处温度梯度较大，液相中过冷度较小，不利于等轴晶形核或已有游离晶核长大，柱状晶更发达；钢水过热度较大时，液相中温度梯度也较大，也会促进柱状晶生长，抑制等轴晶形成。

　　等轴晶粗大一般是单位体积内的晶体数量较少、尺寸较大。模铸钢锭中心区域的等轴晶一般比较粗大，这与对应条件下等轴晶的形核与长大有关。对于大钢锭，其中心等轴晶一般来源于浇铸初始时刻的大爆炸形核和凝固过程中上部枝晶熔断形成的结晶雨，如此条件下，非自发形成的晶核可以在较小的过冷度下快速长大，最终形成了尺寸较大的等轴晶。对于连铸，小断面连铸坯中心区域的热状态受过热度和冷却的影响较大，由于冷速相对较高，其等轴晶尺寸一般比较小，且分布频率比较集中；大断面连铸坯中心等轴晶形核和长大条件比较复杂，同时受到结晶器内强制冷却和流动冲刷界面、二冷区弧形位置晶核沉积及基于第二相基底的非均质形核等因素的影响，结晶器和二冷区形成的游离晶体外层熔化，中心液相中最后出现一些细小弥散的晶核。由于中心区域冷速较低，已有晶核会优先长大，最后形成粗大等轴晶结构，如图 3-66 所示。因此，连铸过程等轴晶粗化更多地取决于液相中初始晶核的数量，冷却的影响比较间接。

　　枝晶粗大一方面引起凝固组织均匀性下降，影响热加工过程中基体变形的协调性和连续性；另一方面也会导致合金钢品种铸态、轧态和热处理态的溶质偏析乃至产品的带状组织缺陷，对最终力学性能、冲击性能、疲劳性能和耐腐蚀性能等均有不利影响。因此，对于高端钢材品种，枝晶臂粗化和枝晶粗大在实际生产中都应该严格控制。

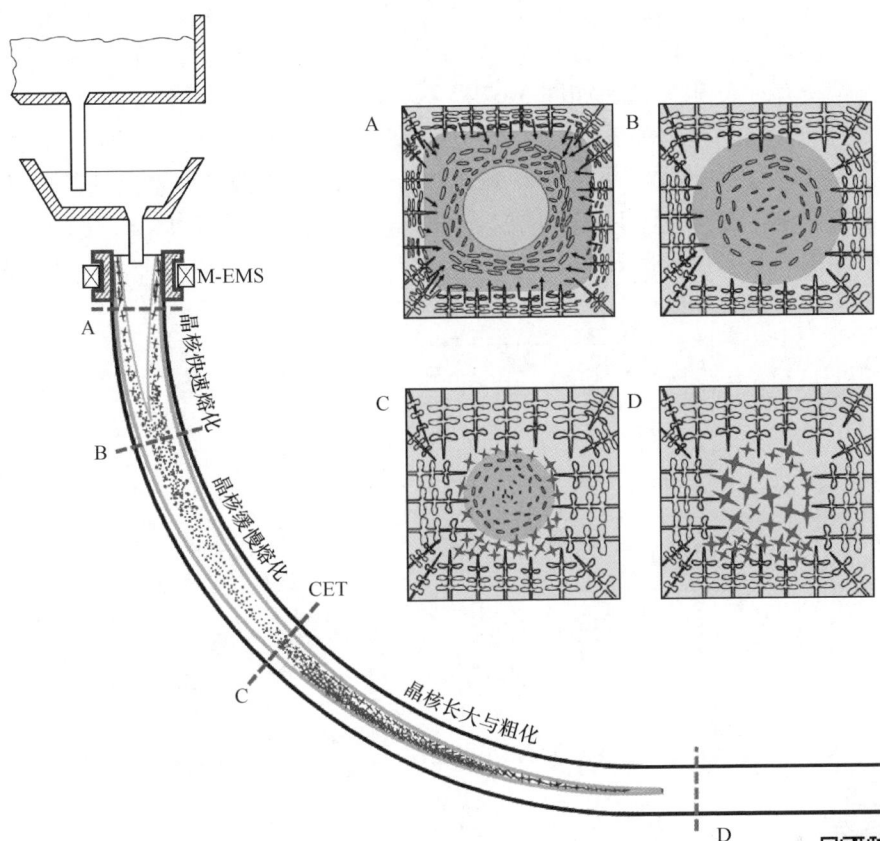

图 3-66　等轴晶形成与粗化示意图

扫码看彩图

3.4.2　凝固组织与均质性

对于高碳和高合金钢产品，通过连铸坯制备零部件时，其可以实现的最大压缩比一般比钢锭要小，因此，对连铸坯凝固组织和溶质分布均匀性的要求比钢锭更高。一般来说，凝固组织对连铸坯中心偏析和溶质含量极差均有直接影响，进而影响产品的服役性能和使用寿命。

早期研究中，为了改善高碳和高合金钢产品的性能，人们更多地关注于连铸坯的中心偏析，即碳、硫、磷等元素在中心处的溶质富集。根据第 2 章中的阐述，连铸坯中心偏析与溶质再分配、凝固收缩负压和鼓肚抽吸，以及小钢锭结构引起的局部溶质截留有关。当凝固组织的柱状晶比较发达时，因选分结晶导致的溶质富集会被集中到最后凝固的区域，因此会加剧中心偏析和中心缩孔的程度；当连铸坯中心等轴晶面积较大时，柱状晶前沿富集的溶质会被分散到等轴晶间隙，弱化了中心处的溶质富集。此外，一些早期形核的等轴晶来源于浇铸初始时刻的大爆炸过程或枝晶被冲刷和熔断，由于选分结晶，其溶质含量比较少，也起到了一定的溶质均匀化作用。大量生产试验数据证实，凝固组织的等轴晶面积比与中心偏析存在负相关性，如图 3-67 所示。根据国内某厂对高碳钢小方坯连铸中心偏析与等轴晶率的关系进行了统计分析，当等轴晶率不超过 25%时，中心偏析比在 1.25~1.75 波动，平均水平在 1.40 左右；当等轴晶率达到 40%以上时，中心偏析比基本在 1.05~1.20。随着等轴晶率增大，中心偏析比逐渐减小，这已经得到国内外诸多研究的证实。

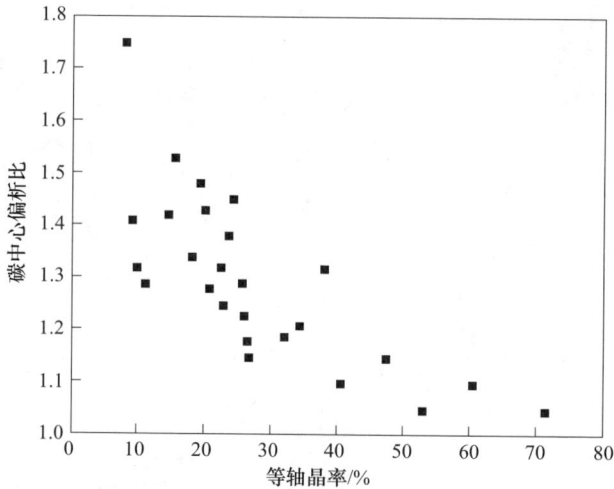

图 3-67   高碳钢小方坯中心偏析和等轴晶率的关系

近年来，随着高端钢材产品对热处理性能、冷加工性能、冲击性能、耐腐蚀性能和疲劳性能等指标要求的全面提高，仅从中心偏析角度控制溶质分布均匀性已经比较局限了。用户使用中发现，对于齿轮、曲轴、弹簧、轴承等承受交变载荷的零件，其抗疲劳和抗冲击能力往往决定了使用寿命，而这与基体成分极差的大小密切相关。当零件内部溶质含量相差较大时，会出现一次带状组织引起的硬质相界面和异常组织或析出物，引起性能各向差异，导致过早报废。对国内某厂齿轮钢 200 mm×200 mm 连铸坯进行不同区域的成分检测，发现等轴晶区成分波动范围远大于柱状晶区域，如图 3-68 所示。等轴晶区对应于中心点 O、$\frac{1}{8}R$ 和 $\frac{1}{4}R$ 范围，碳含量极差可达 0.04%；柱状晶区对应于其他位置，碳含量极差为 0.01%。不仅如此，这种溶质分布规律会一直遗传到棒材和齿轮中，如图 3-69 所示。对于 φ50 mm 棒材来说，其等轴晶区域为中心点 O 和 $\frac{1}{3}R$ 范围，碳含量极差为 0.01%；柱状晶区域碳含量极差约为 0.005%。

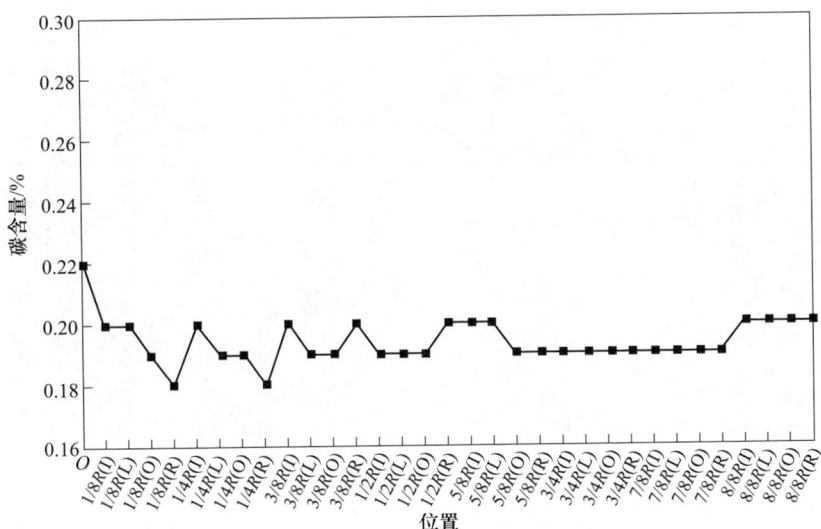

图 3-68　某齿轮钢 200 mm×200 mm 连铸坯不同位置的碳含量

O—中心；R—半径；（I）—内弧方向；（L）—左侧方向；（R）—右侧方向；（O）—外弧方向

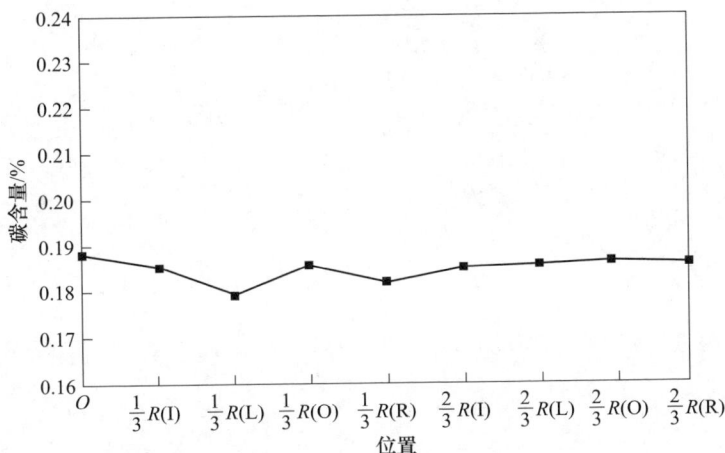

图 3-69　ϕ50 mm 棒材中不同位置的碳含量

O—中心；R—半径；（I）—内弧方向；（L）—左侧方向；（R）—右侧方向；（O）—外弧方向

　　对连铸坯不同区域凝固组织进行浸蚀和观察，如图 3-70 所示。尽管在连铸坯中心可以看到明显的等轴晶结构，但其分散溶质的作用似乎并未达到理想的效果。分析发现，等轴晶区存在粗大和细小枝晶，一些粗大枝晶间隙出现比较明显的溶质富集，即疏松型点状偏析，尺寸在几十微米到几百微米不等；同时，粗晶封闭区域内还会观察到极细小枝晶，即斑块型点状偏析，尺寸从几百微米到几毫米的水平。这种大范围的溶质富集会引起钻屑取样测定化学成分的波动，而且会遗传到轧材中，是溶质含量极差控制的难点。

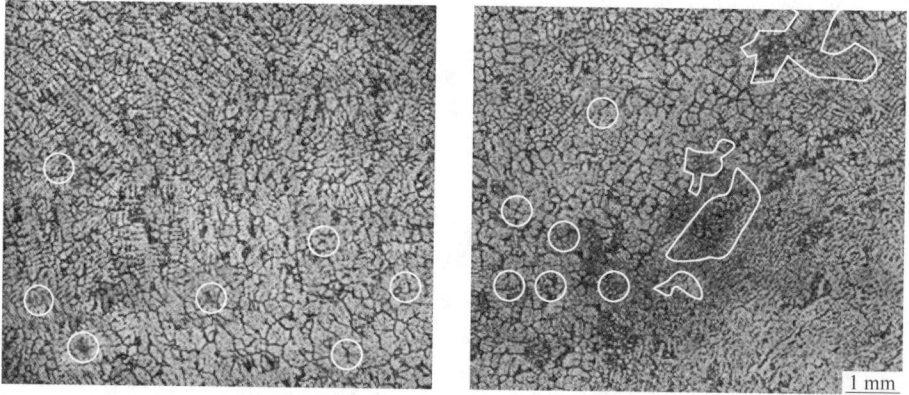

图 3-70　连铸坯不同区域的枝晶组织

扫码看彩图

对连铸坯不同类型的点状偏析进行 EPMA 扫描，结果如图 3-71
和图 3-72 所示。

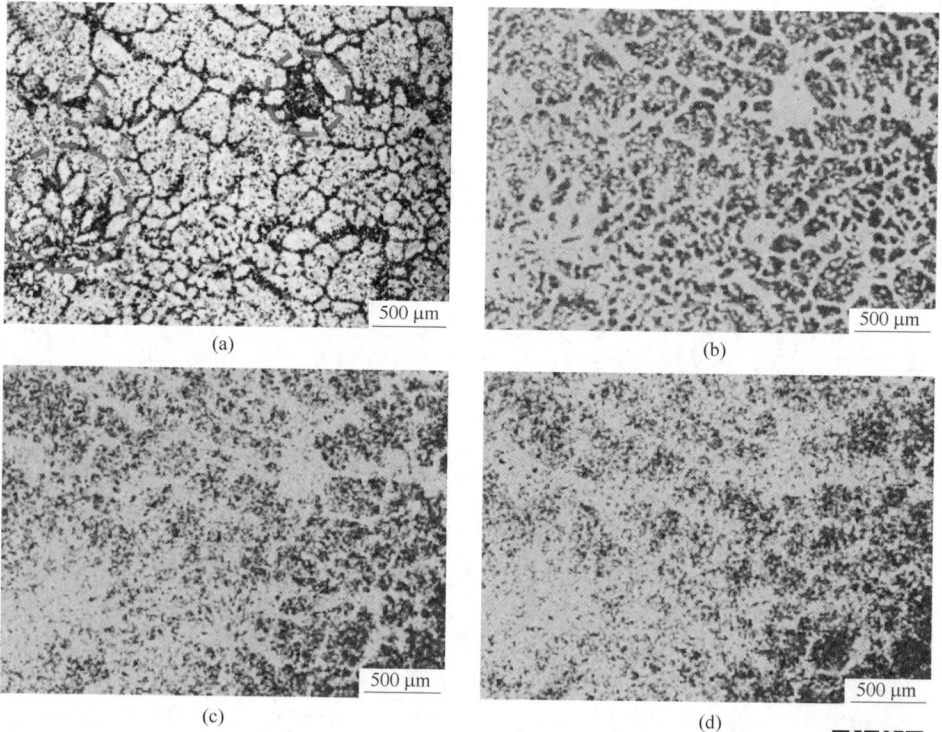

图 3-71　粗大等轴晶之间的疏松型点状偏析

扫码看彩图

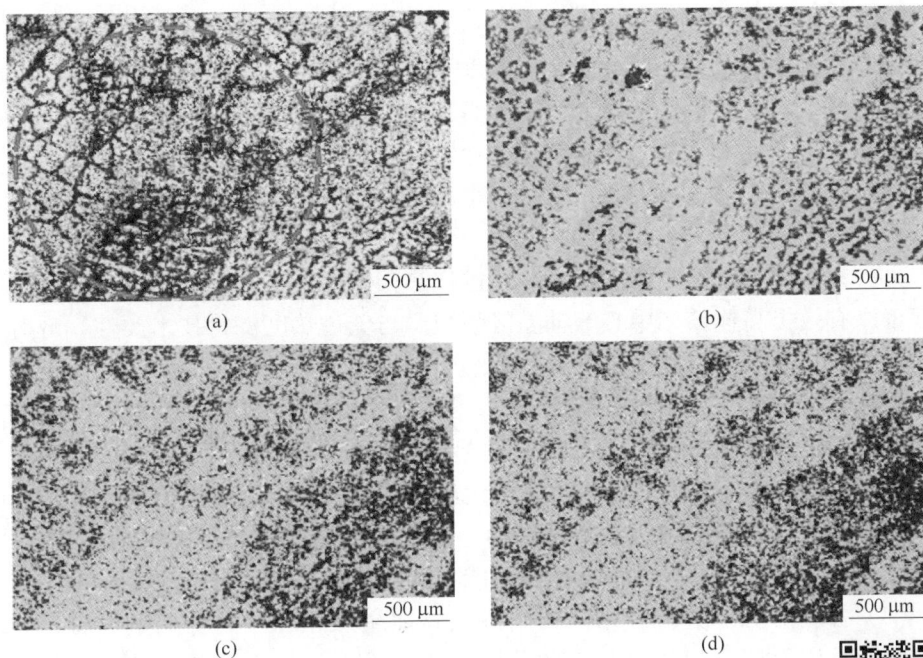

图 3-72 粗大等轴晶之间的斑块型点状偏析

粗大等轴晶之间的疏松型和斑块型点状偏析内部均存在明显的 C、Cr、Mn 溶质富集，对比而言，由于后者比前者尺寸更大，溶质富集程度也更高。一般来说，等轴晶越粗化，其间隙就越大，凝固末期抽吸而入的浓化钢水越多，随后凝固时的选分结晶使内部溶质偏析程度进一步增大。因此，减小钢锭或连铸坯等轴晶尺寸是提高铸态基体溶质均匀性的关键。

3.4.3 凝固组织细化

凝固组织细化通常是指枝晶尺寸减小、结构细密度增大，这一方面提高了基体变形的协调性与连续性，另一方面也提高了溶质分布均匀性。传统思路认为，连铸坯或钢锭中心区域等轴晶面积增加是晶核密度增大的结果，其也可以细化等轴晶，因此相继开发了低过热度浇铸技术、耗散型水口技术、结晶器和二冷电磁搅拌技术、超声和脉冲处理技术、喂带技术和变质处理技术等。然而，这些手段是否能够减小等轴晶尺寸，还需要具体讨论。

（1）低过热度浇铸技术。低过热度浇铸技术是直接降低钢水浇铸温度的一种手段。实际生产中，为了避免低过热度浇铸诱发过早凝固而致使浇铸中断，一般会配合采用中间包加热控温技术，使钢水过热度控制在 5~10 ℃，温度波动为 ±(2~3) ℃。低过热度浇铸使连铸坯或钢锭中心钢水温度降低，凝固界面前沿的温度梯度减小，有利于等轴晶形核或已有晶核长大，直接增大等轴晶区域的面积。然而，结晶器区域晶核密度增大和钢水过热度降低，会使一部分晶核保留下来，过冷度较小的条件下就会发生晶核生长，进而出现一定数量的粗大等轴晶。因此，工业范畴上的低过热度浇铸不能直接起到细化凝固组织的效果。

（2）耗散型水口技术。耗散型水口技术包括水冷水口、电磁水口、多孔水口、旋流水口和调整水口安装角度等。采用耗散型水口浇铸时，钢水从水口出口流出后，会形成水平对流或切向环流，一方面可以强化传热、提高过热耗散效果，另一方面还可以冲刷凝固前沿，促进枝晶臂熔断，提高晶核密度，这两种方式都可以有效提高连铸坯中心等轴晶区面积。与低过热度浇铸技术类似，现有生产实践中，耗散型水口技术也不能显著细化等轴晶。

（3）结晶器和二冷区电磁搅拌技术。电磁搅拌技术是利用电磁感应线圈产生交变磁场，钢水在交变磁场下会产生电流，这种通电导体在磁场中受到力的作用，进而驱动钢水流动。从凝固传输的角度讲，结晶器和二冷区电磁搅拌与耗散型水口对凝固组织的影响机理是相同的，即强化过热耗散和枝晶臂熔断。因此，其可以显著增大等轴晶区面积，但也不能有效细化枝晶。

（4）超声和脉冲处理技术。凝固过程施加超声和脉冲两种能量以后，可以起到促进晶体形核或强化枝晶臂脱落的作用，进而扩大等轴晶区域面积，促进CET转变。理论上，这两种技术都可以细化等轴晶，但施加位置和工艺条件非常关键，需要避免处理形成的晶核过早长大，这在实际生产中是较难精准控制的，因此实际效果也不好。

此外，振动诱发形核与之具有类似的机制，也具有细化等轴晶的潜力，但目前在连铸上也未见应用。

（5）喂带技术。结晶器喂带技术的设想已提出多年，有报道说乌克兰某企业试验过，取得了不错的冶金效果。在结晶器中喂入钢带，本质上也是一种钢水过热耗散策略，与低过热度浇铸的作用机制相同，因此实际效果也类似。

（6）变质处理技术。就目前已提出的技术而言，变质处理是最可能兼顾实现扩大等轴晶区面积并细化等轴晶的方法。变质处理是指通过加入变质剂与钢水中的元素反应生成变质粒子，或直接加入弥散的变质粒子，通过强化非均质形核作用而实现某一较窄过冷度范围内同时析出大量晶核的效果，促进CET转变，抑制等轴晶粗化。变质处理在早期模铸钢锭中比较常用，如加入稀土元素细化凝固组织，并取得了不错的成效。然而，对于连铸来说，由于变质粒子熔点比较高，会堵塞浸入式水口，造成浇铸中断，目前这一技术仍不成熟。尽管如此，一些实验室研究已证实了这种方法的良好效用，数据显示，稀土、钛、镁等变质处理在模具钢、不锈钢、高锰钢和中碳合金钢中对凝固组织的细化能力比较可观。

图3-73为采用稀土变质处理的20CrMo齿轮钢试样，对比发现，加入稀土之后，试样中心等轴晶面积增大，等轴晶尺寸减小；观察枝晶结构可见，稀土处理

之后钢锭中心的枝晶臂呈球状和块状，整体比较均匀，而处理之前枝晶臂呈短棒状、长条状或柱状，尺寸大小不一，还存在比较明显的点状偏析。

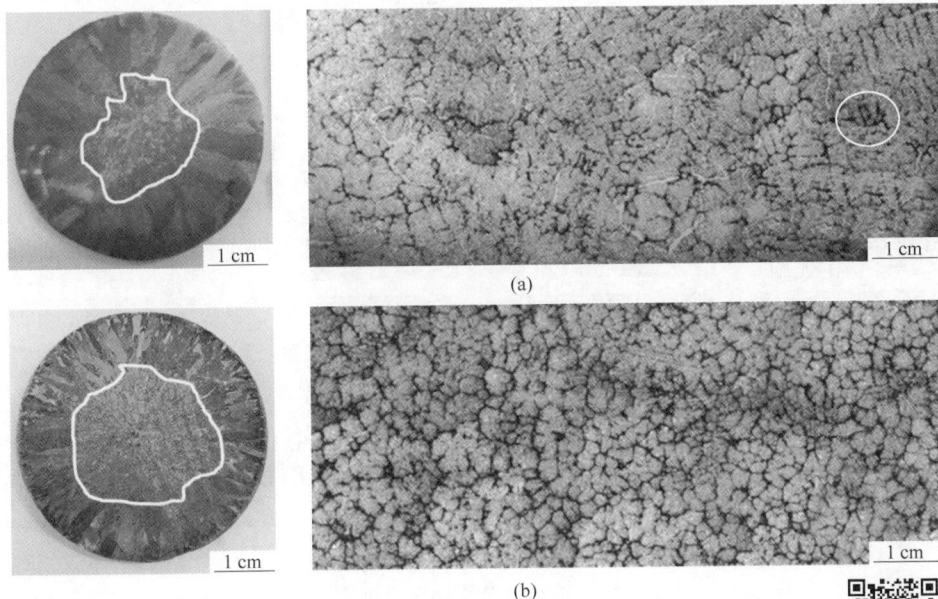

图 3-73 20CrMo 齿轮钢稀土变质处理前后的组织

（a）变质处理前；（b）变质处理后

扫码看彩图

图 3-74 为某 110 级中碳石油套管钢稀土 Ce 变质处理前后枝晶形貌。观察发现，变质处理之前试样中心等轴晶尺寸大小不一，同时存在球状晶和枝晶，还出现了比较严重的点状偏析缺陷，溶质 Cr 和 Mo 的最大偏析比分别可达 4.4 和 8.5，如图 3-75 所示。变质处理之后相同位置处等轴晶基本呈球状，结构得到细化，点状偏析尺寸也随之减小，Cr 和 Mo 的最大偏析比分别为 3.4 和 3.2，成分和组织均匀性均有改善。

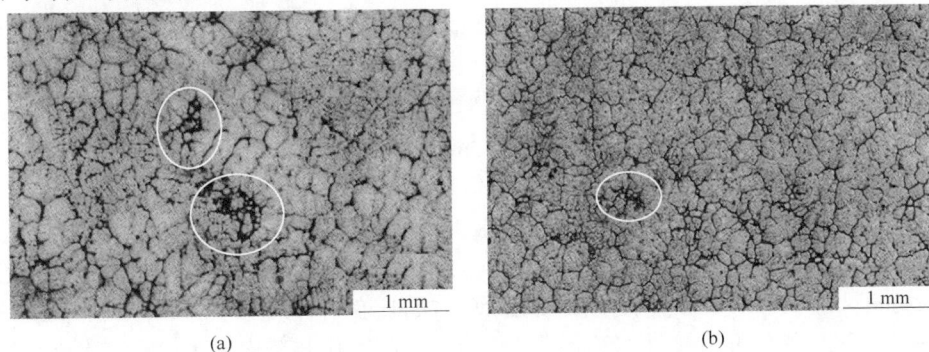

图 3-74 某 110 级中碳石油套管钢变质处理前后的枝晶形貌

（a）变质处理前；（b）变质处理后

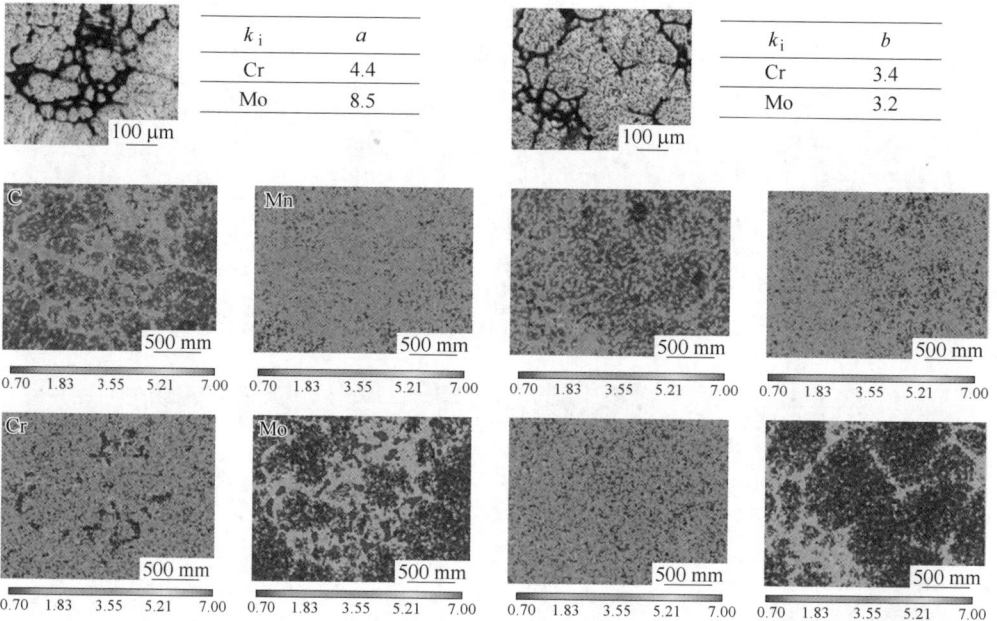

k_i	a
Cr	4.4
Mo	8.5

k_i	b
Cr	3.4
Mo	3.2

图 3-75　某 110 级中碳石油套管钢变质处理前后的点状偏析

扫码看彩图

采用扫描电镜观察和对比变质处理前后试样中的粒子特征，发现加入变质剂之后的基体中出现了大量的 Ce_2O_3，以棱角状、棒状或多变形居多，平均尺寸在 $1 \sim 2\ \mu m$，最大不超过 $10\ \mu m$。Ce_2O_3 与套管钢初生相 δ 具有较小的晶格错配度，其液相中可以稳定存在，因此是 δ 枝晶形核的有效核心。当凝固方式为非均质形核时，较小过冷度下即可形成大量晶核，由于过冷度较小，晶体多为球形或近球形，未形成明显的树枝形态特征，晶体之间界面空隙小，不容易出现大尺寸点状偏析，溶质均匀性改善，机制如图 3-76 所示。

图 3-77 为某高锰奥氏体钢变质处理前后试样的凝固组织。对比可见，当浇铸温度为 1480 ℃时，变质处理之前，高锰钢试样的凝固组织为柱状晶+粗大等轴晶，中心区域等轴晶面积比约为 25%，等轴晶直径为 $2 \sim 3\ mm$，如图 3-78 所示（单相凝固模式钢种晶粒与枝晶一一对应）；加入 0.01% 稀土变质剂之后，中心等轴晶区面积比增大至约 36%，等轴晶直径降低至 $1 \sim 2\ mm$；随着变质剂含量进一步增大，等轴晶面积比增幅不大，但等轴晶尺寸进一步降低，当变质剂含量达到 0.064% 时，等轴晶平均尺寸降低至 $1\ mm$ 以下。

当浇铸温度降低至 1450 ℃时，变质处理前的等轴晶面积比为 35%，直径为 $1 \sim 2\ mm$；加入 0.013% 变质剂之后，等轴晶比例增大至约 62%，尺寸减小至 $1\ mm$ 以内，当变质剂含量继续增大时，等轴晶面积比变化不大，但等轴晶尺寸进一步减小；当变质剂含量为 0.062% 时，等轴晶尺寸降低至 $0.3\ mm$ 以下。

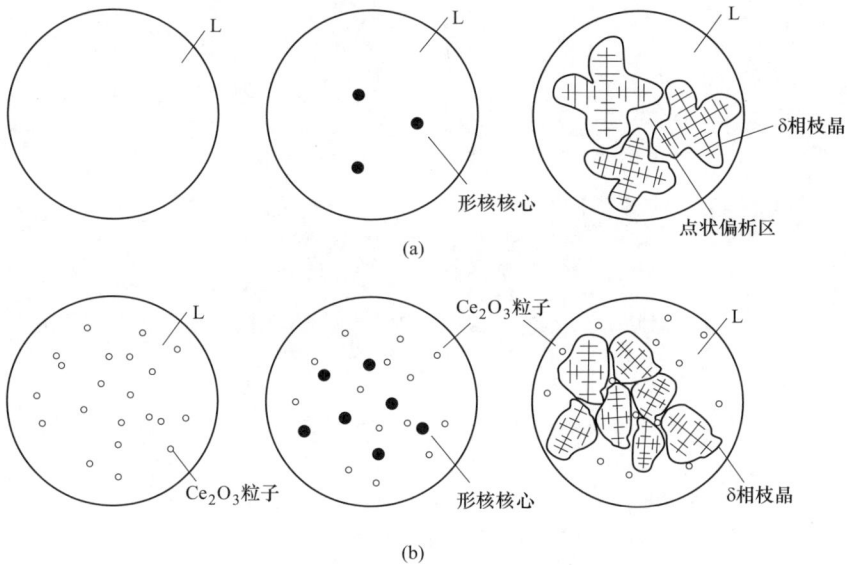

图 3-76 变质处理细化某 110 级中碳石油套管钢的机制

（a）变质处理前；（b）变质处理后

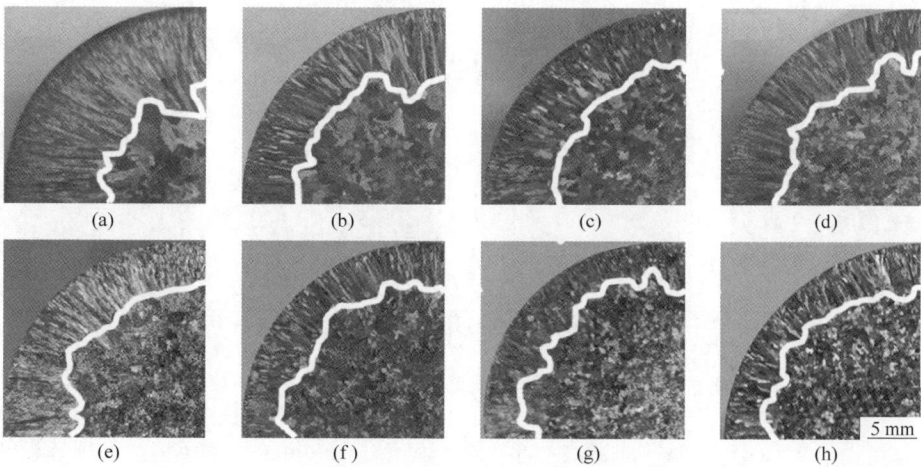

图 3-77 某高锰奥氏体钢不同变质处理条件下的凝固组织形貌

（a）0Ce，1480 ℃；（b）0.010Ce，1480 ℃；（c）0.034Ce，1480 ℃；

（d）0.064Ce，1480 ℃；（e）0Ce，1450 ℃；（f）0.013Ce，1450 ℃；

（g）0.022Ce，1450 ℃；（h）0.062Ce，1450 ℃

扫码看彩图

高锰钢不同变质处理条件下 Mn 的枝晶偏析比如图 3-79 所示。由图中可见，当浇铸温度为 1480 ℃时，枝干为负偏析，枝晶间为正偏析，二者的浓度相差较大，最大偏析比高于 1.60，如图 3-80 所示；加入变质剂之后，枝干和枝晶间的

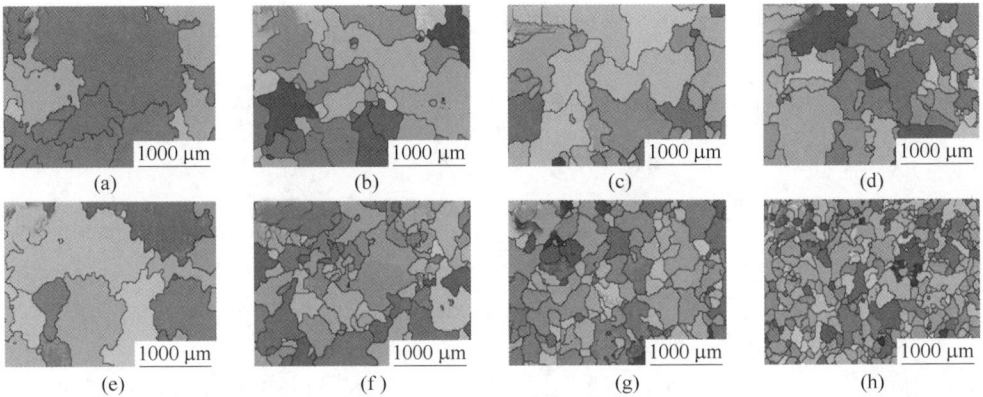

图 3-78　某高锰奥氏体钢不同变质处理条件下的凝固枝晶尺寸

(a) 0Ce, 1480 ℃；(b) 0.010Ce, 1480 ℃；(c) 0.034Ce, 1480 ℃；
(d) 0.064Ce, 1480 ℃；(e) 0Ce, 1450 ℃；(f) 0.013Ce, 1450 ℃；
(g) 0.022Ce, 1450 ℃；(h) 0.062Ce, 1450 ℃

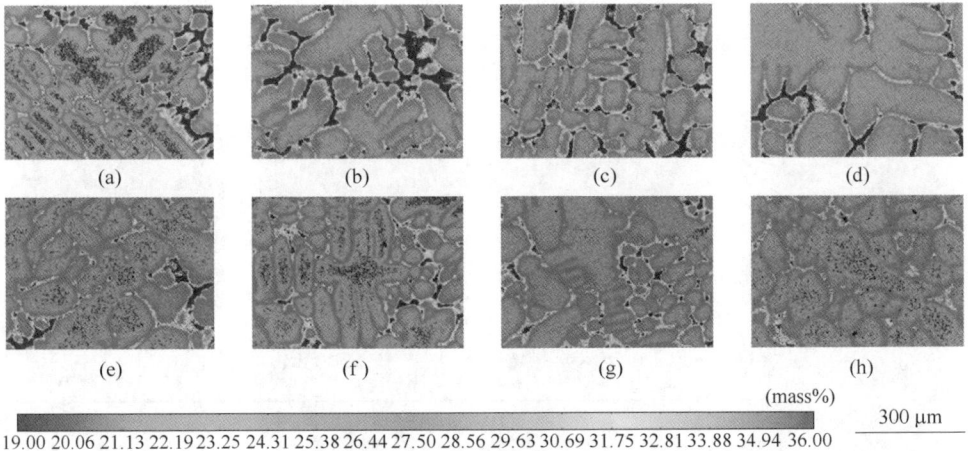

扫码看彩图

图 3-79　某高锰奥氏体钢不同变质处理条件下的凝固枝晶偏析

(a) 0Ce, 1480 ℃；(b) 0.010Ce, 1480 ℃；(c) 0.034Ce, 1480 ℃；
(d) 0.064Ce, 1480 ℃；(e) 0Ce, 1450 ℃；(f) 0.013Ce, 1450 ℃；
(g) 0.022Ce, 1450 ℃；(h) 0.062Ce, 1450 ℃

扫码看彩图

溶质分布均匀性有一定提高，最大偏析比降低至 1.50；浇铸温度为 1450 ℃时，未变质处理时的枝晶偏析比高过热度时有所改善，但最大偏析比仍接近 1.50；变质处理后，溶质分布均匀性显著提高，最大偏析比进一步减小至约 1.40。由此可见，凝固组织细化对提高基体均质性具有直接作用。

　　工业试验范畴上，本书作者团队与国内某钢厂合作，探索开发中碳合金钢的变质处理工艺，即在精炼过程向钢水中加入稀土变质剂。与脱氧脱硫和改性

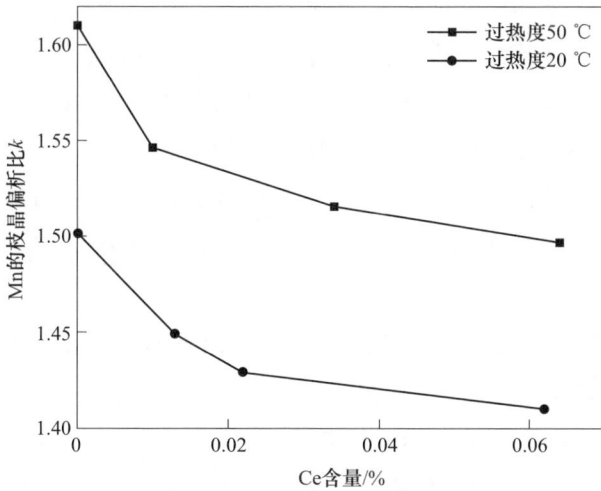

图 3-80 某高锰奥氏体钢不同变质处理条件下 Mn 的枝晶偏析比

夹杂物不同，凝固组织细化需要的稀土加入量更大，因为只有足够数量的第二相基底才能起到比较明显的非均质形核作用。现场对 $\phi180$ mm 圆坯进行低倍和枝晶检测，如图 3-81 所示。观察发现，变质处理之后，连铸坯中心等轴晶

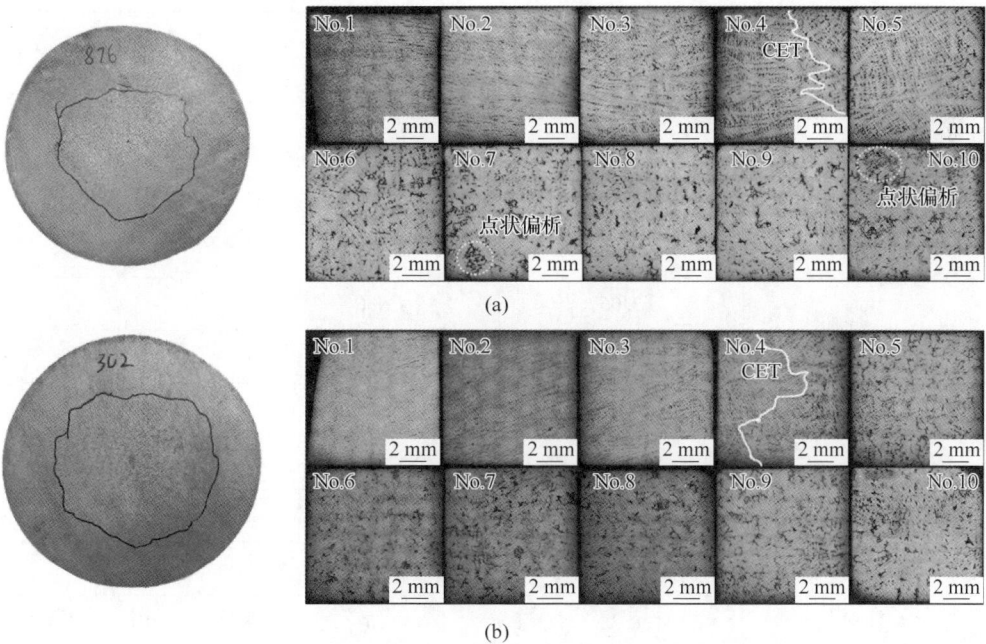

图 3-81 变质处理前后某中碳合金钢连铸坯低倍组织和枝晶结构

区比例由未处理的约24%增加到约36%，促进了CET转变。同时，从枝晶浸蚀结果发现，变质处理之后枝晶尺寸有一定程度的减小，且整体更加均匀；对应地，枝晶间大尺寸的疏松型点状偏析尺寸和数量降低，斑块型点状偏析基本消失，说明变质处理起到了细化凝固组织和改善溶质均匀性的作用。工业尺度上开发变质处理技术，涉及变质剂选择、加入方式与加入量、作用机制、堵塞水口和出现硬质相夹杂物等问题，目前还有待完善，但整体来说非常有前景。

就钢的变质处理来说，变质剂的正确选择是非常关键的，这决定了加入之后的实际效果。表3-6和表3-7列出了24种常见简单化合物粒子与钢凝固初生相γ和δ之间低指数晶面的平面错配度。根据Bramfitt的结果[21]，当错配度小于6%时，具有非常有效的非均质形核能力；在6%~12%时，具有一定的非均质形核能力；大于12%时，非均质形核能力比较弱。日本学者测定了不同粒子错配度与凝固形核过冷度的关系[22]，如图3-82所示。由图中可见，错配度不超过6%时，凝固形核过冷度小于5 ℃，说明更有利于形成更多的晶核并细化凝固组织。

表3-6　常见简单化合物形核粒子与γ初生相之间的二维错配度

粒　子	错配度 δ/%	粒　子	错配度 δ/%
ZrO_2	0.77	ZrN	11.02
Ti_2O_3	1.55	CaS	11.72
MgS	2.16	MnO	12.56
SiO_2	2.90	La_2O_3	13.17
MnS	3.06	NbC	13.20
CaO	5.71	VN	13.85
CeS	5.31	NbN	14.57
CeO_2	5.72	VC	14.83
Ce_2O_3	6.11	TiO	15.79
Al_2O_3	7.36	TiC	15.89
TiO_2	8.38	TiN	16.96
ZrC	8.76	MgO	16.98

表 3-7　常见简单化合物形核粒子与 δ 初生相之间的二维错配度

粒　子	错配度 $\delta/\%$	粒　子	错配度 $\delta/\%$
VN	0.81	NbN	6.98
CaS	1.08	TiO_2	7.69
VC	1.68	Al_2O_3	8.04
CeS	1.82	NbC	8.69
TiO	2.53	MnS	8.74
La_2O_3	3.34	MnO	9.49
TiN	3.57	MgS	9.54
MgO	3.58	ZrN	11.42
Ce_2O_3	4.49	ZrO_2	12.14
TiC	5.32	SiO_2	14.02
CeO_2	6.14	ZrC	14.25
Ti_2O_3	6.61	CaO	16.51

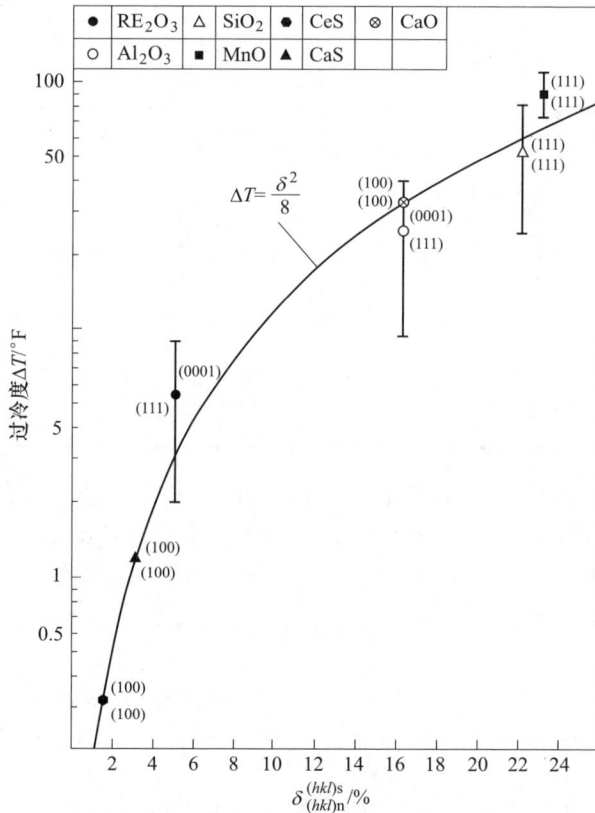

图 3-82　钢的非均质形核错配度与过冷度的关系

根据上述理论和表中数据可知，ZrO_2、Ti_2O_3、MgS、SiO_2、MnS、CaO、CeS、CeO_2 和 Ce_2O_3 可作为奥氏体凝固模式钢种非均质形核的有效基底；对应地，VN、CaS、VC、CeS、TiO、La_2O_3、TiN、MgO、Ce_2O_3、TiC、CeO_2 和 Ti_2O_3 是铁素体凝固模式钢种的有效形核基底。考虑到合金元素加入量和合金化成本与难度问题，实际生产中以 Zr、Ti、Mg 和稀土处理居多。

除错配度外，熔点和密度也是影响形核潜力的重要因素。表 3-8 列出了上述 10 种形核潜力最高粒子的熔点和密度数据。对比各粒子的熔点数据可知，10 种粒子的熔点均高于常见钢种的浇铸温度，说明粒子均能以固相析出于液相中，对促进非均质形核有利。一般来说，与钢水密度越接近的粒子越容易悬浮其中，而密度高于或低于钢水的粒子会上浮或下沉，这样均会影响其非均质形核效率。由此可知，TiN、ZrO、Ti_2O_3、MgS、SiO_2、MnS 和 CaO 这七种粒子在钢水中极易上浮到渣中，而 CeS、CeO_2 和 Ce_2O_3 粒子在钢水中的存在状态更有利于形核，这是稀土作为诸多钢种凝固组织变质处理元素的根本原因。

表 3-8 10 种化合物粒子的密度和熔点

粒 子	密度/$(g \cdot cm^{-3})$	熔点/℃
TiN	5.4	2950
ZrO_2	5.5	2700
Ti_2O_3	4.3	1800
MgS	2.7	2000
SiO_2	2.2	1713
MnS	4.0	1610
CaO	3.3	2613
CeS	5.9	2099
CeO_2	7.3	2599
Ce_2O_3	6.2	1691

当然，实际生产中，除了考虑变质剂的正确选择之外，还有其他很多与钢种、装备、工艺和操作有关的瓶颈问题，在技术开发之前要充分考量，才能避免出现一些负面影响，最终达到高效、稳定、可靠的凝固组织细化效果。

参 考 文 献

[1] BABU S S, SPECHT E D, DAVID S A, et al. In-situ observations of lattice parameter fluctuations in austenite and transformation to bainite [J]. Metallurgical and Materials Transactions A, 2005, 36: 3281-3289.

[2] WAGNER A, SHOLLOCK B A, MCLEAN M. Grain structure development in directional solidification of nickel-base superalloys [J]. Materials Science and Engineering: A, 2004,

374（1/2）：270-279.

［3］ 岡本平，村上健児. 等軸晶の生成について［J］. 日本金属学会会報，1986，25（1）：42-50.

［4］ CROWTHER D N，MINTZ B. Influence of grain size on hot ductility of plain C-Mn steels［J］. Materials Science and Technology，1986，2（9）：951-955.

［5］ SZEKERES E S. A review of strand casting factors affecting transverse cracking［C］// Proceedings of 6th International Conference on Clean Steel，2002：324-338.

［6］ MIETTINEN J，LOUHENKILPI S，HOLAPPA L. Coupled simulation of heat transfer and phase transformation in continuous casting of steel［J］. ISIJ International，1996，36（Suppl）：S183-S186.

［7］ BERNHARD C，REITER J，PRESSLINGER H. A model for predicting the austenite grain size at the surface of continuously-cast slabs［J］. Metallurgical and Materials Transactions B，2008，39（6）：885-895.

［8］ ANDERSEN I，GRONG Ø. Analytical modelling of grain growth in metals and alloys in the presence of growing and dissolving precipitates—I. normal grain growth［J］. Acta Metallurgica et Materialia，1995，43（7）：2673-2688.

［9］ LI Y，WEN G，LUO L，et al. Study of austenite grain size of microalloyed steel by simulating initial solidification during continuous casting［J］. Ironmaking & Steelmaking，2015，42（1）：41-48.

［10］ HUTCHINSON C R，ZUROB H S，SINCLAIR C W，et al. The comparative effectiveness of Nb solute and NbC precipitates at impeding grain-boundary motion in Nb steels［J］. Scripta Materialia，2008，59（6）：635-637.

［11］ MAEHARA Y，YASUMOTO K，SUGITANI Y，et al. Effect of carbon on hot ductility of as-cast low alloy steels［J］. Tetsu-to-Hagané，1985，71（11）：1534-1541.

［12］ OHNO M，YAMAGUCHI T，MATSUURA K，et al. Suppression of coarse columnar grain formation in as-cast austenite structure of a hyperperitectic carbon steel by Nb addition［J］. ISIJ International，2011，51（11）：1831-1837.

［13］ YASUDA H，NAGIRA T，YOSHIYA M，et al. Massive transformation from δ phase to γ phase in Fe-C alloys and strain induced in solidifying shell［C］//IOP Conference Series：Materials Science and Engineering. IOP Publishing，2012，33（1）：012036.

［14］ BECK P A，SPERRY P R. Strain induced grain boundary migration in high purity aluminum［J］. Journal of Applied Physics，1950，21（2）：150-152.

［15］ RUPERT T J，GIANOLA D S，GAN Y，et al. Experimental observations of stress-driven grain boundary migration［J］. Science，2009，326（5960）：1686-1690.

［16］ PAGGI A，ANGELLA G，DONNINI R. Strain induced grain boundary migration effects on grain growth of an austenitic stainless steel during static and metadynamic recrystallization［J］. Materials Characterization，2015，107：174-181.

［17］ SCHÖNFELDER B，WOLF D，PHILLPOT S R，et al. Molecular-dynamics method for the simulation of grain-boundary migration［J］. Interface Science，1997，5（4）：245-262.

[18] 刘华松. 包晶钢连铸坯表面裂纹与组织控制研究 [D]. 北京：北京科技大学，2021.

[19] WEISGERBER B, HARSTE K, BLECK W. Phenomenological description of the surface morphology and crack formation of continuously cast peritectic steel slabs [J]. Steel Research International，2004，75（10）：686-692.

[20] 朱鸣芳，邢丽科，方辉，等. 合金凝固枝晶粗化的研究进展 [J]. 金属学报，2018，54（5）：789-800.

[21] BRAMFITT B L. The effect of carbide and nitride additions on the heterogeneous nucleation behavior of liquid iron [J]. Metallurgical Transactions，1970，1（7）：1987-1995.

[22] NURI Y, OHASHI T, HIROMOTO T, et al. Solidification microstructure of ingots and continuously cast slabs treated with rare earth metal [J]. Tetsu-to-Hagane，1980，66（6）：618-627.

4 钢的连铸凝固冷却技术原理

4.1 连铸技术发展

4.1.1 连铸技术发展概要

世界范围内，连铸技术的发展大体上经历了四个阶段：早期探索时期、工业应用推广时期、现代连铸技术大发展和完善时期、多元化连铸技术集成与应用发展时期。实际上，最早的连铸技术并不是为钢材产品设计的，而是一些低熔点有色金属。随着社会对钢材需求量的不断增加、钢铁冶金生产效率的大幅提升和连铸装备与技术的日趋完善，钢的连铸才开始拉开序幕，并逐步成为现代连铸技术的主体。

4.1.1.1 早期探索时期：20 世纪 50 年代以前

连续浇铸液态金属的设想最早是在 19 世纪中叶由美国人塞勒斯（G. E. Sellers，1840 年专利，Machinery for making pipes continuously from lead）、莱恩（J. Laing，1843 年专利，Machine for Making Pipes of Lead and Other Soft Metals）和英国人贝塞麦（H. Bessemer，1846 年专利，Manufacture, silvering, and coating of glass；1857 年专利，Manufacture of iron and steel）提出的。由于当时技术条件的限制，只能用于生产低熔点有色金属（如铅）。最早与现代连铸非常接近的设计是 1887 年由德国人达伦（R. M. Daelen）提出并申请了专利，其设备中已包括上下敞口的水冷结晶器、二次冷却段、引锭杆、夹辊和连铸坯切割设备等装置。1933 年，现代连铸之父德国人容汉斯（S. Junghans）开发了结晶器振动系统，从而奠定了工业上大规模应用连铸技术的工艺基础。同年，容汉斯在德国建成一台使用振动结晶器的立式连铸设备，并用其成功浇铸了黄铜，月产量达1700 t。1936 年铝合金连铸也取得了成功。这样，从 20 世纪 30 年代开始，连铸技术便进入有色金属的工业化阶段。

然而，工业规模上实现钢的连铸要比有色金属困难得多，其主要原因是：（1）钢的熔点比铝、铜高得多，因此设备要耐高温，且换热能力好；（2）钢的比热容较大，而导热系数较小，凝固速度较慢，液芯长且容易拉漏；（3）钢的生产规模也要大得多，连铸效率要高。1943 年容汉斯在德国建成第一台浇铸钢水的试验性连铸机，提出了振动的水冷结晶器、浸入式水口和结晶器钢水液面加入保护剂等技术，为现代连续铸钢奠定了基础。第二次世界大战以后，世界各地相继建设了一些试验性和半工业化连铸试验设备。1949 年容汉斯在德国采用振动结晶器系统在立式铸机上进行了钢的连铸试验，1950 年德国曼内斯曼（Mannesmann）公司采用容汉斯振动结晶器形式投产了一台工业试验性质的立式连铸机并取得了成功，之后使用振动结晶器成为标准的连铸模式。

4.1.1.2　工业应用推广时期：20 世纪 50—60 年代

从 20 世纪 50 年代起，连铸开始用于钢铁领域。世界上第一台钢铁工业生产性质的连铸机是 1951 年在苏联红十月钢厂投产的立式半连续装置，作为连续式浇铸装备是 1952 年英国巴路（Barrow）钢厂建立的双流立弯式连铸机。20 世纪 50 年代投产的连铸机多为立式、单流，建筑高度大，投资多，连铸速度比较低，连铸坯断面小且主要为方坯，生产规模较小。但是，此期间出现了一些专门从事连铸技术开发的工程咨询公司，对后来连铸技术的发展起到了很大的作用。20 世纪 60 年代连铸技术进入工业性推广阶段，1963—1964 年曼内斯曼公司相继建成了方坯和板坯弧形连铸机，这种机型比立式连铸机高度低、操作方便，很快就成为连铸的主流机型，对连铸普及应用起到了推动作用。此外，这时氧气转炉已用于钢铁生产，原有的模铸钢锭工艺已不能满足炼钢的需要，这也间接促进了连铸的发展。这一阶段，还出现了旋转式圆坯连铸机、空心圆坯铸机和工字型异形坯连铸机等。一些企业笃定了连铸的巨大优势，开始向连铸全面转型，英国的谢尔顿（Shelton）钢厂这一时期就率先实现了全连铸化。

4.1.1.3　现代连铸技术大发展和完善时期：20 世纪 70—90 年代末

20 世纪 70 年代，由于国际能源危机的出现和连铸本身的节能优势，使连续铸钢进入迅猛发展时期。在世界粗钢产量一直徘徊在 7 亿吨左右的情况下，连铸坯产量却持续增长。连铸设备和技术日益完善，先后出现了结晶器在线调宽、带升降装置的钢包回转台、多点矫直、连续矫直、气水喷雾冷却、电磁搅拌、保护浇铸、中间包冶金、上装引锭杆、轻压下、多节夹持辊、二冷动态控制、在线质量判定、液面自动控制、漏钢预报等一系列新设计，有力地促进了连铸机生产率的提高，同时连铸坯的质量也有了一定保证。此外，转炉复吹技术、超高功率电弧炉和各种炉外精炼技术的发展与应用，以及钢铁工业朝着大型化、高速化、连续化方向发展，都为连铸的发展创造了条件。20 世纪 80 年代连铸发展进入全盛时期，在世界范围内连铸比以每年 4% 的速度快速增长，1998 年全球连铸比达83%，连铸已取代模铸成为占统治地位的浇铸工艺。连铸机设计、自动控制和产品质量都达到一个全新的水平，对钢水洁净化、均质化和细晶化控制进行的一系列理论和应用研究，结合生产工艺、操作规范和装备水平的不断完善，总结出了完整的连铸坯质量控制和管理技术体系。这一阶段，许多工业发达国家已接近或基本上实现了钢铁生产的全连铸化。

4.1.1.4　多元化连铸技术集成与应用发展时期：21 世纪初至今

到 2000 年，全球连铸比已达 86%，超过 90% 的国家达 40 多个。21 世纪之后，材料科学理论与技术的发展促进了钢铁工业的进步，提高钢的强度、韧性、抗疲劳、耐腐蚀等使用性能对洁净钢生产、无缺陷连铸坯提出了更高的要求。传感与检测技术、计算机和网络技术的高速发展使连铸技术赋予了更大的活力，迈向精细化、大型化、高效化和智能化方向的多元发展。

A 精细化发展

不同钢种、坯型和生产规模的连铸过程要有不同的控制策略，主要体现在技术参数的精准化、个性化和定制化上。为了实现同一台连铸机不同工况条件的多指标平衡，21世纪初开发并应用了一些比较典型的精细化技术，如动态二冷配水技术、动态轻压下技术、电磁冶金技术和结晶器高精度振动技术等。

动态二冷配水技术已经成为现代连铸机的标配。早期的连铸二冷水量是通过手动调节阀的方式调整，随后改成了随拉速实时调节的电控调节阀，但这仍是比较粗糙的静态控制，拉速变动时连铸坯表面温度会出现不可控的升温和降温。动态二冷技术可以针对钢种、断面、中包温度、拉速、季节和炉次等多个变量，基于连铸二冷冶金准则和凝固规律，根据基础水表和有效拉速进行动态调整，或可根据目标表面温度进行水量反算，实现连铸二冷的精细化控制[1]。

连铸动态轻压下是生产中厚板和大规格棒材的必备技术，从第一次生产应用到全面普及，前后大约10年时间，这期间经历了不断完善、优化、参数积累的过程。动态轻压下是根据不同钢种、断面、拉速和冷却条件下的凝固进程对机械压下参数进行动态调控[2-3]，全面保障板坯和大方坯的中心质量，甚至一些圆坯也开始了轻压下工艺探索。

电磁冶金是通过电能-磁能-动能的转换，实现对钢水流场、温度场和凝固进程的调控，尤其对板坯和大方坯或大圆坯非常必要。连铸电磁冶金技术具体包括电磁加热、电磁搅拌、电磁加速、电磁制动、电磁振荡等，可以根据质量控制需要施加于中间包、结晶器、二冷区、凝固末端等位置，并且可以基于品种和工艺参数进行动态调控，起到良好地改善表面质量和中心质量的效果。

结晶器振动是保证连铸稳定运行和高效生产的关键，否则会出现频繁的黏结漏钢事故。随着液压技术的推广和装备成本的降低，液压振动系统逐渐在常规板坯连铸机上普及，与传统电动缸相比，液压振动具有更好的可控性和精准度。当然，一些高端伺服电机也可以满足高精度振动要求，但大载荷下工作的稳定性不及液压技术。随着先进振动装备的不断开发，结合不断完善的振动工艺理论，可以实现不同钢种、不同工况下的良好脱模和合理保护渣润滑。

B 大型化

随着国民经济发展，一些大规格棒材和超厚板的需求量大幅增加，传统模铸锻造路线成本高、周期长、能耗多，开发大断面方坯、圆坯和板坯连铸已成为大势所趋。就目前而言，国内外连铸坯尺寸越来越大，最大弧形连铸板坯厚度可达

450~500 mm，垂直连铸板坯厚度为 600 mm，半连铸可达 700 mm；最大连铸圆坯直径可达 1300 mm，半连铸可达 1600 mm；最大方坯可达 500 mm×600 mm 水平。一些大规格连铸机发展历程如下：

a 板坯方面

2010 年 6 月，奥钢联提供的首钢 400 mm×2400 mm 单机单流直弧形特厚板坯连铸机投产。2011 年 2 月，奥钢联设计、供货的韩国浦项公司 400 mm×2200 mm 特厚板坯连铸机投产。

2010 年 10 月，由西门子奥钢联设计，宽度最大的厚板坯连铸机，南京钢铁有限公司的 320 mm×2800 mm 单机单流直弧形板坯连铸机投产，这是当时厚板坯连铸机中浇铸最宽的连铸机。

2013 年 7 月，由奥钢联为韩国浦项公司建造，能够浇铸出当时全球最厚不锈钢板坯的 300 mm×1650 mm 单流板坯连铸机投入运行。

2014 年 10 月，中冶京诚为兴澄特钢设计的最大厚度为 450 mm 的直弧形板坯连铸机投产，设计最大铸坯宽度为 2600 mm，是当时最厚的板坯铸机。

2015 年 10 月，西马克为迪林根设计的 6 号特厚板坯连铸机投产。该立式连铸机为双机双流，浇铸板坯厚度 300 ~ 500 mm（预留 600 mm）、板坯宽度 2200 mm，在二冷边部控制系统和动态轻压下的保障下，使连铸板坯厚度达到了新的水平。

2018 年 10 月，韩国浦项钢铁公司投产了厚度为 700 mm 的半连续垂直板坯浇铸装备，是目前全球最厚的板坯半连续铸机。

2021 年 7 月，中冶京诚为湘钢设计供货的 450 mm×2600 mm 特厚弧形板坯连铸机一次热试成功；2022 年 7 月，中冶京诚为南钢建造的 460 mm×2600 mm 特厚板坯连铸机投产。据报道，中冶京诚已经中标了国内其他企业的特厚板连铸机工程项目，预计不久可实现 480 mm 厚度直弧形板坯连铸机的投产。

b 圆坯方面

从 2006 年以后，直径 600 mm 以上的特大圆坯连铸机发展迅速，弧半径在 12~18 m。大圆坯连铸机流数为 3~6 流，大都生产高碳钢和合金钢，制备风电法兰、轴承、车轴和其他大棒材零部件。一些主要企业的大圆坯连铸情况见表 4-1。值得说明的是，表中数据均为全连铸装备与技术。近期，中国一重与达涅利合作开发直径 1600 mm 半连铸浇铸大圆坯技术，是已报道的最大规格圆坯生产装备。

表 4-1 国内外大圆坯连铸装备建设情况

序号	企 业	设计单位	最大直径/mm	铸机半径/mm	投产年份
1	沙钢淮钢	达涅利（Danieli）	600	14	2008
2	营口中试基地	中冶京诚	600	14	2009

续表 4-1

序号	企 业	设计单位	最大直径/mm	铸机半径/mm	投产年份
3	承德建龙	达涅利（Danieli）	600	14	2011
4	唐山文丰	中冶东方	600	16	2011
5	苏南装备	中冶赛迪	600	16	2011
6	常州中天	奥钢联（VAI）	600	14	2013
7	沧州达力普	中冶连铸	600	15	2012
8	济源钢铁	西马克（Concast）	600	16.5	2013
9	建龙北满	中冶京诚	650	14	2011
10	马钢	达涅利（Danieli）	700	14	2011
11	章丘新纪元	—	750	15	—
12	华菱衡阳钢管	达涅利（Danieli）	800	17	2010
13	郑州永通	武汉大西洋	800	∞	2010
14	大连特钢	西马克（Concast）	800	16.5	2012
15	山钢莱钢	达涅利（Danieli）	800	16.5	2013
16	张家港永钢	中冶京诚	800	17	2013
17	山西太钢	西马克（Concast）	800	16.5	2016
18	中原特钢	奥钢联（VAI）	800	∞	2015
19	江阴兴澄	中冶京诚	1000	17	2011
20	韩国太熊	西马克（Concast）	1000	18	2017
21	江阴兴澄	西马克（Concast）	1200	18	2021
22	张家港永钢	达涅利（Danieli）	1200	18	2022
23	承德建龙	达涅利（Danieli）	1300	18	2022
24	济源特钢	达涅利（Danieli）	1300	18	—

c　方坯方面

大断面方坯连铸机的发展不如圆坯和特厚板迅猛，主要是其产品多集中在一些中等规格的曲轴、连杆、齿轮、弹簧等，以及一些高端线材产品，尺寸在（400~500）mm×（500~600）mm 的连铸坯已完全满足要求。一些大规格产品由于对压缩比的限制，不得不采用模铸或大圆坯生产。对于相同截面积的大方坯和大圆坯，后者比前者凝固对称性好、面向产品的类别多（圆坯可直接加工管材）、不存在角部温度过低等问题，因而发展更快、普及更广。

大方坯连铸也有比大圆坯更好的优势，比如可以更方便地进行机械压下，进而连铸坯中心质量更有保证，因此大方坯的断面规格也在不断扩大。通常，将 200 mm×200 mm 以下的称为小方坯，尺寸超过这一规格的称为大方坯。随着连铸装备和技术的不断进步，已报道的最大断面为（350~500）mm×（480~650）mm 的规格，如国内的西宁特钢、南钢、大连特钢、大冶特钢，日本的山阳、大同和川崎等，设计公司主要有达涅利、奥钢联、中冶京诚、中冶南方等。除此之外，一些（250~300）mm×（350~400）mm 中等规格的大方坯也比较常见，如国内的宝钢、包钢、攀钢、鞍钢和北满特钢等。

C　高效化

连铸与模铸相比最大的优势在于高效生产。进入 21 世纪之后，全球连铸拉速不断提高，连铸坯钢材产量不断增大，与上一阶段相比，连铸生产效率有了大幅提升，典型的代表性技术为薄板坯连铸连轧/无头轧制和小方坯无头轧制。连铸连轧和无头轧制的前提和基础是高拉速连铸，即需要连铸坯表面和内部温度满足或接近满足轧制的条件，可以通过辊道式加热炉或感应加热装置对连铸坯进行一定程度的补热，或者免热直接轧制。

对于板坯来说，目前具有代表性的技术是 CSP（compact strip production）和 ESP（endless strip production）。1989 年 7 月，德国西马克公司开发了 CSP 技术与装备，并在美国纽柯钢铁公司克劳福兹维尔钢厂建成投产，这是全球第一条薄板坯连铸连轧产线，随后该技术在美国纽柯的希克曼厂、伯克利厂及韩国的现代制铁唐津厂、西班牙的希尔沙厂、德国的蒂森克虏伯杜伊斯堡厂投用，中国的珠钢、邯钢、包钢等也先后引进了 CSP 技术，目前产线数量已达几十条。与 CSP 相比，ESP 发展略为滞后。1992 年，意大利阿维迪（Arvedi）建成了全球第一条 ISP（inline strip production）产线并顺利投产，随后推广至荷兰霍高文厂、韩国光阳厂和俄罗斯耶弗拉兹里贾纳厂等。1995 年，全球第一条 CONROLL（continuous rolling）产线在美国阿姆科（Armco）钢铁公司曼斯菲尔德（Mansfield）钢厂（现为美国 AK 钢铁公司）建成投产，随后在奥地利奥钢联林茨厂、瑞典谢菲尔德公司阿维斯塔厂也成功实现了工业化。2009 年 2 月，全球第一条 ESP 产线在意大利阿维迪实现工业化；2015 年 2 月，日照钢铁公司的第一条 ESP 生产线投产，并相继建设了 5 条。除此之外，还有其他类似的技术，如 FTSR、MCCR、ASP、CEM 等，核心思想与 CSP 和 ESP 比较接近。薄板坯连铸的厚度一般在50~130 mm，不同技术略有差异，拉速可达到 5~6 m/min，基本满足了直轧或补热轧制条件。与传统板坯相比，薄板坯连铸连轧或无头轧制使生产周期由几十个小时缩短到几十分钟，甚至可以制备一些以热代冷的产品。除了薄板坯连铸连轧和无头轧制外，板带材还有薄带铸轧技术，其中以双辊薄带技术最为成熟。实际上，这一技术与 Bessemer 在 19 世纪提出的专利理念是一致的，或者说其实现了Bessemer 的专利。目前已报道的典型产线为沙钢引进的 Castrip 和宝钢开发的 Baostrip，日本三菱重工、韩国浦项和奥钢联等企业也拥有对应的专利和产线。

对于方坯，意大利达涅利（Danieli）公司开发了 MIDA 技术——小方坯螺纹钢无头轧制生产线。根据资料记载，MIDA 技术最早于 2009 年在美国 CMC（工商五金公司）亚利桑那州钢厂投产，2010 年推广到希腊的 Sovel 钢厂，2016 年在埃及的ⅡC 厂也完成了热试，2018 年完成了巴基斯坦的 TayBah 集团 MIDA 产线建造，2020 年又推广到纽柯的 Sedalia 厂。2022 年，国内桂林平钢引进达涅利的 MIDA 技术已经投产，190 mm×190 mm 螺纹钢拉速可达 5.5 m/min，目标是 6 m/min 以上；随后，国内其他企业也和达涅利签署了 MIDA 产线合同。传统小方坯连铸机热送热装的螺纹钢生产周期也要 3~8 h，而 MIDA 技术可使钢水到钢材的时间缩短至 30 min 以内。国内一些设计院和钢厂合作，也开发了螺纹钢高拉速连铸技术，已报道的 150~160 mm 方坯拉速可达 5~6 m/min，在节能降耗等方面也起到了显著作用。

D　智能化

计算机和网络技术的发展与工业相融合，建立信息物理系统（CPS），实现连铸过程主体数据的实时感知和采集，基于一些智能算法，如神经网络、模糊系统和遗传计算等，利用现场大数据和机器学习技术进行修正和优化，结合冶金机理模型可以实现连铸过程的数字孪生和智能化控制。

目前，一些连铸装备设计公司已经成功开发并上线了智能连铸系统，尽管界面框架有区别，但核心功能大同小异。智能连铸系统通常以实时数据交换、工艺模型管控平台和冶金知识库为基础，以凝固传输方程的数学模型为核心，构建连铸工序生产过程的数字化映射，实现对连铸生产工艺与质量的智能化管控。

智能连铸系统一般包括数字孪生模块、数据交换模块、模型管控模块和数值求解模块。数字孪生模块可以实现虚拟与现实数字孪生协同作业，具有多维动态数字映射功能，使钢水连铸凝固过程的"黑箱"透明化，让操作人员身临其境地观察和感知生产过程。数据交换模块是一个公共的工业数据共享平台，可实现高速、精确的数据传输服务，基于数据池管理技术推进连铸机主体数据全覆盖和快速交互，并满足不同数据库类型之间的转换功能。模型管控模块是智能化功能的添加与修改接口，满足不同用户的生产需求，不同模型之间以架构式分布，同时建立多模型之间的数据交换通道。数值求解模块是连铸工艺模型计算平台，具体包括动态热跟踪、动态配水、动态压下、结晶器漏钢预报、液位检测与控制、振动监测、质量判定、混钢计算、优化切割和表面淬冷等，是整个智能控制系统的核心。

当然，智能化技术仍在发展之中，目前的连铸智能化控制水平仍处在起步阶段，智能连铸本身也是多样化的，并非唯一解。随着相关技术的进步，相信未来的智能连铸最终可实现全过程的智慧化决策和执行，使绝大多数条件下 AI 的生产指令均具备最佳的合理性。

4.1.2　连铸热点技术

4.1.2.1　高拉速连铸技术

高拉速连铸的概念由来已久，一直是钢铁冶金领域的热门话题，其具有突出的设备、技术和产品质量优势。（1）设备方面，高拉速连铸可以实现通过建造小流数、小断面连铸机实现高产能，同时减少了空间、装备和人力需求；（2）技术方面，高拉速连铸可以实现钢铁产品高效生产，一方面可以增加产量，另一方面可以降低吨钢设备消耗及其能耗和排放；（3）产品质量方面，由于高拉速连铸生产线往往是冶金、自动化、计算机、通信、机械、检测等技术多元集成的高精度系统，因此连铸热状态更稳定，炉次差、流间差和定尺差更小，最终产品质量和性能一致性更好。

高拉速是一项系统工程，不是一味提高拉矫机转速就能实现的。提高拉速会导致通钢量增大，钢液在结晶器内凝固时间减少，坯壳变薄，漏钢概率增大；同时，结晶器液面波动加剧，不仅钢中夹杂物上浮去除效率降低，还可能产生夹渣和卷渣；高拉速下保护渣消耗量减小，恶化了坯壳与结晶器铜板间的传热及润滑条件，易出现黏结等问题，尤其是板坯宽厚比较大，角部和面部中心附近易产生纵裂；再者，高拉速下坯壳较薄且温度较高，在二冷区内因钢水静压力作用而产生的鼓肚量增大，更容易出现中间裂纹和中心偏析[4]。对于常规断面的连铸坯，提高拉速液芯长度大幅增加，钢水补缩通道变窄，中心缺陷倾向增大。国内企业试验发现，连铸拉速提高后，连铸坯表面和内部缺陷显著增多，夹杂物含量超标比例增大。因此，为了保证高拉速条件下连铸坯及其产品质量的稳定，以下相关工作仍有待完善：

（1）洁净钢冶炼；

（2）钢包和中间包流场特征和下渣规律；

（3）结晶器水口和电磁装置对流动和传热的影响；

（4）结晶器振动机构与参数设计；

（5）结晶器保护渣设计；

（6）结晶器液位检测与控制；

（7）结晶器热流反馈、漏钢预报、振动监测等；

（8）高效、精准与动态二冷设计；

（9）二冷段连铸坯夹持设计；

（10）连铸坯鼓肚与跑偏预防；

（11）高精度拉矫；

（12）电磁搅拌效果；

（13）机械压下效果；

（14）连铸坯切割、下线冷却或热送热装处理能力与方式；

（15）其他装备的稳定运行与长寿命设计；

（16）高精度自动化与控制系统。

4.1.2.2　零缺陷连铸技术

连铸的最大优势在于生产效率的提高，实际上这是以零缺陷为前提的。当连铸坯存在质量问题时，重则报废，轻则需要下线清理，这一方面打乱了整个生产节奏，无法衔接热送热装形成紧凑化模式；另一方面也会增加时间成本、人工成本、材料成本和仓库周转成本。因此，充分发挥连铸的高效化作用，需要开发和完善零缺陷连铸技术。

零缺陷连铸技术并不是做到绝对的无缺陷，本质上来说这是不现实的，因为连铸坯或多或少都会存在宏观或微观层面的不足。零缺陷连铸技术的基本理念是连铸坯不能出现影响生产顺行和产品性能的质量问题，核心目的是将连铸缺陷降至最少和最低。连铸过程的质量缺陷既与钢种、断面、工艺参数有关，又受到装备、操作和配套技术的影响。过去的几十年中，国内外一些冶金和连铸学者对裂纹、偏析、疏松/缩孔等缺陷进行了大量研究，提出了不同的机理和调控思路，虽然起到了一定的效果，但与零缺陷连铸还有一定距离，这还需要完善以下基础性工作：

（1）不同钢种的凝固与浇铸特性研究；

（2）不同合金元素的溶质偏析特征及其交互作用；

（3）过热度对连铸凝固组织与中心质量影响的量化关系及其作用机制；

（4）不同坯型、不同尺寸连铸坯凝固特征的热/动力学差异；

（5）连铸坯等轴晶的来源、机制和量化演变过程；

（6）连铸表面、内部和中心裂纹形成的实实过程观察；

（7）连铸过程凝固之后基体相变、析出和 γ 晶粒粗化与热处理相关模型结果的差异；

（8）连铸过程三维凝固收缩的非线性计算；

（9）连铸坯缺陷热加工量化演变规律；

（10）连铸坯缺陷识别与检测技术；

（12）跨尺度的数值模拟仿真；

（13）新装备设计；

（14）新工艺设计。

4.1.2.3　高智能化连铸技术

工业智能化是最近十年来提出的以信息物理系统为基础、以计算机和网络通信技术为平台、以工业大数据和智能化算法为核心的新方向，连铸作为钢铁冶金的关键流程，也在不断与智能化技术相融合，目的是提高生产过程的科学性、合理性、可靠性和精准性。然而，智能连铸的概念尚未成型，现有的数据集控中心或数字孪生系统仍未达到智慧化的效果，当前生产计划、调度、更改、执行和反馈等还需要比较多的人工干预，智能化程度及其价值仍远远不够。高智能化连铸技术预期可实现全过程高度智慧化计算与管理，可能需要的工作有：

（1）连铸过程高精度数据感知和采集、图像识别；

（2）高效、可靠、稳定的工业数据传输技术与平台；

（3）与连铸过程相匹配的智能化算法开发；

（4）完善的基础自动化；

（5）精准的可执行元件；

（6）机器人技术；

（7）多流程数据交互；

（8）生产决策制定；

（9）全生命周期评价。

4.1.2.4　基于冶金原理+大数据耦合的预报技术

随着大数据技术不断得到重视，人们越来越关注基于数字规律回溯得到的原因，而忽略因果之间的机制，这在工业领域是不可取的。的确，大数据时代下，一些拟合、反算、模型等结果可以对优化连铸生产过程提供一定的指导，但这往往对数据来源对应的工况范围才具有比较好的精度，当装备、人员和技术参数调整时，需要重新积累数据并分析，具有一定的滞后性。以往基于冶金原理的正向分析可以弥补这一问题，找到新条件下的正确规律和影响机制，且可以全面考虑到一些突发性、个异性、人为性因素，提高模型预报准确率和可信度。这一方面需要完善的工作有：

（1）连铸冶金原理深入挖掘；

（2）裂纹、偏析和疏松/缩孔的形成过程数学描述；

（3）连铸过程工艺数据与缺陷形成的实时预测算法；

（4）模型在线学习与自修正；

（5）连铸大数据采集、传输和处理效率；

（6）数据可靠性筛选与过滤；

（7）生产过程控制与质量目标的协调；

（8）新的软、硬件条件开发和平台建设。

4.2　连铸结晶器内钢水凝固

4.2.1　弯月面的界面平衡

钢水进入结晶器之后，由于钢水与铜板之间的表面张力作用，会形成一个具有弹性薄膜性能的弯月面，如图4-1所示。在弯月面的底部，由于结晶器铜板的冷却作用（冷速约为 100 ℃/s），会迅速形成初生坯壳。

根据流体静力学，将弯月面形状近似为半圆形，可以得到弯月面半径 R 的表达式为[5]：

$$R = 0.543 \sqrt{\frac{\sigma_m}{\rho_m}} \quad (4\text{-}1)$$

当考虑保护渣时，R 的表达式可以修正为：

$$R = 0.543 \sqrt{\frac{\sigma_{m/s}}{\rho_m - \rho_s}} \quad (4\text{-}2)$$

式中，R 为弯月面半径，m；σ_m 为钢水表面张力，N/m；ρ_m 为钢水密度，kg/m^3；ρ_s 为渣子密度，kg/m^3；$\sigma_{m/s}$ 是钢与渣的界面张力，可通过下式计算：

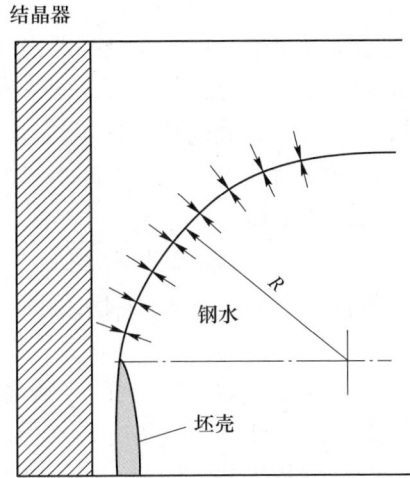

图 4-1 结晶器弯月面结构

$$\sigma_{m/s} = \sigma_m - \sigma_s \cos\theta \quad (4\text{-}3)$$

式中，θ 为钢水和保护渣的接触角，(°)；σ_s 为液态渣的表面张力，N/m。

对于低碳钢，裸露钢液弯月面的半径 $R = 7.1$ mm，钢液面覆盖保护渣时 $R = 9.2$ mm。R 值大小表示弯月面弹性薄膜的变形能力，R 值越大，说明弯月面凝固坯壳受到钢水静压力作用时贴向结晶器铜板越容易，裂纹不容易形成。如果弯月面聚集了夹杂物，会降低钢水表面张力，破坏弯月面薄膜的弹性，使弯月面结构破裂，易卷渣夹渣，使连铸坯产生结疤、裂纹等缺陷。

弯月面结构会影响坯壳表面的振痕。不难理解，R 越大则振痕越浅，R 越小则振痕越深。通过对结晶器弯月面界面平衡进行大量的实验室模拟和数学解析研究发现，弯月面形状受到以下因素的影响：

（1）钢液过热度。过热度高时，弯月面凝固初生坯壳形成会被推迟，R 越大，越有利于坯壳变形，振痕较浅；过热度低时，弯月面坯壳厚度增加，对应的 R 越小，形成深振痕。

（2）拉速。拉速提高，弯月面钢液波动程度加大，弯月面区域钢水温度增加，凝固坯壳变薄，R 增大，振痕变浅。

（3）钢水成分。钢中碳含量会影响弯月面的凝固状况，钢中 C 含量低，弯月面处凝固壳较厚，R 减小，凝固钩（Hook）发达，易形成较深振痕。因此，降低钢水表面张力的活性元素（如硫、氧）、保护渣性能、水口结构、结晶器振动和电磁力等都会影响弯月面钢水的凝固。

4.2.2　结晶器的热平衡

连铸过程中，钢水在结晶器内开始凝固，并把热量通过坯壳、保护渣、铜板传递给冷却水。稳态条件下，同一水平高度上不同位置的温度均是不变的，热流密度是恒定的。沿拉坯方向上（垂直方向），热流密度在弯月面附近达到最大，由上到下逐渐减小，但在不同水平高度上均可达到稳定状态。因此，结晶器是一种动态的热平衡。

4.2.2.1　结晶器热量平衡

根据凝固原理可知，钢水凝固会释放热量。连铸过程中，结晶器内放出的热量包括：

（1）钢水过热：$T_C \rightarrow T_L$，从浇铸温度 T_C 冷却到液相线温度 T_L 放出的热量，根据焦耳定律计算，过热度为 30 ℃ 时，对应的热量约为 24 kJ/kg。

（2）凝固潜热：$T_L \rightarrow T_S$，从液相线温度 T_L 到固相线温度 T_S 放出的相变热。对于纯铁，凝固潜热约为 280 kJ/kg；对于钢，还要考虑凝固区间内温度变化引起的焦耳热，当两相区为 50 ℃ 时，焦耳热约为 40 kJ/kg。因此，凝固区间的总热量为 320 kJ/kg。

（3）物理显热：$T_S \rightarrow T_P$，从固相线温度 T_S 到某一温度 T_P 之间放出的热量。当 T_P 为室温时，整个物理显热约为 1500 ℃ 范围内的热量，根据焦耳定律计算约为 960 kJ/kg。

因此，对于中碳钢，钢水到室温下放出的总热量约为 1304 kJ/kg。其中过热比例很小，凝固过程热量约占 25%，凝固之后约为 75%。对于连铸过程，由于切割下线时连铸坯平均温度约为 1000 ℃，显热只释放了 1/3，连铸过程中总的放热量为 664 kJ/kg，相当于浇铸过程和之后的冷却过程各占一半。

对于结晶器换热，可以根据钢水放热和冷却水吸热分别计算。以 20 号钢为例，对于 200 mm×200 mm 小方坯，过热度为 40 ℃，拉速为 2 m/min，设结晶器出口连铸坯表面温度为 1000 ℃，考虑电磁搅拌时坯壳厚度为 15 mm，平均过热度减小至 10 ℃，则该过程钢水释放的热量 Q（kJ/min）为：

$$Q = 4\rho Ddv\left\{ C_L(T_C - T_L) + L_f + \frac{1}{2}(C_L + C_S)(T_L - T_S) + \right.$$

$$\left. C_S\left[T_S - \frac{1}{2}(T_{S,M} + T_S) \right] \right\} + \rho(D - 2d)^2 v C_L(T_C - T_{L,M}) \qquad (4-4)$$

式中，ρ 为钢水密度，kg/m³；D 为方坯边长，m；d 为坯壳厚度，m；v 为拉速，m/s；C_L、C_S 为液相和固相比热容，J/(kg·℃)；T_C、T_L、T_S、$T_{S,M}$ 和 $T_{L,M}$ 分别为浇铸温度、液相线温度、固相线温度、结晶器出口坯壳表面温度、结晶器出口钢水平均温度，℃。

将已知条件代入，可得钢水放出的热量为 87450 kJ/min。

对于 200 mm×200 mm 小方坯，结晶器冷却水流量现场值为 160 t/h，水温差为 7.5~8 ℃，则水吸收的热量为 84011~89611 kJ/min。对比可见，钢水释放的热量与冷却水吸收的热量基本相等，说明上述热平衡计算是比较可靠的。

4.2.2.2 结晶器平均热流密度

以上述案例为参考，以结晶器有效长度 800 mm 为例，可以得到小方坯的平均热流密度（MW/m²）：

$$q = \frac{Q}{A} = \frac{87450/60}{0.2 \times 4 \times 0.8} = 2.28 \tag{4-5}$$

结晶器平均热流密度用于评估结晶器的整体换热能力，可根据总热量和总换热面积的平均值计算，同时适用于方坯、圆坯或板坯。

4.2.2.3 沿高度分布的局部热流密度

一般来说，结晶器弯月面附近的热流密度最大，因为该处的坯壳薄、与铜板接触好且温差最大。沿高度向下时，坯壳逐渐增厚，热阻增大，且中下部会有气隙出现，热流密度逐渐减小。国内某企业不同拉速下沿高度分布的结晶器热流密度如图 4-2 所示。

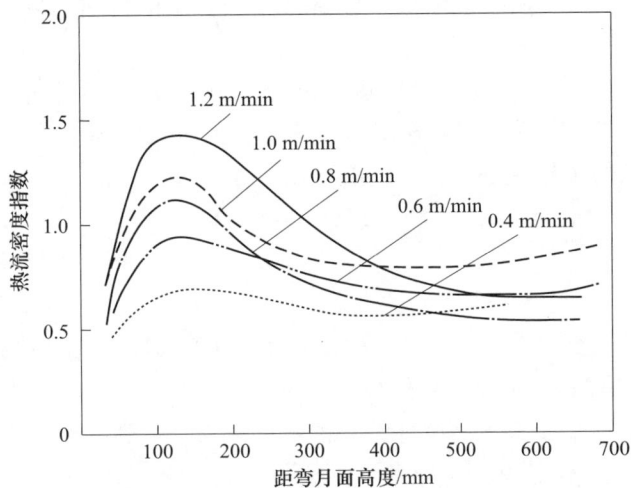

图 4-2 沿结晶器高度方向的热流密度分布

根据图 4-2 中数据可知，热流密度沿高度方向的整体分布规律为：

（1）沿结晶器高度 150 mm 左右热流密度趋于最大，即弯月面以下 50 mm 位置，之后热流密度逐渐减小，呈非线性规律。

（2）结晶器下部热流密度减小到一定程度之后趋于平衡，其值仅为弯月面附近最大值的 1/3 左右。

（3）随着拉速增加，结晶器热流密度显著增大，尤其是弯月面和中上部的增幅比较明显，中下部变化不大。

根据热流密度沿高度的分布规律，可以推测坯壳与结晶器的接触状态，进而分为四个区：

（1）弯月面区。钢水与铜板完全接触（暂不讨论保护渣），过热度迅速消失并达到凝固温度，由于深度过冷，开始出现初生坯壳。

（2）紧密接触区。初生坯壳与铜板良好接触，热量传输方式为热传导；由于结晶器顶部预留安全高度，热流密度在此处达到最大。

（3）不稳定气隙区。坯壳厚度增大到一定程度时，开始对内部钢水有一定的支撑能力，并由于凝固冷却收缩作用而脱离铜板产生气隙，因此热流密度减小。

（4）稳定气隙区。结晶器下部，坯壳厚度比较大，坯壳与铜板之间出现稳定的气隙，热流密度随气隙宽度的变化不大。

结晶器高度方向上热流密度的分布规律对坯壳稳定生长的影响很大，一些学者基于数学方法提出了描述热流密度的公式：

$$q = A - B\sqrt{t} \tag{4-6}$$

式中，q 为不同高度处的热流密度，W/m^2；t 为钢水的停留时间，s；A、B 为经验常数。

A 表示弯月面处的最大热流密度。对于小断面方坯、圆坯和板坯，A 可取 $2380000 \sim 2680000\ W/m^2$；对于大方坯和大圆坯，$A$ 可取 $1980000 \sim 2380000\ W/m^2$。$B$ 的取值与结晶器工作状态有关，一般根据下式计算：

$$B = \frac{1.5 \times (A - \bar{q})}{\sqrt{\dfrac{L}{v}}} \tag{4-7}$$

式中，$\bar{q}$ 为平均热流密度，W/m^2；L 为结晶器的有效高度，m；v 为拉速，m/s。

4.2.2.4 结晶器热流平衡与热阻分析

稳态条件下，某一水平高度处结晶器热量传递会达到平衡，即不同介质上的热流密度是相等且不变的。这种条件下，热量传输界面关系和温度分布特征如图4-3所示。

由图4-3可见，对于广义的结晶器传热结构，从内到外的介质依次为钢水、坯壳、保护渣、气隙、铜板和冷却水。因此，钢水中的热量被冷却水带走的过程，其总的热流密度为：

$$q = h(T_C - T_w) \tag{4-8}$$

式中，T_C 为钢水浇铸温度，℃；T_w 为冷却水温度，℃；h 为总的换热系数，$W/(m^2 \cdot ℃)$。

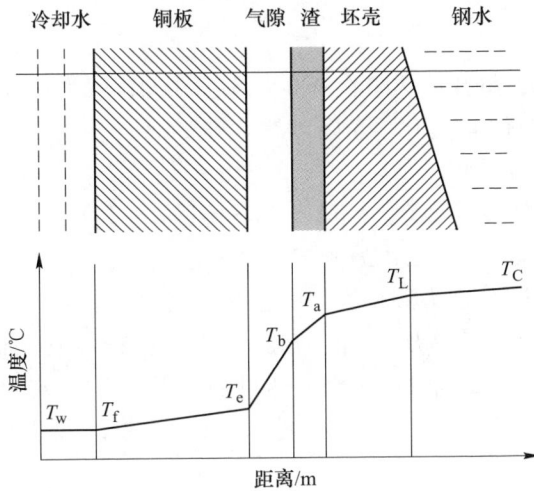

图 4-3 结晶器内的传热结构

h 与总热阻之间的关系为：

$$R = \frac{1}{h} \tag{4-9}$$

式中，R 为系统的总热阻。

根据稳态传热可知，钢水对流换热和凝固过程中放出的总热流密度与不同介质中的热流密度相等。

A 钢水/坯壳界面换热和凝固过程放热

钢水与坯壳之间是通过对流换热进行热量传输，其热流为：

$$q_{1,\text{flow}} = h_1(T_C - T_L) \tag{4-10}$$

式中，h_1 为对流换热系数，$W/(m^2 \cdot ℃)$；T_C 和 T_L 分别为浇铸温度和液相线温度，℃。

对流换热系数可以根据平板对流换热公式计算：

$$h_1 = \frac{2}{3}\rho C v \left(\frac{C\eta}{\lambda}\right)^{-3}\left(\frac{L\rho v}{\eta}\right)^{-\frac{1}{2}} \tag{4-11}$$

式中，L 为结晶器长度，m；ρ 为钢水密度，kg/m^3；C 为钢水比热容，$J/(kg \cdot ℃)$；v 为钢水流速，取 $0.1 \sim 0.3$ m/s；λ 为钢水的导热系数，$W/(m \cdot ℃)$；η 为钢水的黏度，$Pa \cdot s$。

将数据代入，可得对流换热系数为 $8000 \sim 12000$ $W/(m^2 \cdot ℃)$。如果钢水过热度为 30 ℃，对应的热流密度为 $240 \sim 360$ kW/m^2，占结晶器平均热流密度 $2.0 \sim 3.0$ MW/m^2 的 $10\% \sim 15\%$，二者之间的界面热阻为：

$$R_{1,\text{flow}} = \frac{1}{h_1} \tag{4-12}$$

根据 h_1 的数值，可知该热阻在 $0.00005 \sim 0.0001$（$\text{m}^2 \cdot \text{℃}$）/W。

单位时间内，单位面积上坯壳厚度增大量为 Δd，则放出的热量为凝固潜热 L_m 和两相区焦耳热为：

$$q_{1,\text{solidification}} = \rho \Delta d [L_\text{m} + C(T_\text{L} - T_\text{S})] \tag{4-13}$$

式中，ρ 为密度，kg/m^3；Δd 为坯壳厚度增量，m；C 为两相区比热容，$\text{J/(kg} \cdot \text{℃)}$；$T_\text{L}$ 和 T_S 分别为液相线和固相线温度，℃。

假设单位时间内坯厚增大 1 mm，则放出热量为 2.14 MW/m^2，与结晶器的平均热流密度比较接近。凝固过程中释放热量的热阻可看作导热热阻：

$$R_{1,\text{solidification}} = \frac{\Delta d}{\lambda} \tag{4-14}$$

由于 Δd 比较小，因此该热阻也比较小，在 $0.00003 \sim 0.00005$（$\text{m}^2 \cdot \text{℃}$）/W 之间。

综上所述，钢水放热的总热流密度为：

$$q_1 = h_1(T_\text{C} - T_\text{L}) + \rho \Delta d [L_\text{f} + C(T_\text{L} - T_\text{S})] \tag{4-15}$$

总热阻 R_1 可以认为是对热量贡献大的凝固传热的热阻，在 $0.00003 \sim 0.00005(\text{m}^2 \cdot \text{℃})$/W。

B　坯壳导热

钢水对流和凝固过程释放的热量要通过坯壳传导到外部。根据傅里叶定律，热流密度为：

$$q_2 = \lambda_\text{S} \frac{T_\text{S} - T_\text{a}}{d_\text{S}} \tag{4-16}$$

式中，λ_S 为坯壳的导热系数，$\text{W/(m} \cdot \text{℃)}$；$T_\text{S}$ 为固相线温度，℃；T_a 为坯壳表面温度，℃；d_S 为坯壳厚度，m。

假设某一位置处表面温度为 1200 ℃，固相线温度为 1500 ℃，坯壳厚度为 5 mm，导热系数为 35 $\text{W/(m} \cdot \text{℃)}$，则热流密度为 2.1 MW/m^2，与钢水放出的总热量比较接近。坯壳导热的热阻为：

$$R_2 = \frac{d_\text{S}}{\lambda_\text{S}} \tag{4-17}$$

根据上述数据，可得该热阻值在 $0.0001 \sim 0.0002 \text{ m}^2 \cdot \text{℃/W}$。

C　保护渣导热

连铸保护渣起到润滑和控制传热的作用，本质上仍是一种低导热性的耐火材料，导热系数一般为 $1 \sim 2 \text{ W/(m} \cdot \text{℃)}$。将辐射的换热等效到导热，根据傅里叶定律：

$$q_3 = \lambda_F \frac{T_a - T_b}{d_F} \tag{4-18}$$

式中，λ_F 为保护渣的导热系数，W/(m·℃)；T_a 为坯壳与保护渣的界面温度，℃；T_b 为保护渣的冷面温度，℃；d_F 为保护渣厚度，m。

假设某一位置处表面温度为 1200 ℃，保护渣冷面温度为 800 ℃，保护渣厚度为 0.2 mm，导热系数为 1 W/(m·℃)，则热流密度为 2.0 MW/m²。坯壳导热的热阻为：

$$R_3 = \frac{d_F}{\lambda_F} \tag{4-19}$$

根据上述数据，可得该热阻的值在 0.00005~0.0001 m²·℃/W。

D 气隙传热

保护渣和铜板之间的气隙并不是必须存在的，由于结晶器中上部保护渣浸润效果比较好，一般认为不存在气隙。因此，结晶器中上部热流密度也比较大。结晶器中下部坯壳比较厚，由于收缩作用远离铜板，同时保护渣固化，会出现一定宽度的气隙，热流密度显著下降。由于气隙一般比较小，只需考虑导热和辐射换热，二者是并联关系，因此这一过程通常可以简化为：

$$q_4 = h_4(T_b - T_e) \tag{4-20}$$

$$h_4 = h_c + h_r \tag{4-21}$$

$$h_c = \frac{\lambda_g}{d_g} \tag{4-22}$$

$$h_r = \frac{4.88}{1/\varepsilon_F - 1/\varepsilon_M} \left[\left(\frac{T_b}{100} \right)^4 - \left(\frac{T_e}{100} \right)^4 \right] \cdot \frac{1}{T_b - T_e} \tag{4-23}$$

式中，h_4 为综合换热系数，W/(m²·℃)；h_c 为导热转换的对流换热系数，W/(m²·℃)；h_r 为辐射转换的对流换热系数，W/(m²·℃)；λ_g 为空气导热系数，W/(m·℃)；d_g 为气隙宽度，m；ε_F 为保护渣向铜板的辐射发射率；ε_M 为铜板向保护渣的辐射发射率；T_b 为保护渣和气隙的界面温度，℃；T_e 为气隙和铜板的界面温度，℃。

气隙的传热机制和过程比较复杂，一般认为总换热系数在 500~2000 W/(m²·℃)，对应的热流密度为 0.5~1.5 MW/m²，是平均热流密度的 1/4~1/2。因此，气隙是导致结晶器热流密度下降的最主要原因。

气隙的总热阻为：

$$R_4 = \frac{1}{h_4} \tag{4-24}$$

将上述数据代入，可得该热阻在 0.0005~0.002 m²·℃/W。

E　铜板导热

结晶器材质为铜合金，是良好的热导体，可以将钢水凝固过程释放的热量快速传递到冷却水中。根据傅里叶定律，这一过程的热流密度为：

$$q_5 = \lambda_M \frac{T_e - T_f}{d_M} \tag{4-25}$$

式中，λ_M 为铜板的导热系数，$W/(m \cdot ℃)$；T_e 为铜板的热面温度，$℃$；T_f 为铜板的冷面温度，$℃$；d_M 为铜板厚度，m。

假设某一位置处铜板热面温度为 280 ℃，冷面温度为 80 ℃，铜板实际厚度为 30 mm，导热系数为 320 $W/(m \cdot ℃)$，则热流密度为 2.13 MW/m^2，与钢水放出的总热量比较接近；当考虑气隙时，由于热流密度减小，铜板热面温度会降低，设热面温度降低至 210 ℃，则热流密度为 1.39 MW/m^2。

铜板导热的热阻为：

$$R_5 = \frac{d_M}{\lambda_M} \tag{4-26}$$

根据上述数据，可得铜板热阻的值在 0.000005~0.00001 $m^2 \cdot ℃/W$。

F　冷却水与铜板的界面传热

铜板冷面通过冷却水进行对流换热，这种换热可以表达为：

$$q_6 = h_6(T_f - T_w) \tag{4-27}$$

式中，h_6 为界面换热系数，$W/(m^2 \cdot ℃)$；T_f 为铜板冷面温度，$℃$；T_w 为冷却水平均温度，$℃$。

界面换热系数可以根据下式计算：

$$h_6 = 0.023 \frac{\lambda}{D} \left(\frac{\rho v_w D}{\mu}\right)^{0.8} \left(\frac{C\mu}{\lambda}\right)^{0.4} \tag{4-28}$$

式中，λ 为水的导热系数，$W/(m \cdot ℃)$；D 为水槽的当量直径，m；v_w 为冷却水流速，m/s；μ 为黏度系数，$Pa \cdot s$；C 是冷却水比热容，$J/(kg \cdot ℃)$。

一般来说，结晶器冷却水流速可达 6~12 m/s，计算的换热系数为 20000~50000 $W/(m^2 \cdot ℃)$，对应的热流密度为 1.0~2.5 MW/m^2。

冷却水与铜板之间的热阻可以计算为：

$$R_6 = \frac{1}{h_6} \tag{4-29}$$

将上述数据代入，可得其热阻在 0.00002~0.00005 $m^2 \cdot ℃/W$。

实际传热过程中，考虑到总热流密度平衡，即：

$$q = q_1 = q_2 = q_3 = q_4 = q_5 = q_6 \tag{4-30}$$

此时，总热阻为不同介质热阻之和：

$$R = R_1 + R_2 + R_3 + R_4 + R_5 + R_6 \tag{4-31}$$

不同介质热阻的大小见表 4-2。对比可见，铜板热阻 R_5 最小，凝固热阻 R_1 和冷却水与铜板界面热阻 R_6 相当，为 R_5 的 $3 \sim 5$ 倍；保护渣热阻 R_3 中等，为 R_5 的 $5 \sim 10$ 倍；坯壳热阻 R_2 较大，为 R_5 的 $10 \sim 20$ 倍；气隙热阻 R_4 最大，可达 R_5 的 $50 \sim 200$ 倍。因此，为了提高结晶器换热效率，抑制气隙形成是非常关键和必要的。

表 4-2 不同介质的热阻　　　　　　　($\text{m}^2 \cdot \text{℃/W}$)

热阻	R_1	R_2	R_3	R_4	R_5	R_6
数值	0.00003 ~ 0.00005	0.0001 ~ 0.0002	0.00005 ~ 0.0001	0.0005 ~ 0.002	0.000005 ~ 0.00001	0.00002 ~ 0.00005

4.2.3 凝固平方根定律

连铸凝固过程既是动态的，也是稳态的。实际生产时，连铸坯沿着拉坯方向不断移动和冷却，同时坯壳持续增厚，凝固潜热不断释放，最后完全凝固，这是一个动态过程；与此同时，当工艺参数一定时，对于距弯月面某一位置处，其凝固热状态是稳定不变的，即不同时刻在相同位置的连铸坯表面温度、坯壳厚度和钢水过热度等均是恒定值。根据这一稳态传热特性，基于热流平衡原理可以对某一固定位置的传热特征进行简化分析。

假设连铸坯是一维传热，热量只沿着某一个方向传导到外部，对于稳态条件下，某一 Δt 时间内，凝固坯壳厚度增大量 Δe 为：

$$\Delta e = \frac{\mathrm{d}e}{\mathrm{d}t} \Delta t \tag{4-32}$$

对于某一传热方向上面积为 A 的铸坯，其凝固坯壳增加的质量为：

$$M = \rho A \frac{\mathrm{d}e}{\mathrm{d}t} \Delta t \tag{4-33}$$

由此释放的凝固潜热为：

$$Q_{\mathrm{M}} = L_{\mathrm{M}} \rho A \frac{\mathrm{d}e}{\mathrm{d}t} \Delta t \tag{4-34}$$

凝固过程中，该方向上的热流密度为：

$$q = \lambda \frac{T_{\mathrm{L}} - T_{\mathrm{S}}}{e} \tag{4-35}$$

相同时间内通过面积 A 传递到外部的热量为：

$$Q_{\mathrm{c}} = \lambda \frac{T_{\mathrm{L}} - T_{\mathrm{S}}}{e} A \Delta t \tag{4-36}$$

因为是稳态传热，钢水释放的热量与传递到外部的热量相等，即：

$$Q_M = Q_c \tag{4-37}$$

由此可得：

$$L_M \rho \frac{de}{dt} = \lambda \frac{T_L - T_S}{e} \tag{4-38}$$

式（4-38）移项，对两侧进行积分可得：

$$e = \sqrt{\frac{2\lambda(T_L - T_S)}{L_M \rho}} \cdot \sqrt{t} \tag{4-39}$$

由于凝固潜热、密度、导热系数和凝固温度等均为常数，故将其简化为 K，则式（4-39）可写为：

$$e = K\sqrt{t} \tag{4-40}$$

这就是凝固平方根定律，可以估算不同时刻连铸坯或钢锭的坯壳厚度。值得说明的是，由于推导过程中假设是一维传热，而实际凝固过程中多是二维或三维传热，因此根据平方根定律估算凝固进程会有一定误差，尤其是凝固末期的多维换热和加速凝固，其无法预测。

理论上，平方根公式中的系数 K 是与钢种凝固特性有关的常数，与工艺条件无关。实际上，只有当凝固潜热比较小、导热系数比较大、热流密度比较适中时才能满足动力学要求。对于钢来说，尤其是一些碳和合金元素含量较高的品种，固液两相区较大，凝固潜热将在一个较宽温度区域内释放，且两相区内流动对传热有一定的促进作用时，这时才会更好地满足平方根定律。为了估算，将 70 号钢的热物性参数代入，采用等效导热系数并且考虑流动对传热的影响时，可以得到：

$$e = 2.95\sqrt{t} \tag{4-41}$$

式中，e 为坯壳厚度，mm；t 为时间，s。

将时间 t 单位转变为"min"时：

$$e = 23\sqrt{t} \tag{4-42}$$

这一结果与工程数据有一定的可比性。

实际凝固过程中，由于不同形状和尺寸的连铸坯，其传热特征不同，K 值也不相同。对于小方坯和小圆坯，其周向二维换热效果显著，因此 K 要适当放大才符合实际。对于板坯连铸，K 一般取为 $26\sim29$ mm/min$^{1/2}$；对于小方坯，K 一般取 $28\sim32$ mm/min$^{1/2}$；对于小圆坯，K 一般取 $27\sim30$ mm/min$^{1/2}$；对于大方坯和大圆坯，K 一般取 $24\sim28$ mm/min$^{1/2}$。

值得说明的是，尽管凝固平方根定律可以估算连铸坯凝固进程，但不及凝固传热模型可靠，拉速越高、断面越大，工况越复杂，其误差就越大。一些学者尝试对不同冷却区进行不同平方根定律系数的估算，精度会略好一点。

4.2.4 结晶器的冷却制度

尽管铜板/铜管是结晶器的核心元件，其同时起到了换热和支撑作用，但本质上来说，钢水凝固放出的热量是被冷却水带走的。根据前述热流平衡，只有当冷却水的换热能力不低于气隙和保护渣中的热流密度时，才能保证传热稳定，否则可能出现铜板温度升高、局部变形乃至热疲劳开裂和报废等。

冷却水的换热能力与水槽或水缝中的流速有关，如图 4-4 所示。当冷却水流速由 6 m/s 增加到 13 m/s 时，热流密度增幅只有 2% ~ 5%，铜板冷面温度由 100 ℃ 降低至约 50 ℃，冷却水处于稳定的强制对流状态。这一范围内，水流速增大，水温差减小，二者之积仅略有增大。当水流速小于 4 m/s 时，铜板冷面温度会高于 120 ℃，冷却水可能会处于核态沸腾状态，换热效率不稳定。随着冷却水流速由 2 m/s 提高至 6 m/s，热流密度由 2.0 MW/m^2 增大至 2.25 MW/m^2，增幅约为 10%；但是，铜板冷面温度由 200 ℃ 降低至约 100 ℃。因此，为了提高传热稳定性，结晶器冷却水流速至少应不低于 6 m/s。

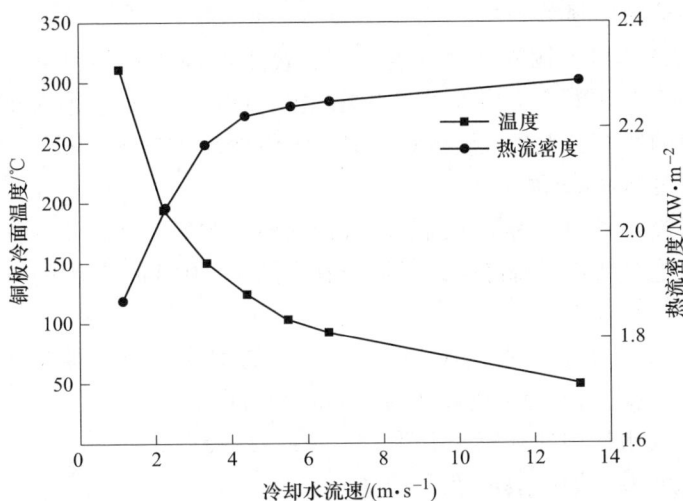

图 4-4 不同冷却水流速下的铜板冷面温度和热流密度

冷却水与铜板/铜管的界面换热可能存在三种状态，这与水流速和铜板温度有关，如图 4-5 所示。

(1) 强制对流区。铜板冷面温度不高于 100 ℃，其与冷却水之间的温差不超过 70 ℃，二者之间的热流密度取决于水流速和水温差的综合作用。

(2) 核态沸腾区。铜板冷面温度接近于或略高于水的沸点（100 ℃），其与冷却水之间的温差在 70 ~ 100 ℃，这时会有核态沸腾发生，即界面上出现许多小气泡，强化了换热效果；同时，气泡生成的速率小于逸散的速率，气泡本身不会

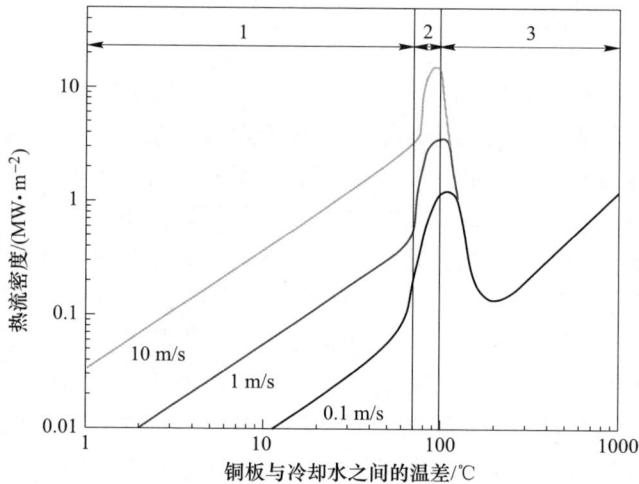

图 4-5　结晶器与冷却水的不同换热状态

阻碍传热，热流密度显著提高。

（3）膜态沸腾区。铜板冷面温度一定程度上远高于水的沸点，其与冷却水之间的温差高于 100 ℃，会出现膜态沸腾现象，即二者界面上形成小气泡的速度远大于其逸散的速度，大量气泡聚集于界面上将冷却水与铜板隔开，阻碍了传热进行，热流密度迅速降低。

根据上述描述可知，为了达到稳定可控的换热效果，结晶器的工作状态应避免核态沸腾，绝对禁止膜态沸腾，尽量控制在图 4-5 中 1 区范围的对流换热状态下，对应的工艺要求为：

（1）冷却通道尺寸。对于小方坯、小圆坯的铜管，结晶器水缝宽度控制在 3.5~4.0 mm，板坯铜板的水槽尺寸为 5 mm×15 mm。

（2）水缝或水槽内的水流速不低于 6 m/s，一般在 6~12 m/s。

（3）冷却水温差原则上不超过 10 ℃。

结晶器水流速是一个过程参数，不方便现场进行调控。实际生产时，一般以结晶器冷却水流量为评价指标。水流量的计算方法为：

$$Q = 0.0036Fv \tag{4-43}$$

式中，Q 为冷却水流量，t/h；F 为水槽或水缝的总面积，mm²；v 为设计的冷却水流速。

根据现场实践经验，结晶器冷却水流量也可以根据连铸坯尺寸确定，具体公式为：

$$Q = K \cdot L \tag{4-44}$$

式中，K 为系数，小方坯取 2~3 L/(min·mm)，小圆坯取 2~2.5 L/(min·mm)，

板坯宽面取 2~2.2 L/(min·mm)，窄面取 1.2~1.5 L/(min·mm)；L 为连铸坯周长，mm。

结晶器的冷却水量在保证一定水流速前提下，还与其他因素有关。

（1）钢种与结晶器冷却。对于低碳钢，由于凝固区间窄，坯壳生长快，为了提高凝固均匀性，冷却以弱为主，可以在理论水量上减小 10%~20%；中碳钢和中碳合金钢取中冷，接近于理论水量；高碳钢和高合金钢取强冷，可以在理论水量上增加 10%~20%。

（2）拉速与结晶器冷却。当拉速较低时，冷却水量仍以正常设定为主；拉速在中等范畴时，关注冷却水温差，当水温差超过 8 ℃或铜板温度过高时可增大结晶器水量；当拉速提高 30% 以上时，建议冷却水以 10%~20% 的增幅调整，直至水温差不超过 8 ℃且铜板温度合适。

（3）断面尺寸与结晶器冷却。大断面连铸拉速低，坯壳厚、冷却收缩强，为提高均匀性，可适当减小冷却水流量；小断面连铸拉速快，坯壳薄、收缩小，可适当增大冷却水流量。

值得说明的是，目前的连铸工艺下，结晶器水量一般都是静态的，即不随着拉速、过热度和板坯宽度的变化而动态调整，只根据钢种、断面和工作拉速进行预置设定，工艺条件变化时通过冷却水温差进行"被动式"补偿。整体来看，这种设计可以满足大多数的生产情况，只有工作拉速变动超过 30%~50% 时会出现一些水温差变动过大的问题。

4.2.5 结晶器内钢水的凝固特征

连铸过程钢水的凝固是伴随着强烈的动量和热量传输的，这与模铸钢锭的凝固有较大的区别。因此，连铸结晶器换热要求是高效、稳定、均匀，即需要前述章节介绍的多种设计和技术的配合，如高导热性铜板、精密的水槽/水缝结构、高流速的冷却水、合理的锥度和倒角[6]、稳定的弯月面界面平衡、合适的保护渣、精准的结晶器振动等。结晶器是连铸过程钢水凝固成型的起始位置，除了复杂的宏观传输外，还伴随相变、收缩、变形、析出、晶粒长大和裂纹等，这些都会影响连铸过程顺行乃至连铸坯质量。

图 4-6 为纵剖面上结晶器内钢水的凝固传输行为，其涉及钢水、浸入式水口、保护渣、气泡、夹杂物、坯壳、铜板乃至足辊区的喷淋和支撑等因素。钢水从浸入式水口出口流出后，冲击到坯壳内表面，会形成强烈的对流换热，这一方面会耗散流股的过热，另一方面也会降低冲击区坯壳的生长速度；对流换热之后的流股一分为二形成双环流，一部分向上与保护渣相互作用，更新了液面处的钢水热量和动量，对保护渣熔化有益；同时，向上的流股也将夹杂物和气泡等带到液面处，被保护渣吸收，起到净化钢水的作用。然而，当向上回流过强时，也会

由于剪切或旋涡作用而出现卷渣，恶化钢水洁净度。向下的流股沿着坯壳内部形成了拉坯方向的流动，结晶器出口处的平均速度与拉速接近，由此保证了连铸过程的质量守恒。向下的流股也会将杂质带到深处难以上浮，对钢水的洁净化控制不利。根据凝固传输原理，结晶器内的强制流动促进了热量交换，可以释放50%~80%的钢水过热，同时形成8~30 mm厚度凝固坯壳，由此带走钢水总热量的10%~20%。

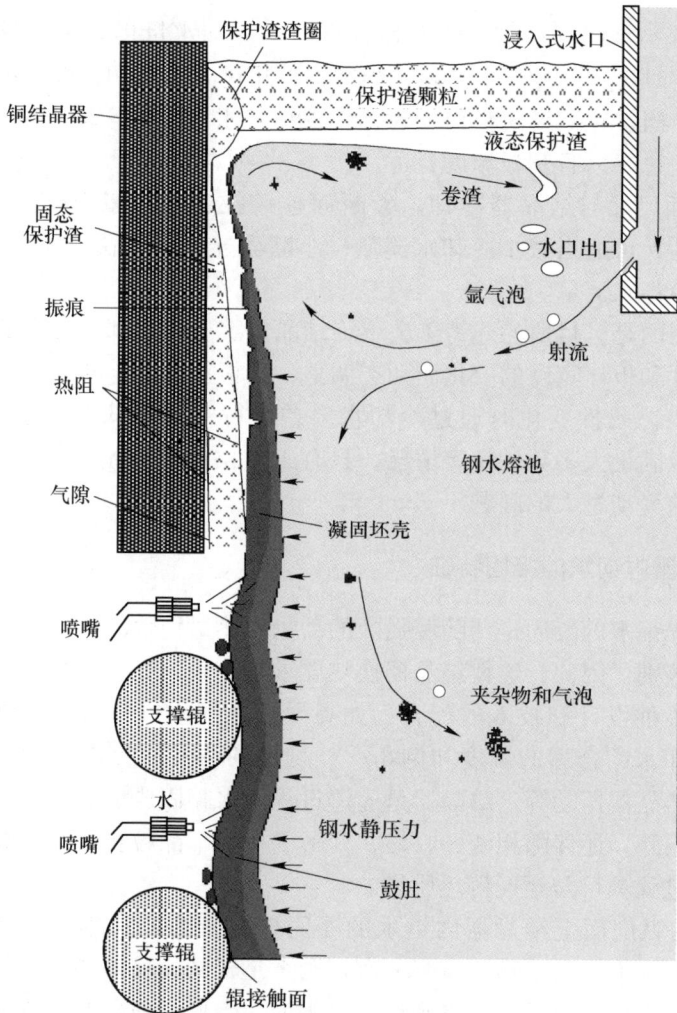

图 4-6　结晶器内钢水的凝固行为

扫码看彩图

顶部液面上，保护渣与高温钢水接触，随即发生熔化，形成液渣层、烧结层和粉渣层三层结构；弯月面处，由于钢水、保护渣和坯壳的三相平衡，出现一个半径为 6~12 mm 的弧形界面；从弯月面底部开始，固态坯壳出现，由于界面张力和凝固收缩，以及结晶器振动形成的挤压作用，坯壳与铜板之间会形成一定宽度的间隙。由于毛细作用，液态保护渣会流入这个通道，形成了对坯壳和铜板之间的润滑。由于周期性振动，坯壳会受到周期性的推拉，因此坯壳表面会出现具有一定间距的振痕。振痕导致连铸坯表面凹凸不平，引起传热不均，振痕底部由于气隙或保护渣厚度更大，其温度更高，晶粒粗化，外部变形时可能成为应力应变集中的位置，诱导横裂纹发生。

对于亚包晶微合金钢，其初生坯壳会伴有额外的相变收缩，连铸坯表面凹陷显著，振痕也相对较深；结晶器出口或足辊区时，角部温度可能降低至 800~900 ℃ 以下，会出现 TiN、TiC、NbN、NbC、Nb(CN) 和 VN 的析出，弱化晶界，增大了裂纹倾向。

足辊区的冷却和支撑对结晶器内传输特征也有影响。板坯连铸过程中，由于冷却强度不足，坯壳会发生明显鼓肚，增大了皮下裂纹的可能性，同时也会引起结晶器液面波动，造成夹渣、卷渣，甚至深振痕等缺陷。

图 4-7 为横剖面结晶器内钢水的凝固特征。对于方坯和板坯，由于角部和面部几何结构特征差异，角部会因为二维传热而优先凝固，初生坯壳温度更低，因此会最早发生收缩变形，脱离结晶器铜板/铜管，进而出现一定厚度的气隙或保护渣，阻碍了进一步的传热。随着拉坯的进行，坯壳面部与铜板贴合良好，坯壳生长比较均匀；正角部由于二维传热，其坯壳厚度也比较大；对于偏离角位置，由于热流密度比较小，坯壳生长最缓慢，是周向上最薄弱的位置，一般最容易在该处出现偏离角凹陷或者裂纹。对于板坯，宽面中心处由于浸入式水口的存在，其钢水温度相对较低，保护渣液渣层较薄，渣圈较大，极易出现流入不畅，导致坯壳与铜板之间出现气隙，热阻增大，坯壳厚度减小，甚至出现凹陷；由于板坯宽度方向上的收缩较大，这种拉应力主要集中在宽度中心的薄弱处，因此也容易在该位置出现纵向裂纹。

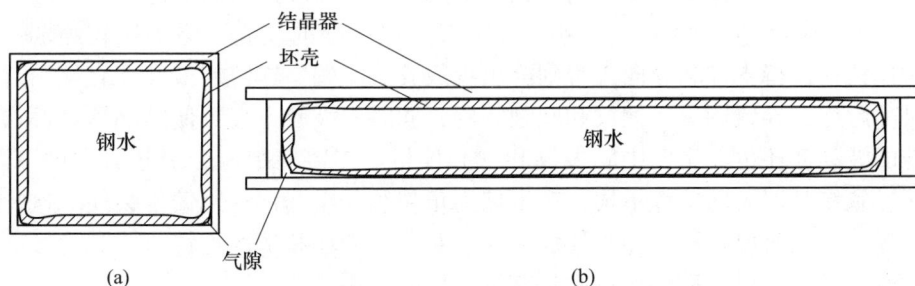

图 4-7　结晶器内方坯（a）和板坯（b）的气隙

连铸坯周向冷却和传热均匀性直接影响坯壳厚度的一致性，这和结晶器几何结构与尺寸、冷却水槽/水缝设计、钢水流动特征、保护渣性能、冷却水量、振动参数等均有关。就周向均匀性而言，结晶器锥度和倒角半径的影响较大。随着铜板/铜管加工能力提升，单锥度目前已比较少，常用的双锥度、三锥度和连续锥度与坯壳凝固收缩特征已比较匹配。对于倒角半径，板坯的大倒角结晶器对提高角部温度有一定作用，方坯的大圆角设计也可以有效减小角部和面部之间的温差。实际生产时，锥度和倒角半径需要协同考虑，因为二者之间存在比较复杂的相互影响。根据本书作者团队的理论与模型研究，对于边长在 200 mm 以下的小方坯，锥度以 0.9%～1.3% m^{-1}、倒角半径为 6～12 mm 为宜；对于边长在 200～350 mm 中等规格的方坯，锥度以 1.0%～1.5% m^{-1}、倒角半径为 8～15 mm 为宜；对于边长在 350 mm 以上的大方坯，锥度以 1.2%～1.6% m^{-1}、倒角半径为 10～20 mm 为宜。对于某些特殊情况，倒角半径还可适当增大 10%～20%。

4.3　连铸二冷区钢水的凝固

4.3.1　连铸二次喷淋冷却

4.3.1.1　二冷区结构与功能

连铸坯从结晶器拉出之后，就进入了二次冷却区。严格意义上来讲，从结晶器出口到喷淋结束的范围都是二次冷却区，也叫二冷区，这是相对于结晶器的一次冷却而言的。二冷区的核心意义是对连铸坯进行喷淋冷却，喷淋之后的区域即使在弧形范围内也不属于二冷区。

连铸二冷区由冷却、支撑/导向和拉坯矫直装置组成，但不同的连铸机结构设计不同，因此二冷区的冶金作用也不同。它的主要功能有三点：

（1）从结晶器出来的连铸坯，表层是一定厚度的固态坯壳，内部仍存在较多的未凝固钢水，因此需要持续冷却才能快速凝固，否则一方面液芯长度太大，增加了连铸机建造成本；另一方面可能导致表层坯壳重熔，钢水喷涌而出，连铸生产中断。因此，二次冷却区的最核心作用是对连铸坯进行高效冷却。

（2）连铸坯在二冷区内，尽管表层有一定厚度的坯壳，但仍比较脆弱，需要对连铸坯进行支撑和导向，否则会出现鼓肚和跑偏。连铸坯鼓肚会直接引起外形尺寸超标，导致调运、摆放和轧制问题；同时，鼓肚也会致使结晶器液面产生额外的波动，还可能诱发中间裂纹和中心偏析。连铸坯跑偏会引起对中度下降，间接导致结晶器周向冷却不均，产生偏离角裂纹甚至漏钢；跑偏也会使二次冷却不均匀，严重时出现菱变和对角线裂纹。对于大方坯和板坯连铸机，二冷区一般都设有扇形段，对连铸坯运行起到支撑和导向作用。

（3）一些高拉速连铸机二冷区范围较大，覆盖到矫直区以外，因此二冷区还具有拉坯和矫直的功能。对于板坯连铸机，除了矫直区间的扇形段具有拉坯作用之外，一些弧形段和水平段的辊子也参与拉坯。对于方坯/圆坯，尤其是大断面连铸机，其二冷区一般比较短，拉矫是在二冷区之后的机架上完成。

4.3.1.2 二冷方式

连铸二次冷却过程是对连铸坯表面直接进行喷淋换热，是一种典型的对流换热形式，冷却效率比较高。按照喷淋冷却介质不同，主要分为两种：全水冷却和气水冷却，如图 4-8 所示。全水冷却是将一定洁净度的水通过喷嘴颗粒化，以一定的压力喷射在连铸坯表面，通过水滴的强制对流和蒸发作用来带走热量。通常，全水冷却喷嘴可以将水滴尺寸控制在 200~600 μm。研究表明，当连铸坯表面温度不超过 300 ℃时，水滴与连铸坯可以润湿，冷却效率达到 80% 左右；当连铸坯表面温度高于 300 ℃时，由于 Leidenfrost 效应，水滴与连铸坯不润湿，二者之间会形成蒸汽膜，冷却效率只有 20% 左右。实际生产中，连铸坯表面温度多在 800~1200 ℃，为了提高换热能力，一般要求冷却水压力不小于 1.0 MPa。全水喷嘴工作状态与水量有关，如喷射角度、力度和粒径等，水量过小时效果不稳定。目前，全水冷却多用于小方坯螺纹钢和普碳钢的高拉速生产，水量较大，通过强冷实现对热量的快速释放，减小连铸坯液芯长度。同时，大多数连铸机的足辊区也是全水冷却，这是为了提高结晶器出口处坯壳生长速度，增大对内部高温钢水的支撑能力，减小或抑制鼓肚和变形。

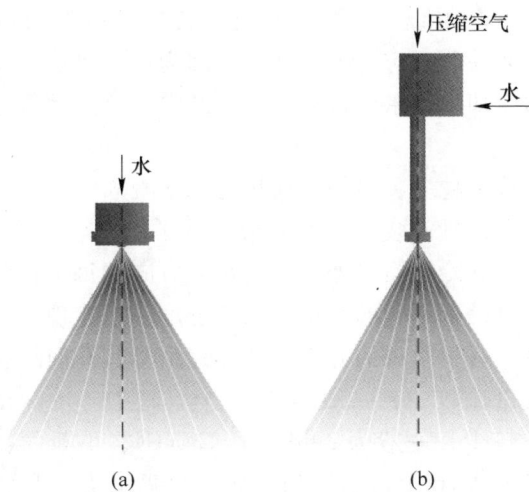

图 4-8 二冷全水冷却和气水冷却

(a) 全水冷却喷嘴；(b) 气雾喷嘴

气水冷却也叫气雾冷却，是借助高压空气的能量将水滴进一步雾化，并高速喷射到连铸坯表面，使冷却更加均匀。气水冷却的水滴粒径一般在 20~50 μm，是通过蒸发作用实现二冷的对流换热。气水冷却喷嘴可以在较大气水比范围内实现良好的雾化效果，冷却均匀性和稳定性更好。目前，板坯、大方坯、大圆坯和一些高端品种的小断面连铸坯上，除了足辊区外都采用气水冷却。

　　表 4-3 对比了两种冷却方式的特点。整体来看，全水冷却适用于强冷，气水冷却适用于中冷和弱冷，二者均有适用的工况，不存在相互取代的问题。

表 4-3　不同二冷方式的特点

全 水 冷 却	气 水 冷 却
水量调节比最大 4∶1	水量调节比最大 30∶1
最小截面直径小	最小截面直径大
喷射角度随流量和压力变化大	喷射角度稳定
冷却效率与流量和压力有关	冷却效率稳定
适合高拉速	适合拉速范围较宽
适用于螺纹钢和普碳钢	适用钢种范围较广
水流量大	水流量小
成本低	成本高

4.3.1.3　二冷区设计

　　连铸机的二冷区设计分为数量设计和长度设计，二者共同决定了二冷区的合理性和有效性。二冷区数量设计包括两部分：二冷分区的数量和二冷回路的数量。一般来说，二冷区并非只有 1 个冷却区，因为连铸机从前到后的热流密度是持续变化的，对应的冷却水流密度也需要随之调整，这些都是通过二冷区数量和长度设计来精准控制的。

　　理论上，冷却区数量越多，冷却水换热与钢水凝固放热的规律越接近，但这对设备投资要求比较高，且安装和维护也比较困难。因此，现场将连续变化的钢水放热通过多段台阶式的冷却换热处理，沿拉坯方向的每个台阶都对应于一个冷却区，每个冷却区可以设置不同的水量和水流密度，以实现沿拉坯方向不同位置换热能力的灵活调整。对于常规的方坯和圆坯，由于其几何结构具有良好的抗变形能力，故二冷区数量比较少，一般为 2~6 个。其中，特殊钢、大断面、低拉速的工况冷却区数量较少，一般为 2~4 个；普碳钢、小断面、高拉速的工况冷却区数量较多，一般为 4~6 个。方坯和圆坯二冷喷淋大多是整体控制，即内外弧不区分回路，因此冷却回路数量与冷却区相同。对于板坯，考虑到容易出现鼓肚，故二冷区扇形段覆盖范围比较大，冷却区数量也比较多，一般可达 8~15 个。由于板坯可看做厚度方向上的一维传热，窄面上只有足辊区进行喷淋冷却，其余为空冷，即窄面上只有 1 个冷却区，对应于 1 个冷却回路。同时，板坯二次冷却区从垂直段延伸到水平段，故内外弧方向上冷却对称性的变化很大。为了平衡不同位置的差异，一般从弧形段开始内外弧就采用了不同的冷却回路，这样冷却回路数量会多于冷却区数量。某些品种板坯角部横裂纹比较敏感，为了改善角部的表面温度，会在角部设置单独的幅切回路。这样，板坯冷却区数量就比较多，无幅切时可达 12~30 个，有幅切时可达 24~45 个，甚至更多。

对于二冷区的长度设计，其包括总长度和不同冷却区长度两方面。二冷区总长度一般与连铸坯断面形状与尺寸、拉速、钢种和冷却方式有关。对于规格不超过 200 mm 的小方坯和小圆坯，一般拉速比较高、液芯也比较长，但连铸坯的抗变形能力较强，因此二冷区总长度处于中等水平，一般在 6~12 m；对于规格在 200~400 mm 中等断面的方坯和圆坯，拉速不太高，变形也不大，二冷区总长度比小断面略短，一般在 5~8 m；对于规格在 400 mm 以上的大方坯和大圆坯，由于拉速较低，变形很小，二冷区的总长度最小，一般 3~6 m 即可。整体来说，方坯和圆坯二冷区总长度以控制冷却、回温和变形为主，不需要覆盖全部的液芯长度。

对于板坯，其二冷区总长度整体比较大，这是因为要保证工作拉速下连铸坯要完全凝固，否则会出现鼓肚和回温问题。因此，50~120 mm 厚度薄板坯的二冷区总长度在 8~20 m，150~200 mm 厚度板坯二冷区总长度 16~30 m，200~300 mm 厚度板坯二冷区总长度在 28~50 m，300 mm 以上的厚板和特厚板二冷区总长度一般也在上述范围内。

对于不同冷却区的长度，其设计原则是满足该区间内热量的合理传输，即钢水放出的热量与冷却水带走的热量相等，不能出现表面温度过低或较大回温和坯壳重熔。根据凝固平方根定律，坯壳厚度 e 随时间 t 的变化关系为：

$$e = K\sqrt{t} \tag{4-45}$$

则随距离的变化为：

$$e = K\sqrt{\frac{l}{v}} = K_0\sqrt{l} \tag{4-46}$$

式中，K 为与钢种凝固特性有关的常数，$mm/min^{1/2}$；v 为拉速，m/min；e 为坯壳厚度，m；K_0 为与单位转换和拉速有关的常数，$K_0 = K/(1000\sqrt{60v})$。

以半径为 r 的圆坯为例，根据几何特征，距离弯月面 l 位置处单位长度上凝固坯壳的体积 V 为：

$$\begin{aligned}V &= \pi r^2 - \pi(r-e)^2 \\ &= \pi \cdot e(2r-e) \\ &= \pi \cdot K_0\sqrt{l} \cdot (2r - K_0\sqrt{l}) \\ &= \pi \cdot K_0 2r\sqrt{l} - \pi \cdot K_0^2 l\end{aligned} \tag{4-47}$$

式中，r 为圆坯半径，m；l 为距弯月面长度，m；V 为凝固坯壳的体积，m^3。

对应位置释放的总热量为：

$$Q = \rho L_m(\pi \cdot K_0 2r\sqrt{l} - \pi \cdot K_0^2 l) \tag{4-48}$$

由于钢水凝固释放的热量与其体积成正比，因此二者呈完全相同的规律。由于二冷区表面温度变化不大，因此冷却水带走的热量可视为凝固潜热。根据凝固体积和热量的变化，就能计算出对应位置连铸坯表面的瞬时热流密度：

$$q = \frac{\mathrm{d}Q/\mathrm{d}t}{2\pi r} = \frac{\mathrm{d}Q/\mathrm{d}l \cdot (\mathrm{d}l/\mathrm{d}t)}{2\pi r} = \frac{\mathrm{d}Q/\mathrm{d}l \cdot v}{2\pi r} = \frac{\rho L_{\mathrm{m}}(rK_0/\sqrt{l} - K_0^2)v}{2r} \qquad (4\text{-}49)$$

不同冷却区内的平均热流密度：

$$\bar{q} = \frac{\rho L_{\mathrm{m}}(V_{l+\Delta l} - V_l)}{\Delta l \cdot 2\pi r \cdot \Delta t} \qquad (4\text{-}50)$$

式中，q 为瞬时热流密度，W/m^2；$\bar{q}$ 为平均热流密度，W/m^2；ρ 为密度，kg/m^3；L_{m} 为凝固潜热，J/kg；V_l 和 $V_{l+\Delta l}$ 分别为距弯月面长度 l 和 $l + \Delta l$ 的凝固坯壳体积，m^3；l 为某冷却区起点距弯月面长度，m；Δl 为冷却区的长度，m；Δt 为连铸坯某点从冷却区入口到出口的时间，s。

图 4-9 给出了直径 600 mm 圆坯拉速为 0.3 m/min、K 为 35 mm/min$^{1/2}$ 连铸过程凝固累积释放热量和热流密度随距离变化的曲线。实际上，板坯和方坯也具有十分相同的规律。观察可见，沿着拉坯方向的瞬时热流密度是距离 l 的非线性函数。为了使距弯月面某一位置处冷却水带走的热量与钢水放出的热量相当，二者的热流密度要比较接近。考虑到热量函数随距离的变化规律（见图 4-9），连铸机前部热流密度变化比较陡峭，中部和尾部的变化比较平缓。因此，为了避免表面回温和坯壳重熔，前面的冷却区长度比较小，水流密度比较大；后面的冷却区长度比较大，水流密度比较小。

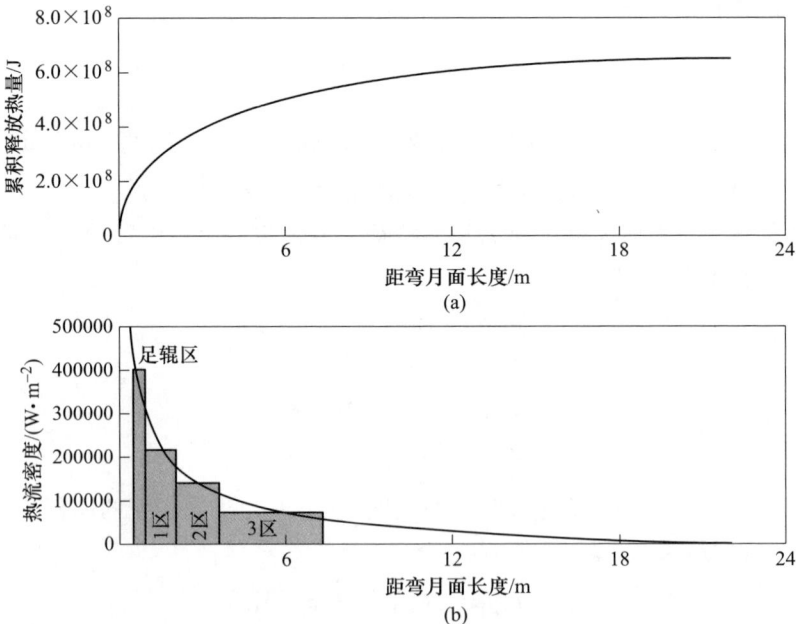

图 4-9　直径 600 圆坯沿拉坯方向的凝固累积释放热量（a）和热流密度（b）

尽管多段台阶式的二冷设计整体上符合连铸过程钢水凝固放热规律，但对于某一冷却区，其前半段的热流量通常小于钢水放热量，进而会不可避免地出现一定程度的回温，只要不超过一定幅度就不会引起质量问题；后半段热流量通常大于钢水的放热量，会进一步降低连铸坯表面温度，强化了换热过程。由此可知，这种二冷设计仍存在一定问题。当冷却水量较大时，该区前半段不会出现回温，但后半段冷却过强，可能在下一冷却区入口出现回温，或导致连铸坯表面温度过低的问题；当冷却水量较小时，该区前半段回温较大，会增大中间裂纹的风险，而后半段冷却较弱，可能会出现更大的鼓肚，对中间裂纹和中心偏析控制也不利。因此，不同二冷区长度的合理设计非常重要。

值得说明的是，本节提出的热量平衡与冷却设计的关系是基于凝固平方根定律。尽管可以得到不同二冷区热流密度和水量关系，但仍是比较粗糙的，由于实际连铸过程中钢水凝固特征不完全符合平方根定律的条件，因此精细化生产中不建议采用这种方法，详见4.4.3节内容。

4.3.1.4 二冷的工艺参数

二冷工艺参数分为二冷比水量、不同二冷区水量、最小安全水量和目标表面温度等参数，与二冷配水控制方式有关。二冷比水量是衡量连铸二冷强度的常用参数，是指冷却单位质量钢水使用的冷却水体积，单位是 L/kg 钢，计算方法为：

$$\vartheta = \frac{\sum_{i=0}^{i=m} w_i t}{\rho v t A} = \frac{\sum_{i=0}^{i=m} w_i}{\rho v A} \tag{4-51}$$

式中，ϑ 为比水量，L/kg；w_i 为第 i 个冷却区的水量，L/min；m 为冷却区数量；ρ 为钢的密度，kg/m^3；v 为拉速，m/min；A 为连铸坯截面积，m^2。

不同钢种、不同坯型、不同拉速的比水量相差较大。对于小断面方坯和圆坯的普碳钢和螺纹钢，多采用全水冷却，比水量为 0.8~2.0 L/kg；对于中、大断面的合金钢，多为气水冷却，比水量为 0.2~1.0 L/kg。对于板坯，二冷多为气水冷却，其比水量一般为 0.5~1.2 L/kg。

不同冷却区的水量是指二冷区总水量在各个冷却区的分配，这实际上与不同冷却区的位置和长度有关，即该范围内冷却水带走的热量与钢水释放的热量整体上要接近。根据热流密度沿拉坯方向的变化规律，越靠前的冷却区，热流密度越大，其水流密度也越大；反之，则越小。实际生产中，不同冷却区的水量比例并不是固定值，不同钢种、不同断面、不同拉速下，同一连铸机不同二冷区水量设计都不一样，不能一概而论。

最小安全水量是为了控制连铸坯质量或保护连铸机设备而设计的工艺水量最小值，可能是喷嘴最小水量、流量阀最小水量或水泵最小水量，也可能是为了实现最高目标温度或避免回温而设计的最小水量。

目标表面温度是动态二冷配水模式下的必要参数。根据凝固传热模型，以上一周期的水量计算出连铸坯的表面温度，与目标表面温度对比之后，对冷却水量进行修正，直至二者之差小于某一允许值（如 20 ℃）。现场设置时，目标表面温度不只是一个数据，一般是一个冷却区一个数据。对于幅切式的二冷分区，可能需要同时设定宽面中心和角部的目标表面温度。理论上，不同钢种、不同拉速的目标表面温度是不同的，其设置原则是保证连铸坯表面温度合理、避免出现较大幅度的鼓肚，不能出现过大的温升温降，同时弯曲和矫直时连铸坯表面最低温度不能进入第三脆性区。此外，目标表面温度还要考虑连铸坯下线制度，为连铸坯热装或直轧做好准备。

4.3.2　连铸二冷基本准则

不论二冷为全水冷却或气水冷却，静态控制或动态控制，基于等效拉速的动态控制或目标表面温度的动态控制，其核心目标是合理放热和凝固，避免产生连铸坯质量缺陷。因此，二冷设计需要遵循一些共性的准则，全面指导不同工况下的二冷参数制定。大量理论和实践研究已证实，连铸二冷的基本准则主要有以下五点：最大冷却限制、最大回温限制、鼓肚温度限制、冶金长度限制和脆性区温度限制。只有当二冷工艺满足上述准则时，连铸过程二冷区出现质量缺陷的倾向才会控制到最低。

4.3.2.1　最大冷速限制

当连铸坯表面冷却速度过大时，会在表层出现拉应力，可能导致开裂，这种机制可以通过图 4-10 来解释。对于某一矩形试样，其底部受到冷却时，由于下表面温度降低最快，受到冷却收缩作用，会导致试样出现两端向下、中间向上的翘曲变形。对于连铸坯上的某一局部，当其受到强冷时，表面也会收缩，由于连铸坯前后基体限制这种变形，相当于将矩形试样两端固定，由此冷面就会受到强冷导致的拉应力，当基体抗变形能力较差时就会出现裂纹。

连铸坯二冷段表面温度基本在 900~1200 ℃，处于奥氏体相区。由于早期钢的硫含量比较高，会出现共晶硫化物，弱化晶界，考虑振痕时第二脆性区内表面裂纹形成的表观临界应变为 0.2%~0.5%。高温下钢奥氏体相的热膨胀系数约为 $2.0×10^{-5}$ K^{-1}，表观临界应变取 0.2% 来比较保险地计算温度变化范围是：

$$\Delta T = \frac{0.2\%}{2 × 10^{-5}} = 100 \text{ ℃} \tag{4-52}$$

由于二冷区最大热流出现在足辊处，其冷速最大为 1~5 ℃/s，取 2 ℃/s 计算，100 ℃温降需要 50 s。早期连铸拉速比较低，以裂纹敏感的板坯为例，以 0.6 m/min 计算时，拉坯方向温降整体不超过 200 ℃/m。

值得指出的是，由于现代精炼水平大大提升，钢中硫含量显著降低，第二脆性区已不再显著，裂纹的临界应变值也比以往大很多，上述 200 ℃/m 的阈值对目前连铸工况还是比较粗糙的。整体来说，除了一些易切削钢和含铜钢，大多连铸坯不会因为冷速过大而出现表面裂纹。

图 4-10　固态试样强冷时变形特征

（a）高温均匀状态；（b）底部强冷降温；

（c）自然状态下的变形；（d）限制条件下的状态

扫码看彩图

4.3.2.2　最大回温限制

连铸坯表面回温会导致凝固前沿出现拉应力，超过一定范围时会形成皮下裂纹或中间裂纹，其机制如图 4-11 所示。对于某一矩形小试样，其底部受到冷却时，会出现两端向下、中间向上的翘曲，这一过程已描述清晰；这时当下表面冷却条件撤除时，由于上表面温度仍很高，会将热量传递到下表面，进而使下表面出现显著回温；一般来说，这种情况下，下表面回温速率会大于上表面的降温速率，即相同时间内下表面温度上升幅度高于上表面温度下降的幅度，由于下表面的回温，会导致出现两端向上、中间向下的翘曲。对于连铸坯，这种翘曲变形会被前后基体限制，因此相当于两端固定，此时热面受到拉应力，极易导致凝固前沿出现裂纹。

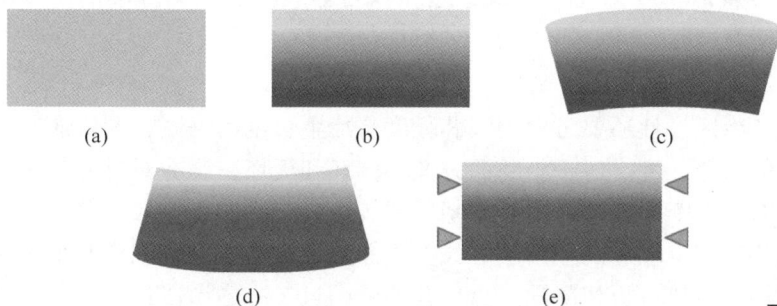

图 4-11　固态试样强冷时变形特征

（a）高温均匀状态；（b）底部强冷降温；（c）自然状态下的变形；

（d）底部回温时的变形；（e）限制条件下的状态

扫码看彩图

早期，加拿大冶金学者提出[7]，弧形连铸矫直时凝固界面处的临界应变应控制在 0.3%~0.5%，有时 0.2% 即会形成裂纹，碳含量在 0.17%~0.24% 和 0.6% 以上钢种矫直裂纹敏感性更大；英国学者实验中发现[8]，对于碳含量 0.4% 的钢种，1340 ℃高温塑性变形断裂的临界应变（以伸长率表示）为 0.2% ~ 0.3%。以 0.2%进行保守计算，考虑到钢热膨胀系数约为 2.0×10^{-5} K^{-1}，即 100 ℃形成 0.2%的热应变。假设连铸二冷的回温速度一般不超过冷速，以 1 ℃/s 计算时，100 ℃的温度变化需要约 100 s，早期连铸拉速比较低，该时间内连铸坯运行约 1 m，则拉坯方向回温速度的最大值约为 100 ℃/m。

回温是导致连铸坯皮下裂纹和中间裂纹的重要因素，在高拉速工况下尤为明显。因此，连铸二冷设计时一定要控制回温幅度。对于一些 P、S 含量比较高的钢种，其凝固前沿裂纹形成的临界应变更低，回温速度允许值会更小，这一点在实际生产中要特别注意。

4.3.2.3　鼓肚温度限制

对于板坯或特大断面方坯，由于面部变形受到角部的限制作用较弱，容易在二冷区夹持辊之间形成鼓肚。鼓肚会抽吸浓化钢水，加剧中心偏析；同时，会导致坯壳前沿出现拉应力，也容易形成中间裂纹。因此，鼓肚是板坯连铸生产中务必要控制的。

根据钢的连铸过程凝固规律和高温力学性能特征，当连铸坯表面温度高于 1100 ℃时，凝固前沿的冷速很小，坯壳生长缓慢，此时平均温度在 1300 ℃，抵抗变形能力很小，钢水静压力作用就会引起比较明显的鼓肚。因此，连铸坯二冷区的表面温度一般要控制在 1100 ℃以下，尤其是坯壳较薄的连铸机前段，冷却强度一定要有保证。当然，不同钢种的高温力学特性不同，一些比较软的低碳低合金钢种，温度要更低一些；对于中碳钢和中、高合金钢，高温下坯壳抵抗变形的能力比较强，1100 ℃比较合理，这在以目标表面温度为基准的二冷配水模式下尤为关键。

4.3.2.4　冶金长度限制

连铸二冷区设计还要考虑到液芯长度与冶金长度的关系，即液芯长度不能超过连铸机的冶金长度。对于小断面方坯、圆坯和板坯，二冷对凝固进程的影响比较直观；对于大断面连铸，由于冷却区比较短，二冷的影响效果有限。

无论如何，方坯和圆坯的液芯长度不能超过火焰切割机到弯月面的距离，否则会出现切漏事故；板坯凝固终点位置不能超过二冷扇形段最后一对夹持辊，否则会出现明显鼓肚。因此，当连铸钢种、过热度和拉速变化时，为了安全生产，二冷也有必要随之调整和优化。

4.3.2.5　脆性区温度限制

根据钢的热塑性曲线，从凝固温度到 600 ℃大约分为三个脆性区：（1）固相线温度到 1200 ℃为第一脆性区，主要是杂质元素枝晶间偏析的影响，对应于凝固前沿的皮下裂纹和中间裂纹缺陷；（2）1200 ~ 900 ℃为第二脆性区，是由硫化物或铜等低熔点元素的晶间富集引起，具有显著的成分敏感性；（3）700 ~ 1000

℃之间为第三脆性区，与 $\gamma \rightarrow \alpha$ 相变铁素体膜、粗大奥氏体晶粒和第二相析出均有关[9]，如图 4-12 所示。

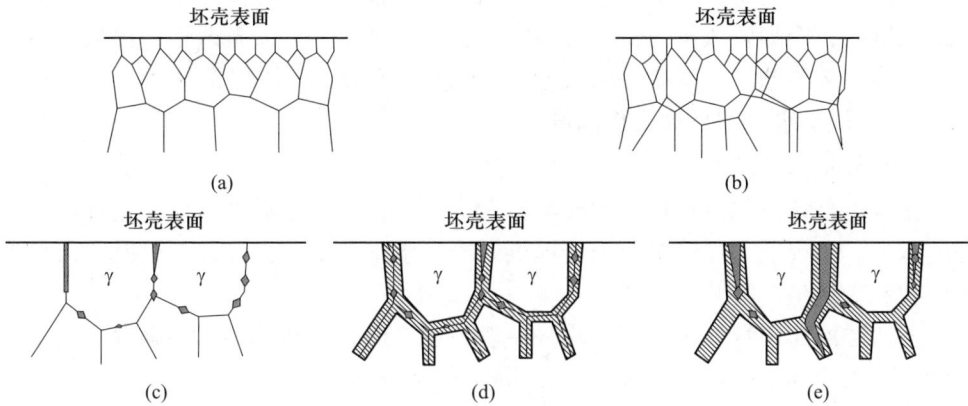

图 4-12 连铸坯表面裂纹形成机制

（a）阶段 1：凝固初期坯壳表层的正常晶粒形貌；（b）阶段 2：高温（1350 ℃以上）
深振痕底部奥氏体晶粒长大；（c）阶段 3：晶界析出 Cu 和其他析出物，微裂纹形成；
（d）阶段 4：晶界上析出铁素体膜和第二相粒子，微裂纹扩展；
（e）阶段 5：矫直过程中裂纹延伸到坯壳表面

连铸坯表层完全凝固之后，即进入到阶段 1，由于表面冷却比较强，奥氏体晶粒比较细小，随着与表面距离增加，奥氏体逐渐长大；由于振痕或凹陷会引起热流密度减小，该位置温度会比较高，且高温持续时间长，因此奥氏体晶粒迅速长大，如阶段 2；随着冷却进行，一些析出相的溶解度减小，粗大奥氏体晶界处形成了硫化物或其他低熔点相，如阶段 3，该状态下如果有外部作用，晶界比较脆弱，协调变形能力差，比较容易出现微裂纹；当温度进一步降低时，会在晶界析出膜状铁素体和碳氮化物等析出相，如阶段 4，由于铁素体和奥氏体的变形能力不同，外界应变主要集中在铁素体上，同时析出相会降低高温塑性，裂纹容易在铁素体内形成；当矫直应变逐渐累积时，微裂纹相互连接并向内部扩展，最终出现肉眼可见的开裂，如阶段 5。

连铸矫直时的铸坯表面温度一般为 850～1100 ℃，角部温度为 750～1000 ℃，观察发现，角部区域容易进入第三脆性区。由于相变与析出行为受到常规连铸冷却工艺的影响不大，故一般通过避开脆性温区上限解决这一问题。对于不同的钢种，由于碳和合金元素的类别与含量不同，其第三脆性区也不同，可通过热塑性试验测定。根据本书作者团队的研究数据，普碳钢连铸矫直区铸坯表面温度要高于 850～900 ℃，合金钢要求高于 900～950 ℃，一些含有铌和铝的中碳微合金钢需要高于 1000～1050 ℃，以确保角部温度高于第三脆性区上限，避免出现横裂纹。

4.3.3　连铸二冷工艺制度

连铸二冷工艺制度决定了冷却喷淋强度及其合理分布。实际生产中，连铸机建造完毕后，冷却区数量与长度就固定了，除非进行一些设备改造。因此，现场通过二冷工艺参数实时调整和控制连铸坯凝固状态，具体包括比水量、各区水量、最大/最小水量和目标表面温度。

4.3.3.1　比水量

比水量是评价二冷合理性的典型指标。通常，比水量越大，说明整体的冷却强度越大。工程上，连铸机公司会提供二冷比水量的初始设计，这是基于凝固基本原理和大量生产经验的结果。

连铸二冷比水量随钢种而变化。一般来说，低碳钢和硅钢采用强冷，比水量最大，全水冷却模式可达 0.8~1.5 L/kg、气水冷却模式可达 0.6~1.2 L/kg；中碳钢和中碳合金钢采用中冷，一般多为气水冷却，比水量为 0.3~0.6 L/kg；高碳钢和高合金钢多采用弱冷，气水冷却的比水量为 0.1~0.3 L/kg。

二冷比水量也会随着连铸坯断面而变化。规格在 200 mm 以下的小断面方坯或圆坯，其二冷可能是全水，也可能是气水，对应的比水量一般在 0.8~1.0 L/kg 以上；200~300 mm 规格的中等断面方坯和圆坯，气水冷却居多，比水量一般在 0.3~0.8 L/kg；300 mm 以上的大断面方坯和圆坯，基本全是气水冷却，比水量在 0.1~0.5 L/kg。对于板坯，二冷几乎都是气水冷却模式，比水量一般在 0.3~1.0 L/kg，低碳钢、薄规格、高拉速取上限，高合金钢、厚规格和低拉速取下限。

二冷比水量还与拉速有关。早期，连铸机工作拉速范围变动不大时，二冷比水量不随拉速改变。随着高拉速连铸技术发展，根据凝固的非线性规律，拉速越高，比水量越大，用于补偿额外的热量释放。对于小方坯和小圆坯，拉速不超过 3 m/min 时，比水量可在 0.8~1.2 L/kg，3~4 m/min 时对应于 1.0~1.4 L/kg，4~6 m/min 时为 1.2~1.8 L/kg，甚至更大。对于 200~300 mm 厚度的板坯，拉速不超过 1.5 m/min 时，比水量为 0.5~0.8 L/kg，1.5~2.0 m/min 时为 0.7~1.2 L/kg，2.0~3.0 m/min 时可设计为 0.8~1.4 L/kg。对于大方坯、大圆坯和特厚板，由于拉速变动幅度不大，可采用恒定比水量。

理论上，从连铸坯凝固热状态的合理设计和控制来讲，二冷比水量并不需要最先设定，而是先根据模型和二冷准则确定各区水量，最后计算比水量，这是最科学、最可靠的二冷设计方法。

4.3.3.2　各区水量

连铸二冷各区水量设计有两种方式，一种是基于比水量和各区分配系数的经验计算，另一种是基于凝固传热模型的理论设计。对于具有丰富现场阅历的工艺人员和设计人员，一般采用第一种方法，即先根据连铸机钢种、断面和拉速情况确定比水量，进而根据经验分配系数设计各区水量比例，这样不同区水量就可以计算出来了。对于方坯和圆坯，一般有3~5个冷却区，以4个区为例，根据生产实践经验，足辊区（零区）水量占比为40%~50%，小断面接近下限，大断面接近上限。一区水量占比为25%~35%，二区水量占比为15%~25%，三区水量占比为10%~15%。当然，各区水量占比还与其长度有关，不同连铸机可根据实际情况略作调整。对于板坯来说，由于冷却区数量比较多，冷却区的划分也比较复杂，因而没有比较统一的量化规律，但仍遵循前面水流密度大、后面水流密度小的基本规则。

采用凝固传热模型和二冷准则设计各区水量是一种通用的理论方法。实际上，现有经验水量计算方法也可能是基于早期模型结果演化而来。根据模型设计二冷水表的流程如图4-13所示。水表即不同拉速下的各区水量数据库，主要设计步骤如下：（1）对于某一连铸工况，先根据钢种凝固特性进行冷却分类；（2）计算不同钢种的凝固温度和碳当量，确定其初始冷却强度；（3）确定钢水过热度；（4）根据连铸机冶金长度确定凝固终点范围；（5）根据钢种特性和断面确定目标表面温度与初始水量；（6）建立凝固传热模型并求解不同拉速的凝固热状态，根据目标温度反算水量，设计典型拉速的水量；（7）根据典型拉速的水量数据，按照一次或二次函数拟合不同冷却区水量与拉速的函数关系；（8）根据上述函数设计全部拉速范围的冷却水表；（9）上线测试；（10）现场测定连铸表面温度进行模型校验和水表核定；（11）水表修正和测试；（12）固化最终水表。

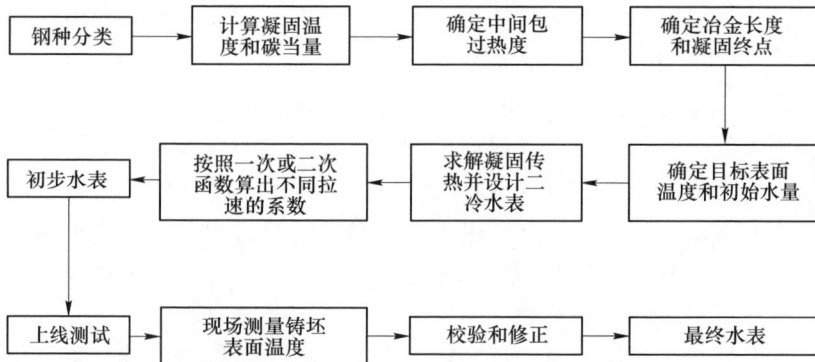

图 4-13 基于数值模型的水表设计步骤

采用模型设计二冷水表的步骤比较烦琐，但对所有工况都可适用，尤其一些特殊钢种、特殊断面、特殊工艺条件下没有经验数据的情况，依然可以得到比较合理的结果。对于现场工程师，把经验方法和理论方法结合起来，可以实现连铸二冷水量的高效、精准设计，对实际生产非常有益。

4.3.3.3　最大/最小水量

最大/最小水量是为了设备安全或连铸坯质量控制而设定的水量限制范围。从设备的角度来说，可能是喷嘴最大/最小水量、流量阀最大/最小水量或水泵最大/最小水量，超过这一范围时会导致喷淋状态不稳定、流量调节不准确或供水能力不匹配，会严重影响现场生产；从连铸坯质量控制角度来说，最大水量对应于最强冷条件下最大拉速时的水量，最小水量对应于最弱冷条件下最小拉速时的水量，冷却制度的强弱与钢种、断面和工况条件有关。

现场生产时，满足连铸坯质量要求的最大/最小水量要在二冷设备限定水量的范围内，否则会出现硬件设计与工艺不符的问题，给连铸生产过程控制带来一定的困难。

4.3.3.4　目标表面温度

连铸坯的目标表面温度是二冷工艺的关键参数，现有动态二冷模型基本都具备了通过温度调整水量的功能。实际生产中，目标表面温度设计主要取决于钢种和拉速，有些连铸机的设置接口只取决于钢种，这实际上是不太完善的。

二冷阶段，连铸坯表面温度是基本恒定或逐渐降低的，其变化规律要满足二冷基本准则。图 4-14 为某厂 230 mm 厚度板坯不同钢种的二冷各区宽面的目标表面温度设定值。由图中可见，其将钢种划分了 10 个体系：超低碳（ULC）、低碳（LC）、包晶（Peri）、中碳（MC）、低碳低合金高强（LC_HSLA）、包晶低合金高强（Peri_HSLA）、中碳低合金高强（MC_HSLA）、高碳（HC）、管线（Pipeline）和硅钢（Silicon），分别设定了不同的目标表面温度；对于目标温度，从前到后整体都是逐渐降低的，前段降幅大、后段降幅小，结晶器出口为 1020~1050 ℃，距弯月面 10 m 处降低至 920~970 ℃，二冷出坯 43 m 处温度为 880~920 ℃；对于不同品种，其目标表面温度的变化规律是不同的。包晶、包晶低合金高强和中碳低合金高强目标表面温度比较高，进矫直区温度不低于970 ℃，因为这类钢种矫直横裂纹敏感性最强；超低碳、低碳、中碳、低碳低合金高强和管线的目标表面温度处于中间水平，进入矫直区温度约为 950 ℃，这类钢种的表面裂纹敏感性不强；高碳和硅钢的目标表面温度最低，因为二者不易开裂，冷却强一些时，高碳有助于控制碳化物，而硅钢有助于控制蠕变。

实际上，目标表面温度还应该与拉速有关。对于高拉速连铸过程，为了衔接热送热装、补热直轧或免热轧制工艺，提高出坯温度是必要的。如果采用恒定的目标表面温度，为了保证高拉速下的连铸坯温度与目标值接近，会自动增加二冷水量，进而使出坯温度与低拉速时保持一致；然而，高拉速下连铸坯热量高，表面温度控制到较低水平时会导致内部出现较大的温差和热应力，之后又需要额外的补热，这种设计是不太合理的。本书作者团队为国内不少企业开发了基于目标表面温度的高拉速连铸动态二冷控制系统，设计了与拉速成函数关系的目标温度数据库，取得了不错的应用效果，见表4-4。

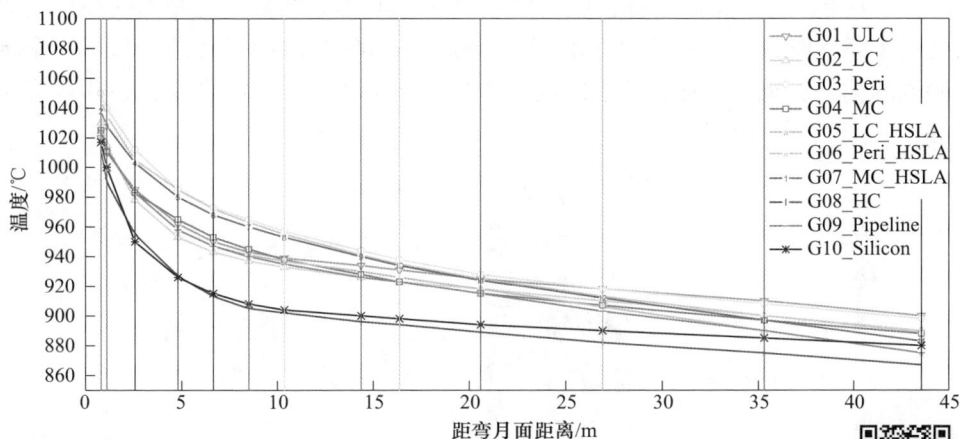

图4-14　不同钢种230 mm厚度板坯的目标表面温度曲线

扫码看彩图

表4-4　某钢种板坯宽面目标温度

拉速/m·min⁻¹		1.2	1.5	1.7	1.9	2.1	2.4
宽面目标温度/℃	零区	1020	1030	1040	1050	1060	1060
	1区	980	1000	1010	1020	1030	1040
	2区	960	970	980	990	1000	1010
	3区	950	960	970	980	990	1000
	4区	945	955	965	975	985	990
	5区	940	950	960	970	980	985
	6区	935	945	955	965	975	980
	7区	933	942	952	963	970	975
	8区	930	937	946	958	965	970
	9区	928	934	941	954	963	968
	10区	925	930	940	950	960	965

4.3.4　二冷区内钢水的凝固特征

4.3.4.1　二冷区的换热形式

连铸过程中，二冷区界面传热一般看作是对流换热，即钢水凝固释放的热量由坯壳导出后被喷淋的冷却水带走。实际上，由于辊子接触、未喷淋区辐射和冷却水塞积等，连铸坯表面存在多种换热形式，如图4-15所示。由图中可见，沿着拉坯方向，连铸坯表面温度是波动式降低的，因为受到了多种冷却方式的综合作用。以平均温度为标准，连铸坯与辊子接触时，由于直接导热的作用，表面温度降低50~100 ℃；辊子下部的某个区间内，喷淋水覆盖不到，主要以辐射换热为主，由于辐射热流密度比较小，故连铸坯表面会回温，幅度为 100~150 ℃；冷却水直接喷淋的区域，连铸坯表面温度降低比较显著，局部降幅可达 150~200 ℃；喷淋区之后又出现辐射区，回温 100~150 ℃；之后是冷却水塞积区，界面处由于膜沸腾现象，换热效率不高，降温 50~100 ℃；接着又进入与下一个辊子接触的循环。观察可见，两辊之间连铸坯表面出现多次升温降温，整体呈降温趋势。

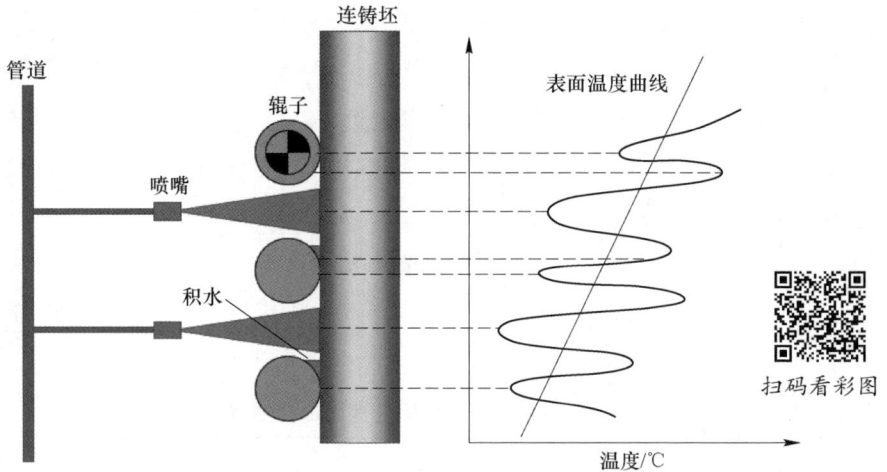

图 4-15　连铸坯表面二冷喷淋冷却结构与温度变化

国内外学者对二冷区不同换热方式的热效率进行了理论和实验分析，如图 4-16 和表 4-5 所示。由数据可见，不同研究中，辐射 A、喷淋水对流 B、积水冷却 C 和辊子热传导 D 是热量传递的主要贡献，就平均值来说，热辐射占比约 22%、喷淋水对流约占 28%、塞积水冷却约占 32%、辊子热传导约占 18%；空气对流 E 和流动水冷却 F 的占比较小，可以忽略不计。当然，由于喷淋模式和冷却强度的差异，会导致换热效率也有一定的变化。比如，气水冷却条件下，当冷却水量较小时，积水可能不存在，因而这种换热方式的热量占比就会大大减小。另外，当喷淋区覆盖面积比较完整时，辐射换热也可以忽略。因此，实际生产时的二冷换热效率要根据现场冷却特征具体分析。

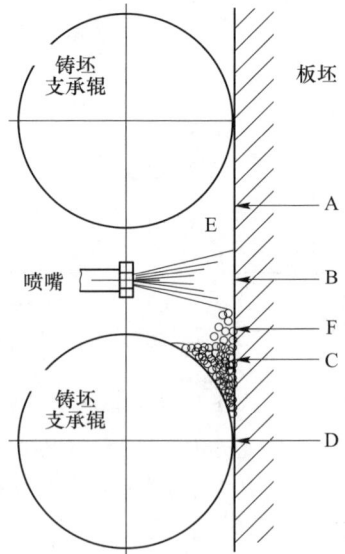

图 4-16　连铸坯表面不同冷却区域划分

表 4-5 不同研究中的换热效率

代号	传热方式	换热效率/%			
		Dunkerque 钢厂	法国钢铁研究院	Vöest-Alpine	美国连铸书籍
A	辐射	28	25	29	—
B	喷淋水对流	16	33	29	34
C	塞积水冷却	39	25	—	31
D	辊子热传导	17	17	26	21
E	空气对流	—	—	16	3
F	流动水冷却	—	—	—	11

4.3.4.2 二冷区的热平衡

与结晶器热平衡类似，二冷区的热量传输也是完全守恒的，且可以根据凝固冷却过程进行核算。一般来说，结晶器不能将过热完全耗散，会有一部分过热带入到二冷区进行释放。因此，连铸二冷区钢的热量传输也包括过热、潜热和显热三种，不同类型的热量见 4.2.2.1 节的计算结果。

以 20 号钢为例，对于 200 mm×200 mm 小方坯，初始过热度为 40 ℃，拉速为 2 m/min，设结晶器出口连铸坯表面温度为 1000 ℃，坯壳厚度为 15 mm，平均过热度减小至 10 ℃；二冷区出口 18.8 m 处连铸坯表面温度约为 800 ℃，中心温度约为固相线，则单位长度的连铸坯在二冷区约 9 min 内释放的热量 Q 为：

$$Q = \rho (D - 2d)^2 \left\{ C_L(T_{L,M} - T_L) + L_f + \frac{1}{2}(C_L + C_S)(T_L - T_S) + \right.$$

$$\left. C_S \left[T_S - \frac{1}{2}(T_{S,C} + T_S) \right] \right\} + 4\rho Dd C_S(T_{S,M} - T_{S,C}) \tag{4-53}$$

式中，ρ 为钢水密度，kg/m^3；D 为方坯边长，m；d 为坯壳厚度，m；C_L 和 C_S 为液相和固相比热容，$J/(kg \cdot ℃)$；T_L、T_S、$T_{L,M}$、$T_{S,M}$ 和 $T_{S,C}$ 分别为液相线温度、固相线温度、结晶器出口钢水温度、结晶器出口坯壳表面温度和二冷区出口坯壳表面温度，℃。

将已知条件代入，可得钢水二冷区单位长度连铸坯放出的热量为 111450 kJ，空冷区到室温约为 1150 ℃ 单位长度钢坯放出热量为 193200 kJ。考虑到结晶器单位长度连铸坯的放热量为 43725 kJ，则总放热量为 348375 kJ。

根据上述钢的过热、潜热和显热均值，计算单位长度连铸坯总放热量为：

$$Q_0 = \rho D^2 \left[C_L(T_C - T_L) + L_f + \frac{1}{2}(C_L + C_S)(T_L - T_S) + C_S(T_S - 0) \right]$$

$$\tag{4-54}$$

代入数据可得，Q_0 为 347200 kJ。对比可见，连铸分区计算的钢水释放的总热量与实际整体计算结果是非常接近的，说明理论方法是可靠的。

对于二冷区热平衡，假设 200 mm×200 mm 小方坯二冷喷淋完全覆盖到凝固终点处，一共 5 个区，各区长度分别为 1.0 m、2.0 m、4.0 m、4.0 m 和 7.0 m。全水冷却的比水量为 1.0 L/kg，各区水量比例为 3∶3∶2∶1∶1，则 2 m/min 拉速下的水量分别是 188 L/min、188 L/min、124 L/min、62 L/min 和 62 L/min。

不同区的换热系数为：

$$h_1 = 99.8 w^{0.351} = 99.8 \times \left(\frac{188}{0.2 \times 4 \times 1} \right)^{0.351} = 678 \text{ W/(m}^2 \cdot \text{℃)} \tag{4-55}$$

$$h_2 = 99.8 w^{0.351} = 99.8 \times \left(\frac{188}{0.2 \times 4 \times 2} \right)^{0.351} = 532 \text{ W/(m}^2 \cdot \text{℃)} \tag{4-56}$$

$$h_3 = 99.8 w^{0.351} = 99.8 \times \left(\frac{124}{0.2 \times 4 \times 4} \right)^{0.351} = 360 \text{ W/(m}^2 \cdot \text{℃)} \tag{4-57}$$

$$h_4 = 99.8 w^{0.351} = 99.8 \times \left(\frac{62}{0.2 \times 4 \times 4} \right)^{0.351} = 282 \text{ W/(m}^2 \cdot \text{℃)} \tag{4-58}$$

$$h_5 = 99.8 w^{0.351} = 99.8 \times \left(\frac{62}{0.2 \times 4 \times 7} \right)^{0.351} = 232 \text{ W/(m}^2 \cdot \text{℃)} \tag{4-59}$$

不同冷却区单位尺度连铸坯的放热量为：

$$Q_1 = h_1(T_b - T_f)At = 678 \times (900 - 25) \times 4 \times 0.2 \times \frac{1}{2} \times 60 = 14238 \text{ kJ} \tag{4-60}$$

$$Q_2 = h_2(T_b - T_f)At = 532 \times (850 - 25) \times 4 \times 0.2 \times \frac{2}{2} \times 60 = 21067 \text{ kJ} \tag{4-61}$$

$$Q_3 = h_3(T_b - T_f)At = 360 \times (800 - 25) \times 4 \times 0.2 \times \frac{4}{2} \times 60 = 26784 \text{ kJ} \tag{4-62}$$

$$Q_4 = h_4(T_b - T_f)At = 282 \times (800 - 25) \times 4 \times 0.2 \times \frac{4}{2} \times 60 = 20981 \text{ kJ} \tag{4-63}$$

$$Q_5 = h_5(T_b - T_f)At = 232 \times (800 - 25) \times 4 \times 0.2 \times \frac{7}{2} \times 60 = 30206 \text{ kJ} \tag{4-64}$$

以上相加为二冷水带走的热量，总共为 113276 kJ；二冷区钢水释放的总热量为 111450 kJ，二者比较接近，说明热量整体平衡。需要指出的是，本节案例是一个与实际接近的虚拟工况，不同之处是二冷区的结构设计。一般来说，小方坯二冷区长度不会达到 18 m，通常在 6~10 m。这种情况下，二冷区数量相同时，其长度会减小，即连铸坯在二冷区的停留时间减少；同时，二冷比水量不变时，各区的水流密度会增大，即换热系数增加。以上两方面的综合作用下，二冷区总换热量会略有下降。尽管如此，钢水释放的热量与冷却水带走的热量依然是完全守恒的。不同的是，二冷区总长度比较小时，凝固终点会在二冷区之外，即有一部分热量是在空冷区释放的。如此会导致二冷区总热量占比略有减小，而空冷区热量占比略有增大，其变化幅度与连铸坯钢种、断面、拉速和二冷强度有关。通常，根据现场数据，结晶器带走的热量占总量比例为 10%~20%、二冷区为 30%~50%、空冷区为 40%~50%。

4.3.4.3 二冷区的热流与热阻

连铸二冷区的传热结构比结晶器简单，温度由高到低依次为钢水温度 T_C、液相线温度 T_L、固态坯壳表面温度 T_b、冷却水温度 T_f，对应的热阻为钢水与坯壳之间凝固界面对流换热热阻、坯壳导热热阻、冷却水与坯壳表面的对流换热热阻，如图 4-17 所示。热流分析时，还要考虑凝固潜热释放的额外热源。

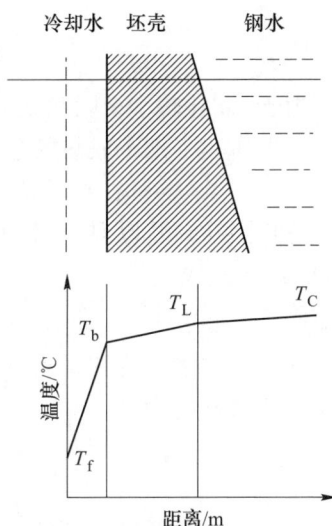

图 4-17 二冷区连铸坯凝固传热结构

A 钢水/坯壳界面换热和凝固过程放热

与结晶器内热量传输类似，二冷区钢水与坯壳之间也是通过对流换热进行热量传输，其热流密度为：

$$q_{1,\text{flow}} = h_1(T_C - T_L) \qquad (4\text{-}65)$$

式中，h_1 为对流换热系数，$\text{W}/(\text{m}^2 \cdot \text{℃})$；$T_C$ 和 T_L 分别为浇铸温度和液相线温度，℃。

对流换热系数可以根据平板对流换热公式计算：

$$h_1 = \frac{2}{3}\rho C v \left(\frac{C\eta}{\lambda}\right)^{-3} \left(\frac{L\rho v}{\eta}\right)^{-\frac{1}{2}} \qquad (4\text{-}66)$$

式中，L 为流动特征长度，m；ρ 为钢水密度，kg/m^3；C 为钢水比热容，$\text{J}/(\text{kg} \cdot \text{℃})$；$v$ 为钢水相对坯壳的流速，取 $0.001 \sim 0.005 \text{ m/s}$；$\lambda$ 为钢水的导热等级，$\text{W}/(\text{m} \cdot \text{℃})$；$\eta$ 为钢水的黏度，$\text{Pa} \cdot \text{s}$。

将数据代入，可得二冷区自然对流换热系数为 $500 \sim 1000 \text{ W}/(\text{m}^2 \cdot \text{℃})$。如果钢水过热度为 10 ℃，对应的热流密度约为 10 kW/m^2，二者之间的界面热阻为：

$$R_{1,\text{flow}} = \frac{1}{h_1} \qquad (4\text{-}67)$$

根据 h_1 的数值，可得该热阻在 $0.001 \sim 0.002 \text{ m}^2 \cdot \text{℃/W}$。

单位时间内、单位面积上坯壳厚度增大量为 Δd，则放出的热量为凝固潜热 L_m 和两相区焦耳热：

$$q_{1,\text{solidification}} = \rho \Delta d [L_m + C(T_L - T_S)] \tag{4-68}$$

式中，ρ 为钢水密度，kg/m^3；C 为两相区比热容，$J/(kg \cdot ℃)$；T_L 和 T_S 分别为液相线温度和固相线温度，℃。

假设单位时间内坯厚增大 0.2 mm，则对应的热流密度为 428 kW/m^2，与前述二冷 2 区喷淋换热的热流密度比较接近。凝固过程中释放热量的热阻可看作导热热阻：

$$R_{1,\text{solidification}} = \frac{\Delta d}{\lambda} \tag{4-69}$$

由于 Δd 比较小，因此该热阻也比较小，在 0.000005~0.00001 $m^2 \cdot ℃/W$。

综上所述，钢水放热的总热流密度为：

$$q_1 = h_1(T_C - T_L) + \rho \Delta d [L_f + C(T_L - T_S)] \tag{4-70}$$

总热阻 R_1 可以认为是对热量贡献大的凝固传热的热阻，在 0.0005~0.002 $K \cdot m^2/W$。

B　坯壳导热

界面上钢水对流和凝固过程释放的热量要通过坯壳传导到外部。根据傅里叶定律，热流密度为：

$$q_2 = \lambda_S \frac{T_S - T_b}{d_S} \tag{4-71}$$

式中，λ_S 为坯壳的导热系数、$W/(m \cdot ℃)$；T_S 为固相线温度，℃；T_b 为坯壳表面温度，℃；d_S 为坯壳厚度，m。

假设某一位置处表面温度为 900 ℃、固相线为 1500 ℃，坯壳厚度为 50 mm，导热系数为 35 $W/(m \cdot ℃)$，则热流密度为 420 kW/m^2，与钢水放出的总热量比较接近。坯壳导热的热阻为：

$$R_2 = \frac{d_S}{\lambda_S} \tag{4-72}$$

根据上述数据可知，坯壳厚度在 20~50 mm 时，热阻为 0.0005~0.0015 $m^2 \cdot ℃/W$；坯壳厚度在 50~100 mm 时，热阻在 0.0015~0.002 $m^2 \cdot ℃/W$；100~200 mm 时，其热阻的值在 0.002~0.006 $m^2 \cdot ℃/W$ 范围内。由此可知，坯壳厚度越大，其热阻就越大。

C　冷却水与连铸坯的界面传热

连铸坯表面通过冷却水进行对流换热，这种换热可以表述为：

$$q_3 = h_3(T_b - T_f) \tag{4-73}$$

式中，h_3 为界面换热系数，$W/(m^2 \cdot ℃)$；T_b 为连铸坯表面温度，℃；T_f 为冷却水平均温度，℃。

界面换热系数可以根据以下的经验计算，已得到诸多研究的验证。

方坯和圆坯的全水冷却：

$$h = 99.8w^{0.351} \tag{4-74}$$

方坯和圆坯的气水冷却：

$$h = 116 + 10.5w^{0.815} \tag{4-75}$$

板坯的全水冷却：

$$h = 43.5w^{0.55} \tag{4-76}$$

板坯的气水冷却：

$$h = 29.5 + 40.5w^{0.54} \tag{4-77}$$

式中，w 为水流密度，$L/(min \cdot m^2)$。

一般来说，二冷区的换热系数最大可达 $1000 \sim 1500$ W/$(m^2 \cdot ℃)$，对应的热流密度一般为 $800 \sim 1000$ kW/m^2。

冷却水与连铸坯表面之间的热阻可以计算为：

$$R_3 = \frac{1}{h_3} \tag{4-78}$$

将上述数据代入，可知其热阻在 $0.0005 \sim 0.001$ $m^2 \cdot ℃/W$。

实际传热过程中，考虑到总热流密度平衡，有：

$$q = q_1 = q_2 = q_3 \tag{4-79}$$

此时，总热阻为不同介质热阻之和：

$$R = R_1 + R_2 + R_3 \tag{4-80}$$

不同介质热阻的大小见表 4-6。对比可见，冷却水与连铸坯之间的界面热阻 R_3 最小，凝固热阻 R_1 为 R_3 的 $2 \sim 3$ 倍，坯壳热阻 R_2 为 R_3 的 $3 \sim 8$ 倍。因此，二冷区内随着坯壳厚度的增大，其自身导热能力成为传热的控制环节，此时过大的水量只能降低连铸坯的表面温度，而不能有效地强化凝固。

表 4-6　二冷区不同介质的热阻　　　　　（$m^2 \cdot ℃/W$）

热阻	R_1	R_2	R_3
数值	$0.001 \sim 0.002$	$0.003 \sim 0.006$	$0.0005 \sim 0.001$

4.3.4.4　二冷区的稳态换热模型建立与求解

A　二冷区热量传输特征与控制方程

连铸二冷区的换热主要是热传导，由于对流作用不显著，因此放大导热系数的方法可以更好地处理这种相互作用关系。连铸过程拉坯方向温度梯度可以忽略不计，该方向的热流可以设定为零，此时可以采用二维切片法计算连铸凝固传热过程。采用等效比热容处理潜热释放时，对应的非稳态微分方程如下：

$$\rho C_P \frac{\partial T}{\partial t} = \frac{\partial}{\partial x}\left(\lambda \frac{\partial T}{\partial x}\right) + \frac{\partial}{\partial y}\left(\lambda \frac{\partial T}{\partial y}\right) \tag{4-81}$$

式中，C_P 为等效比热容，J/(kg·℃)；ρ 为密度，kg/m^3；λ 为导热系数，W/(m·℃)；T 为温度，℃；t 为时间，s；x、y 为坐标轴上的位置，m。

B　有限差分处理

有限差分法是将微分方程进行数值求解的常用方法，其核心原理为：

$$\frac{\mathrm{d}T}{\mathrm{d}x} = \lim_{\Delta x \to 0} \frac{\Delta T}{\Delta x} \approx \frac{\Delta T}{\Delta x} \tag{4-82}$$

当空间步长非常小时，温度梯度约等于温度差与距离差的比值。有限差分分为向前差分、向后差分和中心差分。对于图 4-18 中的某一点 (m, n)，采用向前差分时，下一个节点与本节点的变量差值为：

$$\frac{\partial T}{\partial x}\Big|_{m,n} \approx \frac{T_{m+1,n} - T_{m,n}}{\Delta x}, \frac{\partial T}{\partial y}\Big|_{m,n} \approx \frac{T_{m,n+1} - T_{m,n}}{\Delta y} \tag{4-83}$$

采用向后差分时，上一个节点与本节点的变量差值为：

$$\frac{\partial T}{\partial x}\Big|_{m,n} \approx \frac{T_{m,n} - T_{m-1,n}}{\Delta x}, \frac{\partial T}{\partial y}\Big|_{m,n} \approx \frac{T_{m,n} - T_{m,n-1}}{\Delta y} \tag{4-84}$$

中心差分时，前半个节点和后半个节点处的变量差值为：

$$\frac{\partial T}{\partial x}\Big|_{m,n} \approx \frac{T_{m+1/2,n} - T_{m-1/2,n}}{\Delta x}, \frac{\partial T}{\partial y}\Big|_{m,n} \approx \frac{T_{m,n+1/2} - T_{m,n-1/2}}{\Delta y} \tag{4-85}$$

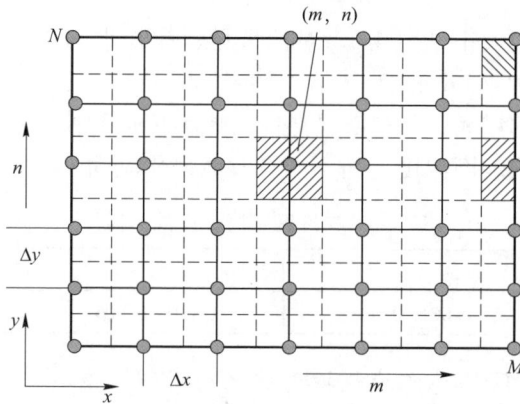

图 4-18　二维网格节点的有限差分示意图

对比可见，三种方法均可实现微分到代数运算的转换，不同的是，前两种对于边界节点的处理不太方便。因此，采用中间差分处理二维传热微分方程的对应项需计算前半个节点和后半个节点的温度，根据差分概念可得：

$$\frac{\partial T}{\partial x}\Big|_{m+1/2,n} \approx \frac{T_{m+1,n} - T_{m,n}}{\Delta x}, \frac{\partial T}{\partial x}\Big|_{m-1/2,n} \approx \frac{T_{m,n} - T_{m-1,n}}{\Delta x} \tag{4-86}$$

$$\frac{\partial T}{\partial y}\Big|_{m,n+1/2} \approx \frac{T_{m,n+1} - T_{m,n}}{\Delta y}, \frac{\partial T}{\partial y}\Big|_{m,n-1/2} \approx \frac{T_{m,n} - T_{m,n-1}}{\Delta y} \qquad (4-87)$$

因此，方程中的二次项可转化为：

$$\frac{\partial^2 T}{\partial x^2}\Big|_{m,n} \approx \frac{\frac{\partial T}{\partial x}\big|_{m+1/2,n} - \frac{\partial T}{\partial x}\big|_{m-1/2,n}}{\Delta x} = \frac{T_{m+1,n} - 2T_{m,n} + T_{m-1,n}}{(\Delta x)^2} \qquad (4-88)$$

$$\frac{\partial^2 T}{\partial y^2}\Big|_{m,n} \approx \frac{\frac{\partial T}{\partial y}\big|_{m,n+1/2} - \frac{\partial T}{\partial y}\big|_{m,n-1/2}}{\Delta y} = \frac{T_{m,n+1} - 2T_{m,n} + T_{m,n-1}}{(\Delta y)^2} \qquad (4-89)$$

当导热系数为常数时，传热微分方程式（4-81）右侧项为：

$$\frac{\partial}{\partial x}\Big(\lambda \frac{\partial T}{\partial x}\Big) + \frac{\partial}{\partial y}\Big(\lambda \frac{\partial T}{\partial y}\Big) = \lambda\Big[\frac{T_{m+1,n} - 2T_{m,n} + T_{m-1,n}}{(\Delta x)^2} + \frac{T_{m,n+1} - 2T_{m,n} + T_{m,n-1}}{(\Delta y)^2}\Big]$$

$$(4-90)$$

对于左侧的时间项，可以采用向后差分处理：

$$\frac{\partial T}{\partial t} = \frac{T^{i+1} - T^i}{\Delta t} \qquad (4-91)$$

即某一节点前后时刻的差值与时间步长的比值。将各项代入式（4-81）可得：

$$\rho C_P \frac{T_{m,n}^{i+1} - T_{m,n}^i}{\Delta t} = \lambda\Big[\frac{T_{m+1,n}^i - 2T_{m,n}^i + T_{m-1,n}^i}{(\Delta x)^2} + \frac{T_{m,n+1}^i - 2T_{m,n}^i + T_{m,n-1}^i}{(\Delta y)^2}\Big]$$

$$(4-92)$$

这就是某一中间节点（m、n）在 $i+1$ 时刻的温度与 i 时刻节点（m，n）及其周边节点温度的关系。建模中空间步长和时间步长，导热系数、密度和比热容均为已知量，根据初始条件和边界条件即可获得连铸坯截面上的温度场。

当 x、y 方向的空间步长相等时：

$$\rho C_P \frac{T_{m,n}^{i+1} - T_{m,n}^i}{\Delta t} = \lambda\Big[\frac{T_{m+1,n}^i + T_{m-1,n}^i + T_{m,n+1}^i + T_{m,n-1}^i - 4T_{m,n}^i}{(\Delta x)^2}\Big] \qquad (4-93)$$

引入导温系数 α，可得：

$$\frac{T_{m,n}^{i+1} - T_{m,n}^i}{\Delta t} = \alpha\Big[\frac{T_{m+1,n}^i + T_{m-1,n}^i + T_{m,n+1}^i + T_{m,n-1}^i - 4T_{m,n}^i}{(\Delta x)^2}\Big] \qquad (4-94)$$

进一步整理可得：

$$T_{m,n}^{i+1} = T_{m,n}^i + \frac{\Delta t \cdot \alpha}{\Delta x^2}(T_{m+1,n}^i + T_{m-1,n}^i + T_{m,n+1}^i + T_{m,n-1}^i - 4T_{m,n}^i) \qquad (4-95)$$

这就是非稳态传热微分方程的有限差分经典表达式。根据物理规则，对于节点（m，n）来说，下一时刻的温度与当前时刻应该是正线性关系：

$$T_{m,n}^{i+1} = T_{m,n}^i\left(1 - \frac{4\Delta t \cdot \alpha}{\Delta x^2}\right) + \frac{\Delta t \cdot \alpha}{\Delta x^2}(T_{m+1,n}^i + T_{m-1,n}^i + T_{m,n+1}^i + T_{m,n-1}^i) \tag{4-96}$$

式（4-96）中的系数项为正数：

$$1 - \frac{4\Delta t \cdot \alpha}{\Delta x^2} \geqslant 0 \tag{4-97}$$

整理可得：

$$\Delta t \leqslant \frac{\Delta x^2}{4\alpha} \tag{4-98}$$

这就是中间节点时间步长与空间步长的收敛关系。只有满足式（4-98），才能得到可靠的计算结果。

对于边界节点，其控制方程需要单独处理。对于不同几何结构的计算域，可能存在如图 4-19 所示的三种边界，它们是平直边界节点、外角边界节点和内角边界节点，分别建立热平衡模型。

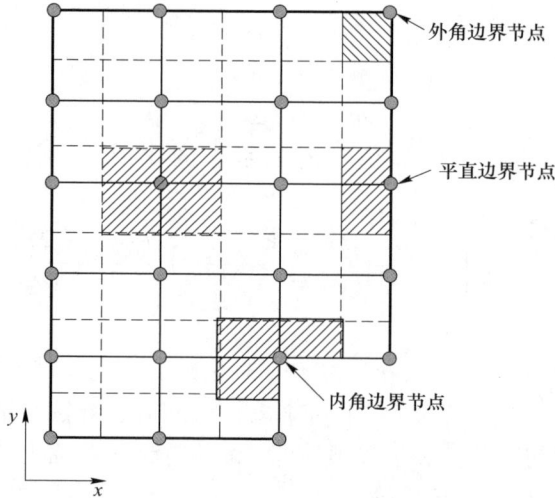

图 4-19　二维网格中的边界节点处理

（1）对于平直边界节点，取 (m, n)，其热平衡方程为：

$$\rho C_P \frac{\Delta x}{2}\Delta y(T_{m,n}^{i+1} - T_{m,n}^i) = \lambda \frac{T_{m-1,n}^i - T_{m,n}^i}{\Delta x}\Delta y\Delta t + \lambda \frac{T_{m,n+1}^i - T_{m,n}^i}{\Delta y}\frac{\Delta x}{2}\Delta t +$$

$$\lambda \frac{\Delta x}{2}\frac{T_{m,n-1}^i - T_{m,n}^i}{\Delta y}\Delta t + \Delta y q_m \Delta t \tag{4-99}$$

式中，q_m 为平直边界处的热流密度，正值表示向内部传热。

当 x、y 方向的空间步长相等时，整理可得：

$$T_{m,n}^{i+1} = T_{m,n}^i + \frac{\Delta t \cdot \alpha}{\Delta x^2}(2T_{m-1,n}^i + T_{m,n+1}^i + T_{m,n-1}^i - 4T_{m,n}^i + 2q_m\Delta x) \tag{4-100}$$

当 q_m 为某一恒定值时，其收敛关系为：

$$\Delta t \leqslant \frac{\Delta x^2}{4\alpha} \tag{4-101}$$

当 q_m 为第三类边界条件，考虑热流方向时：

$$q_m = -h_m(T_{m,n} - T_f) \tag{4-102}$$

此时，收敛条件为：

$$\Delta t \leqslant \frac{\Delta x^2}{\alpha(4 + 2\Delta x \cdot h_m)} \tag{4-103}$$

（2）对于外角节点，其热平衡方程：

$$\rho C_P \frac{\Delta x}{2} \cdot \frac{\Delta y}{2}(T_{m,n}^{i+1} - T_{m,n}^i)$$

$$= \lambda \frac{T_{m-1,n}^i - T_{m,n}^i}{\Delta x} \cdot \frac{\Delta y}{2}\Delta t + \lambda \frac{\Delta x}{2} \cdot \frac{T_{m,n-1}^i - T_{m,n}^i}{\Delta y}\Delta t + \frac{\Delta y}{2}q_m\Delta t + \frac{\Delta x}{2}q_n\Delta t$$

$$\tag{4-104}$$

空间步长相等时，整理可得：

$$T_{m,n}^{i+1} = T_{m,n}^i + \frac{\Delta t \cdot \alpha}{\Delta x^2}[2T_{m-1,n}^i + 2T_{m,n-1}^i - 4T_{m,n}^i + 2(q_m + q_n)\Delta x] \tag{4-105}$$

当 q_m 和 q_n 均为常数时，收敛条件为：

$$\Delta t \leqslant \frac{\Delta x^2}{4\alpha} \tag{4-106}$$

当均为第三类边界条件时，收敛条件为：

$$\Delta t \leqslant \frac{\Delta x^2}{\alpha[4 + 2\Delta x \cdot (h_m + h_n)]} \tag{4-107}$$

只有一个为第三类边界条件时，式（4-107）中另一个换热系数取零，与平直节点收敛条件格式类似。

（3）对于内角节点，其热平衡方程：

$$\frac{3}{4}\rho C_P \Delta x \Delta y(T_{m,n}^{i+1} - T_{m,n}^i)$$

$$= \lambda \frac{T_{m-1,n}^i - T_{m,n}^i}{\Delta x}\Delta y\Delta t + \lambda \frac{T_{m,n+1}^i - T_{m,n}^i}{\Delta y}\Delta x\Delta t + \Delta y q_m\Delta t + \Delta x q_n\Delta t \tag{4-108}$$

空间步长相等时，整理可得：

$$T_{m,n}^{i+1} = T_{m,n}^i + \frac{4\Delta t \cdot \alpha}{3\Delta x^2}[T_{m-1,n}^i + T_{m,n-1}^i - 2T_{m,n}^i + (q_m + q_n)\Delta x] \tag{4-109}$$

当 q_m 和 q_n 均为常数时，收敛条件为：

$$\Delta t \leqslant \frac{3\Delta x^2}{8\alpha} \tag{4-110}$$

当均为第三类边界条件时，收敛条件为：

$$\Delta t \leqslant \frac{3\Delta x^2}{4\alpha[2 + \Delta x \cdot (h_m + h_n)]} \tag{4-111}$$

C　初始条件和边界条件

对于二冷区凝固传热，其初始条件为结晶器出口处的温度场。实际建模过程中，一般从弯月面开始计算，此时的初始条件为：

$$T_{m,n} = T_C \tag{4-112}$$

即所有节点的温度为浇铸温度。

对于边界条件，由于连铸过程冷却方式不同，下面对此进行区分。

（1）对于结晶器区，其采用热流密度为边界条件，公式为：

$$q = A - B\sqrt{t} \tag{4-113}$$

式中，q 为不同高度处的热流密度，W/m^2；t 为钢水的停留时间，s；A、B 为经验常数。

对于 A，其表示弯月面处的最大热流密度，取值见4.3.3节。B 的取值与结晶器工作状态有关，一般根据以下公式计算：

$$B = \frac{1.5 \times (A - \bar{q})}{\sqrt{\dfrac{L}{v}}} \tag{4-114}$$

式中，$\bar{q}$ 为平均热流密度，W/m^2；L 为结晶器有效高度，m；v 为拉速，m/s。

（2）对于二冷区，其采用第三类边界条件：

$$q = h_i(T_{m,n} - T_f) \tag{4-115}$$

式中，h_i 为第 i 个冷却区的换热系数，其计算方法见本节前述内容，$W/(m^2 \cdot \text{℃})$；$T_{m,n}$ 为外部边界的节点温度，℃；T_f 为冷却水温度，℃。

（3）当二冷区凝固未完全时，还需要考虑空冷区的换热，其热流密度为：

$$q = \varepsilon\sigma(T_{m,n}^4 - T_a^4) \tag{4-116}$$

式中，ε 为黑度系数，连铸坯一般在 0.7~0.9；σ 为斯蒂芬-玻耳兹曼常数，$5.67 \times 10^{-8} W/(m^2 \cdot K^4)$；$T_{m,n}$ 为外部边界的节点，K；T_a 为环境温度，K。

实际模型中，要考虑热流的方向，这一点非常重要，否则会得出与实际完全不符的结果。

以国内某板坯连铸过程为例，基于上述模型可以求解出拉坯方向不同位置的连铸坯横截面温度场和凝固进程，如图4-20所示。数值模拟为研究人员透视连铸凝固过程的"黑箱"提供了可靠工具，对解析连铸过程热状态、确定连铸缺陷形成位置、优化连铸工艺参数具有巨大价值。

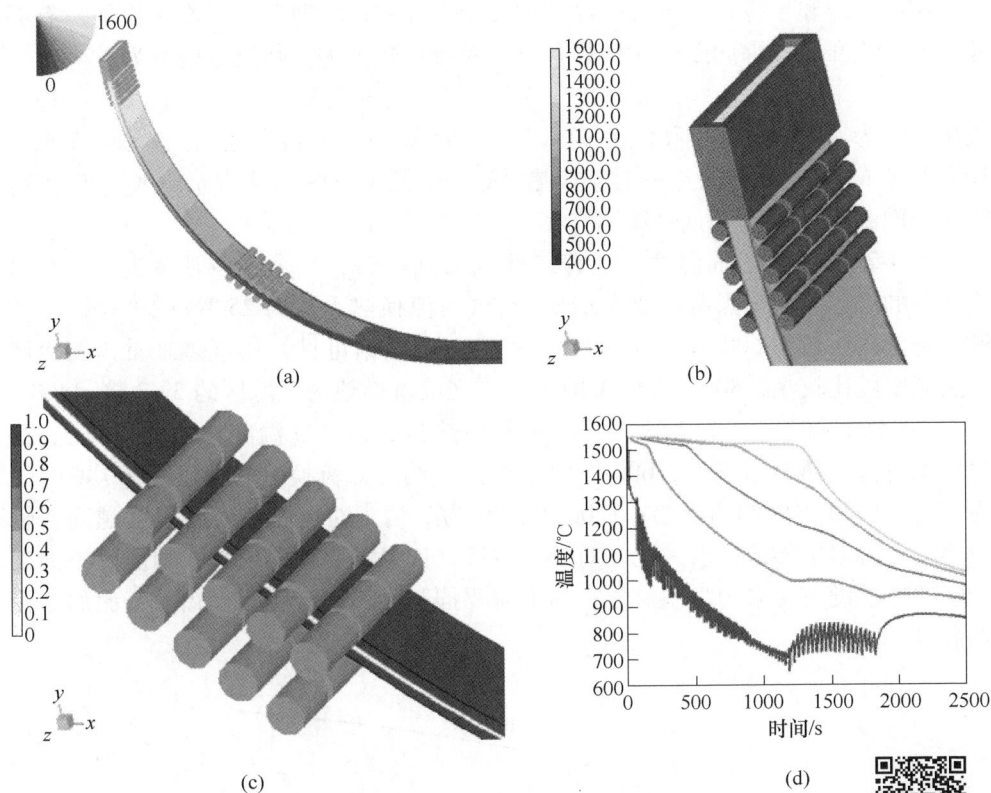

图 4-20 二冷区凝固传热模型解析

扫码看彩图

4.4 连铸空冷区相变与析出

4.4.1 连铸三次冷却

4.4.1.1 连铸三冷区

连铸坯通过结晶器、二冷区之后到火切机之前的部分，仍然与外界进行热量交换，因此称为三冷区。三冷区一般多以空冷为主，因此也叫空冷区。对于小方坯和小圆坯，通常不具备轻压下工艺，不需要考虑凝固终点位置与拉矫机的对应关系，高拉速下三冷区的液芯比例仍较大，故空冷热量释放的比例也较高；对于大方坯，由于多为品种钢，配备了轻压下功能，因此要求液芯长度在最后一架拉矫机之前。这种条件下，三冷区的连铸坯仍有一定的液芯，但比例有限，换热量也不及小方坯和小圆坯多。对于板坯，其二冷区覆盖范围比较大，一直延伸到水平段；液芯长度不能超过最后一个扇形段出口，因此，三冷区不存在液芯，空冷换热比例最小。

相比一冷和二冷，连铸机三冷区的设计和控制比较简单，空冷条件下没有额外的装置或介质，因此以辐射换热和空气对流换热为主。其热流密度为：

$$q = \varepsilon\sigma(T_b^4 - T_a^4) + h_a(T_b - T_a) \tag{4-117}$$

式中，ε 为黑度系数，数值在 0~1；σ 为斯蒂芬-玻耳兹曼常数，5.67×10^{-8} W/($m^2 \cdot K^4$)；h_a 为空冷对流换热系数，一般取 10~30 W/($m^2 \cdot K$)；T_b 为连铸坯表面温度，K；T_a 为环境温度，K。

图 4-21 为不同表面温度下连铸二冷区强制换热、三冷区辐射换热和空气对流换热的规律，其中黑度系数为 0.8，空气对流换热系数为 25 W/($m^2 \cdot K$)，喷淋对流换热系数为 600 W/($m^2 \cdot K$)。观察图中数据可见，从整体来看，三冷区的热流密度比较小，800~1200 ℃时为二冷区喷淋换热为三冷区的 3~7 倍、400~800 ℃时为 8~10 倍；对于三冷区的两种换热方式，表面温度在 400 ℃以上时，辐射比对流的热流密度大，600 ℃时辐射换热约是对流换热的 2 倍、800 ℃时约为 3 倍、1000 ℃时约为 5 倍、1200 ℃时约为 7 倍，即连铸坯表面温度越高，辐射换热越占据主要地位。因此，对于三冷区，如果需要强化放热，则需要添加二冷区的喷淋设备，采用强制对流；如果需要抑制放热，需要减少辐射，比如增设保温罩。

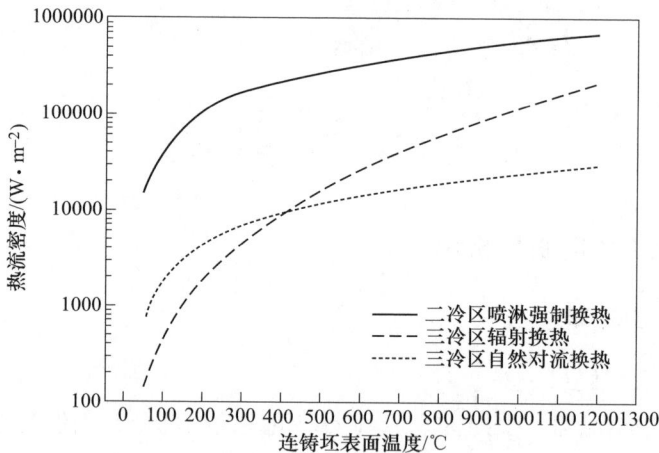

图 4-21　不同换热方式的热流密度

4.4.1.2　三冷区冷却方式

当前，对于绝大多数连铸机，三冷区主要以空冷为主，换热方式为辐射换热和空气对流换热。除此之外，一些特殊钢连铸机为了提高冷速，会采用风冷或水冷，即增加风机或喷淋管路；对于一些大断面连铸机，由于拉速很小，其连铸坯空冷环境下进入拉矫机的表面温度就会低于 800 ℃，除了矫直抗力和裂纹倾向增大外，还会影响切割效率；还有一些高拉速直轧的连铸坯，为了减少热量散失，也会减少三冷区的放热。这种情况下，一般会在二冷区出口之后设置一定长度的保温罩，降低辐射换热的热流密度。某些连铸机还配备了火焰加热或感应加热装置，可以对连铸坯进行补热和升温。

4.4.1.3　三冷区与热送热装

对于一些合金钢，由于含有引起贝氏体或马氏体相变的元素，或者冷却到室温会析出脆性相时，放冷过程容易因热应力和相变应力叠加而开裂，冷态装炉还额外增大了加热炉能耗和排放，因此，切割后红热状态通过辊道或车辆直接运往加热炉，称为热送或红送；具有一定显热的连铸坯直接装入加热炉称为热装，一般温度在 500~600 ℃ 以上，也有学者把 300~500 ℃ 装炉称为温装。热送热装减少了堆垛或缓冷坑占用，降低了钢材的生产周期，已成为高效率、快节奏生产的常见组织方式。然而，大多热送热装的连铸坯没有经历完整的冷却和再加热的双相变过程，其奥氏体晶粒比较粗大，一些高温析出相也沿着晶界分布，加热过程中也有一定的开裂倾向。为此，某些连铸机的三冷区会增加强冷处理，人工产生一个连铸坯表层基体冷却和回温的双相变，进而细化奥氏体晶粒，同时改变析出行为，对热装裂纹起到一定的调控作用。

对于某些钢种，其热送热装的裂纹倾向很大，采用强冷-回温双相变处理也难以解决时，只能先下线冷却，再室温装炉的冷装工艺，这种情况下三冷区也不需要额外的装备或操作。

4.4.2　连铸坯的相变与析出

连铸坯在结晶器出口的表面温度一般在 900~1100 ℃，通常角部温度略低于表面；二冷区时在 850~1050 ℃，角部可能在 750~950 ℃；进入空冷区时，其表面和角部温度与二冷区相当，甚至还有一定幅度的回温。对于碳钢或碳素合金结构钢，空冷区温度对应于奥氏体向铁素体的转变、第二相粒子析出和 γ 晶粒粗化等过程，对连铸坯质量有直接影响。由于空冷区温度比较低且停留时间比较短，γ 晶粒尺寸不会再有明显变化，在此不作讨论。

4.4.2.1　奥氏体向铁素体转变及其影响

根据 Fe-C 平衡相图，A_3 线的温度为 912~727 ℃，即亚共析钢冷却时奥氏体开始向铁素体转变的温度。当考虑合金元素时，对于加入量不太大的情况，这一温度范围变化不大；连铸空冷区冷速小于 1 ℃/s，也不会导致过大的偏差，因此可以用 950~800 ℃ 作为中、低碳钢 $\gamma \rightarrow \alpha$ 开始转变温度参考区间。

当冷速不大时，奥氏体向铁素体的转变会优先在晶界处发生，铁素体以膜状或片状沿着奥氏体晶界析出。某低碳钢连铸坯表层组织如图 4-22 所示，图中沿着先共析奥氏体晶界的白色区域就是铁素体。由于铁素体比奥氏体软得多，外力作用下变形集中在奥氏体晶界的铁素体膜上，因此裂纹容易形成并扩展。

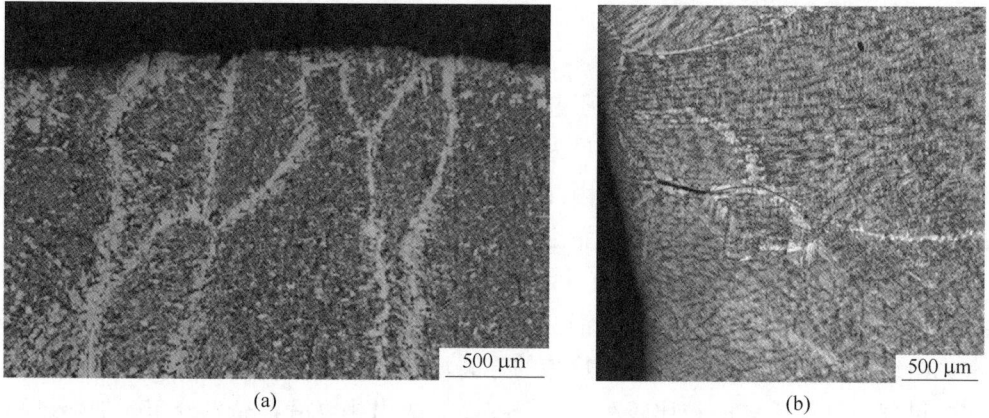

(a)　　　　　　　　　　　　　　　　　(b)

图 4-22　连铸坯表层基体沿 γ 晶界的铁素体

空冷区奥氏体向铁素体转变对连铸坯质量的影响本质上与奥氏体晶粒尺寸和铁素体膜宽度有关，也受到变形参数的影响，这可以通过模型来定量分析。图 4-23（a）为某典型钢种连铸坯表面基体出现铁素体膜时的奥氏体晶粒特征，对奥氏体晶粒尺寸及其长轴和短轴比值进行统计分析［图 4-23（b）］，并根据代表性体积元法建立介观尺度两相变形模型，如图 4-23（c）所示。代表性体积单元（RVE）方法是：用一个"微小"区域代表整体的结构特征，然后通过分析这一单元的变形或其他物理化学状态得到整体的状态描述。当它用于变形分析时，其原理可以解释为：若这一微小单元能够代表整个系统的组织结构特征，系统可以认为是由无数个与之相似的单元组成的，在发生形变时，组成系统的各单元间的本构规律也是相似的；在受到整体载荷时，各单元间相互连接，每个单元边界受到的载荷相同，等于系统的外部载荷。因此，各单元发生的变形是相似的，单元的应变等同于系统的宏观应变。

模型中采用的单相本构方程见式（4-118），不同参数见表 4-7。其中，奥氏体相参数通过对奥氏体单相区的真应力-应变曲线进行回归得到，铁素体相参数通过对文献中报道的超低碳钢的高温变形应力-应变曲线回归得到。由铁素体相本构方程计算得到的各温度下稳态应力与实测值的对比情况如图 4-24 所示，可见由本模型可准确描述超低碳钢在高温下的变形行为。

$$\begin{cases} A\sinh\left(\alpha\sigma_s\right)^n = \varepsilon\exp\left[Q/(RT)\right] = Z \\ \sigma = \sigma_s\left[1 - \exp\left(-\Omega\varepsilon\right)\right]^{0.5} \end{cases} \quad (4\text{-}118)$$

(a)

(b)

(c)

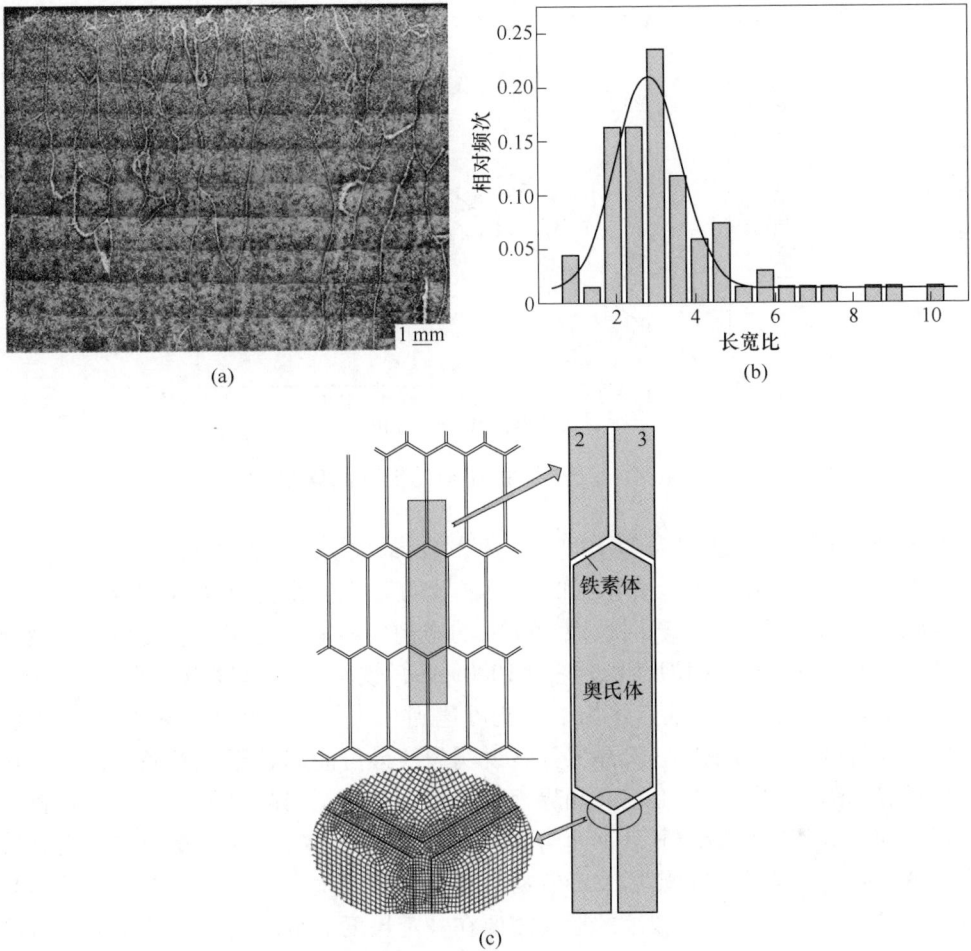

图 4-23 连铸坯表面的基体奥氏体和铁素体（a），
奥氏体晶粒尺寸（b）和 RVE 模型网格（c）

表 4-7 奥氏体与铁素体相本构方程参数

相 态	α/MPa^{-1}	$Q/\mathrm{kJ \cdot mol}^{-1}$	n	A/s^{-1}	Ω
$\gamma(\geqslant 800\ ℃)$	0.0066	312.47	6.41	$4.8×10^{12}$	$e^{11.67} \cdot Z^{-0.3}$
$\gamma(\leqslant 700\ ℃)$	0.0036	630.82	10.78	$2.0×10^{33}$	$e^{9.24} \cdot Z^{-0.069}$
$\alpha(\geqslant 650\ ℃)$	0.024	383	4.81	$1.12×10^{18}$	$e^{4.52} \cdot Z^{-0.0707}$
$\alpha(\leqslant 550\ ℃)$			9.58	$5.03×10^{14}$	$e^{1.9} \cdot Z^{-0.0193}$

奥氏体-晶界铁素体双相结构的 RVE 模型可用来分析在不同温度、不同应变与应变速率下铁素体相中的应变集中程度，从而可以得到奥氏体晶粒尺寸、铁素体膜厚度、应变速率等因素对热塑性的影响。在计算中，奥氏体晶粒尺寸在

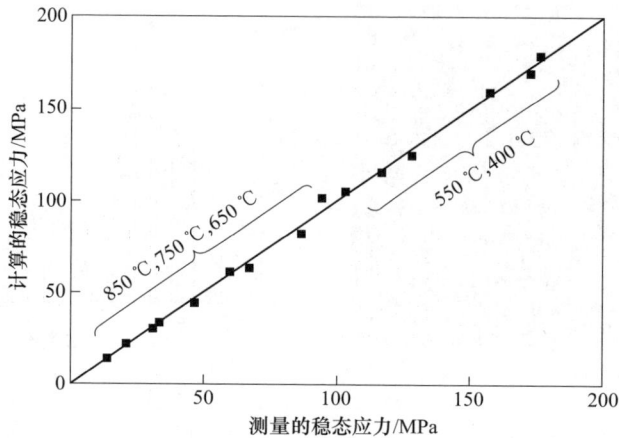

图 4-24　稳态应力的计算值与实际值对比

100~1500 μm，应变速率为 $2×10^{-4} ~ 5×10^{-3}/s$，最大宏观应变为 0.04。

　　图 4-25 为 RVE 模型计算得到的代表区域的等效塑性应变（PEEQ）、等效应力与切向应变的云图。计算时选取 750 ℃的本构模型描述各相变形规律，宏观变形值为 0.02，奥氏体晶粒尺寸设置为 1000 μm，铁素体膜厚度设置为 66.7 μm。当宏观应变为 0.02 时，铁素体相中应变可达到 0.5，即变形集中系数达到 25 以上。最大等效应变出现在三叉晶界处，说明裂纹最可能起始于三叉晶界，这与热拉伸试验中裂纹往往出现在三叉晶界处相一致。对于不同晶界位置而言，垂直于变形方向的等效应变最为显著，而与变形方向角度较小的边界位置切向应变则较大。这意味着，当裂纹起始后，最容易沿垂直或接近垂直于变形方向的奥氏体晶界发生扩展。考虑到实际裂纹的形成需要在一定尺度的范围内存在较大应变以使析出物周围形成的孔洞连接在一起，因此选用与变形方向相垂直的晶界中部区域的等效应变大小作为对象进行变量分析。

　　图 4-26 为在不同铁素体膜厚度下，参考点及最大值位置等效应变的变化曲线。可以看出，在奥氏体晶粒尺寸一定的条件下，随着铁素体膜厚度的减小，铁素体受到的变形逐渐增大，其与铁素体膜厚度间近似满足反比例函数关系。当铁素体膜厚度一定时，参考点及最大值处等效应变与奥氏体晶粒尺寸间的关系如图 4-27 所示。可以看到，当铁素体膜厚度保持不变时，随着奥氏体晶粒尺寸的增加，铁素体相中应变集中程度呈线性增加。

　　根据上述结果，对于 $γ→α$ 相变引起的应变集中程度最显著的情况，应当是铁素体膜刚刚形成，即膜状铁素体厚度最薄的状态。然而，对于铁素体膜最早出现的时机，目前还未有定论。一些学者认为，铁素体体积分数为 0.05 时，钢的热塑性最差，也就是说此时膜状铁素体刚刚形成。但是，对于直径为 1 mm 的奥

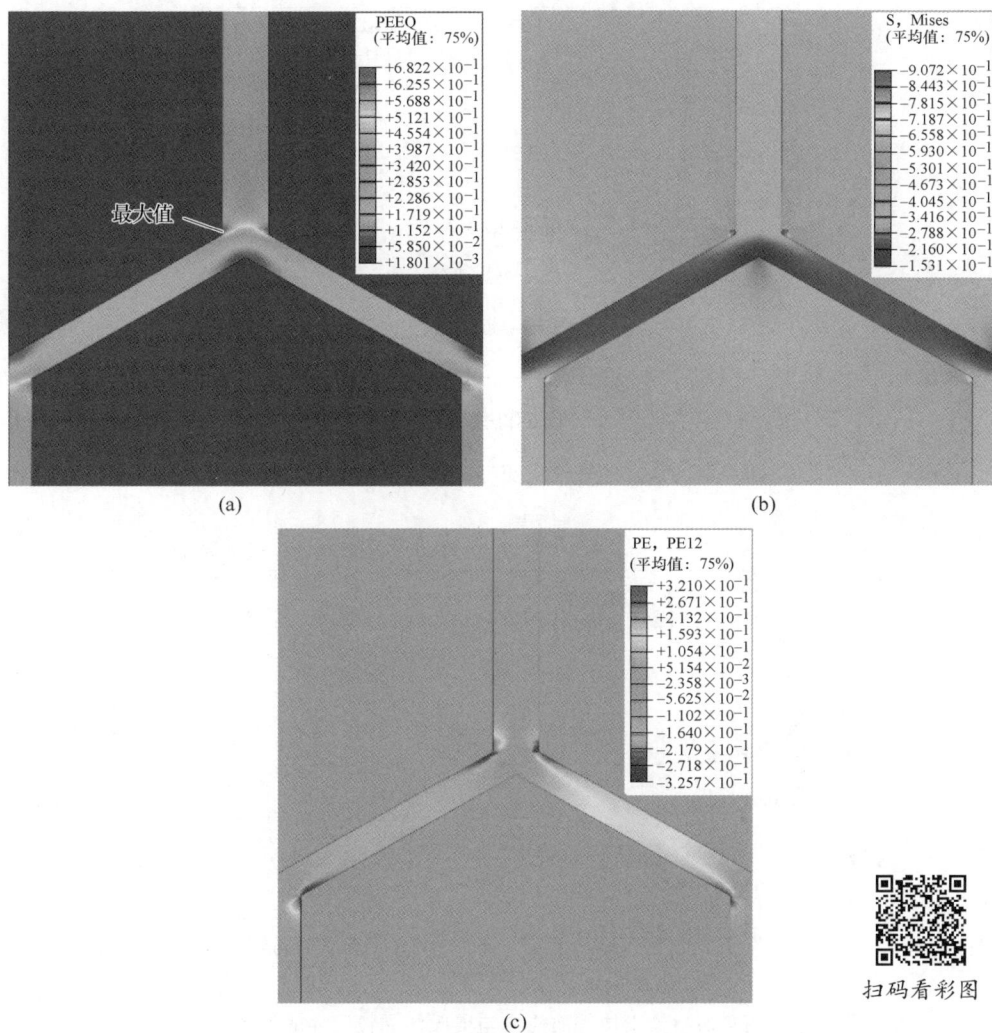

图 4-25 典型区域等效应变（a）、等效应力（b）与切向应变（c）的分布云图

氏体晶粒而言，体积分数 0.05 对应的膜状铁素体厚度约为 40 μm，这相比于实验中观察到的铁素体膜厚度明显是偏大的。另外一些研究中提出，钢中奥氏体晶界形成初始铁素体膜的厚度在 5~20 μm，这与实际情况比较接近。

图 4-28 为不同应变速率与应变量时参考点位置的等效应变变化。其中，前者宏观应变为 0.02，后者应变速率为 $5×10^{-4}$ s^{-1}。可以看出，随着应变量增大，铁素体膜中的应变值逐渐增大，但应变集中系数变化较小；随着应变速率增加，铁素体相中应变集中程度则逐渐减小，与理论和实验结果相吻合。由于奥氏体与铁素体单相基体的强度均随应变速率增加而增加，考虑到变形时奥氏体相分配的

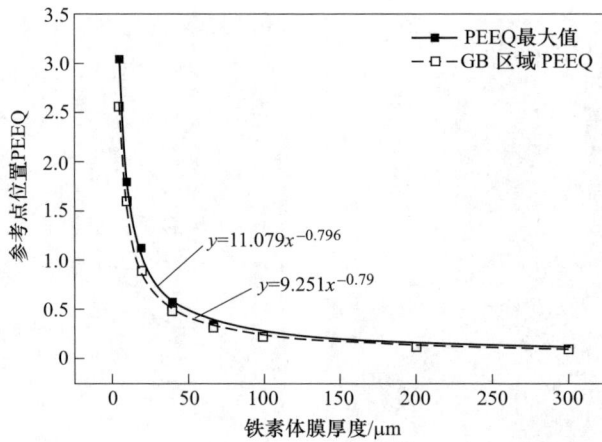

图 4-26　铁素体等效应变与铁素体膜厚度间的关系

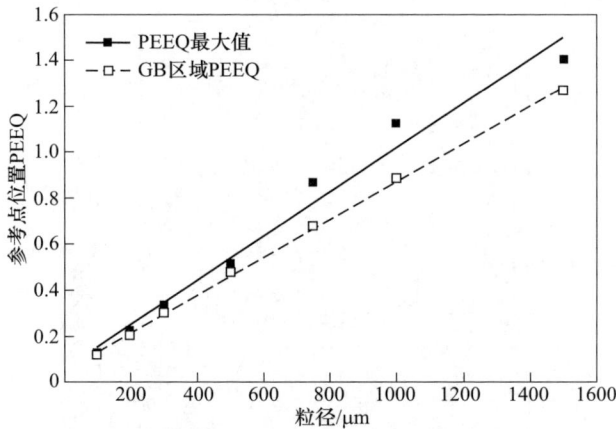

图 4-27　铁素体等效应变与奥氏体晶粒尺寸的关系

应变极小，当应变速率增大时，奥氏体相应变速率增加较小；反之，由于铁素体相中承载了绝大部分的应变，其应变速率的增大导致强度大幅增加，这使铁素体相与奥氏体相之间的强度差异减小，从而应变集中程度减弱。

　　方坯和圆坯连铸机的矫直段在空冷区，这种外力变形是必然要发生的。当断面和拉速一定时，矫直过程的总应变和应变速率也是一定的。实际生产中，连铸坯表面温度是可以调控的，对应冷速也会有一定变化，因此矫直过程的奥氏体晶粒尺寸和铁素体膜厚度会有差异。根据上述分析，铁素体膜初始形成时的应变集中最显著，因此，进入矫直段温度建议在单相奥氏体区，或在铁素体比例较大的两相区。当然，如果考虑抑制奥氏体晶粒粗化还要降低温度，具体执行时选择哪

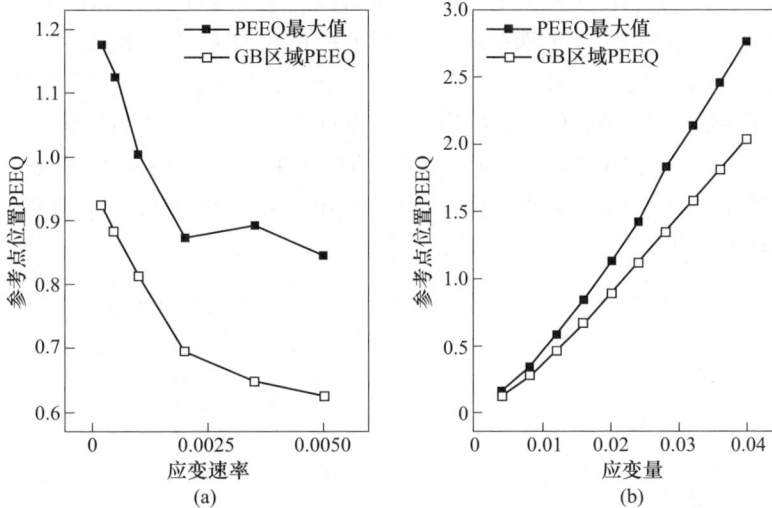

图 4-28 参考点等效应变与应变速率 (a) 和应变量 (b) 间的关系

种方式要根据钢种和工艺条件具体分析。

4.4.2.2 第二相粒子析出

对于高强度微合金钢，为了提高综合力学性能，常加入含量不超过 0.1% 的 Ti、Nb、V 等强碳化物形成元素，以弥散析出的第二相粒子强化基体。由于微合金元素的加入，连铸坯表面会沿着奥氏体晶界析出第二相粒子（见图 4-29），考虑到高温下晶界滑移是塑性变形的主要贡献，这种析出行为会使晶界显著脆化，进而在矫直时出现连铸坯表面横裂纹。

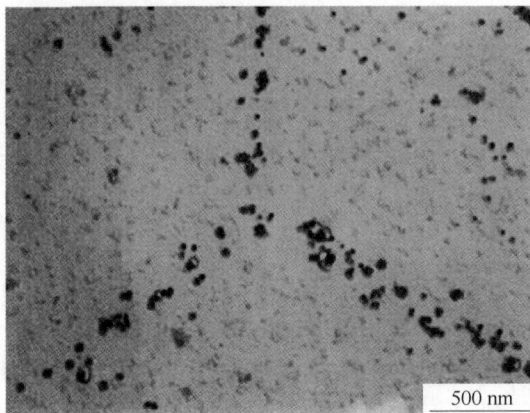

500 nm

图 4-29 沿 γ 晶界析出的含 Nb 碳化物

第二相粒子析出一方面与热力学有关，另一方面也受到动力学的影响。从热力学角度看, 其析出行为主要与浓度和温度有关, 这已经在第 2 章中进行了比较完整的描述。除根据文献中不同温度下的浓度积计算析出规律之外, 还可以采用热力学软件, 如 ThermoCalc、Factsage 和 Jmarpro 等。图 4-30 为采用 Jmarpro 计算的 Fe-0.16C-0.4Si-1.2Mn-0.05Nb-0.04V 钢的平衡相变与析出曲线。Nb(C,N) 在 1230 ℃ 左右开始析出, 1000 ℃ 左右接近 FCC 中最大值; 奥氏体向铁素体转变之后, 由于 Nb(C,N) 在 BCC 中溶解度较少, 其析出量再次增大, 但幅度不大。

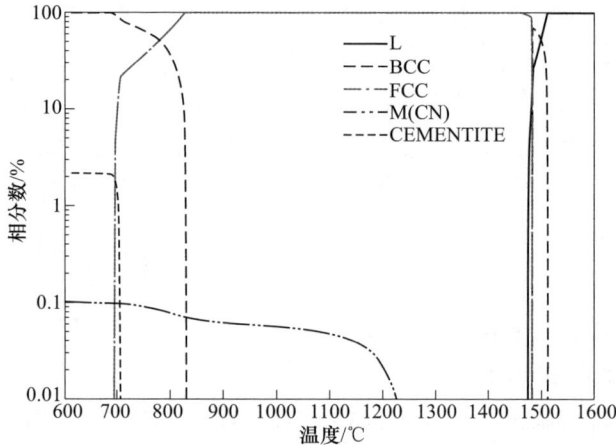

图 4-30　Fe-0.16C-0.4Si-1.2Mn-0.05Nb-0.04V 钢的平衡相变与析出曲线

热力学计算基于冷速无限小的平衡条件, 与连铸冷却过程不太相符, 但相差整体不大, 因此可以作为评价析出趋势和倾向的基础参考。为了解析析出相的形成和演变过程, 就需要开展析出动力学研究。动力学过程考虑第二相的形核与长大, 涉及均匀形核、晶界形核、位错线形核、晶核长大、析出动力学计算。

A　均匀形核

与凝固过程类似, 析出相在母相中均匀形核时, 形成一个直径为 d 的球形核胚, 所需的自由能变化 ΔG 为:

$$\Delta G = \frac{1}{6}\pi d^3 \Delta G_V + \frac{1}{6}\pi d^3 \Delta G_{EV} + \pi d^2 \sigma \tag{4-119}$$

式中, ΔG_V 为单位体积的相变自由能, 由新相形成元素在母相中的过饱和度决定, J; ΔG_{EV} 为新相形成时产生的单位体积弹性应变能, J; σ 为新相与母相界面的界面能, J。

碳氮化物在奥氏体中析出时, 可以忽略其弹性应变能 ΔG_{EV}。

令 $\dfrac{\partial \Delta G}{\partial d} = 0$, 可得到新相的临界晶核尺寸:

$$d^* = -\frac{4\sigma}{\Delta G_V} \tag{4-120}$$

式中，d^* 为晶核直径，m。

临界形核功：

$$\Delta G^* = \frac{16\pi\sigma^3}{3\Delta G_V^2} \tag{4-121}$$

由此，要计算临界形核功与临界晶核尺寸，需要知道单位体积的相变自由能 ΔG_V 和界面能 σ。

a 相变自由能 ΔG_V

析出过程相变自由能取决于碳氮化物形成元素在奥氏体中的过饱和度。设钢种在一定温度 T_H 下均热，然后冷却至较低温度 T 保温沉淀，则析出过程的相变自由能取决于相应元素在均热温度 T_H 时的实际固溶度与沉淀温度 T 时的平衡固溶度的偏离程度。

沉淀温度 T 时，碳氮化物的析出相变摩尔自由能 ΔG_M 为：

$$\begin{aligned}\Delta G_M &= \Delta G^0 - \Delta \overline{G}^0 = -RT\ln K^0 - (-RT\ln \overline{K}^0)\\&= RT \cdot \ln 10 \cdot (\lg \overline{K}^0 - \lg K^0)\end{aligned} \tag{4-122}$$

根据沉淀温度 T 时的平衡固溶度积公式：

$$\lg \overline{K}^0 = A - B/T \tag{4-123}$$

对于 MX_χ 析出相，A、B 的值查询热力学数据可获得；对于 $MC_\chi N_{1-\chi}$ 析出相，A、B 的值由下式求得：

$$\begin{aligned}\lg([M] \cdot [C]^\chi \cdot [N]^{1-\chi}) &= \lg[([M]^\chi \cdot [C]^\chi) \cdot ([M]^{1-\chi} \cdot [N]^{1-\chi})]\\&= \chi \cdot \lg([M] \cdot [C]) + (1-\chi) \cdot \lg([M] \cdot [N])\\&= \chi \cdot (A_1 - B_1/T + \lg\chi) + (1-\chi) \cdot [A_2 - B_2/T + \lg(1-\chi)]\\&= A - B/T\end{aligned} \tag{4-124}$$

其中：

$$A = \chi \cdot (A_1 + \lg\chi) + (1-\chi) \cdot [A_2 + \lg(1-\chi)] \tag{4-125}$$

$$B = \chi \cdot B_1 + (1-\chi) \cdot B_2 \tag{4-126}$$

$\lg K^0$ 与均热温度 T_H 时的固溶量有关：

（1）当均热温度高于析出相（MX_χ 或 $MC_\chi N_{1-\chi}$）的完全固溶温度 T_{AS} 时，则相关元素均完全处于固溶态，可直接用相关元素在钢中的含量（质量百分数）表示其固溶量，得到：

$$\lg K^0 = \lg([M] \cdot [X]^\chi) \tag{4-127}$$

或

$$\lg K^0 = \lg([M] \cdot [C]^\chi \cdot [N]^{1-\chi}) \tag{4-128}$$

（2）当均热温度低于析出相的全固溶温度 T_{AS} 时，则需要计算均热温度下仍处于固溶状态的相关元素的固溶量$[M]_H$、$[C]_H$、$[N]_H$，得到：

$$lgK^0 = lg([M]_H \cdot [X]_H^\chi) \qquad (4\text{-}129)$$

或

$$lgK^0 = lg([M]_H \cdot [C]_H^\chi \cdot [N]_H^{1-\chi}) \qquad (4\text{-}130)$$

将 $lg\overline{K}^0$ 和 lgK^0 的值代入式（4-122）中，就可得到沉淀温度 T 时，碳氮化物的析出相变摩尔自由能 ΔG_M。对于 MX_χ 析出相，式（4-122）可进一步简化为：

$$\Delta G_M = -19.1446B + 19.1446T \cdot [A - lg([M] \cdot [X]^\chi)] \qquad (4\text{-}131)$$

对于 $MC_\chi N_{1-\chi}$ 析出相：

$$\Delta G_M = -19.1446B + 19.1446T \cdot [A - lg([M] \cdot [C]^\chi \cdot [N]^{1-\chi})]$$
$$(4\text{-}132)$$

式中，$[M]$、$[X]$ 为不同元素在均热温度下的固溶量。

ΔG_M 为摩尔相变自由能，需要将其转化为体积相变自由能 ΔG_V：

$$\Delta G_V = \frac{\Delta G_M}{V_m} \qquad (4\text{-}133)$$

式中，V_m 为析出相的摩尔体积。

表 4-8 给出了钢中常见析出相 MX_χ 在室温下的摩尔体积。对于析出相 $MC_\chi N_{1-\chi}$ 的摩尔体积，可通过对应 MC 和 MN 的点阵常数和线膨胀系数，采用线性内插法求得，计算方法如下：

$$V_{MC_\chi N_{1-\chi}} = \{[a_{MC}(1 + \alpha_{MC}) \cdot (T - 293)]^3 \cdot \chi +$$
$$[a_{MN}(1 + \alpha_{MN}) \cdot (T - 293)]^3 \cdot (1 - \chi)\} \times 6.022 \times 10^{-4}/4$$
$$(4\text{-}134)$$

式中，a_{MC}、a_{MN} 分别为 MC 和 MN 的点阵常数，nm；α_{MC}、α_{MN} 分别为 MC 和 MN 的线膨胀系数，K^{-1}；$V_{MC_\chi N_{1-\chi}}$ 为析出相 $MC_\chi N_{1-\chi}$ 的摩尔体积，m^3/mol。

表 4-8　钢中常见析出相在室温下的摩尔体积等相关参数

相	摩尔体积/$m^3 \cdot mol^{-1}$	室温点阵常数/nm	线膨胀系数/K^{-1}
VC	1.101×10^{-5}	0.4182	8.29×10^{-6}
$VC_{0.875}$	1.088×10^{-5}	0.41651	—
NbC	1.345×10^{-5}	0.44699	7.02×10^{-6}
$NbC_{0.875}$	1.322×10^{-5}	0.4445	—
TiC	1.212×10^{-5}	0.43176	7.86×10^{-6}
VN	1.065×10^{-5}	0.4136	8.1×10^{-6}
NbN	1.277×10^{-5}	0.4394	10.1×10^{-6}
TiN	1.147×10^{-5}	0.4239	9.35×10^{-6}
AlN	1.256×10^{-5}	—	—

b 界面能 σ

钢中常见碳氮化物与奥氏体之间的界面能:

$$\sigma_{\text{VC-}\gamma} = 1.1292 - 0.5088 \times 10^{-3}T \tag{4-135}$$

$$\sigma_{\text{VN-}\gamma} = 1.0879 - 0.4902 \times 10^{-3}T \tag{4-136}$$

$$\sigma_{\text{TiC-}\gamma} = 1.2360 - 0.5570 \times 10^{-3}T \tag{4-137}$$

$$\sigma_{\text{TiN-}\gamma} = 1.1803 - 0.5318 \times 10^{-3}T \tag{4-138}$$

$$\sigma_{\text{NbC-}\gamma} = 1.3435 - 0.6054 \times 10^{-3}T \tag{4-139}$$

$$\sigma_{\text{NbN-}\gamma} = 1.2999 - 0.5858 \times 10^{-3}T \tag{4-140}$$

$$\sigma_{\text{AlN-}\gamma} = 0.8267 - 0.3725 \times 10^{-3}T \tag{4-141}$$

式中, σ 为界面能, J/m^2; T 为温度, K。

对于析出相 $MC_\chi N_{1-\chi}$ 与奥氏体的界面能,可通过对应 MC 和 MN 界面能的线性内插求得,计算方法如下:

$$\sigma_{\text{MC}_\chi\text{N}_{1-\chi}\text{-}\gamma} = \sigma_{\text{MC-}\gamma} \cdot \chi + \sigma_{\text{MN-}\gamma} \cdot (1 - \chi) \tag{4-142}$$

c 形核率 I

由单位体积的相变自由能 ΔG_v 和界面能 σ 计算出临界形核功 ΔG^* 与临界晶核直径 d^* 后,根据统计物理学的方法,可得到单位体积内的均匀形核率 I:

$$I = K \cdot d^{*2} \cdot \exp\left(-\frac{\Delta G^* + Q}{kT}\right) \tag{4-143}$$

式中, K 为与温度无关的常数; k 为玻耳兹曼常数, 1.38×10^{-23} J/K; Q 为单个 M 原子的扩散激活能, J。

根据已有数据, Nb 在奥氏体中的扩散激活能为 266500 J/mol, V 在奥氏体中的扩散激活能为 264000 J/mol, Ti 在奥氏体中的扩散激活能为 251000 J/mol, Al 在奥氏体中的扩散激活能为 241000 J/mol。

目前,形核理论中对于参数 K 尚没有准确的研究结果。考虑到 K 与温度无关,通常采用相对形核率 I/K 描述,以期获得相对形核率随温度的变化曲线。

B 晶界形核

单位体积内的晶界形核率 I_g 为:

$$I_g = K \cdot d^{*2} \cdot \frac{\delta}{L} \cdot \exp\left(-\frac{A_1 \cdot \Delta G^* + Q_g}{kT}\right) \tag{4-144}$$

式中, δ 为晶界厚度,取 0.5 nm; L 为晶粒尺寸,取 10 μm; Q_g 为沿晶界的扩散激活能,取 Q 的一半; A_1 为晶界形核与均匀形核时的临界形核功之比,可由下式计算:

$$A_1 = \frac{1}{2} \cdot (2 - 3\cos\theta + \cos^3\theta) \tag{4-145}$$

其中:

$$\cos\theta = \frac{1}{2} \times \frac{\sigma_B}{\sigma} \tag{4-146}$$

式中，σ_B 为母相晶界的界面能，J；σ 为新相与母相的界面能，J。

1100 ℃时，奥氏体晶界能的测定值为 0.756 J/m²，可取同温度下析出相与奥氏体的比界面能求 $\cos\theta$ 的近似值。

C　位错线形核

单位体积内的位错线形核率 I_d 为：

$$I_d = K \cdot d_d^{*2} \cdot \pi\rho b^2 \cdot \exp\left[-\frac{(1+\beta)^{3/2} \cdot \Delta G^* + Q_d}{kT} \right] \tag{4-147}$$

式中，ρ 为母相中位错的密度，取 10^{13} m⁻²；b 为位错的伯格斯矢量，取 0.258 nm；Q_d 为沿晶界的扩散激活能，取 Q 的 2/3。

系数 β 可由下式计算：

$$\beta = \frac{E \cdot \Delta G_V}{2\pi\sigma^2} \tag{4-148}$$

其中：

$$E = \frac{Gb^2}{4\pi(1-\nu)} \tag{4-149}$$

式中，E 为位错能，J/m；ν 为奥氏体的泊松比，取 0.32；G 为基体的切变弹性模量，Pa。

$$G = \frac{E}{2(1+\nu)} \tag{4-150}$$

式中，E 为正弹性模量，随温度变化：

$$E_{\gamma\text{-Fe}} = 254680 - 114.76T \tag{4-151}$$

式中，E 为弹性模量，MPa；T 为温度，范围是 1184～1665 K。

位错线上形核时的临界晶核直径为：

$$d_d^* = -\frac{2\sigma}{\Delta G_V}[1 + (1+\beta)^{1/2}] \tag{4-152}$$

另外，空位也可作为析出相形核位置，单个空位的能量很小，对促进形核的作用有限，在此不予讨论。

D　晶核长大

从析出开始的晶核形成到转变完成前的过程，相变自由能驱动下，晶核会逐渐长大（转变完成后析出相还会继续长大，但此时长大的驱动力为界面能，属于Ostwald 熟化）。

晶核长大的机制一般有界面控制、扩散控制及混合控制。沉淀析出相变的长大过程一般为扩散控制，其长大速度 u 反比于时间的二分之一次方，即：

$$u \propto \frac{1}{t^{1/2}} \tag{4-153}$$

可见，析出相的长大速度随着时间延长而不断减小。析出相半径 R_P 随时间的变化规律为：

$$R_P = \sqrt{\frac{c_0 - c_M}{c_P - c_M} \cdot 2 \cdot D \cdot t} \tag{4-154}$$

式中，c_0 为溶质原子的平均浓度；c_M 为界面处溶质原子在母相中的浓度；c_P 为界面处溶质原子在析出相中的浓度；D 为溶质原子在母相中的扩散系数，m^2/s；t 为保温时间，s。

奥氏体中不同微合金元素的扩散系数为：

$$D_{Nb} = 8.3 \times 10^{-5} \exp[-266500/(RT)] \tag{4-155}$$

$$D_{Ti} = 1.5 \times 10^{-5} \exp[-251000/(RT)] \tag{4-156}$$

$$D_V = 2.8 \times 10^{-5} \exp[-264000/(RT)] \tag{4-157}$$

$$D_{Al} = 5.9 \times 10^{-4} \exp[-241000/(RT)] \tag{4-158}$$

E 析出动力学

相变动力学是相变进程与相变温度及时间之间的关系，主要取决于析出相的形核速率和长大速率。根据 Avrami 相变动力学经验方程：

$$X = 1 - \exp(-Bt^n) \tag{4-159}$$

式中，X 为相变进程；B 为系数，主要取决于相变温度、相变自由能和界面能等参数；n 为时间指数。

碳氮化物在奥氏体中析出时，对于在基体内均匀形核、晶界形核和位错线上形核这三种形核机制，分别取 n 为 1.5、0.5 和 1.0。

式 (4-159) 取 ln、lg 值，可变形为：

$$\lg\left[\ln\left(\frac{1}{1-X}\right)\right] = \lg B + n\lg t \tag{4-160}$$

取 5% 转变量 ($X = 0.05$) 为相变开始时间 $t_{0.05}$，95% 转变量 ($X = 0.95$) 为相变完成时间 $t_{0.95}$，则：

$$\lg t_{0.05} = \frac{1}{n}\left\{\lg\left[\ln\left(\frac{1}{1-0.05}\right)\right] - \lg B\right\} = \frac{1}{n}(-1.28994 - \lg B) \tag{4-161}$$

$$\lg t_{0.95} = \frac{1}{n}\left\{\lg\left[\ln\left(\frac{1}{1-0.95}\right)\right] - \lg B\right\} = \frac{1}{n}(0.47650 - \lg B) \tag{4-162}$$

由此，可绘制出相转变量-相变温度-时间曲线 (precipitation-time-temperature curve, PTT 曲线)。对于在基体内均匀形核、晶界形核和位错线上形核这三种机制，PTT 曲线可分别描述为晶体内均匀析出、晶界上析出、位错线上析出。

(1) 基体内均匀析出。考虑到系数 B 与温度无关的部分尚不能准确计算，其值为一常数，因此采用相对时间 (t/t_0) 来描述 PTT 曲线。

$$\lg\left(\frac{t_{0.05}}{t_0}\right) = \frac{1}{n}\left\{\lg\left[\ln\left(\frac{1}{1-0.05}\right)\right] - 2 \times \lg d^* + \frac{1}{\ln 10} \times \frac{\Delta G^* + 2.5Q}{kT}\right\}$$

$$= \frac{2}{3}\left(-1.28994 - 2 \times \lg d^* + \frac{1}{\ln 10} \times \frac{\Delta G^* + 2.5Q}{kT}\right) \quad (4\text{-}163)$$

同理：

$$\lg\left(\frac{t_{0.95}}{t_0}\right) = \frac{1}{n}\left\{\lg\left[\ln\left(\frac{1}{1-0.95}\right)\right] - 2 \times \lg d^* + \frac{1}{\ln 10} \times \frac{\Delta G^* + 2.5Q}{kT}\right\}$$

$$= \frac{2}{3}\left(0.47650 - 2 \times \lg d^* + \frac{1}{\ln 10} \times \frac{\Delta G^* + 2.5Q}{kT}\right) \quad (4\text{-}164)$$

（2）晶界上析出：

$$\lg\left(\frac{t_{0.05,g}}{t_{0,g}}\right) = 2 \times \left(-1.28994 - 2 \times \lg d^* + \frac{1}{\ln 10} \times \frac{A_1 \cdot \Delta G^* + Q}{kT}\right) \quad (4\text{-}165)$$

$$\lg\left(\frac{t_{0.95,g}}{t_{0,g}}\right) = 2 \times \left(0.47650 - 2 \times \lg d^* + \frac{1}{\ln 10} \times \frac{A_1 \cdot \Delta G^* + Q}{kT}\right) \quad (4\text{-}166)$$

（3）位错线上析出：

$$\lg\left(\frac{t_{0.05,d}}{t_{0,d}}\right) = -1.28994 - 2 \times \lg d_d^* + \frac{1}{\ln 10} \times \frac{(1+\beta)^{3/2} \cdot \Delta G^* + \frac{5}{3}Q}{kT}$$

$$(4\text{-}167)$$

$$\lg\left(\frac{t_{0.95,d}}{t_{0,d}}\right) = 0.47650 - 2 \times \lg d_d^* + \frac{1}{\ln 10} \times \frac{(1+\beta)^{3/2} \cdot \Delta G^* + \frac{5}{3}Q}{kT}$$

$$(4\text{-}168)$$

由相对时间得出的曲线不会改变 PTT 曲线的形状，只是使曲线在时间轴上的位置不确定，并不影响对析出温度的分析。

采用上述模型对 Fe-0.2%C-0.3%Si-1.5%Mn-0.01%Al-0.05%Nb-0.003%N 钢进行动力学计算，可以得到 Nb(C,N) 和 AlN 的形核与析出特征，如图 4-31 所示。需要说明的是，模型忽略了不同析出相之间的交互影响，如 Nb(C,N) 的析出温度比 AlN 高，析出 Nb(C,N) 会消耗一定量的 N，从而影响到 AlN 的析出。

由图 4-31 可见，均匀形核、晶界上形核和位错线上形核三种形核机制对应的 Nb(C,N) 最大形核率温度分别为 828 ℃、1028 ℃ 和 770 ℃；AlN 在奥氏体晶界形核时的最大形核率温度为 786 ℃，而在基体内均匀形核和在位错线上形核时的形核率均随温度的降低一直在增大。另外，由此图还可看出，奥氏体晶界析出时的形核率最大，且在较高温度下就已达到最大形核率；在基体内均匀形核时的形核率最

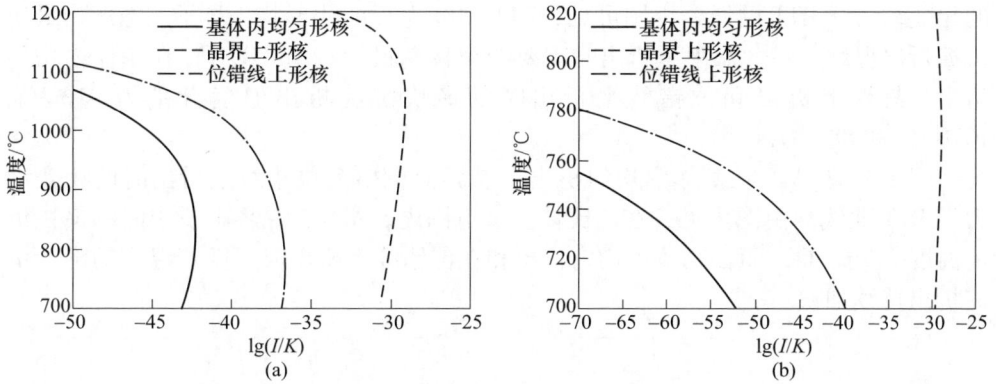

图 4-31　相对形核率-温度曲线

（a）Nb(C,N)；（b）AlN

低；在最大形核率温度附近的很大温度范围内都可获得较大的形核率。

图 4-32 显示了 Nb(C,N) 在基体内均匀析出、晶界上析出和位错线上析出时

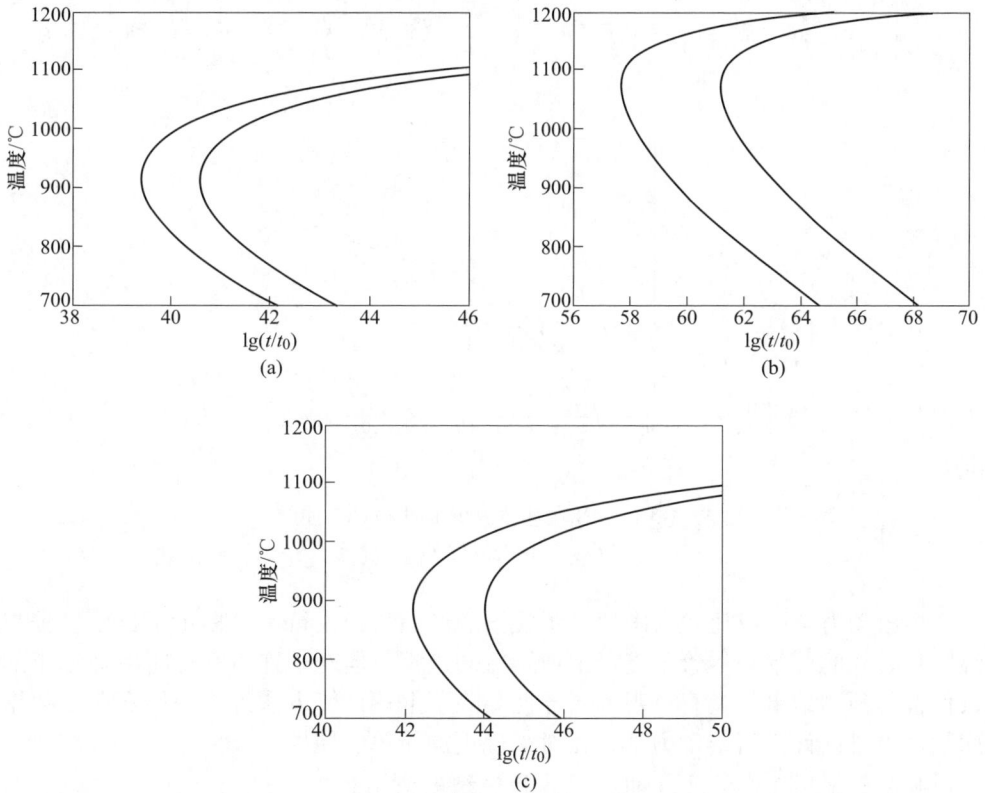

图 4-32　Nb(C,N) 在基体析出时的 PTT 曲线

（a）基体；（b）晶界；（c）位错线

的相变动力学 PTT 曲线。由图可见，PTT 曲线为 C 曲线形状，鼻子点温度为最快沉淀析出温度，在此温度下析出时需要的孕育期最短。Nb(C,N) 在基体内均匀析出、晶界上析出和位错线上析出时的最快沉淀析出温度分别为 916 ℃、1070 ℃ 和 885 ℃。

图 4-33 为 AlN 在基体内均匀析出、晶界上析出和位错线上析出时的相变动力学 PTT 曲线。由图可见，在奥氏体温度范围内，AlN 在晶界上析出时的最快沉淀温度为 797 ℃，而在基体内均匀析出和在位错线上析出时，随着温度的降低沉淀析出持续加快。

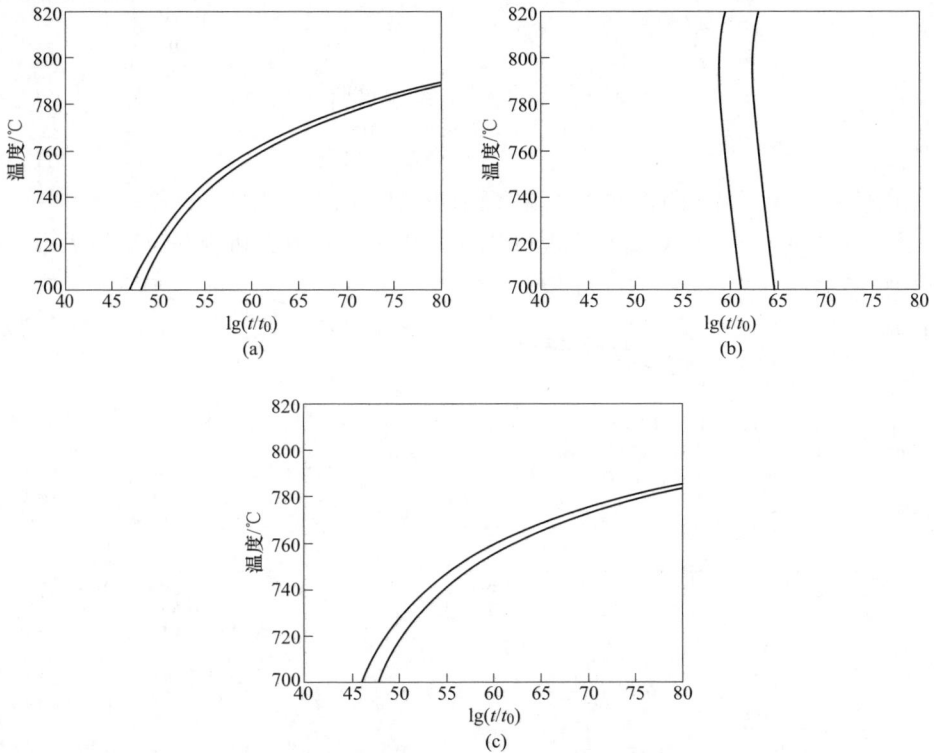

图 4-33　AlN 在基体内析出时的 PTT 曲线

(a) 基体；(b) 晶界；(c) 位错线

　　析出动力学可以比较清晰地显示粒子的形核与长大行为，揭示了析出进程与温度和时间的关系。尽管不能考虑连续冷却过程，但对于连铸空冷时冷速较小的条件，其预测结果仍具有可观的指导性。除了上述计算方法外，一些商业化数据库软件也可以计算析出动力学，相对来说更加简单、便捷。

4.4.2.3　相变与析出对热塑性和裂纹的影响

A　相变的影响

对于亚共析钢，连铸空冷过程冷速较小，到达一定温度必然会形成先共析铁素体，且以膜状沿奥氏体晶界分布。根据前述分析，当铁素体膜刚刚形成的瞬间，厚度为 5~20 μm 时，其导致的应力应变集中最显著，会引起显著的高温脆性。大量实验中观察到，连铸坯表面横裂纹是沿着奥氏体晶界上的膜状铁素体形成和扩展的。

对于中、低碳钢，先共析铁素体的形成温度比较高，且 γ 晶粒比较粗大，一般在热塑性曲线上会观察到比较明显的第三脆性区。考虑到连铸冷却条件下铸态基体的金属学特征，当奥氏体晶粒尺寸变化不大时，γ→α 相变是出现第三脆性区的本质原因；没有析出相影响时，也会不可避免地出现塑性下降，只是塑性/脆性转变温度会有所不同。

根据亚共析钢的 CCT 曲线特征，当冷速增大时，先共析铁素体量减小，且形成温度降低。对于常见的碳锰低合金钢，一般只有冷速大于 1 ℃/s 时才可能不出现沿奥氏体晶界的膜状铁素体，这种冷却强度对空冷区是无法实现的，对于二冷末区也有一定的难度。因此，当前的实际生产中仍主要以高温矫直避开脆性区的策略为主。

B　析出相的影响

钢中常见的微合金元素有 Ti、Nb、V、B 和 Al，由于析出特性不同，对热塑性和裂纹的影响也不同。根据热、动力学计算可知，微合金钢中 Ti 优先与 N 相结合，N 含量较低时与 C 结合，因此，Ti 的析出相多是高温析出，相对比较粗大，对热塑性影响较小；含 Nb 和 Al 微合金钢中加入 Ti 时，还会改善热塑性和裂纹倾向。在 Nb 的析出温度为 1200~900 ℃ 范围内，即连铸矫直之前就已经大量析出，对热塑性和裂纹影响最大[10]，如图 4-34 所示。一般把断面收缩率低于 40% 的温度区间看作裂纹敏感范围。当 N 含量为 $(60~80)×10^{-4}$% 时，Nb 含量为 0.016% 的断面收缩率整体高于 40%；当 Nb 含量增加至 0.033% 时，800 ℃ 时的断面收缩率略低于 40%；当 Nb 含量为 0.055% 时，1000 ℃ 以下的热塑性均低于 40%。对应地，当 N 含量为 $(30~40)×10^{-4}$% 时，Nb 含量为 0.03% 的热塑性整体比 $(60~80)×10^{-4}$% 时略好，但 700~800 ℃ 时的断面收缩率略低于 40%；Nb 含量为 0.059% 的断面收缩率进一步降低，850 ℃ 以下低于 40%，但比高 N 含量要好。由此可见，当 Nb 含量 0.05% 以上、N 含量 $60×10^{-4}$% 以上时，钢种的裂纹倾向大大增加，影响非常直观。

V 的析出相形成温度比较低，一般为 900~600 ℃，此时已完成矫直，故对连铸坯表面裂纹影响不大。当钢中 V 和 N 的浓度积大于 $1.2×10^{-3}$ 时（如 0.1%V 和 0.012%N），其影响与 0.028%Nb 的效果相当。B 的加入量一般很少，主要用于调控淬透性。已有分析表明，当 B 含量不超过 $100×10^{-4}$% 时，钢的断面收缩率基本都高于 40%，且 $50×10^{-4}$% 以下对热塑性影响不大。

Al 是齿轮钢中常见的微合金元素，通过 AlN 来控制渗碳过程中奥氏体晶粒

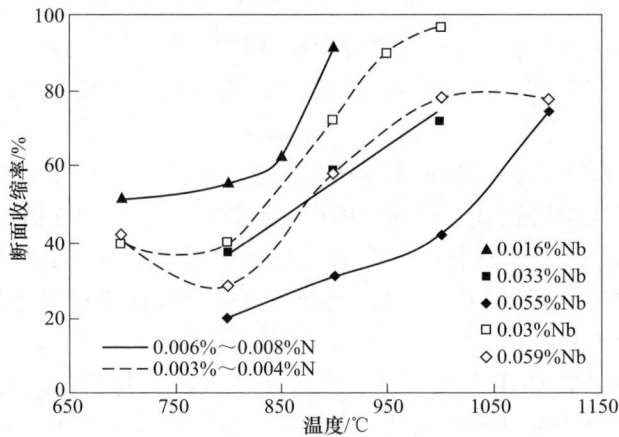

图 4-34 不同 Nb 含量下钢的热塑性曲线

的长大。Al 对钢的热塑性影响也比较大[11]，如图 4-35 所示。对于 Fe-0.1%C-1.4%Mn-0.0065%N 的钢种，当冷速为 25 ℃/min 时，以断面收缩率 40% 为界限，0.009%Al 试样对应于 800 ℃ 以上、0.013%Al 试样 850 ℃ 以上、0.06%Al 试样 900 ℃ 以上；当冷速为 100~200 K/min 时，同样以 40% 断面收缩率为标准，0.009%Al 试样对应于 850 ℃ 以上、0.013%Al 试样 870 ℃ 以上、0.06%Al 试样 920 ℃ 以上。对比可见，钢中 Al 含量越高时，其断面收缩率越小，这与析出相含量增多有关；当冷速增大时，某一固定温度下相同 Al 含量试样的断面收缩率减小。当冷速增大时，析出相尺寸减小、数量增多，对塑性也是恶化的。

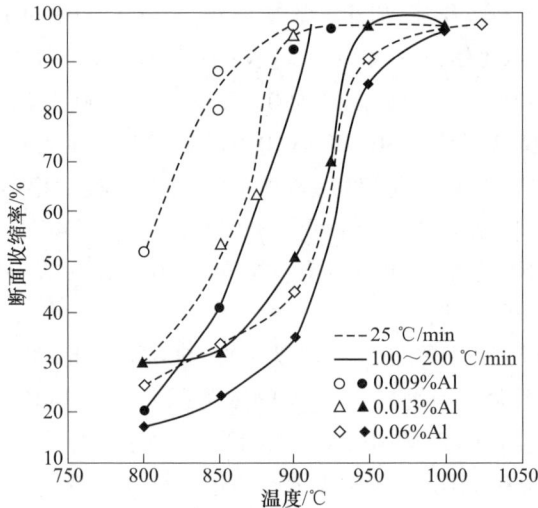

图 4-35 不同 Al 含量下钢的热塑性曲线

目前，对于含 Nb 钢和含 Al 钢，连铸表面裂纹控制仍是一个难题。一般条件下，可以通过减少冷却水量，提高连铸坯面部温度，减少析出相的数量，对面部开裂起到一定的改善效果，但不能解决角部温度较低、析出相较多、裂纹较敏感的问题。一些企业在二冷区采用强冷-回温双相变工艺，旨在细化奥氏体晶粒并使析出相形成于晶粒内部以缓解裂纹问题，也有一定的作用，但仍有一些微合金钢种出现裂纹。因此，析出相对表面裂纹的量化影响，如粒子类别、形貌、尺寸和分布与奥氏体晶界脆性和铁素体膜变形能力的数学关系，仍需要深入研究。

4.4.3　连铸坯三冷淬火回温工艺

4.4.3.1　作用和机理

对于一些热送热装钢种，为了解决奥氏体晶粒粗大引起的加热和轧制裂纹问题[12]，在空冷区会增加一个淬火装置，这种技术通常有两种方式：一种是切割之前或之后的强制喷淋冷却；另一种是切割之后的浸泡冷却。对于前者来说，其设备简单，操作容易，但由于空间和辊道输送速度的限制，喷淋区间很短，冷却强度有限，因此对于某些高拉速工况无法淬火到预期温度；对于后者来说，其设备比较复杂，需要将连铸坯从辊道上调运至冷却水池之中淬火，但可以根据钢种和工艺条件来调整淬火时间和强度，可控性更好。目前，国内外这两种设备都有使用。

图 4-36 为淬火-回温双相变技术原理。常规热送热装路线时，如果装炉温度高于 Ar_3，连铸坯表面粗大的 γ 相晶粒会保留到加热炉中，当加热制度不当时容易出现裂纹。当装炉温度在 $Ar_1 \sim Ar_3$ 时，尽管形成了一定比例的铁素体，但冷却速率较小时会以膜状沿着奥氏体晶界分布，且会形成晶界析出相，再加热时晶界处的铁素体或者直接逆向转变为奥氏体，呈现与铸态奥氏体基本相同的结构；或者会以析出相为核心在晶界处形成二次相变奥氏体，但整体仍为粗大的铸态晶粒；这两种情况下，加热时热应力和相变应力会集中在铁素体上，也会容易出现裂纹。只有当装炉温度低于 Ar_1 形成 $\alpha+P$ 组织时，再次装炉加热时才会完全奥氏体化，此时的二次奥氏体细小均匀，裂纹敏感性大大减小。对于从 Ar_3 到 Ar_1 的降温过程，冷却速度要有一定的要求。

当冷却速度过小时，尽管可以形成 $\alpha+P$ 组织，但 AlN 析出相仍会沿着晶界分布，加热时晶界仍有一定的热脆性；当冷却速度较大时，一方面可能直接形成淬火裂纹，另一方面可能出现无扩散相变，这时粗大奥氏体晶粒的成分、结构和取向特征会完全保留下来，再加热时会有一定的遗传性，影响二次奥氏体晶粒的细化效果。

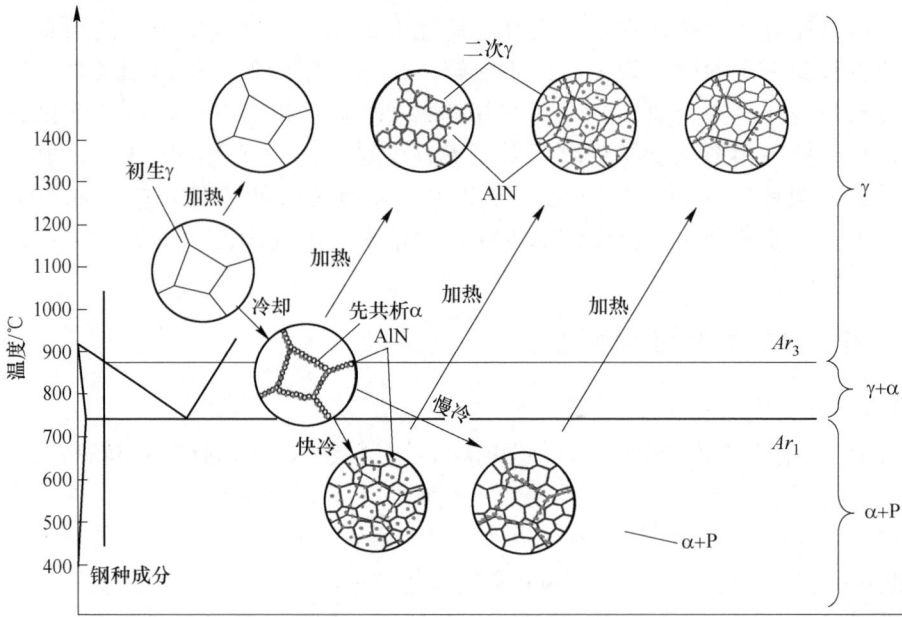

图 4-36　淬火-回温双相变技术原理

扫码看彩图

4.4.3.2　基体组织变化

A　J55 钢种

以某厂热送热装裂纹最为敏感的 J55 含 Nb 微合金钢为研究对象，模拟分析不同送装温度下的晶粒尺寸变化规律。采用超高温共聚焦激光扫描显微镜观察 J55 钢 γ+α 双相区热装及 Ar_1 以下温装两种工艺下铸态组织与奥氏体晶粒形貌的演变特征，具体实验热制度如图 4-37 所示。

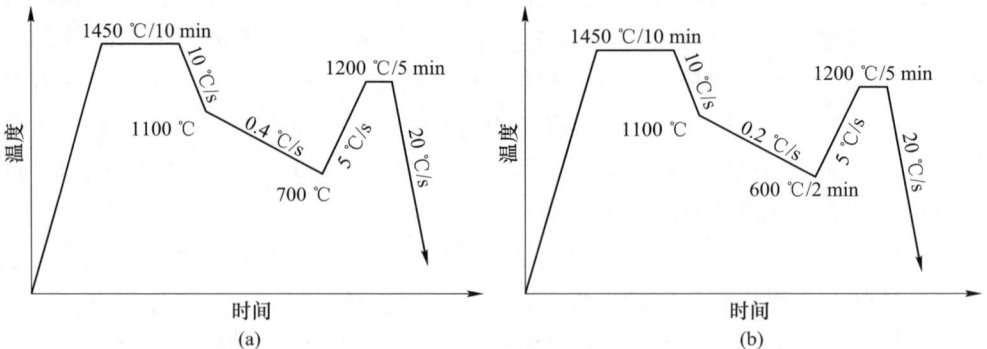

图 4-37　J55 钢不同送装工艺的热制度

（a）700 ℃热装；（b）600 ℃温装

为得到粗大的奥氏体晶粒，将试样加热到 1450 ℃保温 10 min，随后以 10 ℃/s 的冷速模拟结晶器的冷却，冷至 1100 ℃后以 0.4 ℃/s 的冷速模拟二冷过程。根据实测 CCT 曲线，常规连铸二冷区内冷速下（0.2~0.5 ℃/s）J55 钢的 Ar_3 温度在 750~800 ℃，Ar_1 温度为 600~620 ℃，故将两相区热装工艺设定为试样冷至 700 ℃后以 5 ℃/s 加热至 1200 ℃保温 5 min；铁素体区温装工艺设定为试样冷至 600 ℃后以 5 ℃/s 加热至 1200 ℃保温 5 min。对比不同送装工艺下试样晶粒尺寸的变化，分析送装温度对铸态组织演变和奥氏体晶粒细化的影响。

高温共聚焦显微镜原位观察冷却和两相区热装时 J55 试样的组织与奥氏体晶粒尺寸变化，试验结果如图 4-38 所示。由图 4-38（a）可见，试样在 1450 ℃保温 10 min 奥氏体化后，初始晶粒的平均尺寸约为 200 μm。以 0.4 ℃/s 降至 707 ℃，如图 4-38（b）所示，奥氏体晶界处析出了薄膜状铁素体（红色虚线区域）；继续降温，膜状铁素体沿晶界扩展，并向晶内延伸，如图 4-38（c）所示。

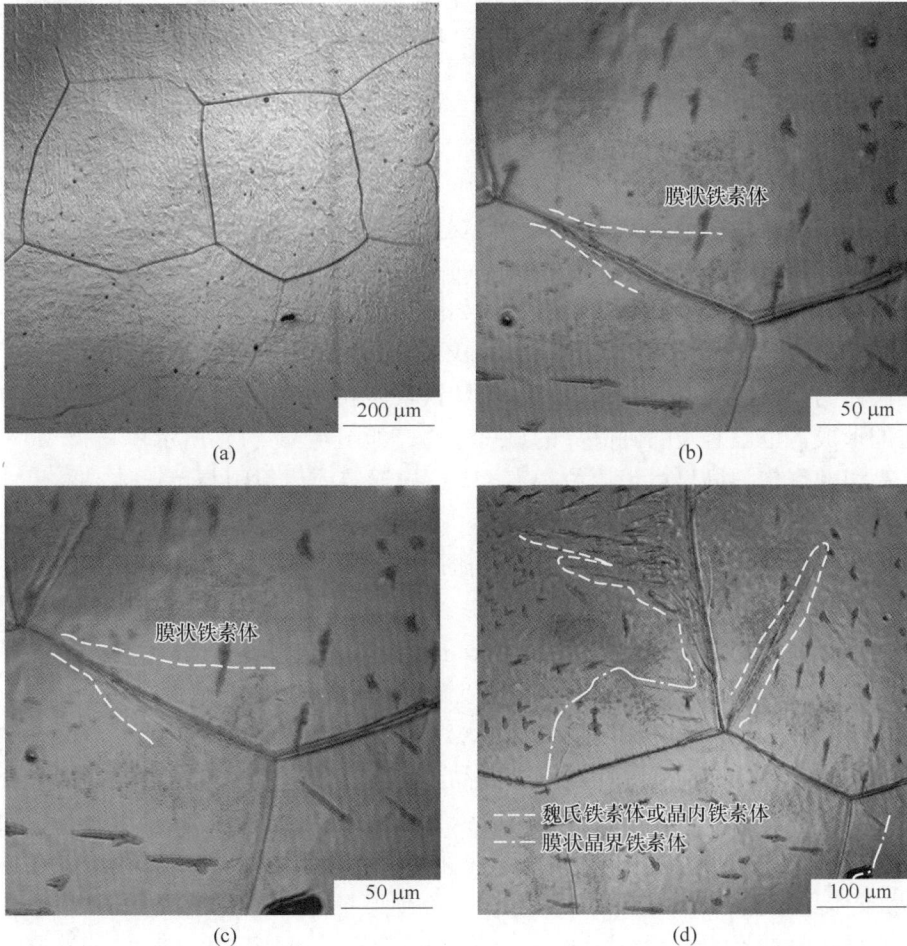

膜状铁素体

200 μm

(a)

50 μm

(b)

膜状铁素体

50 μm

(c)

— 魏氏铁素体或晶内铁素体
—·— 膜状晶界铁素体

100 μm

(d)

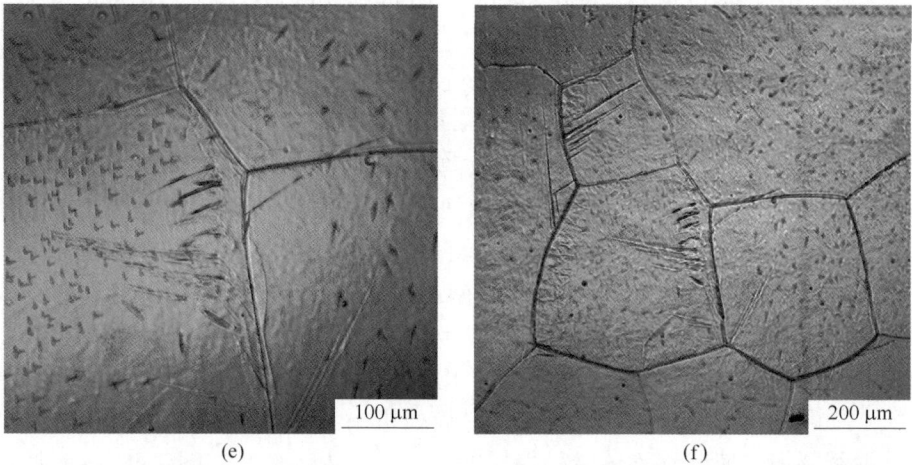

图 4-38　热装过程 J55 钢不同温度下组织和奥氏体晶粒变化

(a) 1450 ℃保温 10 min；(b) 1450 ℃保温 10 min，以 0.4 ℃/s 降温到 707 ℃；

(c) 从 (b) 中降温 700 ℃；(d) 图 (c) 的大视场照片；

(e) 1200 ℃保温 5 min；(f) 图 (e) 的大视场照片

扫码看彩图

在 700 ℃的图 4-38 (d) 中可见，基体中晶界铁素体已缓慢向奥氏体晶粒内延伸，且形成了少量魏氏铁素体组织（绿色虚线区域）。再升温至 1200 ℃模拟加热过程，试样重新奥氏体化，观察到先前在晶界析出的铁素体和魏氏铁素体组织重新回溶，并无新的奥氏体晶粒形成，如图 4-38 (e) 所示。

1200 ℃保温 5 min 后，发现重新奥氏体化后的晶粒几乎原封不动地保留了原有奥氏体的晶粒形貌，同时也遗留了膜状铁素体和魏氏铁素体的痕迹，并没有新晶粒的形成，也没有观察到晶界的显著迁移，如图 4-38 (f) 所示。

高温共聚焦扫描显微镜原位观察 J55 试样温装前后组织与奥氏体晶粒尺寸变化，试验结果如图 4-39 所示。由图 4-39 (a) 和 (b) 可知，试样在 1450 ℃奥氏体化后，晶粒尺寸依旧约为 200 μm，与图 4-38 (a) 相同。由图 4-39 (c) 可见，冷却至 600 ℃时奥氏体晶界附近已析出一定量的膜状铁素体和魏氏体，且晶内出现大量连接成片的块状浮凸，这是 γ→α 相变引起的表面膨胀，推测试样的晶界和晶内均发生了铁素体转变。随后升温至 1200 ℃试样重新奥氏体化 [见图 4-39 (d)]，虽然原奥氏体晶粒的轮廓也保留了下来（虚线内），但可以明显观察到新的奥氏体晶粒在原粗大晶粒的晶界和晶内都进行了重新形核（箭头处）。

本实验条件下，过冷奥氏体分解时铁素体由晶界处形核并向晶内生长，两相保持良好的惯习关系 [见图 4-39 (c)]；再次加热奥氏体化后，新奥氏体在铁素体/渗碳体晶界或相界处形核，其生长可跨越原奥氏体晶界 [见图 4-39 (d)]。新的奥氏体晶粒平均尺寸约为 30 μm，较初始奥氏体晶粒尺寸（200 μm）有了明

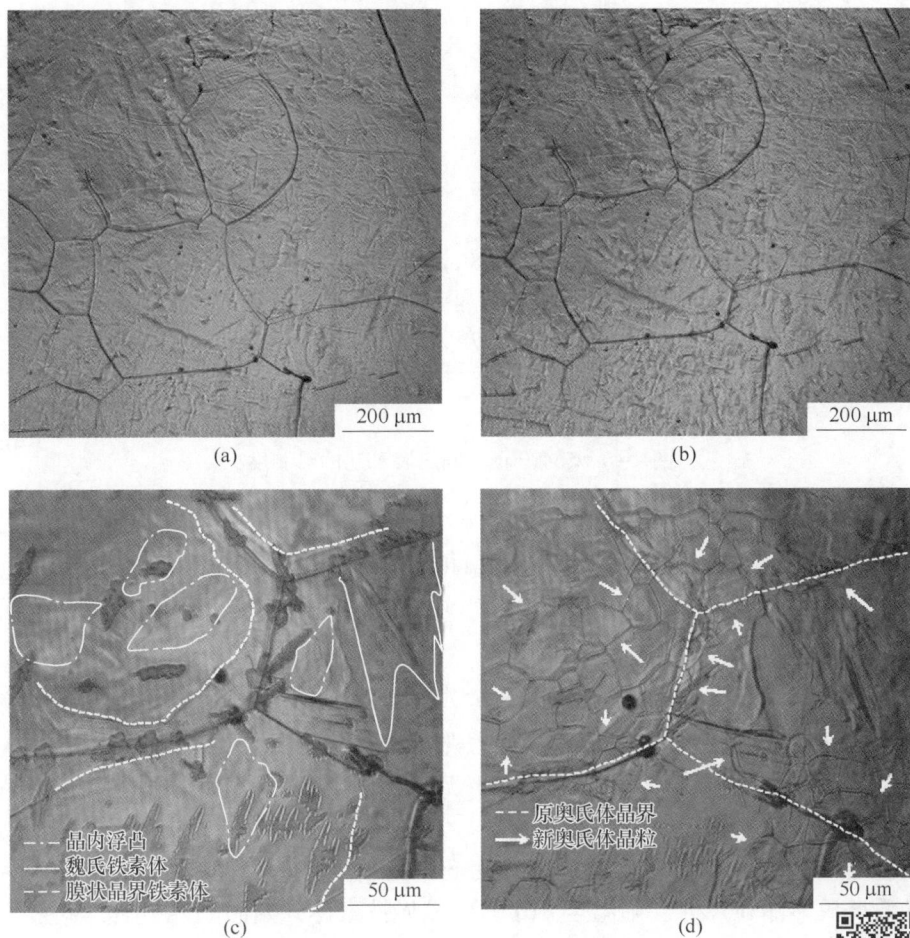

图 4-39　温装过程 J55 钢不同温度下的组织和奥氏体晶粒变化
(a) 1450 ℃；(b) 1100 ℃；(c) 600 ℃；(d) 1200 ℃

扫码看彩图

显细化。由此可知，Ar_1 以下的温装工艺可有效地细化基体的奥氏体晶粒，大大降低连铸坯再加热和轧制时的裂纹敏感性。

B　SS400 钢种

SS400 是典型的包晶钢，其奥氏体晶粒非常粗大，热装裂纹敏感性强。基于热模拟试验分析了淬火-回温双相变处理的金相组织和奥氏体晶粒特征，方案如图 4-40 所示。已有研究中发现，SS400 钢常规连铸二冷工艺下（0.2~0.5 ℃/s）Ar_3 温度在 800~820 ℃，Ar_1 温度 710~730 ℃。采用箱式马弗炉将试样加热至 1200 ℃保温 10 min，之后随炉冷却至 820~770 ℃（间隔 10 ℃），模拟铸坯在二冷区的连续冷却过程，之后进行水淬，在金相显微镜下观察基体中的铁素体转变量，如图 4-41（a）所示。将另一组试样按照相同的热制度分别冷却至目标温度

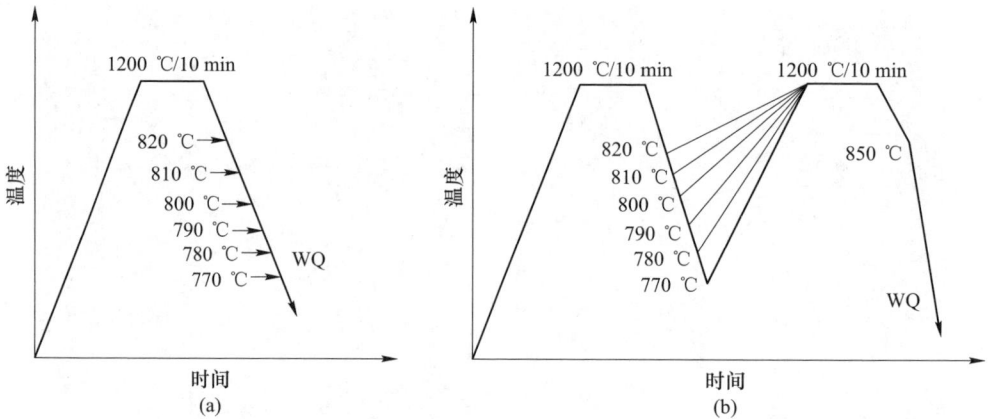

图 4-40　SS400 钢不同送装工艺的热制度
（a）下线制度；（b）送装制度

后，再重新升温至 1200 ℃ 模拟不同温度的热装工艺，保温 10 min 后炉冷至 850 ℃ 淬火，如图 4-41（b）所示。实验中将晶粒视为球形，晶粒尺寸以等圆直径来统计：

$$D_0 = 2\sqrt{A_0/\pi} \tag{4-169}$$

式中，D_0 为晶粒的平均直径，μm；A_0 为视场内晶粒的平均面积，μm^2。

　　图 4-41（a）是 SS400 试样奥氏体化后炉冷至 820 ℃ 淬火的显微组织，晶界已有明显的铁素体膜生成，沿晶界连接，还未向晶内扩展，说明铁素体转变刚刚开始。由铁素体膜勾勒的晶粒尺寸约为 300 μm，可被认作该实验制度下 SS400 钢初始奥氏体晶粒尺寸。降温至 810 ℃，晶界铁素体开始向晶内扩展，铁素体膜加宽加厚，且铁素体形貌由膜状向块状转变，此时仍可清晰地判断奥氏体晶粒大小，依旧约为 300 μm，最大达 500 μm，如图 4-41（b）所示。进一步降温，块状铁素体继续向晶内延伸，且比例明显增加，已难以辨别奥氏体晶粒尺寸，如图 4-41（c）~（e）所示。降温至 770 ℃ 时，铁素体已经几乎覆盖了整个基体，呈块状分布，如图 4-41（f）所示。

　　根据图 4-40（b）热制度模拟试样在不同温度热装后重新加热至 1200 ℃ 保温 10 min 后的奥氏体晶粒形貌，试验结果如图 4-42 所示。此处，在金相照片中沿晶界勾勒了晶粒形貌，便于直观观察与统计。由图 4-42（a）可见，820 ℃ 热装时，奥氏体晶粒尺寸与图 4-41（a）无明显区别，均为 300 μm 左右，最大约为 500 μm。可见，晶界析出少量铁素体时，重新奥氏体化后无法细化原粗大的奥氏体晶粒，与 J55 共聚焦显微镜原位观察结果一致。图 4-42（b）~（d）为分别在 810 ℃、800 ℃、790 ℃ 热装后的显微组织，奥氏体晶粒细化趋势并不明显，仍有较大的晶粒尺寸 400~500 μm，平均尺寸约为 300 μm。

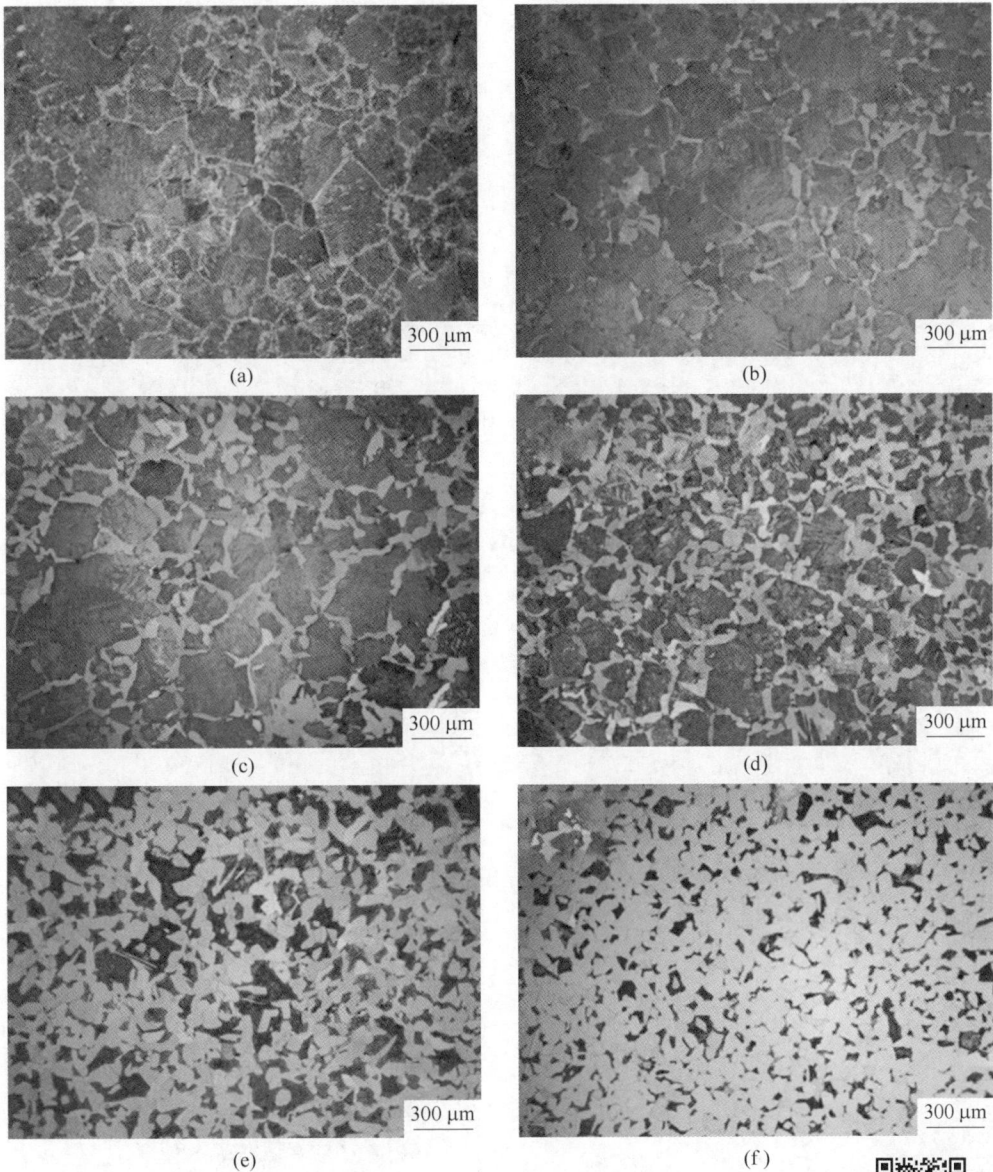

图 4-41　SS400 钢在冷却至不同热装温度淬火的显微组织

（a）820 ℃；（b）810 ℃；（c）800 ℃；（d）790 ℃；（e）780 ℃；（f）770 ℃

扫码看彩图

　　780 ℃热装时，可以观察到晶粒整体有略微细化的趋势，平均晶粒尺寸约为 250 μm，如图 4-42（e）所示。说明此温度下的铁素体析出量对奥氏体化晶粒尺寸已有一定细化作用。降至 770 ℃热装时，从图 4-42（f）中可见再回温之后的奥氏体晶粒有了明显的细化。其中 100 μm 左右的晶粒数目大大增加，最大的晶粒也降至 300 μm 以下。770 ℃时，由于奥氏体大量分解为铁素体，为加热奥氏体化时晶粒形核提供了更多位置，导致了加热时奥氏体晶粒的细化。

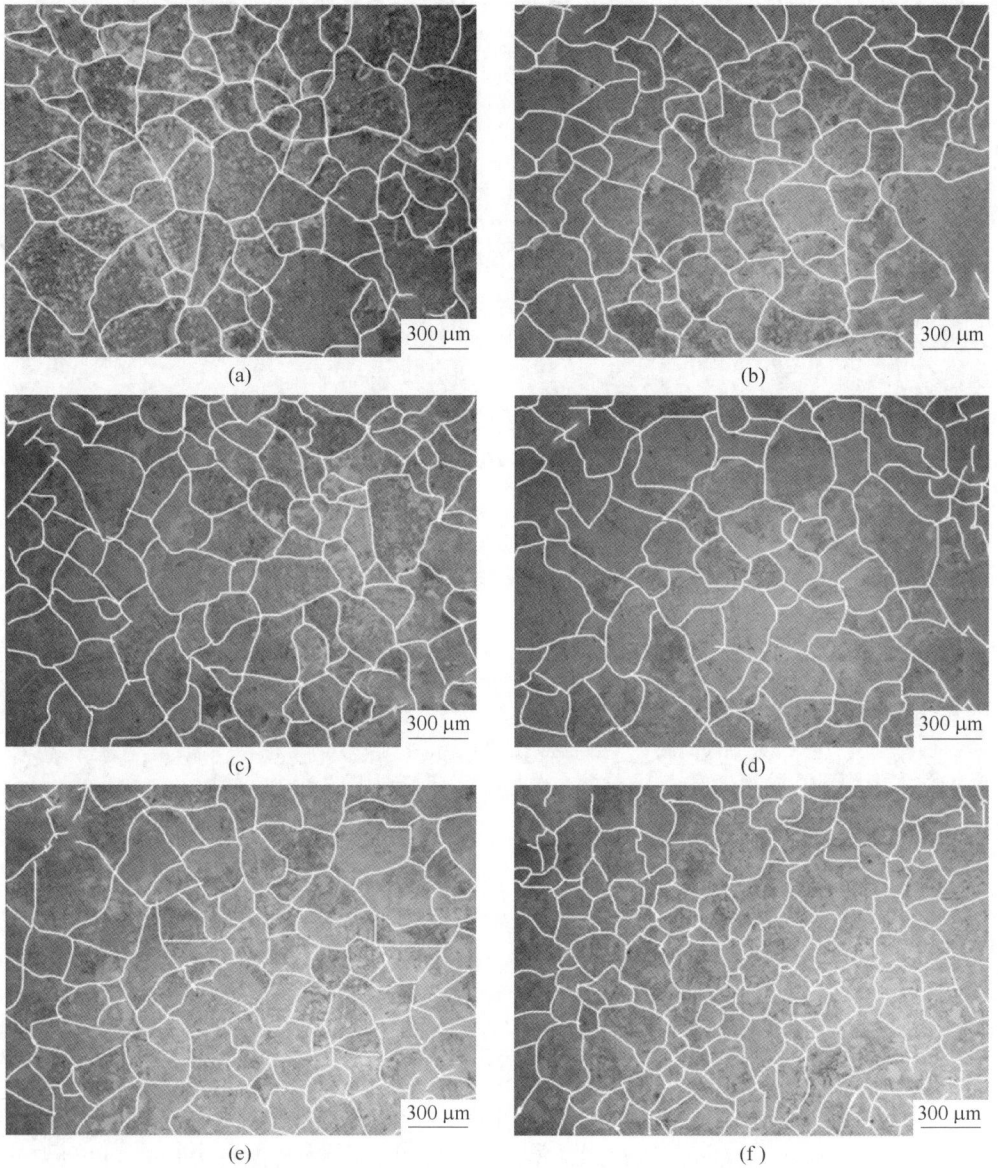

图 4-42   SS400 钢在不同温度热装再加热至 1200 ℃淬火的晶粒形貌
（a）820 ℃；（b）810 ℃；（c）800 ℃；（d）790 ℃；（e）780 ℃；（f）770 ℃

    基于 Image J 软件统计不同热装温度下的铁素体转变量，揭示了奥氏体向铁素体转变程度对奥氏体晶粒细化的量化影响。SS400 钢冷却至 820 ℃、810 ℃、

800 ℃、790 ℃、780 ℃、770 ℃ 时对应的铁素体转变量分别为 2.1%、5.2%、20.5%、39.3%、69.5%、81.4%，其对应的再加热之后奥氏体晶粒平均晶粒直径分别为 285.2 μm、280.1 μm、266.4 μm、270.8 μm、254.5 μm、213.8 μm，则热装温度与相应的铁素体转变量与再加热后奥氏体晶粒尺寸的关系如图 4-43 所示。

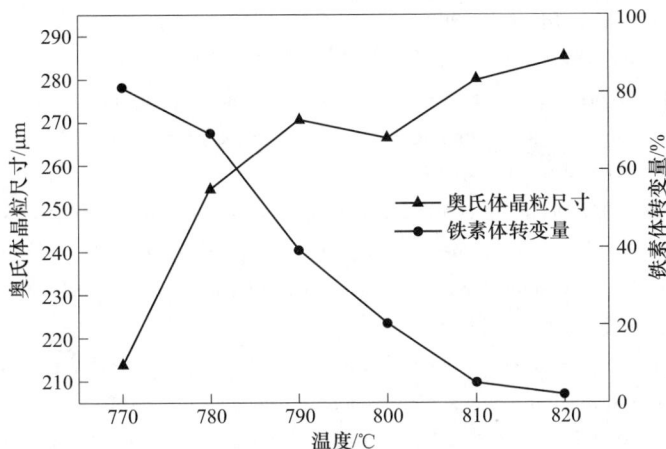

图 4-43　温度、铁素体转变量与奥氏体晶粒尺寸关系

　　图 4-43 表明，温度降至 Ar_3 线以下后，随着温度降低，基体中铁素体转变量增加，对应再加热奥氏体化后的晶粒尺寸呈逐渐减小的趋势。其中，热装温度高于 790 ℃（即铁素体析出量为 40% 左右）时，晶粒尺寸随铁素体析出量的增加呈缓慢减小趋势；低于 790 ℃ 热装，尤其是 780 ℃ 以下（即铁素体析出量达 70% 左右）热装时，晶粒已细化至约 250 μm；当温度降至 770 ℃ 热装时，铁素体转变量达到 81.4%，再加热后的奥氏体晶粒可细化至 200 μm。由此可见，SS400 铸坯在双相区内温装也可实现奥氏体晶粒的细化。

　　最后要说明的是，上述两个钢种均为铝脱氧钢，常规下线冷却过程中会有一定比例的 AlN 沿晶界析出，也是导致热装裂纹的重要因素。尽管研究中未对析出相进行表征，但加热之后的 γ 晶粒得到了细化，即使冷却过程中原晶界上存在 AlN，也与二次 γ 晶界没有对应关系，进而降低了析出相对加热裂纹的影响。实际上，强冷过程中由于过冷度增大，AlN 在晶内析出的比例增加，也会减小晶界脆性。一些实验研究中已报道，某些微合金钢淬火–回温的双相变处理不能细化奥氏体晶粒，但仍可以提高热塑性，这就是调控析出行为的贡献。

参 考 文 献

[1] 韩占光，崔立新，曾智，等. 合金钢矩形坯铸机动态二冷配水在线控制系统的设计与应

用 [J]. 冶金自动化, 2009, 33 (2): 12-16, 23.

[2] 王国新, 张家泉, 王玉昌, 等. 大方坯连铸动态二冷与动态轻压下控制模型的开发与应用 [J]. 系统仿真学报, 2009, 21 (8): 2453-2456, 2467.

[3] 王海达, 兰鹏, 陈列, 等. 高碳耐磨钢大方坯多机架轻重混合连续压下技术 [J]. 钢铁研究学报, 2024, 36 (1): 55-65.

[4] 兰鹏, 韩庚维, 李亮, 等. 直上钢 Q235B 板坯高拉速下中间裂纹的形成与调控 [J]. 钢铁, 2019, 54 (8): 144-153, 208.

[5] 蔡开科. 连铸结晶器 [M]. 北京: 冶金工业出版社, 2008.

[6] LAN P, LI L, TIE Z, et al. Combined study on mold taper and corner radius in bloom continuous casting by fem simulation and trial experiment [J]. Metals and Materials International, 2019, 25: 1603-1615.

[7] BRIMACOMBE J K. Design of continuous casting machines based on a heat-flow analysis: state-of-the-art review [J]. Canadian Metallurgical Quarterly, 1976, 15 (2): 163-175.

[8] HALLIDAY I M D. Comment on "internal cracks in strand-cast billets" [J]. Ironmaking & Steelmaking, 1975, 2 (2): 147.

[9] SZEKERES E S. A review of strand casting factors affecting transverse cracking [C]// Proceedings of the 6th International Conference on Clean Steel, 2002.

[10] MINTZ B, CROWTHER D N. Hot ductility of steels and its relationship to the problem of transverse cracking in continuous casting [J]. International Materials Reviews, 2010, 55 (3): 168-196.

[11] ABUSHOSHA R, AYYAD S, MINTZ B. Influence of cooling rate on hot ductility of C-Mn-Al and C-Mn-Nb-Al steels [J]. Materials Science and Technology, 1998, 14 (4): 346-351.

[12] 兰鹏, 杜辰伟, 张家泉, 等. 送装工艺对板坯再加热过程奥氏体晶粒细化的影响 [J]. 工程科学学报, 2017, 39 (12): 1835-1843.

5   钢的连铸坯质量缺陷与控制

5.1   连铸坯质量缺陷及其分类

5.1.1   连铸坯质量缺陷

连铸是炼钢和轧钢之间承上启下的环节，除了影响生产节奏之外，还决定了最终产品的质量。当连铸坯存在表面缺陷时，如果热加工之前没有处理，就会遗传到轧材或锻材，导致产品表面出现翘皮、褶皱、凹坑、裂纹等缺陷；如果提前进行精整，也会增加额外成本并降低成材率。连铸坯的内部缺陷遗传到最终产品中，比如严重的缩孔会导致探伤不合和过早报废，溶质偏析会形成带状组织缺陷，降低力学性能、耐腐蚀性能、冲击性能和焊接性能等。因此，连铸坯质量控制对炼钢和轧钢是非常重要的。

连铸本质上是钢的凝固过程，其中涉及传热、流动、溶质扩散、晶体形核与生长、收缩、相变和析出等多种复杂物理化学行为。由于钢种凝固特性参数和传输过程的非线性特征，基于数学模型的凝固规律量化描述与实际情况仍有较大偏差，为连铸过程高精准预测带来较大挑战，这是连铸坯质量缺陷调整难度大的内部原因。实际生产中，连铸过程钢水的凝固是一种限制条件下的动态热平衡，与钢锭间断式浇铸冷却具有显著差异，连铸的限制条件是指连铸机的装备设计、控制精度、操作水平和工艺参数等因素。当上述因素变化时，引起凝固热状态的额外波动，也加剧了凝固缺陷的概率和程度，这是连铸坯质量问题难以准确诊断、彻底解决的外部原因。因此，连铸坯质量缺陷的形成机制和调控举措要综合考虑两方面的因素，即使同一类缺陷，不同企业之间的解决思路也不能完全照搬照抄——尽管内部因素是共性的，但外部因素的个异性往往相差较大。

理论上，生产过程中无法得到绝对无缺陷的连铸坯。因此，连铸坯质量控制要求本质上是指为得到合格产品所允许的缺陷程度和水平，"零缺陷连铸坯"概念的内涵是不影响热加工过程和产品性能而需要达到的凝固质量。对于传统的连铸、加热和轧制加工过程，一些连铸坯缺陷可以在热加工之前清理，虽然对生产周期和成本有一定影响，但仍能保证产品质量。尽管如此，生产中也尽量减少连铸缺陷产品比例和程度。对于连铸连轧和无头轧制工艺，连铸坯没有额外的清理工序，其缺陷直接遗传到产品中，会造成大批量的难以挽救的次品和废品。因此，对于铸轧紧凑型生产模式，"零缺陷连铸坯"就尤为重要了。现场生产中，想要获得零缺陷连铸坯，需要全面协调钢水凝固过程的内、外部因素，将连铸坯质量控制策略由"治已病"向"治未病"转变。

5.1.2　连铸坯质量缺陷分类

连铸坯质量缺陷表现在多个方面，最终对产品性能产生不同的恶化影响。根据连铸坯缺陷特性与形成机制（见图 5-1），一般分为以下五类：

（1）表面缺陷：包括连铸坯表面横裂纹、纵裂纹、网状裂纹、凹陷与夹渣、深振痕等，会导致产品表面质量问题。表面缺陷主要形成于结晶器区域，与结晶器冷却和振动、保护渣性能、浸入式水口设计和液面波动等有关；有些缺陷会在二冷区和矫直过程形成和扩展，但一般也与结晶器的初始凝固有关。

（2）内部缺陷：包括皮下裂纹、皮下气孔、中间裂纹和凝固组织缺陷。内部缺陷除了与结晶器和二冷区工艺条件有关外，还受到钢水洁净度、吹气条件、耐材和保护渣状态的影响。

（3）中心缺陷：是指中心疏松、中心缩孔和中心偏析，与钢水过热度、结晶器和二冷区工艺参数有关，电磁搅拌和轻/重压下也有直接作用。

（4）形状缺陷：是指脱方、椭圆、鼓肚、蛇形、翘曲等，主要取决于二冷区和矫直过程，结晶器和冷床也会有一定的影响。

（5）洁净度缺陷：是指夹杂物、卷渣和气体等。这一方面决定于钢水的精炼水平，如温度、成分和夹杂物控制精准度；另一方面也与中间包、结晶器流场和凝固过程有关，保护浇铸会减少洁净度缺陷的程度。

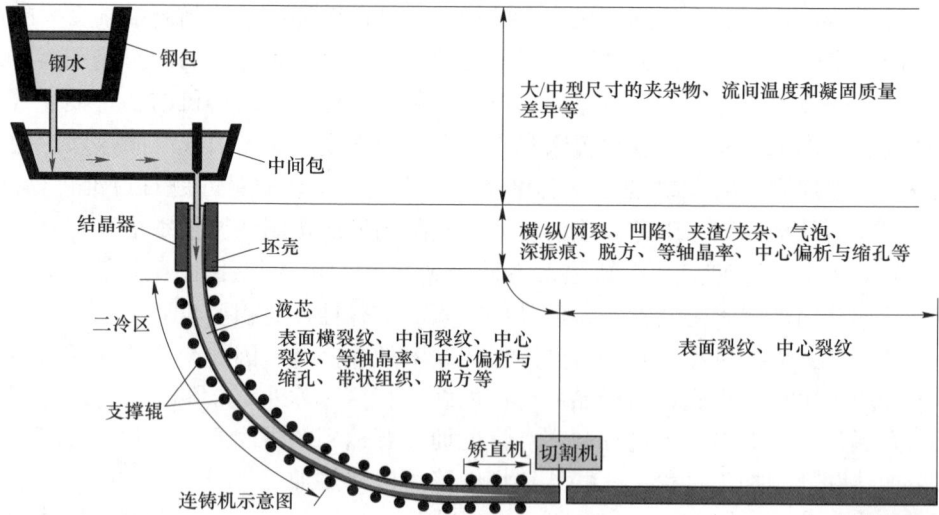

图 5-1　连铸过程质量缺陷形成分类

扫码看彩图

5.2 连铸坯表面缺陷与控制

连铸坯表面缺陷控制非常重要，因为表面缺陷直接影响产品质量。连铸坯表面缺陷在热加工过程中无法消除，最终会以类似形态出现在产品中，而这些缺陷通常会影响冲压、冷轧和涂镀性能，或因为应力应变集中而成为服役过程中的裂纹源、腐蚀点或疲劳损伤位置。因此，连铸坯表面缺陷务必要杜绝，或控制到最低水平。

5.2.1 横裂纹

横裂纹是最常见的连铸坯表面缺陷。含有 Nb、V、Ti 等微合金元素的高强度钢（以下简称"微合金钢"）具有显著的细晶强化和析出强化效应，其以优异的强韧性、焊接性、抗震性及耐腐蚀性等优势被广泛用于船板、桥梁、压力容器、石油套管、管线等领域。然而，这类钢种连铸及热轧过程中常在表面和角部出现横裂纹（以下简称"表面横裂纹"），至今仍是钢铁企业生产中的技术难题之一。表面横裂纹不仅涉及微合金钢的热塑性特征、连铸二冷制度和设备控制精度等因素，还与合金化成分设计、表层组织相变及第二相析出行为密切相关。不同厂家因设备、工艺及微合金成分的差异，其裂纹程度与频度也存在一定差别。

5.2.1.1 特征

微合金钢表面横裂纹多发生于连铸坯面部或角部，其中以角部居多，习惯称之为角横裂，常与振痕共生，出现在振痕谷底处，有时也观察到与表面横向凹陷伴生。横裂纹宽度一般为 0.2~1.0 mm，深度 2~7 mm，横向跨度 5~500 mm，甚至更大。对于弧形连铸机，横裂纹通常形成于内弧侧；对于直弧形铸机，内弧、外弧均可能出现。连铸坯弯曲时，外弧受拉应力，易产生裂纹；矫直时，内弧受拉应力，易产生裂纹。大量现场数据显示，横裂纹整体以内弧侧居多。

图 5-2（a）为微合金钢连铸坯角横裂的典型形貌，可以看出其沿振痕底部周期性出现，与连铸拉坯方向（CD）垂直，相邻裂纹可能连接一起，也可能独立存在。连铸坯角横裂在轧材中沿轧制方向（RD）扩展，形成典型的舌形或楔形裂纹，如图 5-2（b）所示。

值得注意的是，采用 SEM+EDS 扫描裂纹深处的夹杂物成分可以发现，其往往含有 K、Na 等保护渣元素，如图 5-3 所示。常有学者据此推测在结晶器内便有微细裂纹的产生，实际也可能由于保护渣出结晶器后黏附在连铸坯表面，之后进入矫直时产生的裂纹中。严格地说，连铸坯表面横裂纹是否产生于结晶器仍未达成统一共识，但大多与结晶器初始凝固行为有关。

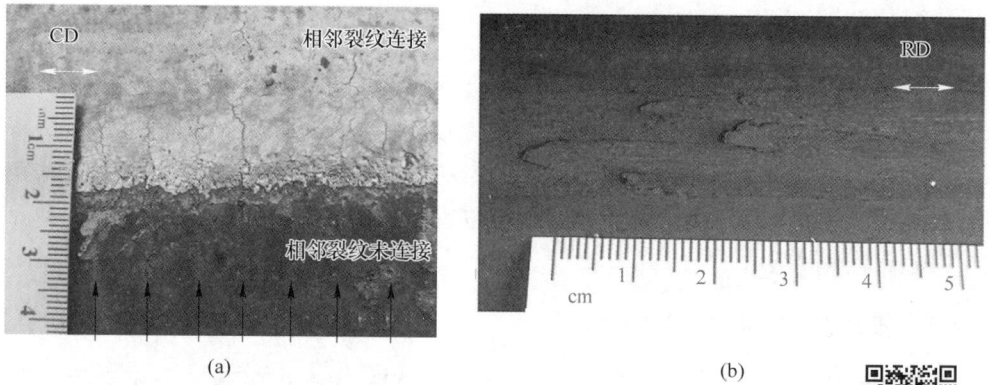

(a)　　　　　　　　　　　　　　　　　(b)

图 5-2　微合金钢板坯连铸坯角部横裂纹（a）与轧制舌形裂纹（b）

扫码看彩图

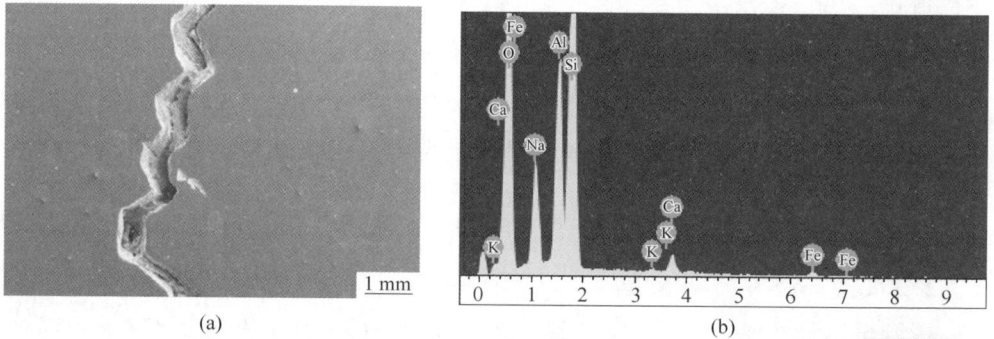

(a)　　　　　　　　　　　　　　　　　(b)

图 5-3　扫描电镜下裂纹的形貌（a）和夹杂物能谱（b）

扫码看彩图

5.2.1.2　形成机理与影响因素

现有理论分析认为，连铸坯受到的拉伸应变和热脆性是表面横裂纹产生的两大因素，严格地讲，连铸坯所受的拉伸应变属于外因，即设备与工艺因素；热脆性属于内因，即钢种凝固特性及组织相变因素。通常，裂纹的形成是内外因同时作用的结果，但往往其中某一因素会起主导作用。

A　拉伸应变

连铸坯在弯曲、矫直过程中受到的机械应变、冷却或回温导致的热应变、夹辊不对中造成的额外应变等均会影响裂纹的形成。当连铸坯所承受的总应变大于其开裂的临界应变时，表面或凝固前沿便产生裂纹。此外，结晶器传热不良，保护渣选用不当，结晶器锥度设计不合理引起结晶器与坯壳间的摩擦阻力、振动参数不当导致的深振痕等都有可能引发裂纹。

B　热脆性

连铸过程中，微合金钢表面裂纹的形成因素众多，但究其根本原因是基体在

700~1000 ℃存在高温脆性区。连铸坯弯曲、矫直段的表面温度可通过调控冷却水量避开脆性温区，角部由于二维传热其温度会落入第Ⅲ脆性区，此时基体的热塑性较差而裂纹敏感性较强，在弯曲、矫直应变的作用下形成角横裂。诸多研究中，日本学者提出的裂纹形成与扩展机理最具代表性[1]，其中同时考虑了第二相粒子和沿晶界铁素体膜析出的影响，如图 5-4 所示。

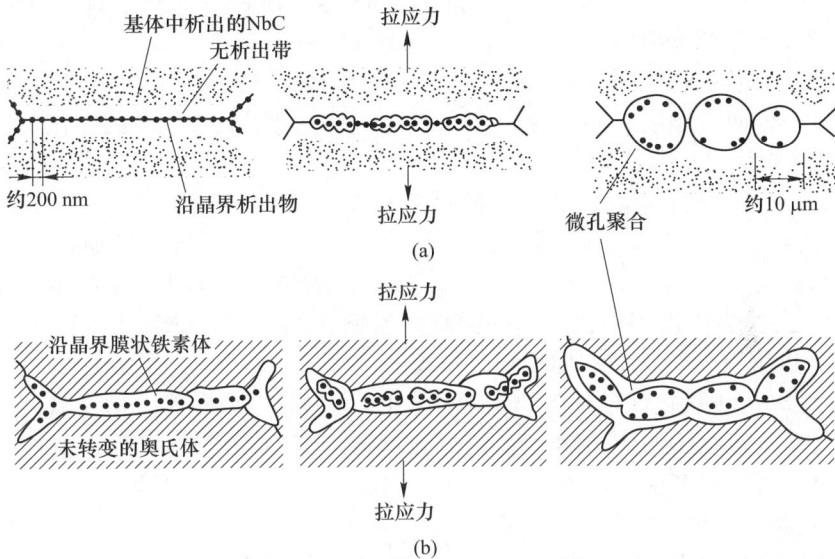

图 5-4 微合金钢高温下裂纹形成和扩展机理
(a) 第二相粒子析出；(b) 膜状铁素体+第二相粒子析出

当 γ 相区时，含 Nb 析出相会沿着奥氏体晶界析出，进而在晶界周围形成了无析出带；在弯曲、矫直的外力作用下，由于析出相降低了晶界滑移能力，故容易在粒子周围出现微孔；当外力达到一定程度时，微孔聚合到一起，形成了沿晶界的裂纹源。当考虑 γ→α 相变时，冷却速率较小的条件下会在奥氏体晶界形成铁素体膜，由于析出相在铁素体中的溶解度比奥氏体小，也会在铁素体相中出现第二相粒子；在拉应力作用下，由于铁素体比奥氏体抗变形能力差，会在铁素体膜中出现应力应变集中，导致第二相粒子周围出现微孔；当外力较大时，微孔聚合到一起形成最初的裂纹源。

一些影响钢的高温热脆性的因素主要有以下几点。

a 钢种成分

C：碳元素对热塑性的影响主要体现在包晶相变程度上。研究表明，碳当量在 0.08%~0.14% 范围内的亚包晶钢，初始凝固时 δ→γ 相变收缩量大，振痕深，易造成基体奥氏体晶粒粗化；碳当量在 0.15%~0.17% 范围内的亚包晶钢，发生 L+δ→γ 包晶反应后，奥氏体晶粒也会快速长大。

Al：AlN 在 900 ℃左右大量析出，导致第三脆性变宽，波谷加深。

Ti：形成 TiN，起到固氮的作用，保持合理的 Ti/N 比可在一定程度上降低含 Nb、Al 钢的裂纹敏感性。

Nb：Nb(C,N) 在 1000 ℃左右大量析出，恶化基体高温塑性。

V：不含 Ti 和 Nb 的钢，当 [N]<$50×10^{-4}$% 时，V 的影响很小；当 [N] 在 $(90~120)×10^{-4}$% 之间时，含 V 钢的裂纹敏感性很高。对于含 Ti 和 Nb 的钢，加入 V 可以适当提高热塑性。

B：可略微改善热塑性，一方面是 B 偏聚到奥氏体晶界，抑制了晶界微孔的形成；另一方面会形成大颗粒的 $Fe_{23}(B,C)_6$ 相，促进了其他粒子的粗化。某些含 B 相的基体析出 BN，也会提高裂纹敏感性。

S：硫及硫化物在晶界的偏析会降低热塑性。

Ni：Ni 可以增加碳当量，但其可扩大奥氏体区，降低 N 的溶解度，对氮化物的析出具有促进作用。Mintz 实验中发现[2]，质量分数为 1% 的 Ni 加入含 Ti、Nb 钢中，会发生析出相粗化，塑性提高。当钢中加入质量分数为 5%~9% 的 Ni 时，Ar_3 温度降低，塑性波谷向低温区扩展。

Cu 和 Sn：非氧化性条件下，钢中残余 Cu 对塑性影响很小，但在氧化性条件下，Cu 会在晶界附近形成细小析出，恶化塑性。钢中 Sn 会在晶界上偏析并弱化晶界，导致裂纹的产生。

b　膜状铁素体

连铸坯冷却过程中，温度下降到 Ar_3 线附近时，会沿奥氏体晶界析出膜状先共析铁素体（见图 5-5），降低了奥氏体基体的连续性。由于铁素体强度远远小于奥氏体，应变集中于晶界膜状铁素体处，降低了钢的高温塑性。在弯曲、矫直时连铸坯的总应变超过其能承受的临界应变时，就沿奥氏体晶界产生了裂纹。

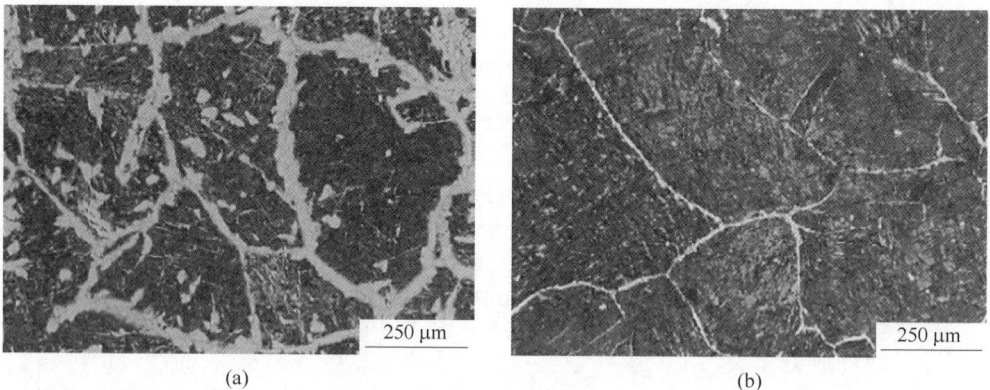

(a)　　　　　　　　　　　　　　　(b)

图 5-5　晶界膜状先共析铁素体

膜状先共析铁素体的析出量对连铸坯热塑性有直接影响，这在前文中已经深入讨论，即铁素体膜刚刚形成时应力集中最显著，对应的裂纹敏感性也最强。已报道研究中，Mintz[3]指出，当铸坯温度降至 Ar_3 线以下 20~30 ℃、对应的铁素体析出量达 30%~40%时，铸坯塑性得到明显提升；Weisgerber 等[4]研究发现，当晶界铁素体比例超过 10%时其对塑性的恶化明显降低。

c 微合金元素碳氮化物

连铸坯冷却时，到达一定温度后，微合金元素 Nb、V、Ti 的碳氮化物会沿奥氏体晶界呈链状析出，起到了钉扎奥氏体晶界的作用，也降低了晶界协调变形的能力；同时，晶界附近的无析出带显著减小晶间的结合力，热塑性降低，裂纹敏感性增加。

连铸坯表面温度会反复震荡，回温过程中大颗粒碳氮化物会回溶，基体中会出现微孔，为裂纹扩展提供了便利条件。若此时连铸坯通过弯曲或矫直区域，基体的应变集中超过晶界的承受能力便出现晶间裂纹。国内外一些学者深入研究了 Nb、V、Ti、Al 的碳氮化物及 MnS 析出对铸坯热塑性的影响机制，基本探明了析出相恶化连铸坯高温塑性的金属学原理。因此，合理控制二次相析出量、粒子尺寸及其分布形态是提高微合金钢连铸坯热塑性进而改善表面横裂纹的重要途径。

d 粗大奥氏体晶粒

钢在连铸过程中形成的初生奥氏体晶粒对连铸坯及后续轧材质量有着极为重要的影响。一些研究指出，异常粗大的奥氏体晶粒是表面横裂纹产生的必要条件。正确认识粗大奥氏体的形成机制，是从根源上解决表面横裂纹的关键切入点。

（1）粗大奥氏体晶粒及其作用。Turkdogan[5]将连铸坯表面出现的粗大奥氏体晶粒定义为"blown grain"，即异常粗化的晶粒，这些晶粒尺寸大多在 1~4 mm，极个别的达 6 mm，大多出现于连铸坯振痕的底部，且振痕越深，晶粒越易粗大，这与 Szekeres 的实验观察基本相符[6]。一些金相解剖结果发现，裂纹处的奥氏体晶粒大尺寸都超过了 1 mm 且沿晶界处的铁素体膜延伸，并非沿柱状晶扩展，如图 5-6 所示。由此可以推断，这种裂纹是在凝固之后的坯壳中产生的。

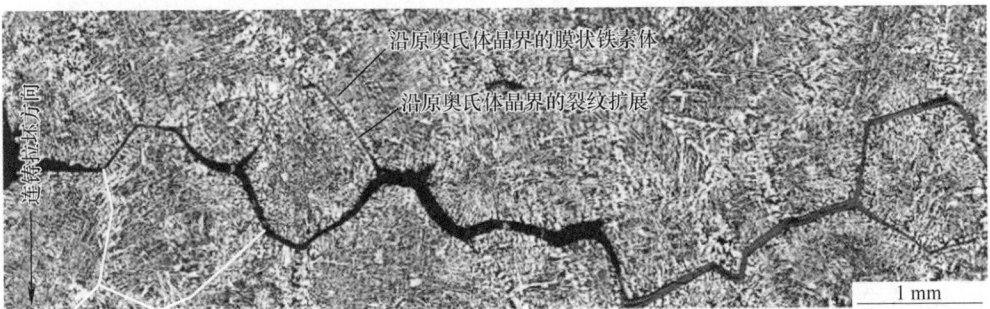

图 5-6 连铸坯表面裂纹

一些研究认为，粗大的奥氏体晶粒是导致连铸坯表面及角部横裂纹的先决条件，并将 1 mm 的晶粒大小作为产生裂纹与否的临界尺寸。目前，这一观点得到了较为广泛的认同。因此，初始凝固时形成的初生奥氏体晶粒形貌及其尺寸对连铸坯表面质量及后续轧材表面质量有着极其重要的影响。图 5-7 为不同钢种基体热塑性与奥氏体晶粒尺寸的关系[7]。由图中数据可见，粗大奥氏体晶粒会降低试样拉伸时的断面收缩率，提高了裂纹敏感性。γ 晶粒粗大时，平直晶界既可以作为表层裂纹的起源，又为裂纹扩展提供了便利条件。Maehara 等[8]的高温拉伸试验表明，粗晶下试样的断裂方式为沿晶断裂，细晶下多为穿晶断裂，且粗大晶粒试样的热塑性远远低于细小晶粒试样的对应值。

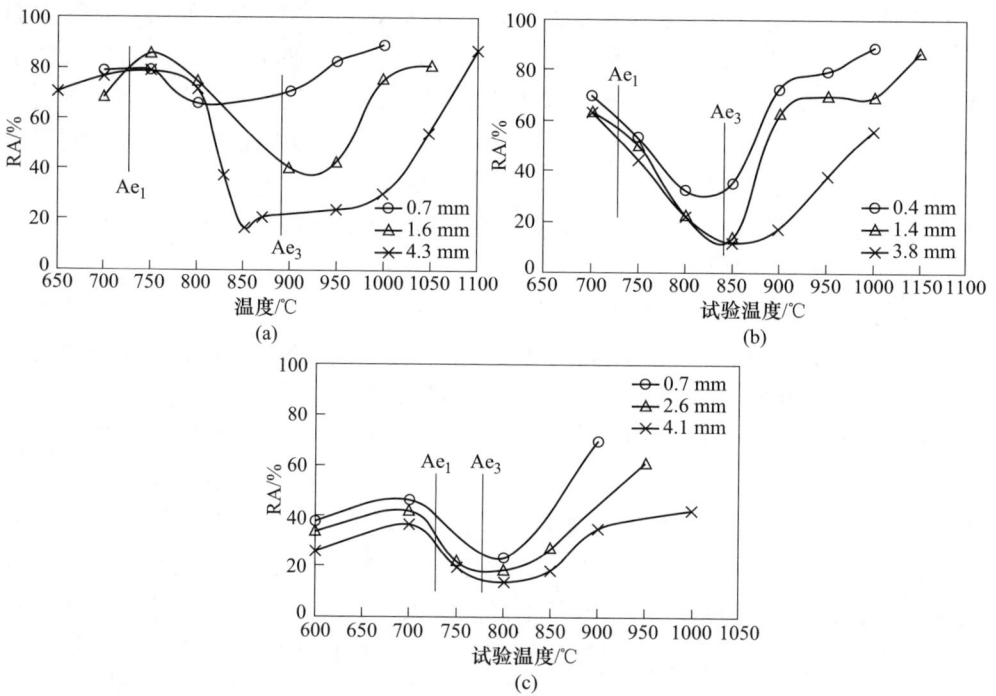

图 5-7　不同钢种基体热塑性与奥氏体晶粒尺寸的关系
(a) Fe-0.05C；(b) Fe-0.18C；(c) Fe-0.45C

（2）粗大奥氏体晶粒形成机制。粗大奥氏体晶粒对连铸坯第 Ⅲ 脆性区的恶化主要有两个原因：一方面，对于亚共析钢的连铸冷却过程，当发生 γ→α 转变时，膜状铁素体优先沿着奥氏体晶界析出。20 世纪 80 年代，日本学者 Maki 的研究证明[9]，铁素体的析出形态与原奥氏体晶粒大小有关：奥氏体晶粒较大时易析出沿晶界的膜状铁素体，连铸坯变形时易产生应变集中，塑性较差；晶粒较小时易析出较为规则的块状铁素体，连铸坯塑性得到明显改善。另一方面，奥氏体晶界处能量较高，微合金钢中 Nb、V、Ti、Al 的碳、氮化物，尤其是 Nb（C，N）和

AlN 优先在晶界析出；由于晶粒粗大，晶界面积减小，致使晶界析出相密度增大，基体塑性下降。

粗大奥氏体晶粒一般形成于 1350 ℃ 以上，说明其在结晶器内初生坯壳上便已经形成。按照 Fe-C 平衡相图，对于碳含量在 0.08%~0.14% 亚包晶钢，由于 δ→γ 相变产生较大的体收缩，致使坯壳和铜冷却壁之间产生气隙，导致形成的凹陷或振痕加深，该处传热大大减弱。对于碳含量 0.15%~0.18% 靠近包晶点的钢种，其冷却时奥氏体形成温度在 1450~1500 ℃，高温下奥氏体晶粒长大非常迅速。初生奥氏体晶粒尺寸与奥氏体完全形成（即奥氏体开始快速长大）温度 T_γ 和冷速有关，T_γ 越高，奥氏体晶粒越大；冷速越慢，T_γ 也越高，晶粒也越粗大。通常，T_γ 温度最高点对应奥氏体晶粒尺寸最大位置，即热塑性最低点和横裂纹敏感性最高点。当然，合金元素的添加和冷速会改变相图包晶点的位置，这与其热力学和动力学影响有关。

近几年的研究表明，基体成分在亚包晶范围内时，块状相变（massive transformation）也会导致基体中形成粗大奥氏体晶粒。澳大利亚 Wollongong 大学的 Griesser 通过高温共聚焦扫描显微镜观察了这一转变过程[10]，如图 5-8 所示。

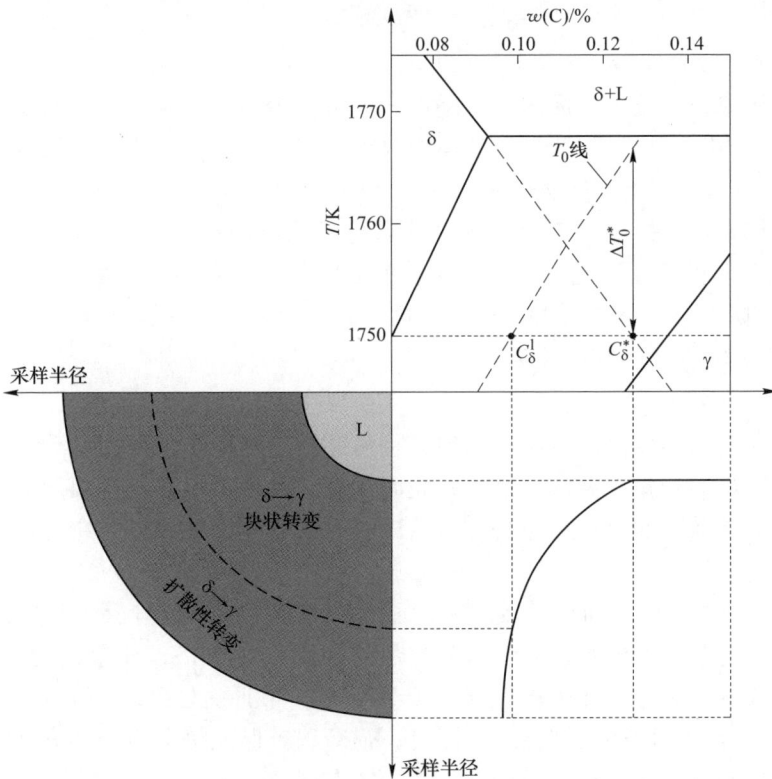

图 5-8 某亚包晶钢包晶相变模式与 T_0 的关系

对于某一固定成分的亚包晶钢，存在 δ 相与 γ 相吉布斯自由能相等的温度 T_0 点，将每个点相连得到一条 T_0 线。在此区域内，随着冷却速度的增加，包晶反应机制由平衡条件的平面扩散型相变向胞状和树枝晶状扩散相变过渡；当冷却速度较高使温度迅速降至 T_0 以下时，δ 相以非扩散的方式迅速转变为 γ 相，即发生 δ→γ 的块状转变。由于这种转变非常快，基体会形成比较大的内应力，这种能量累积为相变之后的 γ 晶粒粗化提供了驱动力。最近的一些研究指出，对于块状转变的临界冷速，最小可在 $5 \sim 10$ ℃/min，显然在连铸结晶器和二冷区冷速范围内。因此，实际连铸过程中发生块状转变的可能性是非常大的，这很可能是奥氏体晶粒粗化的重要原因。不足的是，实际连铸过程中的块状转变仍未直接观察到，只能根据理论和模拟实验来推断。

5.2.1.3　控制措施

A　减少拉伸应变

设备方面，保证夹持辊良好对中并提高辊缝精度，减少附加的外部变形。同时，适当提高结晶器振动频率，减小振幅和负滑脱时间等可以减少振痕深度，均可有效地减少角横裂的产生。此外，根据钢的凝固特性设计结晶器的锥度和优化保护渣的特性也可以降低连铸表面横裂纹倾向。

B　成分控制

为了从源头上减小表面裂纹敏感性，严格控制钢种成分是非常必要的。对于亚包晶钢，为减少包晶相变导致的体积收缩，应将 C 含量向上限或下限控制，使其变为过包晶钢（C>0.17%）或低碳钢（C<0.09%）。

对其他元素的控制要求为：钢中 N 含量建议不超过 50×10^{-4}%；在不影响最终产品性能的前提下，应将 Nb 含量控制在下限，保持 Ti/N 大于 3.6，最好在 5.0 以上；降低 Al、N 的浓度积；S 含量控制在 30×10^{-4}% 以内；Cu 和 Sn 含量分别小于 150×10^{-4}% 和 20×10^{-4}%。

C　二冷控制

连铸坯表面温度横向分布不均匀，且角部为二维传热，很容易造成角部温度过低，故很难避开脆性温区，这也是表面横裂纹频发于角部的重要原因。控制表面横裂纹通常采取的冷却措施是在弯曲矫直时采取冷行或热行，避开钢的脆性温度区间。

（1）采用强冷，降低连铸坯的表面温度，使其在矫直时低于脆性波谷区温度下限（冷行）。该方法对连铸工艺参数的控制较为严格，如果温度控制不当，往往会造成矫直时连铸坯表层温度低于 700 ℃（第Ⅲ脆性区的下限），但皮下温度恰巧处于低塑性区而出现裂纹。同时，强冷很难保证整个连铸坯表面温度分布的均匀性，易造成局部过冷或冷却不足，矫直载荷也大。

（2）采用弱冷，提高连铸坯的表面温度，使其在矫直时高于脆性波谷区的温度上限（热行）。对于板坯连铸，若连铸坯宽面方向的二冷水量没有幅切功能，单纯采用弱冷制度，连铸坯表面温度容易提升到 950 ℃ 以上，但角部往往要比表面低 100~200 ℃，很难避开脆性区。角部若要提升至第Ⅲ脆性区的上限，表面中间温度很可能超过 1000 ℃，鼓肚乃至液面波动倾向会明显增加。为此，奥钢联开发了动态 3D 喷淋系统，国内一些钢厂采取了二冷幅切控制措施，都是将喷淋远离角部，防止角部过冷，可以在一定程度上缓解这个问题。

（3）混合控制，即弯曲时热行矫直时冷行，或弯曲时冷行矫直时热行。此举也需要对连铸坯表面温度尤其是角部温度进行精确控制，实际应用较少。

D 倒角结晶器

倒角结晶器可以提升角部传热均匀性，更容易使连铸坯矫直时角部温度高于第Ⅲ脆性区温度。这一技术最早由英钢联开发但并没有推广开来[11]，一些学者认为[12]，倒角结晶器虽能在一定程度上减轻表面横裂纹，但也只是权宜之计，通过连铸工艺参数优化，如调整结晶器振动、保护渣性能、辊列对中精度和角部冷却强度等才是最佳选择。近几年，钢铁研究总院对倒角结晶器技术进行了深入研究，并成功在国内不少企业推广，取得了良好的技术效果。但是，采用倒角结晶器也有一些问题，比如窄边角部冷却弱化，结晶器漏钢倾向增大；同时，浇铸多种宽度规格的连铸坯时，需要使用在线调宽功能，这时漏钢和表面纵裂风险也很大。此外，若后续轧制工艺不当，也容易产生板材边部折叠[13]（见图 5-9），为此有的企业还需要二次倒角。

图 5-9 轧制 20 mm 厚钢板时所产生的偏离角部 15 mm 鬼线

E 表层组织控制

表面组织控制（surface structure control，SSC）是使连铸坯表层奥氏体晶粒细化和析出相弥散化，进而提高基体热塑性，减少裂纹发生倾向。表层组织控制技术是通过出结晶器之后对连铸坯表面施加一次强冷，使表层温度快速进入 γ+α 两相区或 α 单相区，然后通过连铸坯内部潜热释放使表层温度回升至奥氏体区，即通过 γ→α→γ 双相变来细化表层组织。据报道，该工艺已应用于日本住友鹿岛厂的板坯上[14-17]，其角部横裂纹得到了很好的控制。其实，早在 20 世纪 70 年代 Schmidt 曾尝试采用加强二次冷却使表层组织发生 γ→α→γ 转变来细化表层的组织[18]，并证实了其可行性。20 世纪 80 年代，日本学者 Kawasaki 对这一方法进行了深入系统的研究[19]，观察了不同二冷制度下连铸坯的组织特征和裂纹敏感性。最终提出，无论形成何种组织，只要消除沿奥氏体晶界分布的铁素体膜，就可以提高基体的抗裂纹性能，如图 5-10 和图 5-11 所示。此后，比利时钢铁研究中心的 Walmag、波兰某钢厂及国内相关单位也进行了尝试[20-22]。欧洲煤钢共同体指出[23]，SSC 方法并不能有效提高连铸坯的热塑性，其原因是强冷之后没有足够的保持时间，相变不够充分。SSC 技术对相关设备、工艺及参数

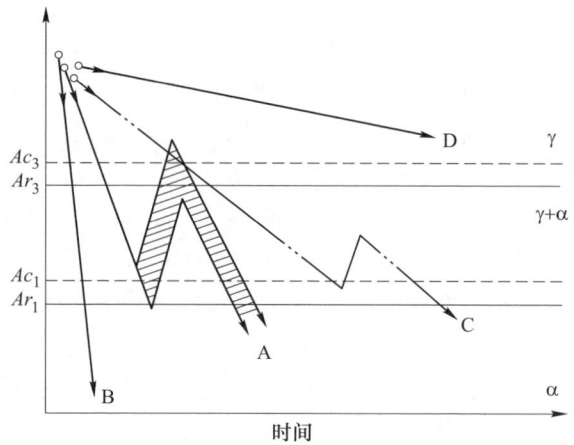

图 5-10　四种冷却模式及其铸坯表面温度变化

控制要求很高，且需要针对钢种的相变行为进行深入研究。由于该工艺不但有望避免连铸时的弯曲矫直裂纹，还可以降低连铸坯热送热装裂纹倾向，因此可同时提高产品质量和生产效率。

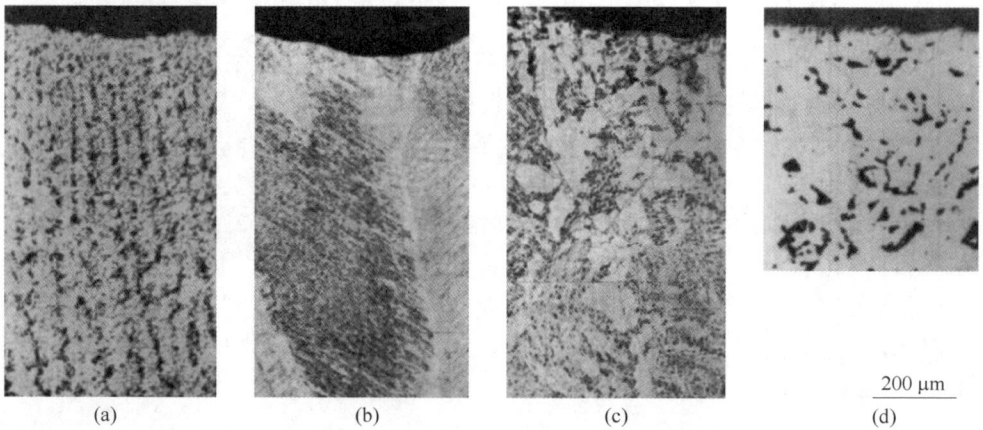

图 5-11　四种模式下铸坯的表层组织
(a) A 模式，细小铁素体和珠光体；(b) B 模式，粗大马氏体；
(c) C 模式，带状铁素体；(d) D 模式，粗大铁素体和珠光体

　　当前，SSC 技术的热塑性改善机制及其工艺参数范围仍不明确，并且关于实际生产应用效果的报道也比较少。比如，对于冷却温度，日本学者 Kato 认为要至少冷到 A_3 线以下才能细化组织[14]，比利时钢铁研究中心、韩国东亚大学与浦项工科大学和国内重庆大学的研究也证实了这一结论[20,24-25]。然而，Kato 在实验中观察到原奥氏体晶粒并没有细化。日本东北大学的 Suzuki 等[26]指出，连铸过

程中应变很小，不足以发生动态再结晶，只通过一次双相变无法细化晶粒。Nozaki 研究指出[27]，只有反复多次 γ→α→γ 相变才可以细化奥氏体晶粒。

　　此外，国内外研究都已证实[28-29]，随着冷速增大析出相数量明显变少，且析出位置由晶界转移到晶内，这也对改善基体热塑性具有显著作用。本书作者团队的研究指出，随着冷速的增大，连铸坯表层组织经历了由奥氏体→晶界先共析膜状铁素体+珠光体→魏氏铁素体（或晶内片状铁素体）+珠光体→贝氏体+马氏体的转变过程。鉴于连铸二次冷却能达到的冷速有限，强冷时温度不一定非要到 Ar_3 以下，只要经过一定的保温时间，冷却到接近 Ar_3 以上的某一温度，也能发生充分的相变[30]。最有趣的是，强冷前后奥氏体晶粒并没有细化，如图 5-12 所示。采用 SSC 后，试样的热塑性较常规缓冷工艺有了明显提升（见图 5-13），这个结果说明二冷区强冷工艺的机制并非是细化奥氏体晶粒，而是通过强冷消除晶界铁素体膜，抑制碳氮化物的析出，并使其转移至晶内析出，从而在后续冷却阶段形成比较细化的可抵抗裂纹的铁素体。

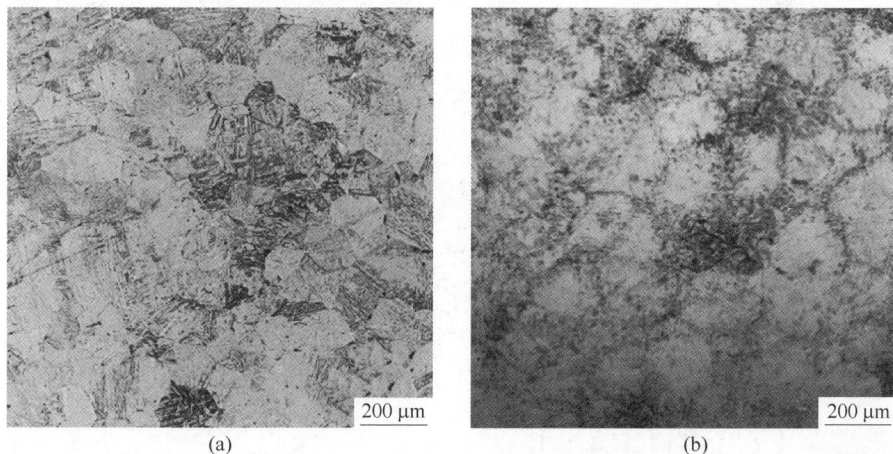

图 5-12　强冷前（a）和强冷后（b）奥氏体晶粒对比

扫码看彩图

　　根据上述结果，本书作者团队将 SSC 工艺的组织演变原理阐述为：连铸坯出结晶器后进行强冷，其目的是消除奥氏体晶界析出的膜状铁素体，抑制第二相在晶界的析出从而转移到晶内析出。此后，连铸坯表层组织通过自回温作用而再次奥氏体化。冷却过程中形成的铁素体会在回温过程溶解，但先前于铁素体中析出的碳氮化物并不会回溶。在随后的冷却中，铁素体会以块状方式析出，或在之前未溶的碳氮化物颗粒上形核，从而提高了连铸坯表层基体的热塑性，避免了在矫直时产生裂纹，如图 5-14 所示。

　　最近几年，国内一些学术团队和企业联合推进了 SSC 技术的工业应用，虽然对大多数裂纹敏感钢种有明显的改善作用，但仍有 20%～30% 的钢种出现了比例

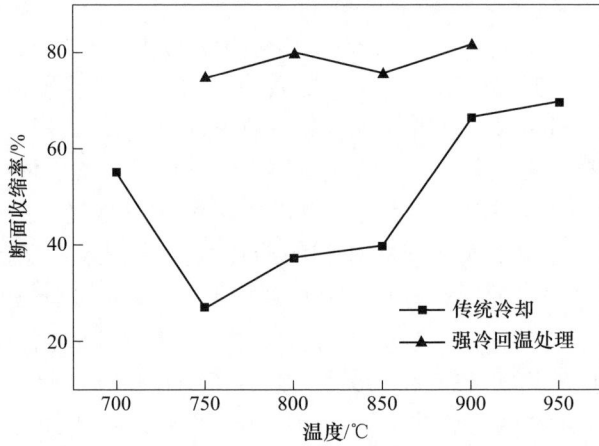

图 5-13　二冷强冷与常规冷却连铸坯的热塑性对比

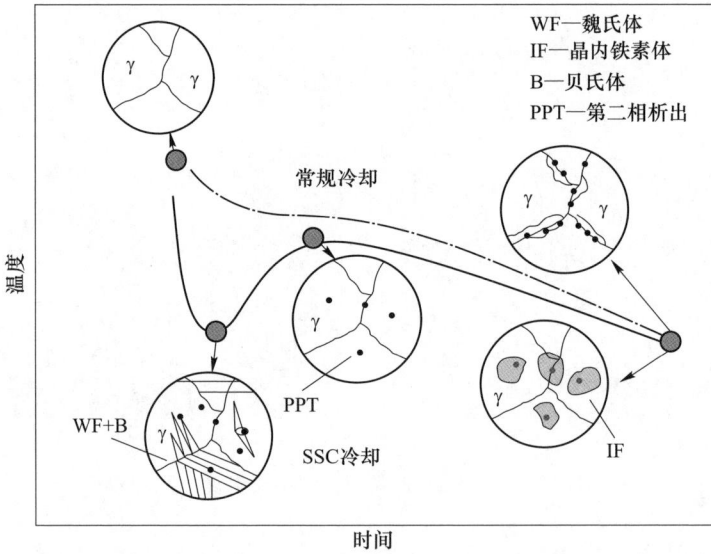

图 5-14　SSC 技术的原理示意图

较高的角横裂。这个结果一方面与 SSC 工艺参数合理性有关，另一方面说明对裂纹形成临界条件的认识仍然不足。整体来说，连铸坯表面横裂纹依然是国内外钢铁企业最常见且最亟待解决的技术难题，相关理论和工艺研究仍有待完善。

5.2.2　纵裂纹

纵裂纹是连铸过程比较常见的表面缺陷。虽然不及横裂纹频次高，但裂纹影响程度比横裂纹更大。一般来说，纵裂纹尺寸比较大，一方面可能导致连铸过程中直接开裂漏钢，影响生产节奏和成本；另一方面也影响加工和使用性能，导致板、棒、管等产品出现表面纵向裂纹，引起客户异议或退货。因此，出现纵裂纹的连铸坯通常会要求表面扒皮，裂纹深度太大时直接报废。

5.2.2.1 特征

纵裂纹是走向与拉坯方向相同或大体平行的表面裂纹，简称纵裂纹，有些学者和工程师也称之为顺裂。对于板坯，纵裂纹通常发生于两个位置，即宽面中心处（见图5-15）和偏离角处，某些大倒角板坯还可能发生在倒角位置；对于方坯，一般发生在偏离角处；对于圆坯，可能发生在圆周上的任意位置。相比之下，不同坯型中圆坯纵裂纹的比例最高，其次为板坯，方坯纵裂纹较少。

(a)

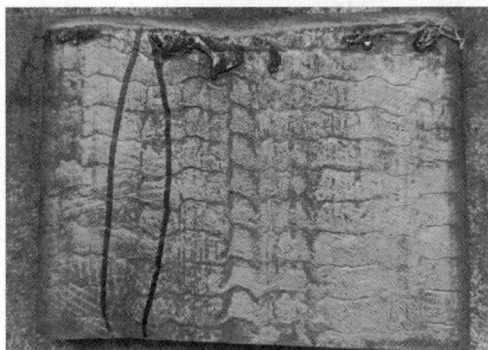

(b)

(c)

图 5-15　连铸坯的表面纵裂纹

扫码看彩图

纵裂纹的方向和位置特征比较明显，但尺寸没有共性规律。一般宽度在 0.5~3 mm，深度在 2~30 mm，沿拉坯方向跨度在 5~5000 mm 不等；纵裂纹可能是一条裂纹连续几米或几十米出现，也可能几个、几十个、上百个 5~20 mm 的裂纹间隔出现；有时伴随着纵向凹陷，有时也会单独发生。采用金相显微镜和电子显微镜对连铸坯表面纵裂纹进行观察，发现表面沿着枝晶间开裂，内部沿着枝晶间或奥氏体晶界延伸，且裂纹中常检测到 Na、K 等保护渣成分，因此断定纵裂纹起源于结晶器内坯壳的初始凝固，这一结论已基本达成共识。

5.2.2.2　形成机理与影响因素

纵裂纹形成于结晶器内，在二冷区也会进一步扩展。但是，如果结晶器内没有初始裂纹或凹陷，二冷区不会因为热应力而出现纵裂纹。连铸坯表面纵裂纹缺陷也与内因和外因有关，是外部应力应变超过了内部临界值而引起的。

对于板坯宽面中间的纵裂纹，其形成过程可描述为：当结晶器内坯壳形成之后，由于凝固收缩、钢水静压力和铜板锥度的多重影响，在弯月面以下 50~200 mm 范围内，坯壳与铜板之间的距离会呈波动式变化，影响保护渣的均匀润滑和传热效果；由于板坯宽面中心处对钢水静压力的抵抗能力最小，宽度方向上的凝固收缩会向该位置集中，故其热变形最大；同时，由于水口的存在，宽面中心处钢水自由液面的温度较低，保护渣熔化不良且渣圈较大，液渣填充不好，该位置容易出现气隙，导致热流密度减小、坯壳最薄，可能形成凹陷；最后在宽度方向凝固收缩拉应力集中的作用下，变形在宽面中间累积，进而出现裂纹。

对于板坯或方坯的偏离角纵裂纹，其形成过程可概述为图 5-16 所示的过程：钢水在结晶器内形成表层坯壳之后，由于角部的二维传热作用，其温度较低、收缩量较大，率先脱离结晶器铜板，进而在角部形成较大气隙；尽管保护渣会填充进去，但其热流密度仍比表面要小，正角部由于双侧换热的叠加作用，即使热流密度下降，其坯壳厚度也比较大。然而，对于距离正角部 10~30 mm 的偏离角位置，由于收缩导致的保护渣或气隙宽度最大，其坯壳厚度最小且温度最高；一方面，宽度方向热收缩引起的应力应变会向该处集中。另一方面，当锥度稍有不适时，会导致额外的变形。窄边锥度过小时，钢水静压力将坯壳推向窄边，由于铰链作用，宽面角部会向内部凹陷；窄边锥度过大时，会向内部挤压坯壳，导致出现偏离角凹陷；由于凹陷的应力应变集中作用，会容易出现偏离角纵裂。

对于圆坯，由于周向没有棱角，凝固过程中整个圆周方向的收缩变形会比较协调；当某处出现坯壳薄弱时，圆周方向全部的收缩变形都会集中到这个位置，造成局部应力和应变显著增大，最终导致出现裂纹。

连铸坯表面纵裂纹的影响因素主要是通过坯壳高温变形特性和外部载荷两方面起作用，具体包括钢种成分、连铸工艺参数和设备状态。

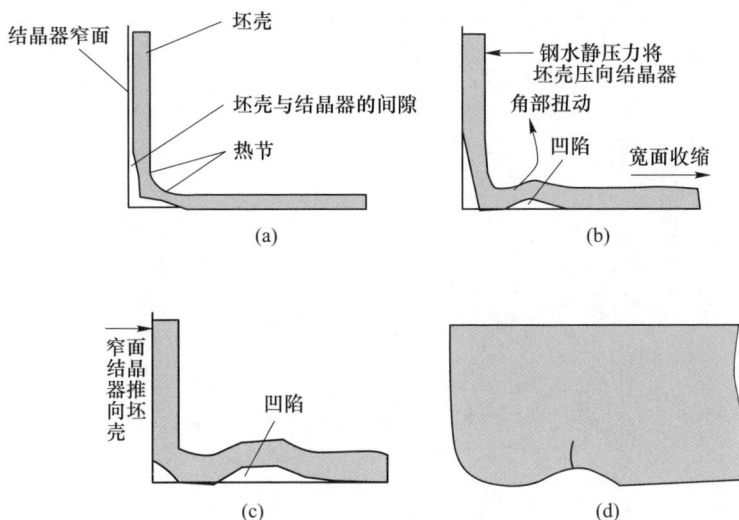

图 5-16 偏离角纵裂纹形成机制

（a）初生坯壳及其角部收缩；（b）锥度过小时钢水静压力将窄边推向铜板；
（c）锥度过大时铜板将坯壳推向内侧；（d）偏离角凹陷和裂纹形成

A 钢种成分

a 碳含量

钢水凝固过程在 1400~1500 ℃时会发生包晶相变（$\delta \rightarrow \gamma$），由于铁素体是体心立方结构，而奥氏体为面心立方结构，后者致密度比前者高，包晶相变会导致连铸坯出现额外的体积收缩，进而出现凹陷和裂纹。由 Fe-C 二元平衡相图可知，对于亚包晶成分（C 0.09%~0.17%）的钢种，其凝固初生铁素体比例大，凝固末期的相变收缩也比较显著。同时，因为亚包晶钢 $\delta \rightarrow \gamma$ 的温度较高，对应的坯壳较薄，这种收缩变形可以作用到坯壳表面，进而形成凹陷，为应力应变集中形成纵裂纹提供了条件。对于过包晶钢（C 0.17%~0.53%），一方面由于凝固初生铁素体比例小，另一方面铁素体被包晶反应（$L+\delta \rightarrow \gamma$）全部消耗，其相变收缩可以得到液相补偿，因而基本不会引起额外变形。不同碳含量钢种的纵裂概率如图 5-17 所示。

b 硫和锰的含量

硫是钢中有害元素。硫在钢中溶解度极小，与铁形成硫化铁（FeS），而硫化铁能与铁形成低熔点（985 ℃）的热脆性共晶体并在晶界析出而降低连铸坯的高温塑性和强度，减小了钢在高温下裂纹形成的临界应变，使晶界极易开裂。钢中纵裂纹概率与硫含量的关系如图 5-18 所示。当钢中硫含量增大到 0.015%以上时，纵裂纹概率大大增加。

锰可改善钢的塑性并提高钢的强度，因为锰含量提高可使更多的锰与硫结合

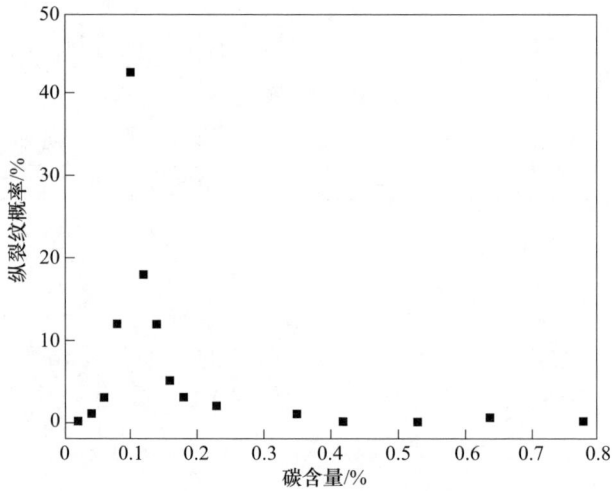

图 5-17　连铸坯表面纵裂纹概率与碳含量的关系

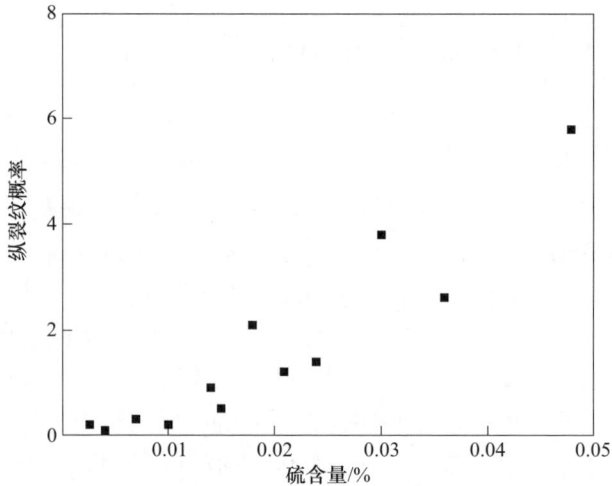

图 5-18　连铸坯表面纵裂纹概率与硫含量的关系

形成硫化锰（MnS）（熔点高达 1620 ℃），而锰与硫的亲和力远大于铁与硫，形成的硫化锰比较均匀地分布于奥氏体中，避免形成低熔点的硫化铁，从而提高了钢的抗裂纹能力。

　　c　H 含量的影响

　　当钢水中氢含量比较高时，结晶器内钢水凝固冷却时会大量逸散，一方面会在坯壳内部形成氢气泡影响换热效率，另一方面也会进入液渣层，影响保护渣的理化性能。当钢水氢含量高于（8~10)×10⁻⁴%时，连铸坯纵裂纹倾向大大增加。

B 连铸工艺参数

（1）钢水过热度。浇铸温度过高，坯壳变薄，高温强度低，且使连铸坯柱状晶发达；浇铸温度过低，钢水流动性变差，保护渣熔化和填充性能下降，坯壳润滑和传热均匀性不好，均易引起纵裂。实践证明，将中间包钢水过热度控制在合理范围内，匹配合适的拉速，可降低纵裂纹的概率，见表 5-1。

表 5-1 不同过热度下连铸坯的纵裂纹概率

过热度/℃	样本数量/炉	纵裂纹概率/%
<20	12	—
20~30	364	1.4
30~40	58	6.9
>40	36	11.1

（2）结晶器内钢水液面波动。结晶器液面波动与连铸坯表面纵裂纹之间有着密切关系，液面的大幅度波动可破坏液渣层的稳定性，进而影响保护渣的熔化和填充行为，导致结晶器传热不均匀，坯壳厚度一致性降低，裂纹倾向增大。试验数据证明，将液面波动控制在±3 mm 内即可有效防止裂纹的发生，见表 5-2。

表 5-2 不同液面波动连铸坯的纵裂纹概率

波动幅度/mm	样本数量/炉	纵裂纹概率/%
<3	480	1.0
3~5	52	3.8
5~10	14	7.1
>10	6	16.7

（3）结晶器冷却。连铸坯表面纵裂纹萌生于结晶器内且与其冷却强度和均匀性密切相关，结晶器热流密度大小和分布特征直接影响到初生坯壳的均匀性。一般来说，当结晶器冷却强度较大时，坯壳收缩量增加，均匀性会下降；当冷却强度较小时，出结晶器坯壳较薄，鼓肚明显，影响液面波动，也容易导致裂纹。图 5-19 为国内某厂板坯纵裂纹概率与热流密度的关系。当结晶器平均热流密度在 1.6~1.8 MW/m^2 时，纵裂倾向最小。

（4）保护渣的选择。表面纵裂纹的产生与结晶器内坯壳均匀性及其与铜板之间的摩擦力有关，这都受到保护渣性能的影响。研究表明，保护渣的碱度（R）和黏度（η）对纵裂纹的影响比较直接：当 R<1.0 时，渣的玻璃性强、导热性好，同一拉速下的热流增大；R>1.0 时，渣的析晶率较大、导热性减弱，结晶器热流会相应低一些。另外，η 值过高时保护渣消耗量降低、渣膜减薄且厚度不均，一方面降低了坯壳均匀性，另一方面增大了坯壳与铜板的摩擦力；η 值

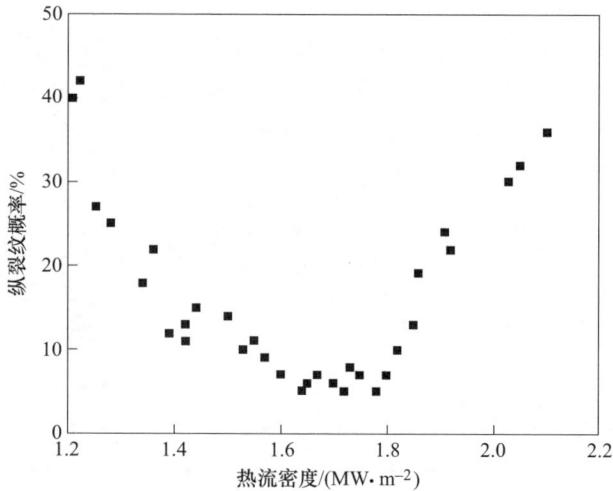

图 5-19　连铸坯表面纵裂纹概率与热流密度的关系

过低时保护渣流入不均，周向传热一致性差，这都容易引起纵裂纹。对于裂纹敏感性较强的亚包晶钢，应选择低导热性能、高析晶率的保护渣，降低结晶器的热流密度，以弱冷改善凝固均匀性。

（5）二冷强度。二冷强度和均匀性是影响板坯纵裂纹的重要因素，当二冷强度比较大时，连铸坯表面降温较快、温度梯度增大，热应力增大，容易在坯壳薄弱处形成应力应变集中，加速了裂纹扩展；当二冷强度比较小时，坯壳容易出现周期性鼓肚，影响液面波动，也会增大裂纹倾向。二冷均匀性对表面纵裂纹影响比较直接，当裂纹处冷却较弱而周围冷却较强时，会形成额外的拉应力，加剧了裂纹的扩展。

（6）其他工艺因素。拉速过高使结晶器热流密度增大，保护渣消耗量减小，坯壳不均匀性更显著，纵裂纹趋势加剧。钢中酸溶铝含量及 Ca/Al_s 比值对连铸坯质量也有直接影响。钢水中 Al_2O_3 含量过高且在结晶器内上浮被保护渣吸收后，或 Al 与保护渣 SiO_2 反应，均会增大渣中 Al_2O_3 含量，导致保护渣黏度增大，纵裂纹比例增加。

C　设备状态

a　结晶器

纵裂纹的形成不但与结晶器的冷却强度有关，而且受到结晶器的锥度、铜板厚度及表面平整度等的显著影响。大量试验表明，坯壳和铜板之间气隙的出现会降低结晶器的传热能力。为消除或减少气隙的影响，结晶器内腔按照钢种的收缩特性和结晶器铜板的热变形规律设计成一定的倒锥度，以最大限度地适应凝固坯壳的实际形状，将气隙厚度降低到最小以改善结晶器的传热效果，保证结晶器内坯壳厚度的均匀性，从而达到减少纵裂纹的目的。一般来说，抛物线形锥度比三段式锥度更理想，三段式优于两段式，单段线性锥度效果最差。

此外，结晶器通钢量每达到一定值之后会铣去一定厚度的工作层，到后期时结晶器铜板/铜管变薄，同样的冷却条件下，其与连铸坯之间的热阻减小，热流密度增大，连铸坯纵裂纹概率也会提高，如图 5-20 所示。因此，在铜板/铜管使用后期，应在一冷规程的基础上微调工艺参数，以提高不同状态结晶器换热效率的稳定性。

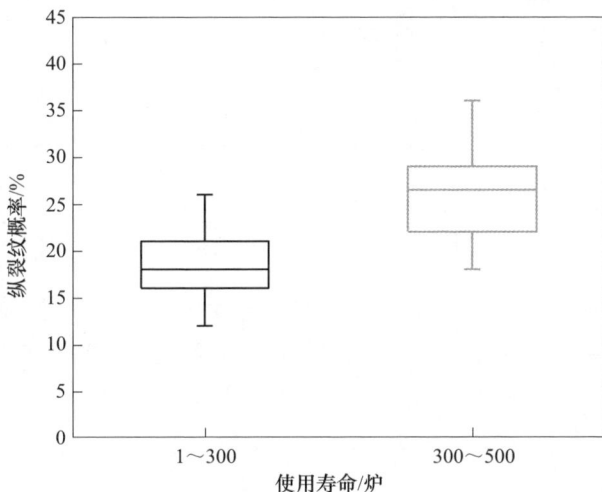

图 5-20　连铸坯表面纵裂纹概率与结晶器使用寿命之间的关系

当结晶器铜板/铜管表面有凹坑、划痕时，易在相应位置产生纵裂。凹陷部位初生坯壳与铜板接触不良，坯壳薄，局部温度偏高，结晶器与坯壳的摩擦力增大，这也是结晶器使用一段时间之后容易形成纵裂纹的原因之一。

结晶器铜板水槽和水缝设计也与纵裂纹有密切。当铜板水槽宽度、深度和分布不合理时，会直接影响坯壳厚度均匀性，进而容易出现纵裂纹；当铜管周向水缝宽度不均匀时，会导致热流密度不均匀，水缝宽度小的地方容易出现纵裂纹。

b　浸入式水口结构与安装精度

浸入式水口结构直接影响结晶器内钢水流场和坯壳均匀性，也会影响液面波动，这些都与纵裂纹有关。浸入式水口安装对中性较差，就会发生钢水偏流而影响结晶器流场，并使局部坯壳过薄而增大表面纵裂纹的概率。水口安装偏差越大，连铸坯纵裂纹概率也随之增加，如图 5-21 所示。因此，必须在浇铸之前确保浸入式水口严格对中，将偏差控制在小于 3 mm，这对板坯尤为重要。

c　连铸机辊缝精度

连铸机辊缝精度比较好时，鼓肚可以得到良好控制，液面波动也比较小；当

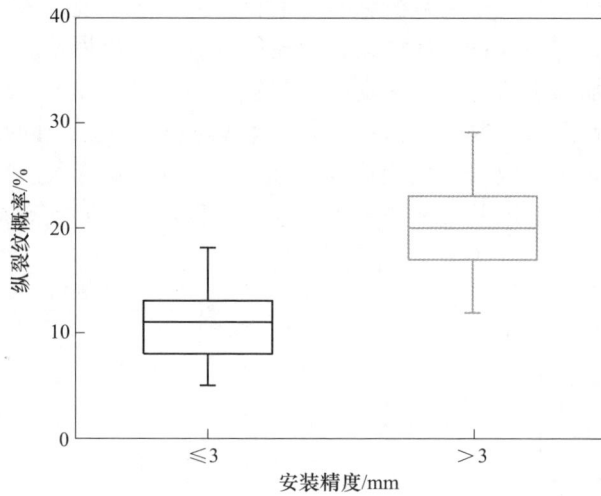

图 5-21　连铸坯表面纵裂纹概率与水口安装精度的关系

辊缝比较差时，连铸坯鼓肚量增大，一般最大鼓肚位置在宽面中心，形成额外的拉应力，加剧了裂纹扩展，如图 5-22 所示。因此，连铸机扇形段辊缝维护和精度控制至关重要。

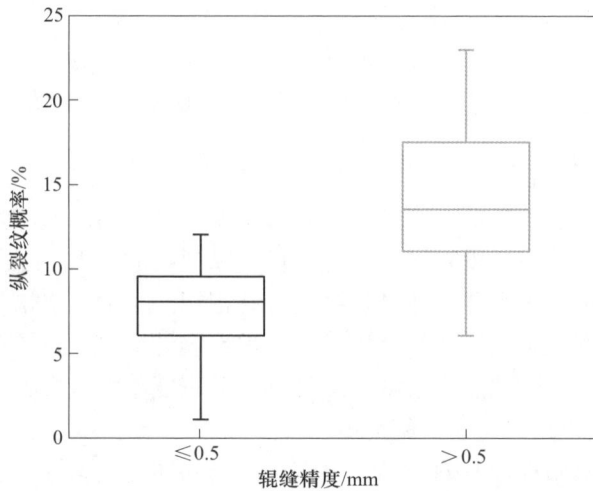

图 5-22　连铸坯表面纵裂纹概率与连铸辊缝精度之间的关系

5.2.2.3　控制措施

A　工艺方面

（1）钢水成分尽量避免处于亚包晶范围，在允许条件下向低碳钢 $[w(C)<0.09\%]$ 或过包晶钢 $[w(C)>0.17\%]$ 调整。

（2）钢水中硫、磷等杂质元素含量要低，保证合适的 Mn/S 比，降低氢含量到 $5×10^{-4}$% 以下。

（3）钢水中间包过热度要控制在合适范围内，一般平均为 $25~30℃$。

（4）结晶器钢水液面波动不超过 ±3 mm。

（5）调整结晶器冷却强度，优化铜板水槽/铜管水缝结构，合理设计结晶器冷却水流量和流速，保证水质。

（6）选择合适的保护渣，针对不同钢种特征协调控制保护渣的传热性能和润滑性能。

（7）二冷强度和均匀性要合理，提高温度分布均匀性，降低连铸坯表面横向拉应力。

（8）提高保护浇铸效果，避免二次氧化和保护渣变性。

B　设备方面

（1）结晶器锥度、厚度和平整度要有保证，水槽尺寸和分布、水缝宽度等要合理，提高坯壳周向传热均匀性。

（2）优化水口结构，减轻液面波动，提高水口安装精度，减少不对称流动引起的传热和保护渣不均匀。

（3）连铸机辊缝精度要有保证，喷嘴堵塞要避免。

5.2.3　网状裂纹

5.2.3.1　特征

连铸坯表面网状裂纹也叫星型裂纹或龟裂纹，由裂纹源向多个方向延伸和扩展，连在一起时像不规则的网格，单独存在时像星光放射状。网状裂纹一般出现在表面，板坯、方坯和圆坯均有发生，如图 5-23 所示。

(a)　　　　　　　　　　　　　(b)

图 5-23　连铸坯的网状裂纹特征

扫码看彩图

与横裂纹和纵裂纹相比，网状裂纹尺寸一般比较小，宽度在 0.1~1 mm，深度在 1~5 mm，跨度在 2~30 mm。网状裂纹通常发生在含 Cu 钢、含 Nb/V/Al 的微合金钢、含 Si 钢、高硫易切削钢和 As、Pb、Sn 等高残余元素钢种之中，大多数钢种并不常见，除非一些特殊工况。对裂纹解剖分析发现，其与粗大奥氏体晶粒相对应，裂纹内部几乎不存在 Na、K 等保护渣特有元素，但仍不能排除其与结晶器初始凝固无关。

5.2.3.2　形成机理与影响因素

网状裂纹的形成原因是热载荷和机械载荷超过了表面基体的允许值，与横裂纹和纵裂纹不同的是，这种载荷不具备明显的方向性。不同钢种连铸坯的网状裂纹具有不同的形成机理。

（1）含 Cu 钢。铜是一种典型的耐候元素，也可以起到析出强化作用，同时可改善冷加工性能和冲击韧性，提高奥氏体稳定性。然而，铜的熔点比较低，约为 1083 ℃，考虑其他合金元素之后还会有所降低。连铸坯在结晶器和二冷区表面温度为 900~1100 ℃，故铜会以液相存在于基体。

连铸坯在二冷区与空气直接接触，高温下会难以避免地发生氧化。由于奥氏体晶界处存在杂质元素，其抗氧化能力较差，一般会优先反应。铜的化学性质比较稳定，其在连铸坯中基本不与氧发生作用，而晶界处的 Fe、Mn 等元素会被氧化，如此条件下，铜在晶界上会越来越富集；当铜含量比较高时，晶界上铜的液膜会降低结合力，当奥氏体晶粒比较粗大时，在热应力或矫直应力作用下易形成裂纹。由于晶界氧化均匀分散，这种变形通常不会集中，因此裂纹走向没有明显特征，而呈网状或星状出现在连铸坯面部。由于角部冷速比较快、温度比较低，矫直时晶界上富集的铜已呈固态，且奥氏体晶粒尺寸也比较小，故一般网状裂纹反而较少。

（2）含 Nb/V/Al 微合金钢。微合金高强度钢连铸坯表面网状裂纹也时有发生。连铸二冷区冷速比较小，Nb(C,N)、VN、V(C,N) 和 AlN 优先在晶界析出，增大了晶界脆性；当奥氏体晶粒比较粗大时，外力作用下很容易开裂，这与角横裂的形成机理类似。不同的是，当连铸二冷制度整体不合理时，连铸坯表面奥氏体晶界均会析出第二相，在热应力或弯曲矫直应力作用下会形成网状裂纹。

（3）含 Si 钢。某些含硅合金钢中，高温时奥氏体晶界的硅与氧结合，形成的二氧化硅与氧化铁的共晶产物（Fe_2SiO_4 和 $FeO\text{-}Fe_2SiO_4$），熔点为 1170~1180 ℃。如果在 1200 ℃以上停留时间比较长，奥氏体晶粒粗化的同时晶界上会出现富 Si 低熔点共晶相，导致晶界处出现凹槽或缺口；在 900~1000 ℃矫直时由于应力应变集中作用而出现网状裂纹[31]，如图 5-24 所示。一些含硅的镍系钢和包晶钢，由于选择性氧化和晶粒粗大，这种裂纹比较明显。

（4）高硫易切削钢。高硫钢通过基体中析出弥散的硫化物提高切削时断屑

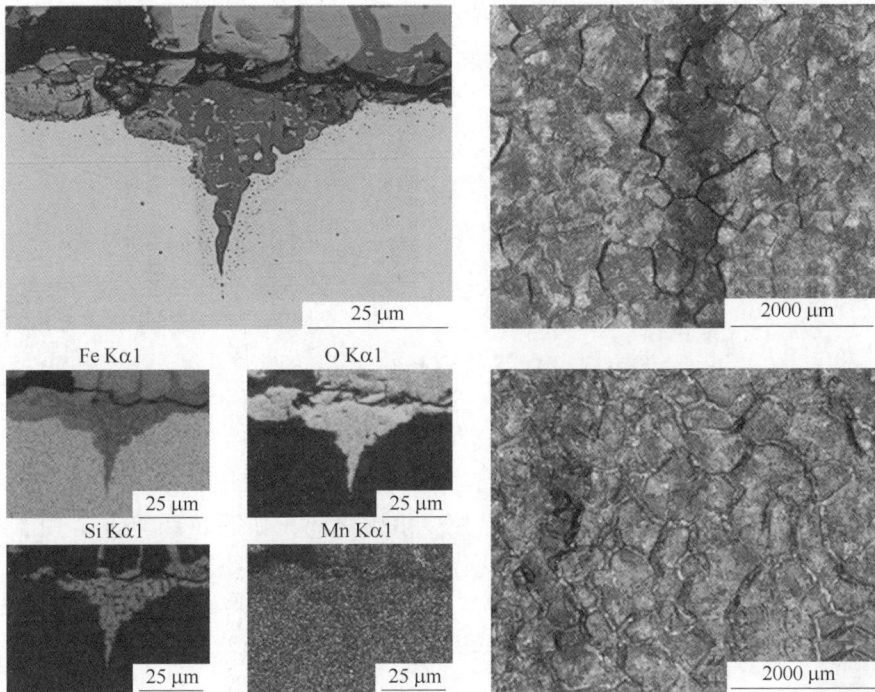

图 5-24 与含 Si 低熔点相有关的网状裂纹

扫码看彩图

能力，减少缠刀，增大切削效率。然而，由于硫的加入，会形成晶间偏析，降低高温塑性，晶粒比较粗大时，在外力作用下容易开裂。高硫钢连铸坯表面网状裂纹一般形成于高温区，例如结晶器铜板/铜管摩擦力、热应力、鼓肚应力和收缩应力，以及足辊锥度不当、转动不良或积渣引起的额外变形等。

（5）高含量残余元素钢种。当钢中残余元素含量比较高时，如 As、Pb、Sn、Sb、Bi 等，由于其熔点比较低，且不易与氧结合，会在奥氏体晶界不断富集，这与铜引起基体脆化的机理类似。某钢厂发现[32]，当 As 含量达到 0.015% 时，网状裂纹比较明显，通过电子探针观察到 As 在奥氏体晶界的富集如图 5-25 所示。

（6）常规钢种。对于常规钢种，连铸坯表面也会发生网状裂纹。这种情况下，裂纹并不是钢种冶炼成分控制引起的，而是结晶器铜板/铜管镀层磨损严重之后，铜渗入连铸坯表面导致的。生产中发现，这往往与铜板/铜管镀层材料和方法、修磨制度、初始锥度、足辊精度等有关。相比之下，亚包晶钢和包晶钢网状裂纹的发生概率相对更大。

连铸坯表面网状裂纹的影响因素很多，主要分为成分和工艺两个方面。

（1）碳含量。与横裂纹和纵裂纹类似，碳含量连铸坯表面对网状裂纹的影

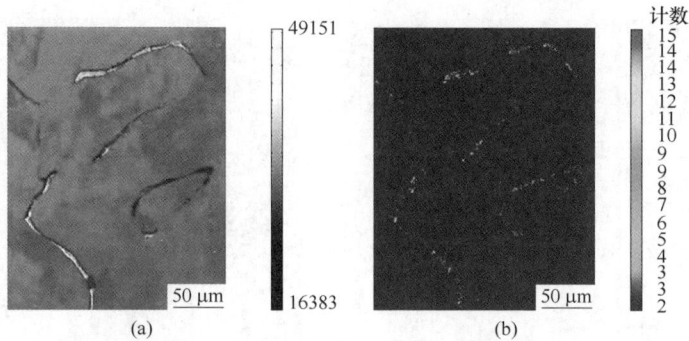

图 5-25　网状裂纹与 As 在 γ 晶界的富集

（a）缺陷区域微观形貌；（b）缺陷区域电子探针分析　　扫码看彩图

响也很显著。国内一些学者研究发现，钢中碳含量在 0.09%~0.12% 时，网状裂纹比例最高，对应于 Fe-C 相图的包晶相变敏感区间，如图 5-26 所示。由于凝固初生铁素体相的比例较高，相变收缩引起的凹陷及进一步形成的粗大奥氏体晶粒为裂纹形成和扩展提供了便利条件。

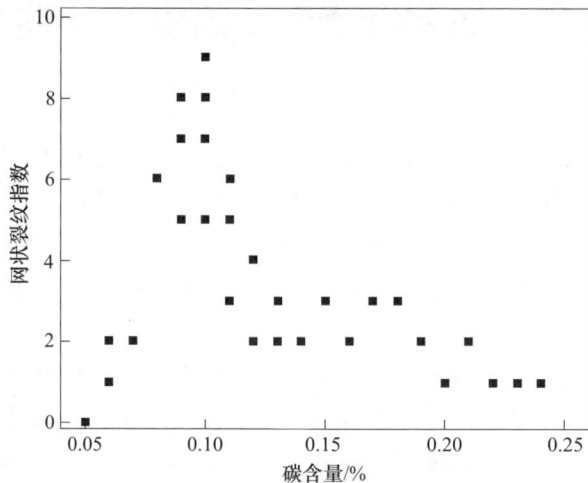

图 5-26　连铸坯网状裂纹与碳含量的关系

（2）Mn/S 比。硫会在晶界处偏析，形成低熔点相，降低基体高温塑性。因此，对于普通钢种，可以提高 Mn/S 比至 30 以上，减少晶界偏聚。对于高硫钢，Mn/S 比可能无法保证，需要在结晶器锥度和冷却、保护渣、足辊精度等方面强化控制。

（3）Al、N 含量。国内学者回归了钢中 Al、N 含量与连铸坯网状裂纹指数的关系。随着钢中 Al 和 N 的含量增加，裂纹指数都逐渐增大。图 5-27 为钢中

［Al］·［N］与裂纹指数的关系，当［Al］·［N］>30×10^{-9}时，裂纹指数明显增加。即当钢中的 Al 含量为 0.03%～0.05% 时，为避免钢中 AlN 析出对网状裂纹的影响，钢中［N］含量应控制在 60×10^{-4}% 以下。

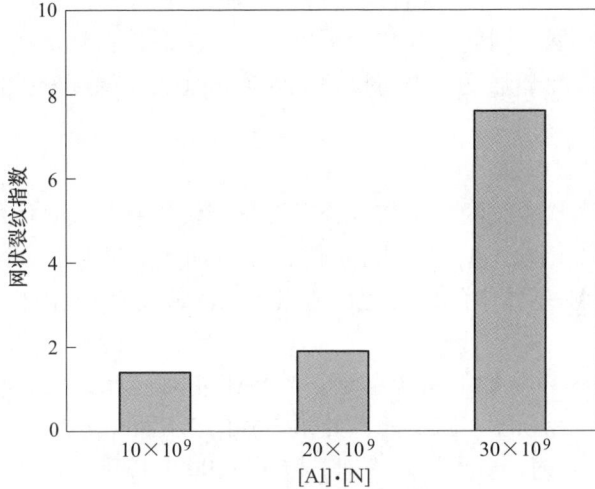

图 5-27　连铸坯网状裂纹指数与铝氮浓度积的关系

（4）V 含量。V 是高强韧钢中的主要微合金元素，但 V 在钢中会以 VN 或 V(C,N) 形式在晶界析出，降低基体塑性，增加连铸坯裂纹敏感性。某含 N 高强钢中 V 含量与网状裂纹指数的关系如图 5-28 所示。随着钢中 V 含量的增加，连铸坯的裂纹指数显著增加。

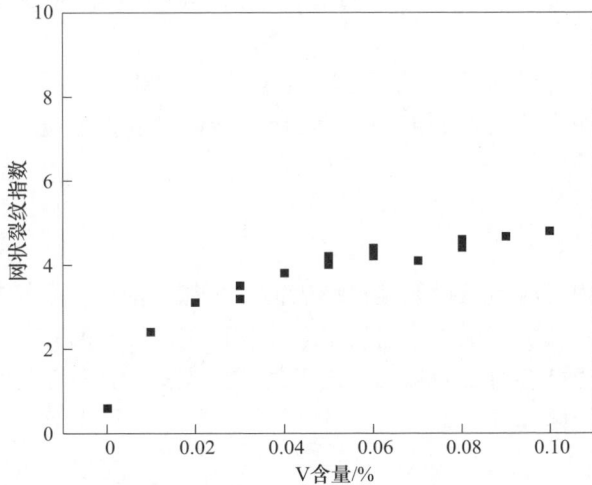

图 5-28　连铸坯网状裂纹指数与钒含量的关系

（5）二冷强度。由于钢中含有 Nb、V、Al 等强碳氮化物形成元素时，连铸二冷强度过大或连铸坯横向的冷却不均匀，易在奥氏体晶界析出碳氮化物，显著增大第Ⅲ脆性区的宽度和深度，提高连铸坯形成网状裂纹的概率。当连铸坯受到的热应力、鼓肚应力、弯曲/矫直应力等超过临界值时，将在坯壳薄弱处萌生裂纹或促进裂纹的扩展。因此，为减少析出数量、提高连铸坯的高温塑性和温度分布的均匀性，降低冷却强度、提高拉矫机处连铸坯表面温度对控制网状裂纹是有利的。

5.2.3.3　控制措施

连铸坯表面网状裂纹的控制与成分和设备因素均有关，具体如下：

（1）对于含 Cu 钢，建议控制在下限；还可加入适量的 Ni 元素，能够形成高熔点相并提高 Cu 在基体中的溶解度；适当提高冷速使 Cu 以固相存在，也可以降低裂纹倾向。

（2）对于含 Nb/V/Al 的微合金钢，其析出相对应元素的含量也建议控制在下限，同时降低二冷强度，减少晶界处第二相的析出量，改善热塑性。

（3）对于含 Si 钢，适当提高冷速，降低 1200 ℃以上的停留时间；一定的 Al 含量对控制裂纹也有一定作用。

（4）对于高硫易切削钢，一方面控制硫含量靠近下限，另一方面提高设备精度，优化冷却。

（5）控制残余元素含量，将低熔点无害元素总和控制在 $100×10^{-4}$% 以内。

（6）提高结晶器锥度设计合理性，减少振动偏摆，提高镀层质量，规范结晶器修磨制度，合理设定足辊锥度，避免铜板/铜管向坯壳渗铜。

（7）优化碳含量，避开裂纹敏感区；提高 Mn/S 比至 30 以上，减少第Ⅱ脆性区影响。

（8）合理设计二冷强度，尤其是同时含有 Cu、Nb、Al 的钢种，不能过大也不能过小，既要减少 Cu 的液相比例，强化二冷；又要抑制碳氮化物析出，减小水量。

5.2.4　凹陷

凹陷一般出现在亚包晶钢的连铸坯表面，可能是横向，也可能是纵向。对于一些保护渣设计不良的工况，连铸坯也会出现凹陷。凹陷直接影响轧材和锻材的质量，某些凹陷底部会有表面裂纹、皮下裂纹或夹渣，热加工之后产品会出现重皮、分层或开裂缺陷。

5.2.4.1　特征

凹陷是连铸坯表面的凹坑，无规则形状，尺寸变化范围大，宽度可能在 3～50 mm，深度一般在 1～5 mm，长度一般为 10～5000 mm，甚至更长。根据凹陷长轴延伸方向，可分为横向凹陷和纵向凹陷。图 5-29（a）为典型的横向凹陷和偏离角纵向凹陷，图 5-29（b）为宽面中心纵向凹陷和偏离角纵向凹陷。

(a)　　　　　　　　　　　(b)

图 5-29　连铸坯表面凹陷特征

(a) 横向；(b) 纵向

扫码看彩图

　　现有研究认为，凹陷形成于结晶器中，与初始凝固行为密切相关，常出现在碳当量在 0.09%~0.15% 的亚包晶钢或 304 不锈钢之中，与 $\delta \rightarrow \gamma$ 包晶相变及其收缩、坯壳不均匀生长、液面波动等因素紧密相关。

5.2.4.2　形成机理与影响因素

A　横向凹陷

　　横向凹陷可能分布在宽度方向的任何位置，长轴与拉坯方向垂直，可能周期性出现，也可能偶尔出现。横向凹陷起源于结晶器的初始凝固（见图 5-30），与液面波动直接相关。连铸过程中，当液面下降时，原弯月面处温度降低，周向渣圈增大；当液面上升时，原渣圈存在，弯月面处新生坯壳会受到挤压，进而形成横向凹陷。如果液位周期性变化，则横向凹陷间隔也会有一定规律；如果是偶然性变化，当渣圈熔化之后，或液位再次降低，横向凹陷也会消失。对于亚包晶钢，一方面由于相变收缩本身会产生凹陷，另一方面其液面波动也比其他钢种显著，故横向凹陷相对严重。

　　当然，对于没有渣圈的情况，液位变化也会引起横向凹陷。当结晶器液位突然下降时，弯月面位置下移，渣道压力平衡被破坏，引起保护渣周向流入量不稳定，坯壳传热不均匀，容易出现横向凹陷。当液位突然上升时，新弯月面下方会出现一定深度的钢水，该处坯壳并非从弯月面形成之后随拉坯逐渐冷却，而是通过与结晶器换热直接凝固形成，因此比较薄；同时，液面上升时保护渣流入量瞬

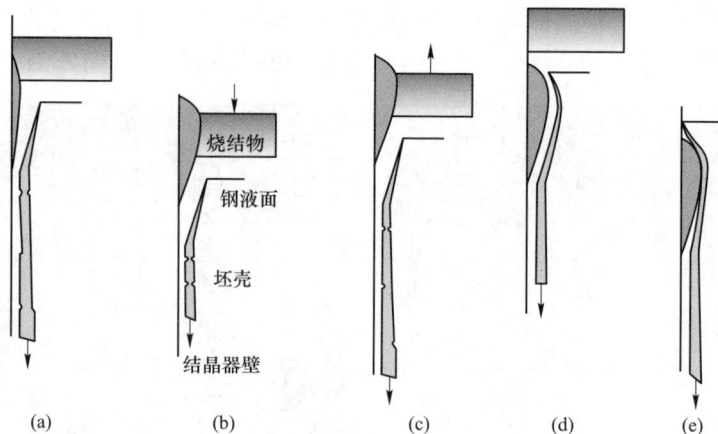

图 5-30　渣圈引起的连铸坯表面凹陷

（a）正常工况；（b）渣圈增大并挤压弯月面；（c）渣圈随结晶器振动脱离弯月面；
（d）液面上升时渣圈导致弯月面处形成凹陷；（e）初始凹陷随拉坯下移并保留下来

间减小，容易形成气隙，热流密度降低，由于热收缩和结晶器振动对坯壳的挤压作用，因此会在最薄弱的地方出现凹陷。横向凹陷有时与横裂纹共生，与应力应变集中和晶粒粗大等有关。

B　纵向凹陷

对于板坯，表面纵向凹陷可能出现在宽面中心或偏离角；对于方坯，出现在偏离角居多；对于圆坯，可能出现在圆周任意位置。对于板坯宽面中心的纵向凹陷，实际上与纵裂纹形成机理类似。由于板坯多采用双侧孔水口，宽面中心为两窄面回流交汇处，钢水温度较低且流场不稳定，影响保护渣熔化和填充，当该位置出现气隙时，热流密度降低，坯壳厚度减小，热收缩和相变收缩作用下会出现凹陷；另外，由于水口的存在，液面上宽面中心处钢水相对较少，工艺不当时容易导致热量不足，可能出现渣圈或结壳，直接影响弯月面初生坯壳的均匀性和平整度。整体来说，板坯宽面中心纵向凹陷与钢水流场、温度和保护渣相互作用有关，严重时会引起纵裂纹。

对于板坯和方坯的偏离角纵向凹陷（见图 5-31），其形成机理在纵裂纹相关章节中已经阐述，是角部二维传热显著收缩导致的气隙降低了偏离角处热流密度，进而在结晶器锥度不当时会形成纵向凹陷。一般情况下，偏离角纵向凹陷可能伴随着表面裂纹或皮下裂纹。

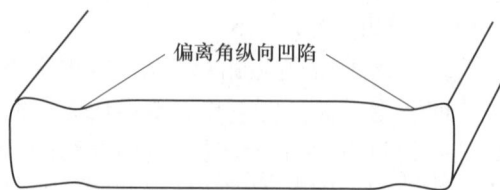

图 5-31　板坯的偏离角纵向凹陷特征

圆坯的纵向凹陷与结晶器冷却均匀性、流场对称性和保护渣流入稳定性有直接关系。当结晶器水缝宽度不均匀时，直接导致坯壳厚度不均匀；当水口对中度不好时，钢水流场不对称，一方面引起热量分布不均匀，另一方面保护渣熔化和填充也不均匀；当液面波动较大时，保护渣流入稳定性下降，出现气隙时会导致局部坯壳变薄，对于亚包晶钢，本身凝固过程中会有额外的相变收缩，故容易出现纵向凹陷。

C　影响因素

根据现有研究结果，与凹陷有关的连铸工艺参数包括：钢种特性、过热度和拉速、结晶器液位波动、结晶器冷却制度、保护渣性能，设备参数包括：结晶器铜板、二冷导辊、喷嘴等，这里统一讨论。

（1）钢种成分。对于碳含量在 0.09%~0.15% 的亚包晶钢，其凝固初生铁素体比例较大，凝固末期会发生 $\delta \rightarrow \gamma$ 的包晶相变，引起额外的体积收缩，会导致坯壳凹凸不平，进而在薄弱处形成凹陷。

（2）过热度。过热度较高时容易造成板坯窄面及宽面角部坯壳过薄，容易导致偏离角凹陷；同时，中间包钢水过热度波动过大，保护渣熔化和填充的均匀性和稳定性变差，导致坯壳不均匀，产生凹陷概率增加。过热度太低，保护渣熔化均匀性也会受影响，同样引起横向凹陷。

（3）拉速。拉速较高时，水口流股对连铸坯内表面冲击过强，一方面直接导致该位置坯壳厚度减小，容易发生纵向凹陷；另一方面增大液面波动，降低保护渣熔化和流入均匀性，也会使横向凹陷概率增加；另外，随着拉速的提高，板坯二冷区坯壳温度升高，可能因窄面冷却强度不够导致外凸而产生偏离角凹陷。高拉速时宽面鼓肚量增大，不仅会加剧液面波动，也会增大横向凹陷和宽面中心纵向凹陷的倾向。拉速过低时，保护渣熔化不良，也可能引起凹陷。

（4）结晶器和足辊锥度。铜板/铜管锥度过小或过大都易导致出现偏离角凹陷，对于板坯，一般有凹陷的连铸坯基本都伴随着窄面鼓肚，窄面锥度过小可能是一个重要原因。足辊锥度过小的连铸坯会鼓肚，过大会挤压铸坯，都易诱导偏离角凹陷发生。

（5）结晶器流场与浸入式水口参数。浸入式水口出口的流股既要有效地活跃结晶器液面，促进保护渣熔化，又不能对窄面冲击过强；如果在结晶器窄面及宽面角部造成过强的翻涌，致使这些区域的保护渣液渣层变薄、流入不足，容易形成偏离角凹陷。浸入式水口出口倾角太小，流股冲击点靠上，引起液面紊流，液态渣不能均匀流入；出口倾角太大，流股冲击点靠下，会导致液面不活跃，还可能冲刷角部。水口插入深度过大时对坯壳的均匀生长不利，过小则引起液面波动加剧。如果出现水口对中不良，安装位置偏向内弧或外弧，一方面会使受冲击部位的坯壳重熔，造成坯壳厚度不均，出现局部应力集中而产生纵向凹陷，甚至漏钢；另一方面，也会影响结晶器保护渣熔化，降低坯壳厚度均匀性。此外，快换水口安装不正时容易吸气，造成二次氧化和结瘤，影响流场和凝固均匀性。

（6）结晶器液位波动。拉速不稳、塞棒失控及操作不当等会造成结晶器钢水液面波动大，事实证明，结晶器液位波动超过±5 mm 时，将造成弯月面处液位比较明显地上涨和下落，影响保护渣流入，导致坯壳厚度不均匀。

（7）保护渣。弯月面处流入结晶器与坯壳之间的液态保护渣随着温度降低逐渐固化，水平方向上形成固液过滤结构，从而使液渣流入更稳定、更充分，对减小气隙热阻有利。因此，保护渣的理化性能需要与连铸工艺参数相匹配，尤其是要保证一定的液渣层厚度。当液渣层太薄（如小于 10 mm）时，会造成液渣供应不足、填充不良，造成坯壳传热不均匀，凹陷倾向增加，如图 5-32 所示。

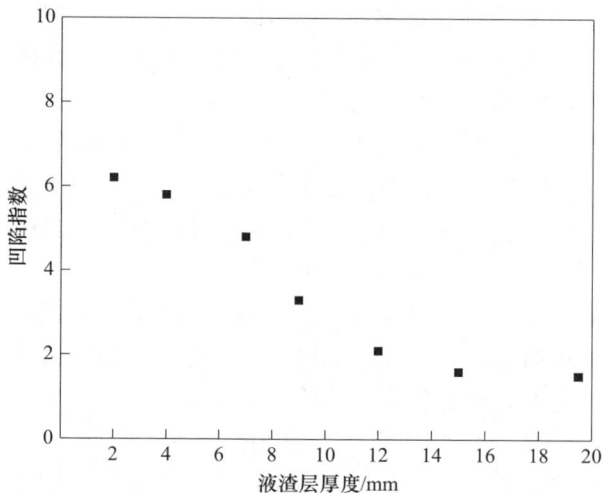

图 5-32　板坯凹陷特征与液渣层厚度的关系

浇铸过程中，保护渣会沿着板坯结晶器四周形成渣圈，渣圈对液渣的流入行为和凹陷形成具有重要影响。渣圈大小与保护渣的烧结温度区间有关，因此当保护渣理化性能不合适时，特别容易引发凹陷。保护渣黏度过大或过小均会影响液渣的流动性，导致渣膜不均匀，促使凹陷发生。另外，保护渣结晶性能会影响结晶器热流密度，与坯壳均匀性也有关系，最终影响凹陷程度。

（8）冷却制度。现场观察到，结晶器冷却强度较大时，连铸坯的凹陷程度明显加重。因此，适当降低结晶器冷却水量，可抑制坯壳过早收缩，减小初生坯壳受到的热应力，可改善连铸坯凹陷。

对于二冷来说，如果板坯窄面二冷水不均匀且分布在中间，或者喷水过多造成冷却强度过大，导致窄面急剧收缩，易形成偏离角凹陷。若足辊段和弯曲段冷却较弱或喷嘴堵塞严重，会加剧鼓肚和液面波动，也会引起凹陷。

（9）辊子转动和积渣。二冷区足辊转动不良，导致保护渣在连铸坯与足辊之间堆积，一方面会挤压坯壳形成纵向凹陷，另一方面还可能影响冷却，这都会使凹陷程度增大。

（10）铜板/铜管工作状态。若结晶器铜板/铜管磨损严重，内表面变形及划伤明显，连铸坯在结晶器内会传热不均匀，易产生凹陷。结晶器水槽/水缝尺寸决定着结晶器的冷却效果，因此对其控制精度有较高的要求。一些企业发现，连铸坯凹陷与铜管装配精度不够或水套变形等有直接关系。

（11）结晶器电磁搅拌。电磁搅拌会引起钢水水平方向旋转流动，当搅拌功率过大时，会使周向热流密度发生变化，这对偏角部凹陷有一定的影响。适当降低结晶器电磁搅拌功率，有利于减少凹陷。

5.2.4.3　控制措施

（1）成分调控，减少包晶相变收缩量，通过 C、Si、Mn、Cr、Mo 等元素对碳当量或包晶特征点的影响来优化成分。

（2）过热度合适，一般控制在 25~35 ℃，可根据不同钢种进行适当调整。

（3）拉速合理，如果拉速增幅超过 30%，有必要进行冷却、流场和保护渣等参数优化。

（4）水口结构与插入深度设计，以活跃液面钢水、降低液面波动、提高坯壳厚度均匀性为综合指标，不同断面结构和尺寸进行针对性设计；另外，水口安装对中性要有保证。

（5）保护渣选择要合理，熔化温度、黏度、碱度和连铸工艺参数要匹配，保证液渣层厚度不小于 10 mm。

（6）结晶器锥度要合适，不能过大挤压坯壳，也不能过小导致坯壳鼓肚；铜板/铜管工作状态要有保证，内表面平整光滑，修磨制度合理，安装对中。

（7）结晶器液面波动要不超过±3 mm，与钢种、拉速、水口、断面、冷却和设备精度等都有关；结晶器振动参数要合理，避免黏结，减小振痕深度，改善保护渣填充能力。

（8）结晶器冷却不能太强，避免坯壳厚度不均匀；二冷不能太弱，抑制鼓肚和变形。

（9）设备精度要有保证，如扇形段对弧、辊缝精度、喷嘴堵塞状态、辊子转动情况等，避免足辊积渣。

（10）结晶器电磁搅拌功率要适中，板坯电磁制动或电磁加速要合理。

5.2.5　深振痕

5.2.5.1　特征

深振痕是指连铸坯振痕深度超过一定范围而影响产品质量的一种缺陷。一般来说，由于振动和液面波动，连铸坯表面会不可避免地出现振痕。当振痕深度较小（不超过 0.5 mm）时，由于连铸和加热过程的氧化作用，以及基体变形的协调能力，通常不会引起产品缺陷。当振痕深度较大（超过 1.0 mm）时，遗传到产品表面会形成重叠、分层和裂纹等缺陷，严重时引起产品报废。

图 5-33 为某方坯表面的深振痕形貌，实测可以达到 1.5~2.0 mm，需要修磨才能进行热加工，否则会出现产品质量缺陷。深振痕在连铸方坯、圆坯和板坯中都可能发生，可能出现在宽面，也可能出现在窄面，有时会同时出现。相对来说，亚包晶钢和 304 不锈钢连铸坯表面深振痕比较深，在工艺参数不当时，更容易出现深振痕缺陷。深振痕底部还可能存在裂纹和夹渣，也会影响加工和服役性能。

扫码看彩图

图 5-33　某方坯表面深振痕形貌

5.2.5.2　形成机理和影响因素

振痕的形成机理主要分为溢流和凹陷两种，分别对应于钩痕和凹痕。深振痕也不外乎这两种基本形式，不同的是，它还受到其他因素的作用，如保护渣、液面波动、拉速、过热度、冷却和振动参数不合理等，当然还与钢种有关。

（1）钢种成分。图 5-34 为不同碳含量钢种连铸坯表面振痕深度。由图中可见，0.09%~0.15%亚包晶钢连铸坯表面振痕度最大，可达 0.5 mm 以上；低碳钢 $[w(C)<0.09\%]$ 和过包晶钢 $[w(C)>0.17\%]$ 振痕深度较小，为 0.2~0.4 mm。亚包晶钢初始凝固过程会伴随着包晶相变，引起额外的体积收缩和液面波动，会促进深振痕的形成。

（2）振动参数。结晶器振动参数对振痕深度也有直接影响。根据已有结果，振痕深度与负滑脱时间成正比。负滑脱时间则取决于振动频率和振幅，振动频率越大，振动周期越小，负滑脱时间也越短，振痕深度减小；振幅越大，负滑脱时间越长，振痕深度越大。图 5-35 为振痕最大深度与振动参数的关系，完全符合上述规律。相比之下，振幅比振频的影响更显著。

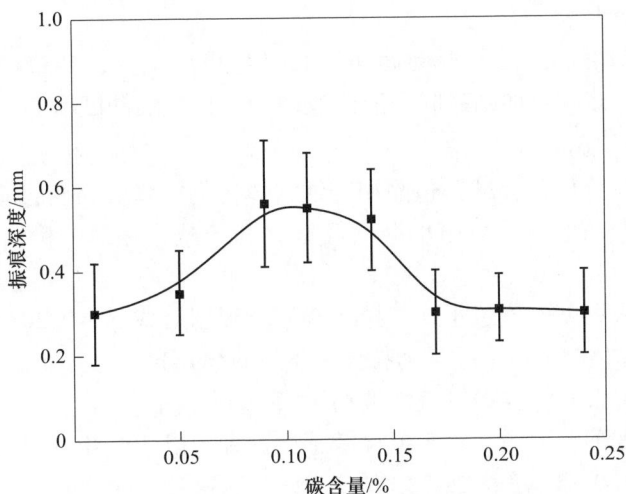

图 5-34　连铸坯振痕深度与碳含量的关系

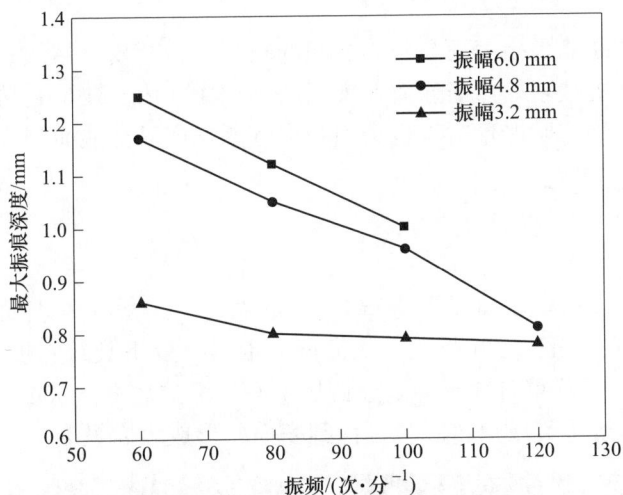

图 5-35　连铸坯最大振痕深度与振动参数的关系

（3）保护渣性能。结晶器保护渣性能与振痕深度有着密切关系，大量试验数据显示，振痕深度与保护渣黏度的平方根成反比。一定范围内，黏度越大，振痕深度越小。然而，黏度不能过大，否则影响液渣的流动性。

（4）拉速、过热度和结晶器冷却。拉速提高，一方面导致通钢量增大，液面波动加剧，振痕深度增大；另一方面弯月面坯壳变薄，拉坯和钢水静压力作用下，振痕会平整化，深度会减小。过热度对振痕的影响也体现在初生坯壳厚度方面，高过热度下，坯壳厚度减小，振痕深度减小；结晶器冷却强度增大，坯壳增厚，振痕深度增大。

（5）设备精度。结晶器振动偏摆过大时会挤压坯壳，导致振痕加深；二冷区扇形段精度不够时会加剧鼓肚，液面波动增大，振痕深度增加。

5.2.5.3　控制措施

（1）钢种成分优化，减小包晶相变铁素体比例，降低相变收缩量。

（2）优化振动参数，高频小振幅策略有利于减小振痕深度，配合非正弦模式效果更好。

（3）保护渣黏度不能过小，与拉速匹配。根据公式 $\eta v = 0.20 \sim 0.35$ 选择，其中 η 为保护渣黏度（Pa·s），v 为拉坯速度（m/min）。

（4）拉速过大时需要控制液面波动至 ±3 mm 以内。

（5）过热度不宜太低，对于振痕敏感性钢种，以 30~40 ℃ 为宜。

（6）结晶器冷却不宜太强，以弱冷为好。

（7）结晶器振动偏摆小于 0.5 mm，二冷区扇形段精度控制在 ±0.5 mm 以内。

5.3　连铸坯内部缺陷与控制

连铸坯内部缺陷是指表面与中心之间的缺陷，包括皮下裂纹、皮下气孔、中间裂纹和凝固组织缺陷等。与连铸坯表面缺陷相比，内部缺陷直接引起报废的概率不大，但当缺陷非常严重时，也会因为大幅恶化产品性能而判废。

5.3.1　皮下裂纹

5.3.1.1　特征

皮下裂纹是连铸坯表面以下 3~30 mm 的裂纹，一般在外表面观察不到，解剖之后才能看到，如图 5-36 所示。从横截面上看，皮下裂纹宽度在 0.5~2 mm，深度在 5~30 mm，严重时会延伸到连铸坯中心，沿拉坯方向跨度为 5~5000 mm，甚至更大。某些皮下裂纹严重时会延伸到表面，形成表面纵裂。

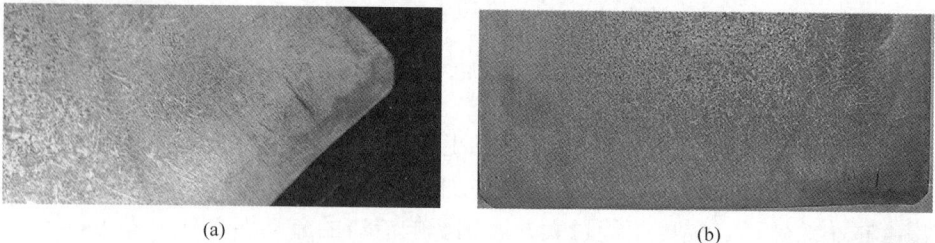

(a)　　　　　　　　　　　　　　　　(b)

图 5-36　连铸坯皮下裂纹特征

扫码看彩图

皮下裂纹多出现于板坯和方坯的偏离角处，距正角部 10～30 mm，与偏离角凹陷多相伴而生。浸蚀观察发现，皮下裂纹多沿着枝晶间扩展，延伸方向与凹陷表面垂直。对于圆坯，皮下裂纹可能出现在圆周上的随机位置，通常也与纵向凹陷共生。

5.3.1.2 形成机理和影响因素

绝大多数的皮下裂纹都与凹陷有关，对于板坯和方坯，一般与偏离角凹陷对应。当出现偏离角凹陷时，凝固前沿受到拉应力和拉应变，由于两相区可以承受的临界变形很小，因此很容易开裂；裂纹在两相区形成之后向表面扩展，到完全固相的区域停止，该处基体有一定的塑性，可以缓解应力应变集中。当然，对于凹陷非常严重的情况，皮下裂纹可能进一步扩展到表面，低倍下观察会判定为偏离角纵裂纹。

对于圆坯，皮下裂纹也与凹陷相对应，同时还可能与回温有关。如果足辊区水量比较小，表面回温时凝固前沿会受到拉应力，凹陷会引起应力应变集中而开裂。这种情况下，由于连铸坯表面温度一般在 1000～1100 ℃，固态坯壳已经具有一定的塑性，故裂纹不会扩展到表面。

影响连铸坯皮下裂纹与纵向凹陷的因素类似，也略有不同，具体分析如下：

(1) 钢种成分。亚包晶钢凝固末期会发生 $\delta \rightarrow \gamma$ 包晶相变，引起额外的体积收缩，会导致坯壳周向厚度不均，容易形成纵向凹陷和皮下裂纹。

(2) 过热度和拉速。过热度较高时容易导致偏离角凹陷和裂纹；高拉速条件下，液面波动增加，保护渣熔化和流入均匀性降低，凹陷和裂纹比例增加；高拉速时板坯窄面外凸增大，也会容易引起偏离角皮下裂纹。

(3) 水口参数。浸入式水口出口倾角太小，引起液面紊流，液态渣不能均匀流入；出口倾角太大，会导致液面不活跃，还可能冲刷角部。水口插入深度过大时对坯壳均匀生长不利，过小则引起液面波动加剧。水口直接影响结晶器流场和液面波动，进而形成凹陷和皮下裂纹。

(4) 保护渣。保护渣性能要与钢种和连铸工艺参数匹配，液渣层过薄时容易导致坯壳周向凝固不均匀而形成凹陷和皮下裂纹。

(5) 结晶器冷却。结晶器冷却太强时，角部收缩更大，偏离角凹陷更严重，皮下裂纹更明显。

(6) 结晶器和足辊锥度。结晶器和足辊锥度过小或过大，都易导致偏离角凹陷和皮下裂纹。

(7) 设备情况。铜板/铜管角部和表面传热均匀性，影响角部收缩和变形；足辊转动不良，保护渣堆积，会挤压坯壳形成纵向凹陷和皮下裂纹。

5.3.1.3 控制措施

(1) 钢种成分优化，减小包晶相变收缩量。

（2）过热度适当降低到 25~35 ℃范围内，高拉速液面波动要控制在±3 mm以内。

（3）浸入式水口结构要合理，水口倾角和插入深度要匹配设计。

（4）保护渣性能要合适，满足钢种和连铸工艺条件要求。

（5）结晶器以弱冷为主。

（6）结晶器和足辊锥度要合适。

（7）铜板角部水槽设计要保证坯壳周向温度和凝固均匀性，铜管角部和表面水缝宽度比例要合理，足辊转动正常，杜绝积渣。

5.3.2　皮下气孔

5.3.2.1　特征

皮下气孔是连铸坯表面以下 2~30 mm 出现的球状或沿着柱状晶生长方向的柱状孔洞，如图 5-37 所示。某些情况下，皮下气孔与连铸坯表面连通，形成若干表面气孔或针孔，通常皮下气孔的直径为 1~3 mm、深度为 10~50 mm。皮下气孔可能出现在方坯、圆坯和板坯的表层，主要是由 CO、H_2、N_2 和 Ar 形成的气泡。

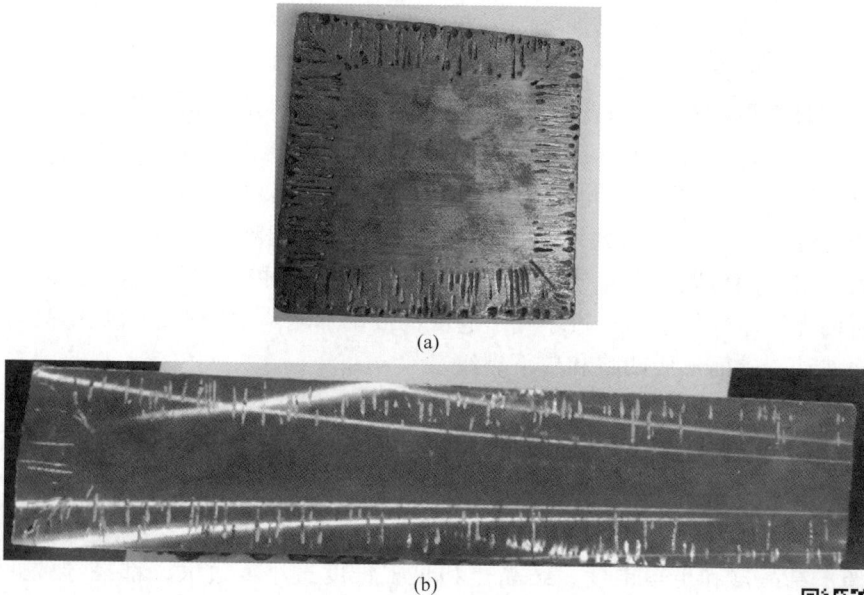

(a)

(b)

图 5-37　连铸坯皮下气孔特征
(a) 方坯；(b) 板坯

扫码看彩图

含有皮下气孔的连铸坯在加热炉中与氧气接触时，一些与外界连通的气孔会使氧渗入到基体深处，导致轧制产品表层开裂和分层，影响服役性能。

5.3.2.2 形成机理和影响因素

皮下气孔是在结晶器或足辊区形成的，其根本原因是凝固过程中气体元素溶解度降低形成气泡，而固液界面推进较快，气泡来不及扩散，就形成了与热流密度方向平行的柱状孔洞。结晶器内强制对流换热，坯壳内部钢水温度下降至接近液相线，气体元素形成的气泡可以上浮去除，二冷区凝固时无气泡出现。不同类型的皮下气孔，其形成机理也不同。

（1）CO 型皮下气孔。早期时，对于一些低碳钢，由于钢水脱氧不良，凝固冷却过程中 C 与 O 的溶解度减小，二者反应生成 CO 气泡，被凝固前沿捕捉，形成与柱状晶生长方向平行分布的皮下气孔。观察发现，CO 型皮下气孔多呈球状。研究证明，当采用铝脱氧时，Al 含量大于 $80×10^{-4}$% 就可以避免 CO 皮下气泡形成。现代洁净钢冶炼工艺下，CO 型皮下气泡已很少。

（2）H_2 型皮下气孔。当钢水脱氢不良、渣或耐材水分较高时，结晶器内钢水温度迅速下降，H_2 气泡来不及逸散，被凝固界面捕捉，形成了枝晶间的皮下气孔。当钢水中的氢含量高于 $6×10^{-4}$% 时，出现皮下气泡倾向极大；低于 $10×10^{-4}$% 时，对应的皮下气孔多呈球状；高于 $10×10^{-4}$% 时，皮下气孔呈柱状，如图 5-37 所示。

（3）N_2 型皮下气泡。N_2 气泡多出现在含 Ti 不锈钢，与保护渣结鱼或结壳有关。钢水中的 Ti 与保护渣反应生成 TiN，随后又与 Fe_2O_3 反应生成 N_2，反应式如下：

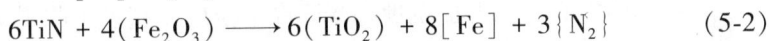

$$[Ti] + [N] \longrightarrow TiN \tag{5-1}$$

$$6TiN + 4(Fe_2O_3) \longrightarrow 6(TiO_2) + 8[Fe] + 3\{N_2\} \tag{5-2}$$

N_2 气泡在渣金界面上被坯壳捕捉，会在皮下出现气孔。

此外，N_2 气泡还可能出现在高氮钢（如某些不锈钢），当钢水温度降低时溶解度下降，气泡被凝固前沿捕捉。N_2 型皮下气泡一般呈球状。

（4）Ar 型皮下气泡。板坯连铸过程中塞棒和水口吹氩进行保护，当氩气流量比较大时，气泡随流股撞击到窄面被凝固前沿捕捉，形成皮下气泡，多呈球状。

5.3.2.3 控制措施

（1）炼钢过程中脱氧完全，通过 Al、Si、Mn 等脱氧剂降低钢水中的总氧含量至 $30×10^{-4}$% 以下。

（2）钢水要真空脱氢，潮湿季节真空时间要大于 20 min，将氢含量降低至 $3×10^{-4}$% 以下；现场生产中覆盖剂、保护渣、耐材使用前要充分烘烤，降低水分含量。

（3）提高含 Ti 钢保护渣吸收夹杂物性能，稳定液面，加强 N_2 气泡逸散；高氮钢提高钢水中 N 的溶解度，将 N 含量控制在下限。

（4）合理控制吹氩流量，可采用电磁制动技术，减少 Ar 气泡到窄面的动能和概率。

5.3.3 中间裂纹

5.3.3.1 特征

中间裂纹是位于连铸坯表面和中心之间的裂纹，板坯、方坯和圆坯都可能出现。中间裂纹一般与外表面垂直，走向可能比较平直规整，也可能崎岖歪扭，如图 5-38 所示。对于不同钢种和断面，中间裂纹宽度为 0.1~0.5 mm，深度为 10~100 mm，沿拉坯方向跨度可达 10~1000 mm，甚至更大。

图 5-38　连铸坯中间裂纹

当中间裂纹评级不超过 1.5 级时，一般对产品影响不大；当中间裂纹达到 2.5 级甚至更高时，其产品中就容易出现分层、开裂或探伤不合问题，这时就务必要关注和控制。

5.3.3.2 形成机理和影响因素

连铸坯中间裂纹的形成机理是凝固前沿拉应变超过了临界值。对于实际拉应变，可能与热变形和机械变形有关。由于方坯和圆坯的夹持辊比较少，一些连铸机只有外弧的支撑辊，故机械变形可以忽略，热应变起主要作用；板坯连铸扇形段辊列排布比较密集，机械应变和热应变对中间裂纹均有影响。对于临界应变，其直接与钢种成分有关，尤其是易偏析的 P、S 等。中间裂纹发生于第 I 脆性区，凝固前沿的临界应变很小，一般在 0.2%~0.4%。当使用凝固末端轻压下工艺时，压下量比较大且压下位置比较靠前，也会出现中间裂纹，也叫压下裂纹，本质上也是一种机械应变裂纹。

板坯中间裂纹的影响因素包括成分因素、工艺因素和设备因素三个方面，下面进行具体分析。

A 成分因素

成分因素主要是不同合金元素对裂纹形成临界应变的影响，公式如下：

$$\varepsilon_{C} = \frac{\varphi}{\dot{\varepsilon}^{m} \Delta T_{B}^{n}} \tag{5-3}$$

式中，ε_{C} 为临界应变；φ、m、n 为常数；ΔT_{B} 为脆性温度区宽度，℃。

　　由此可见，当碳含量和合金含量越高时，凝固两相区宽度越大，对应的脆性温度区越宽，内部裂纹发生概率越大。

　　对于杂质元素 S、P 比较高的钢种，凝固两相区也会变宽，尤其是 ZDT 与 ZST 之间的脆性区间会变大，裂纹敏感性提高。图 5-39 为不同 Mn/S 比条件下不同碳含量钢种凝固前沿开裂的临界应变[33]。对比发现，当 Mn/S 比越大，临界应变越大；碳含量越大，临界应变越小。

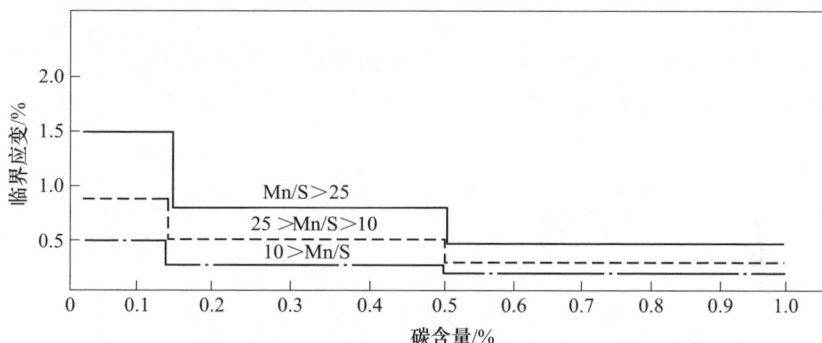

图 5-39　凝固前沿裂纹形成临界应变与碳含量和 Mn/S 比的关系

B　工艺因素

　　工艺因素主要是二冷区表面回温的影响。当连铸坯表面回温时，凝固前沿会出现拉应力，进而诱导中间裂纹的形成。实际生产中，为提高坯壳生长均匀性并使矫直时避开脆性温度区，国内某些企业连铸二冷比水量比较小，且喷淋强度在某两扇形段之间的界面梯度较大。由回温引起的热应变可由下式计算：

$$\varepsilon_T = \alpha \cdot \Delta T \tag{5-4}$$

式中，α 为热膨胀系数，取 $2 \times 10^{-5}\,℃^{-1}$；ΔT 为表面回温，℃。

C　设备因素

　　影响连铸坯中间裂纹的设备因素是辊缝精度、对中精度和矫直方式等。由于连铸机扇形段结构刚度或安装、维修精度问题，其辊缝和对中难以避免地出现偏差，如图 5-40 所示。现场通常采用辊缝和对弧精度评价连铸坯变形和鼓肚倾向，一般要求均不超过 ±0.3 mm 和 ±0.5 mm。当连铸坯表面出现鼓肚或变形时，凝固前沿会出现拉应力，直接增大了中间裂纹的倾向。

a　辊缝偏差变形

　　实际上，直接采用辊缝整体偏差计算两相邻辊子之间的鼓肚量是比较粗糙的，因为可能存在如图 5-41 所示的两种辊缝偏差形式。对于图 5-41（a）中的辊缝，其相邻辊子之间辊缝差异较小，根据图 5-40 中三对辊鼓肚模型，其鼓肚量

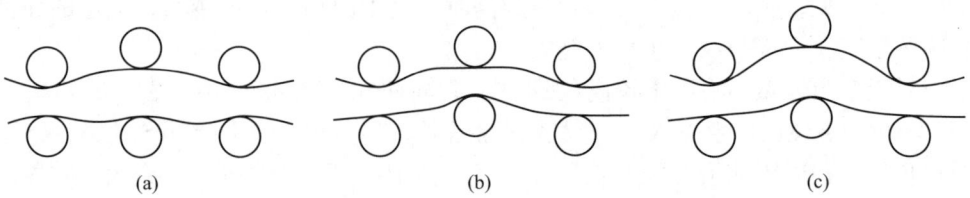

图 5-40 　不同因素导致的铸坯变形示意图

（a）辊缝；（b）对中；（c）辊缝和对中

不大；对于图 5-41（b）中的辊缝，尽管整体偏差与上述描述相同，但邻辊偏差较大，容易出现较大鼓肚。

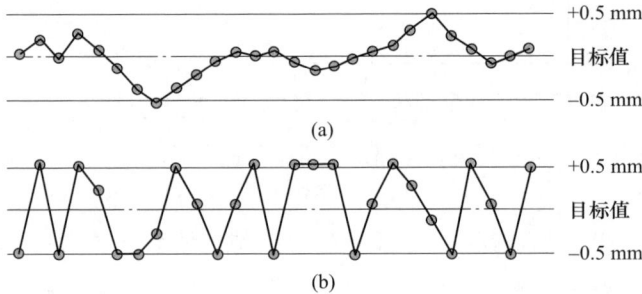

图 5-41 　不同特征的辊缝偏差

　　因此，连铸坯的鼓肚变形是由拉坯方向上相邻辊的辊缝正偏差决定的。相邻辊正偏差与连铸坯鼓肚变形的关系有三种形式：当辊缝正偏差为零时，坯壳鼓肚变形满足设计标准，其鼓肚量 δ 和应变量 ε 均很小，如图 5-42（a）所示；当相邻辊正偏差较小时，坯壳可与偏离辊接触，总鼓肚量 δ 导致的拉应变 ε 是 δ_1 和 δ_2 引起应变叠加之和，如图 5-42（b）所示；当相邻辊正偏差较大时，坯壳与偏离辊不接触，鼓肚量 δ 和应变量 ε 可达到 2 倍辊间距的最大值，如图 5-42（c）所示。

　　因辊缝偏差引起的鼓肚变形和凝固前沿拉应变可根据下式计算[34-35]：

$$\delta_B = \frac{pl^4}{32ES^3}\left(1 + \beta\sqrt{\frac{l}{1000v}}\right) \tag{5-5}$$

$$\varepsilon_B = \frac{1600S}{l^2} \cdot \delta_B \tag{5-6}$$

式中，δ_B 为最大鼓肚量，mm；S 为坯壳厚度，mm；l 为辊间距，mm；p 为钢水静压力，Pa；E 为弹性模量，Pa；β 为比例系数（取值为 1.01），$min^{-0.5}$；v 为拉速，m/min。

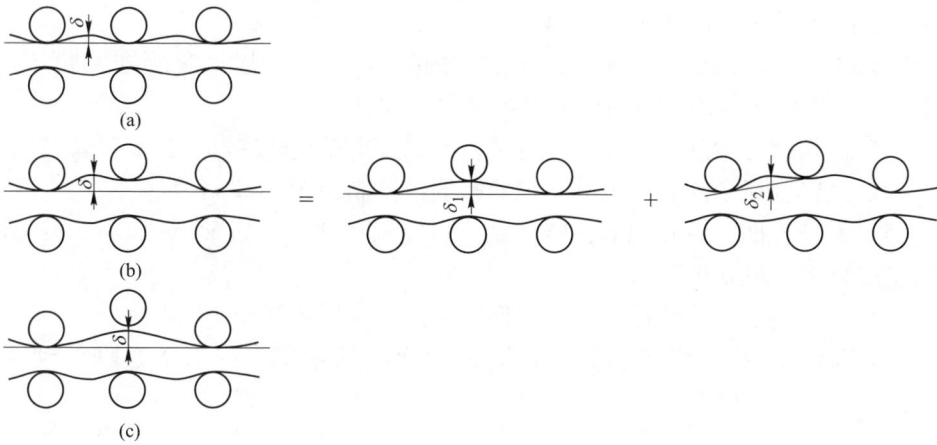

图 5-42　不同相邻辊正偏差下铸坯鼓肚变形的三对辊模型
(a) 为零；(b) 较小；(c) 较大

其中，弹性模量为温度的函数[36]：

$$E(GPa) = 968 - 2.33T + 1.9 \times 10^{-3}T^2 - 5.18 \times 10^{-7}T^3 \tag{5-7}$$

式中，T 为坯壳的平均温度，℃。

由此可见，坯壳越薄、温度越高，辊间距越大，辊缝和相邻辊正偏差越大，钢种高温弹性模量越小，连铸坯的鼓肚越大，凝固前沿的拉应变也越大。

b　对弧偏差变形

由外弧辊子不对中引起的凝固前沿拉应变为[35]：

$$\varepsilon_M = \frac{300S}{l^2} \cdot \delta_M \tag{5-8}$$

式中，S 为坯壳厚度，mm；l 为辊间距，mm；δ_M 为辊子偏移量，mm。

辊间距越小，辊子偏移量越大，坯壳厚度越大，不对中引起的凝固前沿拉应变越大。

c　矫直变形

由矫直引起的凝固前沿拉应变可根据下式计算[35]：

$$\varepsilon_S = 100 \times \left(\frac{d}{2} - S \right) \left(\frac{1}{R_{n-1}} - \frac{1}{R_n} \right) \tag{5-9}$$

式中，d 为连铸坯厚度，mm；S 为坯壳厚度，mm；R_{n-1} 为铸机第 $n-1$ 个辊的弧半径，mm；R_n 为第 n 个辊的弧半径，mm。

连铸坯总厚度越大、矫直点坯壳厚度越小，相邻两个矫直点的曲率相差越大，矫直应变就越大。

5.3.3.3　控制措施

(1) 成分上碳含量控制在中下限，杂质元素 S、P 含量等尽量降低，控制

Mn/S 比在 25 以上，最好在 40 以上。

（2）工艺方面减少二冷区前后过渡位置的回温，将回温尽量控制在 50 ℃/m 范围内，坯壳较薄的连铸机前段回温控制尤为重要。

（3）高拉速时中间裂纹会更加显著，因此要重新优化冷却，提高设备精度。

（4）过热度对中间裂纹也有一定的影响，控制在 35 ℃ 以下为宜。

（5）设备方面对弧和辊缝整体精度分别控制在 0.3 和 0.5 mm 以下，相邻辊正偏差控制在不超过 0.5 mm。

（6）采用多点矫直和连续矫直，保证矫直时合适的坯壳厚度。

（7）喷淋设备工作状态要有保证，杜绝喷嘴堵塞，将堵塞率降低到 1% 以下。

5.3.4　凝固组织缺陷

5.3.4.1　特征

连铸坯凝固组织是指通过低倍浸蚀得到的枝晶结构特征，现场评价时常以等轴晶率为主要指标。对于某些产品，为了控制中心偏析、裂纹和缩孔，要求等轴晶率达到一定比例，当小于某一临界值（如10%）时，就判定为凝固组织缺陷。根据凝固原理，当固液界面前沿的过冷度较小时，枝晶自由形核困难，更有利于柱状晶向中心生长，抑制等轴晶形成，最终形成全部柱状晶的"穿晶"结构，如图 5-43 所示。

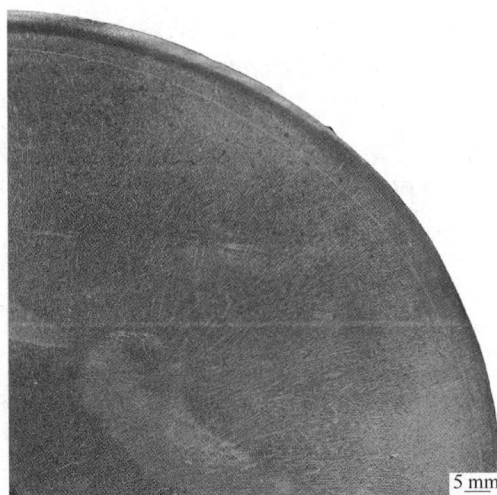

图 5-43　连铸坯"穿晶"结构的低倍组织

连铸坯"穿晶"是一种凝固组织缺陷，可能发生在板坯、方坯和圆坯中。大量研究表明，现有连铸条件下，虽然柱状晶具有明显的方向性，但枝晶结构整体比等轴晶更细小、更致密，因此溶质显微偏析比等轴晶要好。中心区域等轴晶尺寸相对比较粗大，但可以分散溶质富集，降低中心偏析，同时也会形成比较明显的半宏观偏析或显微偏析。当连铸坯凝固组织中的柱状晶非常发达时，中心偏析、裂纹和缩孔会比较严重，一方面影响热加工性能，导致中心氧化和轧制不合，甚至镦粗裂纹；另一方面遗传到产品中会出现探伤合格率下降，服役时会造成腐蚀性能和疲劳寿命恶化。连铸坯穿晶缺陷对轴承钢、工具钢、电工钢和铁素体不锈钢等影响

扫码看彩图

很大，但对其他一些品种，当中心缩孔和裂纹控制得当时，也对一些性能有益，比如一些中心挖孔的齿轮、耐热管和法兰产品。

5.3.4.2 形成机理和影响因素

连铸坯等轴晶形成机理已在本书第3章中进行了讨论，这里不再重复说明。就影响因素而言，主要包括成分和工艺两方面，设备精度对凝固组织的影响较小。

A 钢种成分

钢中合金元素类别与含量对连铸坯等轴晶形成有一定影响，主要体现在以下三个方面。

（1）常规合金元素。通常合金元素的加入会扩大凝固两相区范围，根据成分过冷理论，两相区范围越宽，其成分过冷度越大，因此越有利于等轴晶形成。另外，合金元素含量高时，会出现明显的枝晶间偏聚，结晶器内钢水的强制对流可以更好地熔断枝晶臂，随后作为游离晶核重新长大，对扩大等轴晶比例有利。现场观察到，对于高碳钢和高合金钢，其连铸坯等轴晶面积都比较大。

（2）洁净度影响元素。钢水的洁净度也会影响连铸坯凝固组织，如 Al、Si、Mn、Mg、Ca 等，这些元素会与 O 和 S 结合，形成高熔点夹杂物，可以在一定程度上作为等轴晶形核的基底，或为变质粒子析出提供基底，如 TiN 依附 MgO 析出，进而细化铁素体不锈钢凝固组织。

（3）变质元素。变质元素是指能够生成变质粒子的合金元素，如稀土、Ti、Mg 等。加入这些元素之后，其与钢水或夹杂物中的 O 和 S 结合，形成高熔点相，与 Fe 的铁素体或奥氏体初生相具有较小的错配度，降低形核过冷度，提高等轴晶比例。

B 工艺参数

（1）断面规格。对于相同钢种，大断面连铸坯二冷区比水量较小，中心处温度梯度也小，可以抑制柱状晶生长，有利于等轴晶形核；生产实践表明，大断面连铸坯想获得穿晶组织是不太可能的。小断面连铸坯二冷区比水量大，坯壳热阻小，冷却对中心热状态影响大，强冷时容易出现穿晶组织。

（2）过热度。中间包钢水过热度对连铸坯等轴晶率影响比较直接，当过热度高于 35 ℃时，某厂齿轮钢 200 mm×200 mm 方坯等轴晶率约为 15%，当过热度降低到 25 ℃时，等轴晶率提高至 27% 左右，如图 5-44 所示。过热度一方面影响界面前沿温度梯度，高热度下过冷度减小，有利于柱状晶发展；另一方面会影响晶核密度，过热度高时结晶器熔断的晶核会大部分重熔，减少了等轴晶比例。

（3）水口结构和结晶器电磁搅拌。直通式水口的流股直接冲击底部，对枝晶臂的冲刷和熔断作用较小；分孔式水口流股直接冲击坯壳，有利于形成游离枝晶。现场试验发现，五孔水口时 45 号钢 410 mm×530 mm 大方坯等轴晶率可达 23%，而直通式水口配合强搅拌也只能达到 6%，如图 5-45 所示。

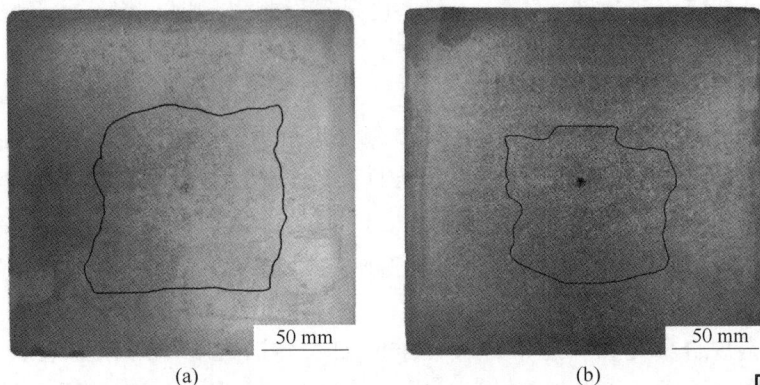

图 5-44　不同过热度下轴承钢的等轴晶率

(a) 25 ℃；(b) 35 ℃

扫码看彩图

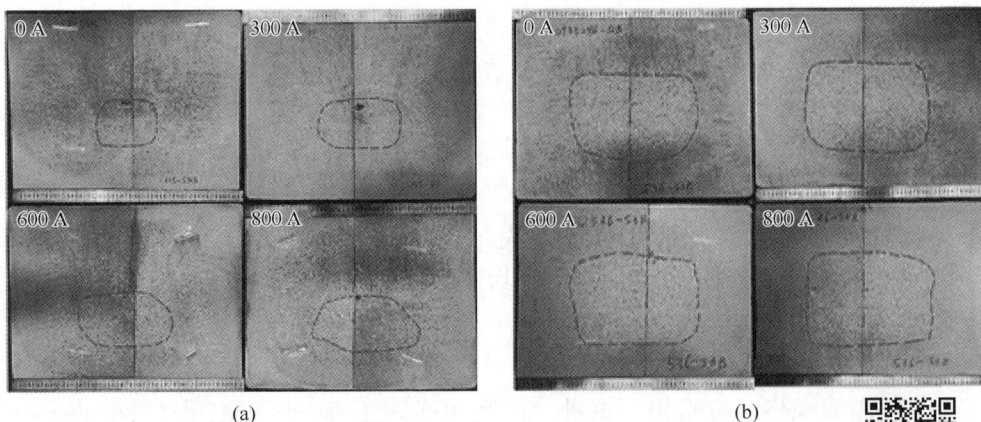

图 5-45　不同浇铸条件的连铸坯等轴晶率

(a) 直通式水口；(b) 五孔水口

扫码看彩图

　　结晶器电磁搅拌可以强化钢水的过热耗散，同时冲刷坯壳凝固界面，有利于形成游离枝晶，提高等轴晶率，结晶器电磁搅拌对等轴晶的影响非常明显。对于某 45 号钢 410 mm×530 mm 大方坯，结晶器搅拌电流由 300A 增大到 800A 时，采用直通式水口条件下，等轴晶率由约 9% 增大到 12%；采用五孔水口时，等轴晶率由 25% 增大起到约 28%。

　　(4) 二冷强度。二次冷却对连铸坯等轴晶有一定影响，但作用程度与断面尺寸有关。对于边长 150~180 mm 的小方坯、直径 150~180 mm 的小圆坯和厚度不超过 200 mm 的常规板坯和薄板坯，由于拉速较高，结晶器出口的坯壳较薄，热阻较小，冷却对凝固界面温度梯度影响较大；对于大断面连铸坯，其拉速很慢，结晶器出口的坯厚较大，冷却对等轴晶影响比较有限。某厂直径 200 mm 的小圆坯，二冷比水量由 0.5 L/kg 提高至 0.6 L/kg 时，等轴晶率由约 25%降低至约 22%；200 mm×200 mm 的方坯，比水量由 0.55 L/kg 提高至 0.65 L/kg 时，等轴晶率由 28%降低至 20%。

（5）二冷电磁搅拌。二冷电磁搅拌也叫铸流搅拌，其对连铸坯凝固组织的影响比较大，机制与结晶器电磁搅拌相同。国内某厂硅钢板坯连铸未使用二冷电磁搅拌时等轴晶率不足 10%，安装并使用之后提高至 50%以上。对于方坯和圆坯，二冷电磁搅拌对等轴晶的影响比较有限，主要是白亮带问题限制了功率，但也有一定的提升作用，如图 5-46 所示。

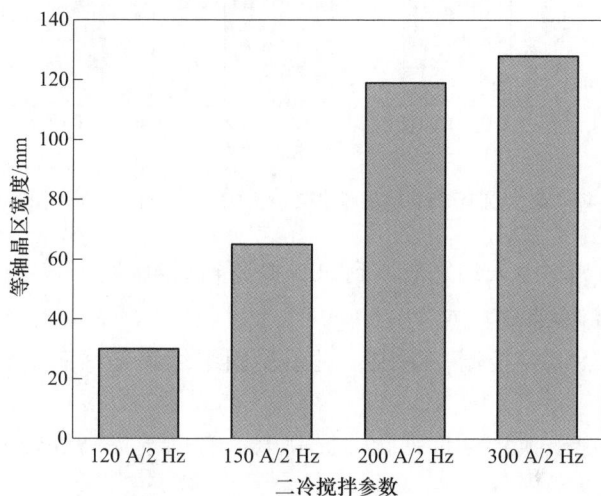

图 5-46 某大圆坯二冷电磁搅拌参数对中心等轴晶区宽度的影响

（6）末端电磁搅拌。理论上，凝固末端电磁搅拌安装位置是中心固相率在 0.1~0.2，这时已经出现一定数量的晶核，钢水黏度很大，钢液搅拌速度约为结晶器搅拌的 1/10，甚至更小，因此对凝固组织的影响不大，如图 5-47 所示。某些企业提高拉速之后，末端搅拌起到了二冷搅拌的作用，这时才会有一些效果。

（7）轻压下。轻压下对凝固组织的影响可以忽略，最佳压下位置对应的中心固相率为 0.3~1.0，由于压下量很小，中心处得到的能量也很小，无法起到明显的振动形核的作用。

（8）拉速。拉速对凝固组织的影响也很小，不管比水量是恒定还是变化。某厂 20Mn2 钢直径 150 mm 小圆坯，拉速由 2.2 m/min 提高至 2.7 m/min 时，等轴晶率基本都在 22%~24%。

（9）变质处理。变质处理对凝固组织影响很大，已报道研究中，日本和韩国学者通过稀土 Ce 合金化，提高了连铸坯等轴晶率，降低了等轴晶尺寸，细化了凝固组织，效果比较明显。本书作者团队曾与国内企业合作，加入一定稀土

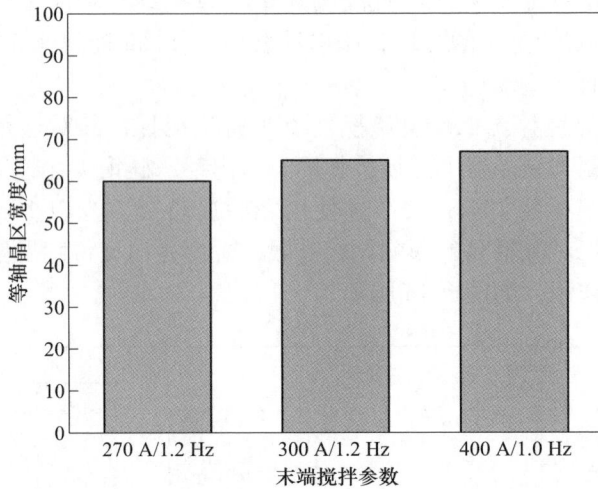

图 5-47　某大圆坯末端电磁搅拌参数对中心等轴晶区宽度的影响

Ce 的连铸坯等轴晶率由未加之前不到 30% 提高到约 40%。

5.3.4.3　控制措施

（1）钢水过热度要控制在下限，对于凝固组织缺陷敏感的钢种，过热度控制在 15~25 ℃。

（2）结晶器电磁搅拌尽量强化，提高电流有助于提高等轴晶率，频率控制在 2~4 Hz 即可。

（3）分孔水口比直通水口提高等轴晶率效果明显，建议大方坯和大圆坯使用与水平方向具有一定倾角多孔水口。

（4）二冷以弱冷为宜，降低温度梯度，具体与钢种、断面、拉速有关。

（5）使用二冷搅拌，电流尽量大一些，如果出现白亮带，可考虑采用正反间歇模式。

（6）变质处理谨慎使用，尽管对提高中心等轴晶率有一定好处，但目前技术还不成熟，会引起其他问题。

5.3.5　CET 正偏析

5.3.5.1　特征

连铸坯 CET 正偏析是指柱状晶向等轴晶转变处的溶质富集，也叫二分之一半径正偏析，严重时产品中会出现锭型偏析，这种一般多发生在方坯和圆坯，板坯比较少见。对于尺寸在 200~600 mm 的大方坯和大圆坯，正常连铸工况下的 CET 基本位于半径 1/2 位置，因此在横截面溶质成分测定时会出现波峰，图 5-48 为某齿轮钢 200 mm×200 mm 方坯横截面内外弧和水平测的碳含量分布。从图中可以看出，大概 1/2 半径位置上存在碳含量的波峰，这是典型的 CET 正偏析。由于这种溶质偏析程度不太高，低倍上很难看出显著差异。

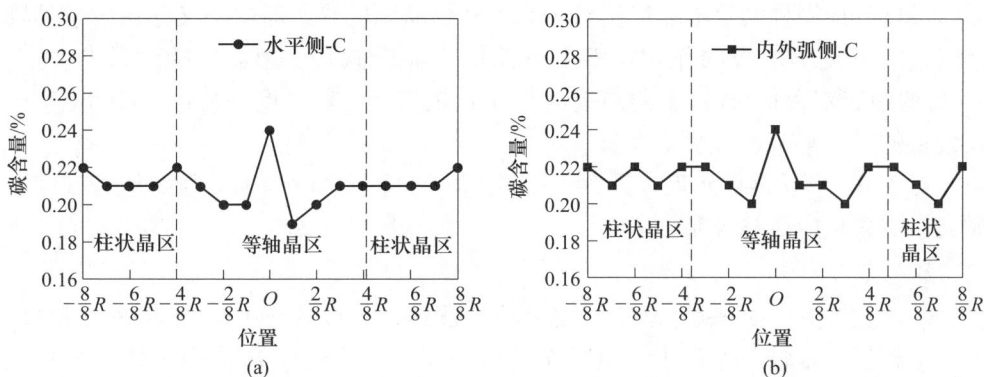

图 5-48 连铸坯不同位置的碳含量分布

CET 正偏析遗传到轧材会导致锭型偏析超标，即横截面上出现一个与连铸坯形状相似的黑色环形结构，如图 5-49 所示。这种形式的溶质富集会导致试样横截面硬度出现较大波动，热处理畸变增大，尤其对齿轮、法兰等影响比较显著。

5.3.5.2 形成机理和影响因素

钢水凝固过程中，由于初期温度梯度较大，固液界面过冷度较小，只有取向与热流方向一致的枝晶才会优先长大，进而形成柱状晶；随着凝固的进行，坯壳热阻不断增大，

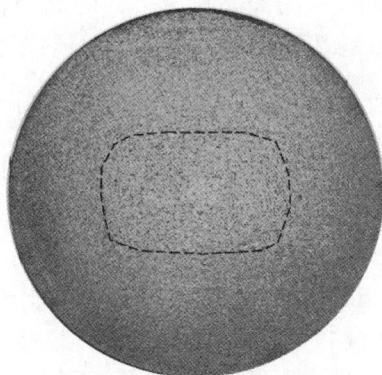

图 5-49 棒材的锭型偏析

温度分布均匀性提高，界面处温度梯度逐渐减小，过冷度逐渐增大，一方面有利于等轴晶形核，另一方面也促进了游离晶核长大，由此会发生柱状晶向等轴晶的转变。对于柱状晶，其生长的方向性比较明显，溶质不断被界面推赶而在枝晶尖端形成富集层；由于等轴晶的出现，阻碍了柱状晶生长，其界面前沿富集的溶质被截留到 CET 区域，形成了 1/2 半径正偏析。除了溶质含量比较高之外，实际上还会有夹杂物和杂质元素的聚集。

连铸坯 CET 正偏析与成分和工艺因素都有关，如碳、硫等元素含量，钢水过热度、结晶器搅拌、水口结构、二冷电磁搅拌、二冷强度和变质处理等，下面具体分析不同因素的影响。

A　钢种成分

根据第 3 章凝固组织与 Fe-C 相图的关系，连铸工艺参数相当时，碳含量为 0.1% 和 0.5% 钢种的等轴晶比例最小。当柱状晶比较发达而中心又存在少量等轴晶时，由于负压抽吸的作用，CET 正偏析反而会减轻。因此，碳含量 0.2% ~ 0.4% 的中碳钢和 0.6% 以上的高碳钢 CET 正偏析会比较严重。然而，实际生产中碳含量的可调整幅度一般不大。

对于 S、P 易偏析元素，其含量越低，CET 处富集就越少，因此精炼过程杂质元素的含量应严格控制。

B　工艺因素

(1) 过热度。过热度越高，柱状晶越发达，可以改善 CET 正偏析；相反，过热度越低，等轴晶率越大，CET 正偏析越明显。当然，如果 CET 转变位置比较靠近表面，这时凝固界面上溶质富集也不多，也可以改善 CET 正偏析。

(2) 结晶器电磁搅拌。结晶器电磁搅拌电流越大，搅拌力越强，过热耗散越明显，游离晶核越多，因此等轴晶比例越大，CET 正偏析越明显。正常工况下，未发现通过结晶器电磁搅拌可以达到 70% 以上等轴晶率的效果，一般情况下 CET 位置都在 $\frac{1}{4}R \sim \frac{3}{4}R$，对控制 CET 正偏析不利。当减少搅拌电流或关闭搅拌器时，柱状晶会比较发达，可以改善 CET 正偏析。

(3) 水口结构。水口结构对 CET 正偏析的影响与结晶器电磁搅拌类似，直通式水口有利于改善 CET 正偏析，与提高过热度相配合时效果更好；分孔水口有利于增大等轴晶比例，但不能达到 70% 以上时反而促进 CET 正偏析。

(4) 二冷区电磁搅拌。二冷区电磁搅拌可以直接均匀化界面前沿的溶质富集，理论上可以改善 CET 正偏析，前提是搅拌器位置要在 CET 转变处或转变之前，安装靠后对此没有效果。当二冷区电磁搅拌非常靠前时，会促进等轴晶形核，CET 正偏析反而会加剧。

(5) 二冷强度。提高比水量可以增大界面前沿温度梯度，有利于柱状晶生长，可以减轻 CET 正偏析。由于 CET 正偏析发生于 $\frac{1}{2}R$ 附近，故冷却对此的影响比较明显，尤其是尺寸在 200 ~ 300 mm 中等规格的连铸坯。

(6) 变质处理。当变质处理可以使等轴晶比例达到 70% 以上时，可以改善 CET 正偏析，否则影响不大。

5.3.5.3　调控措施

(1) 降低易偏析杂质元素 S、P 的含量，减少 CET 处聚集。

(2) 适当提高过热度，如控制到 35 ~ 45 ℃。

(3) 减小结晶器电磁搅拌电流到 200 A 以下，或关闭搅拌器。

（4）采用直通式水口，适当增加水口插入深度。

（5）关闭或减小二冷电磁搅拌的功率，即减小电流或频率。

（6）适当提高二冷强度，与钢种、断面、拉速等有关，根据具体工况调整。

（7）变质剂和变质处理方法的合理选择，将等轴晶率提高到 70% 以上才能对 CET 正偏析产生明显效果。

5.4 连铸坯中心缺陷与控制

连铸坯中心缺陷实际上也归属于内部质量，但中心缺陷的形成机理与内部缺陷相差较大，因此分开讨论。当中心缺陷不太严重时，一般不会引起连铸坯的报废，可以加工一些普通要求的产品。当某些中心缺陷特别显著时，如中心偏析会导致轧制板材分层、中心缩孔和中心裂纹会引起棒材内部氧化和轧制不合或管材内折叠，这些情况要务必杜绝。

5.4.1 中心偏析

5.4.1.1 特征

（1）中心偏析。中心偏析是一种宏观偏析，是指连铸坯中心处溶质含量高于钢水平均含量的一种缺陷。对于板坯，横截面上沿着中心线分布，也叫中心线偏析，如图 5-50 所示；严重时影响产品的弯曲、穿孔、焊接、热处理和冲击性能，甚至出现分层开裂。对于方坯和圆坯，横截面上聚集到一个点，称为中心偏析，如图 5-51 所示；对于棒材和线材，中心偏析严重时会影响钢材的冷拔、弯曲、冲击和疲劳性能。

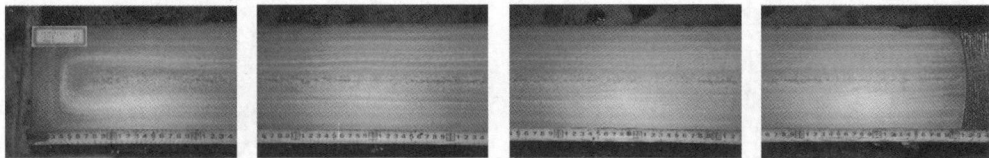

图 5-50 船板钢 150 mm×2800 mm 板坯中心线偏析（1/2 宽度）

扫码看彩图

（2）V 形偏析。连铸坯中心区域还存在 V 形偏析，这种偏析在纵截面比较明显，如图 5-52 所示。V 形偏析与中心偏析紧密相关，遗传到轧材中会形成带状组织缺陷，对产品热处理、焊接和冲击性能也有不利影响。V 形偏析多发生在大断面连铸坯中，板坯、方坯和圆坯都可能发生，小断面连铸坯中不太明显。

5.4.1.2 形成机理和影响因素

连铸坯中心偏析的形成机理已非常明确，只是不同钢种、断面和工况参数下的影响程度有一定差异。从根本上说，连铸坯中心偏析是凝固过程中溶质不断富集的结果。理论上，如果没有选分结晶，就不会发生中心偏析。随着凝固进行，界面处富集的溶质不断被推赶到中心，导致钢水溶质含量大幅提高；由于凝固收缩的作用，液相转变为固相之后会形成一定的负压，抽吸浓化钢水来补充对应的体积减小，这是中心偏析形成的内因。考虑到不同坯型的特征，由于凝固过程的控制条件不同，其形成的外因又有一定差异。对于板坯，中心线偏析还与鼓肚和小钢锭结构有

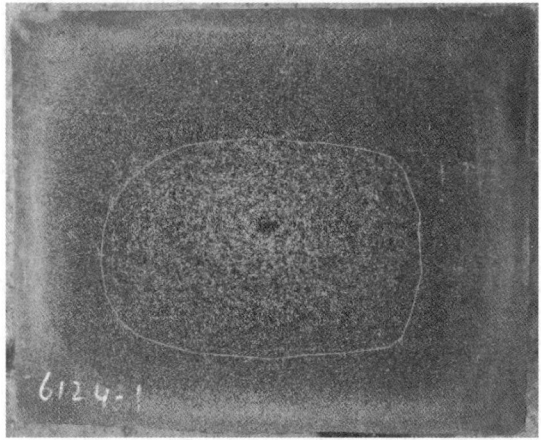

图 5-51　45 号钢 250 mm×300 mm 连铸坯中心偏析

扫码看彩图

关。鼓肚是扇形段两相邻辊之间坯壳的外凸，会导致中心区域形成额外的抽吸力，进而泵入更多的浓化钢液，中心偏析加剧。由于板坯液芯长度比较大，钢水静压力也比较大，当扇形段辊列状态不佳时，鼓肚难以避免。小钢锭结构是一种凝固组织特征，是指凝固末期中心处出现枝晶搭桥时，阻碍了液相补缩和溶质均匀化，使局部钢液不断富集，进而导致中心偏析更加严重。对于方坯和圆坯，由于几何结构特性，其鼓肚量很小，这一因素可以忽略不计，因此小钢锭凝固结构的影响占主导地位。相比之下，柱状晶搭桥时液相中的溶质富集程度要更高，且渗透率比等轴晶小，故穿晶结构时中心偏析往往更显著。

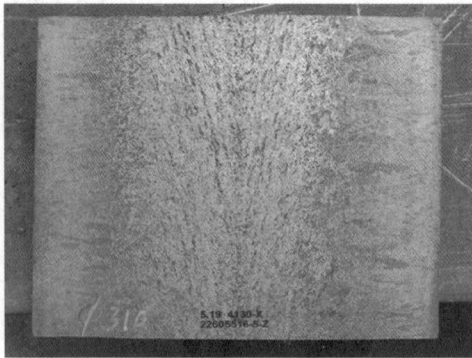

(a)

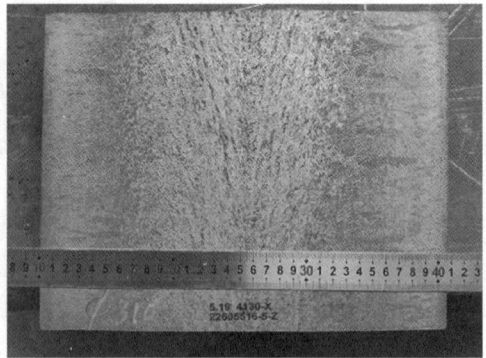

(b)

图 5-52　某圆坯纵截面 V 形偏析

扫码看彩图

　　V 形偏析的形成机理比较明确。对于大断面连铸坯，其中心区域多为等轴晶结构，由于凝固收缩的负压抽吸作用，不仅会使浓化钢水流向中

心，也会使混合等轴晶的糊状结构出现大范围整体滑动；当某些区域的糊状结构滑动时，其相对未滑动区域会形成界面通道，这种通道会进一步抽吸浓化钢液，形成了沿滑动方向分布的倾斜条带，纵截面上沿拉坯方向呈 V 形，因此叫作 V 形偏析。就机制而言，V 形偏析还与连铸机结构有关，垂直连铸、直弧形连铸和弧形连铸机的重力作用会加剧 V 形偏析，水平连铸的 V 形偏析相对不明显。根据现场实践经验，V 形偏析比较严重时，对应的等轴晶率比较高，如此中心偏析不会特别显著；相反，当等轴晶比例比较小时，V 形偏析不明显，但中心偏析相对严重。

根据连铸坯中心偏析和 V 形偏析的形成机理，其与成分、工艺和设备因素均有关。

A　成分因素

碳含量对中心偏析的影响体现在两方面：一方面是对两相区宽度和收缩量的影响，碳含量越高，收缩量越大，抽吸力越大，中心偏析越严重；另一方面是对凝固组织的影响，对于碳含量为 0.1% 和 0.5% 的钢种，其等轴晶率比较小，中心偏析也比较严重。整体来说，碳含量越高，中心偏析程度越明显。

碳含量对 V 形偏析的影响与中心偏析不同。碳含量越高，凝固收缩的负压抽吸力越大，V 形偏析越容易形成；同时，对于碳含量为 0.1% 和 0.5% 的钢种，由于柱状晶比较长，其阻碍了等轴晶滑动，可以减轻 V 形偏析。

其他合金元素的加入会扩大凝固两相区宽度，进而增大收缩量和抽吸力，会促进 C、P、S 等元素的中心偏析和 V 形偏析。

B　工艺因素

(1) 过热度。过热度越高，柱状晶越发达，中心偏析越严重（见图 5-53），但 V 形偏析可以得到一定程度改善。

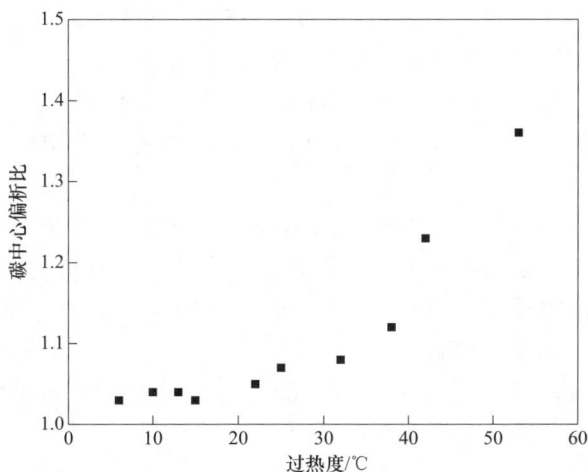

图 5-53　中心偏析与过热度的关系

（2）拉速。拉速越高，液芯越尖锐化，越容易形成小钢锭结构，中心偏析越明显；同样地，高拉速下液芯长度增大，当凝固终点由弧形段延长到水平段时，钢水静压力增加，也会促进 V 形偏析形成。

（3）结晶器电磁搅拌。强化结晶器电磁搅拌可以促进等轴晶形成，进而改善中心偏析，但会加剧 V 形偏析。

（4）水口结构。直通式水口结构对应的等轴晶率比分孔水口小，故中心偏析严重（见图 5-54），但 V 形偏析控制效果相对较好。

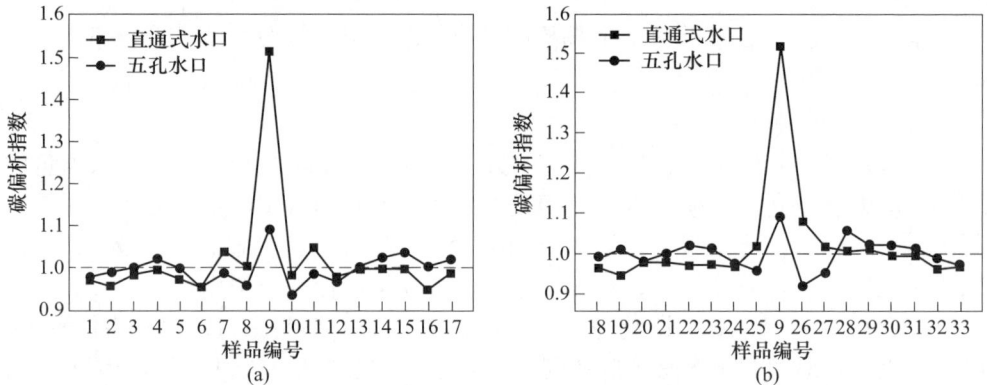

图 5-54　不同水口结构下连铸坯碳偏析指数
（a）左右；（b）对角线

（5）二冷电磁搅拌。二冷电磁搅拌可以均匀化钢水成分和温度，降低界面温度梯度，提高晶核密度，增大等轴晶率，因此改善中心偏析，加剧 V 形偏析。

（6）二冷强度。对于中等断面和大断面连铸坯，二冷强度对凝固组织影响不大，因此对中心偏析和 V 形偏析影响程度有限；对于小断面连铸坯，提高二冷强度会促进柱状晶发展，加剧中心偏析，改善 V 形偏析。

（7）凝固末端强冷。对于 150~160 mm 小断面方坯和圆坯，凝固末端强冷可以通过增大坯壳收缩能力减小中心负压抽吸力，改善中心偏析，也会改善 V 形偏析。

（8）凝固末端电磁搅拌。凝固末端电磁搅拌可以均匀化钢水成分，减轻界面前沿的溶质富集，起到改善中心偏析的作用；对 V 形偏析的作用，一方面可以降低钢水中溶质富集程度，另一方面也会加剧糊状区的滑动，因此与钢种、坯型和工艺参数有关，不能一概而论。

（9）凝固末端轻压下。轻压下可以减少连铸坯凝固负压抽吸力，既可以改善中心偏析，也能减轻 V 形偏析。

C　设备因素

（1）提高板坯扇形段对弧和辊缝精度，减少鼓肚，可以同时降低中心偏析和 V 形偏析；提高方坯和圆坯拉矫稳定性，减少耸动和震颤，可减轻 V 形偏析。

（2）保证设备的工作状态，如搅拌器的实际功率、轻压下的控制精度和二冷喷淋无堵塞等，可以改善中心偏析和 V 形偏析。

（3）相比垂直连铸，直弧形连铸和弧形连铸中心偏析更显著，但 V 形偏析控制水平较好。

5.4.1.3 控制措施

（1）降低易偏析元素含量，尤其是杂质元素 S、P 含量，可同时减轻中心偏析和 V 形偏析的溶质富集程度。

（2）控制合适的过热度，根据钢种中心偏析或 V 形偏析的缺陷倾向和严重程度调整。

（3）拉速以中低水平为宜，对中心偏析和 V 形偏析控制有好处；当拉速提高 30% 以上时，需要进行针对性优化设计和改造。

（4）结晶器电磁搅拌要平衡中心偏析和 V 形偏析的控制目标，中心偏析敏感的钢种电流要大一些，V 形偏析敏感的钢种电流要小一些。

（5）直通式浸入式水口有利于控制 V 形偏析，但中心偏析明显；分孔水口有利于控制中心偏析，但 V 形偏析明显。

（6）二冷强度要根据钢种和断面尺寸具体设定，对于控制中心偏析，以弱冷为好；对于控制 V 形偏析，以强冷为好。

（7）凝固末端强冷对小断面中心偏析和 V 形偏析具有不错的效果，对于大断面影响不大。

（8）凝固末端电磁搅拌可以改善中心偏析，但效果也比较有限，对 V 形偏析的影响还不明确。

（9）凝固末端轻压下可以同时改善中心偏析和 V 形偏析，要根据钢种、断面和拉速来精准控制。

（10）对于中心偏析敏感的钢种，垂直连铸控制效果更好；对于 V 形偏析敏感的钢种，直弧形和弧形连铸控制效果更好。

5.4.2 中心疏松

5.4.2.1 特征

中心疏松是连铸坯横断面低倍上中心区域弥散分布的小尺寸孔洞，单个直径一般不超过 1 mm。现场检测评价时，常把溶质偏聚斑点也判断为疏松，如图5-55 所示。实际上，凝固过程中不同位置的枝晶结构不同，补缩能力也不同。当枝晶间凝固收缩形成的孔洞没有被充填时，就是典型概念的疏松；当抽吸泵入浓化钢液时，就形成了半宏观偏析或点状偏析。低倍浸蚀时，由于孔洞或富集溶质处与基体的电极电位不同，会发生原电池效应，导致出现黑色斑点，就是肉眼观察到的中心疏松缺陷。

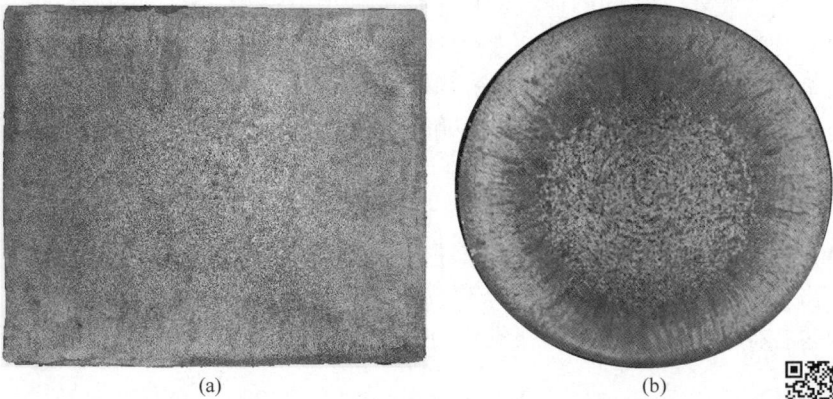

(a)　　　　　　　　　　　　　　(b)

扫码看彩图

图 5-55　250 mm×300 mm 方坯 40Cr 钢（a）和 φ310 mm
圆坯 4130 钢（b）的中心疏松缺陷

连铸坯中心疏松会发生在板坯、方坯和圆坯中，一般以大断面连铸坯比较严重，这与其凝固收缩量更大有关。当中心疏松评级不超过 1.5 时，对常规产品的影响不大，会引起不超过 2.0 级的带状组织缺陷，具体级别与压缩比有关；当中心疏松超过 2.0 级时，不仅会引起带状组织缺陷，还可能导致局部探伤不合格（见图 5-56），最终影响产品的焊接、热处理、冲击和耐腐蚀性能。

图 5-56　中心疏松引起的区域性探伤不合格

扫码看彩图

5.4.2.2　形成机理和影响因素

连铸坯凝固末期，钢水黏度增大、流动性减小，加之枝晶脉络形成，渗透率显著降低，凝固收缩负压抽吸钢水的阻力很大；考虑到高碳钢和高合金钢的凝固两相区比较宽，收缩量大，当泵入的浓化钢水不足以填充孔洞时，就会出现中心疏松。当连铸坯中心为粗大等轴晶时，枝晶之间的空隙更大，其最后凝固时形成的孔洞尺寸也越大，中心疏松更加严重。对于全柱状晶的穿晶组织，几乎观察不到中心疏松，但会出现明显的中心缩孔。

连铸坯中心疏松与钢种和工艺条件都有关，受到成分、断面、过热度、拉速、结晶器电磁搅拌、水口、二冷电磁搅拌、二冷强度、末端电磁搅拌和轻压下/重压下的影响。

A 钢种成分

高碳钢和高合金钢凝固两相区宽度大，除了相变收缩之外，还会有额外的热收缩，收缩量更大，出现孔洞的尺寸更大、数量更多，因此中心疏松评级比低碳钢高得多。

B 工艺条件

（1）过热度。钢水过热度越高，等轴晶比例越小，等轴晶尺寸也越小，凝固组织更致密，中心疏松程度减轻，但容易出现明显的中心缩孔。

（2）断面类型和尺寸。连铸坯断面尺寸越大，其宏观收缩量也越大，由于坯壳无法跟随内部钢水协调收缩，中心区域会形成更大、更多的孔洞，中心疏松更严重；同时，圆坯基本不具备轻压下功能，因此中心疏松会比较严重。

（3）拉速。拉速越高，液芯长度越大，补缩越困难，中心疏松也越明显。

（4）结晶器电磁搅拌。结晶器电磁搅拌一方面可以强化过热耗散，降低凝固末期钢水的收缩量；另一方面也可能使等轴晶粗化，枝晶间隙增大。因此，结晶器电磁搅拌对中心疏松的影响与具体工况有关。

（5）水口。水口结构对中心疏松也有一定影响，机制与结晶器电磁搅拌相似。

（6）二冷电磁搅拌，影响作用和结晶器电磁搅拌相似。

（7）二冷强度。对于小断面连铸坯，二冷强度增大，柱状晶发达，等轴晶来不及粗化，对控制中心疏松有利，同样可能形成中心缩孔；对于大断面连铸坯，其影响不显著。

（8）凝固末端电磁搅拌可以增强钢水的补缩能力，减少形成孔洞；同时均匀化钢水成分，降低孔洞中溶质富集程度。

（9）热压下、轻压下/重压下。热压下和轻压下可以补偿凝固收缩，不仅可以减少孔洞形成，还能减轻负压抽吸；凝固之后重压下可以压合孔洞，但对泵入浓化钢液的点状偏析或半宏观偏析没有改善作用。

（10）变质处理可以提高等轴晶率、减小等轴晶尺寸，枝晶间隙减少，中心疏松得到改善。

5.4.2.3 控制措施

（1）合金元素含量向下限控制。

（2）相对于大断面连铸坯，以保证压缩比的最小断面生产可以减轻中心疏松。

（3）过热度适当增大，可以改善中心疏松，如 30~40 ℃。

（4）拉速控制在中低水平，降低补缩阻力，减少孔洞形成。

（5）水口、结晶器电磁搅拌和二冷电磁搅拌，根据钢种、断面和工艺参数具体调整。

（6）小断面连铸坯的二冷强度适当增大，有一定缓解作用。

（7）凝固末端电磁搅拌可以减轻孔洞型中心疏松。

（8）热压下、轻压下和重压下有利于控制中心疏松，是最有效的措施。

5.4.3　中心缩孔

5.4.3.1　特征

中心缩孔是连铸坯凝固中心处形成的尺寸比较大的孔洞，单个尺寸一般大于 1 mm，大规格圆坯中可达 15～20 mm，甚至更大。中心缩孔没有规则形状，可能为单个，也可能为多个，但基本都集中在凝固中心，如图 5-57 所示。

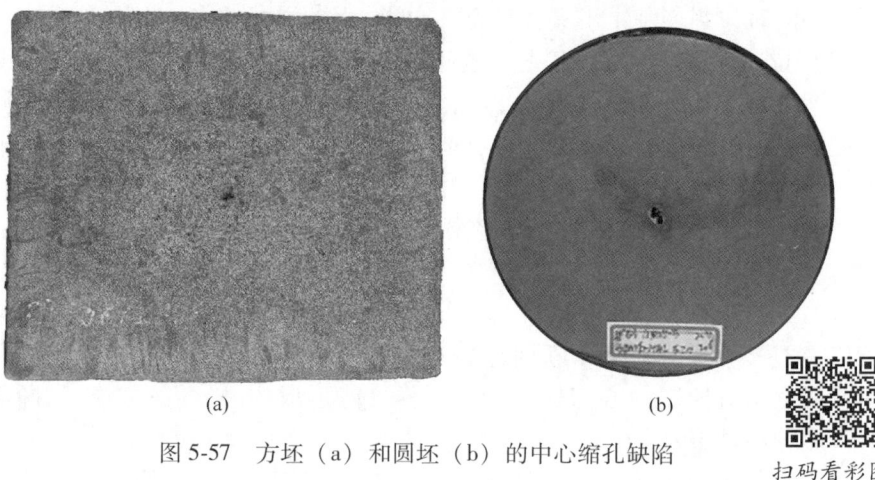

（a）　　　　　　　　　　　　　　（b）

图 5-57　方坯（a）和圆坯（b）的中心缩孔缺陷

扫码看彩图

中心缩孔多发生于方坯和圆坯，板坯较少，其中以 $\phi600$ mm 以上大圆坯的中心缩孔比较明显，评级可达 3.0 级，甚至更高。当中心缩孔尺寸比较大时，尤其贯穿到整个连铸坯之后，加热炉中会造成内部氧化，影响压合效果，遗传到产品中时不仅影响探伤合格率，还会恶化使用性能，甚至导致报废。

5.4.3.2　形成机理和影响因素

中心缩孔的形成机理与中心疏松类似，是凝固末期连铸坯中心处的体积收缩不能得到填充形成的。因此，其既与钢种成分有关，又受到连铸坯断面规格和工艺参数的影响。

A　钢种成分

钢种成分对中心缩孔的影响实际体现在收缩量和凝固组织两方面。凝固收缩量越大，中心缩孔越严重；等轴晶率越大，收缩越分散，中心缩孔尺寸减小，如图 5-58 所示。因此，提高等轴晶率是目前连铸生产中减小中心缩孔尺寸的共性策略。

尽管高碳钢和高合金钢凝固收缩大，由于等轴晶率比较高，其能将收缩分散

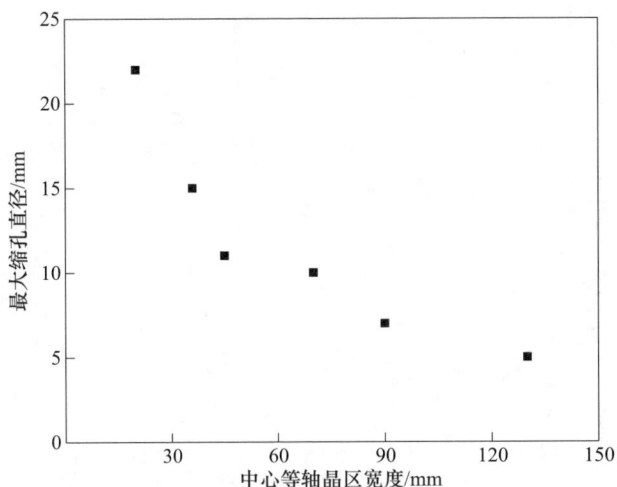

图 5-58 某圆坯中心缩孔最大尺寸与等轴晶区宽度的关系

到枝晶之间，进而形成比较显著的疏松和较低程度的缩孔。然而，对于碳含量接近 0.5% 的钢种，其凝固收缩量比较大，等轴晶率比较低，形成缩孔最严重。实际生产中，45 号钢、50 号钢等钢种连铸坯中心缩孔评级比较高。对于碳含量为 0.1% 左右的低碳钢，尽管等轴晶率比较低，但总收缩量比较小，因此容易形成不太严重的中心缩孔。

B 工艺因素

（1）断面类型与尺寸。连铸坯断面尺寸越大，其中心收缩量也越大，形成的缩孔尺寸也越大；圆坯具备机械压下功能的设计很少，凝固末期的中心收缩量得不到补偿，中心缩孔也比较大。

（2）过热度。钢水浇铸温度越高，凝固收缩量越大，中心缩孔尺寸也越大；同时，高过热度下连铸坯等轴晶比例小，凝固收缩更集中，缩孔越严重。

图 5-59 为 ϕ690 mm 大圆坯 LZ50 钢种纵截面中心缩孔最大尺寸与浇铸温度的关系。随着中间包钢水浇铸温度由 1510 ℃（过热度约为 20 ℃）提高至 1520 ℃，中心缩孔最大尺寸由 5 mm 增大到 25 mm。由此可见，降低过热度对减小中心缩孔尺寸有利。

（3）拉速。拉速越高，液芯长度越大，连铸坯中心枝晶搭桥对钢水补缩的阻碍作用越强，缩孔越严重。

（4）结晶器电磁搅拌。结晶器电磁搅拌可以耗散过热，提高晶核密度，扩大等轴晶比例，因此可以减小缩孔尺寸。

（5）水口。直通式水口过热耗散作用比较弱，等轴晶比例小，中心缩孔严重；分孔水口过热耗散能力强，等轴晶率高，中心缩孔得到改善。

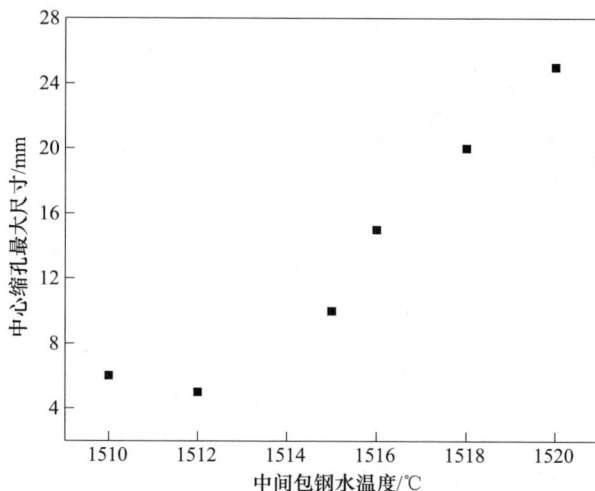

图 5-59　中心缩孔最大尺寸与中间包钢水温度的关系

（6）二冷电磁搅拌。二冷电磁搅拌可以进一步耗散过热，增加游离晶核，提高等轴晶率，分散收缩，因此可以减轻缩孔。

（7）二冷强度。对于小规格连铸坯，强冷时界面处的温度梯度增大，有利于柱状晶发展，等轴晶比例减小，收缩更集中，中心缩孔更严重。

（8）凝固末端电磁搅拌。凝固末端电磁搅拌可以均匀钢水温度和成分，强化补缩，减轻缩孔。

（9）热压下或机械压下。凝固末端热压下和轻压下技术可以补偿凝固收缩，重压下可以压合已形成的缩孔，对控制中心缩孔非常有利。

（10）变质处理。变质处理可以增大等轴晶率，减小等轴晶尺寸，但仍可能形成比较集中的缩孔。

5.4.3.3　控制措施

（1）尽量避免碳含量落入 0.45%～0.55% 的缩孔敏感区间，合金元素控制在下限，减少收缩量。

（2）相对于大断面连铸坯，以保证压缩比的最小断面生产可以减轻中心缩孔。

（3）降低过热度至 20～30 ℃，甚至更低，有利于控制中心缩孔。

（4）拉速控制在中下水平，避免中心处枝晶搭桥影响补缩。

（5）结晶器电磁搅拌功率提高，可以改善中心缩孔。

（6）分孔水口比直通式水口对控制中心缩孔有利。

（7）二冷电磁搅拌可以增大等轴晶率，减轻中心缩孔。

（8）二冷强度以弱冷为宜。

（9）凝固末端电磁搅拌可以改善中心缩孔，其施加位置非常重要。

（10）热压下作用理论上对改善小规格连铸坯中心缩孔有一定作用。

（11）凝固末端轻压下可以直接减小收缩量，进而改善缩孔；凝固之后重压下可以压合缩孔。

5.4.4 中心裂纹

5.4.4.1 特征

中心裂纹是连铸坯凝固中心处的放射型裂纹，多发生在合金钢大圆坯中（见图 5-60），方坯也会出现，板坯相对较少。

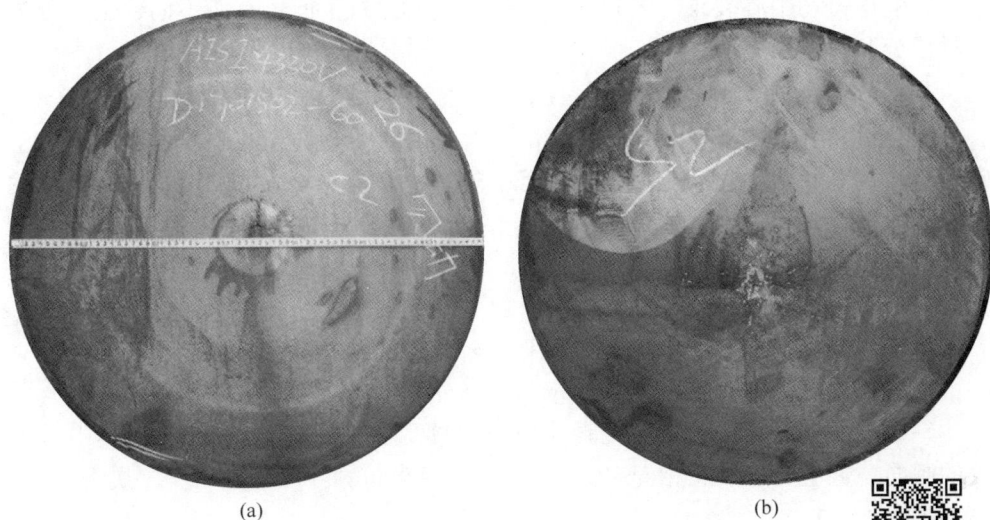

图 5-60 某大圆坯的中心裂纹缺陷

(a) 4330；(b) H13

扫码看彩图

中心裂纹一般采用开裂区域的直径表征，与钢种和连铸坯尺寸有关。对于 600~800 mm 连铸坯，中心裂纹区域直径可达 80~120 mm；对于 800~1000 mm 连铸坯，中心裂纹可达 120~150 mm；对于 1000 mm 以上的大圆坯，中心裂纹可达 160~180 mm，甚至更大。

尽管大规格连铸坯的压缩比更大，但中心区域变形实际有限，因此，中心裂纹轧制过程中很难彻底压合，会影响棒材的冲击、疲劳和腐蚀性能。对于管材产品来说，还会导致内壁出现裂纹、折叠或重皮缺陷。

5.4.4.2 形成机理和影响因素

连铸坯中心裂纹是凝固末期或凝固之后在固态相变过程中形成的。凝固终点之前的一定范围内，中心处只剩下少量钢水，而周围坯壳相当于冷却介质，形成了一个加速凝固的过程；当这些残留钢水完全凝固之后，潜热被完全释放，冷速迅速增大，会形成剧烈收缩。根据热变形与温差的关系，中心处凝固收缩引起的瞬时拉应变与冷速成正比；由于凝固末期基体开裂的临界应变很小（为 0.2% ~ 0.5%），当收缩量较大时就容易形成热裂纹。

对于一些含 Ni 和 Mo 的钢种，其凝固之后也可能出现中心裂纹，或者进一步扩大中心开裂范围。Ni 和 Mo 可以提高钢的奥氏体稳定性，进而在较小冷速下产生上贝氏体转变或马氏体转变；当连铸坯中心温度降低到 700 ℃以下时，如果缓冷控制不当，中心冷速会比较大，当超过临界冷速时就会发生上贝氏体转变或马氏体转变。由于这两类转变的内应力较大，且会出现显著的基体脆性，因此会诱导中心裂纹的形成和扩展。

影响连铸坯中心裂纹的因素和中心缩孔比较一致，但也有所不同，也可分为钢种成分和工艺两方面。

A　成分因素

碳含量和合金含量越高，其收缩量越大，形成中心裂纹的倾向也越大。对于碳含量高于 0.6%的钢种，其等轴晶面积较大，也会分散收缩、减轻中心裂纹；对于碳含量在 0.5%附近的钢种，收缩量大且比较集中，中心裂纹比较显著；对于碳含量不超过 0.4%的钢种，收缩量较小，对中心裂纹也不敏感。当然，合金元素对碳与中心裂纹的关系也有一定影响。

对于 S、P 等易偏析元素，其会引起枝晶偏析，降低凝固裂纹形成的临界应变，也会促进中心裂纹的形成。

一些提高奥氏体稳定性的元素，如 Ni、Mo、W 等，也会增大连铸坯中心裂纹的倾向，这主要与固态相变有关。

B　工艺因素

（1）断面类型与尺寸。大圆坯出现中心裂纹的概率比较大，一方面断面尺寸比较大，收缩量也大；另一方面圆坯很少能机械压下，凝固收缩量无法得到外界补偿。同时，圆坯的凝固对称性好，收缩和变形也更集中。

（2）过热度。过热度越大，收缩量越大，中心裂纹越严重。

（3）拉速。拉速越高，液芯越长，坯壳温度也越高，凝固末期中心处的冷速会略有减小；但拉速提高时，中心偏析加剧，降低了裂纹形成的临界应变。因此，拉速对凝固裂纹的影响需要具体分析，拉速越高时，出坯温度越高，固相收缩量也越大，可能增大固态相变裂纹倾向。

（4）结晶器电磁搅拌和水口。强化结晶器电磁搅拌和使用分孔水口有助于过热耗散，提高等轴晶比例，降低和分散收缩，有利于控制中心裂纹。

（5）二冷电磁搅拌。加强过热耗散，均匀化钢水温度，提高等轴晶率，降低中心裂纹倾向。

（6）二冷强度。对于小断面连铸坯，增大二冷强度会促进柱状晶生长，等轴晶率减小，会增大中心裂纹；对于大断面连铸坯，由于二冷区较短且坯壳较厚，二冷强度对中心裂纹影响不大。

（7）凝固末端电磁搅拌有助于均匀化钢水温度和成分，分散收缩，可直接改善中心裂纹。

（8）热压下与机械压下可以补偿凝固收缩，减小热应力，改善中心裂纹。

（9）下线缓冷。连铸坯切割之后进行入坑缓冷，降低中心冷速，避免发生上贝氏体和马氏体相变，或者直接热送热装。

5.4.4.3　控制措施

（1）尽量避免碳含量落入 0.45% ~ 0.55% 的敏感区间，合金元素控制在下限，减少凝固收缩量，尤其降低 S、P 杂质元素含量。

（2）相对于大断面连铸坯，以保证压缩比的最小断面生产可以减轻中心裂纹。

（3）过热度向下限控制，中心裂纹敏感钢种过热度控制在 15~25 ℃。

（4）拉速合理设计，根据具体工况分析。

（5）强化结晶器电磁搅拌，使用分孔水口。

（6）使用二冷电磁搅拌。

（7）二冷强度以弱冷为宜。

（8）使用凝固末端电磁搅拌。

（9）采用热压下和轻压下技术，凝固之后微压下也会有一定效果。

（10）连铸坯切割之后入坑缓冷，或者直接热送。

5.5　连铸坯形状缺陷与控制

连铸坯的形状缺陷是指外形结构与尺寸出现一定的偏差，包括脱方、椭圆、鼓肚、蛇形、翘曲等。

5.5.1　脱方

5.5.1.1　特征

脱方是小方坯中最常见的形状缺陷，主要特征是横截面上两个对角线方向的长度不相等，正方形变成了菱形，因此脱方也叫菱变，如图 5-61 所示。

脱方多发生于小方坯，大方坯、矩形坯很少出现；板坯几乎不会提及脱方问题，即使对角线不相等对热加工影响也很小；圆坯没有对角线的概念，但会发生椭圆或失圆缺陷。当小方坯两条对角线差异超过 3% 时就定义为脱方，此时钝角处因坯壳较薄容易出现裂纹和漏钢；当超过 6% 时，脱方会导致连铸坯在推钢或轧制时翻滚，影响轧机咬入，甚至可能发生折叠缺陷。

5.5.1.2　形成机理和影响因素

脱方多发生于边长 150~180 mm 的小方坯，尤其是螺纹钢和普碳钢，因为这

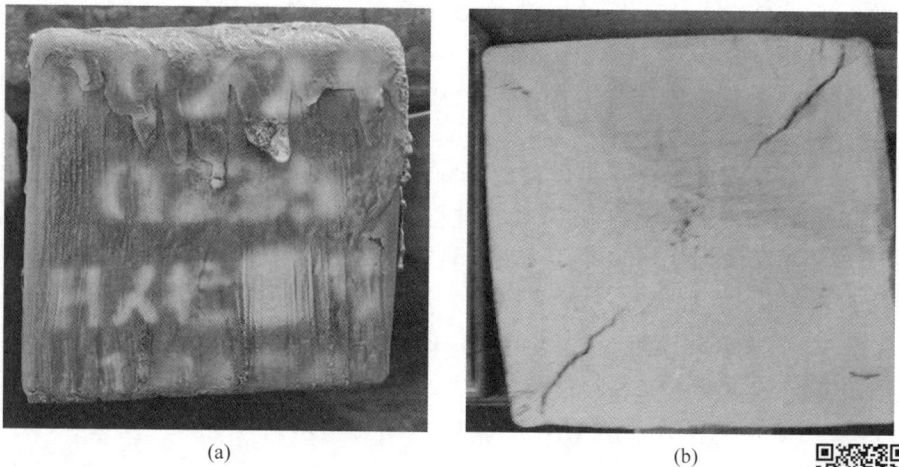

图 5-61　小方坯的脱方缺陷
（a）脱方；（b）脱方+对角线裂纹

扫码看彩图

类钢种的连铸机配置比较普通，二冷区大多不设置扇形段，结晶器和足辊倒锥度的精度不高，工作拉速又比较高，二冷均匀性也不好，会引起四个表面的温度和收缩不一致而出现脱方。

　　一般来说，脱方起源于结晶器，即初生坯壳圆周方向冷却不均匀，尤其是角部凝固进程不一致时，先凝固的角部会因为收缩而形成锐角，后凝固的角部会随之形成钝角；当连铸坯进入二冷区之后，即使喷淋比较均匀，由于已存在一定的脱方，会使锐角处的冷却和收缩更快，进一步加剧了脱方程度。

　　现在一些研究认为，当二冷不均匀时，连铸坯会跑偏（呈蛇形或 S 形），当足辊精度不好时，会进一步导致坯壳和结晶器四个面的热流密度不等，进而增大初生凝固的不均匀，也会引起脱方缺陷。

　　影响小方坯脱方的因素有钢种、工艺和设备等，现场哪一因素占据主导地位还需具体分析。

　　A　钢种因素

　　亚包晶钢凝固末期存在 δ→γ 相变收缩，初生坯壳均匀性不好，更容易出现角部凝固进程的不一致，进而形成脱方。对于一些企业生产的 Q235 钢种，其碳当量在 0.12%~0.16% 之间，属于典型的亚包晶钢，容易出现脱方。现场还发现，对于脱方的连铸坯，Mn/S 比大于 30 的工况比小于 20 时控制得更好。

　　B　工艺因素

　　（1）结晶器水量。当结晶器水量不足时，冷却水的流速可能低于 6 m/s，对流换热效果不佳，铜管温度升高，会出现四个面间歇式的核沸腾和膜沸腾，导致周向冷却不均匀，进而出现脱方。因此，增大水量以保证水的流速不小于 9 m/s，可以避免因沸腾传热而引起的脱方。

（2）保护渣。保护渣性能与钢种和工艺参数匹配不当时，会导致周向坯壳凝固不均匀，也会增大脱方倾向。

（3）水口结构与对中。直通式水口坯壳均匀性比分孔水口好一些，正常情况下会改善脱方；但插入深度过大时会冲击外弧，反而引起脱方。分孔水口四个侧孔出口对面安装比对角安装时角部凝固均匀性好，尤其是对角安装水口堵塞时会引起角部凝固进程不一致，也会加剧脱方。水口安装对中程度会直接影响周向坯壳厚度均匀性，进而影响脱方。

（4）二冷强度。二冷强度过小时，已脱方连铸坯的钝角会因为钢水静压力作用而鼓肚，进而出现对角线裂纹；二冷强度过大时，锐角处凝固收缩更快，脱方进一步放大。二冷均匀性对脱方影响很大，但一般与设备有关。

（5）过热度。钢水过热度越大，坯壳越薄，变形越容易，脱方越明显。

（6）拉速。拉速越高，结晶器热流密度越大，也越不均匀，且坯壳也越薄，越容易形成脱方。

C 设备因素

（1）结晶器形状。由于热变形和磨损，结晶器铜管多次使用之后会变形，如果铜管截面已呈菱形，那么初生坯壳就会脱方。因此，整个高度方向上结晶器截面形状的规范性都要严格控制。

（2）结晶器锥度。结晶器锥度过小时，坯壳与铜管之间会有较大间隙，容易引起周向冷却不均匀和脱方；尤其是当二冷段内连铸坯跑偏时，连铸坯初始凝固均匀性会受到更大影响。

（3）结晶器水缝均匀性。当结晶器水缝不均匀时，即使水量足够，也会导致不同宽度水缝对应表面和角部的冷却不均匀，因此也会容易形成脱方。

（4）结晶器振动偏摆。当结晶器振动偏摆较大时，如超过 1.0 mm，会导致四个面的坯壳与铜管之间传热不均匀，也会加剧脱方。

（5）足辊精度。当足辊锥度较小，对坯壳支撑不足时，会增大钝角处出现裂纹的倾向；当锥度较大，但精度不足时，会对坯壳形成不同程度的挤压，如此也会引起脱方。

（6）二冷扇形段精度。某些小方坯带有可以整体更换的扇形段，当扇形段辊缝不良时会挤压铸坯，也会诱发脱方。

（7）二冷喷淋均匀性。二冷均匀性分为对中性和喷嘴堵塞两个方面，一些连铸机断面数量比二冷喷淋系统数量多，其喷嘴对称性按照同一套喷淋系统的最大断面设计，生产小断面时就会出现不同面上冷却强度不同。另外，喷嘴堵塞数量较多时，也会出现明显的二冷不均匀，这些都会加剧脱方。

（8）拉矫机与结晶器、二冷中线要一致，从而减少歪斜拉坯引起的一冷和二冷不均匀性。

5.5.1.3　控制措施

（1）尽量避免碳含量落入亚包晶钢范围，降低凝固相变收缩量，提高坯壳均匀性。

（2）严格控制 S、P 含量，提高 Mn/S 比至 30 以上。

（3）结晶器水量要保证水缝流速达到不小于 9 m/s。

（4）保护渣性能要与钢种和工艺参数相匹配，保证坯壳均匀生长。

（5）水口结构合理，插入深度得当，安装对中，且避免堵塞。

（6）二冷强度合理，不能过大也不能过小。

（7）降低过热度，以控制在 20~30 ℃ 为宜。

（8）拉速控制在中低水平，高拉速下设备和工艺要针对性优化。

（9）结晶器形状和锥度要严格控制。

（10）结晶器铜管与水套的间隙要相等，水缝均匀。

（11）结晶器振动偏摆精度要小于 0.5 mm。

（12）足辊锥度和精度要有保证，小于 0.5 mm。

（13）扇形段精度不超过 0.5 mm。

（14）二冷喷淋对中性要提高，同时减少喷嘴堵塞。

（15）提高连铸机设备对中度，保证结晶器、二冷区和拉矫机中线一致。

5.5.2　椭圆或失圆

5.5.2.1　特征

椭圆或失圆缺陷只发生于圆坯，其中以小圆坯居多，前者是横截面正圆变成椭圆，后者是变成非规则形状，如图 5-62 所示。

椭圆或失圆会影响圆坯轧制棒材时的平稳咬入。对于制管来说，还可能出现穿孔不对中的问题，当中心缩孔严重时，就会出现内壁折叠或裂纹。

5.5.2.2　形成机理和影响因素

圆坯出现椭圆或失圆缺陷是凝固初生坯壳不对称、二冷不均匀或拉矫压力过大导致的，与结晶器、二冷和拉矫机参数均有关，主要包括钢种、工艺和设备三方面的因素。

图 5-62　圆坯的椭圆缺陷

扫码看彩图

A　钢种因素

亚包晶钢凝固之后立即发生包晶相变，导致初生坯壳周向均匀性差，气隙大小不等，容易出现形状不规则。

B　工艺因素

（1）过热度。过热度越大，坯壳越薄，越容易变形，形状缺陷越严重，但过热度本身不会引起椭圆或失圆。

（2）拉速。拉速越高，坯壳越薄，温度越高，也越容易变形，因此会诱发椭圆或失圆；尤其是大幅提高拉速之后，圆坯进入拉矫机的尺寸和温度变化较大，当拉矫机参数不调整时，就容易出现圆坯形状缺陷。

（3）结晶器冷却强度。当冷却水量较小时，可能出现间歇式沸腾传热，会引起周向坯壳不均匀，进而出现椭圆或失圆；当冷却水量过大时，也会导致初生坯壳不均匀，可能诱发形状缺陷。

（4）保护渣。保护渣性能不合理时，初生坯壳不均匀，也容易出现椭圆或失圆缺陷。

（5）水口。直通式浸入水口坯壳周向均匀性最好，分孔水口出口流股直接冲击坯壳，会引起周向不均匀，可能加剧椭圆或失圆。

C　设备因素

（1）结晶器形状。铜管的热变形和磨损会导致截面形状发生变化，如果铜管圆度降低，其初生坯壳也会受到影响。

（2）结晶器锥度。结晶器锥度太小，坯壳与铜管之间可能形成气隙，引起周向冷却不均匀；尤其是连铸坯跑偏或装备轴线不对中时，一冷均匀性也会降低，导致圆度会下降。

（3）结晶器水缝均匀性。当结晶器水缝宽度大小不等时，会导致周向不同位置冷却不均匀，因此也容易形成椭圆或失圆。

（4）结晶器振动偏摆。当结晶器振动偏摆超过 1.0 mm 时，容易导致坯壳与铜管之间热流密度不均匀，也会加剧变形。

（5）足辊精度。当锥度较大但精度不足时，会对结晶器出口的坯壳造成一定程度的挤压，由此也会引起形状缺陷。

（6）二冷喷淋均匀性。当连铸机断面数量比二冷喷淋系统数量多时，其同一套喷淋系统中不同断面的冷却均匀性会有差异；当二冷喷嘴堵塞严重时，会出现传热不均匀，也会加剧椭圆或失圆缺陷。

（7）拉矫机与结晶器、二冷中线要一致，从而减少歪斜拉坯引起的一冷和二冷不均匀性。

5.5.2.3　控制措施

（1）避免碳含量落入 0.09%～0.17% 的亚包晶钢范围，提高坯壳均匀性。

（2）严格控制杂质元素 S、P 含量，将 Mn/S 比提高至 30 以上。

（3）结晶器水量要合理，一方面保证水缝流速达到不小于 9 m/s，另一方面也要提高凝固坯壳均匀性。

（4）保护渣要与钢种和工艺参数相匹配。

（5）水口结构合理，提高安装对中度，避免堵塞。

（6）过热度以控制在 20~30 ℃ 为宜。

（7）拉速控制在中低水平，高拉速下设备和工艺参数要系统优化。

（8）结晶器形状和锥度要严格控制。

（9）结晶器水缝要均匀。

（10）结晶器振动偏摆精度要小，不能超过 0.5 mm。

（11）足辊锥度和精度要有保证，以小于 0.5 mm 为宜。

（12）二冷装备对中度要好，要杜绝喷嘴堵塞。

（13）保证结晶器、二冷区和拉矫机轴线对中。

5.5.3　鼓肚

5.5.3.1　特征

连铸坯鼓肚缺陷一般只发生在板坯，分为窄面鼓肚和宽面鼓肚两种形式。正常来说，板坯窄面为内凹状，最大凹入深度 3~5 mm，有利于控制偏离角凹陷，提高轧材边部质量。窄面鼓肚一般只影响板坯角部质量，不会导致材料报废。

板坯宽面鼓肚不常见，特殊情况下可以才可以观察到，如图 5-63 所示。宽面一旦发生鼓肚，就会比较大，影响连铸坯运送、加热和轧制，一般直接报废。

扫码看彩图

图 5-63　板坯沿宽度方向的鼓肚缺陷

一些高拉速的小方坯也会出现鼓肚，但鼓胀量不大，如果不出现其他缺陷就不影响热加工和产品质量。中等断面方坯采用机械压下时，也会导致侧面出现一定的鼓肚，这与压下量和压下变形温度有关。圆坯由于几何特征，通常不讨论鼓肚问题。

5.5.3.2 形成机理和影响因素

鼓肚是坯壳较薄，温度较高，抵抗变形的能力较差，钢水静压力或机械压下作用下出现向外鼓胀。板坯窄面鼓肚是结晶器窄面锥度过小，或窄面足辊锥度过小、冷却不足引起的，有时也与轻压下或重压下有关；宽面鼓肚可发生在二冷区两个相邻辊之间，但随着坯壳厚度增大会逐渐消失，当液芯长度超过扇形段最后一对辊时，钢水静压力作用下就会发生宽面鼓肚。

小方坯拉速较高时，坯壳较薄且温度较高，二次冷却不足时钢水静压力作用下也会发生鼓肚，或者拉矫压力过大时，侧面也会向外鼓胀。中等断面方坯连铸拉速也比较高，机械压下时侧边容易变形，进而形成鼓肚。小方坯和大方坯的鼓肚一般不会视为缺陷，但也要控制到合理范围内。

根据上述机理，影响连铸坯鼓肚的因素有钢种、工艺、设备等。

A 钢种因素

碳和合金元素含量越高，相同拉速和冷却条件下的实际坯壳越薄，出结晶器时越容易鼓肚；尤其是 P、S 等杂质元素，会降低固相线，增大鼓肚。

对于一些超纯铁素体钢，由于合金元素极少，高温蠕变量很大，也会出现宽展和鼓肚。

B 工艺因素

(1) 过热度。过热度越高，坯壳越薄，温度越高，鼓肚量越大。

(2) 拉速。拉速越高，坯壳越薄，且温度越高，抗变形能力越差，越容易出现鼓肚；当液芯长度超过板坯二冷区长度时，宽面也会出现鼓肚。

(3) 结晶器冷却强度。一冷强度越小，坯壳越薄，越容易发生鼓肚。

(4) 二冷区冷却强度。二冷强度越大，坯壳越厚，温度越低，鼓肚量更小。

(5) 机械压下。执行位置越靠前，压下量越大，侧面越容易出现鼓肚。

C 设备因素

(1) 结晶器锥度。锥度越小，结晶器内坯壳的表面鼓胀越明显；同时，由于坯壳整体厚度较小，会加剧二冷区鼓肚。

(2) 结晶器长度。铜板/铜管长度越短，坯壳越薄，鼓肚量越大。

(3) 足辊锥度小或精度不够。足辊不能良好支撑坯壳，钢水静压力作用下发生鼓肚。

(4) 扇形段辊缝精度。当辊缝精度大于 0.5 mm、邻辊正偏差超过 0.5 mm 时，就会出现二冷区的鼓肚，也会加剧液面波动和中心偏析，但不一定在低倍横截面上观察到。

(5) 二冷喷嘴堵塞。喷嘴堵塞会降低换热强度，会增大鼓肚。

(6) 板坯二冷区长度。二冷区总长度过短，当拉速、过热度和冷却波动时会导致液芯长度超过最后一对辊，引起宽面鼓肚。

（7）扇形段或拉矫机采用压力模式，当设定压下力过大时，会出现侧面鼓肚。

5.5.3.3　控制措施

（1）严格控制 S、P 杂质元素含量。

（2）降低过热度至 20~30 ℃。

（3）拉速控制在中低水平，高拉速下要进行针对性的设备和工艺优化。

（4）结晶器冷却强度和二冷区冷却强度要适当增大，降低坯壳温度，增加坯壳厚度，提高坯壳抗变形能力。

（5）机械压下参数要合理，减少侧面鼓肚。

（6）结晶器锥度和长度要合适，保证出口坯壳厚度。

（7）足辊锥度和精度要足够。

（8）扇形段辊缝偏差减小至 0.5 mm 以下。

（9）减少二冷喷嘴堵塞，喷嘴选型合理，水质要有保证。

（10）板坯二冷区总长度要与液芯长度相匹配，前者要大于后者。

（11）机械压下的压力设定要合理。

5.5.4　蛇形

5.5.4.1　特征

蛇形是指连铸坯在二冷区内发生弯曲，也叫 S 形或跑偏（见图 5-64），多发生在小方坯，小圆坯上不多见，大方坯和板坯上几乎不会出现。蛇形会导致连铸坯冷却不均匀，甚至影响结晶器与坯壳之间换热，可能诱发漏钢。严重的蛇形缺陷会导致出坯困难，卡在传送辊道上，也会影响轧制咬入对中和轧制稳定性。

5.5.4.2　形成机理和影响因素

连铸坯蛇形是二冷区左右侧冷却不均匀引起的，冷却强的一侧会收缩，而冷却弱的一侧抵抗变形能力较小，在收缩拉应力下连铸坯向强冷侧弯曲。另外，蛇形也

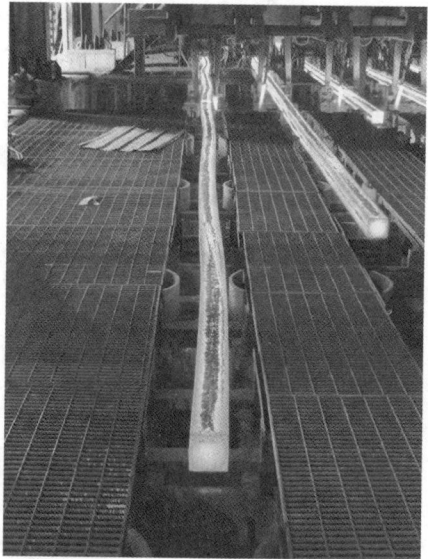

图 5-64　小方坯的蛇形缺陷

扫码看彩图

与拉矫机对中度有关，歪扭状态下拉坯时也会导致连铸坯蛇形。影响连铸坯蛇形的因素主要是设备因素，工艺因素也有次要作用。

A　设备因素

（1）二冷喷嘴不对中。喷嘴不对中时，冷却也会不对称，进而形成热应力不平衡，引起蛇形。

（2）喷嘴堵塞。喷嘴大面积堵塞之后，热流密度大幅下降，会导致冷却不均和连铸坯蛇形。

（3）拉矫机对中度。当拉矫机对中度较差时，拉坯力方向与结晶器和二冷中线不一致，连铸坯也会蛇形。

（4）结晶器振动偏摆。铜管锥度较大且振动偏摆严重时，也会导致结晶器出口的连铸坯弯曲。

B 工艺因素

（1）二冷强度。当二冷强度较小时，坯壳较薄，温度较高，容易因歪扭拉坯而呈蛇形；当二冷强度较大时，其不均匀性更大，尤其是当喷嘴堵塞时，强冷会加剧蛇形缺陷。

（2）拉矫力大小。拉矫力太大，对中度不好时更容易导致蛇形。

5.5.4.3 控制措施

（1）提高结晶器振动精度，铜管锥度要合理。

（2）二冷喷嘴要严格对中，且杜绝堵塞。

（3）拉矫机与结晶器和二冷中线要严格对中。

（4）二冷强度要合理。

（5）拉矫力要合适。

5.5.5 翘曲

5.5.5.1 特征

连铸坯翘曲分为坯头上翘和冷床侧向弯曲两种，如图 5-65 所示。坯头上翘幅度太大时，无法进入拉矫机，影响生产顺行；冷床侧向弯曲严重时，影响连铸坯辊道运送，也会导致加热不均和轧制咬入与稳定性问题。

(a)

(b)

图 5-65 连铸坯翘曲缺陷
(a) 坯头上翘；(b) 冷床侧向弯曲

扫码看彩图

坯头上翘一般发生在大断面方坯或圆坯的高合金钢连铸过程，板坯一般不会出现；冷床侧向翘曲多出现在小方坯或小圆坯，大断面方坯或圆坯、板坯不常见。

5.5.5.2　形成机理和影响因素

A　坯头上翘

坯头上翘是开浇过程参数不合理导致的。当开浇提速过慢、冷却过强时，坯头温度较低，一直保持连铸机内的弧形状态，严重时无法进入拉矫辊。主要影响因素如下：

(1) 高合金钢的高温变形抗力大；

(2) 开浇提速过慢，坯头冷却时间长；

(3) 开浇时二冷强度太大，坯头降温快。

B　冷床侧向弯曲

为了提高调运效率，一些企业在冷床上会将小方坯或小圆坯 4~6 支紧密排在一起，由于边部连铸坯与中间区域冷却条件不同，就会形成向外侧的弯曲，有时也会发生在堆垛上。温度越高，Ni、Mo、W 等合金元素含量越高，冷却时的弯曲程度就越明显。主要影响因素如下：

(1) 含有 Ni、Mo、W 的合金钢因发生固态相变，侧向弯曲更严重；

(2) 出坯温度越高，热变形量越大，侧向弯曲越明显；

(3) 外部冷却越强，弯曲越严重；

(4) 两个相邻连铸坯"调运组"之间距离越远，侧向弯曲越明显。

5.5.5.3　控制措施

(1) 坯头上翘：

1) 优化开浇制度，保证在不漏钢的前提下尽快提速。

2) 减少开浇二冷强度。

(2) 冷床侧向弯曲：

1) 根据钢种合理控制连铸坯冷床温度。

2) 尽量降低出坯温度，或直接辊道热送。

3) 降低环境冷却强度，如关闭车间门窗、增设挡风板等。

4) 连铸坯冷床间距要合理，避免中间和边部差异太大。

5) 使用夹持装置。

5.6　连铸坯洁净度缺陷与控制

5.6.1　夹杂物

5.6.1.1　特征

与连铸过程相关的夹杂物缺陷主要是钢包耐火砖、中间包内衬、水口和塞棒耐材、水口结瘤物、保护渣和覆盖剂等形成的 50 μm 以上大颗粒夹杂物和一些 10~30 μm 二次氧化的夹杂物，以及凝固过程中形成的 10 μm 以下小颗粒夹杂物等。根据元素类别，前者主要是氧化物，后者为硫化物、氮化物或氧化物等。实际分析时，尽管碳化物尺寸往往比较大，一般不把其看作夹杂物。

夹杂物一旦进入连铸坯中，就无法再去除掉，最终影响产品的冲击、疲劳和耐腐蚀性能，降低零部件的使用寿命。

5.6.1.2 形成机理和影响因素

A 大颗粒夹杂物

钢包耐火砖一般以碱性材料居多，常见的是镁碳砖、镁铝碳砖、镁钙砖、镁铬砖等；中性砖主要是高铝砖或铝镁砖，酸性砖现在使用很少。通常，钢包工作层的使用寿命在几十炉到 200 炉不等。当钢水温度比较高、浇铸时间比较长的条件下，钢包耐火砖就会被浸蚀，当上浮不完全时就会形成小尺寸夹杂物；一些耐火砖质量不好，多次使用之后会剥落掉块，溶解不完全或上浮不彻底时会形成大颗粒夹杂物，其组成与耐火砖成分接近。

中间包内衬多为镁质或镁钙质材料，不管是涂抹料还是干式料，中间包内衬的使用寿命在 10~40 h。当中间包内衬材料质地不好时，也会大量浸蚀或脱落，进而形成不同尺寸的夹杂物，一般氧化镁含量比较高。

长水口、塞棒和浸入式水口一般为铝碳质，渣线附近为锆碳质材料；座砖通常是高铝砖、铝镁砖、铝铬砖或铝碳砖。这些耐火材料在使用过程中也会不断被浸蚀，甚至发生断裂，进而会引入夹杂物，一般氧化铝含量比较高。

浸入式水口内壁会出现一定数量的结瘤物，有时水口底部的外侧会形成"蘑菇头"。当水口结瘤比较严重时，其就会不定期脱落，形成大尺寸夹杂物，成分多为氧化铝、氧化钛或稀土氧化物等。

钢包浇铸末期，由于钢水中会出现旋涡，当液面低于一定高度时钢包顶渣就会流入中间包；尽管中间包具有一定的夹杂物上浮去除功能，但钢包停浇之后液面大幅下降，钢水停留时间缩短，导致出现大尺寸夹杂物的概率很大。钢包下渣引起的大颗粒夹杂物氧化钙含量比较高，与渣含量接近。

中间包内钢水液面流速较大、覆盖剂黏度比较低时，就容易剪切卷渣；浇铸末期也可能出现中间包下渣，这都会引起大颗粒夹杂物，其 CaO 和 SiO_2 的比例与中间包覆盖剂碱度相当。

结晶器保护渣卷入也会导致大尺寸夹杂物的出现，典型特征是成分中含有 Na、K 等特有元素，且一般为酸性或中性氧化物。

B 二次氧化夹杂物

连铸开浇过程中会发生二次氧化，是因为中间包和结晶器中的钢水和空气会有接触；正常浇铸过程中的二次氧化主要来源于吸气，一般发生在钢包长水口滑板或浸入式水口接头处。由于钢水流速比较快，会形成一定的负压，空气会从长水口滑板或浸入式水口接头处进入，导致 Al_2O_3、SiO_2、MnO、MgO、CaO 等氧化物夹杂数量会增多。

二次氧化不仅会增大小尺寸夹杂数量，还会引起水口堵塞，一方面影响生产顺行，另一方面堵塞物脱落之后会形成大颗粒夹杂物。此外，水口堵塞还可能引起结晶器流场出现不对称，加剧卷渣。

C　凝固析出夹杂物

随着钢水温度降低，非金属夹杂物平衡溶度积减小；由于枝晶偏析会导致溶质富集，当实际浓度积大于平衡值时就可能析出夹杂物。理论上，钢中夹杂物的平衡浓度积都随着温度降低而减小，由于钢水中已经存在 Al_2O_3、MgO、SiO_2 等夹杂物，凝固过程中会趋向于进一步长大，但也会新形成一些尺寸小于$10~\mu m$ 的夹杂物；对于 MnS、TiN 和 Cr_3C 等，冶炼过程钢水中本身并不存在（TiN 可能存在），是在凝固中后期形成的，既可能独立形核，也可能依附已有粒子上析出。考虑到碳化物一般不作为夹杂物，因此凝固过程中析出的夹杂物一般是指 MnS、TiN 和一些小尺寸氧化物等。

5.6.1.3　控制措施

(1) 严格管理钢包耐火砖、中间包内衬、水口、塞棒、座砖的质量，规范砌筑和烘烤操作，限制使用寿命；

(2) 精炼过程尽量将夹杂物去除干净，提高中间包去除夹杂物的能力，避免水口堵塞，采用特制防堵水口或塞棒吹氩；

(3) 避免浇铸末期钢包和中间包下渣；

(4) 避免中间包和结晶器卷渣；

(5) 减少二次氧化，采用氩封保护，或浸入式水口采用一体结构；

(6) 降低夹杂物元素含量，如 O、S、N 等的含量控制在下限，增大凝固冷却速率细化组织，减少显微偏析。

5.6.2　卷渣

5.6.2.1　特征

卷渣是指结晶器液面处钢水将保护渣卷入到连铸坯内部而造成的一种洁净缺陷。卷渣形成的夹杂物可能在皮下，也可能在中间或中心的区域，尺寸在 $30\sim200~\mu m$，甚至更大。卷渣形成的夹杂物多呈圆形，少数也会形状无规则，其成分与保护渣接近。当夹杂物中含有 Na、K 等元素时，一般可以判定为结晶器内钢水卷渣。

5.6.2.2　形成机理和影响因素

形成卷渣的夹杂物与结晶器内钢水的流动行为有关，如图 5-66 所示。一般来说，卷渣有三种机理，分别是旋涡卷渣、剪切卷渣和气泡卷渣。

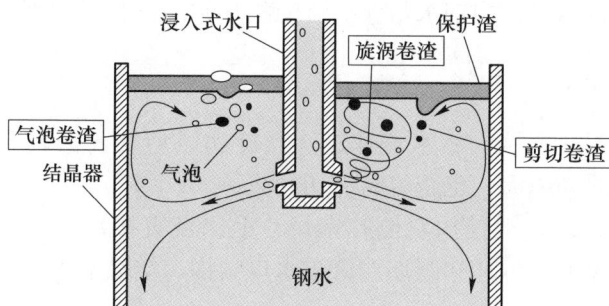

图 5-66 结晶器内钢水卷渣机理

　　旋涡卷渣通常在水口附近，可能是两侧流股相汇导致的，也可能是单侧流股不稳定流动形成的；浇铸过程中，实际旋涡深度可能达到 3~50 mm，与钢水流速和水口插入深度有关；液面上形成旋涡之后，液渣就会被卷入到钢水中。

　　剪切卷渣与结晶器内钢水液面流速有关。实际上，结晶器钢水液面和液渣层并不是水平的，其具有一定的梯度。对于板坯，当钢水由液面较高处流向液面较低处，就容易发生剪切卷渣。当界面处切向速度超过临界值时，卷渣倾向大大增加，尤其是黏度较小的保护渣。实验表明，剪切卷渣形成的流速临界值与坯型、断面尺寸、界面张力和液面波动高度有关，不同研究中的数值在 0.25~0.7 m/s，一般取 0.3 m/s。

　　气泡卷渣多发生在板坯，由于水口吹氩，大量气泡在液面附近会爆破和炸开，如图 5-67 所示。当气泡较大时，渣层会碎裂，一部分渣液会进入到钢水中，被流股带到坯壳凝固前沿捕捉，引起卷渣。气泡尺寸越大，保护渣黏度越小，这种卷渣发生概率就越大。

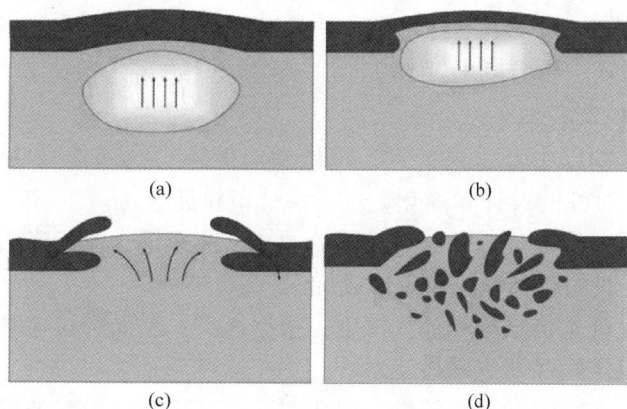

扫码看彩图

图 5-67 气泡卷渣过程
（a）气泡上浮到液面；（b）气泡进入保护渣中；（c）气泡炸裂；（d）保护渣进入钢液

卷渣本质上是结晶器内钢水与保护渣的相互作用，其影响因素是钢水流场和保护渣状态两方面。

A　钢水流场

（1）拉速。拉速越大，钢水流速越大，旋涡或剪切卷渣越容易发生；拉速变化越大，液面波动越大，也越容易剪切卷渣。

（2）断面。板坯一般使用双侧孔水口，上回流直接冲击液面，形成旋涡和剪切卷渣的概率更大；方坯和圆坯卷渣与水口结构、结晶器电磁搅拌有关，一般不及板坯明显。

（3）水口。对于方坯和圆坯，直通式水口卷渣倾向很小，分孔水口会导致向上流股，卷渣概率更大；对于板坯，四孔比两孔水口液面稳定，可以在一定程度上减少卷渣。水口侧孔倾角越向下、插入深度越大，卷渣概率越小。

（4）结晶器电磁控流。方坯和圆坯结晶器电磁搅拌安装位置比较靠上时，搅拌功率过大会引起剪切卷渣；板坯电磁制动会抑制卷渣，电磁加速和电磁搅拌会诱发卷渣。

（5）鼓肚。板坯发生鼓肚时，会引起液面波动，旋漩涡卷渣和剪切卷渣的概率随之增大。

（6）吹氩。吹氩量比较大时，气泡尺寸增大，液面处炸裂影响范围大，更容易引起卷渣。

B　保护渣状态

（1）保护渣黏度越小，越容易卷渣。

（2）保护渣与钢水之间界面张力越小，卷渣概率越大。

（3）渣层越薄，液面波动越大，越容易卷渣。

另外，对于直弧形连铸机，由于具有一个垂直段，即使发生卷渣，也有更大的概率会上浮去除；对于弧形连铸机，其弧半径越大，结晶器曲率越小，夹杂物上浮去除效果越好，卷渣概率越小。

5.6.2.3　控制措施

（1）拉速控制以中低水平为宜，降低卷渣概率；拉速提高30%以上时，钢水流场要进行针对性的设计和优化，尽量保持恒拉速生产。

（2）板坯要严格控制上回流对液面的冲击，液面钢水流速降低至0.3 m/s以下；提高两侧流股的对称性，避免形成旋涡。

（3）优化设计水口结构和插入深度，根据坯型、断面和拉速具体分析。

（4）合理设定结晶器电磁控流系统。

（5）提高板坯辊缝和对弧精度，强化二冷，减少鼓肚引起的液面波动。

（6）降低吹氩量。

（7）优化保护渣参数，保证黏度、表面张力和渣层厚度合适。

5.6.3 夹渣

5.6.3.1 特征

连铸坯表面或皮下 2~5 mm 处夹带的非规则形状的、非连续分布的大尺寸渣块，称为表面夹渣，有时也称为皮下夹渣，如图 5-68 所示。常见的表面夹渣清理之后会出现单个尺寸在 3~10 mm 的孔洞，许多孔洞连接成的夹渣缺陷范围很大，可达到 10~200 mm，甚至更大。此外，夹渣还可能与结疤相伴而生（见图 5-69），这种夹渣影响凝固传热效果，可能引发漏钢。

扫码看彩图

图 5-68 连铸坯表面夹渣缺陷

扫码看彩图

图 5-69 连铸坯表面结疤缺陷

表面夹渣可发生在板坯、方坯和圆坯，严重影响产品表面质量，会在材料表面形成凹陷、重皮、裂纹、渣坑、疤痕等缺陷，降低冷加工、热处理、涂镀和使用性能，轻则需要扒皮，重则直接报废。

5.6.3.2 形成机理和影响因素

表面夹渣是保护渣嵌入连铸坯表面或皮下而形成的，其发生于结晶器初始凝固过程。当出现比较大的液面波动时，弯月面附近钢渣界面平衡被破坏，一些烧结态或颗粒状的保护渣卷入坯壳与结晶器的间隙，随后被挤压到坯壳表面，形成孔洞型夹渣。当液面急剧上升时，原有渣圈被新坯壳淹没，出现大面积凹凸不平，或渣条或渣壳被卷入到坯壳表面，就会同时出现结疤型夹渣。

连铸坯表面夹渣与结晶器内钢水流动、初始凝固和保护渣理化性质有关，下面介绍主要影响机制。

A　结晶器内钢水行为

结晶器弯月面处液面波动越大，越容易出现夹渣，见表 5-3。液面波动显著时，一方面渣层结构不稳定，粉渣和烧结渣与液态渣容易混合，进而会流入渣道被坯壳包裹后形成夹渣；另一方面液面与渣圈或渣壳反复作用，会导致其嵌入坯壳而出现夹渣。

表 5-3　不同液面水平的夹渣缺陷深度　　　　　　　　（mm）

波动范围	夹渣深度
±3	<0.3
±5	<1.2
±10	<3.4
±15	<5.8

影响液面波动和卷渣的因素如下：

（1）拉速。拉速越高，液面波动越大；拉速变化越大，液面波动也越大，越容易卷渣和夹渣。

（2）水口。浸入式水口插入深度越大，液面波动越小，夹渣数量也越少，见表 5-4。水口侧孔倾角越向下，液面波动也越小。对于方坯和圆坯，直通式水口比分孔水口液面稳定，卷渣倾向小。

表 5-4　不同水口插入深度的夹渣数量

水口插入深度/mm	夹渣数量/个·mm^{-2}
≤80	2.9
80~100	1.6
100~120	1.2
120~140	0.9
≥140	0.8

（3）结晶器搅拌。搅拌强度越大，搅拌器位置越靠上，液面波动越剧烈，卷渣和夹渣倾向越大。

（4）板坯电磁制动。提高电磁制动功率可以降低上回流对液面的冲击，也可以减小液面波动，抑制卷渣和夹渣。

（5）板坯鼓肚。鼓肚量越大，液面波动幅度越大，越容易夹渣。

（6）钢种成分。亚包晶钢具有额外的相变收缩，液面波动也越大，夹渣越严重。

（7）塞棒吹氩量。气泡量过大时，上浮到液面会引起强烈搅动和翻滚，液面波动增大，加剧卷渣和夹渣。

（8）过热度。过热度过低时，保护渣容易结壳，也会增大夹渣概率。

B 保护渣性质

保护渣熔点越高，液渣层越薄，液面波动时烧结渣和粉渣越容易进入渣道被坯壳包裹；同时，熔点高时渣圈也更多更大，结壳更明显，越容易发生结疤和夹渣。

此外，结晶器冷却强度越大，弯月面温度越低，渣圈也越厚，液面剧烈变化引起的结疤和夹渣越严重。

5.6.3.3 控制措施

（1）控制液面波动：

1）拉速控制在中低水平，提高30%时要进行针对性的优化，尽量保持恒拉速生产。

2）优化设计水口结构，适当增大水口插入深度。

3）适当减小结晶器电磁搅拌，降低搅拌器安装位置。

4）提高板坯电磁制动功率，优化电磁制动施加位置和范围。

5）控制板坯鼓肚，提高扇形段精度和二冷强度。

6）钢种成分尽量避免亚包晶区间，降低包晶相变收缩量。

7）适当降低塞棒吹氩量。

8）适当增加过热度。

（2）优化保护渣，降低熔化温度，提高熔化速度，将液渣层厚度控制在10 mm 以上。

（3）适当降低结晶器冷却强度。

5.6.4 白点

5.6.4.1 特征

白点是一种氢致裂纹缺陷，会出现在连铸坯、轧材和产品中，影响材料的力学性能、疲劳性能和耐腐蚀性能等。白点是基体内部的氢在无外力作用下由原子聚集成氢气分子并引起裂纹，因未发生氧化，裂纹断口可见银白色的斑点，故称白点。实际上，白色斑点是内部裂缝的侧壁，肉眼或低倍显微镜均可观察。

白点缺陷可能发生在板坯、方坯和圆坯中，分布比较随机，其尺寸一般在1~5 mm。白点一般多发生在雨季，尤其是一些南方钢厂，一些未经过真空精炼的品种比较容易出现。

5.6.4.2　形成机理和影响因素

1 atm 下，氢在纯铁中的溶解度如图 5-70 所示。液态时，钢中可以溶解 $(25\sim30)\times10^{-4}\%$ 的氢；凝固之后高温 δ 相可以溶解 $(7\sim8)\times10^{-4}\%$，γ 相中氢溶解度比 δ 大 [为 $(5\sim9)\times10^{-4}\%$]，转变为 α 相之后逐渐减小，400 ℃ 时约为 $1\times10^{-4}\%$ 室温下小于 $0.1\times10^{-4}\%$。由此可见，凝固冷却过程中，由于氢溶解度的急剧变化，会导致多余的氢原子聚集成氢分子，随后以气泡形式析出；随着温度降低，析出量逐渐增大，当某一温度下气压超过临界值时就会出现裂纹，即形成白点缺陷。

影响白点缺陷的主要因素是实际氢含量及其在钢的溶解度，当然也与基体的裂纹倾向有关，这同时受到成分、工艺和设备的影响。

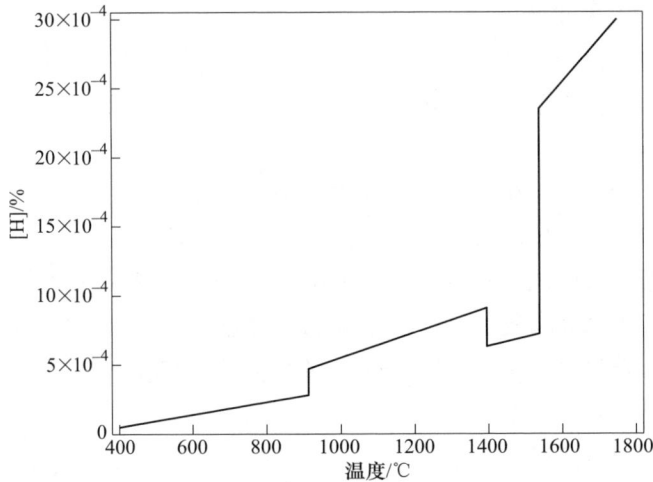

图 5-70　氢在纯铁中的溶解度

A　钢种成分

钢种成分直接决定了钢中氢的实际含量及其溶解度。一些钢种冶炼时不经过真空处理设备，其钢水氢含量本身就很高，可以达到 $(5\sim10)\times10^{-4}\%$，甚至超过 $12\times10^{-4}\%$ 以上，形成白点概率很大。同时，钢中的合金元素一方面会影响氢的溶解度，根据不同元素对氢的活度系数，C、Si、S、P、B、O 等元素会降低氢的溶解度，而合金元素如 Mn、Cr、Ni、Mo 等则会提高氢的溶解度；另一方面，合金元素也会影响基体抗裂纹能力，常见结构钢中 Mn、Ni、C、S、P、Ni 及 Cr 等元素会使钢强化和硬化，白点敏感性增加，而 Zr、Ti、V、Al、Mo、W 和稀土元素可以细化晶粒、提高塑性，同时形成氢陷阱，进而使钢的白点敏感性下降。

B　工艺因素

（1）降低钢水中的氢含量，避免凝固和冷却过程中析出气泡，这是目前解决白点缺陷的主要措施。

（2）降低冷却强度，避免出现较大的内应力，减少白点敏感性。

（3）严格控制钢包、中间包、覆盖剂和保护渣的烘烤制度，降低进入钢水的氢含量。

（4）根据氢的扩散能力与温度的关系[37]（见图 5-71），降低 α 铁素体高温区的冷却速度，可以为氢逸散提供良好的条件。

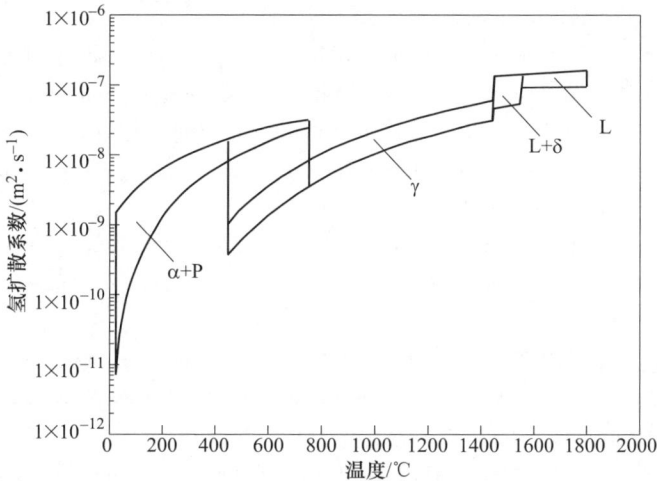

图 5-71　氢在低碳钢中的扩散系数

C　设备因素

保障设备的工作状态，结晶器附近不能出现漏水、滴水、渗水等问题；二冷区水汽要及时排出，否则可能通过气隙上升到保护渣和钢水中，造成增氢。

5.6.4.3　控制措施

（1）冶炼钢水脱氢到 $3 \times 10^{-4}\%$ 以下，从源头上降低氢含量。

（2）降低杂质元素含量，提高抗裂纹能力；适当调整合金元素含量，提高氢的溶解度。

（3）以弱冷为主，降低内应力。

（4）完善耐材和原辅料的烘烤条件，保证足够的时间。

（5）下线堆垛或入坑缓冷，提高氢的固态扩散能力。

参 考 文 献

[1] MAEHARA Y, YASUMOTO K, TOMONO H, et al. Surface cracking mechanism of continuously cast low carbon low alloy steel slabs [J]. Materials Science and Technology, 1990, 6 (9): 793-806.

[2] MINTZ B, COMINELI O, KARJALAINEN L P. The iluence of Ni on the hot ductility of C-Mn-Al, Cu containing steels as a way of preventing "Hot Shortness" [C] //59th Annual Conference of Associação Brasileira de Metalurgia E Materiais, 2004.

[3] MINTZ B. Importance of Ar_3 temperature in controlling ductility and width of hot ductility trough in steels, and its relationship to transverse cracking [J]. Materials Science and Technology, 1996, 12 (2): 132-138.

[4] WEISGERBER B, HECHT M, HARSTE K, et al. Improvement of surface quality on peritectic steel slabs [J]. Steel Research, 2002, 73 (1): 15-19.

[5] TURKDOGAN E T. Fundamentals of Steelmaking [M]. London: Institute of Materials, 1996.

[6] SZEKERES E S. A review of strand casting factors affecting transverse cracking [C]// Proceedings of the 6th International Conference on Clean Steel, 2002: 324-338.

[7] MOON, S C. The influence of Austenite grain size on hot ductility of steels [D]. Wollongong: University of Wollongong, 2003.

[8] MAEHARA Y, YASUMOTO K, SUGITANI Y, et al. Effect of carbon on hot ductility of as-cast low alloy steels [J]. Transactions of the Iron and Steel Institute of Japan, 1985, 25 (10): 1045-1052.

[9] MAKI T, NAGAMICHI T, ABE N, et al. Formation behavior of proeutectoid ferrite and hot ductility in ($\alpha+\gamma$) two phase region in low carbon steels [J]. Tetsu to Hagane (Journal of The Iron and Steel Institute of Japan), 1985, 71 (10): 1367-1374.

[10] GRIESSER S, BERNHARD C, DIPPENAAR R. Effect of nucleation undercooling on the kinetics and mechanism of the peritectic phase transition in steel [J]. Acta Materialia, 2014, 81: 111-120.

[11] PATRICK B, LUDLOW V. Development of casting practices to minimise transverse cracking in microalloyed steels [J]. Continuous Casting, 1997, 8: 181-188.

[12] 杜辰伟, 文进, 李阳, 等. 表面温度波动对微合金钢连铸板坯热塑性的影响 [J]. 工程科学学报, 2015, 37 (11): 1434-1441.

[13] WIMMER F. Special mold shape in bloom and slab casting [C] //Proceedings of the 8th European Continuous Casting Conference, 2014.

[14] KATO T, ITO Y, KAWAMOTO M, et al. Prevention of slab surface transverse cracking by microstructure control [J]. ISIJ International, 2003, 43 (11): 1742-1750.

[15] ITO Y, KATO T, YAMANAKA A, et al. Improvement of hot ductility in continuously cast strand by ferrite precipitation control [J]. Tetsu-to-Hagane (Journal of the Iron and Steel Institute of Japan), 2003, 89 (10): 1023-1030.

[16] KATO T, YAMANAKA A, WATANABE T. Prevention of transverse cracking in microalloyed continuously cast slabs by microstructure control [C] //Iron and Steel Society/AIME, Steelmaking Conference Proceedings, 1997, 80: 345-349.

[17] BABA N, OHTA K, ITO Y, et al. Prevention of slab surface transverse cracking at Kashima No. 2 caster with Surface Structure Control (SSC) cooling [J]. Revue de Métallurgie, 2006, 103 (4): 174-179.

［18］ SCHMIDT L, JOSEFSSON A. On the formation and avoidance of transverse cracks in continuously cast slabs from curved mouldmachines ［J］. Scandinavian Journal of Metallurgy, 1974, 3: 193-199.

［19］ KAWASAKI M, MARUKAWA K, NAKAI K, et al. Advanced technologies for surface quality of continuously cast hsla steel slabs ［J］. HSLA Steels: Metallurgy and Applications, 1985: 439-444.

［20］ WALMAG G, SCHMITZ A, MARIQUE C. A new secondary cooling concept for avoiding surface cracks during casting of peritectic and microalloyed steels ［C］ //Proceedings of the 4th European. Continuous Casting Conference, 2002: 14-16.

［21］ WALMAG G, SMITH A W, Mcdonald M I, et al. New secondary cooling patterns for peritectic and microalloyed steel ［J］. Materials Science, Engineering, Europace, 2005.

［22］ MARCISZ J, GARBARZ B, ZAK A, et al. Modification of the microstructure in the near-to-surface layer of continuously cast billets of low-carbon steel ［C］ // AISTech Proceedings, USA, 2012: 2341-2350.

［23］ RIAZ S, ARTEAGA A, KOMENDA J, et al. Precipitation behaviour of microalloyed steels during solidification and cooling ［J］. Final report, European Commission-Research Fund for Coal and Steel, 2010.

［24］ MA F J, WEN G H, TANG P, et al. In situ observation and investigation of effect of cooling rate on slab surface microstructure evolution in microalloyed steel ［J］. Ironmaking & Steelmaking, 2010, 37 （3）: 211-218.

［25］ LEE U H, PARK T E, SON K S, et al. Assessment of hot ductility with various thermal histories as an alternative method of in situ solidification ［J］. ISIJ International, 2010, 50 （4）: 540-545.

［26］ SUZUKI M, YU C H, SHIBATA H, et al. Recovery of hot ductility by improving thermal pattern of continuously cast low carbon and ultra low carbon steel slabs for hot direct rolling ［J］. ISIJ International, 1997, 37 （9）: 862-871.

［27］ NOZAKI H, NISHIKAWA Y, UESUGI Y, et al. Change in the austenite grain size due to temperature cycling ［J］. Tetsu-to-Hagane, 1986, 72 （10）: 1598-1604.

［28］ MA F, WEN G, TANG P, et al. Effect of cooling rate on the precipitation behavior of carbonitride in microalloyed steel slab ［J］. Metallurgical and Materials Transactions B, 2011, 42 （1）: 81-86.

［29］ MA F, WEN G, WANG W. Effect of cooling rates on the second-phase precipitation and proeutectoid phase transformation of a Nb-Ti microalloyed steel slab ［J］. Steel Research International, 2013, 84 （4）: 370-376.

［30］ DU C, ZHANG J, WEN J, et al. Hot ductility trough elimination through single cycle of intense cooling and reheating for microalloyed steel casting ［J］. Ironmaking & Steelmaking, 2016, 43 （5）: 331-339.

［31］ GAISER G, KROBATH R, PRESOLY P, et al. The influence of intergranular oxidation on surface crack formation in continuous casting of steel ［J］. Journal of Materials Research and

Technology，2023，26：9276-9288.

[32] 金友林，汪国才，陆强. 连铸圆坯表面网状裂纹特征分析与控制 [J]. 炼钢，2022，38 (3)：43-47.

[33] HIEBLER H, ZIRNGAST J, BERNHARD C, et al. Inner crack formation in continuous casting：Stress or strain criterion? [C] //Steelmaking Conference. 1994，77：405-416.

[34] ONISHI K , NAGAI K , HASHIMOTO T . Prevention of inner cracks by the optimum roller arrangements in a high speed continuous slab caster [J]. Tetsu-to-Hagane，2009，72 (16)：2225-2232.

[35] 杨拉道，黄进春，李淑贤，等. 直弧形板坯连铸设备（上册）[M]. 北京：冶金工业出版社，2017.

[36] MIZUKAMI H, MURAKAMI K, MIYASHITA Y. Mechanical properties of continuously cast steels at high temperatures [J]. Tetsu-to-Hagane，1977，63 (146)：562.

[37] PADHY G K, KOMIZO Y. Diffusible hydrogen in steel weldments：A status review [J]. Transactions of JWRI，2013，42 (1)：39-62.

6 钢的连铸技术应用典型案例

实际上，下游客户的应用场景和要求决定了钢材的性能水平，进一步反向决定了钢的组织和成分，这一层面的设计大多是不考虑冶金缺陷的。然而，材料中不可避免地存在缺陷，如中心偏析引起的分层和冲击性能不合格、半宏观偏析引起的带状组织、缩孔导致的中心不致密等，这就需要材料最薄弱的地方仍能满足使用要求，如此需设计一个与冶金缺陷有关的安全系数，这就会使合金和加工成本大大增加。因此，冶金缺陷控制不仅涉及某一炉次或批次的成材率，还影响与安全系数有关的材料整体成本。由于连铸过程涉及高温、动态、多元的物理化学变化，以及非稳态传输和机械变形行为，当装备、工艺、操作与钢种凝固特性不匹配时，极易出现不可逆的质量问题，为生产、市场和效益管控带来不必要的困难。

连铸凝固过程控制水平决定了连铸坯质量，而连铸坯质量又决定了轧材和产品质量。某种意义上说，一些产品中的非均质、非致密、非连续性缺陷，都可以实现连铸凝固过程的源头控制。本书作者团队在国内外比较早地关注到钢的铸轧缺陷遗传性问题，并系统地开展了一系列理论与试验研究，这些工作得到了国家自然科学基金、重点实验室基金和诸多钢铁企业的大力支持。大量实践表明，对于不同钢种、不同装备、不同连铸工艺、不同加工流程和不同客户要求，其连铸控制策略也是不同的。本章阐述了与产品性能紧密相关的、若干个典型钢种的连铸坯质量缺陷调控案例，提出了一些新的理论见解和技术思路，可供连铸学者和专家参考借鉴。

6.1 110 级石油套管钢连铸坯偏析与管材抗氢裂性能

6.1.1 实际问题

石油套管是用于支撑油、气井壁的钢管，以保证钻井过程顺利进行和完井后整个油井的正常运行。高温、高压及高硫化氢（H_2S）气体含量等复杂工况对石油套管钢的耐腐蚀性能提出了更高的要求，同时开采井深的不断增加要求套管钢的强韧性和均质性进一步提升，从而实现深井管的轻量化。某企业 110 级高强度石油套管钢内壁存在显著的带状组织，最大评级可达 2.5 或 3.0 级。对于壁厚约为 10 mm 的产品，主要集中在距内壁 3~5 mm，热轧后不同位置的最大带宽可达

30~50 μm，调质后在 20~35 μm。采用电镜和能谱观察发现，热轧后条带上的 C、Cr、Mn、Mo 溶质富集非常明显，而调质之后观察到大量颗粒状碳化物。对比带内和带间的硬度发现，调质之后同批次产品硬度（HRC）基本相差 4~5，个别可达 6~7。

采用 NACE TM 0177—2011 中的恒载荷拉伸法（A 法）检测时，合格率一般为 70% 左右；DCB 试验方法（D 法）检测时，KISSC 指标标准差波动超过 0.8 MPa·m$^{0.5}$。

6.1.2　解决思路

由于带状组织区域硬度明显高于基体正常区域，在硬质相和基体交界处，考虑到热加工过程中变形量的不同，因此会产生显微尺度的"间隙"。材料在服役过程中，由于所处环境为富含硫化氢的地质条件和油气环境，氢会在油管表面富集，进而渗透到材料之中，在空隙处集聚产生 H_2，当 H_2 分压达到一定程度的时候就会使得"空穴"周围产生裂纹，从而引起氢致裂纹（hydrogen induced cracking，HIC）的萌发；此外，由于带状组织中碳化物的分布更密集，氢会往碳化物处扩散，导致该处材料的局部脆化，在应力集中的作用下很容易引发硫化物应力腐蚀开裂（sulfide stress cracking，SSC）。

解决石油套管钢的关键是控制产品的带状组织，现场通过高温扩散和热处理来调整，但效果很不理想。由于钢中合金元素比较多，Mo、Cr、Mn 等原子半径比较大，扩散能力很有限，而且它们都是碳化物形成元素，还会抑制 C 的扩散，故凝固过程中形成的溶质偏析会显著地遗传到管材中，形成了比较严重的带状组织缺陷。

对石油套管钢低倍组织进行观察发现，连铸坯柱状晶和 CET 处枝晶非常细小和致密，而等轴晶相对比较粗大；CET 位置约为 1/3 半径处，如图 6-1 所示。通过苦味酸对由表及里的 9 块试样进行枝晶组织浸蚀（见图 6-2），中心等轴晶区粗大枝晶之间存在一些暗色区域，内部还存在特别细小的枝晶结构，这是典型的点状偏析（半宏观偏析）特征。对该区域进行电子探针扫描可以发现，点状偏析是 C、Mo、Cr、Mn 元素的正偏析（见图 6-3），整个溶质富集区域可达 200~500 μm，甚至更大。

对热轧管和调质管进行苦味酸浸蚀，可以观察到一次带状组织。图 6-4 为距内壁 5 mm 处不同状态管材缺陷的形态与分布特征，其中暗黑色为溶质富集区域，灰白色为基体。对条带组织进行电子探针扫描（见图 6-5），可以观察到典型 C、Mo、Cr、Mn 元素的正偏析，调质态比热轧态的溶质富集略有改善。比较明显的条带聚集于试样左侧 2/3 位置，对应于整个壁厚的 1/3，如图 6-6 所示。

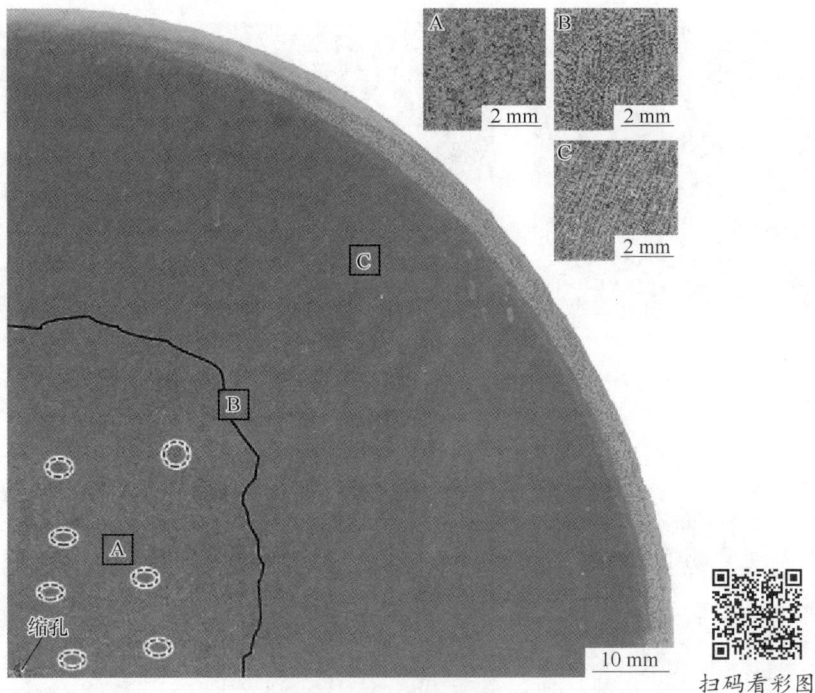

图 6-1 套管钢圆坯低倍组织

A—等轴晶；B—CET；C—柱状晶

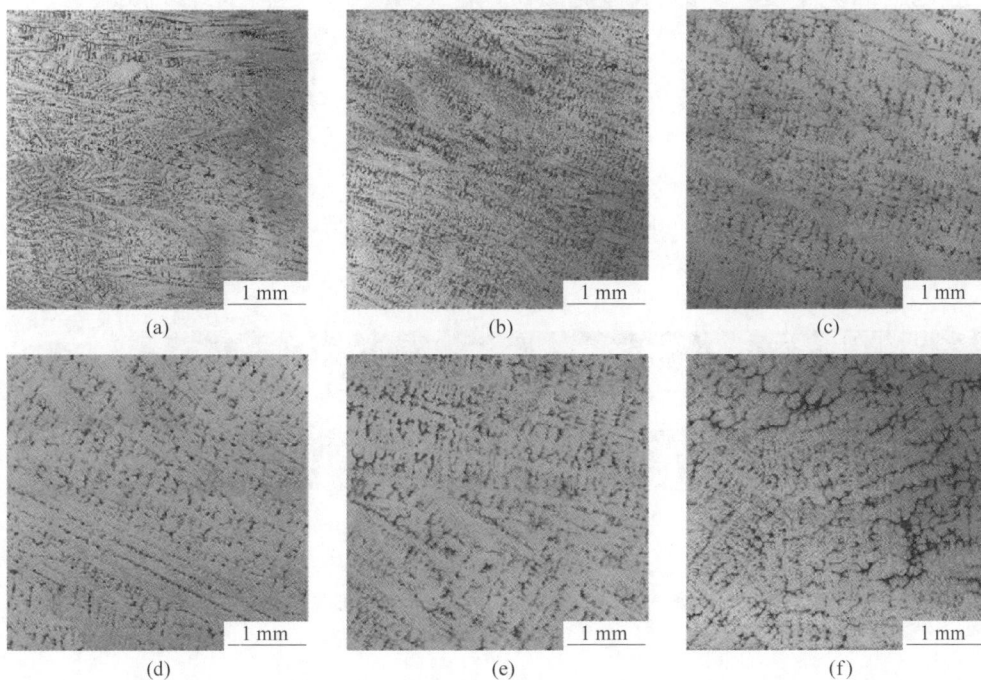

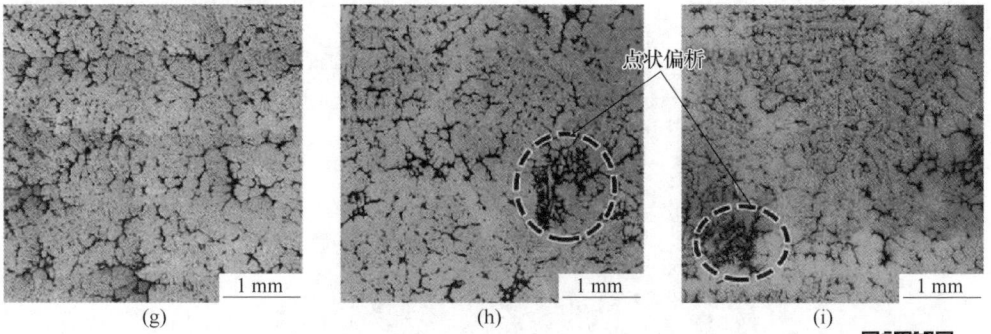

图 6-2　表面到中心的不同试样枝晶组织

（a）~（i）依次为 1 号~9 号试样

扫码看彩图

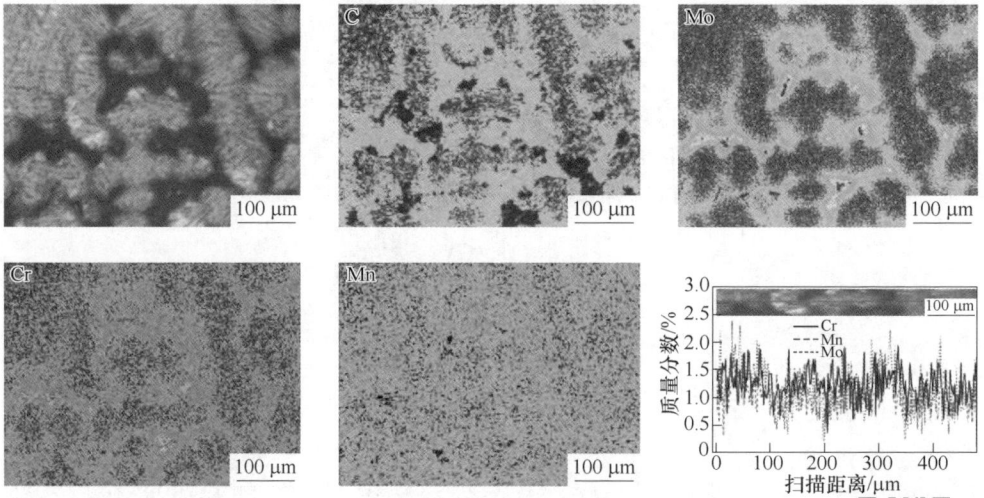

图 6-3　点状偏析的电子探针扫描

扫码看彩图

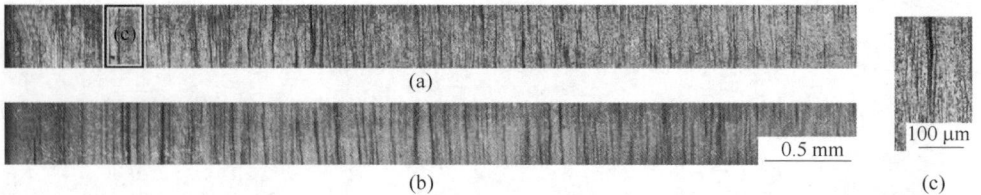

图 6-4　管材的带状组织缺陷

（a）热轧管；（b）调质管；（c）热轧管局部溶质条带

扫码看彩图

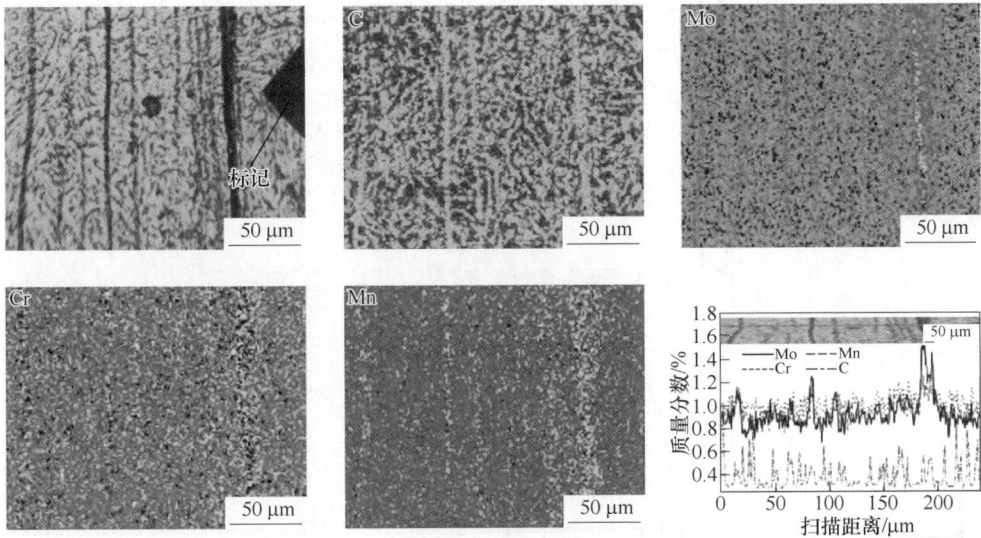

图 6-5　热轧管的电子探针扫描

扫码看彩图

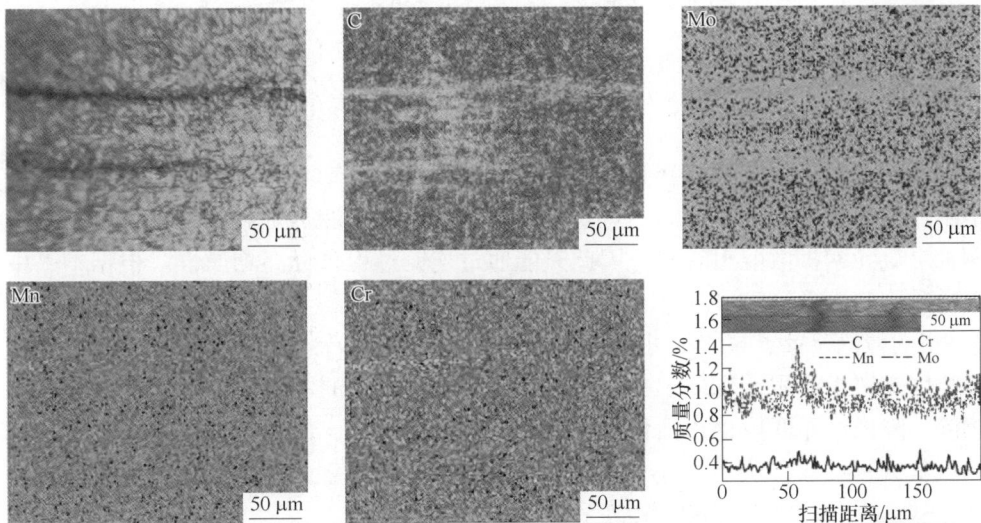

图 6-6　调质管的电子探针扫描

扫码看彩图

　　除了溶质元素类别一致外，点状偏析区域的位置和带条分布也有关系。根据 2.5.4 节内容，点状偏析通常分布在粗大等轴晶区，根据低倍结果，其对应于距中心 1/3 半径范围内；带状组织也密集分布在管材壁厚距内部 1/3 区间内，二者是完全对应的。对连铸坯点状偏析的尺寸进行统计，发现斑块型点状偏析尺寸大于 200 μm，疏松型多在 100~200 μm，枝晶间显微偏析一般在 10~100 μm；对热轧管和调质管中带状组织宽度进行统计，如图6-7所示。根据轧制比90：10.5来计算，斑块型点状偏析对应的带宽为大于 23.5 μm、疏松型点状偏析对应于 11.8~23.5 μm、枝晶偏析对应于 1.2~11.8 μm，与图6-7中热轧管条带统计结果基本相符。

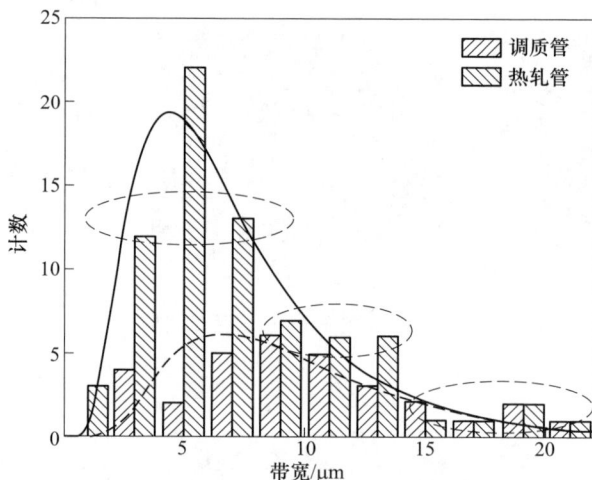

图6-7　管材中带状缺陷宽度的统计结果

由此可见，引起石油套管抗氢能力不良的硬度波动是一次带状组织，而这又是由连铸坯粗大等轴晶之间的点状偏析导致的。由于加热炉和热处理过程110级钢种合金元素扩散能力有限，因此只能通过连铸过程来提高均质性。根据本书中钢的凝固基础理论和技术应用分析，可知连铸坯均质性目标或者是大的等轴晶率+小的枝晶尺寸，或者是小的等轴晶率+小的枝晶尺寸。对于前者，需要超低过热度浇铸，或添加变质剂，这在目前都是不太可行的；对于后者，通过提高过热度、降低结晶器搅拌、强化二冷来促进柱状晶生长，抑制中心等轴晶粗化，减小点状偏析尺寸，从而缩小管材中带状组织范围并减小条带宽度与溶质富集程度，从工艺和技术上是可以实现的。

6.1.3　试验调控

6.1.3.1　试验方案

生产工艺流程为：150t 交流电弧炉→钢包精炼→真空精炼→六流弧形圆坯连铸→加热与轧管→调质处理（920 ℃×10 min、水冷+705 ℃×120 min、空冷）。根据理论和数值模拟结果（略），提出如下两组方案：

（1）高过热度、降低 M-EMS 和 F-EMS，其他工艺不变。

（2）高过热度、降低 M-EMS 和 F-EMS、强化二冷强度，其他工艺不变。

110 级石油套管钢连铸试验工艺参数见表 6-1。

表 6-1 110 级石油套管钢连铸试验工艺参数

浇铸试验	过热度/℃	M-EMS	F-EMS	比水量/L·kg^{-1}	备注
工艺 1	35	ON	ON	0.65	对照组
工艺 2	35	降低	降低	0.65	试验组
工艺 3	35	降低	降低	0.80	试验组

6.1.3.2 表征方法

对比样取上述解决思路中的结果，对于新工艺下的试验：

连铸坯试验取样方法如图 6-8（a）所示。首先，对新工艺下的圆坯进行全断面的铸态低倍浸蚀。依据凝固过程中的对称性，取 1/4 截面进行分析，重点观察其中点状偏析的宏观分布特征。随后，对两种新工艺下的连铸坯沿径向自表面至中心切取长宽均为 9 mm、厚度为 10 mm 的块状试样，并进行凝固枝晶形貌浸蚀。经标准金相磨抛处理后，用饱和苦味酸水溶液加适量表面活性剂在 70 ℃ 水浴下浸蚀约 120 s，然后用 Axiovert-200 金相显微镜观察枝晶形貌，然后统计两种新工艺下连铸坯中心区域 8 号、9 号试样的点状偏析大小与数量。

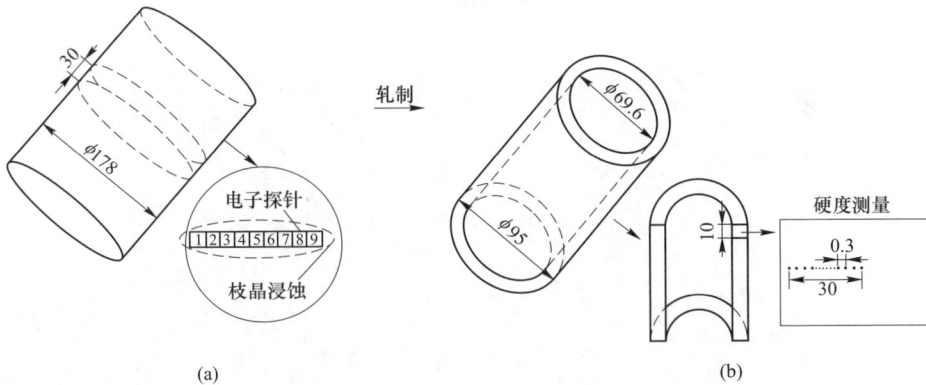

图 6-8 取样方法（单位：mm）

(a) 连铸坯；(b) 管材

热轧管及其调质管取样方法如图 6-8（b）所示。对新工艺下热轧态及调质态管取轴向长度为 9 mm、宽度为 12.7 mm（壁厚）、周向为 7 mm 的金相试样，用饱和苦味酸溶液进行弱浸蚀，然后用金相显微镜观察带状组织。采用 THV-1MDX 自动转塔数字显微硬度计分别对不同工艺下的热轧管和调质管自内壁至外壁进行厚度方向 Vickers 硬度分布测量，测点间距为 0.3 mm。

6.1.3.3　结果分析

图 6-9 为两种新工艺下连铸坯的低倍组织。由图中可见，当提高过热度、降低搅拌强度之后，不管二冷是否强化，其均形成了穿晶结构。由于温度梯度较大，柱状晶之间出现了中间裂纹（见图 6-10），同时也有明显的中心裂纹和中心缩孔（见图 6-11）。

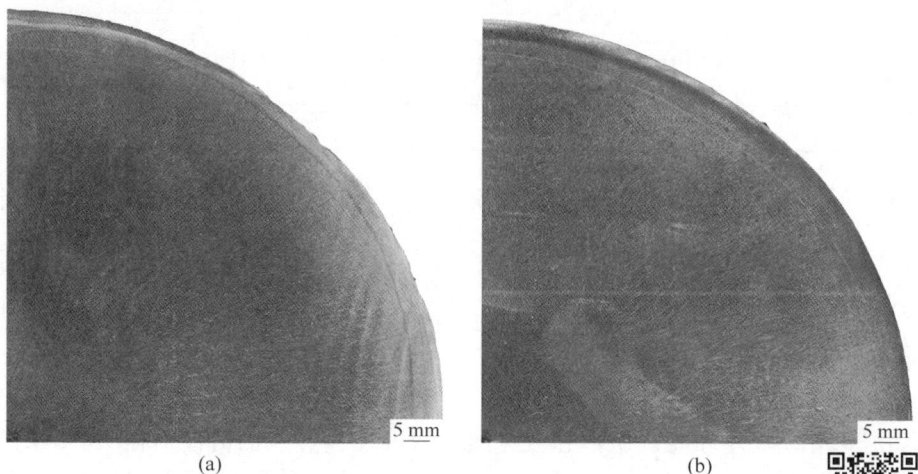

图 6-9　新工艺下的连铸坯低倍组织
(a) 工艺 2；(b) 工艺 3

扫码看彩图

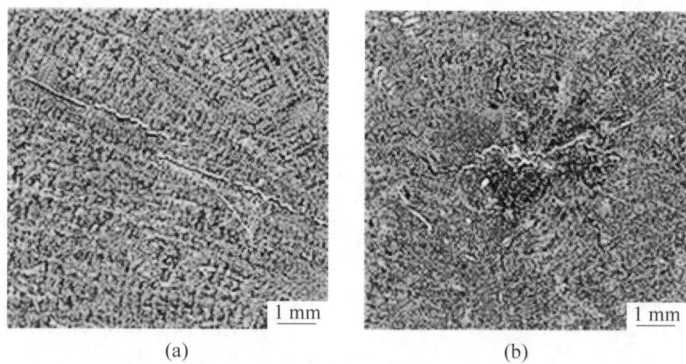

图 6-10　工艺 2 连铸坯柱状晶结构的中间裂纹 (a) 和中心裂纹 (b)

扫码看彩图

两种工艺下热轧态和调质态的带状组织结果如图 6-12 和图 6-13 所示。由图中可见，新工艺下一次带状组织有了明显的改善，带状组织缺陷范围和条带宽度都减小。对条带进行结果统计表明，由内壁到 1/2 壁厚区间，工艺 2 对应的热轧管带状组织平均条数为 31 条，平均带宽为 6.60 μm，平均带间距 d 为 173.3 μm；工艺 3 热轧管带状组织平均条数为 36 条，平均带宽为 5.71 μm，平均带间距 d 为

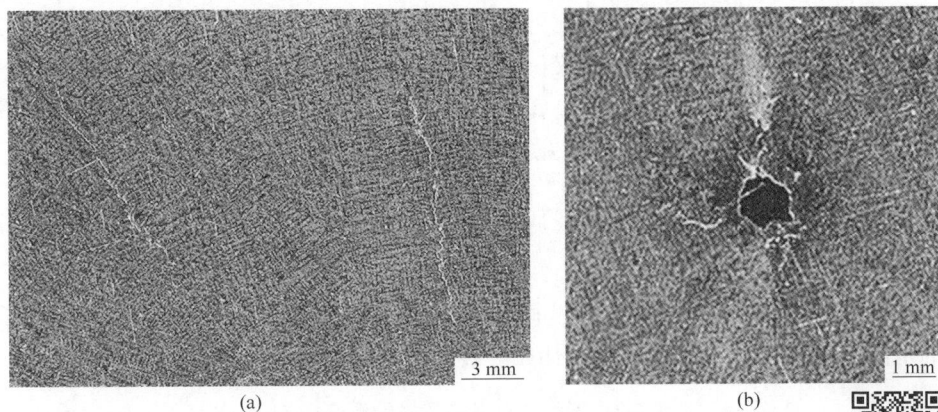

图 6-11 工艺 3 连铸坯柱状晶结构的中间裂纹（a）和中心缩孔（b）

扫码看彩图

145.92 μm。对于工艺 1，热轧管带状组织平均条数为 64 条，平均带宽为 6.94 μm，平均带间距 d 为 81.89 μm。工艺 2 和工艺 3 的最大带宽分别为 20.14 μm 和 15.17 μm，与工艺 1 相比分别减少了 55.7% 和 67.7%；平均最大带宽分别为 13.44 μm 和 11.47 μm，减少了 33.5% 和 43.2%。

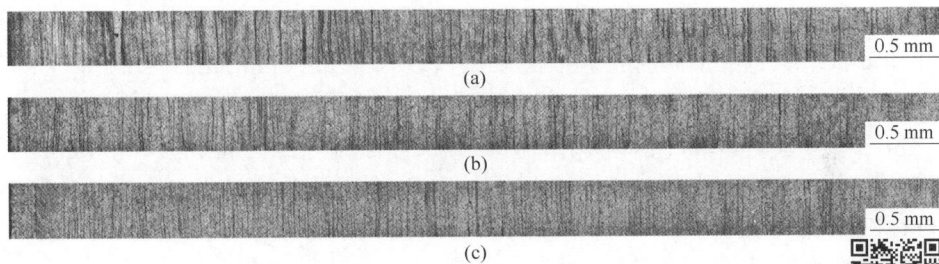

图 6-12 不同工艺下的热轧管带状组织缺陷
（a）工艺 1；（b）工艺 2；（c）工艺 3

扫码看彩图

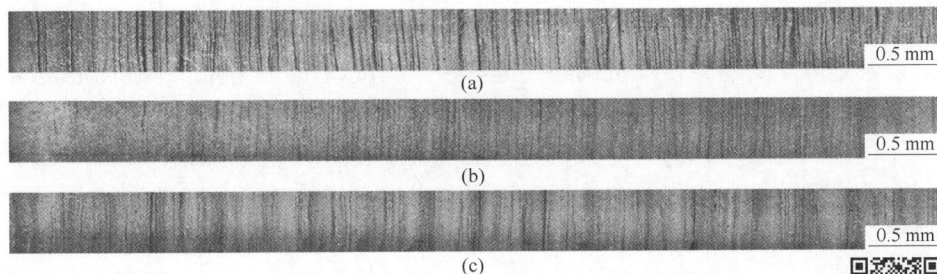

图 6-13 不同工艺下的调质管带状组织缺陷
（a）工艺 1；（b）工艺 2；（c）工艺 3

扫码看彩图

对于调质管，由内壁到 1/2 壁厚区间，工艺 2 试样的带状组织平均条数为 15 条，平均带宽为 7.98 μm，平均带间距 d 为 342.86 μm；工艺 3 试样带状组织平均条数为 18 条，平均带宽为 8.00 μm，平均带间距 d 为 292.96 μm。工艺 1 的带状组织平均条数 34 条，平均带宽为 9.09 μm，平均带间距 d 为 154.84 μm。工艺 2 和 3 试样的最大带宽为 20.97 μm 和 22.90 μm，与工艺 1 相比分别减少了 32.7% 和 26.5%；平均最大带宽分别为 13.20 μm 和 15.36 μm，减少了 43.8% 和 34.6%。

不同工艺下热轧管和调质管试样的硬度值极差见表 6-2。对比发现，连铸工艺优化后，最终产品硬度极差（HRC）最小可以降低到 4 以内。

表 6-2　不同工艺下各试样的硬度极差

工艺	热轧态硬度（HRC）	调质态硬度（HRC）
1	7.94	5.39
2	6.81	3.21
3	4.53	4.48

6.1.4　技术效果

通过连铸工艺优化，实现了凝固组织的全柱状晶控制，大大缩小了点状偏析尺寸和带状组织宽度，同时将调质管硬度（HRC）最大波动由原来的 5~7 降低到不高于 5，甚至小于 4。

采用 NACE TM0177—2011 中的恒载荷拉伸法（A 法）检测时，多次检测的平均合格率由 67% 左右提高至 95% 以上；DCB 试验方法（D 法）检测时，KISSC 指标标准差波动小于 0.5 MPa·$m^{0.5}$。对比可见，新工艺下 110 级套管产品的抗氢裂性能大大提升。

6.2　20CrMnTiH 齿轮钢连铸坯均质性与热处理变形

6.2.1　实际问题

齿轮是汽车变速箱传动机构的关键零件，精度高、噪声小、寿命长是高端汽车齿轮的基本要求。齿轮在工作中需要承受冲击、弯曲和接触应力，要求具有良好的强韧性和耐磨性，渗碳淬火是齿轮实现表硬心韧的常用手段。然而，当齿轮钢基体的均质性控制不好时，热处理过程会出现不均匀畸变，直接恶化齿轮的服役性能甚至导致报废。

国内某厂齿轮钢棒材送到下游客户加工和热处理过程中，常出现轴齿周向变形不均匀、整体扭曲（S 弯）和轮齿内花键变形超标。对于同批次齿轮产品，采用其他企业材料则未见此类问题。由此推断，该厂齿轮钢连铸坯与棒材的均质性存在缺陷。目前，关于齿轮钢连铸坯均质性的认识还存在争议，实际生产中凝固组织和溶质偏析控制方面的思路还尚有疑问。

以某厂 20CrMnTiH 钢种为例，分析了 200 mm×200 mm 方坯不同工艺参数下等轴晶比例、尺寸和分布的差异，同时对比了不同凝固组织条件下连铸坯中心偏析、溶质极差和点状偏析（半宏观偏析）特征，提出了不同过热度下粗大等轴晶和点状偏析的共生机理，找到了提高齿轮钢连铸坯均质性并减少热处理变形量的控制策略，相关内容可为齿轮钢连铸质量改进提供一定的指导和参考。

6.2.2　解决思路

影响齿轮热处理变形的材质因素主要是淬透性和均质性，前者影响变形的整体大小，后者引起变形的局部不均匀。一般来说，淬透性对齿轮渗碳淬火变形具有最直接的影响。淬透性是钢在淬火冷却时获得马氏体的能力，首先取决于钢的化学成分，其次是奥氏体的均匀性和晶粒尺寸等。齿轮钢中常见的合金元素对淬透性有不同的影响，其中，C 含量增大，淬火时淬透性降低而淬硬性提高，但齿轮钢中 C 含量波动一般不大；Mn、Cr、Mo 等合金元素均是碳化物形成元素，其含量增大时会提高奥氏体稳定性，进而提高淬透性；Ni 是非碳化物形成元素，其扩大奥氏体相区，提高奥氏体稳定性，同时增大淬透性。当然，钢中常常含有多种合金元素，此时不同元素对淬透性的影响会比单一元素作用的总和还要大。

热处理过程中讨论的淬透性包括两层含义，一是淬透性的高低，二是淬透性带的宽窄。前者受到合金元素整体含量多少的影响，后者受到合金元素局部分布波动的影响。淬透性越高，相同冷却条件下零件基体转变为马氏体的量越多；由于马氏体转变具有一定的体积膨胀，故转变量越大，畸变量越大。对于齿轮钢来说，由于渗碳淬火时并非完全淬透，即只需要试样表层形成马氏体；由此，当合金元素含量控制为中上限时，基体淬透性越大，转变为马氏体的量越多，试样的整体变形量越大，相反则越小，如图 6-14 所示。淬透性带的宽窄实际体现在不同批次材料的成分稳定性和同一批次材料的均质性上。当成分和组织不均匀时，淬火过程中的硬度和变形就会出现一定的波动；如果这种不均匀性体现在棒材的周向上，那么齿轮圆周不同轮齿就会出现畸变大小不一，与本案例问题更相符。

齿轮钢的均质性体现在成分、组织和晶粒尺寸等方面，这些因素都会直接影响齿轮产品的热处理畸变。通常，齿轮钢多为中碳合金钢，其凝固过程会产生溶质再分配和选分结晶，铸态基体必然存在成分不均匀，但这种不均匀性主要体现在微观尺度；当考虑凝固组织形态和尺寸对溶质分布的影响时，基体成分不均匀性可达到半宏观或宏观尺度，加热炉中难以彻底去除，遗传到齿轮中会形成带状组织，引起热处理变形各向异性。因此，浇铸和凝固过程控制齿轮钢宏观和半宏观偏析（点状偏析）是解决齿轮热处理变形的根本途径。

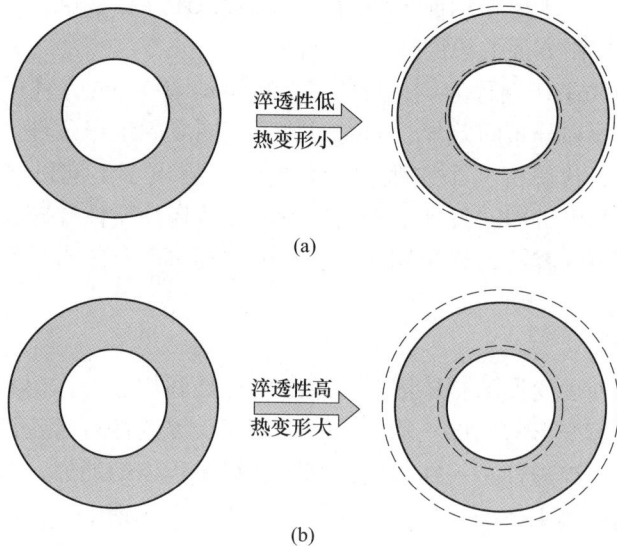

图 6-14　不同淬透性钢种的零件变形大小

（a）淬透性低，元素含量中下限；（b）淬透性高，元素含量中上限

　　已有研究表明，连铸坯中的等轴晶面积会影响宏观偏析程度，即增加等轴晶比例可减小中心偏析，这一思路已在轴承钢、帘线钢和弹簧钢等高碳高合金钢连铸中广泛应用。然而，齿轮钢及其产品对均质性有较高要求，不仅要控制连铸坯中心偏析，还要控制整个断面合金元素含量的极差。根据本书作者团队对中碳合金钢连铸凝固组织和溶质偏析的研究成果，粗大等轴晶会导致连铸坯中心区域出现 $200\ \mu m \sim 10\ mm$ 的点状偏析，遗传到轧材中形成带状组织，溶质含量极差波动增大，导致热处理变形不均匀，其机制如图 6-15 所示。由图中可见，当带状组织范围较大时，由于齿根距离带状缺陷较近甚至轮齿一部分或整个都在带状缺陷区域内时，渗碳淬火之后基体的淬透层深度大，变形量变大；同时，由于带状缺陷区域合金元素含量在半宏观尺度上的波动比较大，引起基体硬度波动大，且变形一致性差，形成更大的内应力进而引起更大的变形；当带状组织范围较小时，齿根与缺陷区域距离较远，由于冷速靠近心部较小且变形有一定的过渡区间，轮齿上的变形相对较小。带状缺陷范围较大且与轮齿距离较近是引起齿轮周向、径向变形较大、斜齿轮齿向变形超标的关键因素。

　　图 6-16 给出了连铸坯和棒材凝固组织不对称对齿轮变形的影响机理。由图中可以看出，当连铸坯和棒材等轴晶不对称时，由此加工的齿轮内部结构和成分分布也不对称；由于等轴晶和柱状晶协调变形的能力不同，以及等轴晶内部带状缺陷与圆周方向轮齿的距离不同，会引起不同方向上轮齿变形的差异，一般是距离等轴晶区较近的轮齿变形更大，而较远的影响不大。对于轮齿来说，这种结构

不对称会导致热处理周向硬度分布不对称且波动较大，出现不同轮齿变形不均匀和轴向变形（S 弯）超标；对于齿轮来说，还会出现内齿或内花键变形不合。

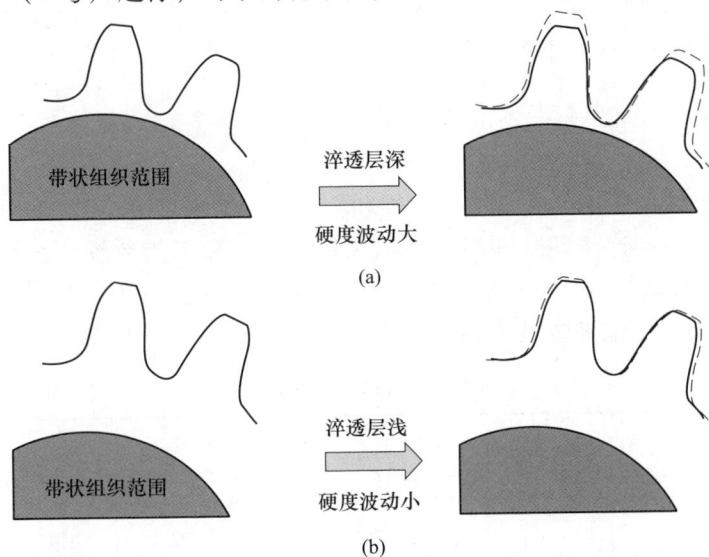

图 6-15   齿轮热处理变形与带状缺陷范围的关系
（a）带状组织范围大；（b）带状组织范围小

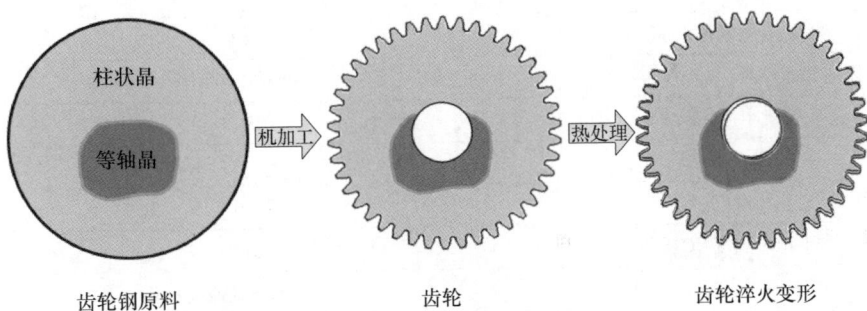

图 6-16   齿轮热处理变形与带状缺陷对中性的关系

综上分析可知，解决本案例热处理缺陷的关键是齿轮钢连铸坯均质性和凝固组织对称性，同时考虑轮齿与带状组织缺陷距离的关系。根据前文中半宏观偏析的形成与分布特征、凝固组织与带状组织的关系及凝固组织对均质性的影响，结合本书作者团队在 C110 套管钢、GCr15 轴承钢和 35CrMo 齿轮钢铸轧遗传关系的研究结果[1-5]，棒材中严重的带状组织缺陷范围与连铸坯等轴晶区是相对应的。因此，为了扩大带状组织缺陷与轮齿之间的距离，并减轻带状组织的严重程度，连铸控制目标是：（1）缩小等轴晶区范围；（2）获得比较对称的等轴晶区结构。根据连铸凝固冷却原理，对应的工艺条件应该是高过热度、弱搅拌和二冷强冷。

由于过热度一方面影响等轴晶区对称性，另一方面对中心缩孔的影响也比较大，因此暂且不调整。

6.2.3　试验调控

6.2.3.1　试验参数与表征方法

A　试验参数

20CrMnTiH 齿轮钢的化学成分范围和实际测定结果见表6-3，其中 1 号~4 号试样分别对应不同连铸坯凝固组织特征，具体设备和工艺参数见表6-4。由表中数据可见，1 号试样 M-EMS 为 200A，2 号~4 号试样主要为拉速、比水量和 F-EMS 参数不同，其他参数基本相同。

表 6-3　20CrMnTiH 钢种成分　　　　　　（质量分数，%）

项目	C	Mn	Si	P	S	Cr	Ti
标准范围	0.17~0.23	0.80~1.20	0.17~0.37	≤0.030	≤0.030	1.00~1.30	0.04~0.10
1 号~4 号检测	0.20	0.90	0.25	0.013	0.030	1.10	0.051

表 6-4　连铸机生产工艺参数

试　样	1 号	2 号	3 号	4 号
结晶器有效长度/mm		900		
铸坯截面尺寸/(mm×mm)		200×200		
铸机半径/m		10		
拉速/m·min⁻¹	1.5	1.5	1.3	1.3
液相线温度/℃		1510		
平均过热度/℃		24		
二冷区冷却方式		足辊全水+其他气水		
结晶器冷却水量/(L·min⁻¹)		2200		
二冷控制方式		动态冷却		
二冷比水量/(L·kg⁻¹)	0.65	0.5	0.65	0.6
M-EMS 电流/A	200	100	100	100
F-EMS 电流/A	100	200	200	50
M-EMS 搅拌方式		正反搅拌		

B　表征方法

（1）低倍组织。采用铣床和磨床先后对 1 号~4 号连铸坯横断面试样进行机加工，然后采用体积比为 1:1 的盐酸水溶液在 70 ℃下浸蚀 5~10 min，观察剖面的凝固组织并统计柱状晶和等轴晶的宏观特征。

（2）溶质偏析。1 号~4 号连铸坯中 C 含量取样方式如图 6-17 所示（黑色实心圆标记处），其中钻头直径 5 mm，测定仪器为碳硫分析仪（EMIA-920V2）。测定元素为碳硫联测，分析原理：高频红外加热，红外线吸收法检测；分析范围：C $0.6\times10^{-4}\%$~6%，S $0.6\times10^{-4}\%$~1%；标准样品质量：1 g。取 1 g 样品于坩埚中，加 1.5 g 钨助熔剂、0.3 g 锡助熔剂，按仪器工作条件进行测定，测试条件符合仪器操作要求和测试标准。

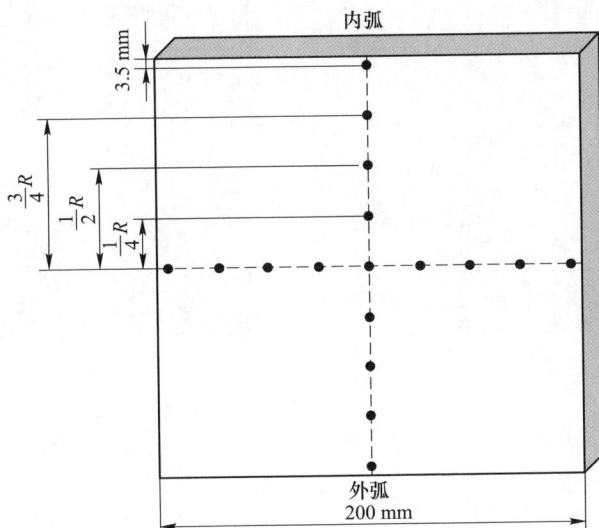

图 6-17　连铸坯 C 含量取样位置

6.2.3.2　实验结果与讨论

A　低倍组织

图 6-18~图 6-21 分别为 20CrMnTiH 齿轮钢连铸坯 1 号~4 号试样横、纵截面的低倍组织。由图中可见，1 号~4 号试样均具有三种典型枝晶结构，最外层为距表面 1~3 mm 深的激冷层，是凝固初期形成的细小等轴晶；中间为柱状晶区，呈平行状态分布，晶体择优取向<100>，主要生长方向与铸坯表面垂直；心部为粗大等轴晶，是凝固末期晶体各向同性生长形成的，枝晶粗化明显。为了分析中心等轴晶面积和分布特征，柱状晶向等轴晶转变边界（CET）已用实线标出。

图 6-18（a）可以看出，1 号试样的低倍组织中等轴晶区域比较方正，对中性较好，等轴晶面积比约为 31.45%，中心缩孔不显著。取外弧侧宏观组织放大观察，如图 6-18（b）所示。根据该放大倍数下低倍组织形貌确定不同位置 CET 的距离如下：内弧侧距中心约 43.40 mm、外弧侧为 63.02 mm，水平左侧为 52.14 mm、水平右侧为 62.27 mm。对比可见，水平方向 CET 距离差别不大，说

明等轴晶分布较为对称；内外弧侧 CET 界面位置差约 19.62 mm，这与弧形连铸凝固过程中冷却不均匀和晶核沉降有关。图 6-18（c）（d）分别是 1 号试样柱状晶和等轴晶局部放大区域的枝晶组织。由图中可见，柱状晶结构比较致密，枝晶间溶质偏析分布较均匀且尺寸较小；相比之下，等轴晶区域枝晶偏析更明显，溶质偏聚形成的暗色斑点尺寸更大、数量更多，是典型的点状偏析。

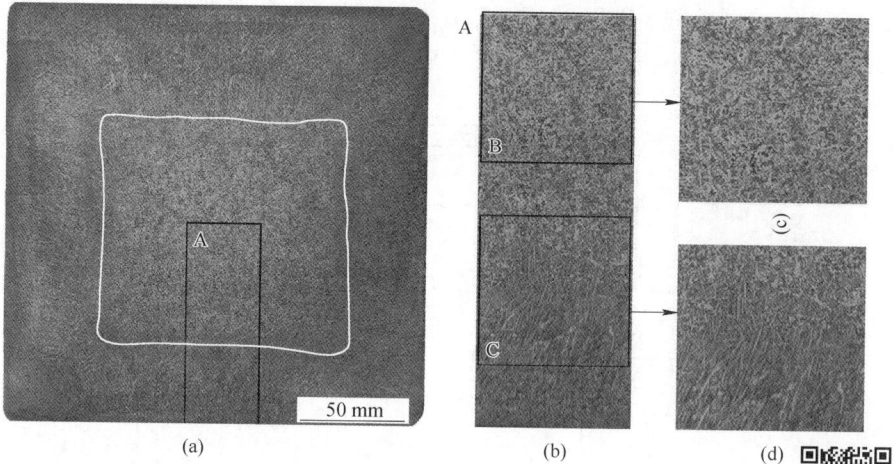

图 6-18　1 号试样的低倍组织
（a）横向低倍；（b）A 区放大；（c）B 区放大；（d）C 区放大

扫码看彩图

　　图 6-19 是 2 号试样的低倍浸蚀结果。图 6-19（a）是横断面凝固组织特征，由图中可见，2 号试样等轴晶区也比较方正，但对中性略差，等轴晶面积比约为 23.45%，且存在 1.0 级的中心缩孔。外弧侧凝固组织的局部放大图如

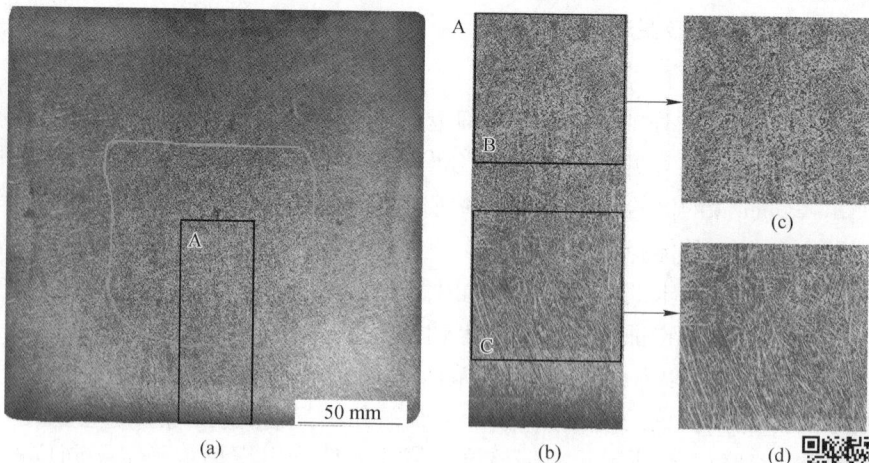

图 6-19　2 号试样的低倍组织
（a）横向低倍；（b）A 区放大；（c）B 区放大；（d）C 区放大

扫码看彩图

图 6-19（b）所示，由图中可清晰观察到齿轮钢枝晶形貌特征和柱状晶向等轴晶转变界面，由此确定 CET 边界位置：内弧侧距中心约 32.84 mm、外弧侧为63.01 mm、水平左侧为 46.67 mm、水平右侧为 48.92 mm。对比可见，水平侧 CET 位置相差较小，内外弧侧相差约为 30.17 mm，说明等轴晶区较大程度地偏离中心。图 6-19（c）和（d）分别是 2 号试样柱状晶和等轴晶的放大结构，由图中可见，柱状晶区域溶质分布均匀性比等轴晶好，这与 1 号试样一致。

　　图 6-20 是 3 号试样的低倍浸蚀结果。图 6-20（a）是齿轮钢横断面凝固组织特征，由图中可见，3 号试样等轴晶区也比较方正，对中性较好，等轴晶面积比约为 24.51%，且存在 1.5 级的中心缩孔。外弧侧凝固组织的局部放大图如图 6-20（b）所示，由图中可清晰观察到齿轮钢枝晶形貌特征和柱状晶向等轴晶转变界面，由此确定 CET 边界位置：内弧侧距中心约 38.46 mm、外弧侧为 59.74 mm；水平左侧为 46.05 mm、水平右侧为 54.67 mm。对比可见，水平侧 CET 位置相差较小，内外弧侧相差约为 21.28 mm，等轴晶区对中性较好。图 6-20（c）和（d）分别是 3 号试样柱状晶和等轴晶的放大结构，由图中可见，柱状晶区域溶质分布均匀性比等轴晶好，这与 1 号和 2 号试样相一致。

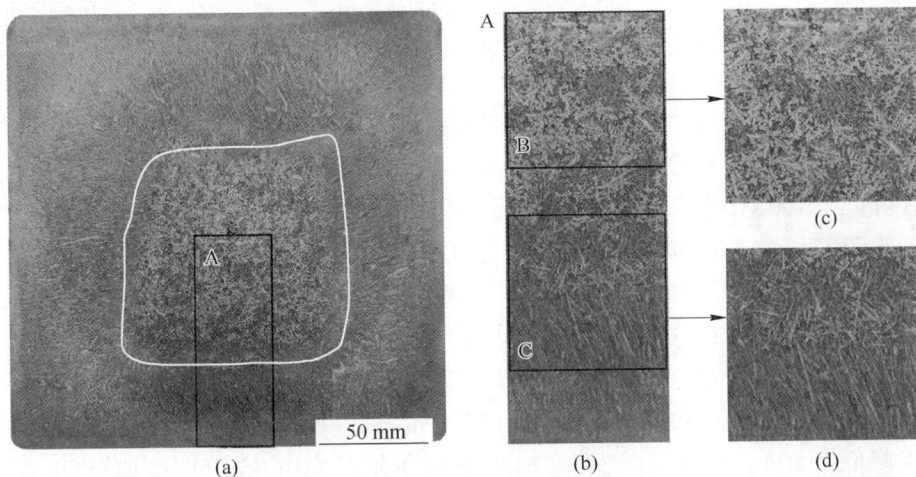

图 6-20　3 号试样的低倍组织
（a）横向低倍；（b）A 区放大；（c）B 区放大；（d）C 区放大

扫码看彩图

　　图 6-21 是 4 号试样的低倍浸蚀结果。图 6-21（a）是横断面凝固组织特征，由图中可见，4 号试样等轴晶区也比较方正，但对中性略差，等轴晶面积比约为 24.77%。外弧侧凝固组织的局部放大图如图 6-21（b）所示，由图中可清晰观察到齿轮钢枝晶形貌特征和柱状晶向等轴晶转变界面，由此确定 CET 边界位置：内弧侧距中心约 39.42 mm、外弧侧为 59.42 mm，水平左侧为 52.42 mm、水平右侧为 45.92 mm。对比可见，水平侧 CET 位置相差较小，内外

弧侧相差约为 20.00 mm，等轴晶区对中性较好。图 6-21（c）和（d）分别是 4 号试样柱状晶和等轴晶的局部放大结构。由图中可见，柱状晶区域溶质分布均匀性比等轴晶好，这与 1 号~3 号试样是一致的。

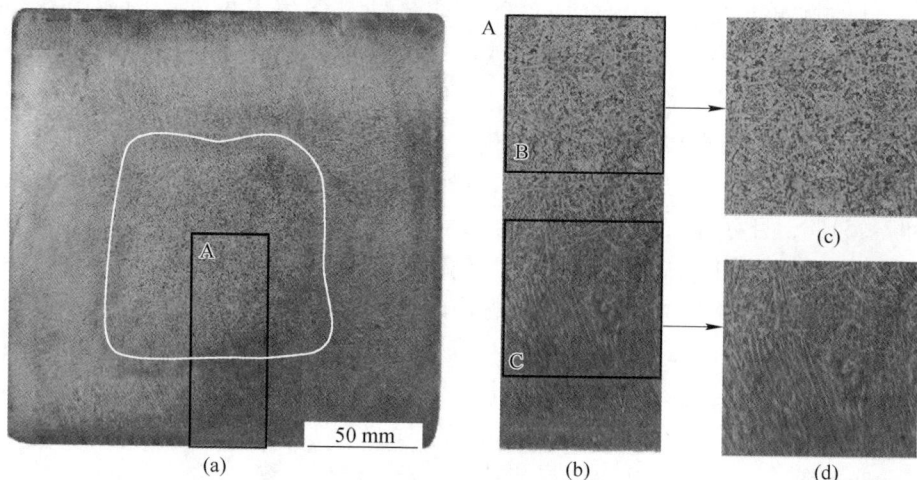

图 6-21　4 号试样的低倍组织
（a）宏观凝固结构；（b）A 区放大；（c）B 区放大；（d）C 区放大

扫码看彩图

　　表 6-5 列出了 1 号~4 号试样不同连铸工艺下的等轴晶率及 CET 对中性，对比发现，拉速为 1.5 m/min 时，M-EMS 由 100A 提高至 200A，F-EMS 由 200A 降低至 100A，比水量由 3A 增加至 3D，等轴晶率由 23.45% 提高至 31.45%，内外弧 CET 位置差异由 30.17 mm 降低至 19.62 mm。研究表明，结晶器电磁搅拌对铸坯凝固组织影响显著，结晶器电磁搅拌能够把树枝晶打碎，增加等轴晶形核，阻止柱状晶生长，扩大等轴晶所占比例；此外，电磁搅拌造成的水平旋转运动，加速了连铸坯心部高温钢水与凝固坯壳之间的对流传热，这些均有助于等轴晶的形成。M-EMS 为 100A 时，拉速由 1.5 m/min 降低至 1.3 m/min，F-EMS 由 200A 降低至 50A，比水量由 3A 增加至 3C，等轴晶率由 23.45% 增加至 24.77%，内外弧 CET 位置差异由 30.17 mm 降低至 20.00 mm。研究表明，凝固末端电磁搅拌对等轴晶率的影响较小，拉速的降低有利于等轴晶率的提高，比水量的增强降低了等轴晶率，其等轴晶率变化较小的原因可能是拉速和比水量作用相互抵消。

表 6-5　1 号~4 号试样等轴晶率及 CET 对中差值

试样编号	比水量	拉速 /(m·min⁻¹)	M-EMS 电流 强度/A	F-EMS 电流 强度/A	等轴晶率 /%	CET 对中 差值/mm
1 号	3D	1.5	200	100	31.45	19.62
2 号	3A	1.5	100	200	23.45	30.17

试样编号	比水量	拉速 /(m · min⁻¹)	M-EMS 电流强度/A	F-EMS 电流强度/A	等轴晶率 /%	CET 对中差值/mm
3 号	3D	1.3	100	200	24.51	21.28
4 号	3C	1.3	100	50	24.77	20.00

注：比水量由 3A 到 3D 依次增强。

进一步观察发现，2 号~4 号等轴晶率相差不大，冷却比水量由 3A 分别提高至 3C 和 3D，内外弧 CET 位置差由 30.17 mm 分别降低至 20.00 mm 和 21.28 mm，比水量的增加有利于提高铸坯等轴晶区对中性。整体来看，结晶器电磁搅拌对齿轮钢连铸坯凝固组织影响显著，提高结晶器电磁搅拌有利于增加铸坯等轴晶率；提高对中性，比水量对等轴晶率影响较小，对等轴晶对中性影响较大，凝固末端电磁搅拌和拉速对连铸坯凝固组织影响较弱。

B　溶质偏析

图 6-22 统计了 1 号试样不同位置的 C 含量分布规律。由图中可以看出，1 号试样中心区域和 CET 区域的 C 含量波动较大，其原因是前者受到凝固末期体积收缩的负压抽吸和重力作用下的糊状区坍缩的影响，后者受到凝固枝晶形貌转变对溶质截留的作用。对比水平侧和内外弧侧 C 含量的分布规律，发现 C 含量水平侧的对称性比内外弧好一些，这是由于水平方向的凝固进程和组织演变对称性良好，而内外弧方向由于重力作用可能出现凝固进程一致而凝固组织演变规律不一致的情况，即内弧侧柱状晶相对较长而外弧侧柱状晶生长被游离等轴晶沉降阻碍，这一特征导致了 CET 区间溶质偏聚位置的不对称。进一步对比发现，C 含量水平方向和内外弧方向溶质波动性整体相当，两个方向的极差和偏析比接近。

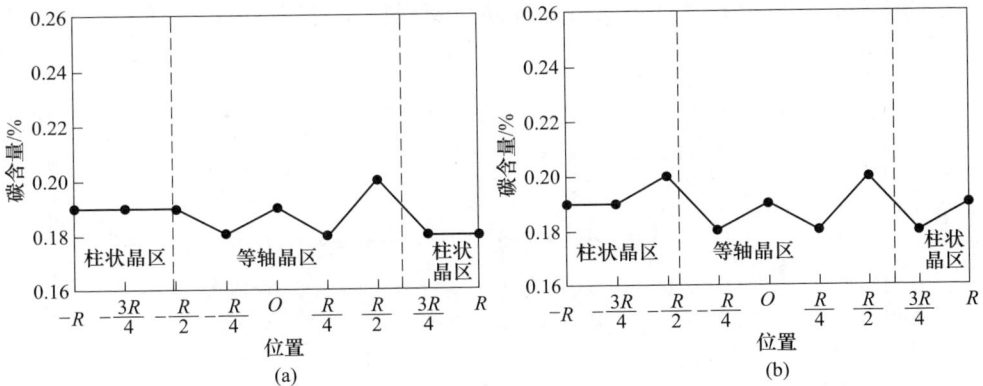

图 6-22　1 号试样 C 含量分布

(a) 水平侧；(b) 内外弧侧

(横坐标负值代表左侧和内侧、正值代表右侧和外侧)

　　图 6-23 为 2 号试样不同方向上的 C 含量分布规律。与 1 号试样类似，2 号试样 C 含量的分布特征也与凝固枝晶演变规律相对应。2 号试样 C 含量在中心区域和 CET 区域波动也较大。进一步观察发现，2 号试样 C 含量在水平方向的对称性较好，除中心点外，C 含量较高的位置是 $-\dfrac{R}{2}$ 和 $\dfrac{R}{2}$ 处，对应于凝固低倍组织的 CET 区域；内外弧方向由于凝固组织不对称，其溶质分布也不对称，即内弧侧 C 含量较高的位置是 $-\dfrac{R}{2} \sim -\dfrac{R}{4}$ 区间，而外弧侧是 $\dfrac{R}{2} \sim \dfrac{3R}{4}$ 区间。与 1 号试样相比，2 号试样内弧侧的 CET 转变位置更靠近中心，与其凝固组织特征完全对应。

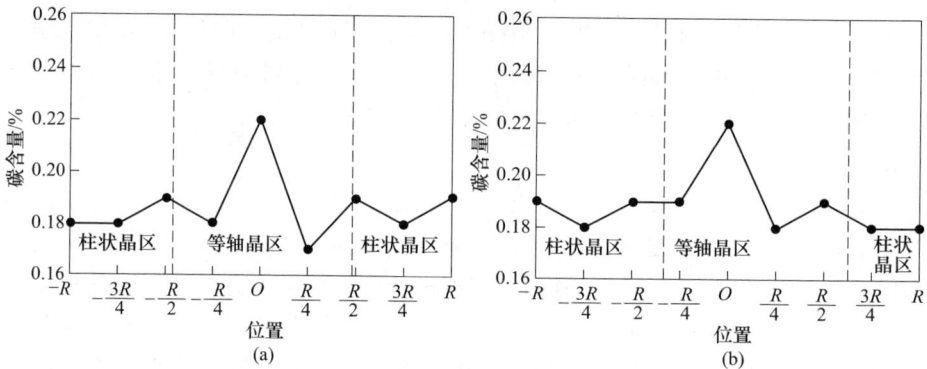

图 6-23　2 号试样 C 含量分布
（a）水平侧；（b）内外弧侧
（横坐标负值代表左侧和内侧、正值代表右侧和外侧）

　　图 6-24 为 3 号试样不同方向上的 C 含量分布规律。与 1 号、2 号试样类似，3 号试样 C 含量的分布特征也与凝固枝晶演变规律相对应。3 号试样 C 含量在中

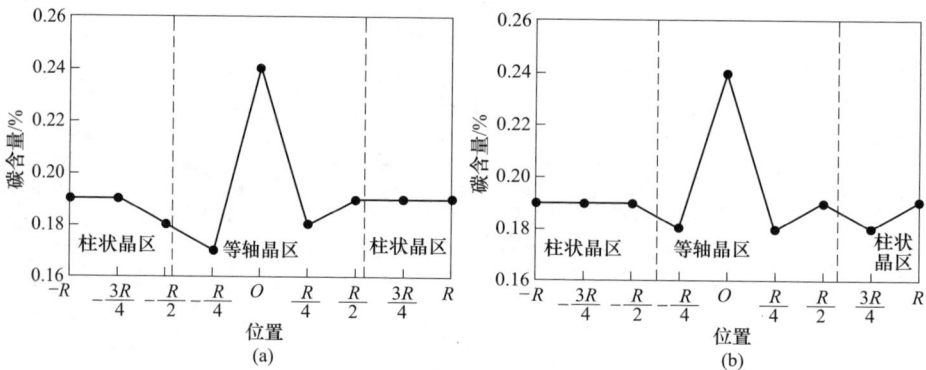

图 6-24　3 号试样 C 含量分布
（a）水平侧；（b）内外弧侧
（横坐标负值代表左侧和内侧、正值代表右侧和外侧）

心区域和 CET 区域波动也较大。对比可见，3 号试样 C 含量在水平方向的对称性更好；内外弧方向由于凝固组织不对称，其溶质分布也不对称，即内弧侧 C 含量波动较大的位置是 $-\dfrac{R}{2}\sim-\dfrac{R}{4}$ 区间，外弧侧是 $\dfrac{R}{2}\sim\dfrac{3R}{4}$ 区间。与 2 号试样相似，3 号试样内弧侧的 CET 转变位置也靠近中心，与其凝固组织特征完全对应。

图 6-25 为 4 号试样不同方向上的 C 含量分布规律。与 1 号~3 号试样类似，4 号试样 C 含量的分布特征也与凝固枝晶演变规律相对应。4 号试样 C 含量在中心区域和 CET 区域波动也较大。观察发现，4 号试样 C 含量在水平方向完全对称；内外弧方向溶质分布也较为对称，内弧侧 C 含量波动较大的位置是 $-\dfrac{R}{2}\sim-\dfrac{R}{4}$ 区间，外弧侧是 $\dfrac{R}{2}\sim\dfrac{3R}{4}$ 处。与 1 号试样相似，4 号试样 C 含量水平方向和内外弧方向溶质波动性整体相当，两个方向的极差和偏析比接近，但整体溶质波动比 1 号试样更小，溶质断面均匀性更好。

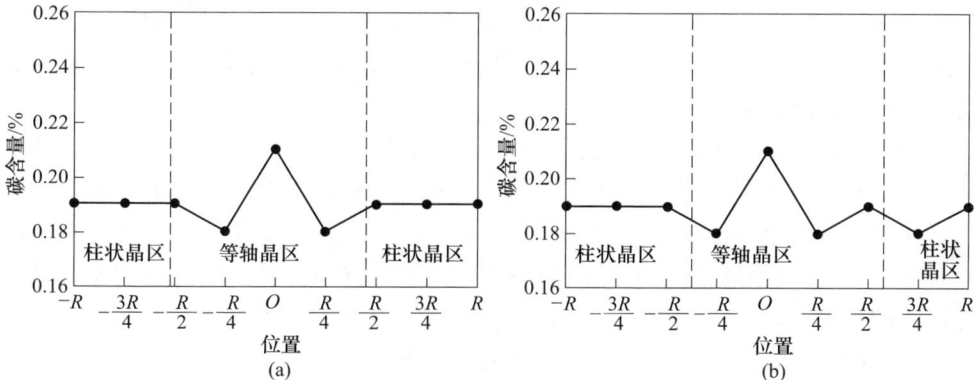

图 6-25　4 号试样 C 含量分布

（a）水平侧；（b）内外弧侧

（横坐标负值代表左侧和内侧、正值代表右侧和外侧）

表 6-6 统计了 1 号~4 号试样 C 含量的中心偏析比、标准差和极差。对比可见，考虑中心点的情况下，1 号试样中心 C 偏析比为 1.01，2 号试样中心偏析比为 1.18，3 号试样中心偏析比为 1.27，4 号试样中心偏析比为 1.12。对比 1 号和 2 号~4 号发现，其最大区别为 M-EMS 的不同，1 号试样 M-EMS 为 200 A，2 号~4 号为 100 A，提高 M-EMS 等轴晶率大幅提高，中心 C 偏析大幅降低。由此可知，降低结晶器电磁搅拌会增大连铸坯中心偏析。钢水凝固过程中，由于溶质元素 C 在固相、液相中的溶解度不同，凝固界面处会发生溶质再分配和选分结晶，进而形成了基体化学成分的不均匀；由于溶质不断富集，中心部位的 C 含量明显

增大，这是中心偏析形成的内在原因。实际上，中心偏析还与连铸坯凝固组织结构有关，这受到外在工艺因素的影响。当结晶器电磁搅拌由 200 A 降低至 100 A 时，铸坯柱状晶更加发达，凝固末端液芯更加尖细，更容易发生枝晶"搭桥"并形成"小钢锭"结构，阻碍了封闭区浓化钢液与液芯的混匀过程，在凝固负压抽吸作用下使浓化钢液聚集到铸坯中心，进而形成严重中心偏析。

表 6-6　1 号~4 号 C 含量极差、标准差和中心偏析比

编号	考虑中心点				不考虑中心点		
	平均值/%	极差/%	标准差/%	中心偏析比	平均值/%	极差/%	标准差/%
1 号	0.19	0.02	0.007	1.01	0.19	0.02	0.008
2 号	0.19	0.05	0.010	1.18	0.18	0.02	0.006
3 号	0.19	0.07	0.014	1.27	0.19	0.02	0.006
4 号	0.19	0.03	0.007	1.12	0.19	0.01	0.005

对比 2 号和 4 号试样发现，M-EMS 为 100 A、F-EMS 为 200 A 时，拉速由 1.5 m/min 降低至 1.3 m/min，比水量由 3 A 加强至 3 D，中心碳偏析由 1.18 增加至 1.27，由此可见，连铸坯中心偏析的改善需要拉速与凝固末端电磁搅拌、拉速与比水量协同优化。

表 6-6 同时给出了 1 号~4 号试样碳含量的标准差和极差。对比可见，不考虑中心点 C 含量的情况下，1 号试样 C 含量极差和标准差为 0.02% 和 0.008%；2 号试样为 0.02% 和 0.006%；3 号试样为 0.02% 和 0.006%；4 号试样为 0.01% 和 0.005%。标准差和极差反映了连铸坯溶质分布的波动情况，是齿轮钢基体成分均匀性的重要指标。

根据图 6-22~图 6-25 曲线特征，除中心点外，1 号试样 C 含量整体波动情况最为显著，2 号和 3 号试样相似，4 号试样 C 含量波动最低。1 号试样等轴晶面积比为 31.45%，2 号试样为 23.45%，3 号试样为 24.51%，4 号试样为 23.77%。观察 1 号~4 号试样 C 含量变化规律与凝固组织的对应关系可知，C 含量波动范围主要集中在连铸坯等轴晶区和 CET 转变区。因此，常规条件下提高等轴晶率对控制齿轮钢溶质分布均匀性是不利的。

6.2.3.3　齿轮钢连铸坯均质性控制策略

齿轮钢连铸坯均质性控制主要体现在凝固组织和溶质均匀性两方面。传统观念认为，由于等轴晶各向同性，提高等轴晶面积对改善连铸坯均质性有利。考虑到轴齿产品外齿啮合时主要受力在表层，为柱状晶组织范围，一般情况下等轴晶面积和分布对其影响不大；为减小外齿热处理畸变，业内要求等轴晶范围不得超过棒材直径的一半，如此可避免或减轻带状组织对齿根附近基体变形的不利影响。对于心部加工花键孔或内齿的盘齿产品，等轴晶范围内的带状组织缺陷会直

接影响这些结构的热处理变形，此类产品均质性控制需要同时关注连铸坯等轴晶面积和对中性。本书作者团队研究结果发现，1 号试样等轴晶率较大，且对中性略好；2 号试样等轴晶面积小，但对中性较差；3 号、4 号试样等轴晶率较小且对中性略好。对比可知，3 号、4 号试样的连铸工艺对等轴晶及其对中性改善明显。

大多合金钢产品均对中心偏析有严格要求，然而，对于齿轮钢来说，中心偏析对产品服役性能影响较小，整个断面的溶质分布均匀性对淬透性、热处理畸变和使用寿命的影响更大。本研究中 1 号试样中心偏析比为 1.01，不考虑中心点的碳极差和标准差分别为 0.02% 和 0.008%；2 号试样中心偏析为 1.18，不考虑中心点的碳极差和标准差分别为 0.02% 和 0.006%；3 号试样中心偏析为 1.27，不考虑中心点的碳极差和标准差分别为 0.02% 和 0.006%；4 号试样中心偏析为 1.12，不考虑中心点的碳极差和标准差分别为 0.01% 和 0.005%。对比可见，4 号试样中心偏析相对较小，除中心点外，其溶质波动范围也较低，断面溶质均匀性更好。进一步研究发现，碳含量波动主要集中在粗大等轴晶区，减小等轴晶比例可以提高成分一致性。齿轮钢连铸坯凝固组织对溶质分布均匀性具有直接影响，二者需要协同控制。整体来说，4 号试样对应的工艺较优，即较低的拉速、较大的比水量、较小的 M-EMS 和较小的 F-EMS 对提高齿轮钢连铸坯均质性有利。

理论上，如果齿轮钢连铸坯能够做到等轴晶比例超过 70%，且枝晶尺寸最大不超过 5 mm，半宏观偏析最大尺寸不超过 2 mm，这时的成分和组织均匀性是比较理想的。然而，对于断面 200 mm×200 mm 的连铸坯，中心等轴晶实现大晶区+小枝晶是非常困难的，而小晶区+小枝晶是比较可行的。对于大断面两火成材的齿轮钢连铸坯，由于等轴晶形核长大的动力学条件与本案例有差异，其控制策略或许也是不同的。

6.2.4　技术效果

将不同工艺连铸坯按表 6-7 中制度加热并轧制棒材，然后制成约 20 个 C 形热处理试样，如图 6-26 所示。C 形试样与棒材同心，且基本占据了棒材凝固结构转变的全部范围，通过对 C 形试样的热处理可以获得变形的量化指标，热处理工艺如图 6-27 所示。

表 6-7　齿轮钢连铸坯的轧制工艺

加热炉各段温度/℃			均热时间/min
加热一段	加热二段	均热段	
945	1153	1258	85
948	1148	1260	83

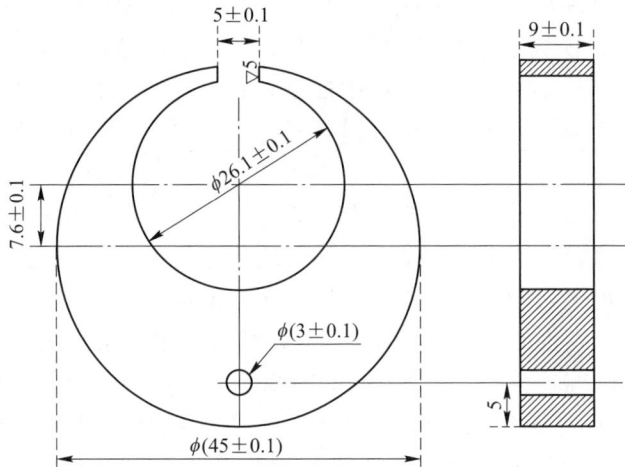

图 6-26　C 形试样图纸（单位：mm）

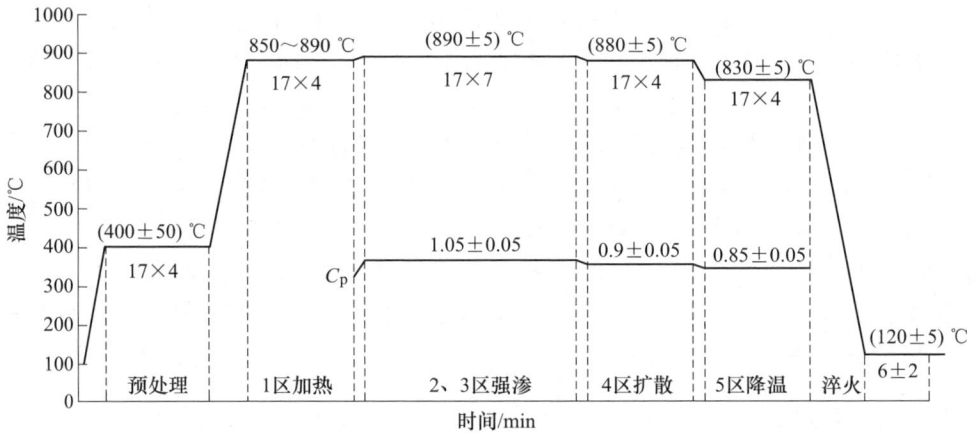

图 6-27　齿轮渗碳淬火工艺

　　C 形试样的制样要求如下：

　　（1）棒材直径不小于 50 mm，按照齿轮工艺进行正火和回火（必须进行，否则实验获得的尺寸变形量不可靠，正火制度为 930 ℃保温 1 h 后空冷）；

　　（2）去除表面层以获得与试样外圆接近的坯料，坯料取样于棒材横断面，即厚度沿着轧制方向；

　　（3）按照图 6-26 要求加工 C 形试样，注意尺寸公差，表面光洁度 1.6 级以上即可；

　　（4）考虑到实验偶然性并排除炉内空间差异引起的误差，单次装炉数量不低于 40 个，以多为宜。

观察表 6-8 和表 6-9 中数据可见，1 号和 2 号工艺制备 C 形试样的热处理变形较大，波动范围也较宽，这与其等轴晶率较大或对中性较差有关；3 号工艺热处理变形显著减小，4 号工艺热处理变形最小，且波动也小，与连铸坯均质性和对中性改善可以对应起来。采用 4 号工艺进行固化生产，至今下游客户未再反馈之前的产品热处理变形问题，说明这个思路和策略是可靠的。

表 6-8　C 形试样热处理后沿直径方向变形量结果

工艺编号	沿直径方向变形量									
1 号	0.38	0.33	0.28	0.27	0.38	0.31	0.28	0.32	0.29	0.37
	0.26	0.25	0.30	0.37	0.31	0.33				
2 号	0.25	0.34	0.28	0.35	0.38	0.26	0.27	0.38	0.28	0.25
	0.27	0.37	0.28	0.30	0.34	0.28	0.27	0.27		
3 号	0.24	0.24	0.24	0.24	0.24	0.24	0.24	0.24	0.24	0.24
	0.25	0.25	0.25	0.25	0.25	0.25	0.25	0.25		
4 号	0.22	0.26	0.22	0.22	0.21	0.30	0.22	0.23	0.22	0.22
	0.24	0.24	0.25	0.21	0.26	0.28	0.25	0.23	0.24	0.24

表 6-9　不同工艺下 C 形试样变形量波动

工艺编号	平均值	标准差	最小值	最大值
1 号	0.31	0.04	0.25	0.38
2 号	0.30	0.04	0.25	0.38
3 号	0.26	0.03	0.22	0.32
4 号	0.24	0.03	0.21	0.30

6.3　S550 高碳耐磨钢连铸坯偏析与磨损性能

6.3.1　实际问题

高碳耐磨钢主要用于制备高硬度耐磨零件，产品涉及球磨机钢球、挖掘机斗齿、破碎机锤头、输送机环链、穿孔机钻头等，与机械、能源、交通、采矿、冶金等工程安全密切相关。市场上量大面广的高硬度耐磨球，全球年消耗量在 3000 多万吨，其中中国钢球消耗量在 300 多万吨。某些高端耐磨器件原料，如大型盾构机刀具、长寿命球磨机磨棒、大功率推土机铲齿等，我国仍从德国、日本、韩国企业进口，国内产品均质性和致密度与之仍有差距，服役周期比国外产品低 30%~50%。早期该类产品国内需求量有限，钢厂产量比较少且批次零散，技术水平落后于国外。随着我国高端装备的大规模自主研发和国产化，市场对高碳耐磨钢的需求量越来越大，尽管产品硬度和耐磨性方面取得了长足进步，但成分、组织、性能的均匀性和稳定性等仍有待提高。

　　高碳钢良好的耐磨性源于其回火马氏体组织和大量弥散的碳化物颗粒，成分以碳、锰、铬合金化为主。然而，由于钢中碳含量多在 0.8%~1.1%、锰含量在 0.7%~1.3%、铬含量在 0.8%~1.5%，其凝固初生相是奥氏体，界面处溶质再分配比铁素体强烈，偏析倾向显著；同时，由于合金元素在奥氏体中的扩散系数小，溶质不均匀性一旦形成就难以消除；碳、锰、铬高合金化导致凝固两相区宽度增加，凝固收缩增大，一方面会形成较大的负压抽吸浓化钢液而形成宏观偏析，另一方面也会因补缩不充分而形成缩孔。通常，提高扩散退火温度、延长保温时间和增大轧制压缩比可在一定程度上弥补连铸坯中心缺陷，但也会带来烧损增加、脱碳严重、能耗排放多及轧辊磨损大、变形不均匀等问题。

　　某厂高碳耐磨钢 250 mm×280 mm 大方坯的碳中心偏析比在 1.08~1.20 波动，中心缩孔评级在 1.0~2.0，ϕ60~90 mm 棒材中心均质性和致密度控制一直不够稳定，由此制备钢球的平均磨耗超过了 0.23 kg/t 矿，比同类产品高 10% 以上，客户多次表示不满。

6.3.2　解决思路

　　大量研究证实，高碳钢中心偏析和缩孔会遗传到棒材和产品中，尤其是会引起钢球的表面或皮下缺陷；中心偏析严重时会形成与基体差异较大的碳化物硬质相，容易在二者界面上出现疲劳裂纹；中心缩孔压合不完全会导致钢球表层存在微孔或裂纹，也会成为疲劳破坏的起源。一般来说，热加工可以在一定程度上改善中心偏析和缩孔，由于设备、周期和成本的限制，实际效果往往比较有限，尤其是对于面积压缩比小于 15 的长材产品。因此，从连铸坯源头提高耐磨钢的中心质量是解决问题的关键。

　　近年来，连铸凝固末端轻压下和重/大压下技术得到了快速发展和应用，并取得了良好的冶金效果，见表 6-10。然而，现有轻+重/大压下技术中也有一些不足，如凝固之前的轻压下量较小、凝固之后的重压下量较大，这种设计轻、重压下之间缺乏紧密的逻辑联系；其对装备硬件要求较高，导致一些小功率密排拉矫机无法投用。

表 6-10　大方坯密排机架多辊轻重混合压下技术特点

类别	优　势	不　足	特　点
轻压下	(1) 改善偏析； (2) 缓解缩孔	对缩孔改调控效果有限	(1) 轻压下以补偿液相收缩为主； (2) 凝固之后不压下
轻+重/大压下	(1) 改善偏析； (2) 改善缩孔	(1) 对空间和设备要求高； (2) 投资多，间距大	(1) 轻压下以补偿液相收缩为主； (2) 轻重压下之间联系不大； (3) 重压下单辊压下量较大

类别	优　势	不　足	特　点
轻重混合连续压下	（1）改善偏析； （2）改善缩孔； （3）密排机架，精准度高，压下率高	工艺要求高	（1）轻压下同时补偿液相和固相收缩； （2）轻压下与重压下相互协调

鉴于此，本案例提出一种大方坯连铸轻重混合连续压下技术，以常规密排间距（0.8~1.4 m）机架系统为基础，通过多辊组合方式进行凝固终点前后的精准协调连续压下，实现对凝固冷却过程固液两相总收缩的完全补偿，达到高效控制连铸坯中心缩孔和中心偏析的目的，总压下量为连铸坯厚度的 5%~15%。轻重混合连续压下技术基于对大方坯连铸凝固固、液两相理论收缩量的新算法，将中心缩孔的控制区间分配在 $f_s \geqslant 0.8$ 的机架上，在尽量不出现压下裂纹的前提下大大降低凝固之后重压下的载荷需求。如此设计的技术优势如下：

（1）基于常规功率的大方坯连铸机拉矫单元即可实现中心缩孔和偏析的有效控制；

（2）密排机架对于连铸坯凝固进程的跟踪精度更高，调控方式更灵活、效果更好；

（3）轻重压下的位置紧凑，连铸坯热状态好，压下效率更高。

大方坯连铸轻重混合连续压下的技术优势比较显著，但实际应用时需要对连铸过程钢的凝固冷却收缩和变形特征等进行准确计算。本案例基于国内某厂 250 mm×280 mm 大方坯 1.2 m 间距 7 机架拉矫装备的空间和结构特征（见图 6-28），建立了大方坯凝固传热模型、冷却收缩模型和压下补偿模型，制定了连铸坯凝固末端轻重混合压下的技术参数，实现了高碳钢大方坯中心缩孔评级不超过 0.5、中心偏析指数不超过 1.04 的稳定控制，相关成果可为改善大规格连铸坯中心质量、设计和改造连铸装备、开发高端品种钢冶金工艺提供重要的技术参考。

6.3.3　试验调控

6.3.3.1　试验方案

A　钢种成分和物性参数

以 S550 高碳耐磨钢为例，其主要合金元素成分见表 6-11。基于 JmatPro 数据库计算钢种的液相线和固相线温度分别为 1472 ℃ 和 1358 ℃，两相区宽度可达 114 ℃，连铸坯的中心缩孔和中心偏析缺陷比较显著。S550 钢种密度采用与温度和成分有关的函数，导热系数、比热容和凝固潜热等采用 JmatPro 数据库计算结果，均为随温度变化的函数。

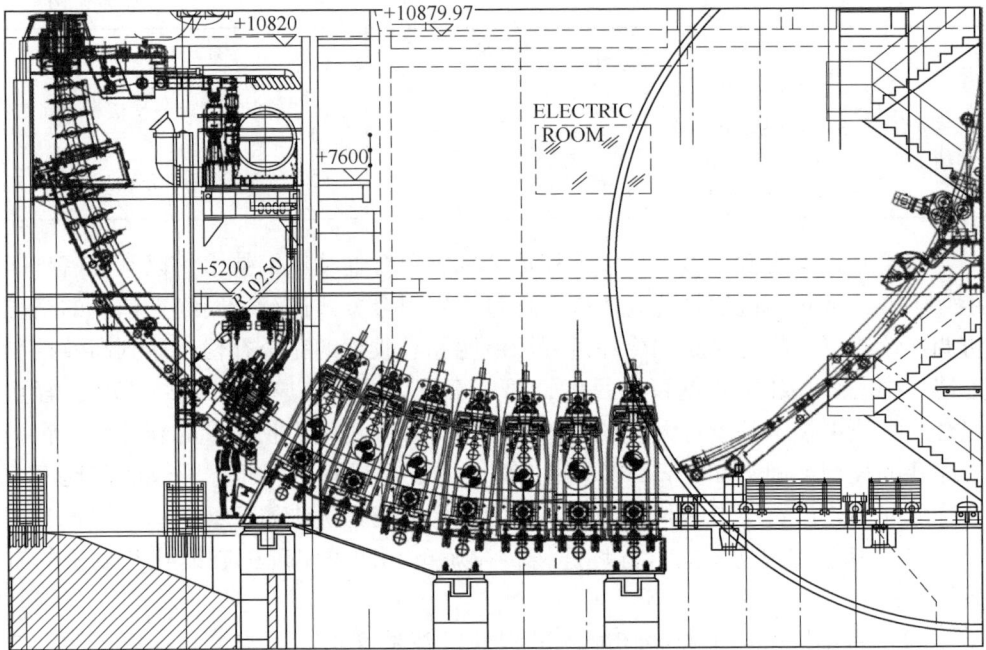

图 6-28　某大方坯连铸机拉矫单元排列结构

表 6-11　S550 高碳耐磨钢的主要成分　　　　　（质量分数,%）

C	Si	Mn	P	S	Cr	Mo
0.75~0.85	0.15~0.40	0.95~1.05	≤0.025	≤0.012	0.95~1.05	0.03~0.08

B　连铸设备与工艺参数

某厂 5 机 5 流大方坯连铸机设备与工艺参数见表 6-12。由表中数据可见，由于设备和空间的限制，拉矫机单机架最大压下量为 5 mm，无法通过凝固之后的单辊大压下改善中心缩孔。

表 6-12　大方坯连铸机设备与工艺参数

项　目	参　数
断面	250 mm×280 mm
拉速	0.4~1.2 m/min
过热度	20~50 ℃
比水量	0.15~0.50 L/kg
二冷分区	3
二冷方式	足辊全水，其他气水
结晶器电磁搅拌参数	300 A，3 Hz

续表 6-12

项　目	参　　数
末端电磁搅拌参数	400 A，6 Hz
1 号~7 号拉矫机位置	11.5 m、12.7 m、13.9 m、15.2 m、16.4 m、17.6 m、18.8 m
拉矫机最大压力	15 MPa
拉矫机最大压下量	5 mm

C　连铸轻重混合连续压下工艺模型

a　凝固传热模型

（1）计算域与控制方程。大方坯连铸凝固过程是从弯月面到凝固终点的整个区间，涉及对流、传热和辐射等多种传输方式。为了提高求解效率，将流动对传热的影响等效为内部导热能力的提高。同时，考虑到连铸坯传热以外表面换热为主，假设连铸坯内部各向同性，在不考虑拉坯方向传热和冷却收缩引起的体积变化时，非稳态条件下的控制方程为：

$$\rho C_{\text{eff}} \frac{\partial T}{\partial t} = \frac{\partial}{\partial x}\left(k\frac{\partial T}{\partial x}\right) + \frac{\partial}{\partial y}\left(k\frac{\partial T}{\partial y}\right) \tag{6-1}$$

式中，T 为温度，℃；ρ 为密度，kg/m³；C_{eff} 为等效比热容，J/（kg·℃）；k 为导热系数，W/（m·℃）；t 为时间，s；x、y 分别为铸坯笛卡尔坐标系下沿宽度和厚度方向的距离，m。

其中，凝固潜热采用等效比热容法来处理。根据热力学数据库中钢种凝固进程随时间的变化规律，采用以下函数计算固相率[6]：

$$f_{\text{S}} = 1 - \left(\frac{T - T_{\text{S}}}{T_{\text{L}} - T_{\text{S}}}\right)^{1.5} \tag{6-2}$$

式中，f_{S} 为温度 T 下的固相率；T_{L} 和 T_{S} 分别为液相线和固相线的温度。

（2）有限差分格式和收敛条件。采用泰勒法对传热微分方程展开，假设凝固高温区物性参数基本不变，可得导热微分方程的差分格式：

$$\frac{T'_{i,j} - T_{i,j}}{\Delta\tau} = \alpha\left(\frac{T_{i+1,j} - 2T_{i,j} + T_{i-1,j}}{\Delta x^2} + \frac{T_{i,j+1} - 2T_{i,j} + T_{i,j-1}}{\Delta y^2}\right) \tag{6-3}$$

式中，i、j 为有限差分网格的节点坐标序号；$T'_{i,j}$ 和 $T_{i,j}$ 分别为该时刻和上一时刻节点（i，j）的温度，℃；α 为导温系数，m²/s；$\Delta\tau$ 为时间步长，s；Δx 和 Δy 为空间步长，m。

当 Δx 和 Δy 相等时，进一步整理可得：

$$T'_{i,j} = \frac{\Delta\tau\cdot\alpha}{\Delta x^2}(T_{i+1,j} + T_{i-1,j} + T_{i,j+1} + T_{i,j-1}) + \left(1 - 4\frac{\Delta\tau\cdot\alpha}{\Delta x^2}\right)T_{i,j} \tag{6-4}$$

实际凝固冷却过程中，前后时刻某一固定节点处的温度需满足线性规

律, 即:

$$1 - 4\frac{\Delta\tau \cdot \alpha}{\Delta x^2} \geqslant 0 \tag{6-5}$$

式(6-5)即为有限差分模型内部节点的收敛性条件。

(3) 初始条件和边界条件。初始时刻所有节点温度均为浇铸温度, 即:

$$T = T_C \tag{6-6}$$

式中, T_C 为浇铸温度, 这里设定为 $T_C = T_L + 30$。

对于大方坯连铸, 结晶器、二冷区和空冷区的边界条件是不同的, 下面做以下具体处理。

结晶器区域采用第二类边界条件:

$$q = 2680000 - b\sqrt{t} \tag{6-7}$$

式中, t 为从弯月面到某一位置的运行时间; b 为与工艺条件有关的参数, 计算公式如下:

$$b = \frac{1.5 \times (2680000 - C_W m \Delta T / S_{eff})}{\sqrt{\dfrac{L}{v}}} \tag{6-8}$$

式中, C_W 为冷却水比热容, J/(kg·℃); m 为冷却水质量流量, kg/s; ΔT 为进出口水温差, ℃; S_{eff} 为结晶器有效换热面积, m²; L 为结晶器长度, m; v 为拉速, m/s。

二冷区域采用第三类边界条件:

$$q = h(T_b - T_w) \tag{6-9}$$

式中, h 为换热系数, W/(m²·℃); T_b 为连铸坯表面节点温度, ℃; T_w 为冷却水温度, ℃。

对于全水冷却:

$$h = 420w^{0.351} \tag{6-10}$$

对于气水冷却:

$$h = 119 + 295w^{0.815} \tag{6-11}$$

空冷区以辐射换热为主:

$$q = \varepsilon\sigma[(T_b + 273)^4 - (T_a + 273)^4] \tag{6-12}$$

式中, w 为水流密度, L/(m²·s); ε 为辐射系数, 取 0.8; σ 为斯蒂芬-玻耳兹曼常数, 5.67×10⁻⁸ W/(m²·K⁴); T_a 为环境温度, K; T_b 为表面温度, K。

　b　冷却收缩模型

钢的凝固冷却收缩宏观体现为基体密度的变化, 对高碳耐磨钢液相和初生奥氏体相的密度进行计算如下:

$$
\rho_{\mathrm{L}} = 8319.49 - 0.835T + (-83.19 + 0.00835T)w[\mathrm{C}] +
$$
$$
(-53.58 + 0.00515T)w[\mathrm{Si}] + (-17.21 + 0.00135T)w[\mathrm{Mn}] +
$$
$$
(-14.77 + 0.00535T)w[\mathrm{Cr}] + (10.21 + 0.00835T)w[\mathrm{Mo}] +
$$
$$
(12.72 - 0.00325T)w[\mathrm{Ni}] \tag{6-13}
$$
$$
\rho_{\gamma} = 8099.79 - 0.506T + (-118.26 + 0.00739T)w[\mathrm{C}] -
$$
$$
68.24w[\mathrm{Si}] - 6.01w[\mathrm{Mn}] + (-7.59 + 3.422 \times 10^{-3}T -
$$
$$
5.388 \times 10^{-7}T^2 - 0.014271w[\mathrm{Cr}])w[\mathrm{Cr}] + 12.45w[\mathrm{Mo}] +
$$
$$
(1.54 - 2.267 \times 10^{-3}T - 11.26 \times 10^{-7}T^2 - 0.062642w[\mathrm{Ni}])w[\mathrm{Ni}] \tag{6-14}
$$

式中, ρ_{L} 和 ρ_{γ} 分别为液相和奥氏体相密度, $\mathrm{kg/m^3}$; T 为温度,℃; $w[i]$ 为溶质 i 的质量百分数。

凝固两相区的密度 $\rho_{\mathrm{L}\gamma}$ 采用相比例计算:

$$
\rho_{\mathrm{L}\gamma} = 1 \Big/ \left(\frac{f_{\mathrm{L}}}{\rho_{\mathrm{L}}} + \frac{f_{\gamma}}{\rho_{\gamma}} \right) \tag{6-15}
$$

式中, f_{L} 和 f_{γ} 分别为液相和固相分数。

考虑到模型中不同节点的温度不同, 其对应的密度也不同, 需根据凝固传热模型的预测结果求得连铸坯的理论收缩量。

某一时刻连铸坯单位长度的切片总质量 M_{t} 为:

$$
M_{\mathrm{t}} = \frac{1}{4}\Delta x^2 (\rho^t_{T_{1,1}} + \rho^t_{T_{m,1}} + \rho^t_{T_{1,n}} + \rho^t_{T_{m,n}}) + \frac{1}{2}\Delta x^2 \sum_{i=2}^{i=m-1} (\rho^t_{T_{i,1}} + \rho^t_{T_{i,n}}) +
$$
$$
\frac{1}{2}\Delta x^2 \sum_{j=2}^{j=n-1} (\rho^t_{T_{1,j}} + \rho^t_{T_{m,j}}) + \Delta x^2 \sum_{i=2}^{i=m-1} \sum_{j=2}^{j=n-1} \rho^t_{T_{i,j}} \tag{6-16}
$$

式中, $\rho^t_{T_{i,j}}$ 为 t 时刻节点 (i, j) 温度为 T 单元的密度, $\mathrm{kg/m^3}$; m、n 分别为 x、y 方向单元总数量。

当中心固相率大于 0.3 时, 液相补缩能力大大降低, 可忽略拉坯方向的质量通量, 即认为切片内已达到质量守恒。考虑到溶质显微偏析和冷速引起的非平衡凝固特性, 将中心区域温度高于 $T_{\mathrm{S}}-20$ ℃的节点作为目标补缩区间和机械变形影响范围, 根据内部液相和固相密度变化求出对应的理论收缩量, 这一点区别于现有轻压下模型中以液相为主的收缩量计算方式, 同时可将轻、重压下参数设计整合到同一算法。

由于基体不断凝固冷却, 其密度增大、体积减小, 假设中心固相率大于 0.3 时无液相补缩, 即出现需要额外补偿的收缩量。该理论收缩量 A 可以通过式 (6-17) 中 $t+1$ 时刻与 t 时刻单元密度变化来计算:

$$
A = \Delta x^2 \sum_{i=2}^{i=m-1} \sum_{j=2}^{j=n-1} (\rho^{t+1}_{T_{i,j}} / \rho^t_{T_{i,j}} - 1) \Big|_{T^{f_{\mathrm{cs}}=0.3}_{i,j} > T_{\mathrm{S}}-20} \tag{6-17}
$$

式中，$T_{i,j}^{f_{cs}=0.3} > T_S - 20$ 表示中心固相率为 0.3 时，节点 (i, j) 温度大于 T_S-20 ℃。

根据黏滞性理论，当中心固相率为 0.9 时，液相运动能力彻底消失，此后中心区域的收缩无法补充，是模型中形成中心缩孔的临界判据。

c　压下补偿模型

通过凝固传热模型和冷却收缩模型计算的理论收缩量需要机械压下来补偿，如图 6-29 所示。连铸坯压下之前（图中实线），中心区域变形范围面积用白色阴影来表示，记为 A_1；压下之后（图中虚线），铸坯表面轮廓被挤压，同时变形渗透到中心，其变形范围为灰色阴影区，记为 A_2。理论上，某机架执行压下时对应连铸坯中心区域变形面积应不小于其与前一机架之间的凝固收缩量，即：

$$A_1 - A_2 > A \tag{6-18}$$

根据式（6-18）可以求出补偿凝固全收缩时的中心变形量和理论压下量。然而，由于压下过程中固相坯壳也被压缩，其中心区域的理论压下量与拉矫辊的表观压下量之间有一定的比例关系，称为压下效率。

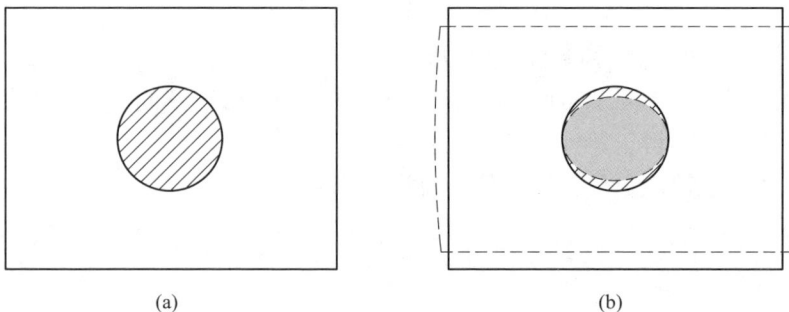

图 6-29　机械压下补偿中心冷却收缩示意图
(a) 压下前；(b) 压下后

本研究根据 Marc 软件建立的高碳钢 250 mm×280 mm 大方坯压下热力耦合模型结果，如图 6-30 所示，得到不同中心固相率下压下效率模拟结果，进而拟定如下公式：

$$\begin{cases} \eta = 30.54f_{sc}^3 - 29.14f_{sc}^2 - 51.187f_{sc} + 61.572 \\ R^2 = 0.9473 \end{cases} \tag{6-19}$$

式中，η 为压下效率；f_{sc} 为中心固相率。

图 6-31 对比了本研究模型结果与文献数据的压下效率[7-8]。由图中可见，二者整体比较接近，可完全满足工程要求。

根据理论收缩量与中心区域变形量、中心理论压下量、压下效率的关系，可以求出不同机架的表观压下量，进而可根据不同连铸工艺参数确定轻重混合压下的具体制度。

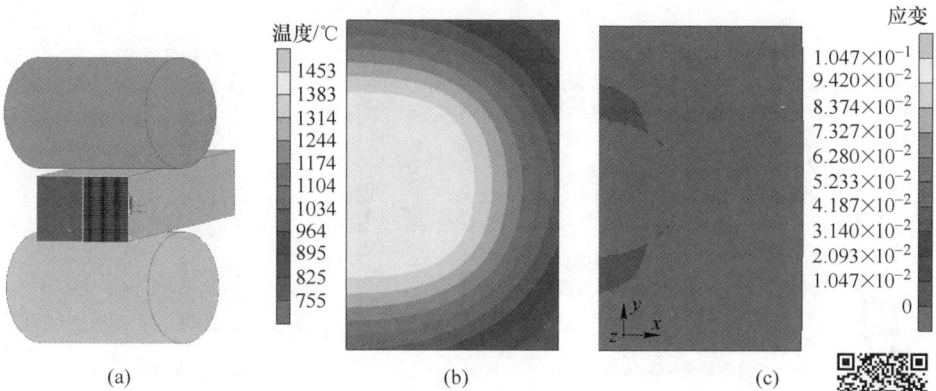

图 6-30   大方坯连铸凝固末端压下变形 1/2 区域的有限元
模型 (a) 及其温度场 (b) 和应变分布 (c)

扫码看彩图

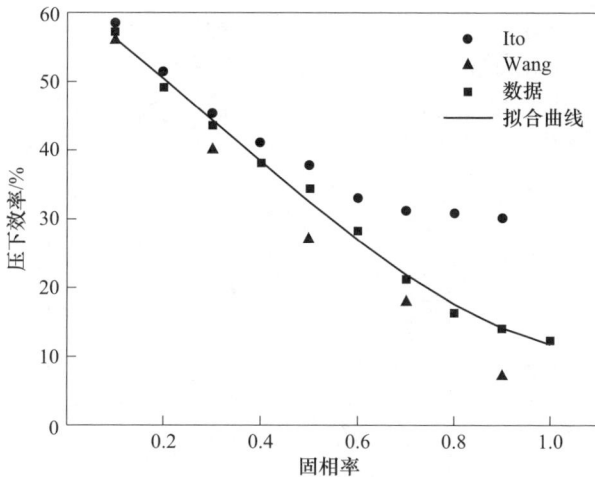

图 6-31   不同中心固相率下高碳钢 250 mm×280 mm 大方坯的压下效率

d   模型验证

基于大方坯凝固传热模型计算高碳耐磨钢 S550 拉速为 0.6 m/min 时的连铸
表面温度和凝固进程曲线，如图 6-32 (a) 所示。图中同时给出了现场表面温度
与坯壳厚度的实测数据。对比可见，模型预测结果与实测值比较接近。图
6-32 (b) 为连铸坯中心理论收缩量的计算结果。由图中可见，对于中心固相率
f_{sc} 大于 0.3 的凝固过程，液相对总收缩量的贡献约为 191 mm²，比固相的
134 mm² 要大，但固相的贡献也是不该忽略的；同时，中心缩孔和裂纹还与凝固
之后的收缩行为有关，整体上液相与固相对总收缩量的贡献相当，只考虑液相收
缩会导致总补偿量不足。

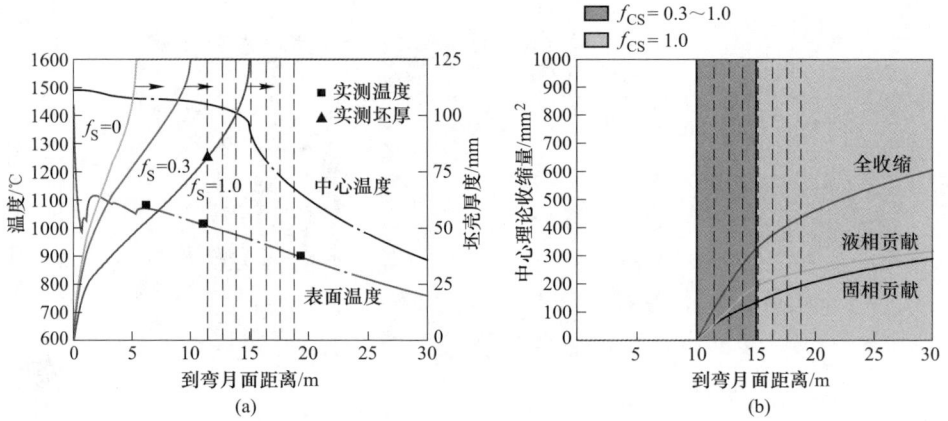

图 6-32　S550 大方坯连铸凝固模拟结果

（a）凝固进程；（b）理论收缩量

　　图 6-33 为本研究建立的冷却收缩模型预测的不同断面、不同钢种的中心缩孔尺寸，图中同时给出了无轻压下、无搅拌（或弱搅拌）时的实测结果。对比发现，模型预测的中心缩孔直径与实测值是比较吻合的，说明本研究建立的连铸坯凝固和冷却收缩算法是整体可靠的。

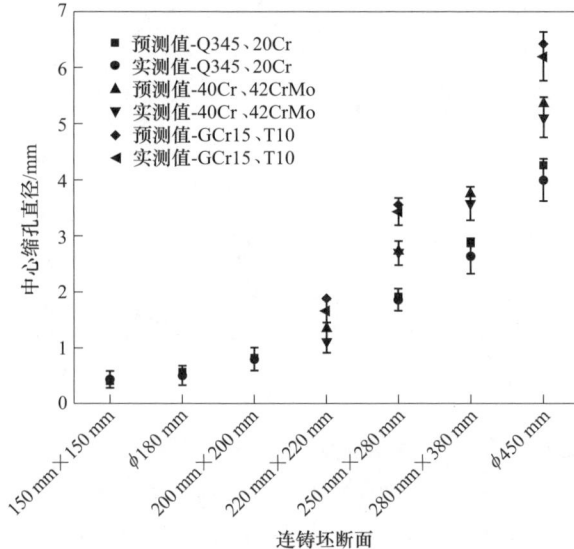

图 6-33　连铸冷却收缩模型预测的中心缩孔尺寸

　　D　高碳耐磨钢大方坯轻重混合连续压下试验

　　采用轻重混合压下模型对不同拉速下 S550 钢的凝固进程、理论收缩量和拉矫机单元表观压下量进行了分析，如图 6-34 所示。由图中可见，高碳耐磨钢连铸坯凝固终点位置随着拉速增大而显著后移。当拉速由 0.48 m/min 增加到 0.63 m/min 时，液芯长度由 11.5 m 增加到 16.2 m。为了启用轻重混合连续压下，理论上凝固终点位置应该处于拉矫机单元作用范围内，因此，拉速小于 0.48 m/min 是不合适的。进一步观察可见，连铸坯理论收缩量与工艺条件也有关。随着拉速增加，凝固过程的理论收缩量略有增加，而总收缩量略有降低，这是由于高拉速条件下液芯更长，凝固收缩量增大；但出坯温度更高，对应的总收缩量减小。一般来说，拉矫机的表观压下量随着理论压下量增大而增大，二者并非完全的线性关系，这与拉矫机压下单元所在位置的铸坯热状态有关。

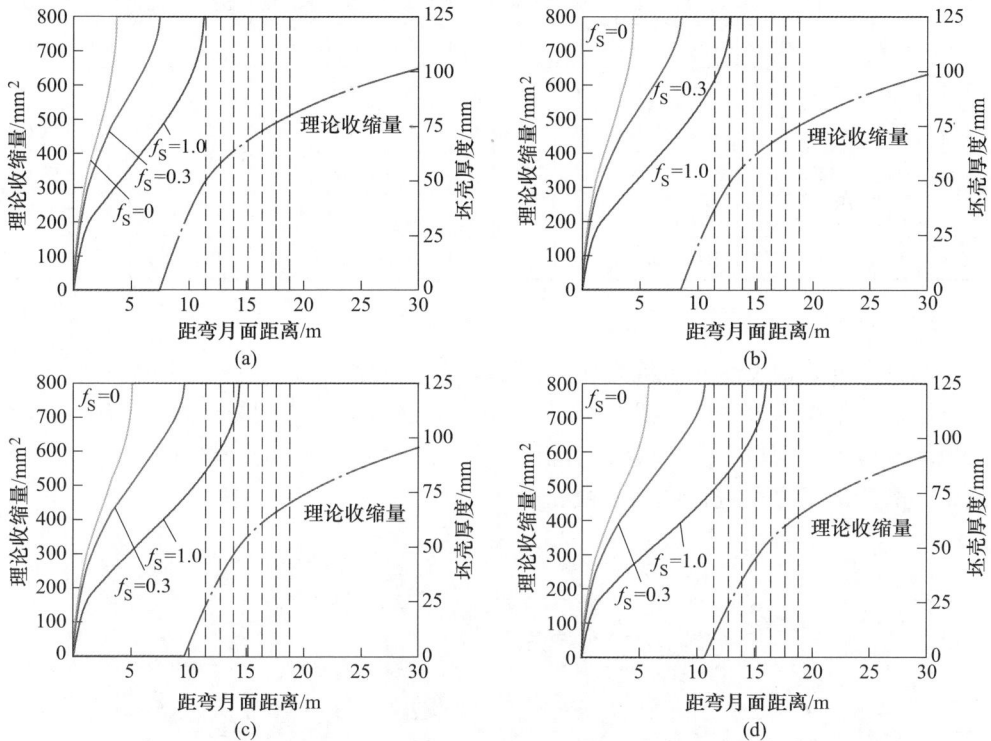

图 6-34 S550 大方坯不同拉速下的凝固进程与理论收缩量
(a) 0.48 m/min；(b) 0.53 m/min；(c) 0.58 m/min；(d) 0.63 m/min

表 6-13 中数据可见，当拉速为 0.53 m/min 时，轻压下执行机架为 1 号和 2 号，但二者理论压下量均超过了额定值 5 mm；拉速为 0.58 m/min 时，1 号~3 号拉矫机可进行轻压下，但 3 号拉矫机设定值超过额定值；拉速为 0.63 m/min 时，1 号~4 号拉矫机可进行轻压下，分别为 2.0 mm、3.0 mm、5.0 mm 和 5.0 mm，5 号~7 号拉矫机进行重压下，压下量分别为 5.0 mm、3.0 mm 和 3.0 mm，均未超过额定值。对比可见，随着拉速增加，压下分配逐渐满足设备能力，当前条件下

最佳试验拉速为 0.63m/min。考虑到拉坯阻力过大可能导致滞坯，实际最终机架压下量设定为 2.0 mm、3.0 mm、5.0 mm、5.0 mm、5.0 mm、3.0 mm。

表 6-13 S550 大方坯连铸轻重混合压下工艺参数

机架编号	0.53 m/min					0.58 m/min					0.63 m/min				
	固相率	收缩量/mm²	中心补偿量/mm²	理论压下量/mm²	实际执行量/mm²	固相率	收缩量/mm²	中心补偿量/mm²	理论压下量/mm²	实际执行量/mm²	固相率	收缩量/mm²	中心补偿量/mm²	理论压下量/mm²	实际执行量/mm²
1 号	0.76	231	2.2	11.0	5.0	0.58	134	0.9	2.7	3.0	0.46	53	0.3	1.2	2.0
2 号	0.94	73	0.8	5.6	5.0	0.73	86	0.8	4.0	4.0	0.58	85	0.6	3.0	3.0
3 号	1	55	0.7	5.6	5.0	0.90	76	0.8	5.6	5.0	0.76	81	0.8	4.0	5.0
4 号	1	42	0.5	4.0	5.0	1	58	0.7	4.2	4.0	0.88	72	0.8	4.8	5.0
5 号	1	32	0.4	3.6	5.0	1	38	0.4	4.0	4.0	1	52	0.4	4.8	5.0
6 号	1	27	0.3	3.0	3.0	1	33	0.3	3.0	3.0	1	40	0.4	3.2	3.0
7 号	1	25	0.3	3.0	3.0	1	27	0.3	3.0	3.0	1	30	0.3	3.0	3.0

6.3.3.2 表征方法

为真实准确地反映轻重混合压下技术对高碳耐磨钢大方坯中心质量的改善效果，制定了如图 6-35 所示的取样方案。考虑到连铸坯中心偏析和缩孔的波动性，沿拉坯方向连续切取 5~10 块横向试样，并取一块约 300 mm 厚的纵剖试样，经铣床、磨床加工之后进行低倍浸蚀和观察。

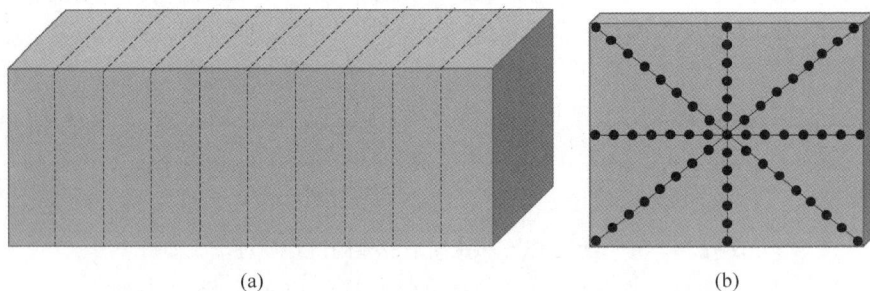

图 6-35 高碳钢连铸坯低倍（a）和碳偏析（b）取样位置

为评价溶质偏析程度，采用 $\phi 4$ mm 钻头在横向试样上取"米"字形 63 点屑样，利用碳硫分析仪测定碳含量。

6.3.3.3 结果分析

根据表 6-13 的设计方案开展了 250 mm×280 mm 高碳耐磨钢大方坯轻重混合压下试验，表 6-14 记录了拉速 0.63 m/min 试验过程中不同拉矫机单元的实际压下量、反馈压力和铸坯冷态尺寸。数据表明，拉矫机设备能力基本支持现有试验方案，虽个别单元接近额定数值，但执行过程未见设备异常。值得注意的是，对于 4 号、5 号和 6 号拉矫机，由于对应位置的连铸坯已接近或达到完全凝固，实际压下量与设定值有一定偏差，但总体仍达到了轻重混合压下的目的。

表 6-14　S550 钢种拉速 0.63 m/min 轻重混合压下实测数据

机架编号	1 号	2 号	3 号	4 号	5 号	6 号	7 号	总计
设定压下量/mm	2.0	3.0	5.0	5.0	5.0	3.0	0	23.0
实际压下量/mm	2.0	3.0	5.0	4.6	4.3	2.4	0	21.3
反馈压力/MPa	2.8	8.5	11.7	13.1	14.9	15.1	1.3	—

图 6-36 和图 6-37 分别为 S550 钢连铸坯不同工艺下横向低倍和纵向低倍的结果。由图中可见，采用轻重混合压下后铸坯中心偏析和缩孔评级均达到 0~0.5 级，未采用压下时为 1.5~2.0 级，仅采用轻压下时为 0.5~1.0 级，改善效果显著。

(a)

(b)

(c)

(d)

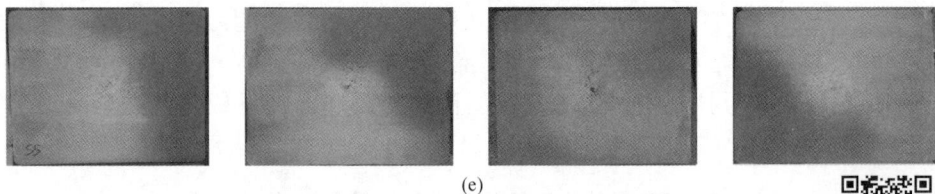

(e)

图 6-36　轻重混合压下 S550 大方坯不同流横向低倍

（a）1 流；（b）2 流；（c）3 流；（d）4 流；（e）5 流

扫码看彩图

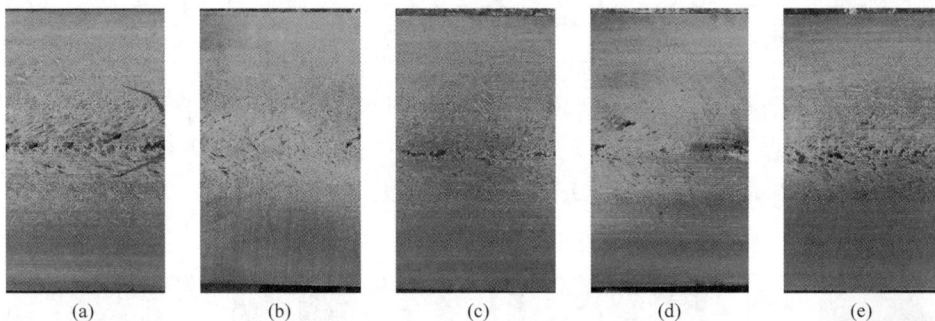

(a)　　　　　(b)　　　　　(c)　　　　　(d)　　　　　(e)

图 6-37　轻重混合压下 S550 高碳钢不同流纵向低倍

（a）1 流；（b）2 流；（c）3 流；（d）4 流；（e）5 流

扫码看彩图

图 6-38 为 S550 钢未压下和轻压下连铸坯横向低倍结果，其 1 号~3 号机架轻

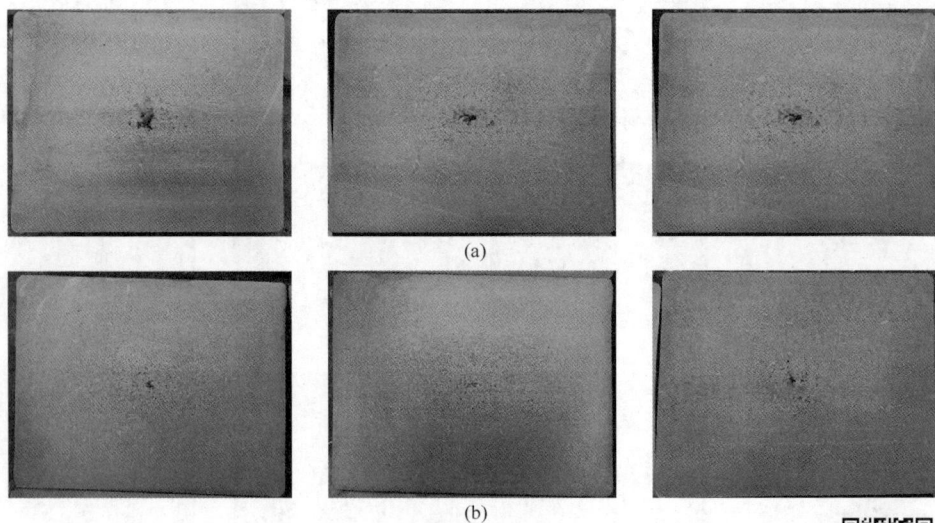

(a)

(b)

图 6-38　S550 大方坯横向低倍

（a）未压下；（b）轻压下

扫码看彩图

压下参数为 2 mm、3 mm、4 mm，其余机架为 0。对比发现，采用轻重混合压下时，中心线上的连续缩孔基本消除，但仍存在 0.5~1.0 级别的 V 形偏析。对 20 余个钢种进行跟踪取样和统计，采用轻重混合压下后，高碳耐磨钢连铸坯中心缩孔不超过 0.5 级的比例为 99.5%。

图 6-39 为 S550 钢连铸碳偏析结果，其碳偏析比的算法为 $R = C_i/C_0$，其中 C_i 为第 i 个位置的实测碳含量（取样位置如图 6-35 中"米"字图），C_0 为钢水精炼碳含量。观察发现，轻重混合压下对中心区域碳溶质富集具有一定的改善效果，中心偏析比为 1.03~1.04，与轻压下比较接近，但远低于未压下时的 1.27。由此可以看出，大方坯轻重混合连续压下技术对高碳耐磨钢的连铸中心缩孔和中心偏析的调控效果是非常明显的。

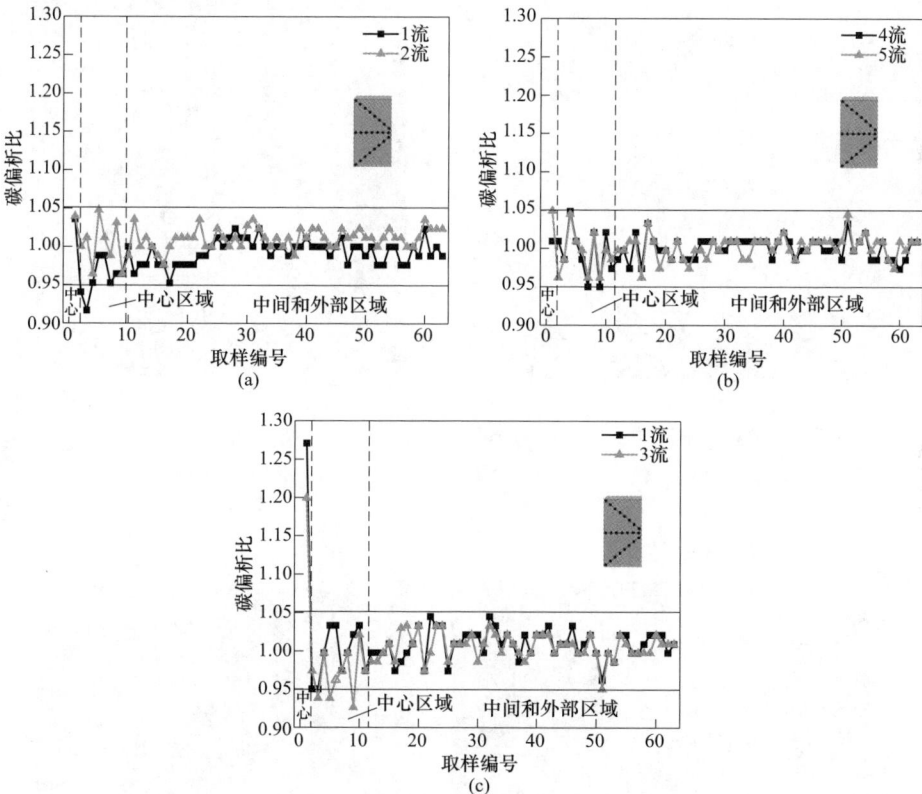

图 6-39　S550 大方坯碳偏析比
（a）轻重混合压下；（b）轻压下；（c）未压下

6.3.4　技术效果

将轻重混合连续压下技术推广到其他高碳磨球钢产品，成分见表 6-15。不同工艺下 ϕ85 mm、ϕ92 mm 和 ϕ100 mm 棒材低倍如图 6-40~图 6-42 所示。由图中可见，采用新技术之后，棒材中心质量大大提升，探伤合格率超过 99.5%。对于

$\phi100$ mm 的棒材，国内率先实现了面积压缩比小于 10 的稳定供货和良好使用效果。

表 6-15　高碳耐磨钢成分　　　　　　（质量分数，%）

钢号	C	Si	Mn	P	S	Cr	Mo
HM-4	0.58~0.66	1.60~1.90	0.65~0.80	≤0.020	≤0.020	0.80~1.00	—
B300A	0.95~1.05	0.15~0.40	0.95~1.05	≤0.025	≤0.035	0.45~0.55	≤0.10
AK-B3	0.58~0.66	1.60~1.90	0.65~0.80	≤0.025	≤0.025	0.70~0.90	≤0.015

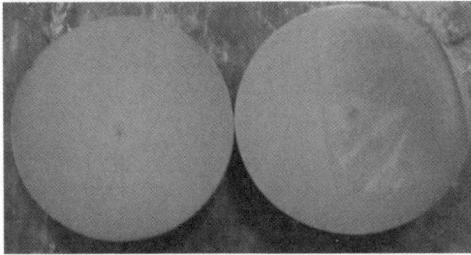

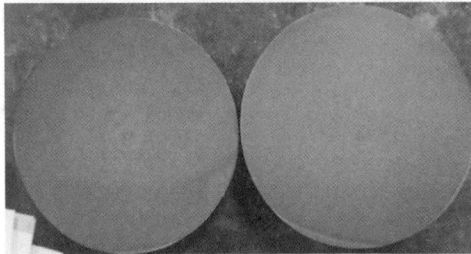

图 6-40　HM-4 不同工艺的
$\phi85$ mm 棒材低倍
（a）传统连铸+传统轧制；
（b）轻重压下连铸+传统轧制

图 6-41　B300A 不
同工艺的 $\phi92$ mm
棒材低倍

扫码看彩图

扫码看彩图

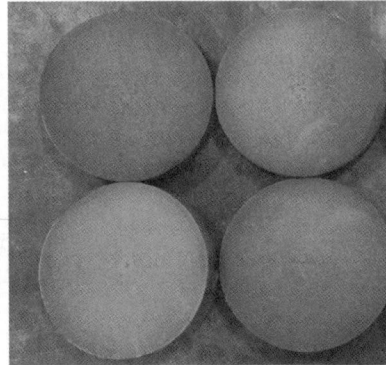

图 6-42　AK-B3 不同工艺的 $\phi100$ mm 棒材低倍
（a）250 mm×280 mm 大方坯；（b）$\phi450$ mm 大圆坯

扫码看彩图

对比轻重混合压下技术下 250 mm×280 mm 大方坯和 ϕ450 mm 的 AK-B3 耐磨钢 ϕ100 mm 棒材金相组织（见图 6-43），尽管大方坯轧制压缩比小于大圆坯，但不同位置处基体金相组织的均匀性更好，芯部组织更细化。

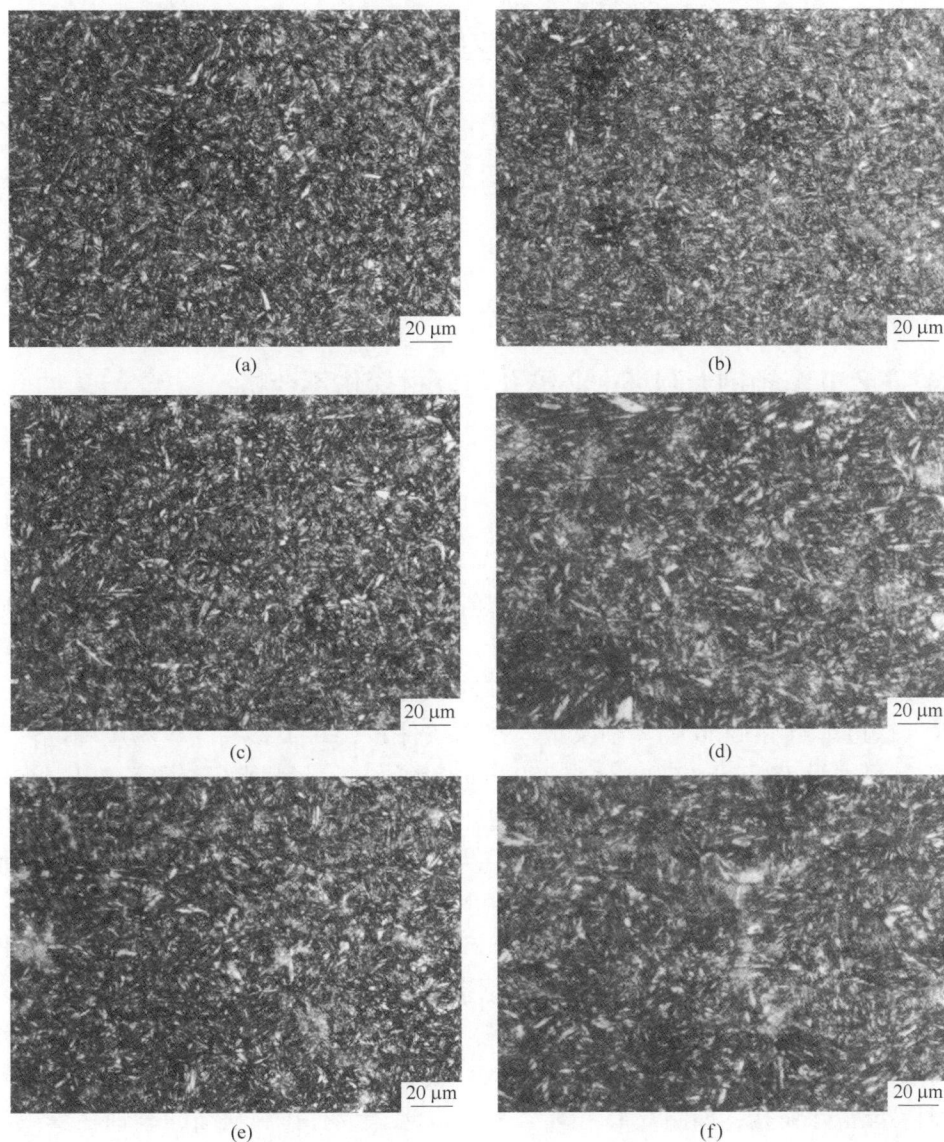

图 6-43　AK-B3 ϕ100 mm 棒材金相组织

（a）方坯棒材试样边缘组织；（b）圆坯棒材试样边缘组织；

（c）方坯棒材试样 $\frac{R}{2}$ 组织；（d）圆坯棒材试样 $\frac{R}{2}$ 组织；

（e）方坯棒材试样芯部组织；（f）圆坯棒材试样芯部组织

扫码看彩图

对 250 mm×280 mm 大方坯轻重混合压下技术 φ100 mm 棒材制备的钢球进行质量跟踪，根据山东 A、鞍山 B、山东 C、首钢 D 等客户反馈，以业内平均耐磨度 0.20 kg/t 矿评价，产品性能整体已达到行业领先水平，见表 6-16。

表 6-16　耐磨钢客户性能反馈结果

客　户	耐磨度/（kg·t^{-1}矿）
山东 A	0.17
鞍山 B	0.21
山东 C	0.18
首钢 D	0.18
业内平均水平	0.20

6.4　LZ50 车轴钢大圆坯中心缩孔与轧材探伤不合格

6.4.1　实际问题

随着国内铁路运载能力的不断提升，对列车车轴的需求量也迅速增大。车轴作为列车运行的关键部件，其质量状态与铁路运输安全密切相关。铁路列车重载提速的发展，对车轴安全性提出了越来越高的要求，提升作为原材料的车轴钢质量对保证车轴性能具有至关重要的作用。目前，LZ50 车轴钢已广泛应用于国内外铁路车辆的车轴制造，是当下铁路车轴系列品种中产量最大的钢种。

《铁道车辆用 LZ50 钢车轴及钢坯技术条件》（TB/T 2945—1999）规定：车轴钢坯尺寸为 230 mm×230 mm 或 250 mm×250 mm，轧制钢坯从钢锭（以钢锭最小断面计算）到钢坯的压延比（面积比）应不小于 6∶1，锻制钢坯的锻压比（面积比）应不小于 3∶1。近年来，大断面圆坯连铸设备与技术取得了长足发展，使得 LZ50 钢连铸-轧制工艺成为可能。

根据上述要求，采用连铸圆坯制备 250 mm×250 mm 车轴坯时，其最小规格应该是 φ690 mm。现场发现，当 LZ50 钢 φ690 mm 大圆坯中存在尺寸在 10 mm 以上的中心缩孔时，轧制工序就不能完全压合，在 250 mm×250 mm 车轴坯中仍残留 3 mm 以上的孔洞，如图 6-44 所示。这种车轴坯即使改锻为 φ220 mm 车轴依旧不能消除缩孔，如图 6-45 所示。测试发现，带有孔洞缺陷的车轴在受载情况下极易出现应力集中，尤其是转弯、颠簸、刹车时，会引起极大的安全隐患。

国内某厂以 φ690 mm 大圆坯生产 LZ50 钢，中心缩孔尺寸在 5~20 mm，加工成 250 mm×250 mm 轧材探伤合格率在 50%~95% 波动，一直很难批量稳定供货。现场通过优化过热度、水口、搅拌、轻压下和拉速等多次攻关仍不理想，为生产组织和市场推广带来不小麻烦，已成为亟待解决的关键问题。

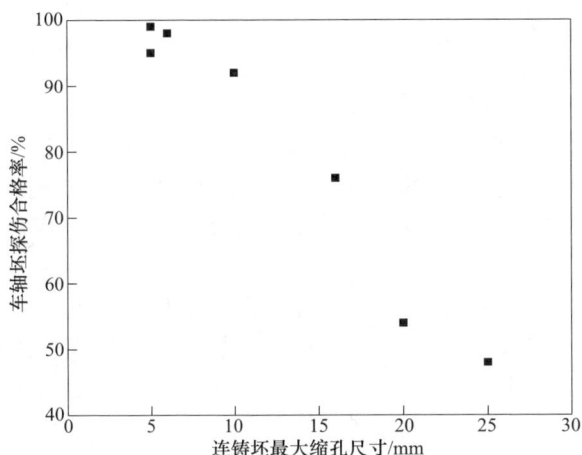

图 6-44 LZ50 钢车轴坯探伤合格率
与连铸坯最大缩孔尺寸的关系

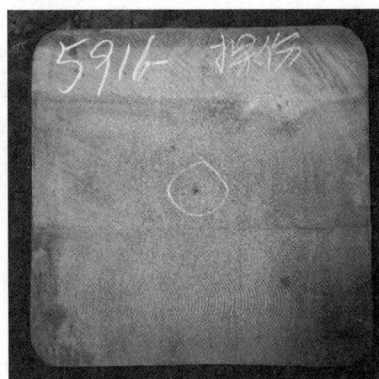

图 6-45 车轴坯中心孔
洞缺陷导致
探伤不合格

扫码看彩图

6.4.2 解决思路

影响 LZ50 钢 250 mm×250 mm 车轴坯探伤不合格的根本因素是中心孔洞尺寸超标，这一方面受到轧制工艺的影响，另一方面取决于连铸坯中心缩孔级别。对于常规轧制工艺，由于是等温变形，其中心渗透率较小。本书作者团队基于 Marc 软件建立了大圆坯轧制过程的变形情况，对比了不同轧制条件下的渗透率，如图 6-46 和图 6-47 所示。

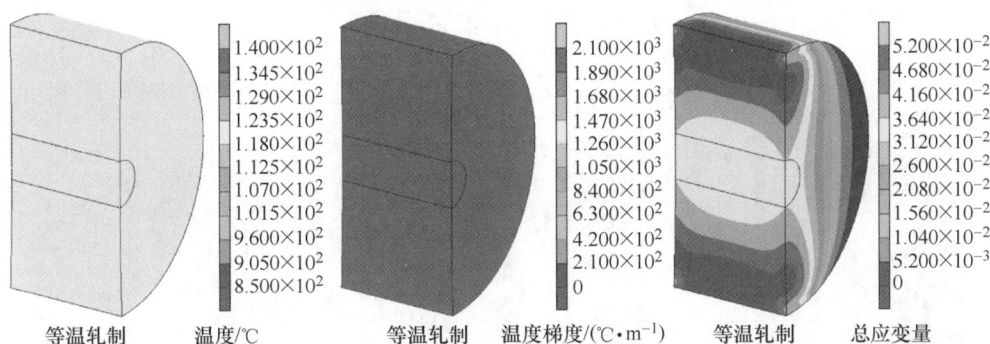

图 6-46 正常轧制工艺

扫码看彩图

对于初轧过程，单道次压下量为 30 mm，当大圆坯整体温度均为 1200 ℃，中心处的应变约为 0.032，皮下和中间区域变形较大；对于直径 10 mm 缩孔，其可以压合 0.32 mm，对应的渗透率为：

$$\zeta = \frac{H_S}{H_C} \times 100\% \qquad\qquad (6\text{-}20)$$

式中，H_S 为表面变形量，mm；H_C 为心部变形量，mm。

　　带入上述数据可得，10 mm 孔洞的变形渗透率约为 1.1%。以单向总压下为 440 mm 估算，其可以压合 4.8 mm，剩余缩孔尺寸为 5.2 mm；现场加工时，随着断面尺寸减小，渗透率会略有增加，但预估最终缩孔也将在 3~5 mm，如此必然导致探伤不合格。

　　另外，观察图 6-47 中 250 mm×250 mm 车轴坯的末搅拌白亮带痕迹，其为规则圆形，而二冷搅拌的白亮带呈现一定的锭型特征，这也说明轧制过程中间变形较大、中心变形较小，与模拟结果规律相符；测定轧材中白亮带直径约为 55 mm，而连铸坯中约为 150 mm，二者的线性压缩比为 2.7，与整体压缩比非常接近；按此比例计算，连铸坯 10 mm 缩孔轧制之后最终仍残留为 3.7 mm，也无法满足探伤要求。

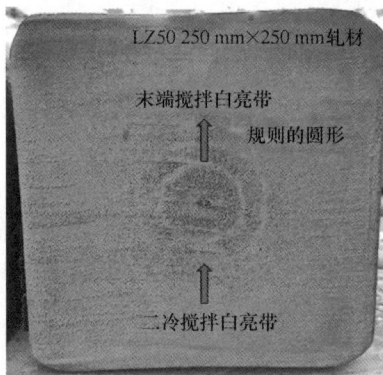

图 6-47　车轴坯中白亮带特征

热梯度轧制时（表面 850 ℃，中心 1350 ℃，见图 6-48），相同变形量下中心

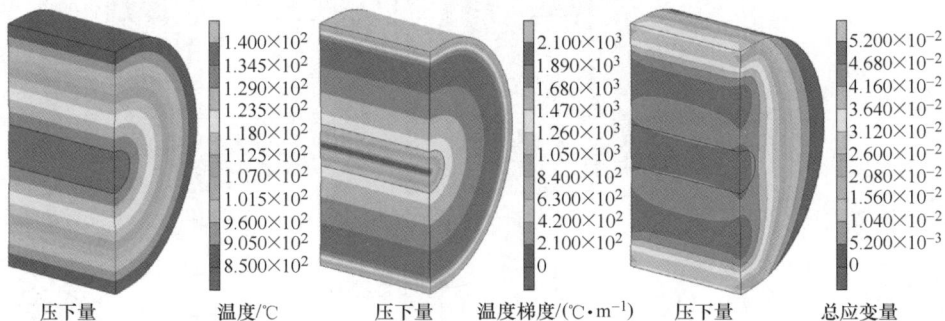

图 6-48　热梯度轧制工艺

扫码看彩图

处应变为 0.051 左右，对应的渗透率为 1.7%；以单向总压下为 440 mm 估算，其可以压合 7.5 mm，剩余缩孔尺寸为 2.5 mm，考虑断面尺寸减小会导致渗透率提高，这或许能够提高探伤合格率。然而，实际生产中，由于加热和轧制工艺的限制，中心和表面的温度梯度不能达到这个水平，也会使调控效果大打折扣。

考虑到连铸过程中存在外冷内热的热状态条件，对改善缩孔更为有利。不足的是，大圆坯凝固末端大变形机械压下，至今国内外还未见报道，相关工艺参数还需要创新性设计。有鉴于此，本书作者团队建立了 LZ50 车轴钢大圆坯连铸凝固压下变形模型，通过凝固终点前后施加大压下来减小中心缩孔尺寸。

6.4.2.1 计算域和模型假设

（1）圆坯凝固末端压下过程中连铸坯与拉矫辊的热状态与力学状态具有对称性，选取横截面 1/2 区域、拉坯方向 0.3 m 三维模型作为计算域，如图 6-49 所示；

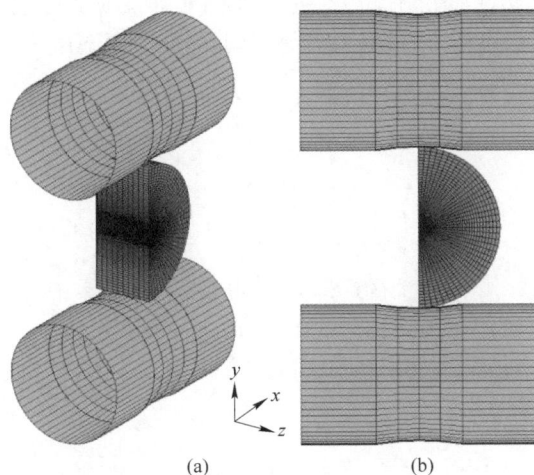

(a) (b)

扫码看彩图

图 6-49 大圆坯连铸凝固压下模型结构

（2）拉矫辊相对高温连铸坯为刚性物体，模型中将拉矫辊简化为刚性曲面，忽略拉矫辊在压下过程中的变形；

（3）考虑坯壳与拉矫辊之间因热或机械载荷造成的接触摩擦；

（4）钢液完全凝固前，钢水静压力施加在固液界面单元面上，钢液完全凝固后无钢水静压力；

（5）模型单独分析一个铸坯-拉矫辊接触对的变形，由于连铸末端压下工艺是在良好稳态浇铸状态后实施，不再考虑连铸坯的弯曲和矫直过程；

（6）压下过程中圆坯变形量较小，采用小变形连续介质力学方程；

（7）连铸坯材料采用黏-弹-塑性本构方程，服从 Von-Mises 屈服准则和 Prandtl-Reuss 流动准则。

6.4.2.2　材料的本构方程

$$\dot{\varepsilon} = \dot{\varepsilon}_{el} + \dot{\varepsilon}_{in} + \dot{\varepsilon}_{th} \qquad (6-21)$$

式中，$\dot{\varepsilon}$ 为总应变率，s^{-1}；$\dot{\varepsilon}_{el}$ 为弹性应变率，s^{-1}；$\dot{\varepsilon}_{in}$ 为非弹性应变率，s^{-1}；$\dot{\varepsilon}_{th}$ 为热应变率，s^{-1}。

其中，弹性应变率和热应变率可通过下式计算：

$$\dot{\varepsilon}_{el} = \frac{\varepsilon_{el}(T_{t+\Delta t}) - \varepsilon_{el}(T_t)}{\Delta t} \qquad (6-22)$$

$$\dot{\varepsilon}_{th} = \frac{TLE(T_{t+\Delta t}) - TLE(T_t)}{\Delta t}\delta \qquad (6-23)$$

式中，ε_{el} 为弹性应变；Δt 为时间间隔，s；TLE 为线性热膨胀应变；δ 为克罗内克函数。

非弹性应变包括塑性应变和蠕变，不同相的非弹性应变分别由其本构模型描述。本案例采用统一的材料本构方程结构，以瞬时非弹性应变率作为标量状态函数。

铁素体本构方程为：

$$\bar{\dot{\varepsilon}}_{in\text{-}\delta} = 0.1F_{\delta}|F_{\delta}|^{n-1} \qquad (6-24)$$

$$F_{\delta} = \frac{C\bar{\sigma}}{f_C\left(\dfrac{T}{300}\right)^{-5.52}(1 + 1000|\bar{\varepsilon}_{in}|)^m} \qquad (6-25)$$

$$f_C = 1.3678 \times 10^4 w(C)^{-5.56 \times 10^{-2}} \qquad (6-26)$$

$$m = -9.4156 \times 10^{-5}T(K) + 0.349501 \qquad (6-27)$$

$$n = [1.617 \times 10^{-4}T(K) - 0.06166]^{-1} \qquad (6-28)$$

奥氏体本构方程为：

$$\bar{\dot{\varepsilon}}_{in\text{-}\gamma}(1/s) = f_{pct}|F_{\gamma}|^{f_3-1}F_{\gamma}\exp\left(\frac{-4.465 \times 10^4}{T}\right) \qquad (6-29)$$

$$F_{\gamma} = C\bar{\sigma} - f_1\bar{\varepsilon}_{in}|\bar{\varepsilon}_{in}|^{f_2-1} \qquad (6-30)$$

$$f_1 = 130.5 - 5.128 \times 10^{-3}T \qquad (6-31)$$

$$f_2 = -0.6289 + 1.114 \times 10^{-3}T \qquad (6-32)$$

$$f_3 = 8.132 - 1.54 \times 10^{-3}T \qquad (6-33)$$

$$f_{pct} = 4.655 \times 10^4 + 7.14 \times 10^4 w(C) + 1.2 \times 10^5 w(C)^2 \qquad (6-34)$$

式中，$\bar{\dot{\varepsilon}}_{in\text{-}\delta}$ 和 $\bar{\dot{\varepsilon}}_{in\text{-}\gamma}$ 分别为铁素体和奥氏体的非弹性应变率，s^{-1}；$\bar{\sigma}$ 为等效应力，Pa；$\bar{\varepsilon}_{in}$ 为非弹性应变；$w(C)$ 为碳含量，%；T 为温度，K；F_{δ}、f_C、m、n 为温度或钢种的经验函数；F_{γ} 为应变硬化背应力项；f_1、f_2、f_3、f_{pct} 为温度或钢种的经验函数；C 为系数，拉应变为1，压应变为-1。

6.4.2.3　初始条件和边界条件

A　初始条件

圆坯机械压下是通过拉矫辊在圆坯表面施加一定变形量的过程，忽略压下过程中拉矫辊对连铸坯接触传热的影响，将凝固传热模型（略）计算的连铸坯经过各拉矫辊时温度场作为初始条件添加到热力耦合模型之中。

B　表面辐射换热条件

圆坯在空冷段的主要换热方式为辐射，压下过程中在连铸坯表面施加辐射换热边界条件，忽略拉矫辊与连铸坯的接触换热。考虑到模型主要研究对象为压下过程中连铸坯的变形，圆坯表面与单个拉矫辊接触传热对其内部温度的影响在短时间内几乎可以忽略不计。

C　对称面的热、力学边界

根据对称性，圆坯对称中心应为绝热边界，即：

$$q = 0 \tag{6-35}$$

在有限元变形计算中，只要对该边界不施加任何换热条件，就自动作为绝热处理。同时，圆坯在垂直对称边界的横向位移为零，在模型中施加固定位移的边界条件：

$$dx = 0 \tag{6-36}$$

D　连铸坯和压下辊的接触

模型中通过拉矫辊在 y 方向的位移模拟连铸坯被压下的过程，连铸坯为变形体、拉矫辊为刚性体。为防止连铸坯表面节点穿越压下辊，需要设定二者之间的接触容限，取 0.01 mm。

6.4.2.4　计算工况与压下时间

连铸坯凝固末端压下过程的影响因素有钢种、断面尺寸、连铸工艺参数（拉速、过热度、比水量、电磁搅拌）、压下位置和压下量等。本案例以 LZ50 钢 ϕ690 mm 大圆坯连铸过程为研究对象，建立其三维热-力耦合机械压下模型分析压下位置（不同拉矫机位置）和压下量对大圆坯变形行为的影响。模型中，压下位置设置为 2 号、3 号、4 号、5 号和 6 号拉矫机共 5 处（1 号无压下功能），单辊压下量设置为 5 mm、10 mm、15 mm、20 mm、25 mm、30 mm、35 mm 和 40 mm 共 8 种，合计 40 个计算工况，拉速为 0.26 m/min，过热度为 25 ℃。

图 6-50 为大圆坯纵截面压下过程示意图。由图可知，当拉矫辊施加的总压下量为 H 时，对称条件下，连铸坯上下表面各自被压下 $\frac{1}{2}H$。设拉矫辊的半径为 R，拉速为 v，连铸坯开始接触拉矫辊的位置为点 A，脱离拉矫辊位置为点 C，连铸坯上某一点从开始接触到脱离的时间即为实施大压下的变形时间，设为 t。连铸坯从 A 点运动到 C 点沿拉坯方向的位移为线段 AB，解直角三角形 OAB 可知：

$$AB = \sqrt{R_r^2 - \left(R_r - \frac{1}{2}H\right)^2} \tag{6-37}$$

则圆坯通过拉矫辊的时间为：

$$t = \frac{AB}{v} = \frac{\sqrt{R_r^2 - \left(R_r - \frac{1}{2}H\right)^2}}{v} \tag{6-38}$$

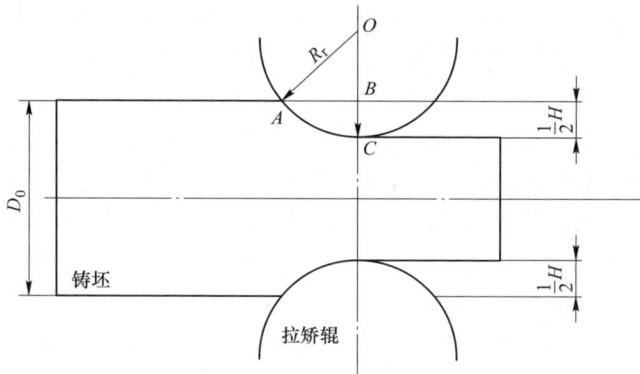

图 6-50　连铸坯压下过程示意图

在大压下热-力耦合模型中，通过对拉矫辊施加随时间变化的刚体位移模拟压下过程时需要计算压下时间。由式（6-38）可知，压下时间仅与拉矫辊半径、压下量以及拉速有关，而与连铸坯尺寸以及压下位置无关。大圆坯连铸机的拉矫辊半径为 300 mm，拉矫辊中间区域开有弧形凹槽，凹槽半径为 1100 mm，凹槽深度为 15 mm。由于凹槽深度相对拉矫辊半径较小，计算压下时间时忽略凹槽的影响，拉矫辊半径采用 300 mm。压下过程中，压下时间随压下量变化曲线如图 6-51 所示。由图可知，拉速相同时，压下时间随压下量的增加而增加，但增加的斜率逐渐减小；压下量相同时，压下时间随拉速的增加而减小，且彼此之间的差距会随着压下量的增加而增大。采用 0.26 m/min 拉速，压下 5~40 mm 所需时间为 8.9~24.9 s。

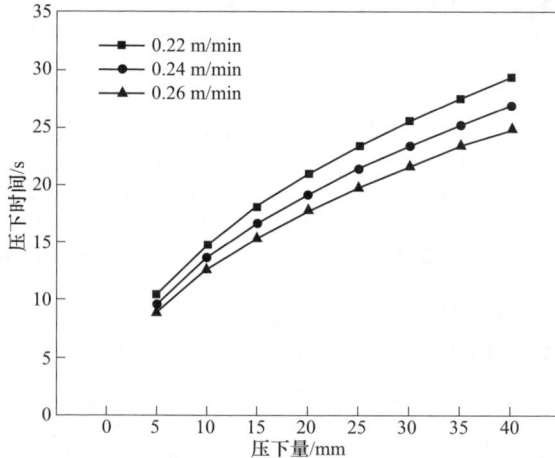

图 6-51　不同拉速、不同压下量对应的压下时间

6.4.2.5　圆坯凝固传热模型和心部疏松区

A　连铸凝固传热模型

连铸凝固传热模型的建模过程不再重复，主要参数见表 6-17，连铸机结构如

图 6-52 所示。本案例采用不同拉速下连铸坯表面温度、白亮带和压下裂纹对预测结果进行了校验，如图 6-53~图 6-56 所示。

表 6-17　连铸机设备参数

机型	弧形圆坯连铸机
流数	3 机 3 流
弧形半径	16.5 m
矫直方式	连续矫直
浇铸断面直径	ϕ690 mm
最大拉速	0.30 m/min
铸流搅拌	0~600 A，0~50 Hz
二冷搅拌	0~800 A，0~8 Hz
末端搅拌	0~800 A，0~10 Hz
拉矫机压下	2~11 架，350 t

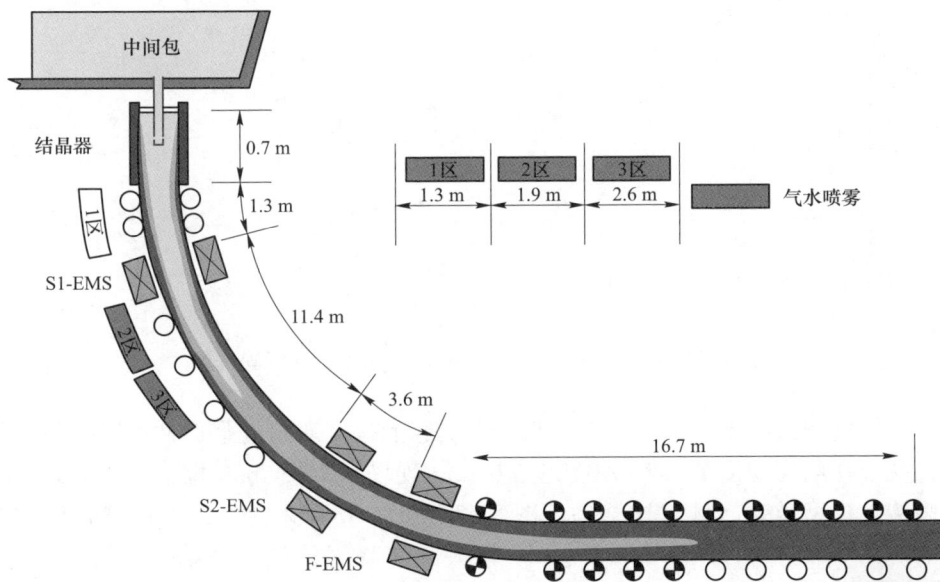

图 6-52　连铸机结构示意图

扫码看彩图

由图 6-53 和图 6-54 中可见，拉速为 0.22 m/min 时，模型预测表面温度与实测值非常吻合，凝固进程也与白亮带规律比较一致。值得说明的是，根据白亮带确定凝固进程与实际流动状态、搅拌强度、枝晶结构有关，其一般出现在固相率为 0.3~0.4 位置，而图中坯壳厚度曲线为固相率 1.0 位置，二者有一定差异是合理的。

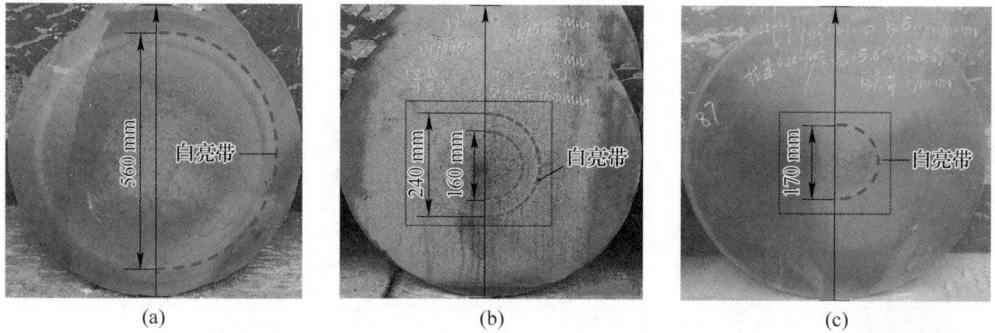

图 6-53　φ690 mm 拉速为 0. 22 m/min 时的白亮带尺寸

(a) 铸流搅拌白亮带, 0. 22 m/min, S1-EMS: 2 m;

(b) 二冷搅拌白亮带, 0. 22 m/min, S2-EMS: 13. 4 m, F-EMS: 15. 6 m;

(c) 末端搅拌白亮带, 0. 22 m/min, F-EMS: 15. 6 m

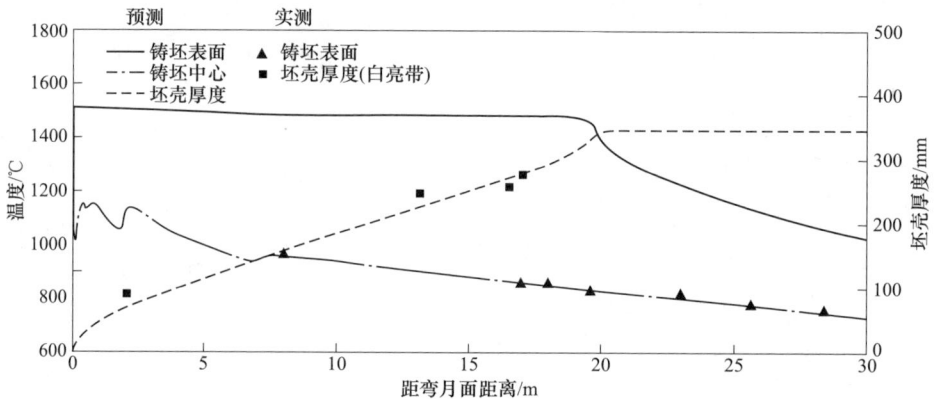

图 6-54　拉速为 0. 22 m/min 时的表面温度和凝固进程

根据凝固过程基体力学特性, 当压下引起的拉应变超过第 I 脆性区的临界值时, 就会在凝固前沿的 LIT~ZDT 形成裂纹。现场 0. 26 m/min 拉速的压下裂纹和凝固传热模型敏感区域对比结果如图 5-55 所示, 整体来说, 二者位置是比较对应的。图 6-56 为 0. 26 m/min 时 LZ50 钢大圆坯凝固传热模型结果和实测数据, 对比可见, 二者吻合较好, 说明模型是比较准确的。

B　圆坯心部疏松区

根据枝晶凝固模式下液相的流动情况, 一般将固相率 0. 3 作为临界值: 低于这一值时, 液相可以较好地在枝晶间流动; 高于这一值时, 液相流动会被枝晶脉络阻碍, 凝固收缩得不到良好补充。

基于这个概念, 采用凝固传热模型得到中心固相率为 0. 3 时的糊状区, 即为心部疏松区, 也是凝固末端压下需要覆盖和作用的区间, 如图 6-57 所示。心部疏松区范围直径约为 120 mm, 与实际连铸坯中心缺陷区比较对应。

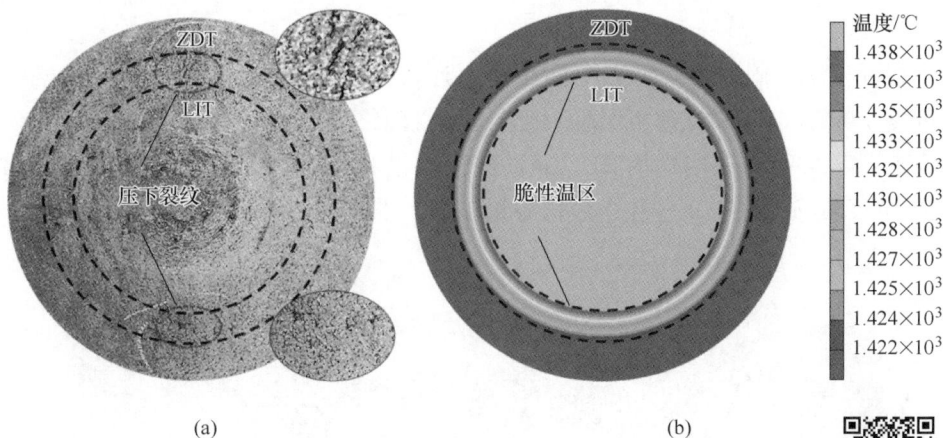

图 6-55　拉速为 0.26 m/min 时的裂纹实际
位置（a）与预测位置（b）

扫码看彩图

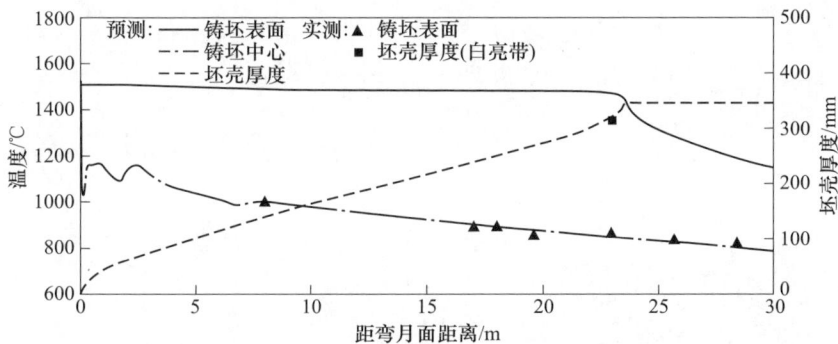

图 6-56　拉速为 0.26 m/min 时的表面温度和凝固进程

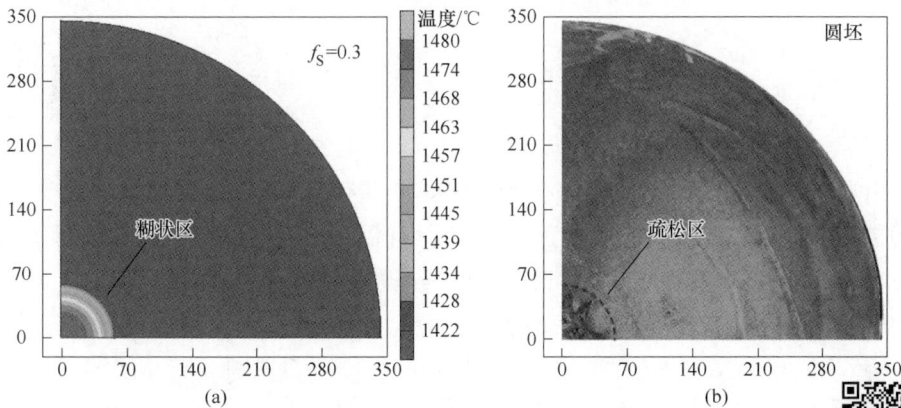

图 6-57　大圆坯中心疏松区预测（a）和实际（b）结果（单位：mm）

扫码看彩图

6.4.2.6　大圆坯末端压下区间

根据三维凝固传热模型，不同拉速下连铸坯凝固进程如图 6-58 所示。由图中可见，0.22 m/min 拉速下 LZ50 钢大圆坯凝固终点约为 19.8 m，位于 1 号拉矫机附近；0.24 m/min 时约为 21.7 m，位于 1 号和 2 号拉矫机之间；0.26 m/min 时约为 23.6 m，位于 2 号和 3 号拉矫机之间。

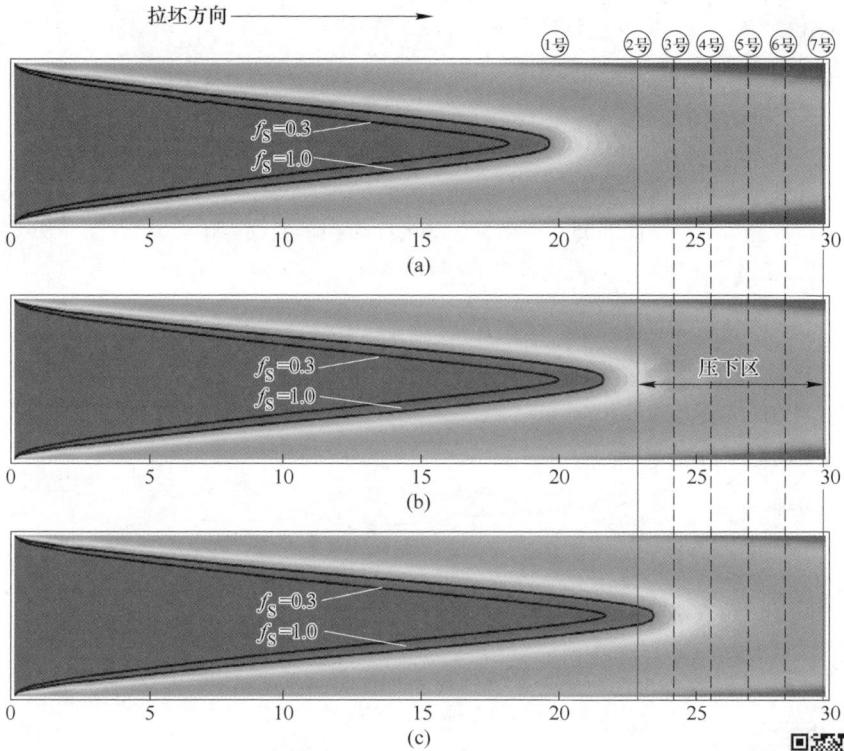

图 6-58　不同拉速下大圆坯的凝固进程

(a) $v=0.22$ m/min；(b) $v=0.24$ m/min；(c) $v=0.26$ m/min

扫码看彩图

由此可见，拉速为 0.22 m/min 和 0.24 m/min 时，由于 1 号拉矫机无压下功能，故其只能进行凝固之后的压下，且温度梯度也比较小，不利于变形向中心渗透；拉速为 0.26 m/min 时，2 号辊为凝固之前的轻压下，3 号辊为凝固之后的重压下，由于温度梯度比较大，均有利于高效率地改善缩孔。

图 6-59 为 0.26 m/min 时 2 号和 6 号辊的温度分布云图，图 6-60 为实际温度分布曲线。由图中可见，当凝固结束之后，中心处温度迅速下降，表面温度变化较小，温度梯度明显降低，不利于变形渗透。因此，采用轻+重混合压下的方式最为合理。

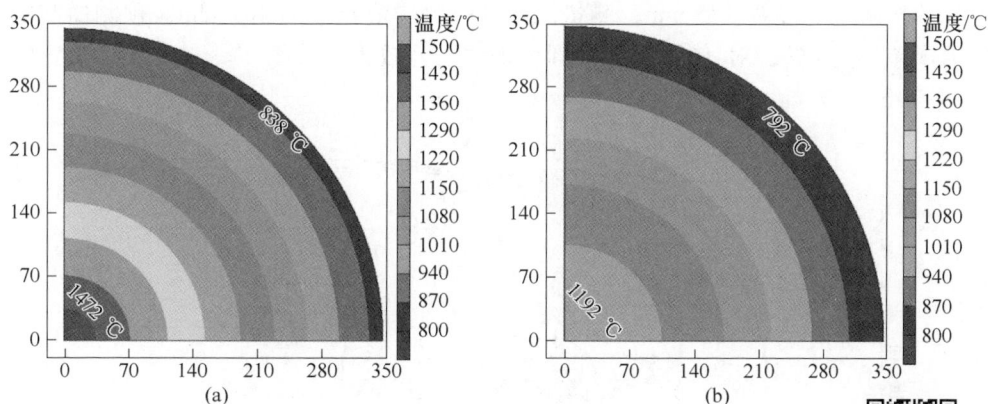

图 6-59　拉速为 0.26 m/min 时 2 号（a）和 6 号（b）辊处的温度云图

扫码看彩图

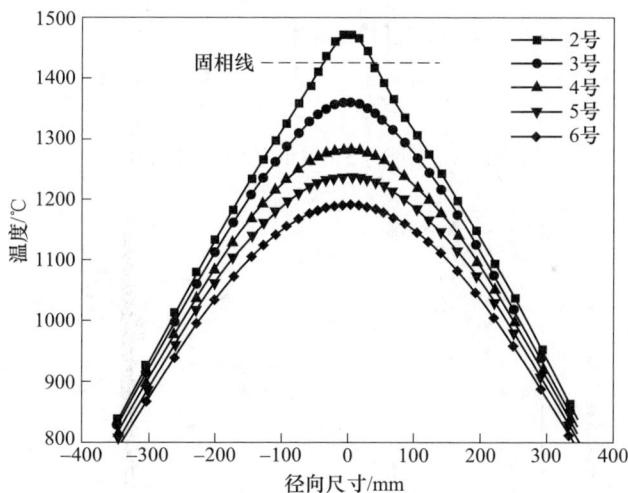

图 6-60　拉速为 0.26 m/min 时不同辊处径向温度分布

6.4.2.7　机械压下的辊坯接触

圆坯压下与方坯和板坯不同，因为这种接触并不是整个断面，而是只在切线位置。为了提高中心致密度，就需要压下接触区间要比心部疏松区宽一些。图 6-61 为压下量 5 mm 时的接触情况。根据有限元模型预测的变形结果，其实际覆盖宽度约为 44 mm，仍小于疏松区宽度 120 mm。为此，对不同压下量时的变形覆盖宽度进行模拟，结果如图 6-62 所示。只有当表观压下量不小于 25 mm 时，其变形才能完全覆盖住疏松区，对改善中心致密度最有效。

图 6-63 为压下量 45 mm 时的表面压痕预测结果与实际铸坯形态。对比可见，

计算的接触区宽度为 175 mm，测量圆坯外弧侧压痕宽度为 187 mm。预测值与实测值误差约为 6%，对 ϕ690 mm 大圆坯来说已经较为准确。

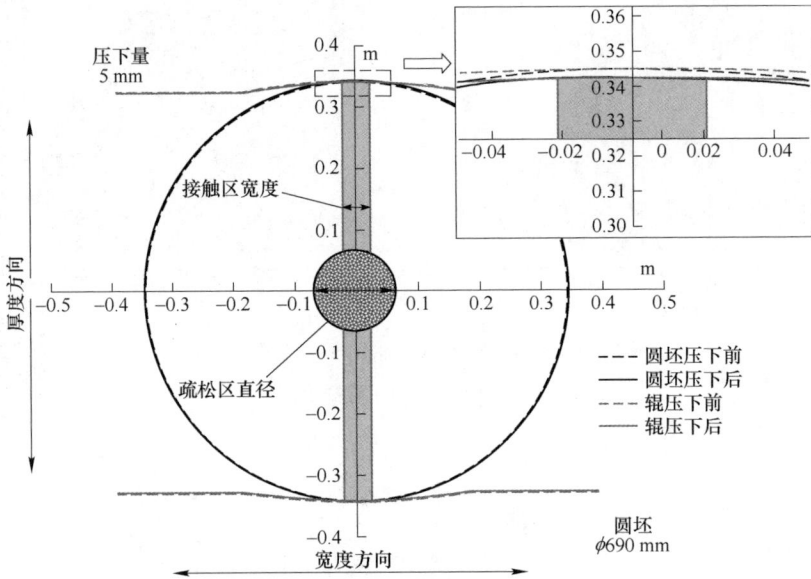

图 6-61　压下量为 5 mm 时的辊-坯接触情况

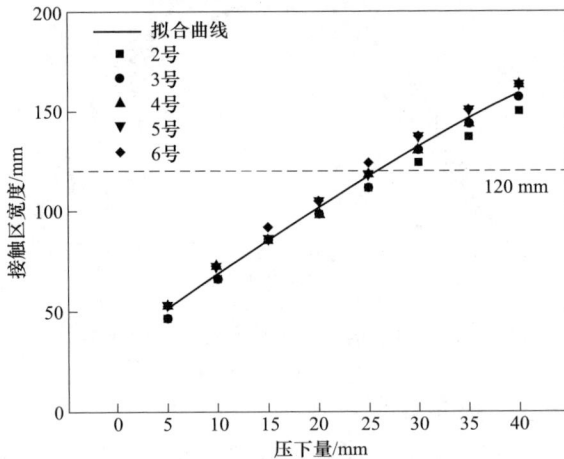

图 6-62　不同辊、不同压下量的接触区宽度

6.4.2.8　圆坯心部疏松区变形与压下设计

连铸坯机械压下时的表面变形并不会完全传递到中心，具体来说，只有一小部分可以渗透到心部。因此，为了压合一定尺寸的缩孔，其需要的表观压下量要更大。为了确定表面变形与心部变形的关系，对不同压下量时疏松区的变形进行

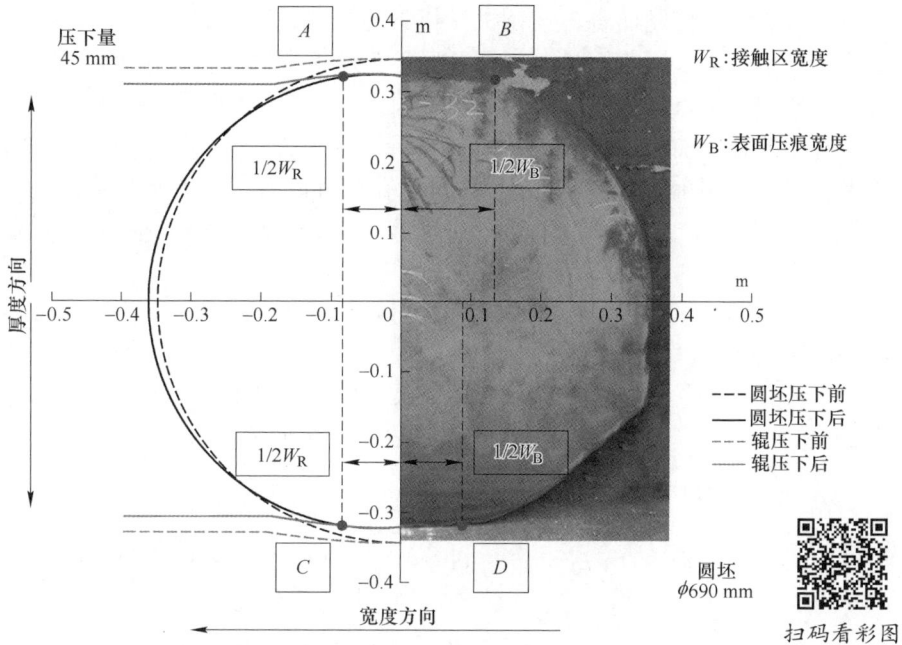

图 6-63 压下量为 45 mm 时的模拟结果和实际连铸坯变形情况

分析，结果如图 6-64 所示。表观压下量为 5~40 mm 时，心部疏松区厚度减小量可达 1~12 mm，表明圆坯的压下变形能够渗透到中心；LZ50 钢 ϕ690 mm 大圆坯中心缩孔的直径为 10~15 mm，多道次压下可以控制到合理水平。如此说明，轻+重压下工艺有能力解决 LZ50 钢大圆坯的中心缩孔缺陷。

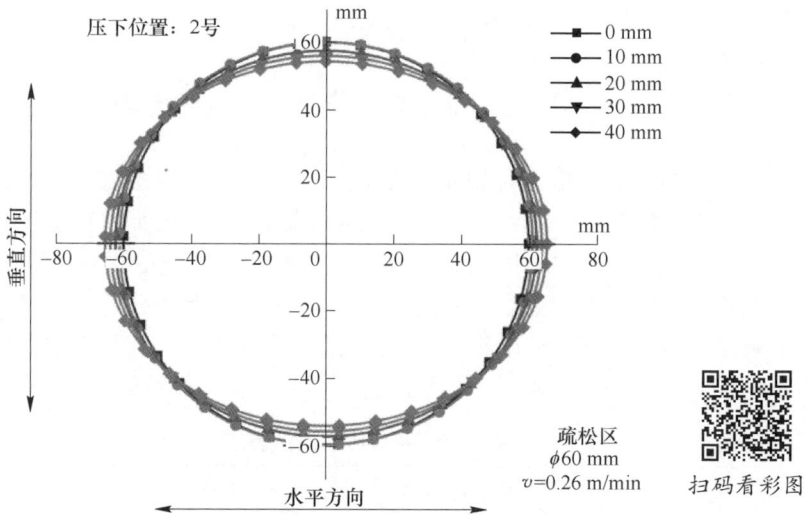

图 6-64 2 号辊压下时连铸坯心部疏松区的变形效果

对于中心缩孔控制而言，连铸机械压下的原则是压下引起的疏松区变形量不小于连铸坯本身的凝固收缩量。不同位置单辊压下导致的疏松区面积变化可以根据有限元模型求得，如图 6-65 所示。由图中可见，2 号辊为凝固前的轻压下，其对中心收缩的补偿能力最强，相同压下量下为其他辊的 1.5 ~ 2.0 倍。因此，执行压下时尽量采用前面的拉矫辊。下面介绍不同辊的压下变形面积与压下量的关系。

2 号辊：

$$\Delta S = 0.64939 + 0.30417H + 0.04933H^2 \qquad (6\text{-}39)$$

3 号 ~ 6 号辊：

$$\Delta S = 1.97049 - 0.38602H + 0.04505H^2 \qquad (6\text{-}40)$$

式中，ΔS 为压下引起的疏松区面积变化，mm^2；H 为表观压下量，mm。

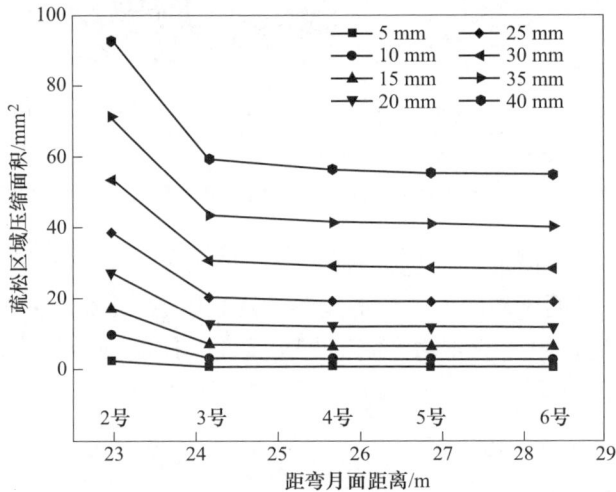

图 6-65　拉速 0.26 m/min 时不同位置中心疏松区域的压缩面积

连铸坯的中心收缩量可以根据横截面上单元温度和密度的关系求得，与 6.3 节中的计算方法类似，ϕ690 mm 圆坯的结果如图 6-66 所示。由图中可见，拉速为 0.26 m/min 时，考虑中心固相率 0.3 之后不再补缩的情况下，疏松区的总收缩面积约为 175 mm^2。如果采用单辊大压下，根据上述公式，可计算对应的表观压下量结果见表 6-18。由表中数据可见，采用单辊大压下时，变形量在 50 ~ 70 mm，一方面设备功率不一定能达到，另一方面也可能出现压下裂纹。

表 6-18　单辊压下时的表观压下量

编号（压下位置）	2 号	3 号	4 号	5 号	6 号
压下量/mm	56.5	66.4	66.4	66.4	66.4

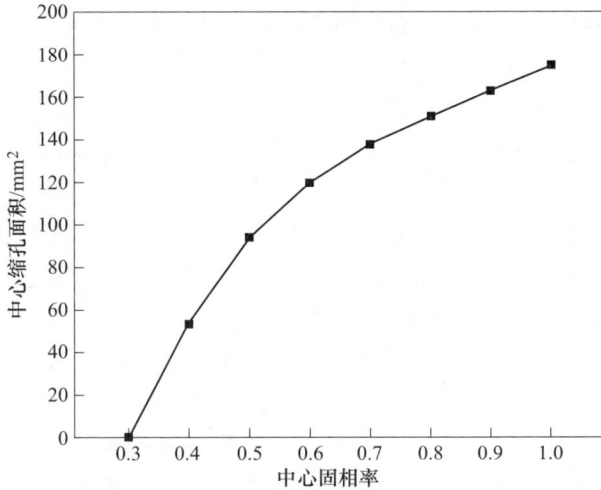

图 6-66　ϕ690 mm 圆坯不同中心固相率下的中心缩孔面积

　　现场机械压下通常采用多辊模式，这种条件下后一个拉矫辊的压下过程会极大地受到前面拉矫辊压下过程的影响，如图 6-67 所示。计算 3 号~6 号辊处疏松区变形量时需要做以下修订：

$$\Delta S_1 = 1.97049 - 0.38602H_1 + 0.04505H_1^2 \qquad (6\text{-}41)$$

$$\Delta S_2 = 1.97049 - 0.38602H_2 + 0.04505H_2^2 \qquad (6\text{-}42)$$

$$H = H_2 - H_1 \qquad (6\text{-}43)$$

$$\Delta S = \Delta S_2 - \Delta S_1 \qquad (6\text{-}44)$$

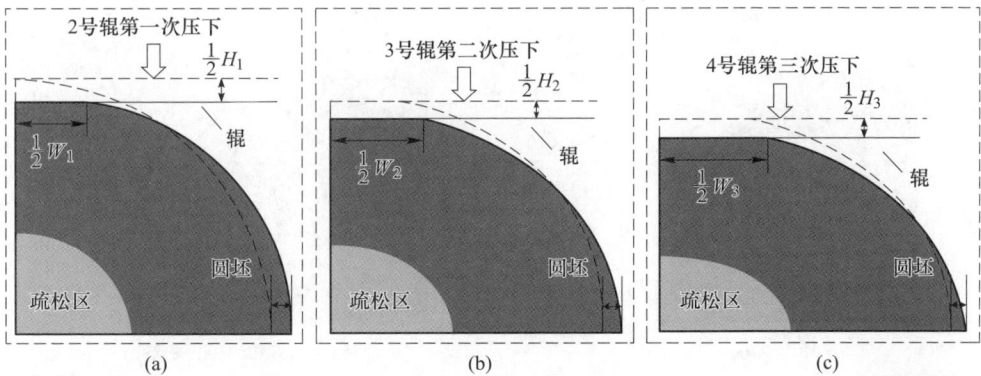

图 6-67　多辊压下时的变形过程

(a) $\frac{1}{2}B_1$；(b) $\frac{1}{2}B_2$；(c) $\frac{1}{2}B_3$

6.4.2.9　压下裂纹敏感性与临界压下量

日本学者 Mizukami 提出的内部裂纹临界应力与临界应变公式为[9]：

$$\sigma_\gamma^{L/S} = 33.5 \times (f_s - 0.8) \times f_\gamma \qquad (6-45)$$

$$\varepsilon_\gamma^{L/S} = 6.5 \times (f_s - 0.8) \times f_\gamma \qquad (6-46)$$

式中，$\sigma_\gamma^{L/S}$ 和 $\varepsilon_\gamma^{L/S}$ 分别为临界应力和临界应变；f_s 和 f_γ 分别为固相分率和奥氏体相比例。

对于 LZ50 钢来说，其为奥氏体凝固模式，故二者相等。根据凝固过程的力学特性，LIT 到 ZDT 对应的固相率分别为 0.9 和 1.0，则计算的临界应力和临界应变分别是 3.0~6.3 MPa 和 0.6%~1.2%。

单辊压下量为 10 mm 时，2 号辊和 6 号辊处连铸坯的拉应力和拉应变分布如图 6-68 所示。由于只有 2 号辊处有液相，该位置需要考虑两相区裂纹；6 号辊处中心区域没有拉应力或拉应变。因此，根据有限元模型计算 2 号辊不同压下量时裂纹敏感区的最大应力和最大应变，进而获得该位置的单辊最大临界压下量，结果如图 6-69 所示。两种判据下，为了避免出现压下裂纹，2 号辊的最大表观压下量不应超过 15 mm。

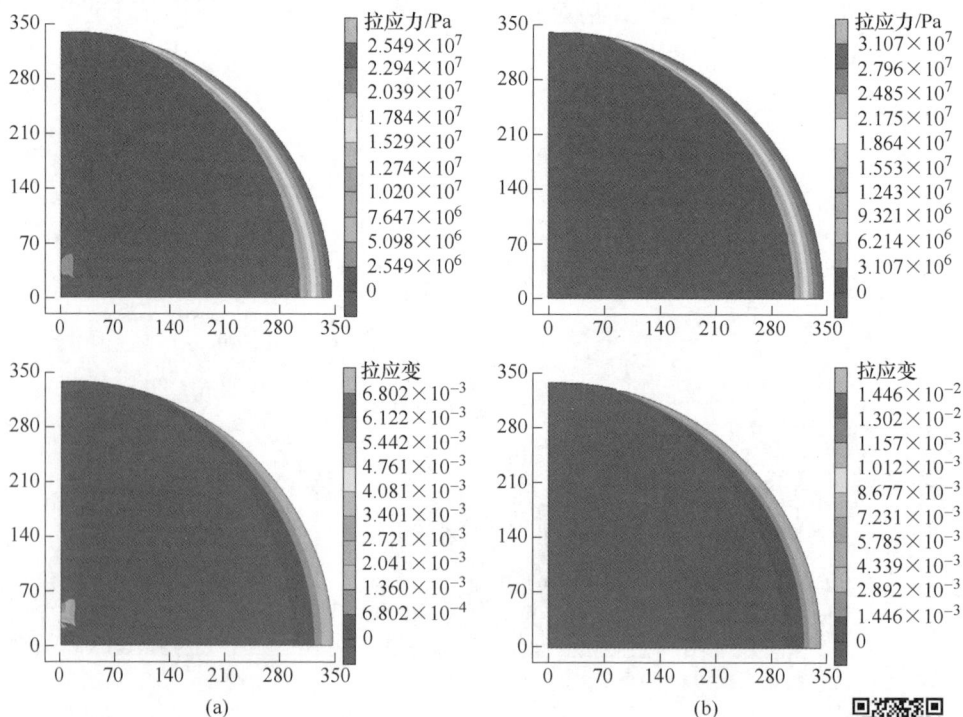

图 6-68　2 号（a）和 6 号（b）辊压下量为 10 mm 时的
应力应变分布

扫码看彩图

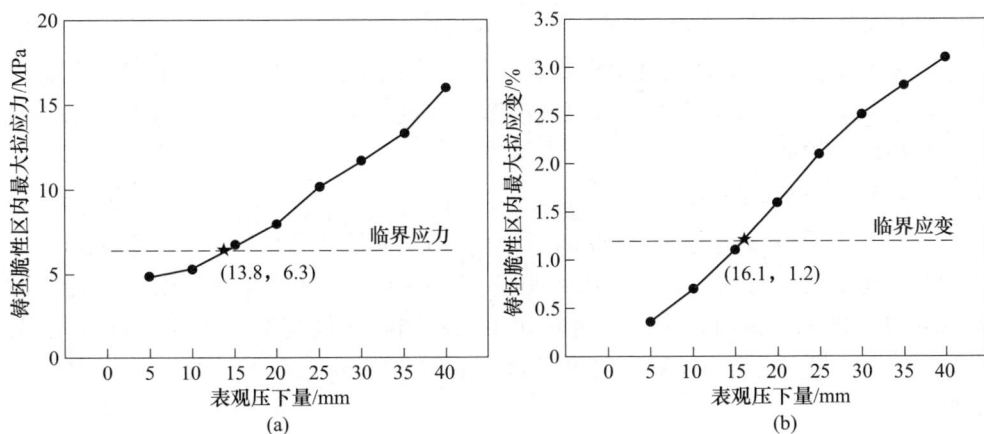

图 6-69　2 号辊的临界应力（a）和临界应变（b）对应的表观压下量

6.4.3　试验调控

6.4.3.1　试验设计

根据 6.4.2 节的模拟分析，设计了 3 组轻+重压下试验，见表 6-19。根据模拟结果，分别对试验结果进行了预测，见表 6-20。就理论来看，方案 2 和方案 3 效果相对比较好。

表 6-19　ϕ690 mm 圆坯轻+重压下试验方案

项目		方案 1	方案 2	方案 3
拉速/(m·min^{-1})		0.24	0.24	0.26
拉矫辊压下量 /mm	2 号	10	15	15
	3 号	10	15	15
	4 号	5	10	10
	5 号	5	10	10
	6 号	5	10	10
总压下量/mm		35	60	60

表 6-20　不同方案下 ϕ690 mm 的中心缩孔预测结果

项目	方案 1	方案 2	方案 3
拉速/(m·min^{-1})	0.24	0.24	0.26
总压下量/mm	35	60	60
目标疏松缩孔面积/mm^2	168	168	168
总疏松区压缩面积/mm^2	43.7	141.0	151.0
预测压下后缩孔尺寸/mm	12.6	5.9	4.7

6.4.3.2　实验和表征方法

取拉速稳定之后的连铸坯横向试样 1 块、纵向试样 1 块，经铣床和磨床加工之后，采用 1∶1 盐酸水溶液进行热酸浸蚀，时间为 15~20 min，之后肉眼观察中心缩孔情况并拍照。

6.4.3.3　结果分析

不同工艺下 LZ50 车轴钢 ϕ690 mm 圆坯的横向低倍如图 6-70 所示。0.24 m/min 拉速下，无重压下时的中心缩孔比较明显，采用 35 mm 总压下之后大有改善；当压下量增大到 60 mm 时，中心质量变化不大；当拉速提高至 0.26 m/min 时，无压下的中心缩孔比 0.24 m/min 时更显著，采用 60 mm 总压下量的连铸坯中心未见明显缩孔。

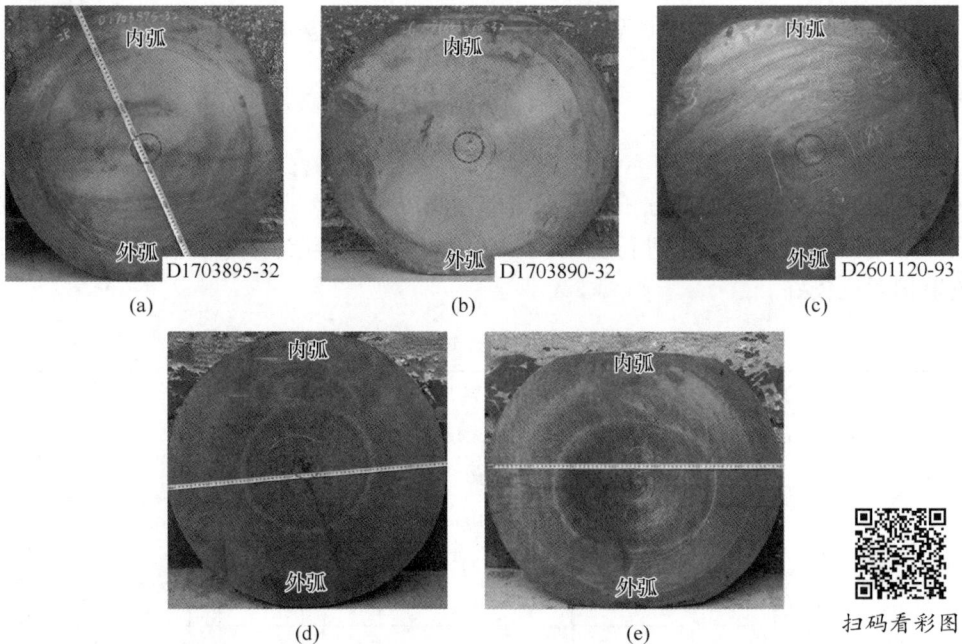

图 6-70　不同工艺下的连铸坯低倍结果

（a）拉速 0.24 m/min，重压下：无；（b）拉速 0.24 m/min，重压下 35 mm；
（c）拉速 0.24 m/min，重压下 60 mm；（d）拉速 0.26 m/min，重压下：无；
（e）拉速 0.26 m/min，重压下 60 mm

扫码看彩图

图 6-71 为不同工艺下 LZ50 钢的纵剖样低倍情况。由图中可见，未采用压下时的连铸坯中心缩孔宽度范围很大，为 15~20 mm；0.24 m/min 进行压下时，缩孔有所改善，但仍可见 5~10 mm 的不连续孔洞；0.26 m/min 压下时，缩孔尺寸小于 5 mm，肉眼不再明显，统计结果见表 6-21，预测值与实际值比较接近。

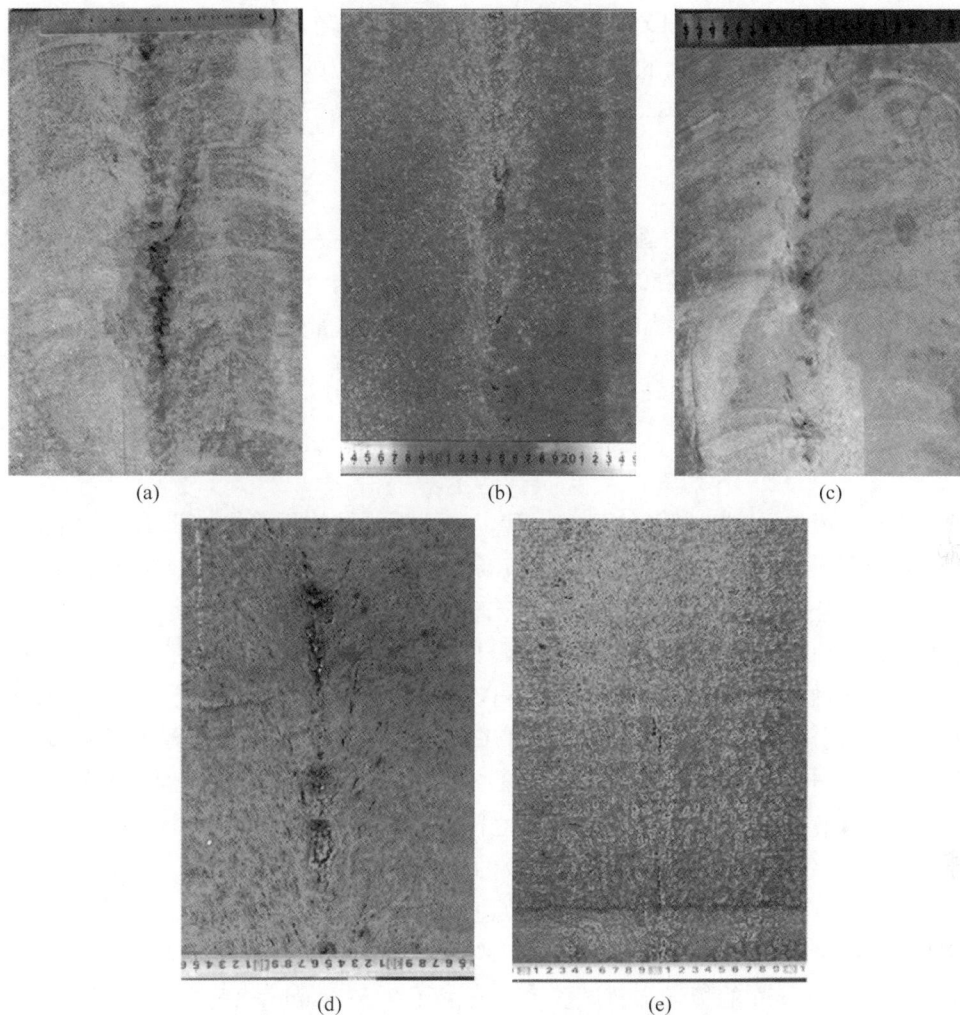

图 6-71　不同工艺下的 φ690 mm 圆坯纵向低倍

（a）0.24 m/min，重压下：无；（b）0.24 m/min，重压下 35 mm；（c）0.24 m/min，重压下 60 mm；
（d）0.26 m/min，重压下：无；（e）0.26 m/min，重压下 60 mm

表 6-21　不同工艺下大圆坯中心缩孔的实测结果

项目	方案 1	方案 2	方案 3
拉速/(m · min^{-1})	0.24	0.24	0.26
总压下量/mm	35	60	60
首个压下位置对应铸坯状态	$f_S = 1$	$f_S = 1$	$f_S = 0.46$
压下前缩孔最大尺寸/mm	17.9	16.5	18.7
预测压下后缩孔尺寸/mm	12.6	5.9	4.7
实测压下后缩孔尺寸/mm	13.5	7.3	4.1

根据上述试验结果，LZ50 车轴钢 ϕ690 mm 圆坯轻+重压下（方案 3）比重压下（方案 2）对中心缩孔的改善效果更好，可实现中心缩孔尺寸小于 5 mm 的目标。

6.4.4　技术效果

推行拉速 0.26 m/min 配合轻+重混合压下工艺后，连铸坯中心缩孔尺寸基本稳定控制在 6 mm 以内，250 mm×250 mm 车轴坯探伤合格率提高至 98% 以上，完全满足客户要求，达到了当时国内相似产线的先进水平。

6.5　Q235B 板坯连铸高拉速中间裂纹与轮毂分层

6.5.1　实际问题

Q235B 板材可用于制备轮毂、焊管、花纹板、结构板等机械零部件，是市场上最量大面广的钢材产品之一。随着市场竞争激烈化，为了进一步降本增效，国内不少企业开发了 Q235B 吹氩直上工艺，即转炉钢水脱氧后直接氩站处理上台浇铸，其产品性能完全满足某些常规板材的要求。据了解，该工艺连铸坯总氧含量（质量分数）稳定控制为 0.0020%~0.0030%，氧化物夹杂水平控制较好；硫含量（质量分数）可控制为 0.01%~0.02%，尽管未超过 Q235B 国家标准的硫含量范围，但与常规精炼工艺下的硫含量（0.001%~0.005%）相比已属于中高范畴。由于钢液凝固过程中硫在固液相之间的溶解度不同，其大量偏聚在枝晶之间，扩大第一脆性区，使基体抵抗裂纹的能力下降。

近年来，连铸技术的发展推动着拉速不断提升。日本某些钢厂生产常规厚度板坯的拉速可稳定在 2.0 m/min 以上，最高达到 3.0 m/min。国内首钢京唐尝试过 2.0~2.5 m/min 的板坯浇铸试验，并开发了 2.3 m/min 稳定生产的配套技术；随后马钢四钢轧厂也将板坯拉速提高至 1.8 m/min。根据国内目前已报道的 200~300 mm 厚度中低碳钢板坯连铸的实际拉速情况，不低于 1.5 m/min 的拉速均属于高拉速水平。生产中发现，高拉速会直接暴露或放大中间裂纹缺陷，对硫含量高的钢种尤为明显，是直上钢或某些易切削钢高效连铸的技术瓶颈。

国内某厂 200 mm×1200 mm 的 Q235B 板坯中间裂纹导致客户制备轮毂时出现分层缺陷（见图 6-72），当拉速高于 1.2 m/min 时，中间裂纹可达 2.5 级，对应的轮毂分层比例极高，引起客户质量异议和退货。为此，本案例以板坯高拉速中间裂纹为研究对象，提出了这一缺陷的共性形成机理和控制策略。

6.5.2　解决思路

对于没有轻压下的工况，连铸坯中间裂纹形成于液固两相区内，是在第 I 脆

(a)　　　　　　　　　　　　　　　　(b)

图 6-72　Q235B 板坯制备轮毂分层问题

扫码看彩图

性区发生的。当凝固前沿拉应变超过了临界值时,就会出现中间裂纹。外部因素可与热变形和机械变形有关。对于板坯连铸,由于扇形段辊列排布比较密集,因此机械应变和热应变对中间裂纹均有影响。基体的临界应变与钢种成分直接相关,尤其是易偏析的 P、S 等。凝固前沿枝晶间还有残留液相,其临界应变很小,一般在 0.2%~0.4%。

对于本案例的中间裂纹缺陷,其解决思路是确定该裂纹在连铸机上的形成位置,找到诱发裂纹的主要因素,提出技术调控方向。某板坯在 1.2 m/min 拉速下的中间裂纹情况如图 6-73 所示。对于图中的裂纹,可以大体分为两类:长裂纹(L),尾部距表面为 40~50 mm,其长度在 30~40 mm;短裂纹(S),尾部距表面 70~80 mm,长度为 10~20 mm。除此之外,某些长裂纹是由 2~3 个短裂纹链接而成(S+L),其走向也比较曲折。由此可见,中间裂纹可能不止发生于连铸机上同一个位置,即裂纹尾部与表面距离不相同。

(a)

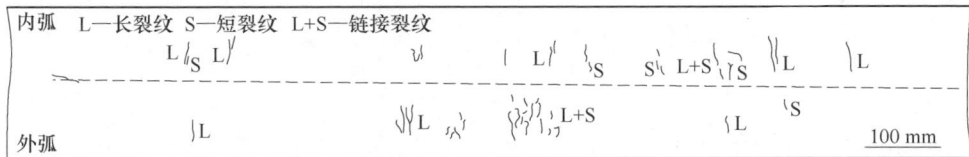

(b)

图 6-73　板坯中间裂纹的形貌(a)和分布特征(b)

扫码看彩图

6.5.2.1 热应变

当连铸坯表面回温时，凝固前沿会出现拉应力，诱导中间裂纹的形成。实际生产中，为提高坯壳生长均匀性并使矫直时避开脆性温区，国内某些企业连铸二冷比水量比较小，且喷淋强度在某两扇形段之间的界面梯度较大。基于本书作者团队开发的凝固传热模型，计算原水表下 1.0 m/min 和 1.2 m/min 拉速时的连铸坯凝固进程和表面温度变化规律如图 6-74 所示。由图中可见，第三个冷却区之后，铸坯表面温度整体高于 1100 ℃，且回温非常严重。

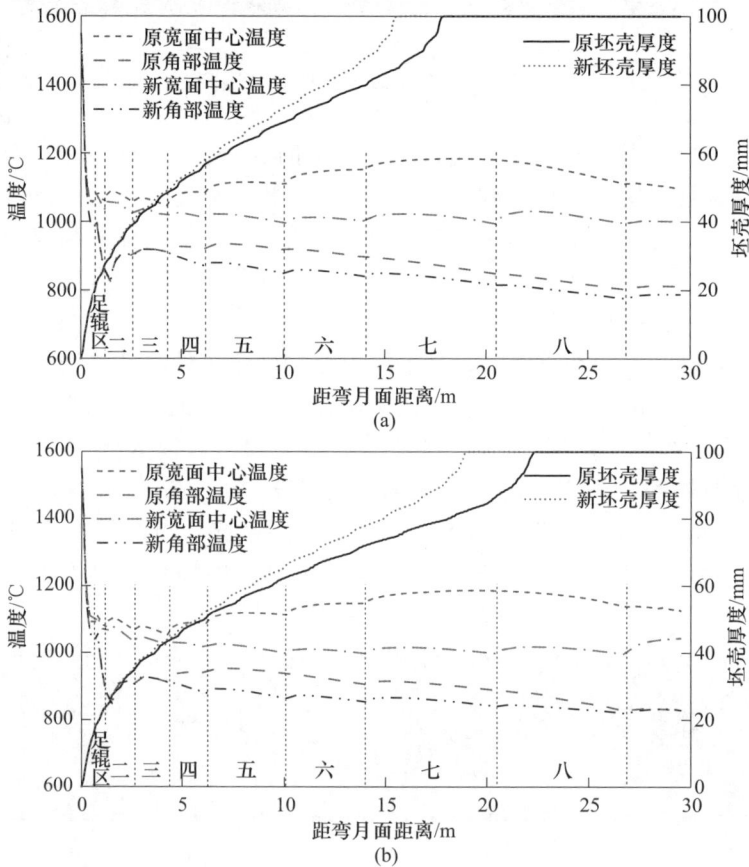

图 6-74 Q235B 板坯凝固进程和表面温度

（a）1.0 m/min；（b）1.2 m/min

为了改善铸坯热状态，对原水表进行了优化，比水量增加至约 0.8 L/kg 且沿拉坯方向水量分配均匀化，见表 6-22 和表 6-23。新水表一方面可以抑制连铸坯表面的回温、降低热应力，另一方面可以增大坯壳厚度，减小因钢水静压力和辊缝精度不良引起的鼓肚变形，二者均有利于解决板坯的中间裂纹缺陷。

表6-22 拉速 1.0 m/min 时的水表参数对比

项 目	长度/m	原水表/(L·min⁻¹)	新水表/(L·min⁻¹)
足辊窄面	0.69	47	46
足辊宽面	0.405	233	233
0 段上半段	1.355	247	282
0 段下半段	1.73	162	194
1 号弧形段内弧	1.947	45	107
1 号弧形段外弧	1.947	48	118
2~3 号弧形段内弧	3.894	43	131
2~3 号弧形段外弧	3.894	51	157
4~5 号弧形段内弧	3.894	30	76
4~5 号弧形段外弧	3.894	38	99
6~8 号段内弧	6.452	23	35
6~8 号段外弧	6.452	31	47
9~11 号水平段内弧	6.4	24	32
总水量		1023	1557
通钢量		2028	2028
比水量		0.505	0.77

表6-23 拉速 1.2 m/min 时的水表参数对比

项 目	长度/m	原水表/(L·min⁻¹)	新水表/(L·min⁻¹)
足辊窄面	0.69	55	52
足辊宽面	0.405	276	276
0 段上半段	1.355	292	333
0 段下半段	1.73	194	233
1 号弧形段内弧	1.947	54	142
1 号弧形段外弧	1.947	57	156
2~3 号弧形段内弧	3.894	51	161
2~3 号弧形段外弧	3.894	60	193
4~5 号弧形段内弧	3.894	40	98
4~5 号弧形段外弧	3.894	50	127
6~8 段内弧	6.452	31	47
6~8 段外弧	6.452	41	62
9~11 号水平段内弧	6.4	28	36
总水量		1229	1916
通钢量		2434	2434
比水量		0.50	0.78

　　已有研究表明，连铸坯凝固前沿的平均冷速约为 30 ℃/m（约 0.5 ℃/s）。假设坯壳内温度梯度相对稳定，当连铸坯表面冷速小于凝固前沿时即在其糊状区产生拉应变。图 6-75 为连铸坯距弯月面不同位置处表面相对于凝固前沿的回温。由图中可见，原水表条件下铸坯的回温较大，主要集中在三区、四区和五区出口。相对于内部质量较好的 1.0 m/min 拉速工况，1.2 m/min 拉速下铸坯表面的回温尤为明显。

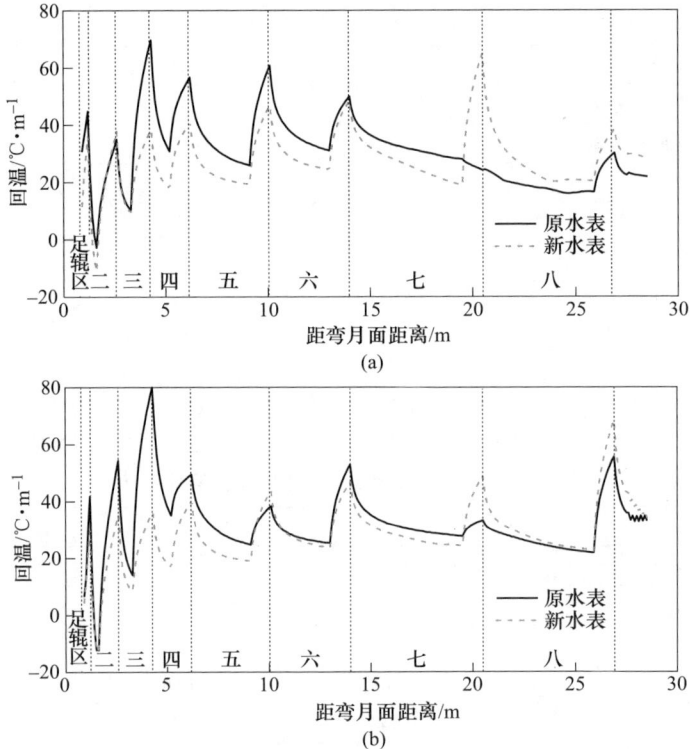

图 6-75　板坯沿拉坯方向不同位置的表面回温

（a）1.0 m/min；（b）1.2 m/min

　　根据 5.3.3 节中的热应变公式计算出不同拉速、不同水表下距弯月面不同位置处由回温导致的凝固前沿的拉应变，如图 6-76 所示。由图中可见，原水表 1.0 m/min 工况下铸坯表面回温导致凝固前沿最大拉应变可达 0.14%，1.2 m/min 工况下最大拉应变可达 0.17%。相比之下，新水表相邻冷却区水量变化更为合理，由回温导致的凝固前沿拉应变整体不超过 0.1%，且分布更为均匀。

6.5.2.2　辊缝偏差应变

　　由于现场扇形段为铰链式结构（见图 6-77），一方面单点间隙较大，入口和开口两点间隙最大可达 1.0 mm；另一方面，扇形段在弧形区域安装时呈倾斜状

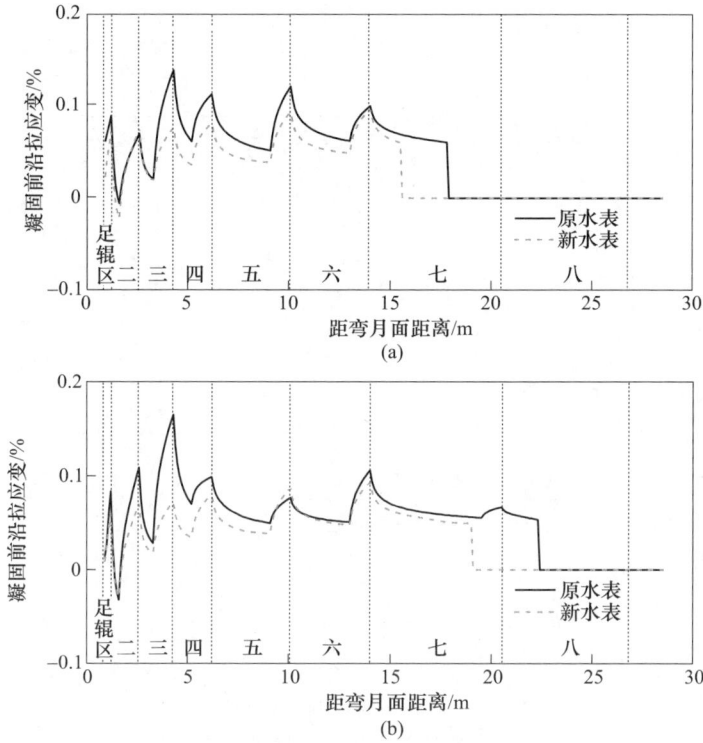

图 6-76 不同冷却时铸坯的表面回温及其凝固前沿拉应变

（a）1.0 m/min；（b）1.2 m/min

态，由于重力作用就会直接引起辊缝偏差。当校正不精确时，设备精度就会整体比较差（见图 6-78），其辊缝偏差导致的最大邻辊正偏差为 1.5 mm。当假设连铸机不同位置的邻辊正偏差分别为 0 和 1.5 mm 时，鼓肚引起变形量和拉应变结果如图 6-79 所示。

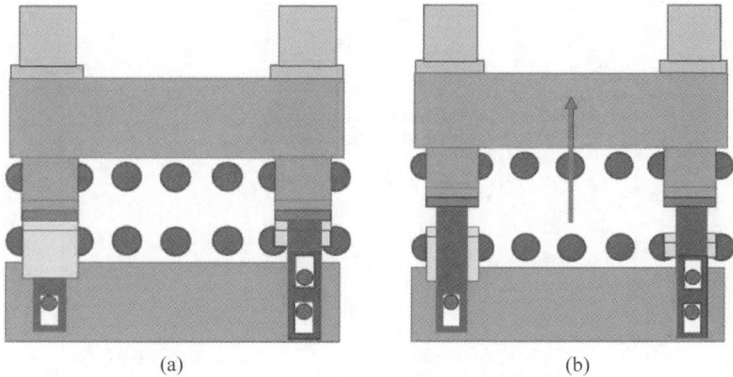

扫码看彩图

图 6-77 板坯扇形段机械结构

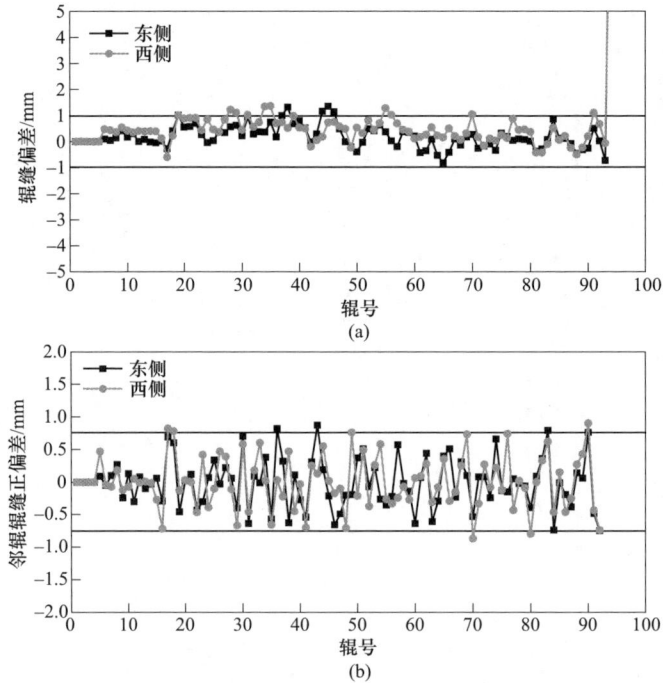

图 6-78　板坯连铸机扇形段辊缝偏差

（a）辊缝偏差；（b）邻辊正偏差

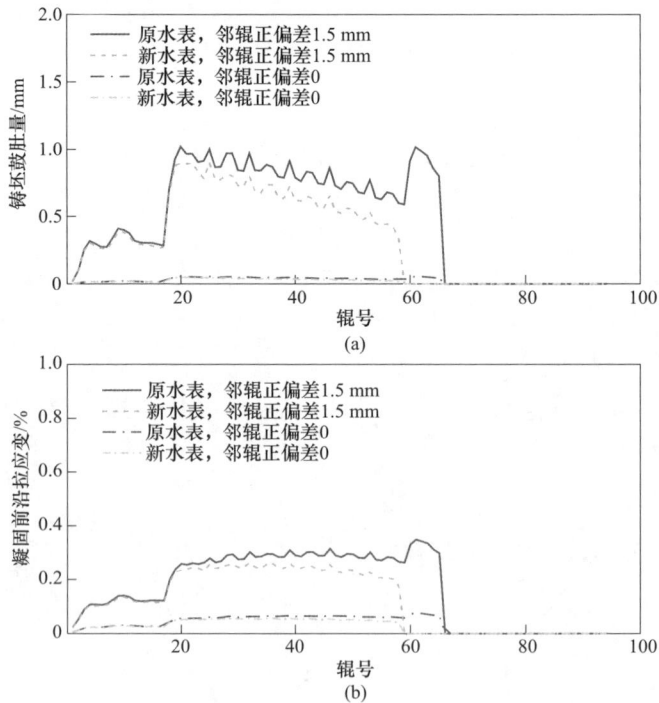

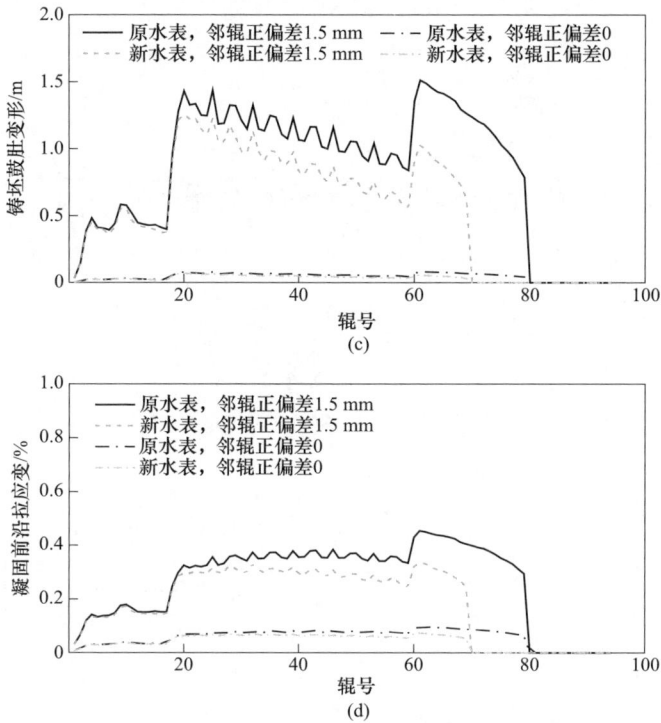

图 6-79　不同工况下连铸坯的鼓肚变形和拉应变

（a）拉速 1.0 m/min 的鼓肚量；（b）拉速 1.0 m/min 的应变；

（c）拉速 1.2 m/min 的鼓肚量；（d）拉速 1.2 m/min 的应变

对比可见，沿着拉坯方向，由于辊间距和坯壳厚度均逐渐增大，二者共同作用下鼓肚变形和凝固前沿拉应变呈台阶式增长；同一台阶范围内，由于辊间距相同，坯厚增大，因此鼓肚和拉应变逐渐减小。随着拉速增大，相同冷速和辊缝精度条件下，由于坯壳厚度变小，鼓肚和拉应变均逐渐增大，邻辊正偏差为 1.5 mm 比 0 mm 时增大效果更显著；随着辊缝正偏差增大，同一拉速和冷却条件下，坯壳鼓肚量和凝固前沿拉应变显著增大；随着二冷强度增大，同一拉速和辊缝精度下，坯壳厚度增大、温度降低，抗变形能力增强，鼓肚量减小，凝固前沿拉应变减小。

根据现场工况数据，当邻辊正偏差为零时，连铸坯鼓肚量和凝固前沿拉应变很小，相比之下可以忽略；当邻辊正偏差为 1.5 mm、拉速为 1.0 m/min 时连铸坯的最大鼓肚量可达到 1.0 mm，凝固前沿拉应变超过 0.3%；拉速为 1.2 m/min 时连铸坯的最大鼓肚量接近 1.5 mm，凝固前沿拉应变超过 0.4%。整体来说，邻辊正偏差影响最大，其次为拉速和冷却速度。

6.5.2.3　对弧偏差应变

现场对弧实测数据显示，对中偏差平均约为 0.5 mm，如图 6-80 所示。图 6-81

为不同拉速和冷速时对中不良引起的凝固前沿拉应变。

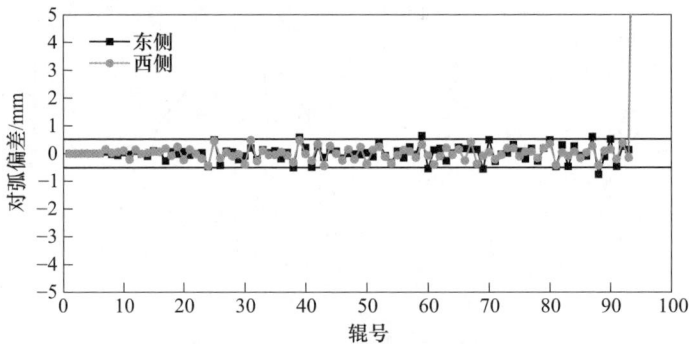

图 6-80　板坯连铸机对弧偏差

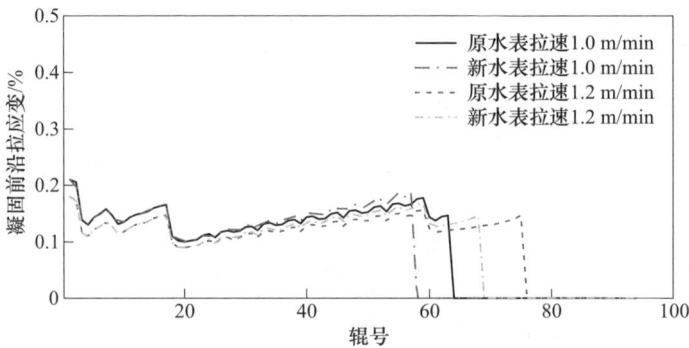

图 6-81　不同工况下对中偏差 0.5 mm 引起的凝固前沿拉应变

　　由图 6-81 中可见，沿拉坯方向辊间距和坯壳厚度逐渐增大，当整体对弧偏差为 0.5 mm 时，凝固前沿拉应变呈台阶式降低的特征；对于同一台阶的相同辊间距范围，随着坯壳厚度增大，拉应变略有增加。对应条件下，拉速和冷速对该拉应变的影响不明显。数据显示，对弧偏差 0.5 mm 导致铸坯凝固前沿的拉应变约为 0.15%，整体波动变化不大。

6.5.2.4　矫直应变

　　图 6-82 给出了不同水表和拉速下矫直引起的凝固前沿拉应变。由图中数据可见，连续矫直条件下连铸坯凝固前沿受到的拉应变较小，拉速 1.2 m/min 时的最大值约为 0.025%。与回温应变、鼓肚应变和对中应变相比，理想条件下的矫直应变可忽略不计。

6.5.2.5　钢种成分因素

　　表 6-24 中统计了某月份若干炉次的冶炼信息，整体来看，其 S 含量波动较大，对应的 Mn/S 比在 17~42 变化。当 Mn/S 比小于 25、拉速不低于 1.2 m/min

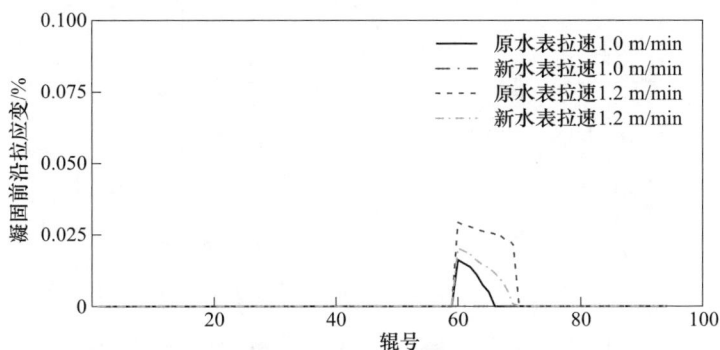

图 6-82　不同工况下矫直引起的凝固前沿拉应变

时，连铸坯中间裂纹评级不低于 2.5 级。图 6-83 中对连续 3 个月几十炉次数据进行分析，发现中间裂纹评级高于 2.0 级的比例均对应于 Mn/S 比小于 30 的工况，说明成分的影响很大。

表 6-24　Q235B 成分控制情况

流	拉速 /(m·min⁻¹)	中间包 温度/℃	成分（质量分数)/%					Mn/s	中间裂纹 /级
			C	Si	Mn	P	S		
3	1.20	1552	0.16	0.13	0.37	0.025	0.014	26	0.5
4	1.20	1552	0.16	0.13	0.37	0.025	0.014	26	0.5
3	1.10	1557	0.16	0.15	0.40	0.019	0.014	29	2.0
4	1.10	1557	0.16	0.15	0.40	0.019	0.014	29	1.0
3	1.10	1552	0.16	0.16	0.39	0.017	0.016	24	2.5
4	1.10	1552	0.16	0.16	0.39	0.017	0.016	24	3.0
4	1.10	1549	0.15	0.15	0.36	0.015	0.013	28	1.0
3	1.10	1549	0.15	0.15	0.36	0.015	0.013	28	1.0
3	1.20	1557	0.16	0.16	0.38	0.016	0.009	42	1.0
4	1.20	1557	0.16	0.16	0.38	0.016	0.009	42	1.0
4	1.00	1562	0.16	0.13	0.40	0.013	0.022	18	0.5
3	1.00	1562	0.16	0.13	0.40	0.013	0.022	18	0.5
3	1.30	1529	0.17	0.14	0.43	0.013	0.026	17	3.0
4	1.30	1529	0.17	0.14	0.43	0.013	0.026	17	3.0
3	1.25	1536	0.16	0.14	0.36	0.02	0.014	26	0.0
4	1.25	1536	0.16	0.14	0.36	0.02	0.014	26	0.5
3	1.20	1548	0.17	0.17	0.39	0.012	0.020	20	3.0
4	1.20	1548	0.17	0.17	0.39	0.012	0.020	20	3.0

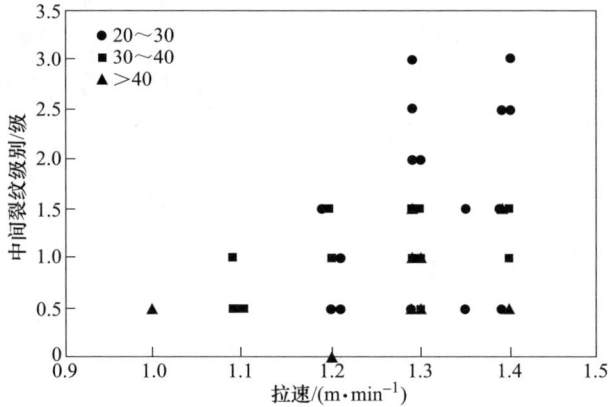

图 6-83　板坯中间裂纹评级与拉速和 Mn/S 比的关系

6.5.2.6　综合作用

　　根据不同成分对临界应变的影响，取安全系数为 0.8，得到钢种不同 Mn/S 比时的临界值，见表 6-25。将工艺因素和设备因素引起的凝固前沿拉应变叠加到一起，如图 6-84 所示。由图中可见，对于拉速为 1.0 m/min，当 Mn/S 比超过 25 时，凝固前沿拉应变小于临界应变，不会出现中间裂纹；当 Mn/S 比在 10~25 之间时，邻辊正偏差为 1.5 mm 时可能会出现一定程度的中间裂纹，在 0.5 mm 时不会出现中间裂纹；当 Mn/S 比小于 10 时，邻辊正偏差为 0.5 mm 和 1.5 mm 中间裂纹出现概率很大，且程度会比较严重。当拉速提高到 1.2/min 时，Mn/S 比大于 25 时，邻辊正偏差为 1.5 mm 且二冷不当时，凝固末期前沿拉应变略超过了临界应变，可能出现不太明显的中间裂纹；二冷水表优化之后，基本不会出现中间裂纹，邻辊偏差为 0.5 mm 时两个水表都不会出现中间裂纹；当 Mn/S 比在 10~25 之间时，邻辊正偏差为 1.5 mm 时两个水表都会出现中间裂纹，而 0.5 mm 时不会出现；当 Mn/S 比不超过 10 时，邻辊正偏差为 0.5 mm 和 1.5 mm 的工况都会发生中间裂纹。

表 6-25　连铸坯内裂临界应变与 Mn/S 比的关系

碳当量/%	Mn/S 比	临界应变/%	本实例临界应变/%
	≥25	0.75	0.6
0.15~0.50	20~25	0.50	0.4
	<10	0.25	0.2

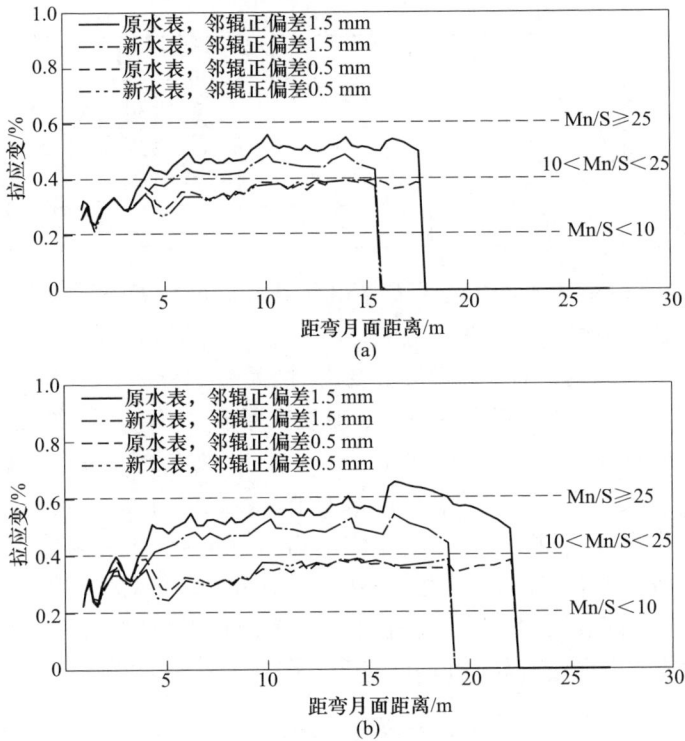

图 6-84　不同工况下凝固前沿总拉应变与临界应变的关系

（a）1.0 m/min；（b）1.2 m/min

6.5.2.7　中间裂纹不同影响因素贡献程度

当拉速为 1.2 m/min 时，尾部距铸坯表面约 40 mm 的长裂纹形成于距弯月面约 4 m 处，距铸坯表面约 70 mm 的短裂纹形成于距弯月面 16 m 处。表 6-26 列出了裂纹形成位置处凝固前沿的不同拉应变。由表中数据可以看出，长裂纹形成是回温应变、鼓肚应变和矫直应变的共同结果，三者叠加超过了 Mn/S<25 时的临界应变，裂纹难以避免。其中，鼓肚为长裂纹形成的主要因素，回温次之。短裂纹形成与回温、鼓肚、对中和矫直均有关，四者叠加高于临界应变，裂纹极易发生。短裂纹的形成主要取决于鼓肚，对中次之，回温影响很小，矫直因素可以忽略。

表 6-26　Q235B 铸坯中间裂纹形成的凝固前沿拉应变与临界应变

项目	长裂纹		短裂纹	
	应变量	比例/%	应变量	比例/%
回温应变	0.17	33	0.06	9
鼓肚应变	0.24	47	0.45	68
对中应变	0.10	20	0.13	20

项目	长裂纹		短裂纹	
	应变量	比例/%	应变量	比例/%
矫直应变	0	0	0.02	3
总应变	0.51	100	0.66	100
Mn/S<25 临界应变	0.40	—	0.40	—

图 6-85 和图 6-86 为不同工况下 Q235B 铸坯凝固前沿处不同应变的比例。由图中可见，两个拉速下凝固前沿各拉应变比例的变化规律基本相同。结晶器出口到距弯月面约 5 m 的区间内，对中和鼓肚应变比例之和超过 60%，二者占主导地位；回温最大可达 80 ℃/m，占比最高约 40%，对裂纹形成的影响不可忽视。对于大多数板坯铸机，该位置为立弯段和弧形第 1 段，只有同时控制好对中、辊缝和冷速才能避免中间裂纹，故其往往是中间裂纹的多发地段；距弯月面 5 m 到凝固终点之间，鼓肚应变比例为 50%~70%，对中应变比例为 20%~40%。回温约为 30 ℃/m 时，回温应变占 10%~20%。矫直应变相对很小。该区间是铸机的弧形段及水平段，提高辊缝精度是解决中间裂纹的关键。由此可见，设备问题（辊缝和对中）是 Q235B 铸坯中间裂纹形成的决定性因素，而回温多高于 50 ℃/m 的铸机前段冷却也务必重视。

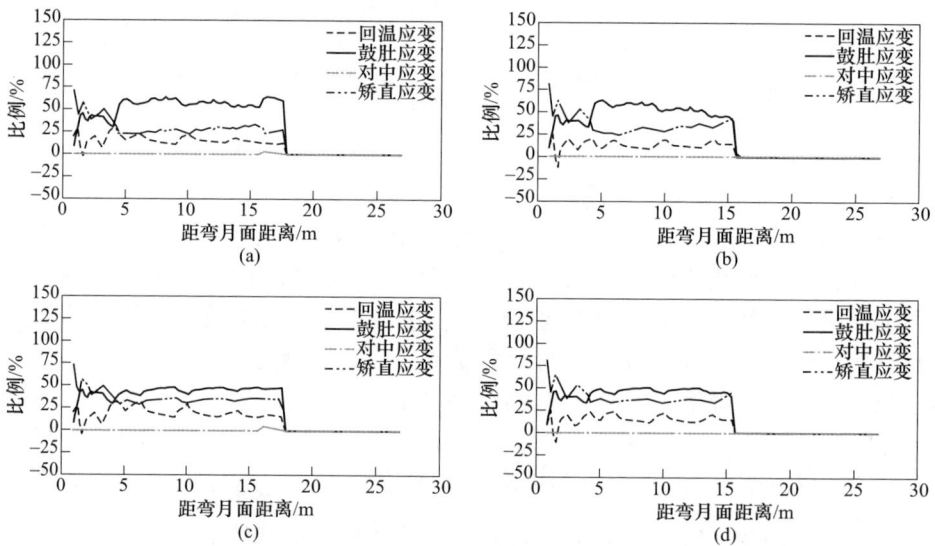

图 6-85　不同工况下 Q235B 铸坯在拉速 1.0 m/min 时凝固前沿拉应变比例
（a）邻辊正偏差 1.5 mm，原水表；（b）邻辊正偏差 1.5 mm，新水表；
（c）邻辊正偏差 0.5 mm，原水表；（d）邻辊正偏差 0.5 mm，新水表

从以上两图还可以看出，二次冷却优化对连铸坯凝固前沿不同拉应变比例的影响有限，新水表条件下第 1 个弧形段回温应变比例由 40% 降低至约 25%，其他

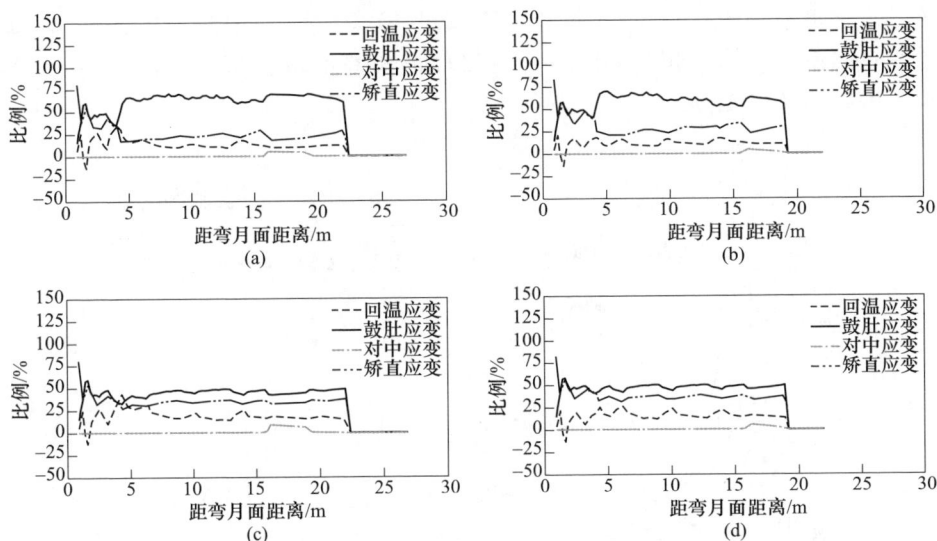

图 6-86 不同工况下 Q235B 铸坯在拉速 1.2 m/min 时凝固前沿拉应变比例

(a) 邻辊正偏差 1.5 mm, 原水表; (b) 辊缝±0.75 mm; 新水表;

(c) 辊缝±0.25 mm, 原水表; (d) 邻辊正偏差 0.5 mm, 新水表

区间变化不大。当连铸机邻辊正偏差由 1.5 mm 减小到 0.5 mm 时, 弯月面 5 m 到凝固终点之间的鼓肚应变比例由 60% 以上降低至约 50%, 对中应变比例由 25% 提高至约 40%, 其权重增幅高于回温应变。此外, 拉速由 1 m/min 增大到 1.2 m/min, 邻辊正偏差为 0.5 mm 时凝固前沿各拉应变比例基本不变, 而正偏差为 1.5 mm 的鼓肚应变比例由 60% 增大到约 75%。由此可知, 高拉速下辊缝精度对连铸坯中间裂纹的影响愈加显著。

根据上述系列分析可知, 本案例中间裂纹形成受到成分、回温、辊缝和对弧的主要影响, 其中前三者占据主要作用。因此, 当前设备条件下的连铸工艺优化控制目标是:

(1) 控制 Mn/S 比不低于 30;

(2) 采用二冷强冷制度;

(3) 提高连铸机设备精度, 降低二冷水喷淋堵塞情况。

6.5.3 试验调控

6.5.3.1 试验设计

Q235B 板材的工艺路线为 BF→BOF→吹氩→CC→加热炉→HC。连铸设备与工艺参数见图 6-87 和表 6-27。试验中除了拉速 1.2 m/min 之外, 还设计了 1.4 m/min 下的水表比水量约为 0.8 L/kg, 见表 6-28。试验中要求 Mn/S 比不低于 30，S 含量不高于 0.025%，过热度不超过 40 ℃，对弧偏差不超过 ±0.5 mm，弯曲段辊缝偏差整体不超过 ±0.5 mm，邻辊正偏差不超过 0.5 mm，其余扇形段邻辊正偏差不超过 1.0 mm。

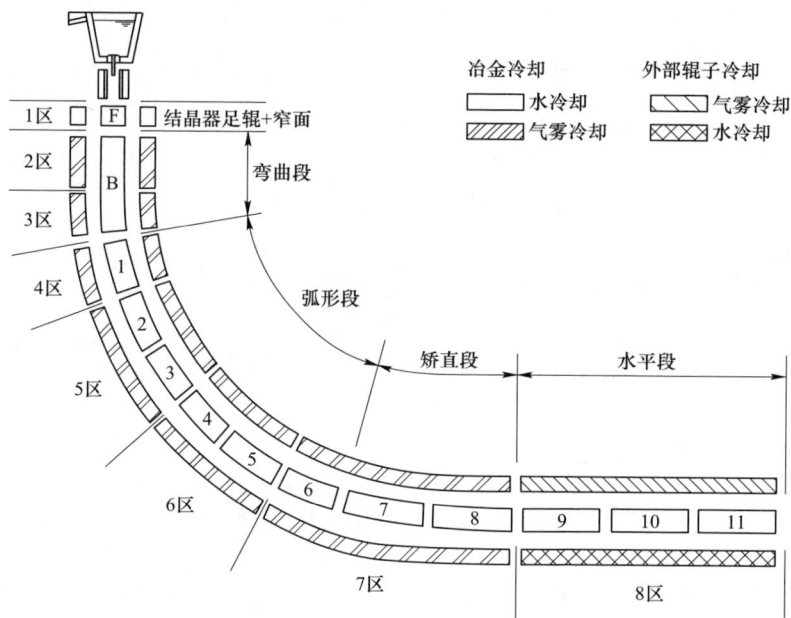

图 6-87　连铸机冷却区划分

扫码看彩图

表 6-27　连铸机的基本参数

项　目	参　数
机型	2 机 2 流直弧形板坯连铸
半径/m	9
断面/(mm×mm)	200×(900~1300)
拉速/(m·min⁻¹)	0.8~1.4
过热度/℃	20~40
比水量/(L·kg⁻¹)	0.3~1.0
二冷方式	足辊全水，其余气水
冶金长度/m	26.8
辊缝控制	静态
电磁搅拌	OFF
轻压下	无

表 6-28　拉速为 1.4 m/min 时的水表参数

项　目	长度/m	方案 1/(L·min⁻¹)	方案 2/(L·min⁻¹)
足辊窄面	0.69	61	58
足辊宽面	0.405	313	313
0 段上半段	1.355	332	378
0 段下半段	1.73	224	269
1 号弧形段内弧	1.947	152	174
1 号弧形段外弧	1.947	167	191
2~3 号弧形段内弧	3.894	169	183
2~3 号弧形段外弧	3.894	203	220
4~5 号弧形段内弧	3.894	79	119
4~5 号弧形段外弧	3.894	103	155
6~8 段内弧	6.452	41	62
6~8 段外弧	6.452	54	81
9~11 号水平段内弧	6.4	35	42
总水量		1933	2245
通钢量		2839	2839
比水量		0.681	0.791

6.5.3.2　表征方法

连铸坯不同炉次取横向低倍试样，要求取样时达到拉速稳定。低倍试样经铣床之后要精磨，然后采用 1:1 的盐酸水溶液进行浸蚀，温度为 70~80 ℃，时间为 10~15 min，之后用水冲洗并吹干。

6.5.3.3　结果分析

图 6-88 为 1.2 m/min 拉速下优化工艺的连铸坯质量，对应 Mn/S 比为 32，过热度为 28 ℃，二冷比水量为 0.78 L/kg；低倍评级为中心偏析 B 类 0.5 级、中心疏松 0.5 级、中间裂纹 0.5 级、三角区裂纹 0.5 级。与之前相同拉速的结果相比，中间裂纹得到了有效控制。

图 6-88　拉速为 1.2 m/min 时的 Q235B 板坯低倍

图 6-89 为 1.4 m/min 拉速下优化工艺的连铸坯质量，对应 Mn/

扫码看彩图

S 比为 34，过热度为 32 ℃，二冷比水量为 0.79 L/kg；低倍评级为中心偏析 C 类 0.5 级、中心疏松 1.0 级、中间裂纹 0.5 级、三角区裂纹 0.5 级。新工艺不仅解决了拉速1.2 m/min 的中间裂纹问题，还实现了提速生产，质量非常稳定。

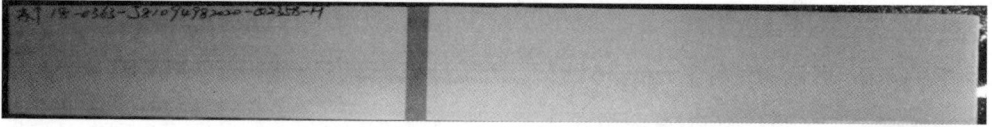

图 6-89　拉速为 1.4 m/min 时的 Q235B 板坯低倍

扫码看彩图

6.5.4　技术效果

根据模型计算结果，对于冶金长度为 26.8 m 的双流板坯连铸机，其最大拉速为 1.6~1.7 m/min。由于炉机匹配问题，当前最大拉速可达到 1.5 m/min。将本案例的技术思想推广到 Q195 品种，实现了 1.5 m/min 拉速下中间裂纹不超过 1.0 级的高拉速稳定生产。

将 Q235B 新工艺下的连铸坯送货到客户，正常加工流程下轮毂未发现质量问题，多批次统计结果的分层比例不超过 1%。

6.6　J55 微合金钢连铸坯表面裂纹与板材翘皮

6.6.1　实际问题

微合金化高强度低合金钢（micro-alloyed high strength low alloy steel）简称微合金钢（micro-alloyed steel），是在普碳钢和普通低合金高强度钢的基础上迅速发展起来的工程结构用钢，已成为钢铁材料研究领域和生产技术领域最为成功的典范之一。由于铌、钒、钛的微合金化作用，微合金钢具有良好的强度、塑性、韧性、成型性和焊接性等综合性能，广泛应用于桥梁、建筑、船舶、车辆、压力容器、采油平台、输油管道等工程结构，是现代钢铁行业的主力产品。

微合金元素是指钢中含量（质量分数）低于 0.1% 而又对性能产生显著影响的合金元素，常见的有：铌（Nb）、钒（V）、钛（Ti）、铝（Al）、硼（B）。微合金钢中的微合金元素主要作用有细化晶粒和析出强化两方面，对调控材料组织性能非常有益。然而，微合金元素加入以后，连铸冷却过程中 900~1200 ℃范围内也会形成析出相；这些纳米尺寸的析出相沿着晶界分布，会脆化晶界，使钢的裂纹敏感性大大提升。目前，微合金钢连铸坯表面裂纹问题仍是业内尚未攻克的难题之一。

某厂 J55 钢含有 0.02%Nb、0.02%Ti 和 0.035%Al，连铸坯表面横裂纹频繁发生，比例最高可达 7.25%（见图 6-90），裂纹主要在角部，沿着晶界分布，且跨过角部的宽面和窄面都有出现。带有角部裂纹的连铸坯轧制成板材之后，会在边部出现明显的翘皮现象（见图 6-91），客户质量异议较多。

(a)　　　　　　　　　　　　　　　(b)

图 6-90　连铸坯角部横裂纹

图 6-91　热轧板边部翘皮缺陷

6.6.2　解决思路

微合金钢连铸坯角部横裂纹是最常见的缺陷之一，其形成的外因是矫直变形和冷却，内因是析出相引起的基体脆化。对于一些亚包晶钢种，还与相变收缩导致的晶粒粗大和深振痕有关。J55 钢的成分见表 6-29。

表 6-29　J55 钢的主要成分　　　　　　　　　（质量分数，%）

元素	C	Si	Mn	P	S	Ni	Als	Nb	Ti	V	N
成分	0.17	0.226	1.09	0.018	0.003	0.006	0.031	0.021	0.021	0.004	0.005

6.6.2.1　析出行为

不同粒子相的析出行为可通过热力学评价，如图 6-92 所示。由图中可见，J55 钢的析出相主要有 Ti(C,N)、Nb(C,N) 和 AlN 三种。随着温度降低，Ti(C,N)

最先析出，析出温度在 1450 ℃ 左右；Nb（C，N）则在 1130 ℃ 开始析出，AlN 在 900 ℃ 左右开始析出。热力学只能提供平衡条件下析出总量的变化规律，不能揭示不同温度下的析出机制和速率。采用 4.4.2 节中的动力学分析方法，可以获得不同析出行为的鼻尖温度和先后顺序。

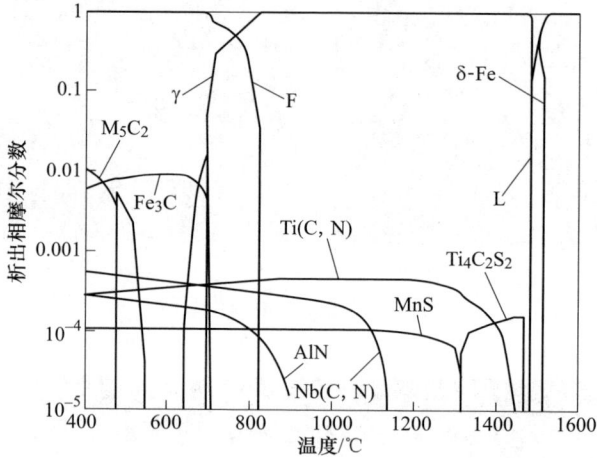

图 6-92　J55 钢的析出相热力学计算结果

A　Ti(C,N)

J55 钢中 Ti（C，N）析出的 PTT 曲线如图 6-93 ~ 图 6-95 所示。由图可知，Ti（C，N）在基体内的晶界上析出时，析出温度高，鼻尖温度超过计算温度区间上限（1450 ℃）；均匀析出和位错线上析出时，鼻尖温度相差不大，在 1350 ~ 1400 ℃ 之间。

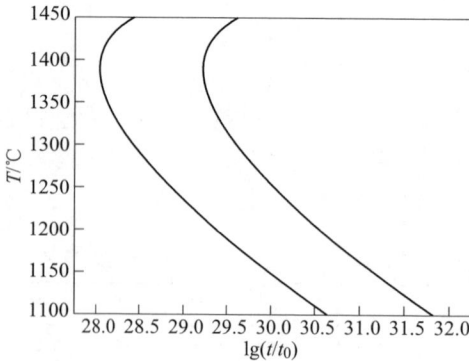

图 6-93　Ti(C,N) 均匀析出的 PTT 曲线

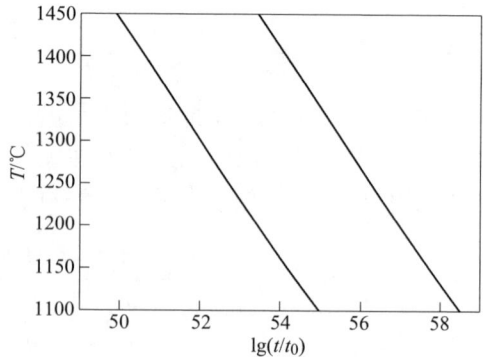

图 6-94　Ti(C,N) 晶界析出的 PTT 曲线

B　Nb(C,N)

J55 钢中 Nb（C，N）析出的 PTT 曲线如图 6-96 ~ 图 6-98 所示。由图可知，随着

温度降低，Nb(C,N) 的析出先后顺序为：晶界形核、位错线上形核和晶内均匀形核。上述三种不同形核机制下，Nb(C,N) 在晶界上析出时，鼻尖温度在 980 ~ 1030 ℃；均匀析出和位错线上析出时，鼻尖温度相差不大，在 800~850 ℃。

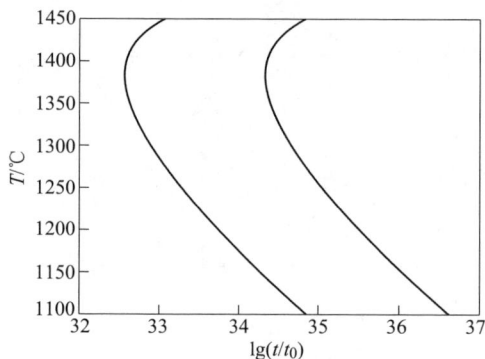

图 6-95 Ti(C,N) 位错析出的 PTT 曲线

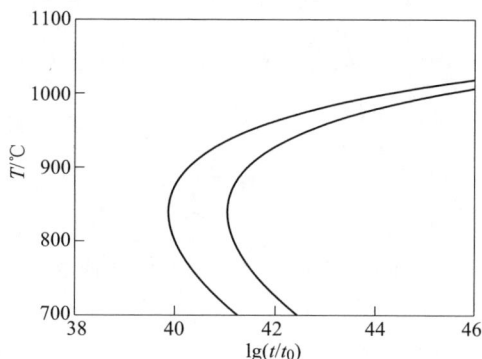

图 6-96 Nb(C,N) 均匀析出的 PTT 曲线

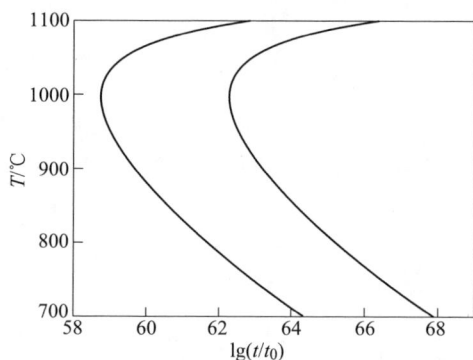

图 6-97 Nb(C,N) 晶界析出的 PTT 曲线

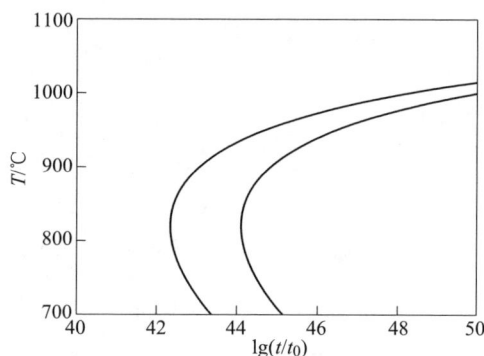

图 6-98 Nb(C,N) 位错析出的 PTT 曲线

C AlN

J55 钢中 AlN 析出的 PTT 曲线如图 6-99~图 6-101 所示。AlN 在基体内晶界上析出时，析出温度高，鼻尖温度超过计算温度区间上限（950 ℃）；均匀析出和位错线上析出时，鼻尖温度相差不大，在 720~750 ℃。

基于热力学与动力学结果，J55 钢的 Ti(C,N) 在 1200 ℃ 以上已经基本完成了析出，由于析出温度比较高，其尺寸通常比较大，对裂纹影响不大；Nb(C,N) 在 800 ℃ 以上已经大部分完成了析出，尤其对裂纹影响最大的晶界析出，已基本饱和，均匀析出和位错线析出的鼻尖温度约为 820 ℃，生产中应尽量控制在该温度以上矫直。AlN 的完全析出温度可能低于 600 ℃，但 750 ℃ 左右是均匀析出和位错线析出的鼻尖温度，因此连铸过程中至少应避过这一区间，尤其是角部区域。

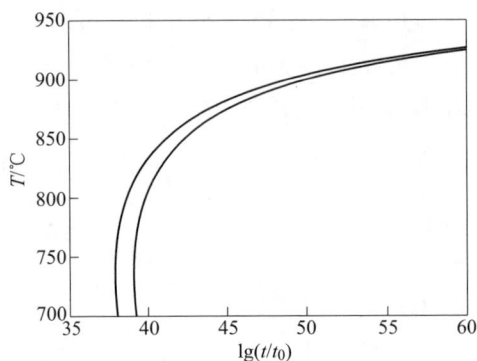

图 6-99　AlN 均匀析出的 PTT 曲线

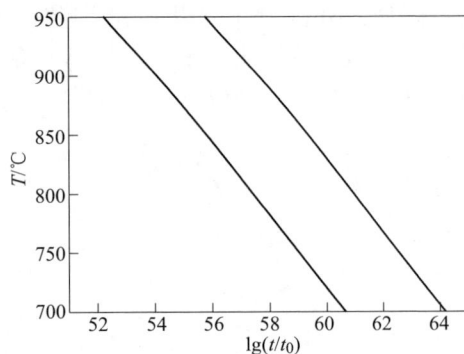

图 6-100　AlN 晶界析出的 PTT 曲线

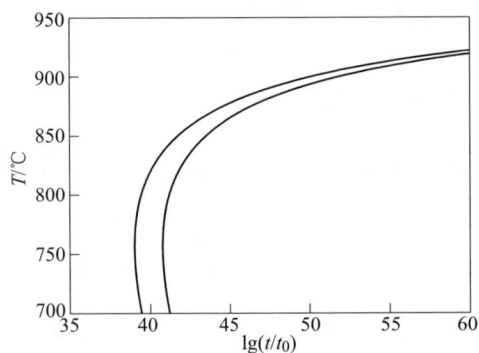

图 6-101　AlN 位错析出的 PTT 曲线

6.6.2.2　冷却工艺

基于本书作者团队开发的连铸凝固传热模型，计算了拉速 1.2 m/min 下 230 mm× 1243 mm 规格 J55 钢连铸坯的表面温度，如图 6-102 所示。模型预测结果与实测数据对比见表 6-30。观察发现，二者相差不大，说明模型预测比较可靠。

表 6-30　不同位置的预测温度和实际温度　　　　　　　　（℃）

二冷控制	测温位置	表面中心	距角部 40 mm
一级	7 段末	911	767
	实测值	915	770
	8 段末	895	743
	实测值	907	746
二级	7 段末	903	760
	实测值	887	770
	8 段末	888	737
	实测值	888	761

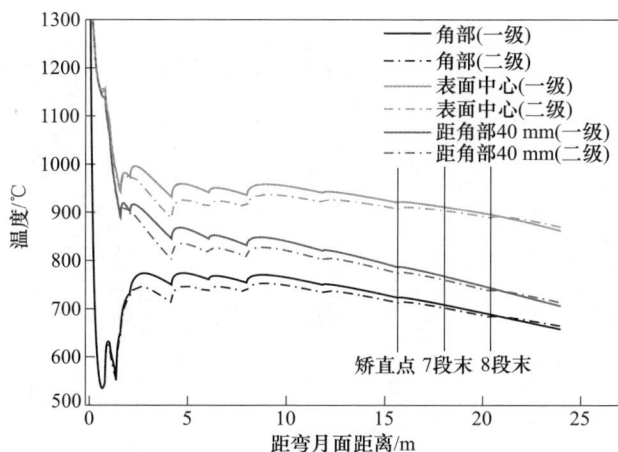

图 6-102　J55 连铸坯的表面中心、距角部 40 mm 和角部的温度

　　观察发现，进入矫直段时连铸坯角部温度已经到 720 ℃左右，考虑到 Nb(C,N) 和 AlN 的析出情况，这时会有大量的析出相出现，基体脆性显著。为了减少析出对裂纹的影响，需要将角部温度提高。由此设计了三种方案（见表 6-31），对应的模拟结果如图 6-103 所示。由图可知，每降低 15% 的水量，温度提高约 13 ℃；若降低 30%，则可提升约 26 ℃。

表 6-31　二冷水量调整对比表　　　　　　　　　　（L/min）

二冷区	二级	一级	方案 1：降低 15%	方案 2：降低 30%	方案 3：6~8 区降 30%，其余各区降 15%
1N	154	128	108.8	89.6	108.8
1IO	212	203	172.55	142.1	172.55
2IO	306	299	254.15	209.3	254.15
3IO	340	330	280.5	231	280.5
4IO	380	293	249.05	205.1	249.05
5IO	248	206	175.1	144.2	175.1
6I	87	74	62.9	51.8	51.8
6O	104	89	75.65	62.3	62.3
7I	124	106	90.1	74.2	74.2
7O	174	149	126.65	104.3	104.3
8I	83	77	65.45	53.9	53.9
8O	124	116	98.6	81.2	81.2
9I	69	72	61.2	50.4	61.2
9O	117	122	103.7	85.4	103.7

二冷区	二级	一级	方案 1：降低 15%	方案 2：降低 30%	方案 3：6~8 区降 30%，其余各区降 15%
10I	50	95	80.75	66.5	80.75
10O	100	190	161.5	133	161.5
11I	50	85	72.25	59.5	72.25
11O	100	213	181.05	149.1	181.05

注：N 表示窄面；I 表示内弧；O 表示外弧；IO 表示内外弧同一个回路。

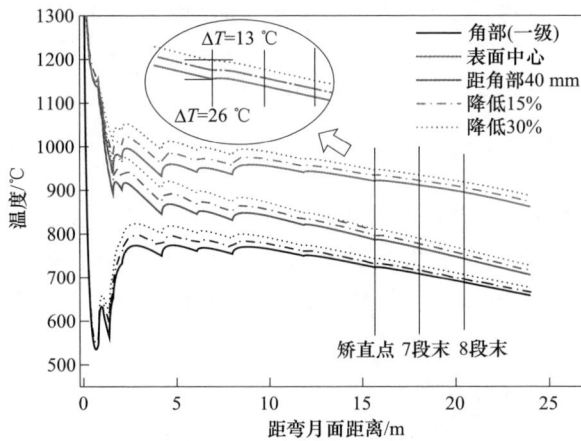

图 6-103   方案 1 与方案 2 调整水量后的温度分布

通过图 6-104 的对比发现，方案 3 与方案 2 的温度相差无几，说明只需要提升矫直前三个冷却区的水量即可达到提升角部温度的目的。为防止水量降低坯壳

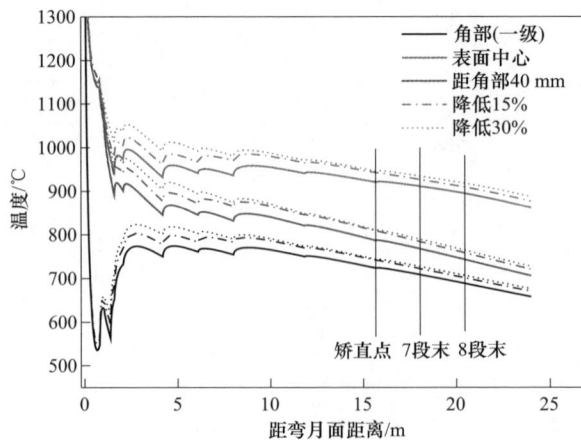

图 6-104   方案 2 与方案 3 调整水量后的温度分布比较

温度升高导致的鼓肚, 可采取方案 3 (将矫直前的 6、7、8 三个冷却区降低 30%, 其余冷却区降低 15%)。不同方案水量下的温度计算结果列于表 6-32 中。根据模拟结果, 进入矫直时距离角部 40 mm 温度在 810 ℃ 左右, 角部在 740~750 ℃, 这样可以避免 AlN 的大量析出, 进而降低横裂纹形成概率。

表 6-32　连铸坯温度计算对比　　　　　　　　　　　　　　　　　(℃)

水量方案		铸机位置	表面中心	距角部 40 mm	角部
一级		矫直点	920	786	723
		7 段末	911	767	708
		8 段末	895	743	688
二级		矫直点	908	774	713
		7 段末	903	760	702
		8 段末	888	737	683
方案 1	降低 15%	矫直点	933	798	733
		7 段末	923	778	718
		8 段末	907	754	697
方案 2	降低 30%	矫直点	946	811	744
		7 段末	935	789	727
		8 段末	918	765	707
方案 3	其他降低 15%, 6~8 段降低 30%	矫直点	942	808	741
		7 段末	927	784	722
		8 段末	910	758	701

6.6.2.3　包晶相变

对于亚包晶钢, 其凝固过程中初生坯壳存在相变收缩, 进而会出现凹陷和深振痕, 诱导裂纹形成。因此, 降低包晶相变收缩量对减轻裂纹也有直接作用。根据新版数据库回归出合金元素对 Fe-C 平衡相图的影响, 可以得到不同特征点的关系为:

$$[C]_A = -0.01321[\%Mn] - 0.02124[\%Ni] - 0.01258[\%Cu] + 0.004[\%Si]^2 -$$
$$0.0077[\%Si] + 0.00529[\%Mo] + 0.02315[\%Al] + 0.01076[\%V] +$$
$$0.00108[\%Cr]^2 - 0.00228[\%Cr] - 0.03398[\%Nb]^2 - 0.00846[\%Nb] -$$
$$0.00865[\%Ti]^3 + 0.02595[\%Ti]^2 - 0.03581[\%Ti] + 0.05056[\%P] -$$
$$0.58528[\%S] - 0.443[\%N] + 0.08585 \tag{6-47}$$

$$[C]_B = -0.02165[\%Mn] - 0.03522[\%Ni] - 0.01632[\%Cu] + 0.00909[\%Si]^2 -$$
$$0.0073[\%Si] + 0.00243[\%Cr]^2 + 0.000904[\%Cr] + 0.02222[\%Mo] +$$
$$0.03632[\%Al]^2 + 0.04953[\%Al] + 0.04439[\%V] - 0.02474[\%Nb] +$$
$$0.03484[\%Ti]^2 - 0.02842[\%Ti] + 0.27635[\%P] - 2.22519[\%S] -$$
$$0.55592[\%N] + 0.16686 \tag{6-48}$$

$$[C]_C = -0.04439[\%Mn] - 0.09973[\%Ni] - 0.06715[\%Cu] + 0.01233[\%Si]^2 -$$
$$0.0267[\%Si] - 0.0117[\%Cr]^2 - 0.00743[\%Cr] + 0.04768[\%Mo] +$$
$$0.06227[\%Al]^2 + 0.17905[\%Al] + 0.09926[\%V] +$$
$$0.00679[\%Nb] + 0.03657[\%Ti] + 0.11392[\%P] -$$
$$0.1519[\%S] - 0.92132[\%N] + 0.55942 \tag{6-49}$$

为了减小包晶相变的收缩量，实际上需要减小初生铁素体量，将亚包晶向低碳（<0.09%）或过包晶（>0.17%）控制。根据 J55 钢的成分范围（见表 6-33），可以得到不同元素的控制方向。通过包晶点预测公式计算，当 J55 成分为表 6-34 时，凝固过程中 δ 相的比例最小。表 6-35 为表 6-34 成分下计算的包晶特征点值和 δ 相的比例 $w(\delta)$。

表 6-33　J55 钢的内控成分　　　　　　（质量分数,%）

C	Si	Mn	Als	Nb	Ti	N
0.165~0.195	0.15~0.25	1.05~1.2	0.015~0.045	0.025~0.035	0.01~0.025	0.0060

表 6-34　J55 钢的目标成分　　　　　　（质量分数,%）

C	Si	Mn	Als	Nb	Ti	N
0.195	0.25	1.2	0.015	0.035	0.025	0.0060

表 6-35　J55 钢包晶特征点值和 δ 相的比例

[C]	C_A	C_B	C_C	$w(\delta)$
0.195	0.064795	0.135484	0.498571	0.699834

由包晶点预测公式可知，C、Mn、Si、Al、Cr 对包晶点的移动影响较大。分析可得，将 Mn、Si、C 等可调成分控制在上限，Al、Cr 控制在下限，可以减少凝固过程中 δ 相的比例，减少因收缩引起的气隙，降低初凝坯壳的裂纹敏感性。对于微合金元素 Nb、Ti，考虑其细化晶粒的作用及对热塑性的影响，将 Nb 含量目标成分设为 0.025%，Ti 目标成分定为 0.02%。因此，对于 J55 微合金钢，其成分控制范围和目标值见表 6-36。优化后，计算得出其包晶点和 δ 相的比例见表 6-37。

表 6-36　J55 钢内控成分和目标优化　　　　　　（质量分数,%）

成分	C	Si	Mn	Als	Nb	Ti	N
微调前	0.165~0.195	0.15~0.25	1.05~1.20	0.015~0.045	0.025~0.035	0.01~0.025	≤0.006
微调后	0.185~0.215	0.20~0.30	1.15~1.25	0.01~0.03	0.020~0.030	0.015~0.03	≤0.006
目标值	0.195	0.25	1.2	0.015	0.025	0.02	≤0.006

表 6-37 优化后 J55 钢的 C_A、C_B、C_C 和 $w(\delta)$

[C]	C_A	C_B	C_C	$w(\delta)$
0.195	0.065074	0.135866	0.498321	0.70011

6.6.3 试验调控

连铸机的基本参数见表 6-38。试验中采用优化的目标成分体系，同时基于优化水表进行二冷控制，拉速稳定后取连铸坯角部试样，酸洗后观察表面状态，如图 6-105 所示。

表 6-38 连铸机的基本参数

项 目	参 数
设计单位与流数	VAI 设计的两机两流
断面尺寸	210/230 mm×(800~1320) mm
铸机半径	8 m
拉速	0.8~2.0 m/min
典型钢种工作拉速	低碳钢 1.4~2.4 m/min，包晶钢、低合金包晶钢 1.0~1.5 m/min，中碳钢 1.0~1.6 m/min，超低碳钢 1.0~1.8 m/min
铸机长度	41.33 m
结晶器长度	0.9 m
弯曲与矫直方式	连续弯曲、连续矫直
水平段冷却方式、喷嘴布置特点	气雾冷却
中间包吨位与工作液面高度	额定工作容量 55 t，工作液面高度 1280 mm
浸入式水口直通孔上下口内径	70 mm
浸入式水口两侧孔向下角度与侧孔尺寸	向下 15°，80 mm×60 mm（长×宽）
浸入式水口底部凹坑深度	10 mm
结晶器振动类型	液压；振幅 0~2 mm，频率 0~400 次/min
液面波动范围	±3 mm

观察发现，采用新的生产控制策略后，通过对钢种成分和二冷工艺进行优化，连铸坯角部横裂纹显著减轻。

6.6.4 技术效果

通过钢种成分和二次冷却调控，该厂 J55 钢连铸坯角横裂取得了显著改善效果。

（1）液面波动振幅由大于 ±4 mm 减小至 ±3 mm；

图 6-105　新工艺下连铸坯角部低倍

（2）振痕平均深度由 0.6 mm 减小至 0.4 mm；

（3）结晶器热流密度波动减小 10%~20%；

（4）连铸坯角部横裂炉次比例由 7.2% 减小至 2.5%，轧材表检仪显示边部翘皮率降低到 3% 以下。

6.7　300 系不锈钢连铸圆坯缺陷与管材质量

6.7.1　实际问题

奥氏体不锈钢无缝管因兼具良好的强度、韧性、热加工性、耐腐蚀性和无/弱磁性，在石油、化工、能源、医药、核电和机械行业具有广泛应用。通常，无缝管是由连铸圆坯经过加热、穿孔、轧管、定径、矫直、精整等工序制备而成。由于轧制过程变形程度有限，连铸圆坯的某些铸态缺陷会保留下来并遗传到无缝管中，进而对产品质量产生直接影响。大量研究和生产数据表明，裂纹、分层和折叠是奥氏体不锈钢热轧无缝管产品中最典型的缺陷，其往往与连铸坯质量控制紧密相关，已成为限制高端无缝管产品开发的共性问题。

对于不锈钢无缝管来说，深度较小的缺陷需要修磨后才能进行后续加工，较大时需要将缺陷切净，甚至导致整支钢管全部报废，处理不当会引起客户质量异议并造成严重损失。因此，明确轧材产品缺陷与连铸坯质量的关系并提出源头控制技术对解决不锈钢无缝管共性生产问题至关重要，对提升国内其他企业同类产品的质量控制水平和工艺稳定性也具有一定的借鉴意义。

本案例以国内某厂无缝管常见的裂纹、分层和折叠为研究对象，单批次缺陷比例达 20% 以上，热加工长时间攻关无果，严重影响了生产和质量控制。本书作者团队通过对管材缺陷特征及其形成和演变机制的分析，提出了基于连铸凝固过程的源头控制策略，最后彻底解决了这一问题。

6.7.2　解决思路

6.7.2.1　生产工艺流程

本研究中奥氏体不锈钢主要为 S30400 和 316L，具体成分要求见表 6-39。主要冶炼流程为 40 t 超高功率电炉→AOD→LF 精炼，其中 AOD 出钢采用 Si、Al 复合脱氧，LF 碱度控制在 2.0~3.0，软吹时间不小于 18 min，其中产品总氧含量不大于 $35 \times 10^{-4}\%$，夹杂物控制水平比较稳定：A 类≤1.0 级、B 类≤1.5 级、D≤1.0 级、Ds≤1.0 级。

表 6-39　奥氏体不锈钢的化学成分　　　　（质量分数,%）

钢种	C	Si	Mn	P	S	Cr	Ni	Cu	Mo	N
S30400	≤0.080	≤1.00	≤2.00	≤0.045	≤0.010	18.00~20.00	8.0~11.0	≤0.75	≤0.60	≤0.10
316L	≤0.030	≤1.00	≤2.00	≤0.045	≤0.010	16.00~18.00	10.0~14.0	≤0.75	2.0~3.0	≤0.10

精炼之后温度与成分合格的钢水采用 3 机 3 流圆坯连铸机进行浇铸，其钢水过热度控制在 20~40 ℃，中间包钢水质量为 14 t，具有连续测温功能。为了防止钢水二次氧化，大包至中间包之间采用长水口，中间包到结晶器之间采用浸入式水口。连铸过程水口堵塞现场不明显，连浇 18 炉以上，单炉浇铸周期为 45 min。表 6-40 为奥氏体不锈钢圆坯连铸机的主要工艺参数。

表 6-40　连铸机的主要工艺参数

项　目	单　位	参　数			
弧形半径	m	10			
流间距	mm	1400			
断面直径	mm	160	180	200	240
拉速	m/min	1.50	1.35	1.25	1.05
结晶器长度	mm	850			
振动	—	非正弦			
水口	—	直通			
MEMS 电流	A	150~560			
MEMS 频率	Hz	2.5			
MEMS 方式	—	连续			
二冷方式	—	足辊全水，其他气水			
二冷区数量	个	2			

项　目	单　位	参　　数
二冷区总长度	m	2.8
FEMS 位置	m	5.8
FEMS 电流	A	200~600
FEMS 频率	Hz	6
FEMS 方式	—	连续
火切位置	m	28.6
下线方式	—	堆冷

连铸圆坯运送至无缝管厂之后，热轧产品先后经过复检→定尺切段→打定心孔→加热→穿孔→斜轧→表检→酸洗/钝化→成品检验→标识→入库等流程，冷轧产品需要热轧管酸洗之后进一步加工，经过酸洗→复检→润滑→冷轧/冷拔→除油→固溶→矫直→钝化→成品检验→标识→入库，一般来说冷轧钢管比热轧钢管表面光洁度好、尺寸精度高，且强度、硬度等性能更加优异。

6.7.2.2　不同缺陷形成和演变机制

由于大部分无缝管车间采用二辊斜轧工艺，其特点为高温穿孔时圆坯边旋转边前进，考虑到中心和表层的线速度不同，坯料内部各层金属流动存在明显差异。实际穿孔过程中，轧辊带动坯料整体旋转前进，由于中心处顶头阻挡而使坯料基体发生挤压、扭转、剪切、拉伸等多向流动而形成内孔，之后经芯棒轧制而成管材。由于穿管变形的特殊性，无缝管产品主要存在外表面裂纹（翘皮）、中间分层和内壁折叠三种典型缺陷，下面对具体特征和形成机理进行分析。

A　外表面裂纹

图 6-106 为荒管外表面裂纹，其形貌类似一种外壁翘皮特征，呈螺旋状，与管坯穿孔旋转方向一致，深度在 0.2~1.0 mm，圆周方向长度不等、弯曲不齐，沿轧制方向具有比较固定的间距，表面存在氧化铁皮，该缺陷在管坯外表面常有发生。通常，这种具有高温氧化特征且走向不规则的裂纹多源于连铸坯，而非轧制过程引起。对荒管同批次连铸圆坯外表进行回溯检查，结果如图 6-107 所示。由图中可以看出，连铸坯表面某些区域存在深振痕缺陷，且振痕分布紊乱，个别相互堆叠，与荒管外表面裂纹的整体特征一致。

根据振痕形成原理，其一方面与振动参数有关，另一方面受到保护渣特性的影响。分析振动参数发现，本研究中连铸圆坯的振动频率较大、振幅较小，负滑脱时间约为 0.1 s，不利于脱模；同时，振动周期短，振痕间距较小，容易出现振痕堆叠。对保护渣研究发现，实测连铸过程保护渣液渣层厚度约为 5 mm，消耗量 0.55 kg/t。通常，为了保证良好润滑，液渣层厚度应控制在 8~15 mm，消耗量为 0.3~0.4 kg/t。当保护渣黏度较小时，其消耗量较大，尤其是熔速较低时，会导致液渣层也对应较薄，这种情况下，保护渣不能均匀、充分流入到坯壳和铜管之间的气隙中。此时摩擦力较大，加之钢水静压力、坯壳收缩力和相变力的复合作用，振痕就会比较深，甚至出现不间断流入引起的振痕堆叠现象，轧制时深振痕两侧的基体变形不一致进而堆积一起，由于氧化铁皮的存在，其无法彻底压合，导致管材外表面出现裂纹或翘皮缺陷。

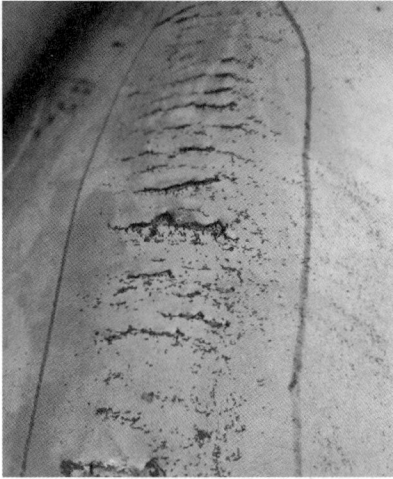

图 6-106　荒管外表面的裂纹和翘皮

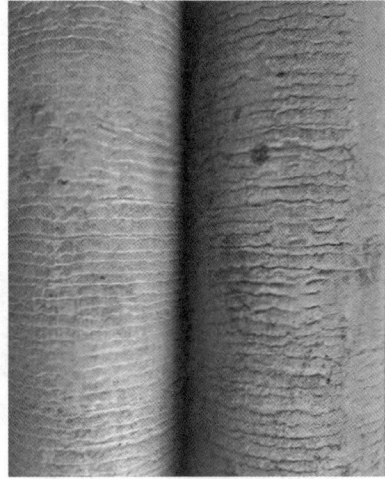

图 6-107　连铸坯表面深振痕

B　中间分层开裂

图 6-108 为穿孔后不锈钢管坯分层开裂缺陷的宏观形貌，酸洗浸蚀金相组织如图 6-109 所示。可以看出，分层缺陷区域出现显著的带状组织特征，枝晶结构破碎不明显，晶粒尤为粗大，晶粒度可达 6~8 级。由于分层位置比较特殊，且缺陷沿圆周方向扩展，因此这与轧制过程中基体变形不协调有关。

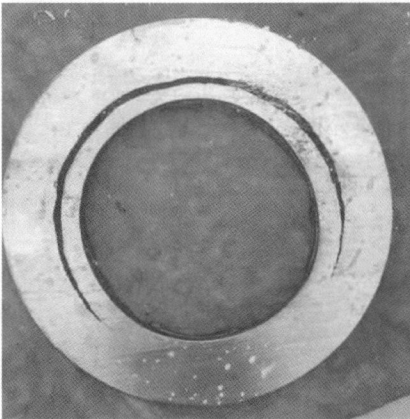

(a)

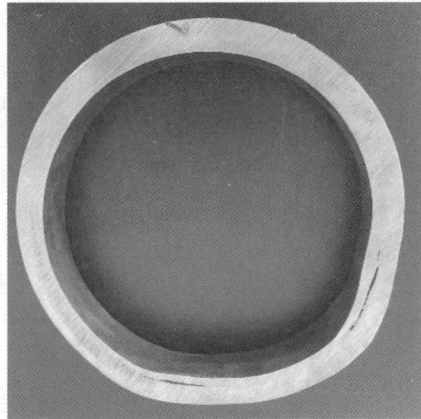

(b)

图 6-108　荒管的中间分层

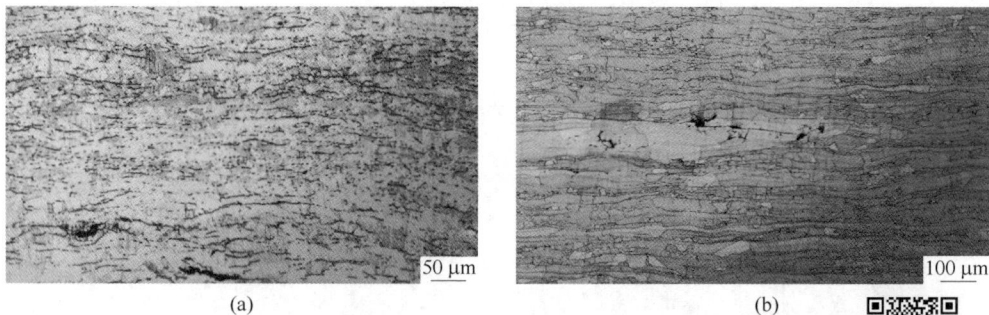

(a)　　　　　　　　　　　　　　(b)

图 6-109　荒管分层基体的金相组织

(a) 200×；(b) 100×

扫码看彩图

　　对连铸坯进行检测发现，其低倍组织中存在白亮带缺陷，如图 6-110 所示。白亮带是一种溶质负偏析，凝固过程中钢水冲刷界面前沿并将富集的溶质带走，由于选分结晶作用，使其界面处随后结晶的基体中溶质会相对贫瘠。对于奥氏体不锈钢来说，C、N、Mn、Ni、Cu 是提高奥氏体稳定性的主要元素，具有一定的显微偏析倾向，它们的含量稍有波动时就会出现少量铁素体。考虑

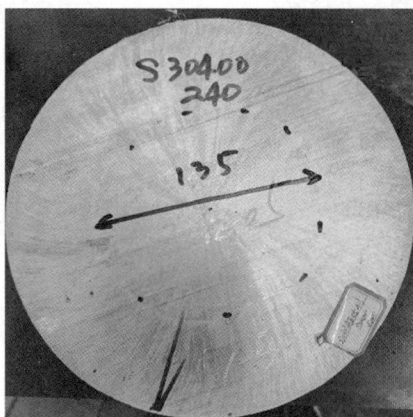

扫码看彩图

图 6-110　连铸坯中的白亮带

到白亮带的溶质负偏析特征，该处基体会出现比较多的铁素体枝晶，如图 6-111 所示。带有白亮带缺陷的连铸坯在均热时间较短的情况下，由于扩散不充分，导

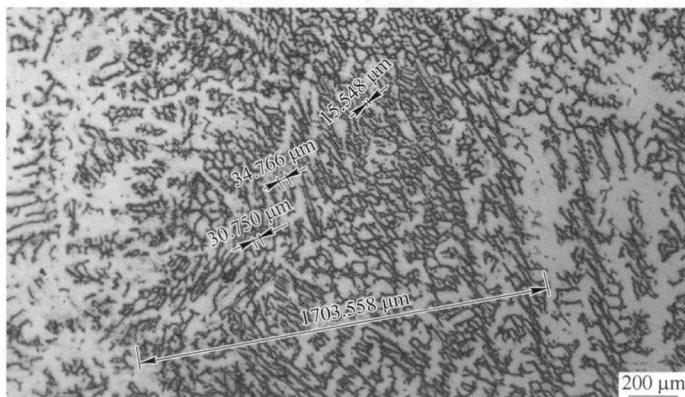

图 6-111　白亮带基体的凝固枝晶组织

致铁素体未转变为奥氏体；同时，由于穿管时与顶头摩擦而使内壁升温，进一步提高了铁素体的比例和稳定性。高温时铁素体强度远低于奥氏体，穿管旋转过程中在周向剪切和扭转载荷的作用下会出现局部变形集中，进而在白亮带与正常基体界面上发生分层开裂。

C　内壁折叠

无缝管内壁折叠类似裂纹，也有人称之为内壁裂纹，通常以纵向延伸的（沿轧制方向延伸）居多，宏观形貌如图 6-112 所示。一般认为，纵向内折叠与连铸坯中心缺陷级别有关。在中心缩孔不贯穿的条件下，穿管过程中当连铸坯中心缩孔完全位于穿孔顶头中心时，也不容易发生内壁折叠。当连铸坯存在比较严重的椭圆度或者中心缩孔时，穿管过程随着连铸坯旋转前进，中心缩孔偏离于顶头轴线，或大尺寸缩孔周向变形不对称，就容易在无缝管内壁某一侧出现纵向折叠或裂纹。

对于本研究中不锈钢无缝管的内壁折叠缺陷，检查了对应连铸圆坯的椭圆度情况，结果如图 6-113 所示。分析可知，由于连铸拉速较高，二冷不对称导致的椭圆度略大，长短轴之差最大可达 5~8 mm。调查发现，本研究中的圆坯连铸机二冷区四个断面共用 1 套喷淋环（见图 6-114），这种共用结构通常按照最大断面标准来设计，即当断面为 $\phi240$ mm 时，不同方向的二次冷却是对称的，对于 $\phi160$ mm、$\phi180$ mm、$\phi200$ mm 三个断面来说，其喷嘴距离铸坯表面高度不一致，进而导致冷却不均匀，拉速较大时铸坯表面温度较高，抗变形能力较弱，容易发生连铸坯椭圆度超标的问题，从而产生穿管内部的纵向折叠。同时还注意到，尽管连铸过程使用了结晶器和凝固末端电磁搅拌，但其中心缩孔和疏松仍比较严重，部分可达到 2.0 级以上（图 6-115），这种比较严重的中心缩孔也是内壁折叠的诱因。

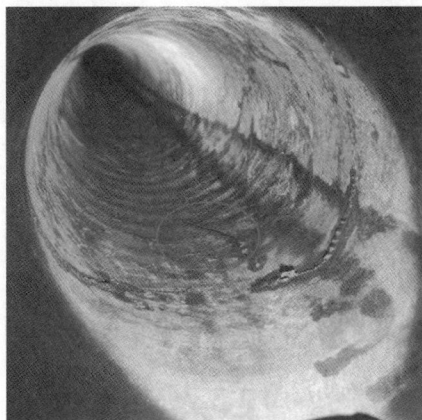

图 6-112　荒管内壁的
纵向折叠缺陷

扫码看彩图

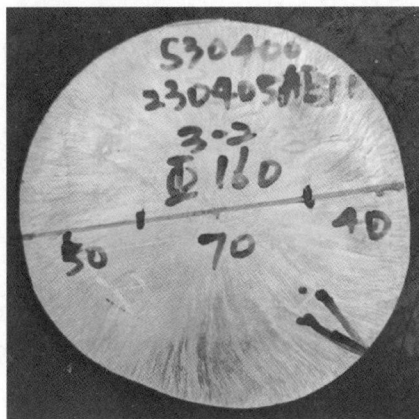

图 6-113　连铸圆坯的
椭圆度缺陷

扫码看彩图

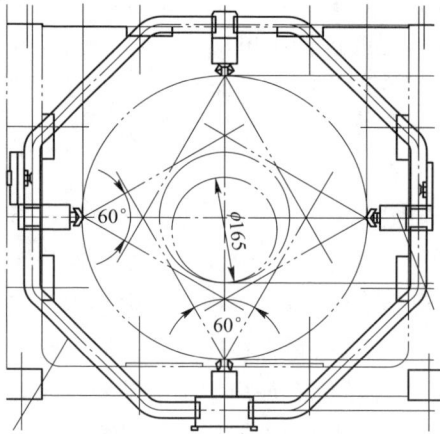

图 6-114　φ160~240 mm 圆坯
扇形段喷淋环

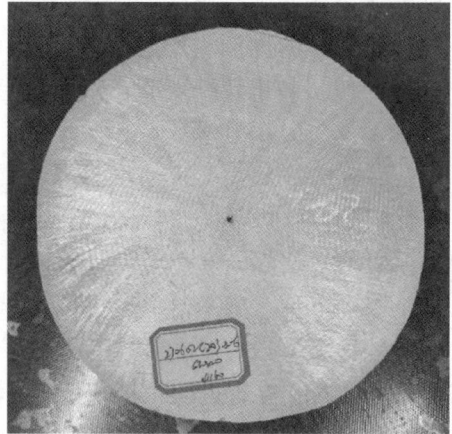

图 6-115　连铸坯的
中心缩孔

扫码看彩图

6.7.3　试验调控

（1）对连铸结晶器保护渣进行优化，通过保护渣黏度由 0.055 Pa·s 增加至 0.065 Pa·s、全碳含量由 4.12% 增加至 7.11%，提高液渣层厚度，降低保护渣消耗量，改善保护渣润滑均匀性，降低连铸坯表面振痕深度，防止了出现无缝管表面裂纹缺陷。表 6-41 给出了优化前后的结晶器保护渣主要指标参数。

表 6-41　优化前后的结晶器保护渣主要指标参数　（质量分数,%）

成分	SiO_2	CaO	MgO	Al_2O_3	全 C	Na_2O	F
优化前	36.14	32.85	1.78	7.62	4.12	7.02	5.18
优化后	34.62	31.17	1.16	7.96	7.11	7.06	5.01

（2）对连铸结晶器振动参数进行优化。表 6-42 为优化前后的振动参数对比。由表中数据可见，优化参数下振频减小、振幅增大，振动周期增大，振痕间距增加；同时，正滑脱和负滑脱时间增加，同时改善了润滑和脱模能力。

表 6-42　优化前后拉速为 1.2 m/min 时的结晶器振动参数

项目	振频 /Hz	周期 /s	正滑脱时间 /s	负滑脱时间 /s	振程 /mm	间距 /mm
优化前	187	0.32	0.22	0.10	4.2	6.4
优化后	161	0.37	0.25	0.12	6.6	7.5

（3）将凝固末端电磁搅拌方式由连续改为交替，同时将搅拌电流降低 30%~50%，减小钢水对凝固前沿枝晶间溶质的冲刷，消除白亮带，提高铸态基体的均

匀性，改善穿管时协调变形的能力，避免无缝管出现分层开裂缺陷。表 6-43 给出了优化前后的 F-MES 电磁搅拌参数。

表 6-43 优化前后的 F-MES 电磁搅拌参数

直径/mm		160	180	200	240
电流强度 /A	优化前	560	560	500	450
	优化后	400	370	280	230

（4）为了解决连铸坯椭圆度问题，按照断面将喷淋环分为两类，将 φ160 mm、φ180 mm 与 φ200 mm、φ240 mm 夹持段分开，提高连铸坯二次冷却的对称性。

（5）为提高连铸坯中心质量，对二冷比水量进行了优化（见表 6-44），比水量整体降低 10%~20%，同时将钢水过热度由 20~40 ℃ 控制在 20~30 ℃，改善了连铸坯的中心缩孔缺陷。

表 6-44 优化前后的二冷比水量参数

直径/mm		160	180	200	240
比水量 /L · kg^{-1}	优化前	0.60	0.56	0.57	0.46
	优化后	0.51	0.50	0.47	0.42

6.7.4 技术效果

基于上述调控措施，奥氏体不锈钢圆坯连铸质量缺陷得到有效改善，具体效果为：

（1）优化后的保护渣液渣层厚度可达到 10~12 mm，保护渣消耗量由 0.55 kg/t 降低至 0.43~0.45 kg/t，连铸坯振痕最大深度由 1.0~1.5 mm 减小至 0.5~0.8 mm，且整体呈规则分布；

（2）调整 F-EMS 为交替模式并降低 F-MES 搅拌电流强度之后，连铸坯低倍中未发现白亮带缺陷；

（3）通过降低过热度和减小二冷比水量，连铸坯的中心缩孔最大评级由 2.0 级降低至 1.0 级，改造二冷喷淋环后连铸坯的椭圆度由 5 mm 以上降低至 3 mm 以内。

经过一系列的连铸技术优化，奥氏体不锈钢无缝管未再出现批量的表面裂纹、中间分层和内壁折叠缺陷，用户反馈良好。

参 考 文 献

[1] 兰鹏，铁占鹏，张伟，等. 连铸坯点状偏析缺陷研究进展 [J]. 钢铁，2020，55（2）：11-22，30.

［2］ 李博，杨飞飞，刘华松，等．凝固组织对高强耐蚀管带状缺陷的影响［J］．钢铁，2020，55（3）：87-95.

［3］ 李博，张忠铧，刘华松，等．高强耐蚀管钢点状偏析及带状缺陷的特征与演变［J］．金属学报，2019，55（6）：762-772.

［4］ 张壮，李海洋，周蕾，等．齿轮钢铸态点状偏析及其在热轧棒材中的演变［J］．金属学报，2021，57（10）：1281-1290.

［5］ ZHANG Z, LAN P, WANG P, et al. Semi-macrosegregation and carbide banding in high-carbon chromium bearing steels：Characteristics, evolution, and control［J］. Journal of Materials Research and Technology, 2023, 27：3517-3530.

［6］ LAKI R S, BEECH J, DAVIES G J. Curved-boundary heat-transfer model and its application to meniscus zone during casting［J］. Ironmaking & Steelmaking, 1984, 11（5）：283-291.

［7］ ITO Y, YAMANAKA A, WATANABE T. Internal reduction efficiency of continuously cast strand with liquid core［J］. Revue De Métallurgie, 2000, 97（10）：1171-1176.

［8］ WANG B, ZHANG J M, YIN Y B, et al. Study on the reduction efficiency of soft reduction on continuous casting bloom［J］. Metallurgical Research & Technology, 2016, 113（4）：406-414.

［9］ MIZUKAMI H, YAMANAKA A, WATANABE T. High temperature deformation behavior of peritectic carbon steel during solidification［J］. ISIJ International, 2002, 42（9）：964-973.